高 等 学 校 教 材

海洋环境工程

Haiyang Huanjing Gongcheng

贾永刚　赵阳国　陈友媛　主编

高等教育出版社·北京

内容提要

本书分为三部分。第 1~2 章阐述海洋环境工程学科属性、海洋环境特征。第 3~15 章论述海水富营养化、海水养殖污染、海港工程建设、船舶航运污染等 13 项典型的海洋环境工程问题与其对策。第 16 章介绍相关工程规范与法规。希望可以帮助读者系统地了解海洋环境污染的种类和来源,加强对海洋环境污染控制理论的学习,提升实践操作技能,掌握一定的海洋环境污染控制技术与方法。

本书可作为涉海高等学校海洋类或环境类专业本科生、研究生课程教材,也可供相关工程、研究或管理人员参考。

图书在版编目(ＣＩＰ)数据

海洋环境工程 / 贾永刚,赵阳国,陈友媛主编. --
北京:高等教育出版社,2023.6
ISBN 978-7-04-056000-8

Ⅰ. ①海… Ⅱ. ①贾… ②赵… ③陈… Ⅲ. ①海洋环境-环境工程-高等学校-教材 Ⅳ. ①X21

中国版本图书馆 CIP 数据核字(2021)第 066895 号

策划编辑	陈正雄	责任编辑	杨俊杰	封面设计	张雨微	版式设计	杨 树
插图绘制	于 博	责任校对	刘娟娟	责任印制	高 峰		

出版发行	高等教育出版社	网 址	http://www.hep.edu.cn
社 址	北京市西城区德外大街 4 号		http://www.hep.com.cn
邮政编码	100120	网上订购	http://www.hepmall.com.cn
印 刷	固安县铭成印刷有限公司		http://www.hepmall.com
开 本	787 mm× 1092 mm 1/16		http://www.hepmall.cn
印 张	29.25		
字 数	660 千字	版 次	2023 年 6 月第 1 版
购书热线	010-58581118	印 次	2023 年 6 月第 1 次印刷
咨询电话	400-810-0598	定 价	59.00 元

物 料 号 56000-00
审 图 号 GS(2021)699 号

海洋环境工程

贾永刚

赵阳国

陈友媛

主编

1 计算机访问 http://abook.hep.com.cn/12507827，或手机扫描二维码、下载并安装 Abook 应用。

2 注册并登录，进入"我的课程"。

3 输入封底数字课程账号（20位密码，刮开涂层可见），或通过 Abook 应用扫描封底数字课程账号二维码，完成课程绑定。

4 单击"进入课程"按钮，开始本数字课程的学习。

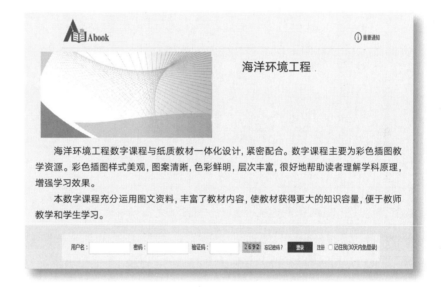

> 海洋环境工程数字课程与纸质教材一体化设计，紧密配合。数字课程主要为彩色插图教学资源。彩色插图样式美观，图案清晰，色彩鲜明，层次丰富，很好地帮助读者理解学科原理，增强学习效果。
>
> 本数字课程充分运用图文资料，丰富了教材内容，使教材获得更大的知识容量，便于教师教学和学生学习。

课程绑定后一年为数字课程使用有效期。受硬件限制，部分内容无法在手机端显示，请按提示通过计算机访问学习。

如有使用问题，请发邮件至 abook@hep.com.cn。

扫描二维码
下载 Abook 应用

http://abook.hep.com.cn/12507827

前　言

全球海洋总面积约为 3.6 亿 km^2，占地球总面积的 71%。地球上总储水量约为 13.9 亿 km^3，其中 97% 贮存于海洋中。海洋水体巨大，资源丰富，是人类赖以生存的资源库。海洋生态系统自我调节能力和恢复能力是相当惊人的，数万年以来，海水组成、盐分、营养、CO_2、溶解氧和 pH 等重要参数均保持稳定，仅在小范围内波动；海洋还是天然的空调机，很多大洋沿岸的城市冬无严寒，夏无酷暑。然而，自第一次工业革命以来，随着资源的快速消耗和污染的大量产生，人类向海洋中排放的污染物越来越多、对海洋开发利用的程度也持续加强，已经远远超出海洋生态系统的自我调控能力，海洋环境污染问题日益严峻：海平面逐年上升，海水开始酸化，缺氧区不断扩大，塑料、石油、化学药剂超量排放，围海造田、造港、造岛方兴未艾，大规模深海资源开采导致环境地质问题凸显。2010 年春季，美国墨西哥湾溢油事件为海洋开发活动再次敲响了警钟，然而，阴影尚未散去，我国渤海蓬莱 19-3 油田溢油事故又使大面积海域遭受污染。这些事件，无一不向人类发出警告：保护海洋环境，防治海洋环境污染，已经成为人类得以永续发展的根本出路。

在海洋资源开发利用、工程项目建设过程中，必须树立人与自然生命共同体意识，增强海洋环境保护的紧迫感和使命感。特别是开设海洋、环境类专业的高等学校有责任有义务提供专业支持，输送相关专业技术人才，研究解决海洋开发、利用与保护过程中存在的环境工程类问题。目前，海洋环境工程的发展还处于起步阶段，尚未形成本学科的知识体系，国内外尚缺乏海洋环境工程类教材，大部分工程案例多沿用陆源污染控制的方法策略，涉及的大量海洋环境问题仍无法得到有效解决。

在此背景下，我们组织了长期从事海洋环境调查与污染治理，以及长期从事环境海洋学、环境工程学教学的专家、学者，编撰这部海洋环境工程教材。我们希望通过本教材可以使读者系统了解和认识当前人类活动导致的海洋环境污染的种类和来源，加强对海洋环境污染控制理论知识的学习和实践技能的提升，进而掌握一定的海洋环境污染控制技术与方法，以便满足社会对该领域人才的需求。本书的主要内容包括三部分：

第一部分：海洋环境工程基础。分析目前海洋环境污染的种类与分布，阐述海洋环境工程学科的属性、范畴及其发展趋势，介绍海洋物理、化学、生物、地质、大气环境的基本特征。

第二部分：典型海洋环境工程问题与对策。根据海洋开发活动对环境的影响设置系列专题，剖析人类活动导致的海洋环境问题、采取的对策措施及实施的典型工程案例，包括：海水养殖、围填海和港口工程、船舶航运、海洋溢油、海水代用、污水排海、海洋倾废、海底资源开采等过程中的污染及防控措施；近岸水体富营养化、滨海生态退化、海岸侵蚀、海水入侵等的过程机制及防治。

第三部分：海洋环境工程规范与法规。介绍海洋环境相关标准，梳理国内外海洋环境工程相关的法律法规及其管理策略。

本书可供高等学校海洋类专业或环境类专业的本科生或研究生使用，也可供海洋环境污染控制领域的工程师、管理人员、科研人员参考。

全书编撰分工如下：本书结构体系设计，制订编写分工方案，贾永刚；第一章、第二章和第十五章，贾永刚、卢芳；第三章，邹立；第四章、第七章和第九章，赵阳国、杨世迎；第五章，张学庆；第六章，郑建国；第八章，娄安刚；第十章，郭亮；第十一章，金春姬；第十二章，陈友媛、孙萍；第十三章，刘晓磊；第十四章，林国庆、郑西来；第十六章，于格、邹立。全书由赵阳国负责统稿，贾永刚、陈友媛、杨世迎审校。本书在编写过程中，参考了大量国内外同行的研究和教学成果，引用了各种媒体公开报道的图文资料，没有这些材料支撑，本书难以完成。在此，我们对前辈们的辛苦付出致以崇高敬意！另外，本书在编写、出版过程中也得到中国海洋大学的支持、各级领导的关心和帮助，在此一并致谢！衷心感谢高等教育出版社编辑的热心支持和帮助，使本书得以付梓。

本书由中国海洋大学教材建设基金资助。

这是我国第一部海洋环境工程教材，其体系、内容和使用效果还有待在今后的教学实践过程中不断验证、完善和改进。由于编者水平所限，书中难免出现疏漏，敬请不吝赐教。

编　者

2020 年 8 月

目 录

第一章

绪 论

海洋是地球表面彼此相通的广大咸水水域。其总面积约为 3.6 亿 km^2，约占地球表面积的 71%，平均水深约 3 795 m。海洋中含有 13.5 亿 km^3 的水，约占地球总水量的 97%。到目前为止，人类对海底面积的 95% 还是未知的。

广阔的海洋蕴藏着极为丰富的自然资源，主要包括海水资源、海洋能、海洋矿产资源、海洋生物资源和海洋空间资源。面对社会发展和资源短缺的问题，人类开发海洋资源的规模日益扩大，海洋环境亦受到人类活动的影响和污染。绿色、科学、立体的新型海洋资源开发模式，是当今世界开发、利用与保护海洋资源的趋势。

海洋环境工程是在环境科学、环境海洋学、环境工程学、海洋科学、海洋环境科学，以及海洋工程学等学科的基础上发展起来的交叉学科，这些学科的历史沿革、界定范畴和研究内容决定了海洋环境工程的主要内涵和任务。

第一节 海洋环境污染

海洋环境是指影响人类生存和发展的海洋各因素的总和，其中包括天然的海洋因素，也包括经过人工改造的海洋因素。海洋环境是一个非常复杂的系统。人类并不生活在海洋上，但海洋却是人类消费和生产所不可缺少的物质和能量的来源。随着科学和技术的发展，人类开发海洋资源的规模越来越大，同时海洋对人类的影响也日益增大。古代，人类只能在沿海捕鱼、制盐和航行，主要是向海洋索取食物。现代，人类在一般海洋活动的基础上，发展远洋渔业、海水养殖业和海洋采矿业等。此外，还开发了海水中其他的能源，如潮汐能、温差能等。20 世纪中叶以来，海洋事业发展极为迅速，已有近百个国家在海上进行石油和天然气的钻探和开采；每年通过海洋运输的石油超过 20 亿 t；每年从海洋捕获的鱼、贝近 1 亿 t。海洋已成为人类生产活动非常频繁的区域。随着海洋事业的发展，海洋环境亦受到人类活动的影响和污染，而探索如何更好地利用和保护海洋生态环境，是海洋环境工程的重要任务之一。

一、海洋环境污染的原因

海洋环境污染是指由于自然因素或者人类活动，自然界或人类直接或间接地把物质或能量引入海洋环境，进而降低海水质量、损害海洋生态系统健康或影响海水正常使用价值的现象。随着工业的发展，人类活动对海洋的污染日趋严重，使局部海域环境发生了很大变化，成为当前海洋环境污染最为主要的问题，人类活动主要通过以下几种途径对海洋环境造成污染。

（一）陆源排放

陆源排放污染是指陆地上产生的污染物，如工业废水、生活污水和生活垃圾、农业生产中使用的化肥和农药等，进入海洋后对海洋环境造成的危害。

这些污染物可能具有毒性、扩散性、积累性、活性、持久性和生物可降解性等特征，多种污染物之间还有拮抗和协同作用。人类长期以来的生产消费与生活方式使得陆源污染成为全球海洋环境持续恶化的罪魁祸首。联合国环境规划署在加拿大蒙特利尔环境部长会议报告中指出，80％的海洋环境污染源于陆地。

（二）船舶

船舶污染主要是指船舶在航行、停泊港口、装卸货物的过程中对周围水环境和大气环境产生的危害，主要污染物有含油废水、生活污水和船舶垃圾三类，还有粉尘、化学物品、废气和噪声等。船舶污染具有多样性、流动性和危害性等特征。

（三）海水养殖

海水养殖污染是指人类在利用海水进行水产品养殖的过程中，通过各种行为把物质和能量带入海水系统，产生妨碍养殖生产活动、损害渔业资源或破坏海洋生态等的负面影响。我国农业部在《2012 年中国渔业生态环境状况公报》中指出，我国近岸海域海水重点养殖区的主要污染因子是无机氮和活性磷酸盐，它们除了来自河流和生活污水的注入外，还来自近岸的海水养殖活动。

养殖污染主要包括养殖过程中营养物排放、药物排放，以及底泥富营养化等。污染的主要表现为养殖过程所带来的氮（N）、磷（P）、有机物质等的排放，当其超出近岸海洋的环境承载力和自净能力后就会导致富营养化，并带来后续的海洋生态异常。不同养殖品种和养殖模式产生的污染程度不同，对环境造成的影响也存在差异。

（四）海上（岸）事故

海上（岸）发生的意外事故，例如船舶搁浅、触礁、碰撞，石油井喷和石油管道泄漏，近岸核电站泄漏等，会对海洋环境造成不同程度的突发性污染。

1978 年，油轮"阿莫科·卡迪兹"号（Amoco Cadiz）在法国布列塔尼海岸附近遭遇暴风雨，导致船舵失灵触礁搁浅，22.3 万 t 原油泄漏造成大规模的海洋石油污染。这些石油令 180 km² 的法国海岸受到影响，给海洋生物造成了灾难性后果，数以百万计死亡的海洋动物和软体生物遗体被冲上岸。

2011 年 6 月，中国海洋石油集团有限公司与美国康菲石油中国有限公司合作开发的渤海蓬莱 19-3 油田发生溢油事故，成为近年来中国内地第一起大规模海底油井溢油事故。此次事故共造成原油泄漏 385 t。国家海洋局表示，这次事故造成了 5 500 km² 海域受到污染，污染面积大约相当于渤海面积的 7%。

（五）海洋倾废

海洋倾废是指为了减轻陆地环境污染，利用船舶、航空器、平台或其他运载工具向海洋处置废弃物或其他有害物质的行为，也包括弃置船舶、航空器、平台和其他浮动工具等行为，这是人类利用海洋环境处置废弃物的方法之一。全球每年向海洋倾废的量达 200 亿 t，倾倒的废弃物包括疏浚工程的泥沙、工业废物、市政污泥、建筑物破坏碎屑、炸药和放射性废物等。

（六）海岸工程建设

海岸工程建设是指位于海岸或者与海岸连接、工程主体位于海岸线向陆一侧，对海洋环境产生影响的新建、改建或扩建工程。主要包括：港口、码头、航道及滨海机场等工程；修造船厂；滨海火电站、核电站及风力电站；滨海物资存储设施；滨海矿山、化工、轻工及冶金等工业工程；固体废弃物与污水等污染物处理处置排海工程；滨海养殖业；防护海岸、沙石场和入海河口处的水利设施；滨海石油勘探开发工程；以及国务院环境保护主管部门会同国家海洋主管部门规定的其他海岸工程。

当前我国的海岸工程建设，主要包括运输业、修造船业、能源开发业、养殖业，以及水利设施等。而这些工程建设，从选址、兴建到竣工投入运行，整个过程的任何一个环节都可能造成海洋环境污染，如工程的选址不当、未及时清理建设过程中产生的废料等行为，都会改变当地海域固有的生态平衡，破坏海水水质，使海洋生物减少。

（七）海底矿产资源开发

对海底矿产资源的勘探与开发是个漫长的过程，在经济快速发展的同时，其背后所付出的代价往往就是严重的环境污染。海底矿产资源开发对海洋环境的危害主要包括：海洋水体富营养化、生物多样性急剧下降、渔业和旅游资源减少等。

二、 海洋环境污染物类型

污染海洋的物质众多，从形态上分为废水、废渣和废气。根据污染物的性质、毒性，以及对海洋环境造成危害的方式，大致可以把污染物分为以下八类。

1. 石油及其产品

包括原油和从原油中分馏出来的溶剂油、汽油、煤油、柴油、润滑油、石蜡、沥青等，以及经过裂化、催化而成的各种产品。每年排入海洋的石油污染物约 10 000 t，主要是由工业生产，包括海上油井管道泄漏、油轮事故、船舶排污等造成的。

2. 重金属和酸、碱

包括铬、锰、铁、铜、锌、银、镉、汞、铅、砷等重金属，以及酸和碱等。它们直接危害海洋生物的生存，并影响其利用价值。

3. 农药

包括农业上大量使用含有汞、铜，以及有机氯等成分的除草剂、灭虫剂，以及工业上应用的多氯联苯等。

4. 有机物质和营养盐类

主要包括工业排出的纤维素、糖醛、油脂，生活污水、粪便、洗涤剂和食物残渣，以及化肥的残液等，这些污染物往往含有丰富的氮和磷营养盐。

5. 放射性物质

主要指由核武器试验、核工业和核动力设施释放出来的人工放射性物质，如锶–90、铯–137 等半衰期为 30 年左右的同位素。

6. 固体废弃物

主要是工业和城市垃圾、船舶废弃物、工程渣土和疏浚物等。这些固体废弃物严重损害近岸海域的生物资源，破坏沿岸景观。

7. 废热

工业排出的高温水造成海洋的热污染。在局部海域，如果常年有高于正常水温 4 ℃以上的热废水流入，就会产生热污染，造成水中溶解氧下降，破坏生态平衡。

8. 微塑料

微塑料在性质上属于固体废弃物类，但由于其具有极高重要性和关注度而被单独列出。2004 年，英国普利茅斯大学的汤普森等人在《科学》杂志上发表了关于海洋水体和沉积物中塑料碎片的论文，首次提出了"微塑料"的概念，它指的是直径小于 5 mm 的塑料碎片和颗粒。实际上，微塑料的粒径范围从几微米到几毫米，是形状多样的非均匀塑料颗粒混合体，肉眼往往难以分辨，被形象地称为"海洋中的 $PM_{2.5}$"。与"白色污染"塑料相比，微塑料的颗粒直径微小，这是其对环境的危害程度更深的原因。

上述各类污染物大多从陆地排入海洋，也有一部分由海上直接进入或通过大气输送到海洋。这些污染物质在各海域的分布极不均匀，因而造成的影响也不完全一致。

三、海洋环境污染物的迁移和转化

海洋环境中污染物通过物理、化学或生物过程而产生空间位置的移动，或由一种地球化学相（如海水、沉积物、大气、生物体）向另一种地球化学相转移的现象称为污染物的迁移；污染物由一种形态向另一种形态转变则称为污染物的转化。

海洋是一个复杂开放的系统，它包括海洋本身及其邻近相关的大气、陆地、河流等部分，且可按其地理功能和生态特征分为若干亚系统。因此，污染物在海洋中的迁移转化是一个复杂的过程。污染物在海洋环境系统中的物理、化学和生物迁移转化过程可按不同区域和不同界面分类（表1-1），包括与海洋相邻的其他污染物储存库（大气、河流、陆地和沉积物）、海洋与相邻各区域间的各种界面、海洋内不同区域（沿岸水域、深海和表面混合层）、海洋内界面（沿岸水域-开阔大洋表面混合层-深海）、生物体系（水-生物、生物-生物、沉积物-生物），污染物在海洋环境中的迁移转化过程主要有以下 3 种。

表1-1　海洋中污染物迁移转化过程

类别	区域或界面种类	迁移转化过程
与海洋相邻的其他污染物储存库	大气	迁移、转化（光氧化作用）
	河流	迁移、转化（沉积作用）
	陆地	迁移、转化（生物还原作用）
	沉积物	迁移、转化（致密作用）
海洋与相邻区域间的各种界面	大气-海洋	迁移、转化（海气交换）
	河流-海洋	物理、化学、生物迁移、转化（混合、絮凝）
	陆地-海洋	物理、化学、生物迁移（溶解）
	沉积物-海洋	物理、化学、生物迁移（沉积、扩散）
海洋内不同区域	沿岸水域	物理迁移（潮汐、海流）
	深海	物理迁移、化学转化（沉积作用）
	表面混合层	物理迁移（潮汐、海流）
海洋内界面	沿岸水域-开阔大洋表面混合层-深海	物理迁移、生物迁移、液相-固相间反应（海流） 垂直反应、混合、生物迁移、液相-固相间反应（海水上涌）

续表

类别	区域或界面种类	迁移转化过程
生物体系	水-生物	生物迁移（吸收）
	生物-生物	生物间迁移（营养级放大作用）
	沉积物-生物	生物迁移（摄食）

引自崔江瑞，2009

（1）物理过程。包括污染物被河流、大气等输送入海，在大气-海洋界面蒸发、挥发、溶解、沉降等，入海后在海水中扩散和运输，以及溶解态污染物在海底沉积等。

（2）化学过程。指污染物与环境中的其他物质发生化学反应，如氧化、还原、水解、络合等，使污染物在单一介质中迁移或由一相转入另一相。此过程往往伴随污染物形态的转变。

（3）生物过程。指污染物经海洋生物的吸收、代谢、排泄，或通过海洋食物链的传递，以及尸体分解、碎屑沉降与生物在运动过程中对污染物的搬运。例如，微生物对石油等有机物的降解和对金属的羟基化作用都是重要的污染物生物转化过程。

四、海洋环境污染的特点

由于海洋的特殊性，海洋环境污染与大气、陆地环境污染有很多不同之处，具有以下4个突出特点。

（1）污染源多。人类不仅在与海洋的交互活动中污染海洋，而且在陆地的某些活动中也污染海洋，如将污染物通过河流、大气等运动形式最终汇入海洋。我国海洋环境污染主要分布在东部沿海地区，污染源主要包括工业污染源和生活污染源。工业污染源包括石油污染、重金属污染和有机物污染，这些污染源的特点是数量大、源头多、污染行为分散。生活污染源主要包括生活垃圾的沿海堆积、生活污水的入海排放等。此外，填海造陆带来的建筑材料污染、沿海核试验基地造成的核泄漏等因危害巨大，往往被单列出来，它们都是海洋环境污染源的重要组成部分。

（2）持续性强。海洋是地球上地势最低的大收纳区，因此不可能像大气和江河那样，通过一次暴雨或一个汛期，就使污染物转移或消除。污染物一旦进入海洋，就很难再转移出去，不能或不易分解的污染物会越积越多，甚至通过食物链的传递和浓缩，对人类造成直接危害。

（3）扩散范围广。全球海洋是相互连通的一个整体，一片海域污染，往往会扩散到周边，甚至有的后期效应还会波及全球。石油、核物质、有机化合物等污染物一旦融入水中，就会借助海浪和洋流快速扩散至广阔海域，轻者会对海水质量和周边环境造成污染，重者会导致某些海洋物种灭绝甚至整个生态系统紊乱。

（4）防治难、危害大。由于海洋面积大，并且水体是不断流动的，污染物难以收集控制在较小的范围内，所以海洋环境污染有很长的积累过程，不易及时发现，一旦形成污染，在短时间内很难将污染物彻底清除。另外，治理海洋环境污染的费用偏高，这也导致海洋环境污染治理难度增大。

○ 第二节 海洋环境科学

一、环境与环境问题

1. 环境

环境是一个相对的概念，是与某个中心事物相关的周围事物的总称。环境学科所研究的环境包括自然环境和人工环境，两者相互联系、相互影响、相互依存。自然环境支撑、调节、涵养人工环境，以适应人类生活和生产的需要。自然环境的恶化会破坏人工环境，以致造成难以弥补的损失。自然环境有赖于人工环境的维护和保护，以及被合理地改造，使之更利于人类的生活和生产。但是，人工环境的不当建造和发展，也会损害自然环境，直接或间接地损害人类的生存和发展状况。

2. 环境问题

环境问题一般指由于自然界或人类活动作用于人们周围的环境引起环境质量下降或生态失调，以及这种变化反过来对人类的生产和生活产生不利影响的现象。人类在改造自然环境和创建社会环境的过程中，自然环境仍以其固有的自然规律变化着。人类的社会环境一方面受自然环境的制约，另一方面也以其固有的规律运动着。人类与环境不断地相互影响和作用，产生环境问题。

环境问题多种多样，归纳起来有两大类：一类是自然演变和自然灾害引起的原生环境问题，也叫第一环境问题，如地震、洪涝、干旱、台风、崩塌、滑坡、泥石流等。另一类是人类活动引起的次生环境问题，也叫第二环境问题。次生环境问题一般又分为环境污染和生态破坏两大类。如乱砍滥伐引起的森林植被的破坏，过度放牧引起的草原退化，大面积开垦草原引起的沙漠化和土地沙化，工业生产造成大气、水环境恶化等。联合国环境保护机构列出的威胁人类生存的全球十大环境问题包括：全球气候变暖、臭氧层的损耗与破坏、生物多样性减少、酸雨日益严重、森林锐减、土地荒漠化、大气污染、水污染、海洋环境污染、危险废物越境转移。

二、海洋环境与海洋环境问题

1. 海洋环境

海洋环境一般可按其区域性、组成要素和人类利用与管理措施等特征进行分类。按照海洋环境的区域性可分为河口、海湾、海角、半岛、海岛、近海、外海、大洋等；按海洋环境组成要素可以分为海水、沉积物、海洋生物及海面上空大气；按照人类利用功能和管理措施可以分为旅游区、海滨浴场、自然保护区、渔场区、养殖区、石油开发区、港口、航道等。

2. 海洋环境的特点

海洋环境具有以下特点：① 大洋的连通性和海域的分异性；② 海水物理化学性质的独特性；③ 海洋生态系统的复杂性；④ 海水运动形态、效应的复杂性与规律性；⑤ 海洋环境功能的多样性；⑥ 海洋资源的巨大性与难获得性。

3. 海洋环境问题

海洋环境问题包括两个方面：一是海洋环境污染，即污染物质进入海洋，超过海洋的自净能力；二是海洋生态破坏，即在各种人为因素和自然因素的影响下，海洋生态环境遭到破坏。

海洋环境问题的表现包括以下几方面：① 海洋自然灾害日趋频繁、严重；② 海洋环境破坏行为屡禁不止；③ 海洋环境污染日益加剧；④ 海洋生态破坏难以恢复；⑤ 滨海环境承载力日趋饱和；⑥ 海洋资源日渐紧缺；⑦ 海洋环境问题全球化趋势明显。

4. 海洋环境问题的特殊性

由于海洋的特殊性，海洋环境污染与大气、陆地污染有很多不同，其突出的特点包括：① 海洋系统的开放性，决定了海洋环境污染的多源性；② 海水运动的复杂性，导致了海洋环境污染的难控性；③ 世界大洋的连通性，伴生了海洋环境污染扩散的无界性；④ 海洋环境污染的累积性，酿成了海洋环境污染治理的低效性；⑤ 海洋生态系统的复杂性，增加了海洋环境污染致害的严重性。

三、海洋环境科学

1. 海洋环境科学的内涵

海洋环境科学是综合应用海洋科学各分支学科知识，结合社会、法律、经济等因素，认识海洋环境，实施保护海洋环境及资源的一门综合性新兴学科。海洋环境科学的兴起虽然时间很短，但显示了巨大的生命力。例如日本用海洋环境科学与技术改造濑户内海，使"死海"恢复了生机。海洋环境科学是从研究海洋环境及污染开始的。全球或局部海洋及污染状况，包括污染物入海途径、形态变化、影响因素，以及防治，是海洋环境科学的研究重点。随着海洋开发事业向纵深方向的发展，以及人们对海洋环境认识的不断加深，海洋环境科学研究的领域和内容势必不断扩大和深化。

2. 海洋环境科学的主要研究内容

海洋环境科学的发展依赖于海洋科学的相关学科。同样地，海洋环境科学的研究成果又不断地充实、促进各有关学科的发展。如对污染物入海后的稀释、扩散、迁移和转化规律的研究，促进物理海洋学、海洋化学、海洋生物学、海洋环境物理学、海洋环境工程学、海洋环境法学等相关学科的发展。这些新的分支学科，在综合防治、评价海洋环境问题时互相协作、互相渗透，又进一步推动了整个海洋环境科学的发展。

海洋环境科学的主要研究内容包括：① 区域和全球海洋环境质量普查和专题调查；② 海洋环境污染对海洋生物和人类健康的危害；③ 海洋环境保护的基础理论研究；④ 海洋环境污染的调查监测技术与方法研究。

第三节 海洋环境工程学概况

一、环境工程学

环境工程学（environmental engineering）是主要研究运用工程技术和有关学科的原理和方法，保护和合理利用自然资源，防治环境污染，以改善环境质量的学科。环境工程的主要内容包括大气污染防治工程、水污染防治工程、固体废物的处理和利用技术，以及噪声污染控制方法等。环境工程学还研究环境污染综合防治的方法和措施，以及利用系统工程方法，从区域的整体上寻求解决环境问题的最佳方案。环境工程学是一个巨大而复杂的技术体系，它不仅研究防治环境污染和公害的措施，而且研究自然资源的保护和合理利用，探讨废物资源化技术、改革生产工艺、发展少害或无害的循环生产系统，以及按区域环境进行规划管理，以获得较大的环境回报和经济效益。

二、海洋工程学

海洋工程（marine engineering）是指以开发、利用、保护、恢复海洋资源与环境为目的，工程主体位于海岸线向海一侧的新建、改建、扩建工程。它主要包括围填海、海上堤坝工程，人工岛、海上和海底物资储藏设施、跨海桥梁、海底隧道工程，海底管道、海底电（光）缆工程，海洋矿产资源勘探开发及其附属工程，海上潮汐电站、波浪电站、温差电站等海洋能源开发利用工程，大型海水养殖场、人工鱼礁工程，盐田、海水淡化等海水综合利用工程，海上娱乐及运动、景观开发工程，以及国家海洋主管部门会同国务院环境保护主管部门规定的其他海洋工程。

海洋工程按照工程主体距离陆地远近程度也可分为海岸工程（主要包括海岸防护工程、围海工程、海港工程、河口治理工程、海上疏浚工程、沿海渔业设施工程、环境保护设施工程等）、近海工程（主要是在大陆架较浅水域的海上平台、人工岛等的建设工程，以及在大陆架较深水域的建设工程，如浮船式平台、半潜式平台、石油和天然气勘探开采平台、浮式储油库、浮式炼油厂、浮式飞机场等项目建设工程）和深海工程（包括无人深潜的潜水器和遥控的海底采矿设施等建设工程）等三类。

海洋工程学是以海洋基础科学和工程技术为基础，用以指导海洋工程建设的一门新兴的综合学科。

三、海洋环境工程学

（一）海洋环境工程学的内涵

海洋环境工程学（marine environmental engineering）是环境工程学、海洋工程学和海洋环境科学的交叉学科，是在海洋环境科学基础上发展起来的，针对人类活动造成的海洋环境问题，研究如何运用海洋工程技术和有关学科的原理和方法，保护和合理利用海洋资源，解决海洋环境污染问题，改善海洋环境质量，促进海洋环境保护与社会发展的一门新兴交叉学科。

海洋环境工程学是一个巨大而复杂的学科体系，除了涉及前述的相关学科，还涉及土木工程、卫生工程、化学工程、机械工程、生物工程等传统学科。它不仅研究防治海洋环境污染和生态破坏的技术和措施，还研究受污染海洋环境的修复及海洋资源的保护和合理利用，以及从系统工程学的角度对区域海洋环境进行系统规划与科学管理，以使人们在开发利用海洋的过程中达到环境效益、经济效益和社会效益的统一。

（二）海洋环境工程学的主要研究内容

具体来说，海洋环境工程的主要研究内容有以下几个方面：

（1）海水污染与防治工程。研究预防和治理海水污染，保护和改善海水环境质量，以及提供不同用途与要求的海水代用工艺技术和工程措施。主要研究领域有：海水富营养化与防治、海水养殖污染与防治、海洋溢油污染与防治、海水代用污染与防治、污水排海污染与防治等，涉及污染来源和具体的防治技术、工程措施。

（2）海洋工程建设污染与防治工程。研究各类海洋工程建设造成的海洋环境污染及防治措施，在满足工程建设与社会服务需求的同时兼顾海洋环境保护的目的。主要研究领域有：各类海洋工程在建设期及运营期引起的海水、沉积物、海洋大气、水文动力，及生态影响，减缓各类环境影响的具体工程措施。如围填海、疏浚工程的污染与防治，海港建设污染与防治，跨海桥梁建设污染与防治等。

（3）航运、海底资源开采污染与防治工程。研究各类航海运输及海底矿产资源开采过程的产污类型及防治措施，在充分利用海洋航道功能和开发资源的基础上，将对海洋环境的影响降到最低。主要研究领域有：航运造成的含油废水排放、大气污染、生物入侵等海洋环境问题，以及海洋石油、天然气水合物、锰结核、稀土等资源的开采造成的海底环境破坏及污染。

（4）固体废弃物污染及处置工程。研究各类海洋固体废弃物的来源、毒性及海洋处置工程措施，减少海洋垃圾，保护海洋生物及生态环境，还海洋一片蔚蓝。主要研究领域有：海洋固体废弃物的来源及分类、对海洋生物及环境的影响、固体废弃物海洋处置与管理，尤其是近年兴起的微塑料污染，更是触目惊心，引起了人们对海洋固体废弃物污染与防治的高度重视。

（5）海洋生态环境破坏及防护工程。研究各类海洋生态环境破坏类型及防护工程措施，保护海洋生物及生存环境，维持生态平衡，提高海洋环境的可持续发展能力，保护人类的"蓝色粮仓"。主要研究领域有：海洋生态系统与生态平衡、海洋生物资源衰退及恢复、海洋生物多样性锐减及保护、典型海洋生态系统（珊瑚礁、红树林、滩涂湿地）破坏及修复、河口环境破坏及恢复、自然海岸线蚀退及防护、海水入侵与防治等。

（6）海洋环境调查与评价。研究各海洋环境要素（海水、沉积物、生物、水文动力、地形地貌）等的环境质量现状，按照一定的标准和方法对环境质量进行定量的判定、解释和预测。主要研究领域包括：海洋环境标准、海洋环境调查、海洋环境质量评价、海域使用论证等，为后续海洋环境保护工程措施的制定奠定理论基础。

（7）海洋环境规划与管理。研究在科学发展观和可持续发展战略思想的指导下，利用系统工程的原理和方法，对区域性的海洋环境问题和防治技术措施进行整体的系统分析，以取得综合整治的优化方案，进行合理的环境规划、设计与管理，对污染物进行总量控制，充分发挥海洋环境的整体使用功能。主要研究领域包括：海洋环境污染防治相关法律、法规、政策，海洋环境规划，海洋环境管理等。

（三）海洋环境工程学的形成历史

海洋环境工程学是人类在开发和利用海洋资源与环境保护，在与海洋环境污染做斗争的过程中逐步形成的，是伴随着科技的发展和人类社会文明的进步而向前发展的。这是一门历史悠久而又正在迅速发展的工程技术学科。

在许多国家，海洋环境的保护、海洋环境工程学是伴随着一些标志性的海洋环境污染事件而逐步建立、发展起来的。20 世纪 40—60 年代，美国在圣弗朗西斯科附近海域倾倒近 5 万桶放射性废弃物，对该海域造成了放射性污染，危害极大，引起了国际社会对于海洋倾倒废弃物造成环境问题的关注。继美国之后，欧洲部分国家拟倾倒有害物质入海，1971 年，英国拟倾倒一批有毒化学品在其南部海域。荷兰也拟倾倒一批氯烃废弃物在北海北部海区，估计有 650 t。由于临近沿海国家的反对及人民的强烈抗议，倾倒活动最终没有实现。以此为契机，英国 1972 年 12 月通过了《防止因倾倒废弃物及其他物质而引起海洋环境污染的公约》，即伦敦公约。我国于 1985 年加入伦敦公约并成为其缔约国，开始参与伦敦公约的有关活动，并积极履行缔约国的义务，享受相应权利。同年，我国政府颁布了《中华人民共和国海洋倾废管理条例》，具体规定了与伦敦公约相一致的管理机制和程序。该条例在某些方面比伦敦公约的规定更具有广泛性和强制性。

早在 1810 年，德国海湾就已有赤潮发生的记录，乌利格和萨林（Uhlig, Sahling, 1990）对德国海湾自 1968—1988 年夜光藻引发的赤潮现象进行分析研究，以此来了解赤潮的发生规律，为以后的赤潮研究奠定了理论基础。1978 年开始，我国海水富营养化问题得到了广泛的重视，大量新技术新方法得以应用。卫星遥感技术由于监测范围广和时效性强，已经广泛应用于赤潮的探测、识别及分析研究中（王其茂等，2006；周为峰和樊伟，2007）。

我国海洋生态环境保护最早可追溯到 20 世纪 60 年代。海洋生态环境领域相关专家根据当时我国海洋生态环境管理状况，向国务院提出了成立国家海洋局的建议。后经全国人民代表大会批准，于 1964 年 7 月正式成立国家海洋局，自此我国海洋生态环境保护开始了专业化管理。1982 年 8 月 23 日，第五届全国人民代表大会常务委员会第二十四次会议审议通过了《中华人民共和国海洋环境保护法》，这部法律是我国第一部真正意义上专门的海洋环境保护法律，其颁布标志着我国海洋环境保护工作进入了法制化、业务化的轨道（许阳，2018）。

随后，国家相关部委相继在海洋环境保护领域发布了一系列环境标准，如《船舶水污染物排放控制标准》（GB 3552—2018）、《海洋石油开发工业含油污水排放标准》（GB 4914—85）、《海水水质标准》（GB 3097—1997）等，这些法律法规和标准一并构成了海洋环境保护的规范管理体系。2000 年 4 月，修订后的《中华人民共和国海洋环境保护法》正式实施，海洋生态环境协同治理理念初步形成。2001 年颁布《中华人民共和国海域使用管理法》，涵盖海洋功能区划、海域使用权、有偿使用等核心制度，标志着我国海域使用制度的建立。2004 年 9 月，我国实施了《海洋工程环境影响评价技术导则》。2006 年颁布了《防治海洋工程建设项目污染损害海洋环境管理条例》，2007 年对其进行了修订。2009 年颁布了《中华人民共和国海岛保护法》，颁布了《防治船舶污染海洋环境管理条例》。这一阶段，我国政府高度重视海洋生态环境保护工作，在局部海洋环境污染治理、生态保护等方面取得一定成效，但在客观上并没有摆脱发达国家走过的"先污染、后治理"路径，我国近岸海洋生态环境仍持续恶化。

与 20 世纪 80 年代相比，海洋生态环境问题在类型、规模、结构、性质等方面都发生了深刻变化。环境、生态、灾害和资源四大方面的问题共存，并且相互叠加、相互影响，表现出明显的系统性、区域性、复合性，呈现出异于发达国家的海洋生态环境问题特征，防控与治理难度加大（刘岩，2014；张晓丽等，2019），但也推动着我国的海洋生态环境保护与治理工作朝综合性、协同性的方向迈进。

2018 年 2 月，中国共产党第十九届中央委员会第三次全体会议通过《深化党和国家机构改革方案》，海洋生态环境保护职责整合到新成立的生态环境部，这是以习近平同志为核心的党中央立足于新时代增强陆海污染防治协同性和生态环境保护整体性的重大战略部署和关键体制改革。随着海洋生态环境保护职能的整合，海洋综合治理成为最主要的政策目标和决策原则。渤海综合整治攻坚战、"蓝色海湾"等整体性、综合性的海洋生态环境治理政策相继被制定和实施。大力推进海洋生态文明建设，不断增强海洋经济高质量可持续发展能力，成为我国新时代海洋生态环境保护工作的战略目标。

我国海洋生态环境状况基本稳定，但近岸海域水环境质量差，局部海域污染严重，突发性环境污染事故频发，海洋生态安全受到威胁。目前，单纯依靠行政、法律、经济等强制管理手段已不能满足海洋环境保护的需求，而研究海洋环境污染及生态破坏发生规律的海洋环境科学学科亟须和工程学科结合，发展一系列先进高效的海洋环境污染治理与生态环境防护技术，由此推动了海洋环境工程学的兴起和发展。陆域环境污染的综合防治技术已发展得较为完善，但是海洋环境和陆地环境存在较大差异，不能单纯将陆域环境工程的相关技术照搬到海洋环境工程，这对海洋环境保护科学技术人员提出了挑战。但随着经济的发展和人们对海洋环境质量要求的提高，海洋环境工程学科必将得到进一步的完善和发展。

○ 第四节 本书的任务和主要内容

如同海水富营养化和海洋倾废、疏浚工程的污染与治理，一系列海洋环境问题从出现，到被认识，再到最终得到控制和治理，都需要科研人员和专业技术人员付出巨大的努力。海洋环境工程学科的发展尚不成熟，但海洋环境污染问题的加剧使我们必须具备一定的海洋环境污染控制技术。读者通过对本书的系统学习，可以了解目前海洋环境污染的种类、来源和污染控制对策，增强保护海洋环境的使命感；了解常见的海洋环境工程问题和对策，具备运用已有的环境工程基础知识分析海洋环境问题、提出解决方案的能力。

本书主要内容包括以下三个方面：

（1）海洋环境工程基础。介绍海洋物理、化学、生物、地质、大气环境，分析目前海洋环境污染的种类与分布，明确海洋环境工程学科的内涵及其发展阶段。

（2）海洋环境污染防治技术与工程。设置13个专题分别剖析目前存在的海洋环境问题、对策措施和工程案例。它们分别为：海水富营养化与防治、海水养殖污染与防治、围填海及疏浚工程污染与防治、海港工程建设运营污染与防治、船舶航运污染与防治、海洋溢油污染与防治、海水代用污染与防治、污水排海污染及防治、固体废物海洋处置污染与防治、滨海湿地退化与保护、海岸带侵蚀与防护、海水入侵与防治、海底资源开采污染与防治。

（3）海洋环境工程管理。介绍海洋环境标准、海洋工程污染防治相关法规、海洋环境管理体制等，深入理解现行的国内外海洋环境法律法规及其管理策略。

主要参考文献

［1］Uhlig G，Sahling G．Long-term studies on *Noctiluca scintillans* in the German Bight population dynamics and red tide phenomena 1968—1988 ［J］．Netherlands Journal of Sea Research，1990，25（1/2）：10–112．

［2］崔江瑞．污染物在海洋中的迁移转化及其在海湾环境容量研究中的应用 ［D］．厦门：厦门大学，2009．

［3］冯士筰，李凤岐，李少菁．海洋科学导论 ［M］．北京：高等教育出版社，1999．

［4］蒋展鹏，杨宏伟．环境工程学 ［M］．3版．北京：高等教育出版社，2013．

［5］李凤岐，高会旺．环境海洋学 ［M］．北京：高等教育出版社，2013．

[6] 刘岩. 陆海统筹保护海洋生态环境 [J]. 中国国情国力, 2014 (9): 12-14.

[7] 王其茂, 马超飞, 唐军武, 等. EOS/MODIS 遥感资料探测海洋赤潮信息方法 [J]. 遥感技术与应用, 2006, 21 (1): 6-10.

[8] 许阳. 中国海洋环境治理政策的概览、变迁及演进趋势——基于 1982—2015 年 161 项政策文本的实证研究 [J]. 中国人口·资源与环境, 2018, 28 (1): 165-176.

[9] 曾一非. 海洋工程环境 [M]. 上海: 上海交通大学出版社, 2007.

[10] 张晓丽, 姚瑞华, 徐昉. 陆海统筹协调联动助力渤海海洋生态环境保护 [J]. 环境保护, 2019, 47 (7): 13-16.

[11] 赵淑江, 吕宝强, 王萍. 海洋环境学 [M]. 北京: 海洋出版社, 2011.

[12] 周为峰, 樊伟. 应用 MODIS 进行赤潮遥感监测的研究进展 [J]. 遥感技术与应用, 2007, 22 (6): 768-772.

[13] 邹景忠. 海洋环境科学 [M]. 济南: 山东教育出版社, 2004.

第
二
章

海洋环境特征

　　海洋按海水深度及地形可划分为滨海、浅海、半深海和深海四种环境。波基面（波浪对海底地形产生作用的最低点）以上的地带称为滨海区或海岸带，这里的水动力条件、水介质条件及海底地貌都很复杂；浅海是指波基面以下至水深 200 m 的陆架区，这里地势平坦，坡度小于 7%；浅海之外的半深海是坡度较陡的大陆坡，坡度为 7% ~ 12%，大陆坡的地形崎岖，并有深切的水下峡谷，斜坡的坡脚水深可达 2 000 m；再向外则为深海大洋盆地，地形比较平坦。海洋环境及其特征，对于海洋开发活动及其环境效应具有重大影响。

○ 第一节　海洋物理环境

　　海洋物理环境包括海水温度、盐度、透明度、海水运动、海冰等。

一、海水温度

　　海水温度取决于辐射过程、大气与海水之间的热量交换和蒸发等因素。大洋表层水温为 −2 ~ 30 ℃；深层水温低，为 −1 ~ 4 ℃。大洋表层年平均水温：太平洋最高，为 19.1 ℃；印度洋次之，为 17.0 ℃；大西洋最低，为 16.9 ℃。三大洋（北冰洋除外）平均表层水温为 17.4 ℃，比近地面年平均气温（14.4 ℃）高 3 ℃，可见海洋是温暖的。北冰洋和南极海域最冷，表层水温为 −3 ~ −1.7 ℃（图 2-1，图 2-2）。

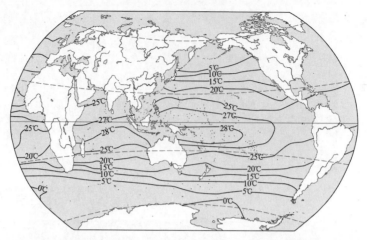

图2-1　冬季（2月）大洋表层水温分布（引自冯士筰等，1999）

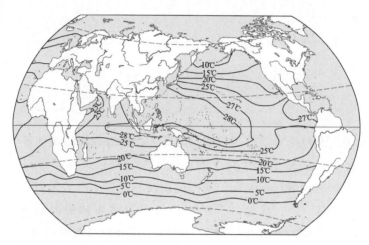

图2-2　夏季（8月）大洋表层水温分布（引自冯士筰等，1999）

大洋表层水温的分布主要取决于太阳辐射和洋流性质。表层海水等温线大体与纬线平行，低纬度海区水温高，高纬度海区水温低，纬度每增高1°，水温平均下降0.3 ℃。北半球大洋的年平均水温均高于同纬度的南半球，北半球的水温平均高于南半球3.2 ℃。

在垂直方向上，海洋水温的上层与下层截然不同。在1 000～2 000 m的水层内，水温从表层向下层降低得很快，而2 000 m以下的水温几乎没有变化。大致在南、北纬45°之间，海水水温沿垂直方向的分布可分为以下三层。①混合层，一般在大洋表层100 m深度以内，由于对流和风浪引起海水的强烈混合，水温均匀，水温垂直梯度小。②温跃层，在混合层以下和恒温层以上，水温随深度增加而急剧降低，水温垂直梯度大。③恒温层，在温跃层以下直到海底，水温变化幅度一般很小，常在2～6 ℃之间，尤其在2 000～6 000 m深度区，水温为2 ℃左右。

大洋表层水温日变化很小，日较差通常在0.4 ℃以下。在沿岸海区，日较差达3 ℃以上。大洋表层水温的季节变化，以北半球为例，最高在8—9月，最低在2—3月。表层最高、最低水温的出现时间均比陆地上最高、最低气温出现的时间滞后。大洋表层水温的季节变化幅度因纬度而异，在赤道和热带海域年较差小，一般为 2~3 ℃；在温带海域年较差大，可达 10 ℃左右；在寒带海域年较差又缩小，一般为 2~3 ℃。整个海洋表层水温以波斯湾为最高，达 35.6 ℃；以北冰洋为最低，为−3 ℃，相差 38.6 ℃，远小于近地面空气的极值温差（133 ℃）（端木琳和徐飞，2016）。

二、海水盐度

海水盐度是一个非常重要且复杂的概念，可分为绝对盐度和实用盐度。绝对盐度是指海水中全部溶解性物质质量与海水质量之比，可以用‰表示；而实用盐度是一个量纲一的量，不再使用符号"‰"，数值是绝对盐度的 1 000 倍，一般用电导的方法测定海水的盐度，如海水的绝对盐度为 35‰，实用盐度记为 35。大洋上盐度的空间变化幅度不大，绝对盐度都在 35‰左右，但在邻接大陆的海域，盐度差别很大（图 2-3）。在蒸发量大、降水量小、没有河水注入的海域，海水盐度高，如红海北部绝对盐度高达 42.8‰。在蒸发量小、降水量大、有许多河水注入的海域，海水盐度低，如波罗的海表层绝对盐度多在 10‰以下。在干、湿季节明显交替的海域，如季风区海域，表层盐度亦有明显季节变化。中国长江口外，夏季海水绝对盐度为 25‰，冬季为 30‰。

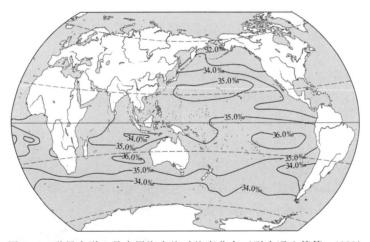

图 2-3　世界大洋 8 月表层海水绝对盐度分布（引自冯士筰等，1999）

海水中含有的盐类，不仅向人类提供资源，还赋予海水某些特征。海水的冰点低于淡水，并且随着盐度的增加而降低。当海水表面温度趋向于冰点时，海水密度增大，海水下沉，引起水的垂直对流，进而混合海水。表层海水开始结冰，析出盐类而使邻近水层的盐度增大，使邻近的海水的冰点再次下降。因此，海洋只有混合均匀，从表层到海底各深度的水温接近冰点时，海面才会凝固结冰。海水的密度变化主要受盐度变化的制约，因此大洋上盐度的差异也就造成海水密度的差异，密度流就是这样形成的（张颖等，2014）。

三、海水的透明度

并非所有的海水都是清澈透明的，有些地方的海水清澈透明，阳光可以照射到很深的位置，而有些地方的海水则比较混浊，阳光只能照射到很浅的位置。为了表示不同海域的海水能见程度，科学家们引入了透明度的概念，即透明度是表示海水能见程度的一个量，它是人们衡量海水光学性质的重要参考。

那么，该如何测量海水的透明度呢？首先要准备一个直径为30 cm的白色圆板，任何材质都可以，但要保证它能沉入水中，这种圆盘被称为透明度盘。其次在圆盘上系一根绳子，并在绳子上做好长度标记。然后把圆盘水平地放入水中，让它缓慢沉下去，在下沉过程中注意不要让圆盘过度倾斜。仔细观察沉入水中的白色圆盘，直至看不见时，记下圆盘在水中的深度，这就是该处海水的透明度，也可以说是能见度深度。

海水的透明度会受到多种因素的影响，如海水的颜色、水中悬浮物、浮游生物、海水的涡动、入海径流，甚至天空的云量等。一般远离海岸的海水透明度较高，靠近大陆的海水透明度较低。世界各大洋的透明度并不是一样的，平均来说，太平洋的水透明度比大西洋和印度洋的水要高。

四、海水运动

（一）海水运动形式

在各种力的作用下，海水的质点和水团不停地运动着，波浪、潮汐、海流和海洋内波等都是海水的运动形式。

波浪（或称海浪）是最常见的海水运动形式（图2-4）。海水受到外力作用，水质点在其平衡位置附近做周期性振动。当水质点离开平衡位置后，恢复力（表面张力、重力等）就试图使其回到原来的平衡位置，但因惯性作用振动仍保持着，并通过其四周的水质点向外传播，这种原理就形成波浪。波浪的成因很多，但主要是风力作用，由风力作用产生的波浪称为风浪。风浪传播到无风的海区或风息后的余波称

图2-4 海洋中的波浪（赵阳国 摄）

为涌浪。风浪传播到浅水区，受海水深度变化影响，出现折射，波面破碎和卷倒则称为近岸波。波浪运动只是波形向前传播，水质点只在其平衡位置附近振动，水团并未随波形前进。所以波浪对海水不起输送作用，只起加强海水紊动混合的作用。但是波浪对海上航行、海港和海岸工程、各种海洋作业有重要的影响。

潮汐是海水在太阳、月球起潮力的作用下形成的一种周期性涨落现象。起潮力的大小与太阳、月球的质量成正比，而与太阳、月球至地心距离的三次方成反比。因此，太阳质量虽然远大于月球，但月地距离却比日地距离小得多，故月球起潮力大于太阳起潮力，为太阳起潮力的2.25倍。这样，海水的涨落便以一太阴日（24时50分）为周期。在潮汐

升降的每一个周期中，上升过程叫涨潮，海面上涨到最高位置时叫高潮；下降过程叫落潮，海面下降到最低位置时叫低潮。高潮和低潮的潮水位差叫潮差。大洋的潮差不大，近陆海区潮差较大，但受地形的影响，潮差在各处不相同。中国杭州湾的澉浦镇潮差很大，曾经达到8.9 m。20世纪50年代，世界上开始利用潮差发电，潮汐能已成为一种重要能源。

沿海地区在高潮时被海水淹没，低潮时露出水面的地带叫潮间带。这里兼有水、陆两种环境特点，在这里生活的生物常具有适应水、陆生活的能力。潮汐波还可沿入海河口上溯，而在河流下游或河口区形成感潮河段。在这样的河段有特殊的水文现象和污染物的稀释扩散规律。

海流（或称洋流）是海洋中的水团在天文、水文、气象等因素或重力作用下沿某一特定方向稳定地流动的现象。海流是海水的一种重要的运动形式，它同海底泥沙运动、鱼类洄游、天气变化和气候形成等都有密切关系。形成海流的动力条件很多，其中主要的是密度流和风海流。密度流是因海水温度、盐度和压力的分布不均而引起的海水流动；风海流是由风对水面摩擦而产生的海水水平流动。盛行风带引起的海流叫漂流。从水温来看，如果海流水温比其流经海区的水温高，称为暖流；比其流经海区的水温低，称为寒流。一般来说，从低纬流向高纬的海流属暖流；从高纬流向低纬的海流属寒流。暖流可以从低纬地区向高纬地区输送热量，对气候的影响很大。如西北欧沿海地区虽处于高纬地区，然而气候温和，就是因为受到强大的北大西洋暖流（湾流）的影响。所以海流也是一种能量输送方式。

世界上大洋表层的海流环流形式，基本上取决于地球上的大气环流形式，并受海陆分布制约。在北半球，绕副热带高压中心流动的，是一个顺时针方向的环流；绕副极地低压流动的，是一个逆时针方向的环流。在南半球，与副热带高压区相应的环流为逆时针方向。但在高纬地区因副极地低压同极地高压基本上呈带状，与纬圈平行，因之海流亦与纬圈平行（李鹏等，2014）。

海洋内波是发生在不同密度稳定层结间海水中的一种波动（图2-5），波长可达几十至上百千米，周期可达几十小时（方欣华和杜涛，2005）。海洋内波的恢复力主要是约化重力（重力与浮力之差），以及地转偏向力（科里奥利力），所以海洋内波也是一种重力波（或内惯性重力波）。不像海面波浪那样汹涌澎湃，海洋内波潜伏在海洋水体中，最大振幅发生在分层水体内部，其运动规律很难在水面上被发现，这也为研究海洋内波增添了一层神秘的色彩。

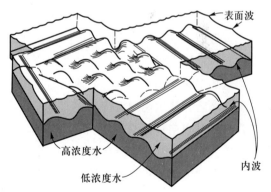

图2-5　海洋内波示意图（引自Gross，1990）

海洋内波的形成有两个必要条件，分别是一定强度的外部驱动力和不同的稳定水体温度、密度的分层。由于水体与大气之间的温度（或密度）差远大于分层水体之间的差异，因此，海洋内波的恢复力比表面波（即波浪）小三个数量级，流体质点在微小扰动下就可以偏离平衡位置，致使海洋内波振幅增大，而海洋内波的振幅可比表面波的振幅大一个数量级（杨娌，2018）。海洋内波形成的外部驱动力主要有：① 风应力：风与水体表面相互作用，可以通过摩擦接触将动能传递给水体，进而驱动上层水体向下层流动，致使下层水体温跃层（密度跃层）厚度增加，进而导致温跃层上下振荡而产生海洋内波，这种海洋内波生成方式多发生于湖库和海洋；② 潮流经过海底陡变地形：潮流经过剧烈变化的地形（如大陆坡、海底峡谷、海山、海脊和海沟等），与稳定密度分层的水体相互作用能够形成有规律的驱动，进而生成海洋内波；③ 上升水流或运动物体：潮流、鱼群、潜艇等都能够引发水体的垂向运动进而产生海洋内波，地震等扰动源也会激发海洋内波的形成；④ 人工诱导：利用机械混合装置，在温跃层（或密度跃层）内制造扰动，从而达到诱导海洋内波的目的（杨娳，2018）。

（二）海水运动造成的灾害

1. 风暴潮灾害

风暴潮（storm surge）是由于热带气旋、温带气旋、海上飑线等风暴过境所伴随的强风和气压骤变而引起的海面非周期性异常升高（降低）的现象，又可称"风暴增水""风暴海啸""气象海啸"或"风潮"。风暴潮会携带狂风巨浪，可引起水位暴涨、堤岸决口、船舶倾覆、农田受淹、房屋被毁等灾害。如果风暴潮与天文大潮同时发生，会使海平面地区的潮水暴涨，甚至冲毁或漫过海堤、江堤，吞噬城镇、村庄、码头、工厂，淹没耕地，造成严重的人员伤亡和财产损失。有时风暴潮还会引起山体崩塌、滑坡，进一步加剧灾害的破坏程度。

风暴潮的空间范围一般由几十千米至上千千米，时间尺度或周期为 1～100 h。但有时风暴潮的影响区域随大气扰动因子的移动而移动，因而有时一次风暴潮过程会影响几千千米的海岸区域，影响时间多达数天之久。风暴潮灾害一年四季均可发生，在我国从南到北所有海岸均无幸免。热带风暴潮主要集中在 7—10 月，特别是 8—9 月。较大的温带风暴潮主要发生在晚秋、冬季和早春，即 11 月至次年 4 月。

中国近海多为浅海，大陆架广阔，这些条件对风暴潮的形成发展十分有利，因此，中国沿海是风暴潮多发地区。如果风暴潮恰与天文大潮的高潮相叠加，则会导致发生特大潮灾。但是如果风暴潮非常大，即使未遇天文大潮或高潮，也会造成严重潮灾。从有关灾情统计资料来看：我国南起海南岛、北至辽东半岛的广阔海岸均遭受过热带气旋的侵袭，但以长江口及其以南地区沿岸受台风的影响最为严重。其中，最严重的是台湾、浙江、广东，其次为广西、福建，再次为江苏、山东。

风暴潮灾害的严重程度，还取决于受灾地区的地理位置、海岸形状和海底地形、社会和经济情况等。一般来说，地理位置处于海上大风袭击的迎风方向、海岸形状呈喇叭口状、海底地形较平缓、人口密度较大、经济发达等地区，风暴潮灾害较为严重，会造成更大的损失。因风暴潮而引起的灾害损失及风暴潮灾害对人类生产、生活的影响都十分巨大，所以积极的防灾抗灾工作就显得尤为重要。

2. 海浪灾害

因海浪引起的船只损坏和沉没、航道淤积、海洋石油生产设施和海岸工程损毁、海水养殖业受损等经济损失和人员伤亡的现象，通称为海浪灾害（wave disaster）。一般将波高大于等于 4 m 的海浪称为灾害性海浪（disastrous wave）。海浪灾害主要是风暴浪灾害。

风暴浪和风暴潮一样，都是由温带气旋和热带气旋引起的。风暴潮主要是以其高水位在海岸一带造成巨大灾害，而风暴浪则以其波高 4 m 以上的巨浪和波高 6 m 以上的狂浪形成严重的海洋灾害。风暴浪在岸边还伴随风暴潮冲击摧毁沿海的堤岸、海塘、码头和各类构筑物、船只，并致使大片农田被淹、农作物受损和水产养殖遭殃，严重影响海岸带及沿海的社会、经济发展。风暴浪在海上掀翻船只，摧毁海上工程和海岸工程，给海上航行、施工、军事活动和生产作业等带来极大的危害。发生于低纬度洋区的台风、飓风和大洋北部的气旋引起的狂风怒涛，是世界上最严重的自然灾害之一，其波高有时可超过 20 m，狂浪区范围可达数千千米，它对航行于海洋上的船舶构成极大的威胁。自有历史记录以来，全世界约有 100 万艘船舶沉没于惊涛骇浪之中。

五、海冰

海冰（sea ice）是淡水冰晶、"卤水"和含有盐分的气泡混合体，包括来自大陆的淡水冰（冰川和河冰）和由海水直接冻结而成的咸水冰，但一般多指后者。广义的海冰还包括在海洋中的河冰、冰山等。

1. 海冰的形成

海水结冰需要三个条件：① 气温比水温低，水中的热量大量散失；② 相对于水开始结冰时的温度（冰点），已有少量的过冷却现象；③ 水中有悬浮微粒、雪花等杂质凝结核。

纯水在 0 ℃时结冰，在 4 ℃时密度最大。但海水则不同，无论是冰点 I（指海水开始结冰时的温度），还是最大密度时的温度 I_m 均与盐度有关。这两个温度均随盐度增大而线性下降，递减得较快，在盐度为 24.69‰时，海水的 I 与 I_m 为同一数值，均为 −1.33 ℃。当盐度<24.69‰时，$I_m>I$，因此，当气温下降时，首先达到 I_m，此时发生垂直方向的对流混合，当水温继续下降接近 I 时，表层水的密度已非最大并逐渐趋向稳定，于是水温稍低于冰点时就迅速结冰。当盐度>24.69‰时，$I_m<I$。因此，水温逐渐下降至冰点的过程，也就是海水密度不断增大的过程，因而变重下沉，发生对流，这种对流过程会一直持续到海水冻结时为止。当海水冻结时，不是所有盐分都包含在海冰中，因此，冰下的海水盐度就会增大，加强了海水的对流。当水温降至冰点以下，海水变为某种程度的过冷却水以后，就形成海冰。

海冰的形成可以开始于海水的任何一层，甚至于海底。在水面以下形成的冰叫作水下冰，也称为潜冰，黏附在海底的冰称为锚冰。由于深层冰密度比海水密度小，当它们成长至一定的程度时，就将从不同深度上浮到海面，使海面上的冰不断增厚。

2. 海冰的分类

按发展阶段，海冰可分为初生冰、尼罗冰、饼状冰、初期冰、一年冰和老年冰 6 大类。① 初生冰：最初形成的海冰，都是针状或薄片状的细小冰晶。大量冰晶凝结，聚集形成黏糊状或海绵状冰。在温度接近冰点的海面上降雪，可不融化而直接形成黏糊状冰。在波动的海面上，结冰过程比较缓慢，但形成的冰比较坚韧，冻结成所谓的莲叶冰。② 尼罗冰：初生冰继续增长，冻结成厚度 10 cm 左右有弹性的薄冰层，在外力的作用下，易弯曲，易被折碎成长方形冰块。③ 饼状冰：破碎的薄冰片，在外力的作用下互相碰撞、挤压，边缘上升形成直径为 30 cm ~ 3 m、厚度在 10 cm 左右的圆形冰盘。在平静的海面上，饼状冰也可由初生冰直接形成。④ 初期冰：由尼罗冰或冰饼直接冻结在一起而形成厚 10 ~ 30 cm 的冰层，多呈灰白色。⑤ 一年冰：由初期冰发展而成的厚冰，厚度为 30 cm ~ 3 m，时间不超过一个冬季。⑥ 老年冰：至少经过一个夏季而未融化的冰。其特征是表面比一年冰平滑。

按运动状态，海冰可分为固定冰和流冰两大类。① 固定冰：是与海岸、岛屿或海底冻结在一起的冰。当潮位变化时，它能随之发生升降运动。多形成于沿岸或岛屿附近，其宽度可从海岸向外延伸数米甚至数百千米。海面以上高于 2 m 的固定冰称为冰架；而附在海岸上狭窄的固定冰带，不能随潮汐升降，是固定冰流走的残留部分，称为冰脚。搁浅冰也是固定冰的一种。② 流（浮）冰：自由浮在海面上，能随风、流漂移的冰称为流冰。它可由大小不一、厚度各异的冰块形成，但由大陆冰川或冰架断裂后滑入海洋形成且高出海面 5 m 以上的巨大冰体——冰山，不在其列。

3. 海冰的分布

海冰是极地和高纬度海域所特有的海洋水文现象。在北半球，海冰所在的范围具有显著的季节变化，以 2—3 月最大，此后便开始缩小，到 8—9 月最小。

北冰洋几乎终年被冰覆盖，冬季（2 月）海冰约覆盖洋面 84% 的面积。夏季（9 月）海冰的覆盖面积比也有 54%。因北冰洋四周被大陆包围着，流冰受到陆地的阻挡，容易叠加拥挤在一起，形成冰丘和冰脊。在北极海域里，冰丘约占海冰总数的 40%。

北冰洋的白令海、太平洋的鄂霍次克海和日本海，冬季都有海冰生成；大西洋与北冰洋畅通，海冰更盛。在格陵兰南部，以及戴维斯海峡和纽芬兰的东南部都有海冰的踪迹，其中格陵兰和纽芬兰附近是北半球冰山最多的海区。

南极洲是世界上最大的天然冰库，全球冰雪总量的 90% 以上储藏在这里。南大洋（太平洋、大西洋、印度洋环绕南极洲的那部分海域）上的海冰，不同于格陵兰冰原上的冰，也不同于南极洲大陆的冰盖。只有环绕南极的边缘海区和威德尔海，才存在南大洋多年性海冰。在冬半年（4—11 月），一两米厚的大块浮冰不规则地向北扩展，覆盖了南纬 40°以南的南大洋 1/3 的面积。南极洲附近的冰山，是南极洲大陆周围的冰川断裂入海而成的。出现在南半球水域里的冰山，要比北半球出现的冰山大得多，长宽往往有几百千米，高几百米，犹如一座座冰岛。

4. 海冰灾害

海冰造成的灾害主要有：推倒海上石油平台，破坏海洋工程设施、航道设施，撞坏船舶，阻碍船舶航行；封锁港湾，使港口不能正常使用或大量增加使用破冰船破冰引航的经费；使渔业休渔期过长和破坏海水养殖设施、场地等。

海冰灾害是在数天、数十天甚至是入冬以后长期持续低温造成的。一次灾害过程持续的时间不等，短则三五天、数十天，长则达到近两个月之久。

我国北部海域纬度偏高，每年都有结冰现象出现。另外在黄河口附近也有一些河冰入海。海冰灾害主要发生于渤海、黄海北部和辽东半岛沿岸海域，以及山东半岛部分海湾。渤海每年从 11 月中、下旬在辽东湾结冰，至 12 月上、中旬，渤海湾、莱州湾也相继出现初生冰。各海湾的盛冰期一般是 1 月下旬至 2 月上旬的严冬。这一冰期也称为"严重冰期"。渤海上的海冰一般从 2 月中旬由南往北开始融化，这时海冰范围向岸边缩小，冰的厚度变薄。莱州湾、渤海湾一般在 2 月下旬和 3 月上旬融冰，辽东湾在 3 月中、下旬，由南往北先后融冰。我国严重的海冰灾害多数发生在渤海。

○ 第二节　海洋化学环境

一、海水的化学组成

海水是一种非常复杂的多组分水溶液，各种元素都以一定的物理化学形态存在。海水中有含量极为丰富的钠，但其存在方式非常简单，几乎全部以 Na^+ 离子形式存在。相比而言，铜的存在形式较为复杂，大部分是以有机络合物形式存在的。铜元素在自由离子中仅有一小部分以二价正离子形式存在，大部分都以负离子络合物出现。所以自由铜离子仅占全部溶解铜的一小部分。海水的成分可以划分为五类。

（1）主要成分。指海水中浓度大于 1 mg/kg 的成分。阳离子包括 Na^+、K^+、Ca^{2+}、Mg^{2+} 和 Sr^{2+} 五种，阴离子有 Cl^-、SO_4^{2-}、Br^-、HCO_3^-（CO_3^{2-}）和 F^- 五种，还有以分子形式存在的 H_3BO_3，阳离子、阴离子、H_3BO_3 的总和占海水盐分的 99.9%（质量分数），所以称为主要成分（大量、常量元素）。由于这些成分在海水中的含量较大，各成分的浓度比例近似恒定，生物活动和总盐度变化对其影响都不大，所以称为保守元素。海水中的 Si 含量有时也大于 1 mg/kg，但是由于其浓度受生物活动的影响较大，性质不稳定，属于非保守元素，因此讨论主要成分时不包括 Si。

（2）溶于海水的气体成分。主要有氧气（O_2）、二氧化碳（CO_2）、氮气（N_2）及惰性气体等。

（3）营养元素。也称营养盐、生源要素，主要是与海洋植物生长有关的要素，通常是指 N、P 及 Si 等。这些要素在海水中的含量经常受到植物活动的影响，其含量很低时，会限制植物的正常生长，所以这些要素对生物具有重要意义。

（4）微量元素。指海水中浓度小于等于 1 mg/kg 的元素，且 N、P、Si 三种营养元素除外，即 B、C、N、F、Na、Mg、Al、Si、P、S、Cl、K、Ca 等 13 种元素以外的元素。微量元素在海水中的形态可分为以下几种类型：弱酸型在海水中的解离；变价元素在海水中的氧化还原平衡；微量元素在海水中的有机和无机络合物；生物合成的有机物；海水中的有机物及无机颗粒物。

（5）海水中的有机物质。如氨基酸、腐殖质、叶绿素等。海水中的溶解有机物十分复杂，其主要成分是一种叫作"海洋腐殖质"的物质，它的性质与土壤中植被分解生成的腐殖酸和富敏酸类似。海洋腐殖质的分子结构还没有完全确定，但是它能与金属形成强络合物。

二、海洋中的放射性同位素

海洋的放射性来源于天然放射性核素和人工放射性核素。

天然放射性核素由以下三部分组成。

（1）三大天然放射系。在海水中，目前已发现 U、Pa、Th、Ac、Ra、Fr、Rn、Po、Bi、Pb、Tl 等 11 种元素计 38 种核素，它们属于铀系、锕系、钍系三大天然放射系。

（2）宇宙射线与大气元素。目前，已知这些产物有 ^{3}H、^{7}Be、^{14}C、^{26}Al、^{32}Si、^{32}P、^{33}P、^{35}S、^{35}Cl、^{37}Cl 和 ^{39}Ar 等。

（3）海洋中长寿命放射性核素。有 ^{176}Lu、^{147}Sm、^{138}La、^{87}Rb、^{68}Ga 等，其浓度为 $1.0 \times 10^{-12} \sim 1.0 \times 10^{-4}$ g/L，半衰期长达 $109 \sim 1\,016$ a。

人工放射性核素主要来源于核武器爆炸、核动力舰船和原子能工厂排放的放射性废物、高水平固体放射性废物向海洋的投放、放射性核素的应用和事故等方面。

三、海水中的气体

海水除含有无机盐和有机物外，还溶解有一些气体。因为海水表层与大气接触，必然会把大气中的某些成分溶解在海水中，这些气体在海洋和大气之间不断交换，存在动态平衡。

（一）海水中的非活性气体

惰性气体和 N_2 通常被视为非活性气体或保守气体。由于其化学性质比较稳定，它们在海洋中的分布主要受控于物理过程及温度、盐度等，可根据它们在海洋中的分布来了解水体的物理过程。

（二）海水中的溶解氧

溶解在海水中的 O_2 是海洋生命活动不可缺少的物质。它的含量在海洋中的分布，既受化学过程和生物过程的影响，又受物理过程的影响。

海水中的溶解氧有两个主要来源，即大气和植物的光合作用。大气中的游离氧能够溶入海水，海水中的溶解氧能够逸入大气。在海–气界面上的这种交换通常处于平衡状态。因此，海水中溶解氧的消耗，可以从大气得到补充。浮游植物在有光的环境里，通过光合作用，吸收 CO_2 和海水营养盐，而制造有机物并释放氧气；在无光环境里，通过呼吸作用消耗有机物，释放 CO_2。浮游植物的光合作用主要发生在海洋里深度不大的光合层，所释放的 O_2 与光照、生物密度和活动情况等有关，因此可以利用表层海水 O_2 的含量推测生物活动情况。

海水中的溶解氧为海洋生物提供了必要的生存条件。不只如此，富氧的海水形成氧化环境，使水体中一些变价元素处于氧化态。但是在缺氧海水中，海水的氧化还原电位降低，形成了还原环境，使一些变价元素处于还原态。例如铀在富氧海水中以易溶的 $UO_2(OH)$ 形态存在，但在缺氧海水中，则易生成二氧化铀而沉淀。在缺氧的水体中，硫酸盐还原菌能将硫酸盐和一些含硫化合物还原为硫化氢，例如，黑海在深约 100 m 处有一个较强的温盐跃层，阻碍溶解氧向深处补充，致使深度 200 m 以下的海水中无溶解氧，适宜于硫酸盐还原菌滋生，因此逐渐产生硫化氢。有机物在深水中分解时，消耗的溶解氧量与水团的年龄和运动过程有关，故可根据溶解氧在海洋中的分布和变化特性划分水团类型，并估算水团的年龄和运动速度，包括它由表层下沉的时间等。

按照溶解氧垂直分布的特征，通常把海洋分成 3 层：① 表层。风浪的搅拌作用和垂直对流作用，使氧气在表层水和大气之间的分配，较快地趋于平衡。个别海区在 50 m 深的水层之上，由于生物的光合作用，出现了氧气含量的极大值。② 中层。在表层之下，由于下沉的生物残骸和有机物在分解过程中消耗了氧气，使氧气含量急剧降低，通常在 700 ~ 1 000 m 深处出现氧气含量的极小值。③ 深层。在氧气含量为极小的水层之下，氧气含量随深度而增加。纵观溶解氧在垂直方向上的分布，可知海洋中的溶解氧都来自表层，所以表层水是富氧的。海洋深处的溶解氧，主要靠高纬度下沉的表层水来补充。如果没有这种表层水的补充，仅靠氧分子从表层向深处扩散，其速度很缓慢，难以满足有机物分解的需要，势必造成深层水缺氧甚至无氧。

在太平洋和大西洋南纬 50°处，都有富氧的表层水下沉，形成南极中层水，它一直向北延伸，可到达南纬 20°的 800 m 深处；在北大西洋北纬 60°处的表层水，下沉而形成深层水，它向南运动，一直延伸至南大西洋；南太平洋在南极下沉的富氧水，至深层可向北流动而达北太平洋。这些从高纬度下沉而成的中层和深层海水，其溶解氧含量在流动过程中都逐渐降低。总之，溶解氧在海洋中的区域分布，和海洋环流有密切的关系，加上受海洋生物的分布和大陆径流的影响，因而非常复杂。但就三大洋的平均溶解氧含量来说，大西洋最大，印度洋其次，太平洋最小，这主要是三大洋的环流情况不同所造成的。

（三）海水中的二氧化碳-碳酸盐系统

CO_2 进入海水后，主要以 4 种无机形式存在，分别为 CO_2（aq）、H_2CO_3、HCO_3^- 和 CO_3^{2-}，即二氧化碳-碳酸盐系统。该系统包括溶解在海水中的 CO_2、碳酸氢根离子、碳酸和碳酸根离子的几个平衡（图 2-6），即：CO_2 在海-气界面间的溶解交换平衡；CO_2 与 H_2O 结合生成 H_2CO_3，H_2CO_3 在水溶液中存在多级解离平衡；$CaCO_3$ 的沉淀-溶解平衡；生物作用，包括光合作用和呼吸作用，以及有机物的分解之间的平衡。

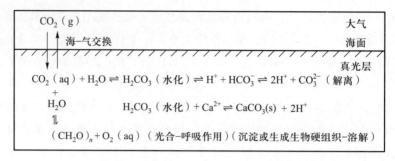

图 2-6 海水中的二氧化碳-碳酸盐体系

海洋表层水和大气之间的 CO_2 交换处于动态平衡。由于工业和交通的发展，燃料燃烧后排放到大气中的 CO_2 不断增加。例如夏威夷的冒纳罗亚观测站的观测结果表明：空气中 CO_2 的平均含量，每年大约以 0.68 mg/L 的速度增长。当表层海水中 CO_2 的分压大于大气中 CO_2 的分压时，海水向大气放出 CO_2，反之亦然。通常高纬度海域的海水吸收大气的 CO_2，低纬度海域相反，但总的结果是海洋吸收大气的 CO_2。CO_2 的海-气交换主要在海洋表层进行，其速率除与风力、海洋环流和垂直对流等物理过程有关外，与温度、CO_2 的分压等化学过程和生物过程都有密切的关系。

海洋中的二氧化碳-碳酸盐体系非常重要，因为它调控着海水的 pH 及碳元素在生物圈、岩石圈、大气圈和海洋圈之间的流动，使海水具有缓冲溶液的特性，关于 CO_2 温室效应的认识更引发了人们对海洋二氧化碳-碳酸盐体系的关注。

1. 海水的 pH

海水 pH 是研究海水二氧化碳-碳酸盐体系的一个基本参数，体系中各分量之间的平衡和分配关系都与海水 pH 有关。海水 pH 一般在 7.5～8.4 范围内变化。海水温度、盐度、压力一定时，海水 pH 取决于二氧化碳-碳酸盐体系各分量的比值。影响二氧化碳-碳酸盐体系各分量比值的因素有：生物光合作用，吸收 CO_2，pH 升高；生物呼吸作用和有机物分解，释放 CO_2，pH 降低；$CaCO_3$ 溶解，pH 升高，$CaCO_3$ 沉淀，pH 降低；Ca^{2+}、Mg^{2+} 等与 CO_3^{2-} 形成离子对，pH 降低。海水的静水压力增大，则其 pH 降低。海水盐度增加，离子强度增大，海水中碳酸的电离度就降低，从而氢离子的活度系数及活度均减小，即海水的 pH 上升。

在开阔大洋海水中，浅层水生物的光合作用会降低水体中的 CO_2 含量，导致 pH 升高；随着深度的增加，pH 逐渐降低，至 1 000 m 左右出现极小值，该区间 pH 的降低是由于生源碎屑的氧化分解所导致；深层水中的 pH 增加来自 $CaCO_3$ 的溶解（图 2-7）。

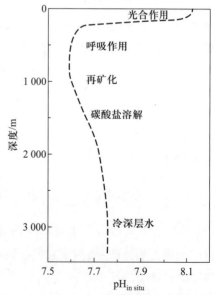

图 2-7 开阔大洋海水 pH 的典型垂直分布（引自张正斌，2004）

2. 海水的缓冲容量

海水具有一定的缓冲能力，这种缓冲能力主要是受二氧化碳–碳酸盐体系控制的。缓冲能力可以用数值表示，称为缓冲容量。其定义为使 pH 变化一个单位所需加入的酸或碱的物质的量。

$$B = \frac{\mathrm{d}C_b}{\mathrm{dpH}} \tag{2-1}$$

式中：B 为缓冲容量；C_b 为酸或碱的物质的量。海水的 pH 在 6～9 之间时缓冲容量最大。海水的 pH 变化主要是由 CO_2 的增加或减少引起的。海水的缓冲容量除与 CO_2 有关外，还与 H_3BO_3 有关。由于离子的影响，海水的缓冲容量比淡水和 NaCl 溶液都要大。

3. 海水的总碱度、碳酸碱度和总二氧化碳

海水中含有相当数量的 HCO_3^-、CO_3^{2-}、$H_2BO_3^-$、$H_2PO_4^-$、$SiO(OH)_3^-$ 等弱酸阴离子，它们都是氢离子的接受体。海水中氢离子接受体的净浓度总和称为"碱度"或总碱度，即在温度 20 ℃时，中和 1 L 海水所需酸的物质的量，单位为 mol/dm^3 或 mol/kg，用符号 T_A 或 ALK 表示。总碱度可以分为三部分：碳酸盐碱度（C_A）、硼酸盐碱度（B_A）和过剩碱度（S_A）。海水中总碱度的计算式为：

$$T_A = [HCO_3^-] + 2[CO_3^{2-}] + [B(OH)_4^{2-}] + [OH^-] + [HPO_4^{2-}] + 2[PO_4^{3-}] + [H_3SiO_4^-] +$$
$$[N_3H] + [HS^-] - [H^+] - [HSO_4^-] - [HF] - [H_3PO_4] \tag{2-2}$$

式中，$[H^+]$ 为氢离子自由离子的浓度。

在 pH 接近 8 的天然海水中，其中一些组分对总碱度的贡献是很小的，影响总碱度的弱酸阴离子主要为 HCO_3^-、CO_3^{2-}、$B(OH)_4^{2-}$ 等，因此，对于天然海水，总碱度数值可以用下式近似得到，称之为实用碱度（P_A）。

$$T_A \approx [HCO_3^-] + 2[CO_3^{2-}] + [B(OH)_4^{2-}] + [OH^-] - [H^+] = P_A \tag{2-3}$$

实用碱度（P_A）实际上由三部分构成，分别为碳酸盐碱度、硼酸盐碱度和水碱度。以上近似值对于绝大多数海洋水体是成立的，但对于河口、污染海域或缺氧水体，硫化物、氨和磷酸盐的影响往往不可忽略。

海水中碳酸氢盐和两倍碳酸根离子物质的量浓度的总和称为碳酸盐碱度，单位为 mol/dm^3 或 mol/kg，通常以符号 C_A 表示。

$$C_A = [HCO_3^-] + 2[CO_3^{2-}] = P_A - [B(OH)_4^{2-}] - [OH^-] + [H^+] \tag{2-4}$$

对于天然海水，碳酸盐碱度对总碱度的贡献通常占 90% 以上，因此是总碱度的最重要组分。

海洋中的一些环境因子和生物地球化学过程会对海水总碱度产生影响，具体如下：

（1）盐度的影响。由于海水中保守性阳离子和保守性阴离子的电荷数差随盐度的变化而变化，因此海水总碱度与盐度密切相关。海洋盐度主要受控于降雨、蒸发、淡水输入、海冰的形成与融化等，因而这些过程也会导致海水总碱度的变化。

（2）CaCO₃ 的沉淀与溶解。海洋中的一些生物，如球石藻、有孔虫、珊瑚虫、琥螺等，可形成 CaCO₃ 的壳体或骨骼，当它们死亡后，部分 CaCO₃ 壳体或骨骼会溶解，这些均会影响海水总碱度的变化。CaCO₃ 的沉淀会导致海水中 Ca^{2+} 浓度的降低，由此导致保守性阳离子与保守性阴离子之间的电荷数差减少，海水总碱度降低。

（3）溶解无机氮的释放。海洋生物对氮的吸收，以及有机物再矿化过程释放的溶解无机氮对海水总碱度有一定的影响。研究表明，海洋生物吸收硝酸盐时会产生 OH^-，因而总碱度是增加的，在 20 ℃ 温度条件下的 1 L 海水每吸收 1 mol 的 NO_3^-，海水总碱度增加 1 mol/kg。海洋生物吸收氨盐时会产生 H^+，因而海水总碱度是降低的；但尿素的吸收过程则对总碱度没有影响。有机物再矿化过程对海水总碱度的影响与上述氮元素的生物吸收机制刚好相反。海水中各种形式的碳的浓度之和称为总二氧化碳（T_{CO_2}）或总溶解无机碳（DIC）。

$$DIC = T_{CO_2} = \left[CO_2(aq) \right] + \left[H_2CO_3 \right] + \left[HCO_3^- \right] + \left[CO_3^{2-} \right] \tag{2-5}$$

影响海洋 T_{CO_2} 的因素有以下四个方面：

（1）盐度。海水中的 C 作为常量组分，其含量也随盐度的变化而变化。一般而言，海水盐度越高，T_{CO_2} 亦较高。

（2）海洋生物光合作用。在光合作用较强的海域，海水 T_{CO_2} 一般较低。

（3）有机物再矿化过程。该过程能产生 CO_2，CO_2 快速水解成 HCO_3^- 和 CO_3^{2-} 离子，这个过程对中层和深层水体维持 T_{CO_2} 在一定范围尤为重要。

（4）CaCO₃ 的沉淀与溶解。海洋钙质生物在生长过程中利用海水中的 CO_3^{2-} 合成其 CaCO₃ 壳体或骨骼，可导致海水 T_{CO_2} 的降低。这些 CaCO₃ 壳体或骨骼输送到中层和深层海洋后会溶解，则导致 T_{CO_2} 的升高。

四、海-气界面的物质交换

海水表面与大气接触，必然会使大气中的某些成分溶解在海水中，这些气体在海洋和大气之间不断交换，存在着动态平衡，这个过程就叫作海气交换。在大气中的气体与海洋表层水进行交换的过程中，有些气体（如 CO_2）可能被海洋吸收，有些气体（如 CO）则可能由海洋向大气输送。

大气和海洋之间气体的交换是一种动力学过程，当气体分子以同样的速率进入或离开海洋时，这时大气与海洋处于平衡状态，气体在海水中达到饱和。通常的情况是大气与海洋并不是处于平衡状态，这时候海-气界面气体的交换就必须用动力学模型来描述，其中采用最广泛、也比较简单的模型是布罗克和彭（Broecker 和 Peng，1982）提出的薄膜模型（thin-film model）。在该模型中，假定存在一层"静止"的薄膜层，其作用是阻碍海-气界面气体的交换，气体通过分子扩散穿过此薄膜，同时假设在该薄膜层以上的大气中，以及该薄膜层以下的水体中气体是充分混合的（图 2-8）。在这种情况下，该薄膜层顶部水体中气体的浓度与其上方的大气达到平衡状态，而薄膜层底部气体的浓度与海洋混合层的气体的浓度相同。

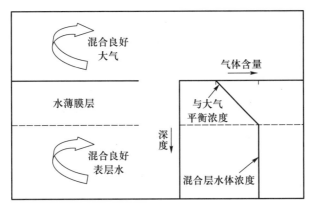

图 2-8　海-气界面气体交换的薄膜模型（引自 Broecker 和 Peng，1982）

在薄膜层底部，气体分子浓度是恒定的，其值等于水体混合层中气体的浓度。在薄膜层顶部，气体分子的浓度等于其与大气达到平衡的浓度，即其浓度取决于该气体在大气中的浓度和温度。气体分子在薄膜层中的运动受控于分子扩散作用。因此，当薄膜层顶部与底部气体分子的浓度不同时，就会形成类似于水体中离子的扩散过程，气体分子将从高浓度的一端向低浓度的一端运动，直到薄膜层之间气体分子的浓度梯度消失为止。如果大气中气体的分压刚好使其在薄膜层顶部的浓度等于其在薄膜层底部的浓度，那么该气体就在海-气界面间达到平衡，此时就没有气体的净交换，进入海水的气体与离开海水的气体是同样多的。如果薄膜层顶部气体分子的浓度高于或低于水体中气体的浓度，那么就会产生浓度梯度，气体分子将通过薄膜层输送，输送的速率（或者说气体的交换通量）以单位时间进入或离开单位面积水体的气体数量来表示，即 $mol/(m^2 \cdot a)$。

影响大气与海洋之间气体交换的因素主要有：① 温度。大气与海洋间的气体交换主要取决于气体在两相中的分压差。当海水温度升高或降低都会使水体中气体的分压发生变化，因而引起气体在两相间的交换。② 气体溶解度。不同气体在海水中的溶解度各不相同。对于某一恒定的分压差，各种气体进入海洋的扩散通量相差很大；例如 O_2、CO_2 和 N_2 的通量比率是 2∶70∶1。③ 风速。海面风速的大小必然影响气体交换速率，风速增加会使扩散层厚度减小，加大了气体的交换率。

除了前文中提到的 CO_2 的海气交换，二氧化硫、重金属、石油烃等物质均可参与海-气界面的物质交换过程。

1. 二氧化硫的海气交换

SO_2 在大气中氧化生成 H_2SO_4、$(NH_4)_2SO_4$ 和有机硫化物。SO_2 的主要影响是形成酸雨，破坏植物和环境，其次污染物在风的作用下，经长距离大气传输，进入海洋。

2. 重金属的海气交换

海洋大气中的重金属元素，基本上以气溶胶的形式存在。其来源有以下三个：

（1）海洋来源。主要由于海水中的气泡在海面的破裂而向大气喷射，形成悬浮在大气中的海盐，估计每年大约有 1×10^{16} g 的海盐以这种形式从海洋输入大气。

（2）地壳岩石风化。重金属元素在风的作用下，经长距离传输进入海洋。据估计，每年有约 500×10^6 t 的沙漠尘土进入大气圈，亚洲沙漠尘土每年输入北太平洋中部地区的量高达 $(6 \sim 12) \times 10^6$ t。

（3）污染来源。主要来自化石燃料燃烧、废渣的化灰、水泥厂、冶炼厂、露天矿的开采、汽油中的四乙基铅等。

重金属元素中的 Hg、Pb 经过甲基化过程会在海洋生物体中富集，经食物链传递，进入人体。因此，对海气交换中不同金属元素的存在形式及其来源的判别，以及传输通量是重金属海洋大气地球化学研究的重要课题。

3. 石油烃的海气交换

在大多数原油及燃料油中，烃类约占 75% 以上。石油烃类广泛地分布在海洋中，尤其是在北半球及南半球的石油运输航道上。海面形成的石油膜，对海浪起着衰减作用，并改变海洋中爆裂气泡的数量和大小分布，从而影响海气物质和能量交换。石油烃在海洋和大气的循环过程中，相对分子质量小的石油烃类从海洋进入大气，其中一些不稳定的烃类在大气中，进行气体–颗粒转化，而后这些颗粒由于重力作用和雨水冲刷回到海洋，据估计，海洋中的石油烃类污染物约 10% 是通过大气输入的。

4. 放射性物质的海气交换

核爆炸试验将大量微粒释放到大气圈中，其中有许多是能够随大气环流运行几千千米的放射性物质。因为有些污染物是离子辐射的来源，所以它们属于特别危险的一类污染物。人们已对 ^{137}Cs 和 ^{90}Sr 进行了大量研究，它们在大气、海洋，以及沉积物中的迁移过程已有大量报道。对核爆炸产生的放射性同位素进行研究，在海气交换中尤为重要，它们被作为海气交换过程中物质来源的示踪物，并用来测定物质在海–气界面的传输速率。

5. 微生物的海气交换

海–气界面层是大量微生物富集的活跃层，细菌和病原菌能够通过气泡而在海水微表层里富集，通过气泡爆裂和浪花作用，输入大气，并在大气中传输。某些微生物能附着在大气中的固体微粒表面，进行长距离的全球传输。

五、海水中的营养物质

在海洋中，氧、碳、氮、磷和硅等元素同生物生命活动息息相关。海水中的无机氮、磷和硅是海洋生物繁殖生长不可缺少的化学成分，是海洋初级生产力和食物链的基础。氮和磷是组成生物细胞原生质的重要元素，并为其物质代谢提供能源，而硅则是硅藻等海洋浮游植物的骨架和介壳的主要组成部分。因此，在海洋学上，把氮、磷和硅元素称为"生源要素"或"生物制约元素"。此外，海水中的 Fe、Mn、Cu 和 Mo 等元素对海洋植物的生长起着促进作用，但因为它们在海水中含量很少，故称为微量营养元素。

海洋中营养元素一方面源自大陆径流输入；另一方面 N、P、Si 等营养元素与海洋动植物之间存在食物链的关系，浮游植物吸收营养元素后又被动物所吞食，几经周转后由生物的排泄物或尸骸的氧化分解重新释放出来，进而获得补充。由于这些元素参与生物生命活动的整个过程，它们的存在形态与分布受到生物分布的制约，同时受到化学、地质和水文因素的影响。所以，它们在海洋中的含量和分布并不均匀也不恒定，有明显的季节性和区域性变化。

1. 氮元素在海水中的循环与转化

海水中无机氮化合物是海洋植物最重要的营养物质。海水中的 N_2 几乎处于饱和状态，但是大多数植物不能直接利用 N_2，N_2 只有转化为氮的化合物后，才能被植物利用。海洋中某些蓝细菌、细菌及酵母都有固氮作用，某些海域就是固氮蓝细菌等大量繁殖而导致富营养化，甚至发生"赤潮"现象。N_2 在大气中被雷电或宇宙射线所电离，形成氮的化合物，通过大气降水和地表径流向海洋输送。

氮的化合物在海水中的存在形态较多，主要以无机氮化合物和有机氮化合物的形态存在。其中有机氮化合物主要为蛋白质、氨基酸、尿素和甲胺等。能被海洋浮游植物直接利用的是溶解性的无机氮化合物，包括硝酸盐（NO_3^-）、亚硝酸盐（NO_2^-）和铵盐（NH_4^+），这些氮化合物一直处于相互转化和循环之中。

2. 磷在海水中的存在形态和循环转化

磷以不同的形态存在于海洋水体、海洋生物体、海洋沉积物和海洋悬浮物中。磷的化合物有多种存在形式，即：溶解性无机磷酸盐（DIP）、溶解性有机磷化合物（DOP）、颗粒态无机磷酸盐（PIP）和颗粒态有机磷化合物（POP）。磷的化合物通常以溶解性无机磷酸盐为主要形态。海洋中磷的各种化合物也会由于生物、化学、地质和水文过程而进行各种变化。例如，颗粒态无机磷酸盐和颗粒态有机磷化合物可以通过细菌和化学作用转化为溶解性无机磷酸盐和溶解性有机磷化合物。这两种磷化合物都可被植物直接吸收，但以溶解性无机磷酸盐为主。

磷等营养元素在整个海洋中进行着大范围的迁移和循环。浮游植物通过光合作用吸收海水中的无机磷酸盐和溶解性有机磷化合物，有研究指出，当海水中磷酸根含量小于 16 mg/m^3 时，浮游植物的生长就会受到限制。浮游植物被浮游动物吞食后，一部分将转化为动物组织，再经代谢作用还原为无机磷酸盐；有些则分解为溶解性有机磷化合物或形成难溶的颗粒态有机磷化合物。所有这些过程都通过动物的排泄过程释放到海水中，溶解性有机磷化合物和颗粒态有机磷化合物再经细菌吸收代谢而转化为无机磷酸盐。有一部分磷在生物尸体沉降过程中，没有完全得到再生，而随同生物残骸沉积于海底，在沉积层中经细菌的作用，逐步得到再生而成为无机磷酸盐。

大洋表层海水中无机磷酸盐的浓度是不断变化的，但最大浓度变化范围一般不超过 $0.5 \sim 1.0 \text{ μmol/dm}^3$（以 PO_4^{3-}-P 表示）。在热带海洋表层水中，生物生产力大，因而这里无机磷酸盐的浓度最低，通常在 $0.1 \sim 0.2 \ \mu mol/dm^3$。在北太平洋和印度洋的表层水中无机磷酸盐的含量有差异，而在深层水中的地区差异更大，这与大洋水环流的方式密切相关。

除北冰洋之外的三大洋中磷酸盐含量变化的一般性规律是，在大洋的表层，由于生物活动强烈，吸收大量磷酸盐，使磷酸盐含量降低，甚至降到零。在 $500 \sim 800 \ m$ 深度水层内，含磷颗粒在重力的作用沉降或被动物一直带到深海，由于细菌的分解氧化，又不断把磷酸盐释放回海水，从而使磷酸盐的含量随深度增加而迅速增加。在磷酸盐含量最大值处的海水深度，有机物基本分解完成，此时磷几乎都以溶解性无机磷酸盐的形式存在。垂直涡动扩散使不同水层来源的磷酸盐浓度趋于相同。

海水中磷酸盐的含量还由于生物活动及其他因素影响而存在季节变化，尤其是在温带（中纬度）海区的表层水和近岸浅海中，磷酸盐的含量分布具有明显的季节变化。在夏季，表层海水由于光合作用强烈、生物活动旺盛，摄取磷的量多，如果从深层水输送来的磷酸盐不足，就致使表层水中磷酸盐的含量降低。在冬季，由于生物死亡、尸骸和排泄物腐解，磷酸盐重新释放返回海水中，而且冬季海水对流混合剧烈，使底部的磷酸盐补充到表层，可使其含量达全年最高值。

3. 硅在海水中的转化和循环

海水中的硅酸盐同硝酸盐、磷酸盐一样，亦是生物所必需的营养盐之一，尤其是对于硅藻类浮游植物、放射虫和有孔虫等原生动物，以及硅质海绵等海洋生物而言，硅更是构成其有机体不可缺少的组分。海水中硅的存在形态颇多，有溶解性硅酸盐、胶体状态的硅化合物、悬浮二氧化硅和作为海洋生物组织一部分的硅等，其中以溶解性硅酸盐和悬浮二氧化硅两种形态为主。

硅酸是一种多元弱酸，在水溶液中有下列平衡：

$$H_4SiO_4 \rlongleftrightarrow H^+ + H_3SiO_4^- \rlongleftrightarrow 2H^+ + H_2SiO_4^{2-} \tag{2-6}$$

在海水 pH 为 $7.8 \sim 8.3$ 时，约 5% 溶解性硅酸盐以 $H_3SiO_4^-$ 形式存在，硅酸脱水之后转化为十分稳定的硅石（silica，SiO_2）：

$$H_4SiO_4 \longrightarrow SiO_2 + 2H_2O \tag{2-7}$$

4. 海水中的营养盐的分布和变化

海洋中的营养盐无论是水平方向或是垂直方向的分布都是一个极其复杂的过程。它们的分布取决于：① 海洋生物活动的规律，因此，营养盐的分布有着明显的季节变化；② 海洋水文状况，如大洋水环流的方式、水系混合和海水垂直交换等；③ 营养元素在生物体内存在形态和氧化再生的速率变化，以及沉积作用等物理化学过程。营养盐在大洋的分布和其他海水化学要素，如 O_2 含量、CO_2 含量和 pH 等有一定的关系，其含量的一般性分布规律是：随着纬度的增加而增加；随着深度的增加而增加；在太平洋、印度洋的含量大于大西洋；近岸浅海海域的含量一般比大洋水的含量高。

以硝酸盐为例，一般大洋中硝酸盐的含量随着纬度的升高而增加。即使在同一纬度上，各处也会由于生物活动和水文条件不同而有相当大的差异。硝酸盐在垂直分布上是随着深度而增加的。在深层水中，由于氮化合物不断氧化，形成较高浓度的硝酸盐。三大洋硝酸盐的含量为：印度洋>太平洋>大西洋。表层硝酸盐被浮游植物消耗，其含量很低；在 $500 \sim 800$ m 深度处含量随深度增大而急速增加；在 $500 \sim 1\,000$ m 深度处有一个最大值，最大值以下的含量随深度的变化很小。

海水中无机氮化合物与生物活动息息相关。因此，它在海水中，尤其是在北温带或河口区，其分布有着明显的季节变化特征。在生物生长繁殖旺盛的季节，三种无机氮化合物含量下降达到最低值；而冬季由于生物尸骸的氧化分解和海水上、下层对流剧烈，使得三种无机氮化合物含量回升到最高值。

第三节 海洋生物环境

海洋中生物种类很多。在动物界里，从单细胞的原生动物到最高等的哺乳类，几乎所有门类都包含海洋生物。在植物界里，海洋种类远少于陆地种类，其中占主要地位的是各种藻类，也有少数种子植物。海洋中的生物分布的范围很广。从赤道到两极水域，从海水表面到超过万米的深层，从潮间带的海岸到超深渊带的海沟底，到处都有生物。海洋生物种类最多、数量最大的分布区域是沿岸带和大陆架浅海区。海洋生物根据它们的栖息场所和活动方式，可归纳为三个基本生态类型，即浮游生物、底栖生物和游泳动物（邵广昭等，2014）。

一、浮游生物

浮游生物是在海洋一定水层中营漂浮生活的动、植物的统称。这一类群生物的主要特点是个体都很小（除水母等外），游泳能力弱，随波逐流。浮游生物的种类很多，数量很大，分布也相当广泛。在动物性浮游生物中，从原生动物到脊椎动物几乎各类都有，形体相对较大，其中以甲壳类和软体动物最重要。植物性浮游生物比动物性浮游生物种类少，只有隐花植物中藻类的一部分，如硅藻类、绿藻类和蓝藻类等。浮游生物是海洋食物链的基础，是鱼类、哺乳类（如须鲸）及其他海洋动物的天然饵料。有些浮游动物如毛虾、海蜇可供食用，有经济意义；有些种类如夜光藻、蓝藻、双鞭藻等大量繁殖，能形成赤潮，使水质变坏，破坏生物资源。有些浮游生物具有富集放射性物质、重金属和农药的能力，可以作为监测海洋环境污染的指示生物。

二、底栖生物

1. 底栖动物

底栖动物是生活在海底（泥）内或海底上的动物生态类群，如在海底匍匐爬行的棘皮类、固着生活的腔肠类、穿入底泥中的软体类、蠕虫类等。在海洋生物各种生态类群中，底栖动物的种数最多，分布也很广泛，从潮间带到深海沟都有，但仍以大陆架区种类为最多、数量为最大。海洋底栖动物中有许多种类可做食品、药物、工业原料和农业肥料等，具有经济价值。而且它们也能把大量的有机碎屑和小型生物转化为鱼饵，在海洋食物链中是重要的一环。此外，底栖动物的分布和数量变化与海洋环境因素（温度、盐度、海流、底质和污染等）有密切关系，可以作为这些因素的生物学标志。

2. 底栖植物

底栖植物是固着生长在潮间带或浅海海底的岩礁及其他基质上的植物，主要是藻类，少数是种子植物。它们和浮游植物一样是海洋中有机物的原始生产者，为海洋中有机界的存在和发展提供了物质基础。在一般情况下，有大量底栖植物的海区，就会有大量的动物。植物生长离不开阳光，所以只能生存在阳光能够到达的浅海海底。在海洋底栖植物中，有很多物种具有经济价值，如紫菜、海人草、海带、马尾藻、石花菜等。

三、游泳动物

游泳动物是海洋生物中能够主动游泳活动的生态类群，一般体型较大，分布较广，有些种类的数量很大，其中以鱼类占主要地位；其次是头足类（软体动物）、鲸类（哺乳动物）、鳍足类、海龟等。此外，还有游泳性的海鸟。鱼类是海洋中游泳动物的代表，分布在沿岸、远洋和深海等水域内，种类和数量在水产动物中占首位。海洋中的游泳动物分布虽然广，但仍以近陆、浅海水域居多。因为在海洋中，阳光照射能量在 1 m 深处就减弱一半，在 200～400 m 深处，射入的阳光已极微弱，浮游植物难以生存；从海水上层落到深处可作食饵的动植物残骸有限，所以深水中的游泳动物不多。生活在深水中的动物多具备一些适应环境的特殊器官和能力，如有的鱼视觉极为发达，有的鱼有触觉器官，以适应深水中的黑暗生活。

○ 第四节　海洋地质环境

海洋地质环境主要包括海底地貌和海洋沉积物两部分。

一、海底地貌

海底地貌是对海水覆盖下的固体地球表面形态的总称。如同陆地上一样，海底世界有高山，有平原，还有深沟峡谷。整个海底可分为大陆边缘、大洋盆地和洋中脊三大基本地貌单元（图 2-9）。三大基本地貌单元又可进一步划分次一级的海底地貌单元，有浅滩、珊瑚礁、磨蚀台地、海底峡谷、海岭（海底山脉）、海底平顶山、海盆、海沟等多种地貌类型。

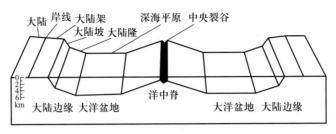

图 2-9　海底地貌类型（引自宋雪珑等，2020）

大陆边缘为大陆与洋底两大台阶面之间的过渡地带，约占海洋总面积的 22%。通常分为大西洋型大陆边缘（又称被动大陆边缘）和太平洋型大陆边缘（又称活动大陆边缘）。前者由大陆架、大陆坡、大陆隆 3 个单元构成，地形宽缓，见于大西洋、印度洋、北冰洋和南大洋周缘地带。后者陆架狭窄，陆坡陡峭，大陆隆不发育，而被海沟取代，可分为两类：海沟-岛弧-边缘盆地系列和海沟直逼陆缘的安第斯型大陆边缘，主要分布于太平洋周缘地带，也见于印度洋东北缘等地。

大洋盆地位于洋中脊与大陆边缘之间，一侧与洋中脊平缓的坡麓相接，另一侧与大陆隆或海沟相邻，占海洋总面积的 45%。大洋盆地被海岭等正向地形分割，构成若干外形略呈等轴状，水深在 4 000～5 000 m 的海底洼地，称海盆；宽度较大、两坡较缓的长条状海底洼地，称海槽；海盆底部发育深海平原、深海丘陵等地形；长条状的海底高地称海岭或海脊，宽缓的海底高地称海隆，顶面平坦、四周边坡较陡的海底高地称海台。

洋中脊是地球上最长最宽的环球性大洋中的山系，占海洋总面积的 33%。洋中脊分脊顶区和脊翼区。脊顶区由多列近于平行的岭脊和谷地相间组成，脊顶为新生洋壳，上覆沉积物极薄或缺失，地形十分崎岖。脊翼区随洋壳年龄增大和沉积层加厚，岭脊和谷地间的高差逐渐减小，有的谷地可被沉积物充填成台阶状，远离脊顶的翼部可出现较平滑的地形。

海底地貌与陆地地貌一样，是内营力和外营力作用的结果。海底大地形通常是内力作用的直接产物，与海底扩张、板块构造活动息息相关。洋中脊轴部是海底扩张中心。深洋底缺乏陆上那种挤压性的褶皱山系，海岭与海山的形成多与火山、裂谷作用有关。外营力在塑造海底地貌过程中也起一定的作用。较强盛的沉积作用可改造原先崎岖的火山、构造地形，形成深海平原。海底峡谷则是浊流侵蚀作用最壮观的表现，但除大陆边缘地区外，在塑造洋底地形的过程中，侵蚀作用远不如陆上的重要。波浪、潮汐和海流对海岸和浅海区地形有重要影响。

二、海洋沉积物

海洋沉积物是各种海洋沉积作用所形成的沉积物的总称。沉积作用一般可分为物理的、化学的和生物的三种不同过程，由于这些过程往往不是孤立进行的，所以沉积物可视为综合作用产生的地质体。

海洋沉积物主要来源于陆地，其次是生物、火山物质和宇宙物质。① 陆源物质：凡是来源于陆地的沉积物，统称为陆源物质；②生物源物质：在大洋中生活着数不胜数的生物，其种类之多，数量之大，繁殖之快都非常惊人，这些生物是海洋沉积物的重要来源之一；③火山源物质：太平洋周围分布着有名的火山带，大洋内部也分布着一些火山岛屿和海底火山，它们的产物——火山灰、火山弹、火山泥和火山碎屑岩给海洋提供了一定数量的沉积物；④宇宙源物质：来自宇宙空间的尘埃物质和陨石，每年约有几千吨降落到地球表面，约四分之三落入海洋。

在不同海域，物质搬运的动力条件不同。陆源物质入海主要是河流的搬运，其次是浮冰和风力等地质作用的搬运。由河流搬运入海的陆源碎屑很少到达深海，主要是在近岸河口区和大陆架内沉积下来，只有少量细粒物质被带到大陆架外及更远处。在高纬度海域，冰川作用和浮冰搬运形成了大量粗碎屑沉积。

按照沉积区域，海洋沉积物可分为滨海沉积、大陆架沉积和大洋沉积。

1. 滨海沉积

滨海，或称近岸带，其沉积受海洋过程与非海洋过程相互作用。海洋过程受波浪、潮汐、海流等因素控制；非海洋过程则有河流径流量、流速和固体载荷的性质和数量等因素。因为参数具有多变性，故近岸滨海不同环境的沉积机理和沉积产物有所不同，大致可以分为以下五类。

（1）海滩沉积。海滩是沿岸分布的疏松沉积物的堆积体，在近岸沉积作用中分布广泛（图2-10）。

（2）潮坪沉积。潮坪是以潮汐为主要动力，坡度极平缓，由细碎屑物质组成的近岸带（图2-11）。潮坪有潮上坪、潮间坪和潮下带之分。

图2-10　海滩沉积（赵阳国 摄）　　　　　图2-11　潮坪沉积（赵阳国 摄）

（3）沙坝-潟湖沉积。沙坝泛指近海中与海岸线延伸方向平行的一系列沙质坝和沙岛。潟湖是被沙坝将毗邻海域隔离出来，但仍与海洋沟通或有限沟通的浅水域。潟湖内的波浪、潮流的作用都不强，仅潮流通道口附近的潮流较强。

（4）河口湾沉积。河口湾是与开阔海洋自由沟通的半封闭沿岸水体，与河流连通并被径流所淡化，发育在沉积物搬运力比扩散力低的河口，受径流、潮汐、波浪及河口环流等水动力要素控制。

（5）三角洲沉积。三角洲是河流携带的泥沙等物质在滨海地带形成的堆积体，决定其发育和沉积物分布的主导因素是河口水流，其他因素还有径流量和输沙量、潮汐和潮流、波浪等。

2. 大陆架沉积

大陆架为浅海环境，其沉积作用和沉积相受各种物理、化学、生物及地质作用过程的控制。大陆架的泥沙搬运、沉积以物理过程为主，主要作用营力是潮汐、风暴、海流等；化学过程主要通过海解（最常见）、逆风化及沉淀作用形成各种海底自生矿物。海洋生物（尤其是底栖生物）的运动、摄食、排泄等活动使大陆架底质发生扰动，可使沉积物和原始沉积构造发生变化。在现代大陆架上主要分布三种沉积物：残留沉积物、准残留沉积物和现代沉积物。

3. 大洋沉积

大洋沉积由生物组分（钙质和硅质）和非生物组分（陆源、自生、火山及宇宙尘埃）组成。按大洋沉积物的成因将其分为远洋黏土、钙质生物、硅质生物、陆源碎屑和火山碎屑沉积物五种主要类型。

海洋沉积物的沉积速率在海底不同的部位相差甚大。沉积速率的不均一性反映了沉积环境的差异性，从而在沉积类型和沉积厚度上表现出很大的差别。相对密度大于海水的悬浮物质，其颗粒状态和沉降速度主要受潮流、密度流、风海流和风浪等作用所控制，在不同海区的沉积速率不同：在大型三角洲和河口区最高可达 50 000 cm/ka 左右；在大陆坡和大陆隆最高可达 100 cm/ka；在深海区一般只有 0.1 ~ 10 cm/ka，因而深海洋底沉积物的平均厚度不超过 0.5 km。

沉积于海底的物质按成因分为机械沉积（因海浪、潮流、洋流、浊流的搬运作用而成）、生物沉积和化学沉积（包括有机质沉积物和无机质沉积物）；按岩性分为砾岩、沙岩、粉沙岩及石灰岩等；按沉积物的粒度分为巨砾、中砾、砾、沙砾、极粗沙、粗沙、中沙、细沙、极细沙、粉沙和黏土 11 级；海底表层沉积物厚度变化于 0 ~ 2 000 m 之间，一般在大陆边缘较厚，在洋中脊较薄。

沉积物的分布特点，从垂直方向看，一般底部粗而上部细；从水平方向看，近岸粗而远岸细。现代海洋沉积物一般为未固结的疏松物质，在海水运动、化学和生物作用下，沉积物发生破碎、运移，并引起成分和性质的变化。在一定条件下，受长期地质作用，疏松物质将转变为半固结或固结的沉积岩。

○ 第五节　海洋大气环境

海洋大气基本要素包括：气压、气温、湿度、风、能见度等物理量；云、降水、雷暴、海雾等天气现象；日照、辐射、蒸发、凝结和升华等物理过程及有关物理量的导出量，如大气密度等。

一、地球大气的成分和垂直分层

地球大气是指地球外围的空气层，是地球自然环境的重要组成部分之一，与人类的生存息息相关。通常把从地面到 1 000 ～ 1 400 km 高度内的气层作为地球大气层的厚度，其中大气总质量的 98.2% 集中在高度 30 km 以下。

（一）地球大气的主要成分

地球大气的主要成分为 N_2、O_2、Ar、CO_2、H_2O 等，组成比率因时、地不同而异，其中以 CO_2 变动率最大。大气密度是不均匀的，以海平面的密度最大，往上密度渐小，大气质量约 50% 集中在海拔 5.6 km 内。

（二）地球大气的垂直分层

按地球大气在铅垂方向上的某些特征，将其划分成在水平方向上性质比较均一的若干层次，如：按温度随高度分布的特征，分为对流层、平流层、中间层、热层和散逸层（图 2-12）；按大气电离状态，分为中性层、电离层和磁层；按大气内各组成成分的混合状态，分为匀和层和区分层等。

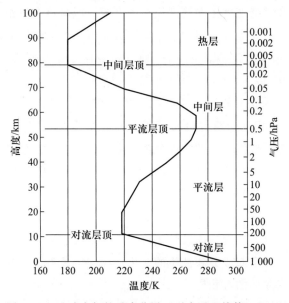

图 2-12　地球大气的垂直分层（引自冯士筰等，1999）

1. 对流层

对流层是大气的最下层。对流层顶的高度因纬度和季节而异。就纬度而言，对流层顶的高度在低纬度平均为 17 ～ 18 km；中纬度平均为 10 ～ 12 km；高纬度仅 8 ～ 9 km。就季节而言，对流层顶的高度，夏季大于冬季，例如南京夏季对流层厚度可达 17 km，冬季只有 11 km。

对流层集中了整个大气质量的 75% 和几乎全部的水汽，它具有以下三个基本特征：① 气温随高度的增加而递减，平均每升高 100 m，气温降低 0.65 ℃。其原因是太阳辐射首先主要加热地面，再由地面把热量传给大气，因而愈接近地面的空气受热愈多，气温愈高，远离地面则气温逐渐降低。② 空气有强烈的对流运动。地面空气受热膨胀而上升，冷空气冷缩而下降，从而产生空气对流运动。对流运动使高层和低层空气得以交换，促进热量和水分传输，对成云致雨有重要作用。③ 天气复杂多变。对流层集中了 75% 大气质量和几乎全部水汽，伴随强烈的对流运动，产生水的相变，形成云、雨、雪等复杂的天气现象。因此，对流层与地表自然界和人类关系最为密切。

2. 平流层

自对流层顶向上至 55 km 高度，为平流层。其主要特征是：① 温度随高度增加由等温分布变为逆温分布。平流层的下层随高度增加气温变化很小。大约在 20 km 高度以上，气温又随高度增加而显著升高，出现逆温层。这是因为在 20 ~ 25 km 高度处，臭氧含量最多。臭氧能吸收大量太阳紫外线，从而使气温升高，并大致在 50 km 高空形成一个暖区。到平流层顶，气温升到 270 ~ 290 K。② 垂直气流显著减弱。平流层中的空气以水平运动为主，空气垂直混合明显减弱，整个平流层比较平稳。③ 水汽、尘埃含量极少。由于水汽、尘埃含量少，对流层中的天气现象在这一层很少见，只在底部偶然出现一些分散的贝云。平流层天气晴朗，大气透明度好。现代民用航空飞机大都在平流层内飞行。

3. 中间层

从平流层顶到 85 km 高度为中间层。其主要特征是：① 气温随高度增高而迅速降低，中间层的顶界气温降至 –113 ℃ ~ –83 ℃。因为该层臭氧含量极少，不能大量吸收太阳紫外线，而 N_2、O_2 能吸收的短波辐射又大部分被上层大气所吸收，故气温随高度增加而递减。② 出现强烈对流运动，该层又称为高空对流层或上对流层。这是由于该层大气上部冷、下部暖，致使空气产生对流运动。但由于该层空气稀薄，空气的对流运动强度不能与对流层相比。

4. 热层

从中间层顶到 800 km 高度为热层。这一层大气密度很小，在 700 km 厚的气层中，只含有大气质量的 0.5%。热层的特征是：① 随高度的上升，气温迅速升高。据探测，在 300 km 高度上，气温可达 1 000 ℃ 以上。这是由于所有波长小于 0.175 μm 的太阳紫外辐射都被该层的大气物质所吸收，从而使其增温。② 空气处于高度电离状态。这一层空气密度很小，在 270 km 高度处，空气密度约为地面空气密度的百亿分之一。由于空气密度小，在太阳紫外线和宇宙射线的作用下，氧分子和部分氮分子被分解，并处于高度电离状态，故热层又称电离层。电离层具有反射无线电波的能力，对无线电通信具有重要意义。

5. 散逸层

热层顶以上，称散逸层。它是大气的最外一层，也是大气层和星际空间的过渡层，但无明显的边界线。在这一层，空气极其稀薄，大气质点碰撞机会很小。气温也随高度增加而升高。由于气温很高，空气粒子运动速度很快，又因距地球表面远，受地球引力作用小，故一些高速运动的空气粒子不断散逸到星际空间，散逸层由此而得名。据宇宙火箭资料证明，在地球大气层外的空间，还具备由电离气体组成极稀薄的大气层，称为"地冕"，它一直伸展到22 000 km高度。由此可见，大气层与星际空间是逐渐过渡的，并没有截然的界限。

二、大气的大尺度运动

1. 大气运动的尺度特征

大气运动尺度亦称"天气特征尺度"或"天气系统尺度"。每一个天气系统所占的空间范围大小及其生命周期的长短，为该天气系统的尺度。不同水平尺度的大气运动，生命周期长短不一。一般大气运动水平尺度越大，其生命周期越长，铅直速度越小，受地转偏向力的影响越大；反之，水平尺度越小，生命周期越短，铅直速度越大，受地转偏向力的影响可以忽略。

按照大气运动的水平尺度可以分为：① 大尺度系统：包括大气长波、大型气旋、反气旋等，其水平尺度可达数千千米；② 中尺度系统：包括小型气旋、反气旋、热带风暴等，水平尺度为数百千米；③ 小尺度系统：包括小型涡旋、雷暴等，水平尺度几十千米；④ 微尺度系统：包括积云、浓积云等，水平尺度几千米。

2. 大气环流

大气环流，一般是指具有世界规模的、大范围的大气运行现象。它既包括平均状态，也包括瞬时现象，其水平空间尺度在数千千米以上，垂直空间尺度在10 km以上，时间尺度在数天以上，也是大气大范围运动的状态。某一大范围的地区（如亚欧大陆、半球、全球），某一大气层次（如对流层、平流层、中层、整个大气圈）在一个长时期（如月、季、年、多年）的大气运动的平均状态或某一个时段（如一周、梅雨期间）的大气运动的变化过程都可以称为大气环流。

大气环流形成原因有：一是太阳辐射，这是地球上大气运动能量的来源，由于地球的自转和公转，地球表面接受太阳辐射能量是不均匀的。热带地区多，而两极地区少，从而形成大气的热力环流；二是地球自转，在地球表面运动的大气（除赤道外）都会受地转偏向力作用而发生偏转；三是地球表面海陆分布不均匀；四是大气内部南北之间热量、动量的相互交换。以上四种因素构成了地球大气环流的平均状态和复杂多变的形态（图2-13）。在大气环流的影响下，全球海平面上的气压场也产生了相应的变化。

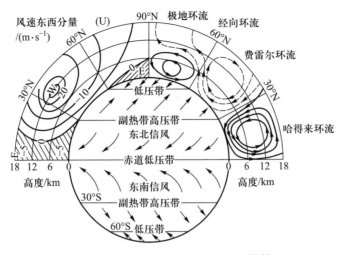

图 2-13　全球大气环流示意图（引自冯士筰等，1999）

三、大气的气象要素

气象要素，是指表明大气物理状态、物理现象的各项要素，主要有：气温、气压、风、湿度、云、能见度，以及各种天气现象。广义的气象要素的范围，则还可包括辐射特性、电磁特性等其他大气物理特性。

（一）气压

大气的压强，是单位面积空气分子运动所产生的压力。气压的大小同高度、温度、密度等有关，一般随高度增高按指数规律递减。

在气象上，通常用测量高度以上单位截面积的铅直大气柱的质量来表示气压。常用单位有毫米水银柱高度（mmHg）、帕（Pa）、百帕（hPa）、千帕（kPa），其换算关系是：1 hPa＝0.1 kPa＝0.750 06 mmHg，国际单位制通用单位为帕（Pa）。

测量气压的常用仪器有：水银气压表、空盒气压表、气压计。

（二）气温

大气的温度是表示大气冷热程度的量。在一定的容积内，一定质量的空气，其温度的高低只与气体分子运动的平均动能有关，即这一动能与绝对温度成正比。因此，空气冷热的程度，实质上是空气分子平均动能的表现。当空气获得热量时，其分子运动的平均速度增大，平均动能增加，气温也就升高。反之当空气失去热量时，其分子运动平均速度减小，平均动能随之减少，气温也就降低。

习惯上以摄氏温度（物理量符号 t，单位符号 ℃）表示，也有用华氏温度（物理量符号 F，单位符号 ℉）表示的，理论研究工作中则常用绝对温度（物理量符号 T，单位符号 K）表示。三者之间换算关系是：$t＝5/9（F－32）$；$t＝－273.15＋T$。

（三）大气湿度

表示大气中水汽量多少的物理量称大气湿度。大气湿度状况与云、雾、降水等关系密切。大气湿度常用下述物理量表示：

1. 水汽压和饱和水汽压

大气压力是大气中各种气体压力的总和。水汽和其他气体一样，也有压力。大气中的水汽所产生的那部分压力的压强称水汽压（e），它的单位和气压一样，用 Pa 或 hPa 表示。在温度一定的情况下，单位体积空气中的水汽量有一定限度，如果水汽含量达到此限度，空气就呈饱和状态，这时的空气称饱和空气。

饱和空气的水汽压（E）称饱和水汽压，也叫最大水汽压，因为超过这个限度，水汽就要开始凝结。饱和水汽压随温度的升高而增大，在不同的温度条件下，饱和水汽压是不同的。

2. 相对湿度

相对湿度（f）就是空气中的实际水汽压与同温度下的饱和水汽压的比值（用百分数表示），即：

$$f = \frac{e}{E} \times 100\% \tag{2-8}$$

相对湿度直接反映空气距离饱和状态的程度，当其接近 100% 时，表明当时的空气接近于饱和。当水汽压不变时，气温升高，饱和水汽压增大，相对湿度会减小。

测量湿度的仪器种类很多，有干湿球温度表、毛发湿度表、毛发湿度计、通风干湿表、手摇干湿表等。

3. 饱和差

在一定温度下，饱和水汽压与实际空气中水汽压之差称饱和差（d）。即 $d = E - e$，d 表示实际空气距离饱和状态的程度。在研究水面蒸发时常用到 d，它能反映水分子的蒸发能力。

4. 比湿

在一团湿空气中，水汽的质量与该团空气总质量（水汽质量加上干空气质量）的比值，称比湿（q）。其单位是 g/g，即表示每一克湿空气中含有多少克的水汽。比湿也可用每千克质量湿空气中所含水汽质量的克数表示。

对于某一团空气而言，只要其中水汽质量和干空气质量保持不变，则不论发生膨胀或压缩，体积如何变化，其比湿都保持不变。因此在讨论空气的垂直运动时，通常用比湿来表示空气的湿度。

5. 水汽混合比

在一团湿空气中，水汽质量与干空气质量的比值称水汽混合比（γ），单位是 g/g。

6. 露点

在空气中水汽含量不变，气压一定的条件下，使空气冷却达到饱和状态的温度，称露点温度，简称露点（T_d），其单位与气温相同。当气压一定时，露点的高低只与空气中的水汽含量有关，水汽含量愈多，露点愈高，所以露点也是反映空气中水汽含量的物理量。在实际大气中，空气经常处于未饱和状态，露点温度常比气温低（$T_d < T$）。因此，根据 T 和 T_d 的差值，可以大致判断空气距离饱和状态的程度。

在上述各种表示湿度的物理量中，水汽压、比湿、水汽混合比、露点基本上表示空气中水汽含量的多寡，而相对湿度、饱和差、温度露点差则表示空气距离饱和状态的程度。

（四）风

空气运动产生的气流称为风。风向是指风的来向，最多风向是指在规定时间段内出现频数最多的风向。通常人们以 8 方位来辨别风向，在气象观测中，风的方向是 16 方位。海上多用 36 个方位表示；在高空则用角度表示。用角度表示风向，是把圆周等分成 360度，北风（N）是 0 度（即 360 度），东风（E）是 90 度，南风（S）是 180 度，西风（W）是 270 度，其余的风向都可以由此计算出来。

风速是指单位时间内空气在水平方向运动的距离，单位用 m/s 或 km/h 表示。通常人们认为的风速是某一时刻的风速最大值，这与气象观测中最大风速的含义不同。气象观测中的最大风速是指某个时段内出现的最大风速的 10 分钟内的平均风速值，极大风速值则是某个时段内的最大瞬时风速。

四、海洋上的天气系统

1. 锋面与温带气旋

锋面就是温度、湿度等物理性质不同的两种气团（冷气团、暖气团）的交界面，或者叫作过渡带。这个过渡带自地面向高空冷气团一侧倾斜（图 2-14）。锋面与地面的交线，称为锋线，也简称为锋。由于锋两侧的气团性质上有很大差异，所以锋附近空气运动活跃，气团在锋中有强烈的升降运动，气流极不稳定，常造成剧烈的天气变化。因此，锋是重要的天气系统之一。

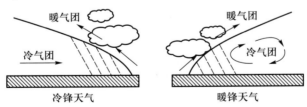

图 2-14 冷锋和暖锋天气

温带气旋（extratropical cyclone，EC），又称为"温带低气压"或"锋面气旋"，是活跃在温带中高纬度地区的一种近似椭圆形的斜压性气旋。从结构上讲，温带气旋是一种冷心系统，即温带气旋的中心气压低于四周，且具有冷中心性质。从尺度上讲，温带气旋的尺度一般比热带气旋大，直径从几百千米到 3 000 km 不等，平均直径为 1 000 km。

温带气旋伴随着锋面的出现而出现，在同一锋面上有时会接连形成 2 ~ 5 个温带气旋，它们自西向东依次移动前进，称为"气旋族"。温带气旋从生成、发展到消亡，整个生命史一般为 2 ~ 6 天。温带气旋是造成大范围天气变化的重要天气系统之一，对中高纬度地区的天气变化有着重要影响。温带气旋常带来多风多雨天气，时常伴有暴雨、暴雪或其他强对流天气，有时近地面最大风力可达 10 级以上。

2. 台风与热带气旋

热带气旋（tropical cyclone，TC），是发生在热带或副热带洋面上的低压涡旋，是一种强大而深厚的热带天气系统，即产生于热带洋面上的中尺度或天气尺度的暖性气旋。可见于西太平洋及其临近海域（台风）、大西洋和东北太平洋（飓风），以及印度洋和南太平洋。

热带气旋常见于夏秋两季，其生命周期可大致分为生成、发展、成熟、消亡 4 个阶段，其强度按中心风速被分为多个等级，在观测上表现为巨大的涡旋状直展云系。成熟期的热带气旋拥有暴风眼、眼墙、螺旋雨带等宏观结构，直径在 100 ~ 2 000 km 之间，中心最大风速超过 30 m/s，中心气压可降低至 960 hPa 左右，在垂直方向可伸展至对流层顶。未登陆的热带气旋可能维持 2 ~ 4 周直到脱离热带海域，登陆的热带气旋通常在登陆后 48 小时内快速消亡。

台风是热带气旋的一种。我国把西北太平洋和南海的热带气旋按其底层中心附近最大平均风力（风速）的大小划分为 6 个等级，其中风力为 12 级或以上的，统称为台风。产生于西太平洋、西北太平洋及其临近海域的风力达 12 级的热带气旋被称为"台风（typhoon）"；产生于大西洋和东太平洋的热带气旋被称为"飓风（hurricane）"；产生于印度洋和南太平洋的热带气旋被称为"气旋风暴（cyclonic storm）"或简称为"气旋"（cyclone）。

与热带气旋相近的概念包括亚热带气旋（subtropical cyclone）和温带气旋（extratropical cyclone）。作为区别，温带气旋是存在于中高纬地区的冷性气旋，可生成于海洋或陆地，且在多数情况下由斜压不稳定发展形成并伴随锋面的出现而出现。亚热带气旋是一类介于热带气旋和温带气旋之间的天气系统，其成熟期的形态接近于热带气旋但在动力学上具有和温带气旋相近的冷心（cold core）结构。

作为联系，热带气旋进入温带洋面后有机会转变为温带气旋，温带气旋在少数情形下也可变性成为热带气旋。亚热带气旋在进入热带洋面并转变为暖心（warm core）结构后会被识别为热带气旋，但当热带气旋通过亚热带洋面时，只要其暖心结构不变，就不会被识别为亚热带气旋。

热带气旋包含大量的不稳定能量并可能成为气象灾害，成熟期热带气旋登陆后带来大范围的破坏性强风、大量降水，并伴随有风暴潮、雷暴等次生灾害。存在于洋面的热带气旋是航运业的重大威胁。

3. 副热带高压

副热带高压分布于南、北纬 30 ~ 40°间的大陆西岸。它的分布具有广泛性，是唯一的除南极洲以外，世界各大洲都有的天气系统。其形成主要是因为赤道低气压带的上升气流升到上空，受气压梯度力影响，向极地地区上空（近地面为高压区，上空为低压区）流去，由于受地转偏向力的作用，到纬度 20 ~ 30°处，上空大气运行的方向接近和纬圈平行。从赤道地区上空源源不断流来的大气，堆积下沉，使近地面大气密度增大，气压增高，形成高压带，这属于动力作用形成的暖性高压。由于受海陆分布的影响，在夏季，副热带高压带常被大陆热低压切断，仅保留在海洋上。副热带高压盛行下沉气流，气候一般干燥少雨。

一般而言，每年从冬季到夏季，西太平洋副热带高气压都会有规律地自南向北推移；从夏到冬，又有规律地自北往南撤退。热带与温带之间过渡地区的暖性高气压带，受海陆分布的影响，常断裂成为若干个孤立的暖性高压，这些孤立的高压，统称为副热带高压。这种高压是控制热带、副热带地区的持久的大型天气系统，其位置和强度随季节而变化。影响我国的副热带高压主要有西太平洋高压、青藏高压和南海高压，其中西太平洋高压对我国的影响最大，是造成我国夏季旱涝变化的主要天气系统之一。

4. 热带辐合带

热带辐合带（intertropical convergence zone，ITCZ）是南北两半球信风气流形成的辐合地带，又称为赤道辐合带。由于热带辐合带地区的气压值比附近地区的低，也称为赤道低压带或赤道槽等。它是热带地区主要的、持久的、具有行星尺度的大型天气系统，其生消、强弱、移动和变化，对热带地区长、中、短期天气变化影响极大。

热带辐合带可分为季风辐合带和信风辐合带。季风辐合带是指在北半球夏季，来自南半球的东南风越过赤道后受地转偏向力的影响，转为西南风，其前沿与北半球的偏东风交汇形成的热带辐合带，其特点是位置有明显的季节变化，气流辐合强，常有热带天气系统生成，如热带云团、热带气旋等。季风辐合带主要出现在南亚到西太平洋一带，它的构成和季风紧密相连，主要特征是风向切变大。在北半球，季风槽型辐合带的北侧是东风或东北风，南侧是西风或西南风；在南半球，其向赤道侧是西风或西北风，向极地侧是东风或东南风。这种辐合带在由西风到东风的过渡区中，风速通常都比较小，所以也有人称其为赤道无风带（doldrums）。信风辐合带是指南半球东南信风直接与北半球东北信风相遇形成的热带辐合带，特点是距离赤道较近且无明显的季节变化，强度小于季风辐合带，也较少发生强烈的热带天气系统。它主要位于北大西洋、太平洋中部和东部地区。

热带辐合带是全球主要热源区，主要有三种形成机制：① 海温作用。热带辐合带总有向暖海温区移动的趋势。② 第二类条件（性）不稳定机制。像台风发生发展的机制一样，只要低空辐合带南侧的西南风加强，形成辐合和气旋性涡度带，依靠边界层摩擦辐合和水汽潜热的释放，就可以使大范围对流云系不断依靠自身激发发展起来。③ 边界层临界纬度机制。前两种机制在纬向对称即无波动作用时亦可生成，但实际状态是在热带辐合带上常叠加有波动。实际发生的波动其角频率在某一纬度若和科里奥利参数的频率相同，则在该纬度的边界层内将产生很大的上升运动，形成热带辐合带，这个纬度即称临界纬度，据实际计算约在北纬10°。

五、海洋−大气的相互作用

海洋大气环境不仅对天气和气候发生影响，而且对人类生活，海洋动植物生长，海洋建筑物的使用，以及航运、航空、航天、通信、导航、海上军事行动等均有重要影响。海洋大气环境与海洋水文环境相互作用，相互制约，关系极为密切。

海洋与大气相互作用是一种十分复杂的现象，主要反映在它们之间的各种物质（包括水分、CO_2，以及其他气体和微粒）、能量和动量的交换，以及由此产生的海洋与大气热状况及运动之间的相互影响、制约和适应的关系。

海洋与大气相互作用的机制概括起来就是：当到达地球表面的太阳辐射有一半以上被海洋所吸收，在释放给大气之前，它先被海洋储存起来，并被海流携带重新分布。大气一方面从海洋获得能量，改变其运动状态；另一方面又通过风场把动能传给海洋，驱动海流，使海洋热量再分配。这种热能转变为动能，再由动能转变为热能的过程，构成了复杂的海洋与大气能量作用。

1. 海洋对大气的影响

全球 10 m 深海水的总质量就相当于整个大气圈的质量。到达地表的太阳辐射能有70% 被海洋所吸收，且其中85%左右的热能被储存在大洋表层，这部分能量又以长波辐射、蒸发潜热和湍流显热等方式输送给大气。海洋还通过蒸发作用，向大气提供大约86%的水汽。这种热量、水汽的输送，既影响了大气的温度分布，又是驱使大气运动的能源，在大气环流的形成和变化中具有极为重要的作用。

海洋是大气环流运转的能量和水汽供应的最主要源地和储存库，同时也是 CO_2 的巨大储存库，海洋通过调节大气中的 CO_2 含量也影响着气温和大气环流过程。例如，海水作为 CO_2 的巨大储存库，通过人为施加微量铁盐增加藻类的增殖速度，可以提高海洋对 CO_2 的吸收能力，进而减缓全球温室效应进程。

2. 大气对洋流的影响

海洋是从大气圈的下层向大气输送热量和水汽的，而大气运动所产生的风应力又可以向海洋上层输送动量，使海水发生流动，形成风生洋流，即风海流。世界洋流分布与地面风向分布密切相关。

3. 洋流对大气层结的影响

在暖洋流表面的海水温度一般高于海面上部的气温，海面向空气提供的显热和潜热都比较多，它们不仅使空气增温，而且使气层处于不稳定状态，有利于云和降水的形成，热带气旋大多源自低纬度暖洋流表面即系此故。在冷洋流表面，空气层结稳定，有利于雾的形成而不易产生降水。

4. 大气风场对海面温度的影响

由于大气风场的不均匀分布，风海流会产生海水质量的辐合辐散，尤其在海岸附近，在侧边界的作用下，这种辐合辐散作用尤为明显。例如在热带、副热带大陆西岸（东风带），因离岸风的作用，把表层海水吹离海岸造成海水质量的辐散，引起深层海水上翻，而深层海水水温比表层水温低，因此在上翻区海水水温要比同纬度其他海面的平均水温低。相反，如果风向改变，海水质量在此辐合，引起海水下沉，海面温度将显著增高。

5. 海洋–大气在高低纬度间的热量输送

海洋大气环流对热量的输送有平均经圈环流输送和大型涡旋输送两种。在北纬30°～70°地带潜热的向极输送以大型涡旋输送为主，平均经圈环流次之；在低纬度地区则主要由信风的定常输送来完成，即平均经圈环流输送。在总的经向环流热量输送中，洋流的作用占了33%，大气环流的作用占67%；在低纬度，洋流的输送超过大气环流的输送；北纬30°以北，大气环流的输送超过了洋流的输送。这种海洋–大气"接力式"的经向热量输送是维持高低纬地区能量平衡的主要机制，调节了高低纬度间的热量平衡。

6. 海洋–大气在海陆间的热量传输

大气环流和洋流对海陆间的热量传输有显著作用。冬季海洋是热源，大陆是冷源，中高纬地区盛行西风，大陆西岸是迎风海岸，又有暖洋流经过，故环流由海洋向大陆输送的热量甚多，提高了大陆西岸的气温。夏季，大陆是热源，海洋是冷源，这时大陆上的暖气团在大陆气流作用下向海洋输送热量，但输送值远比冬季海洋向大陆输送的量要小。

本 章 小 结

（1）海洋按海水深度及地形可进一步划分为滨海、浅海、半深海和深海。

（2）海洋物理环境参数：海水温度、盐度、海水的运动及海冰。

（3）海水的化学组成包括：大量（常量）元素、溶于海水的气体成分、营养元素、微量元素、有机物质和放射性同位素。

（4）海水中的溶解氧有两个主要来源：大气和植物的光合作用。

（5）按照溶解氧垂直分布的特征，通常把海洋分成3层：表层、中层和深层。

（6）海洋中的碳主要储存于二氧化碳–碳酸盐体系中，它调控着海水的pH，以及碳在生物圈、岩石圈、大气圈和海洋圈之间的流动。

（7）大气和海洋之间气体的交换是一种动力学过程，描述海–气界面气体交换通常采用的动力学模型是薄膜模型（thin-film model）。

（8）影响大气与海洋之间气体交换的因素主要有：温度、气体溶解度和风速。

（9）海洋中的营养元素一方面源自大陆径流输入，另一方面 N、P、Si 等营养元素与海洋动植物之间存在食物链的关系，可由生物的排泄物或尸骸氧化分解重新释放而获得补充。

（10）海洋生物根据它们的栖息场所和活动方式，可归纳为三种基本生态类型，即浮游生物、底栖生物和游泳动物。

（11）海洋地质环境主要包括海底地貌和海洋沉积物。

（12）地球大气的主要成分为 N_2、O_2、Ar、CO_2、水等，大气密度不均匀，海平面处的大气密度最大，往上密度逐渐减小，大气质量约 50% 集中在海拔 5.6 km 内。

（13）地球大气在铅垂方向上划分成在水平方向上性质比较均一的若干层次，按温度随高度分布的特征，可分为对流层、平流层、中间层、热层和散逸层。

（14）海洋上空大气的气象要素，是表明大气物理状态、物理现象的各项要素。其主要有：气温、气压、风、湿度、云、能见度，以及各种天气现象。

（15）大气运动尺度亦称"天气特征尺度"或"天气系统尺度"。每一天气系统所占空间范围大小及其生命周期的长短，为该天气系统的尺度。不同水平尺度的大气运动，生命周期长短不一。

（16）大气环流，一般是指具有世界规模的、大范围的大气运行现象。形成原因有：一是太阳辐射；二是地球自转；三是地球表面海陆分布不均匀；四是大气内部南北之间热量、动量的相互交换。

（17）海洋上的天气系统包括锋面与温带气旋、热带气旋与台风、副热带高压及热带辐合带。

（18）海洋与大气相互作用的机制是：大气一方面从海洋获得能量，改变其运动状态；另一方面又通过风场把动能传给海洋，驱动海流，使海洋热量再分配。这种热能转变为动能，再由动能转变为热能的过程，构成了复杂的海洋与大气相互作用。

复习思考题

1. 海水的主要化学成分包括哪些？

2. 海水中有哪些气体成分？

3. 总结海水中溶解氧的分布特征。

4. 分析海洋中二氧化碳–碳酸盐体系中包含的化学平衡，以及该体系如何影响海水的 pH。

5. 影响海水的总碱度、碳酸碱度和总二氧化碳这三个参数值的因素有哪些？

6. 海洋中主要包含几大类生物？各类请举 1~2 个典型生物的例子。

7. 海底地貌类型有哪几种？了解各地貌类型的形成及特点。

8. 总结海洋沉积物的来源及其垂直分布特征。

9. 地球大气的主要成分和气象要素有哪些？

10. 分析海洋与大气的相互作用受哪些因素的影响。

主要参考文献

［1］Broecker W S, Peng T H. Tracers in the sea, Lamont-Doherty Earth Observatory ［M］. New York：Palisades, 1982.

［2］Gross M G. Oceanography：a view of the earth ［M］. 5th ed. New Jersey：Prentice Hall, 1990.

［3］端木琳，徐飞. 典型海水温度年计算方法及其应用 ［J］. 制冷学报, 2016, 37 （3）：6-11.

［4］方欣华，杜涛. 海洋内波基础和中国海内波 ［M］. 青岛：中国海洋大学出版社, 2005.

［5］冯士筰，李凤岐，李少菁. 海洋科学导论 ［M］. 北京：高等教育出版社, 1999.

［6］李鹏，杨世伦，陈沈良. 浙南近岸海流季节变化特征 ［J］. 海洋学报（中文版）, 2014, 36 （3）：19-29.

［7］邵广昭，李瀚，林永昌，等. 海洋生物多样性信息资源 ［J］. 生物多样性, 2014, 2 （3）：253-263.

［8］舒良树. 普通地质学 ［M］. 3 版. 北京：地质出版社, 2010.

［9］宋雪珑，万剑锋，崔岩. 海洋环境基础 ［M］. 北京：中国轻工业出版社, 2020.

［10］巫建华，刘帅. 大地构造学概论与中国大地构造学纲要 ［M］. 北京：地质出版社, 2008.

［11］杨娌. 分层水环境中周期性循环水流诱导内波的临界条件 ［D］. 西安：西安建筑科技大学, 2018.

［12］杨子赓. 海洋地质学 ［M］. 济南：山东教育出版社, 2004.

［13］张颖，王体健，庄炳亮，等. 东亚海盐气溶胶时空分布及其直接气候效应研究 ［J］. 高原气象, 2014, 33 （6）：1551-1561.

［14］张正斌. 海洋化学 ［M］. 青岛：中国海洋大学出版社, 2004.

［15］赵淑江，吕宝强，王萍，等. 海洋环境学 ［M］. 北京：海洋出版社, 2011.

第三章

海水富营养化与防治

海水富营养化是指自然或人为因素引起海水中氮、磷等营养盐类浓度异常升高，进而导致生态失衡的现象。海水中氮、磷等营养盐类，铁、锰等微量元素，以及有机化合物的增加，促进了某些浮游植物、原生动物或细菌的繁殖，甚至引发爆发性增殖或高度聚集，形成"有害藻华"及更大的生态损害。

○ 第一节　海水富营养化的成因和现状

一、海水富营养化的成因

海水富营养化是由自然因素和人为因素共同作用形成的。

1. 自然因素

富营养化是水体的自然过程（图3-1），但是人类活动极大地加速了水体富营养化进程。海水在初期阶段处于贫营养状态，随着时间的推移和环境的变化，沿岸径流和降雨等过程带来了大量的氮、磷等无机营养盐和有机物。在通常情况下，近海环境海水扩散、潮流等动力作用，使大量输入的营养盐和有机物得到再分配和稀释；而在动力作用相对较弱的海域，水交换能力差，水体滞留时间长，营养盐和有机物等发生区域性聚集，促进海洋中浮游植物和其他海洋生物的大量繁殖和生长。当这些动、植物死亡后，其机体被不断分解，使海域水体中的营养盐浓度不断增加，最后使海域水体从贫营养状态变成富营养状态。虽然富营养化的首要因素是氮、磷等营养盐的汇入，但是气象、水文和地质地貌等条件是区域性氮、磷等营养盐汇集不可或缺的因素，有时甚至成为富营养化的制约因素。

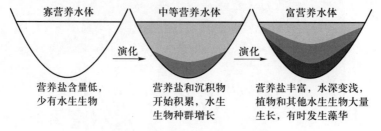

图 3-1　富营养化水体的自然进程

海水富营养化的自然因素有如下两个：

（1）气象因素。影响富营养化的气象因素包括降水、风、光照、气温和气压等。降水可通过地表径流汇入海洋，在降低海水盐度的同时带来大量营养物质；风速和风向通过对海流的影响，控制着海洋生物的聚集和扩散；光照是浮游植物光合作用的能量来源，控制海洋生物的新陈代谢和生命节律。

（2）水文因素。水文因素主要指浪、潮和流等海洋物理因子，其对富营养化的影响在一定程度上受地理环境的限制。流动水体改变海域的温度、盐度，影响海水层化和透光度，从而为富营养化的形成提供了合适的理化条件，同时也可以将海洋生物的孢囊、营养细胞或其生长繁殖的物质带入相关海域。在正常情况下，海流、潮汐和扩散等因素使海水充分混合，各化学要素的分布趋于均匀；富营养化多发生在水体交换状况不良的内海、港湾或排污河口近岸水域，海水中氮、磷等营养物质因得不到充分的扩散、混合和稀释而汇集，促进浮游植物大量繁殖，导致区域生态异常。

2. 人为因素

人类的生产和生活活动会通过不同途径向近岸海域输送大量营养物质，这是富营养化的主要因素。图 3-2 为人类对海洋环境产生影响的主要行为方式。向近岸海域输送氮、磷等营养物质以点源方式为主，但农业、旅游业等面源方式也不可忽视。

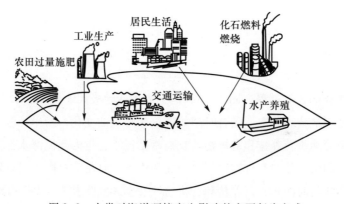

图 3-2　人类对海洋环境产生影响的主要行为方式

（1）农田施肥。我国化肥的有效利用率很低，据统计氮肥平均利用率为30%～35%，磷肥为10%～20%（张凯，2004）。施用的氮、磷极易在降水或灌溉时从土壤中流失，随地表径流或地下径流最终汇入海洋，成为近岸海水中氮、磷营养盐的主要来源。

（2）水产养殖。我国是水产养殖大国，过度投放饵料及养殖生物排泄物，致使养殖业自身污染严重，造成养殖海域氮、磷等营养盐超标。在海水养殖环境下，海域生态群落异常演化，自然形成的生态平衡易受到破坏。

（3）工业废水和生活污水。工业废水和生活污水经过处理后，最终排放入海。工业生产中的废水量大，化学成分复杂，且不易净化；部分工业废水中氮和磷含量相当高。生活污水是人们日常生活产生的排水，其中含有大量的氮、磷营养盐，含磷洗涤剂，以及细菌、病毒等，汇入地表水和地下水排放入海。

（4）大气沉降。工业燃烧产生的烟灰颗粒及其携带的化学物质，排放并悬浮于大气中。随着大气进行区域性和全球性迁移运动，这些污染物在迁移过程中通过干、湿沉降进入海洋水体。大气沉降对某些近岸海域和远海的氮、磷营养物质输送意义重大。

（5）矿物燃料的燃烧。矿物燃料的燃烧过程产生的氮氧化物（NO_x）能够直接进入水体，或者先储存在土壤中，间接地被冲刷进入水体。

二、海水富营养化的评价方法

富营养化概念模型通常根据系统的某种状态，来识别和划分系统所处的不同富营养化阶段。系统响应状态与系统营养盐输入呈现明显的线性关系（Cloern，2001），所以通常采用营养盐的含量来表征富营养化的状态。在早期富营养化评价模型中，系统富营养化状态基本由系统单一种类的营养盐浓度来表征和评价，后来发展为采用几种营养盐浓度的组合来表征和评价；随着对富营养化研究的深入，人们逐步认识到富营养化的复杂性，因此采用系统评价方法来评估海水富营养化状况。富营养化的基本要素，即原因因素、效应因素和过程因素，不断地被深入认知，因此评价海水富营养化状况通常综合原因、效应和过程三方面基本要素。

（一）基于营养盐的第一代富营养化评价方法

第一代富营养化评价方法强调营养盐在表征富营养化状态中的作用。最早采用单一的营养盐指数进行富营养化评价，称为单因子指数法，如卡尔森指数法（Carlson，1997）。之后，为综合反映系统的富营养化水平，发展了多因子综合指数法，如TRIX方法（Giovanardi and Vollenweider，2004）。我国广泛使用富营养化指数法（EI, eutrophication index；邹景忠等，1983）和营养质量状态指数法（NQI, nutrient quality status index；陈于望，1987）。随着海洋环境的复杂性被不断认识和了解，模糊性和不确定性被引入富营养化评价中，如多元统计分析方法、模糊逻辑和人工神经网络等（姚云和沈志良，2004；陈鸣渊等，2007）。这些富营养化评价方法的共同特点为，营养盐就是主要的评价指标，或者营养盐在富营养化评价中占较高的评价权重。

1. 富营养化指数法（eutrophication index，EI）

富营养化指数法简称 EI 方法，是邹景忠等（1983）基于日本的评价方法（冈市友利，1972）提出的，适合我国渤海等近岸海域的基于营养盐状况的富营养化评价。富营养化指数的计算方法为：

$$EI = \frac{C_{COD} C_{DIN} C_{DIP}}{S_C} \tag{3-1}$$

式中：C_{COD}、C_{DIN} 和 C_{DIP} 分别是化学需氧量（COD）、溶解性无机氮（DIN）和溶解性无机磷（DIP）的实测浓度（mg/L）；

S_C 为 COD、DIN 和 DIP 在特定海域的标准浓度的乘积。

一般认为近岸海域中 COD 的阈值浓度为 1~3 mg/L，DIP 的浓度阈值为 0.045 mg/L，依据渤海等近岸海域的富营养化特点，将式（3-1）中 S_C 设定为常数 4.5×10^{-3}。EI 大于 1 为富营养站位，小于 1 则为非富营养站位。

2. 营养质量状态指数法（NQI）

营养质量状态指数法的简称是 NQI 法（陈于望，1987），是海洋环境调查规范中推荐使用的海域富营养化评价方法。除了营养盐和 COD 指标，叶绿素 a（Chl-a）也被指定为评价指标之一，计算方法为：

$$NQI = \frac{C_{COD}}{S_{COD}} + \frac{C_{DIN}}{S_{DIN}} + \frac{C_{DIP}}{S_{DIP}} + \frac{C_{Chl-a}}{S_{Chl-a}} \tag{3-2}$$

式中：C_{COD}、C_{DIN} 和 C_{DIP} 分别为 COD、DIN 和 DIP 的实测浓度（mg/L）；

C_{Chl-a} 为叶绿素 a 的实测浓度（μg/L）；

S_{COD}、S_{DIN}、S_{DIP} 和 S_{Chl-a} 分别为 COD、DIN、DIP 和 Chl-a 的标准浓度，单位同实测浓度。

评价指标的标准浓度根据我国近岸海域富营养化背景研究获得，S_{COD}、S_{DIN}、S_{DIP} 和 S_{Chl-a} 通常设定为 3.0 mg/L，0.3 mg/L，0.03 mg/L 和 5 μg/L；NQI 大于 3 时判定为富营养化，介于 2 和 3 之间时为中营养化，小于 2 时为贫营养化（陈于望，1987；林荣根，1996；陈鸣渊，2007）。

3. 基于软计算和统计学的富营养化评价方法

鉴于近海生态系统对营养盐输入的非线性响应特性，软计算和统计学方法被应用于近海富营养化评价，以主成分分析法、模糊数学方法和人工神经网络方法为代表（林辉等，2002；林小苹等，2004；陈鸣渊等，2007）。主成分分析法利用降维分析思想，在损失信息量较少的情况下将多个变量转化成为几个关键的主成分，将复杂问题简化为易于深层次认识近岸海域的水质和富营养化问题。模糊数学方法针对海水的污染程度、水质分级界限等一些客观存在的模糊概念与现象，较为客观地反映海水的水质和富营养化状况。人工神经网络方法依据人工神经网络强大的自适应性、自组织性和容错能力，将富营养化评价指标模拟成为人工神经网络系统的输入参数，将富营养化状况模拟成对信号的响应和输出参数，来进行富营养化评价。在软计算方法中营养盐权重很大，评价结果受营养盐的影响显著，会掩盖其他富营养化症状，无法准确地反映出系统的富营养化状况。

4. 基于集对分析方法的富营养化评价方法

基于集对分析方法进行海水水质富营养化评价，模型使用方便，计算简便，重视信息处理中的相对性和模糊性（赵克勤，2000）。该方法同时提供了对联系度的表达式进行赋值的各种方法，反映了海水富营养化各评价级别所占的相对比例，可以用评价因子的含量指标相对于富营养化的评价标准的达标、超标及其所占比例，确定海水体富营养化级别（李凡修和陈武，2003）。

（二）基于富营养化症状的多参数富营养化评价方法

研究调查表明，系统营养盐水平在有些情况下与系统的富营养化状况不相符合；即营养盐含量较低的系统可能表现出较严重的富营养化症状，营养盐含量较高的系统也有可能因为系统的敏感性低而呈现健康状况（Cloern，2001）。人们针对以营养盐为基础的富营养化评价方法的不足，构建了近岸海域的多症状、多参数评价模型，其中影响较广的是巴黎·奥斯陆委员会综合评价法（OSPAR，2001）、赫尔辛基委员会综合评价法和美国河口营养状况评价法（Bricker 等，2003）。这些基于近岸海域营养盐复杂响应的多症状、多参数评价方法被称为第二代富营养化评价方法（May 等，2003）。

第二代富营养化评价方法基于富营养化症状的多参数评价，模型考虑的指标体系更加全面，并且能代表系统富营养化的不同阶段和程度（Ferreira 等，2007），包括初级响应和次级响应，以及更多的间接响应。评价方法的指标基于"压力–状态–响应（PSR）"框架；评价结果除了有综合的富营养化等级和水平外，还可以评价人类压力和系统状态等不同方面的水平，帮助研究者更清楚地认识系统的富营养化状况。

1. 巴黎·奥斯陆委员会综合评价法

巴黎·奥斯陆委员会（OSPAR）综合评价法的提出是为了协助完成 OSPAR 委员会设定的在 1985 年营养盐排放负荷的基础上减排 50% 的任务。经过筛选评价，所有成员国选出无问题海域、有问题和潜在问题海域。对有问题和潜在问题海域进行评价程序的第二步，即全面的 OSPAR 综合程序（COMPP）。

OSPAR 综合评价法先对海域进行盐度分区，分为河口海域、近岸海域和外海区。评价内容包含四个类型部分，即致害因素（营养盐）、直接效应（Chl-a、浮游植物、沉水植被、大型藻和小型底栖植物）、间接效应（溶解氧、大型底栖动物的死亡、鱼类死亡事件等）和其他可能的效应（有毒有害藻华等）。评价判定时将评价浓度与区域背景浓度值进行比较，当超过可接受的阈值（如超出 50%）时，得分即为"+"，否则为"–"。只要该海域中有一个指标指示其属于问题区域，则整个海域处于问题区域的级别。海域总的富营养化等级划分由四个类型状态等级的综合判断获得。

2. 美国河口营养状况评价法

美国河口营养状况评价法，英文缩写为 ASSETS，是基于美国对 138 个河口富营养化状态的评价进一步改进的富营养化综合评价模型，适用于海湾、河口等不同类型的近岸海域系统。ASSETS 评价模型包括压力评价、状态评价和预期响应评价三个方面，通过综合三个方面状况得到海域的综合富营养化状况。

ASSETS 指标体系采用初级富营养化的症状（Chl-a 和大型藻）和次级富营养化的症状（有毒有害藻华、溶解氧和沉水植被的消失），未采用营养盐指标。在具体应用时，先基于盐度对河口和海湾进行分区，计算每个盐度分区的指标得分，再计算每个指标与盐度分区面积的加权分数和，最后对初级症状所有指标的平均值和次级症状所有指标的最差值进行综合处理，得到系统富营养化状况。其中在计算指标得分时不仅考虑指标浓度，而且考虑浓度出现的频率和空间覆盖度，从而更全面地反映问题的严重程度。

3. 赫尔辛基委员会综合评价法

赫尔辛基委员会（HELCOM）综合评价法通过计算致害压力、直接响应和间接响应三类评价因子，依据实测参数的营养状况是否在背景条件（reference condition）与可以接受的偏离程度（acceptable deviation）的和、差范围之内，来判断海域属于非富营养化状态水域或富营养化状态水域。HELCOM 波罗的海海域计划包含众多目标明确的富营养化行动计划，包括开发对波罗的海进行富营养化评价的工具（HELCOM-EUTRO）。2006 年 HELCOM 提出了波罗的海的富营养化评价模型工具，形成了波罗的海富营养化评价工具开发的主题报告。

三、海水富营养化的研究历史和现状

海水富营养化是一种自然现象，在《圣经》中就已有对它的记载。但随着工业的快速发展，人类活动对海洋环境的影响越来越大，富营养化达到前所未有的程度，由此导致的有害藻华事件频率越来越高，规模不断扩大，形成全球性的海洋环境灾害。

（一）我国海水富营养化研究

我国最早的海水富营养化报道发布在 1933 年浙江水产实验场的出版物上：在镇海至台州、石浦一带发现夜光赤潮。1962 年周贞英报道，东海平潭岛附近海域发现束毛藻赤潮。至 1977 年，所见到的综述、报告及研究性论文，一共约为 10 篇。

从 1978 年开始，我国的海水富营养化问题得到了广泛的重视。中国科学院海洋研究所、中国海洋大学等单位承担了国家重大科研项目第 145 专题——渤海湾赤潮的发生机制及预测方法的研究。至 1989 年有关单位开始开展关于海水富营养化的研究，这一阶段取得一批有关海水富营养化的生理生态及其成因方面的研究成果。

1990 年我国海水富营养化研究进入一个新的研究阶段。以国家自然科学基金重大项目——中国东南沿海赤潮发生机理研究（1990—1994 年）为代表，针对海水富营养化发生的全过程，开展赤潮藻的分类、分布及其种源的分布、分类、萌发生长等过程的研究，对大鹏湾和长江口典型区域进行现场监测，建立数学模型，使我国的海水富营养化研究在国际上占有一定地位。我国于 1992 年成立 SCOR/IOC 赤潮工作组中国委员会，提出了如下的建议：我国今后在海水富营养化研究工作中，应考虑加强赤潮生物的分类及个体生态学研究，开展毒素分析及有关毒理研究，引进高新技术，制定统一的海水富营养化检测方法，并使其规范化和系统化。目前，海水富营养化不仅集合物理海洋学、化学海洋学和环境科学等多学科多领域的综合研究，而且涉及国家监督职能部门的管理和调控。

（二）国外海水富营养化的研究进展

由于沿海国家或地区海水富营养化发生频繁及其危害性不断增加，直接威胁着海洋生态环境、渔业资源、海产增养殖业，以及人体健康，给当地经济造成重大损失，因此，国际上许多组织将海水富营养化列入了研究计划。如联合国教科文组织（UNESCO）的政府间海洋委员会（IOC）设立了赤潮专家组，IOC/国际海洋研究委员会（SCOR）成立赤潮生理生态工作组，IOC/联合国粮食及农业组织（FAO）及国际海洋勘探理事会（ICES）/IOC 等成立相应的海水富营养化研究组，亚太经济合作组织（APEC）会议也确立开展赤潮研究项目。

国外海水富营养化研究一直很活跃，相关会议很多，参加会议的组织和人员、发表的论文数量也急剧增长，相关研究工作逐渐深入，取得了重要进展，特别是在机理揭示方面（如发现孢囊的作用、亚历山大藻等有毒赤潮的发生机理等）。

海水富营养化所引起的有害藻华危害是巨大的，引发有害藻华的很多藻类都有着很强的致毒性。在有害藻华研究中，以美国、加拿大、日本和西班牙等国家领先，他们分别在赤潮藻分子水平研究、赤潮藻毒素、赤潮藻分类和赤潮发生机理方面有较深入的发现和成果。

（三）我国海水富营养化现状

随着工农业的发展，人口数量增多，人们对海洋的依赖程度越来越大，我国沿岸各海域均有不同程度的富营养化现象，有害藻华毒素在贝类和鱼类体内累积，对食用者的健康产生影响。可喜的是，根据《2017 年中国近岸海域环境质量公报》（图 3-3），我国近岸

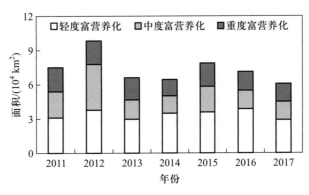

图 3-3　2011—2017 年夏季中国管辖海域富营养化面积（引自《2017 年中国近岸海域环境质量公报》）

海域富营养化水平呈现逐年下降的趋势，大部分海域呈现轻度污染状态；中度污染面积占据一定比例，每年减少的趋势并不明显；重度污染面积最小，每年都有较大幅度的减小，主要分布在辽东湾、长江口、杭州湾、珠江口等近岸区域。随着我国对海水富营养化研究的深入，以及沿海地区对海水富营养化的治理加强，海水富营养化近年来有明显好转的趋势，但仍然需要加强监测及治理，实现全面控制海水富营养化。

第二节　海水富营养化对海洋环境的影响

一、海水富营养化的环境化学效应

海水富营养化的环境化学效应表现在对总体水质、化学组成、性质和转化等方面的影响。

1. 对水质的影响

海水富营养化对水质的影响主要在以下两个方面。

（1）使水体散发臭味。富营养化水体中的有机物含量丰富，其降解消耗大量氧气，形成水体的还原环境，在这样的环境中，厌氧和缺氧微生物降解有机物时散发出腥臭味，给人以不舒适的感觉。

（2）增加水体的色度。水体中丰富的氮、磷支撑较大的浮游植物生物量，这些浮游植物主要分布于水体表层和次表层，使水体看起来浑浊，色度增加，透明度明显降低。

2. 对水体溶解氧含量的影响

富营养化水体表层的光辐射照度相对充足，海洋藻类光合作用释放 O_2，因此表层水体溶解氧含量丰富。富营养化水体表层密集的藻类使光照难以射入深层，使深层藻类光合作用减弱，同时藻类和其他生物呼吸作用耗氧，有机物降解耗氧，因此深层水体溶解氧含量较低。如果出现溶解氧耗尽的情形，将引起一系列严重后果：有机物降解不完全，产生甲烷等还原性气体，硫酸盐还原形成硫化氢，底泥中铁、锰等元素溶出形成硫化铁等。

3. 对水体酸碱度和光辐射照度的影响

富营养化水体营养盐物质丰富，浮游植物光合作用相对旺盛，大量消耗水体 CO_2，导致 pH 升高。大量增殖的浮游植物增加了水体颗粒物的含量，极大地降低了水体透明度，降低深层水体的光辐射照度。

4. 对生源要素的影响

水体氮、磷营养物质的积累是富营养化的必要条件，反之，富营养化导致水环境条件异常，改变了碳、氮、磷等生源要素的组成、分布和转化规律。随着河流中氮、磷物质的大量输入，近海环境营养盐含量增加，营养盐结构随之变化，进而改变近海环境浮游生物群落结构。北海北部 P/Si 和 N/Si 比值增加，导致了硅藻被甲藻等所代替（Ducklow 等，2001）。浮游生物按照一定比例吸收、固定营养元素，形成有机颗粒沉降在富营养化海域，有机颗粒的降解又增加了氮、磷等生源要素的浓度，进一步深化海域富营养化程度。

5. 对沉积模式的影响

富营养化海域通常形成有机物的大量堆积，无机营养物质则随着时间的推移而逐渐减少，这种变化一般持续到某种营养物质枯竭为止。浮游生物排泄或死亡颗粒向深层水体沉降，在沉降过程中吸附悬浮物或溶质一同沉到海底，改变了海域的沉积模式和沉积物组成，以及沉积环境的氧化还原状态（Cloern，2001）。

二、海水富营养化的生态效应

海水富营养化的生态效应表现为提高区域生产力和生物量，例如某些河口区和上升流海域分布有大型渔场，因此适度的富营养化是有益的。但是在人为活动影响下的富营养化往往过度蓄积了氮、磷营养盐，其通过改变生态系统中生物的组成、密度和整体的结构来破坏水域的生态平衡，改变原有的浮游生物群落和底栖生物的群落结构，引起区域生态功能退化，甚至引发有害藻华爆发。

1. 对水生生物分布的影响

在适宜的温度和光照条件下，丰富的氮、磷营养盐供给促进浮游植物（尤其是鞭毛藻类）和以之为食的浮游动物（尤其是桡足类甲壳动物）迅速生长繁殖。迅速生长的浮游生物汇集于水体表层，降低透光率，并形成一个高 O_2 含量、高 pH 和低 CO_2 含量的环境，抑制了深层水体浮游藻类或沉水植物（褐藻和红藻）的光合作用，使其生长受到限制。

大量浮游生物的排泄物、碎屑和尸体向水体深层转移，有机物颗粒在转移过程中降解消耗大量的溶解氧；在一些垂直对流差和水体交换不良的海区，溶解氧的消耗量超过供应量，使深层水体处于厌氧状态，使底质生态环境恶化，影响底栖生物的生长和生存。近20年来，长江河口区和冲淡水区底栖生物物种大幅度减少，生物量明显降低，生物多样性下降，这些变化趋势与长江口水体中高浓度氮、磷营养盐引起的富营养化密切相关。

海洋细菌的丰度和功能与区域富营养化程度和有机物分布密切相关，细菌数量或生物量随富营养化程度的递增而增加。在富营养化程度高的海区，浮游细菌丰度和生物量都远大于其他自然海区，其丰度与 Chl-a 浓度有着相似的分布格局，或者呈现较好的正相关关系。例如，渤海湾海区的富营养化程度较高，春季的浮游细菌丰度高达 1.06×10^{11} 个/mL，浮游细菌丰度在富营养化程度较高的近岸海区数量较多，而在富营养化程度较低的离岸海区数量逐渐降低，并且海湾中部的丰度普遍低于海湾沿岸区（Bai 等，2003）。

2. 对水体生物群落结构的影响

水体富营养化在改变浮游植物结构的同时，也改变了整个生态系统的平衡。一般来说，随着水体富营养化的发生和发展，耐污能力强的物种得到发展，取代了原有的优势物种形成单优势群落，群落结构不断单一化。海洋环境通常以硅藻占优势地位，鲑鱼等高等鱼种的生产量较高；水体富营养化后，浮游植物鞭毛藻类增加，食植动物增加，食肉和高级鱼种开始减少，低级鱼种增加。同时，富营养化导致浮游植物（或动物）数量增加，但是种群数量减少，生物种类多样性降低，导致生物群落结构失衡。水华即是富营养化导致单一藻类暴发性繁殖的结果之一。底栖环境亦是如此，大型底栖动物的物种多样性与水体富营养化水平呈相反趋势。

三、海水富营养化的渔业资源和生态资源效应

1. 对海洋捕捞业的影响

海水富营养化从改变低营养级生物的群落组成和结构开始，通过食物链和食物网，导致种质资源下降，海洋经济物种单一，给海洋捕捞业带来损害。以东京湾为例，20 世纪 60 年代海水的不断富营养化和有害藻华的发生，使渔获物的种类变得单一，渔业产量下降；渔获物中的墨鱼、章鱼、虾和螃蟹等的产量减少，而贝类特别是蛤仔总产量占绝大部分，并且蛤仔已取代了文蛤成为该湾贝类的优势种群。相类似的贝类群落演替现象不仅发生在东京湾，也发生在其他封闭性海域。

2. 对藻类养殖业的影响

日本的东京湾、濑户内海和有明海等拥有优良的藻类养殖条件，也是 20 世纪富营养化的典型海域。日本有明海于 1979 年 12 月下旬发生了短角弯角藻（ *Eucampia zodiacus* ）赤潮，致使养殖紫菜褪色，质量下降，商品价值大大降低。东京湾西岸的紫菜养殖亦因有害藻华的影响基本停产。

3. 对鱼类养殖业的影响

适度的富营养化对区域渔业生产是有益的，但是这只限于某些自然过程引起的富营养化海区，由人为因素引起的富营养化很难"富"至"恰到好处"，一旦引起水体的过分富营养化就会产生负面结果。

过度富营养化引发的有害藻华对鱼类养殖业的危害十分惊人。赤潮生物在死亡分解过程中不断消耗水体中的溶解氧，导致鱼、虾、贝类等因缺氧大量死亡。赤潮生物一般密集分布于表层几十厘米深度以内，使阳光难于透过表层，水下其他生物因得不到充足的阳光而难以生存和繁殖。有些赤潮生物，如夜光藻和凸角角毛藻（ *Chaetoceros concavicorinis* ），能向体外分泌黏液或者在分解后产生黏液，这些带黏液的赤潮生物可以附着在海洋动物的鳃上，使之窒息死亡。

世界各主要海洋国家都不同程度地受到有害藻华的危害。20世纪50—60年代中期，美国佛罗里达州沿岸几乎每年都有有害藻华发生，从而造成鱼、虾和贝类的大量死亡，甚至以这些生物为食的海龟、海豚也不能幸免。在日本的全部海洋环境污染事件中，有害藻华占8%。1965—1973年，日本因有害藻华造成的渔业经济损失达2 417亿日元，每年平均几百亿日元。1980—1992年我国海域共发现有害藻华近300起，是20世纪70年代的15倍，范围波及南海、东海、黄海和渤海，其中珠江口、湛江港、舟山群岛、长江口、胶州湾、大连湾、辽东湾和渤海湾是有害藻华的多发区。仅1989年，我国沿海就有六个地区出现有害藻华，直接经济损失2亿元以上。

4. 对人类健康的影响

有些鱼、贝类，当它们处于有害藻华区域内，或持续处于低密度有毒藻类中时，虽然它们不会被有毒赤潮生物致死，但会摄取有毒赤潮生物，并在体内累积赤潮生物的毒素，若其含量超过人体可接受标准，被人食用时会造成人体中毒甚至死亡。近年来，麻痹性贝毒中毒事件发生次数不断增加，并且逐渐扩展到新的地区。

我国沿海海域有多种有害藻华生物，不仅发生过有害藻华致死鱼类事件，也发生过麻痹性贝毒中毒事件。1986年12月福建省东山县有人误食有害藻华区内采挖的菲律宾蛤仔（*Ruditapes philippinarum*），造成136人中毒，1人死亡事件。该事件由有毒藻华生物裸甲藻（*Gymnodinium* sp.）产生的麻痹性贝毒所致。

5. 对旅游业和工业影响

富营养化引起的有害藻华爆发，会改变水色，降低水体透明度，甚至产生刺激性气味，对沿岸旅游业造成不利影响，水体表层藻类被带到海岸边和沙滩上，严重影响海滨的景观价值，破坏了旅游区的秀丽风光；对工业用水造成影响，大量的藻类堵塞工业冷却水的管道；藻类加速河口、海湾的淤积，增加了工业和生活用水的成本（蒋荣根，2014）。

○ 第三节　海水富营养化的应对策略

海水富营养化是对海洋环境构成威胁的首要因素，富营养化和有害藻华的预防和治理是当今海洋环境保护的重大课题。

一、海水富营养化的预防和预警

为及时有效地开展海洋有害藻华灾害预防、控制和治理工作，促进海洋经济持续、快速、健康发展，保障人民生命健康安全，加强监测监视体系建设，提高预防控制能力意义重大。对富营养化的预防和预警技术手段包括常规水质分析监测技术、自动浮标站连续监测技术和国际信息联网及遥感监测技术。

1. 常规水质分析监测技术

富营养化是氮、磷营养盐浓度过高的直接结果，其形成与海域许多物理、化学和生物因素相关。常规水质监测项目除水温、pH、盐度、DO、BOD、COD、浮游生物种类及数量等参数外，要特别注意溶解性无机氮和溶解性磷酸盐浓度。监测尽量选用灵敏度高、分析速度快的方法。各常规指标的监测检测方法详见《海水水质标准》（GB 3097—1997）。

2. 自动浮标连续监测技术

自动浮标连续监测技术是将可自动连续监测常规水质检测项目的仪器、传感器集成到浮标载体上，达到特定海域自动连续监测的目的。自动浮标连续监测项目可以根据监测目标进行设置和组装，除了水文、气象要素测量探头，目前可以实现的较为可靠的自动连续监测项目包括温度、pH、盐度、浊度、DO、硝酸盐浓度、活性磷酸盐浓度和叶绿素浓度，以及有机物浓度和放射性强度等。自动检测信息可以通过在线形式即时读取，可以通过存储模块暂时保存，也可以通过卫星、网络即时传输检测信息，便于随时把握监测现场状况，及时进行管理策略调控。自动浮标站通常配备 2 种以上动力供给系统，以保证其正常运转，同时需要定期维护和校准。

3. 国际信息联网及遥感监测技术

除常规水质分析监测技术和自动浮标连续监测技术外，富营养化和有害藻华监测趋向于国际化和全球化，国际信息联网和遥感技术应用越来越广泛。联合国科教文组织的政府间海洋学委员会（UNESCO-IOC）设立了有害藻华论坛以指导各国对有害藻华的研究，并创立了有害藻华科技与信息中心，建立了有害藻华信息库，为世界有害藻华监测防治信息交流发挥了巨大的作用。遥感技术能寻找叶绿素高浓度水域，同时获得海流、水温等理化信息；随着计算机算法的改进和对浮游植物光谱特征的深入了解，卫星遥感技术已被用于监测和发现多种藻华现象，尤其对大面积有害藻华，可获得明确和超前的有害藻华发展动态，从而采取得力措施。例如，GOES（分辨率 8 km）、CZCS（分辨率 800 m，装在美国雨云-7 号卫星）和 Landsat（分辨率 80 m）都能很好地监视大陆架及河口区域水质状况，通过对理化数据的计算处理，可提前 1~5 天对整个海岸带的水质动态做出预报。国家海洋局东海分局和南海分局都曾应用遥测飞机获得过有害藻华发生的有关信息。

二、海水营养物质的输入控制

控制营养物质输入是防治海水富营养化的关键。据估计，人类活动导致近海氮含量增加了 2~3 倍（Boyer 和 Howarth，2008），尤其对近海和海湾影响更大。输入美国切萨皮克湾（Chesapeake Bay）的氮、磷浓度及其比值也在近几十年逐渐升高，其水质在 20 世纪 80 年代以后开始明显下降（Hagy 等，2004）。有效控制营养物质向海洋的输送，是从源头控制海水富营养化进程的关键。

1. 陆源径流输入

河口和沿海地区往往经济发达、人口稠密，河流、河口和沿岸成为工农业废水和城市生活污水排放地；农田中过量施用的肥料通过降水淋洗或排灌等形式流入江河，最终汇入大海。这是近岸海域氮、磷营养物质的主要来源。工业化以前全球每年通过河流输入海洋的氮通量约 3.5×10^7 t，工业化以后特别是 20 世纪 50 年代以来，河流输入海洋的氮通量增至 7.6×10^7 t。据之前的预测，2020 年全球河流输入到海岸带的无机氮将是 1990 年的两倍多（Field 等，2013）。

严格管理和控制陆源污染物排放，是控制富营养化进程的首要策略。包括针对特殊区域设定特别排放限值，针对环境敏感地区采取特别保护措施，设置特别排放限值，提高特殊区域的环境准入门槛；同时促进地方排放标准控制水平的进一步提高。

2. 大气沉降输入

大气输入是沿岸海域富营养化的重要贡献途径，包括干湿沉降两种。有研究表明大气氮输入是造成欧洲北海富营养化的因素之一（Brockmann 等，1988）；美国沿海大气输送提供了 50% 以上浮游植物所需要的氮，大气氮氧化物沉降对美国东北海岸水域的富营养化起了重要作用（Jaworski 等，1997）；大气沉降输送的无机氮，同样是我国长江口无机氮高含量的主要控制因素。因此，有效管理和控制陆源大气氮、磷污染物排放，不仅是陆地富营养化调控的重要途径，对控制海水富营养化进程也至关重要。

3. 海水养殖活动

海水养殖活动带来的残饵和养殖生物排泄物等有机物，其降解后产生丰富的氮、磷营养盐，促进周边水环境的富营养化。网箱养鱼时仅有 24.7% 的氮和 30% 的磷用于鱼体生长，其余的氮、磷均进入水环境中（刘家寿等，1997）。对于养殖鲑鱼、鳟鱼来说，消化 100 g 饲料时排出粪便 20～30 g，产生的残饵和粪便的数量相当可观（Beveridge 等，1991）。海水养殖带来的残饵和排泄物，通常直接汇入养殖水体，并扩散到周边水域。因此科学适宜的养殖投饵、养殖密度和养殖布局，是控制养殖富营养化的必要手段。

4. 沉积物-水界面营养盐交换

海洋沉积物是一个巨大的营养盐储藏库，沉积物-水界面营养盐交换对水体中的营养盐循环、转移和贮存具有重要的调节作用。美国莫比尔湾（Mobile Bay）沉积物营养盐向水体的释放，可提供浮游植物需氮、磷量的 36% 和 25%（Cowan 等，1996）。美国狮子湾（Lion Bay）沉积物每年为当地初级生产力供给需氮、磷量的 5% 和 7%（Denis 和 Grenz，2003）。我国大亚湾海域沉积物可提供浮游植物需氮、磷量的 10% 和 21%（何桐等，2010）。沉积物营养物质来自上层水体的沉降和地下水输送，因此对上层水体营养物质来源和生产的调控，以及陆源地下水的管理，是有效防止沉积物成为营养物质储库的第一步。

三、富营养化水体的防治和治理

富营养化是水体自然发生的过程，但是人类活动极大加速了这一进程。对于开放或半开放的近海环境而言，富营养化后的治理难度相当大，因此解决近海环境的富营养化问题关键在于预防。

（一）富营养化水体的防治

1. 强化管理措施的有效性

管理和控制近海水体富营养化进程的首要策略，即从海洋环境的管理入手。管理措施主要指政府职能部门建立健全法律法规，完善水质标准和污染物排放标准，严格执行监督、监测和监察制度。政府职能部门应该不断提升监督和监察能力，与相关部门协同合作，严格执法，做到违法必究。此外，加强沿海地区居民的环境保护宣传、公众意识和公众参与，使他们认识到富营养化的危害及其对环境和经济的影响，也是强化管理措施有效性的内容。

由生态环境部、发展和改革委员会、自然资源部于 2018 年 11 月 30 日印发并实施的《渤海综合治理攻坚战行动计划》，是一项三年综合治理计划，旨在大幅降低陆源污染物入（渤）海通量，实现工业直排入海污染源稳定达标排放，完成对非法和设置不合理入海排污口的清理和完善港口、船舶、养殖活动及垃圾污染防治体系，实施最严格的围填海管控，持续改善海岸带生态功能，逐步恢复渔业资源，加强和提升环境风险监测预警和应急处置能力。其成果之一是提高渤海水质质量，降低海域富营养化程度。

2. 减少和控制营养物质入海

近海水体富营养化的首要起因是营养物质入海排放量的增加，因此从源头入手，减少和控制营养物质入海总量。加强对农业的环境管理，普及推广科学施用农药、化肥的技术；控制冲刷农田、果园富含氮、磷的雨水直接流入海洋。严格限制氮、磷含量超标的工业废水和生活污水，以及污泥排放入海。加大并保障海洋环境保护的资金投入，加快对入海河流流域的环境综合规划治理和城市污水的综合治理。健全法规、法令确保减排的贯彻实施。

3. 控制养殖业

为了减缓由海水养殖带来的富营养化问题，必须根据自然环境、资源状况和环境容量，对浅海和滩涂进行合理的开发。应主要采取这几方面措施：① 根据水域的环境条件，选择一些对水质有净化作用的养殖品种（如藻类），并合理确定养殖密度；② 进行多品种混养、轮养和立体养殖，合理利用水体资源，避免单向的过度增长，倡导鱼、虾、贝、藻混养；③ 提高养殖技术，改进投饵技术，改良饵料成分，使所投饵料更有利于养殖生物的摄食，减少颗粒的残存量，提高饵料的利用率，防止或减轻水质和底质的败坏程度；

④ 不能将池塘养殖废水和废物直接排入海，应采取逐步过滤等办法加以处理，避免养殖废水和废物的排放造成水域污染；⑤ 有条件的话要定时进行养殖区废物的人工清除。总之，在发展海水养殖的同时，要注意改变不合理的营养状况，使营养物质的输入和输出达到平衡，使物质的循环和能量的流动合乎生态规律，使养殖区的生态环境进入良性循环状态，取得经济效益、社会效益和生态环境效益的统一。

（二）富营养化海洋水体的治理

海洋水体的水环境特征与湖泊、水库、河流有差异，但也有一定的共性。海洋水体富营养化之后的治理方法可以在一定程度上借鉴湖泊富营养化水体的治理方法。

1. 湖泊等富营养化水体的常用治理方法

传统的富营养化水体治理方法的依据原理可分为物理、化学和生物治理方法。物理方法主要采用工程技术，对富营养化水体进行修复，例如底泥疏浚法、机械清除法和冲洗稀释法等。化学方法是加入不同类型的化学药剂，通过化学反应来降低或控制水体营养盐，例如沉淀法、钝化法和酸碱中和法等。生物方法利用微生物的高效催化降解能力，或大型植物的吸收固定能力，降低或清除过量的氮、磷营养盐。物理、化学和生物方法各有所长，也存在各自的问题。从对环境保护的有利性和治理的有效性角度来看，目前大多采用以生物治理方法为基础的生态治理技术。

塘系统设置是治理湖泊等具有一定范围的水域富营养化的有效方法，曝气塘和生态塘被广泛建设和应用。其中曝气塘系统具有较强的稳定性，可以通过调节系统水量、曝气量等，促进系统内的好氧微生物繁殖，促使系统内的污染物和营养盐的转化，达到降低富营养化程度的目的。生态塘一般应用于水体的深度处理，通常利用原有的生态环境，结合人工强化手段，以太阳能驱动光合作用为初始动力，以水生植物为主体形成多条生物链系统，促进塘系统中有机物和营养盐的降解、吸附、吸收和转化等，缓解富营养化趋势，达到治理效果。

生态浮床以高分子材料为载体和基质，运用无土栽培技术原理实施的综合集成种植技术，可以通过控制理化条件、筛选高效植物、生物–植物协同作用、细菌固定化强化技术、浮床构造优化等手段，实施和提高脱氮除磷效率，被富营养化水体治理工程广泛采用。与生态浮床原理相类似，以沉水植物种植床为主体的沉水植被网床，可通过吸收氮、磷营养盐和克生效应，对富营养化水体进行有效修复。

2. 海水环境富营养化的治理方法

目前海洋环境富营养化主要源自陆源输送、排污和近海养殖活动。由于受到海浪、海流和潮汐等因素的影响，具有良好的混合条件，大多数海域的营养物质等要素得到及时稀释而趋于均匀化。因此，海洋环境的富营养化往往发生在水交换条件不好的河口、海湾和个别的近岸海域。富营养化治理方法应因地制宜，不同海域和不同富营养化情形应采取不同的治理方法。应用于近海环境富营养化或污染修复的植物，较多见的是大型海藻、大面积海草和红树植物。

大型海藻被称为海洋环境中的生物过滤器，其对富营养化水体的治理作用主要表现在对氮、磷营养盐的吸收利用，利用其旺盛生长对有害藻华藻类生长的抑制作用。收获大型海藻相当于迁出水体中的营养盐，达到改善近海环境富营养化的目的。对近海养殖环境富营养化治理来说，大型海藻不仅为鱼虾贝等提供食物和栖息环境，而且通过获取鱼虾贝产生的废物，作为自身生长的营养源，从而降低水体中氮、磷等营养盐浓度。综合养殖理论推出的综合养殖系统和再循环养殖，即是以大型海藻与鱼虾贝的共养，通过海藻吸收和降低养殖海域的营养盐浓度。常用于构建综合养殖体系的海藻有江蓠属（*Gracilaria*）、紫菜属（*Porphyra*）、石莼属（*Ulva*）、海带属（*Laminaria*）、角藻属（*Fucus*）、麒麟菜属（*Eucheuma*）、浒苔属（*Enteromorpha*）。海草床广泛分布于我国亚热带至温带的近岸海域，其不仅具有较高的初级生产力，吸收大量的氮、磷营养盐，而且能够稳定底栖环境，为其他生物提供食物来源；大叶藻（*Zostera marina*）和虾形藻（*Phyllospadix* spp.）是常用的适生藻类。红树、芦苇等耐盐植物也多用于近海环境的植物修复。

湿地是水、土壤、大气环境交汇的复杂生态系统，其中植物、动物和湿地土壤具有强大的水体自净能力，再建或改建湿地生态系统是污染水体和富营养化水体治理的有效途径，也是富营养化水源进入近岸海域前的一道有效屏障。

除了利用天然藻类养殖、大型海藻和湿地生态系统，微生物固定化技术、分子生物学技术、人工岸礁等生物、物理方法的引入，在一定程度上强化了海洋环境富营养化的防治和治理。

本 章 小 结

（1）近海环境富营养化是人为因素和自然因素共同作用的结果，而种植、养殖等人类生产和生活活动极大促进了海水富营养化进程。

（2）海水富营养化的评价指标既包括氮、磷营养盐的浓度，也包括由于氮、磷营养盐增加后引起的海域生物量和生产力变化，以及后续的社会和经济效应。海水富营养化评价由早期的单因子指数法，发展到现今的综合评价系统法，反映了对富营养化起因、过程和结果的深入认识。

（3）富营养化对海洋环境的影响是综合的。富营养化水体通常生物量和有机物含量高，高密度的生物颗粒和有机物颗粒降低水体透明度，影响深层生物生存，同时大量消耗溶解氧，甚至形成水体还原性环境。

（4）富营养化条件下的营养盐结构和环境条件变化，引起海域水体和底栖生物群落组成和功能异化，是有害藻华的前提条件，长期富营养化状态导致渔业和养殖业衰减，甚至损害人类健康。

（5）针对海洋面积大、环境因素复杂的特点，解决富营养化问题要从源头入手，应着手管理和控制氮、磷等营养盐的输入。

复习思考题

1. 哪些因素导致海水富营养化？各因素的作用是什么？
2. 海水富营养化评价方法有哪些？各考虑了富营养化的哪些状况和效应？
3. 海水富营养化对海洋环境的影响是什么？
4. 海水富营养化防治的关键是什么？

主要参考文献

［1］ Bai J, Li K R, Li Z Y, et al. Relationship between the environmental factors and distribution of bacterioplankton in the Bohai Sea ［J］. Journal of Ocean University of Qingdao, 2003, 33（6）: 841-846.

［2］ Beveridge M C M, Philips M J, Clarke R M. A quantitative and qualitative assessment of wastes from aquatic animal production ［M］ // Brune D E, Tomasso J R. Advances in world aquaculture: aquaculture and water quality. Baton Rouge, LA: World Aquaculture Society, 1991.

［3］ Boyer E W, Howarth R W. Nitrogen fluxes from rivers to the coastal oceans ［M］ // Capone D G, Bronk D A, Mulholland M R, et al. Nitrogen in the marine environment. Salt Lake City: American Academic Press, 2008.

［4］ Bricker S B, Ferreira J G, Simas T. An integrated methodology for assessment of estuarine trophic status ［J］. Ecological Modelling, 2003, 169（1）: 39-60.

［5］ Brockmann U, Billen G, Goesles W W C. Pollution of the North Sea: an assessment ［M］. Berlin: Springer-Verlag, 1988.

［6］ Carlson R E. A trophic state index for lakes ［J］. Limnology & Oceanography, 1977, 22（2）: 361-369.

［7］ Cloern J E. Our evolving conceptual model of coastal eutrophication problem ［J］. Marine Ecology Progress Series, 2001, 210: 223-253.

［8］ Cowan J, Pennock J R, Boynton W R. Seasonal and inter annual patterns of sediment-water nutrient and oxygen fluxes in mobile bay, Alabama（USA）: regulating factors and ecological significance ［J］. Marine Ecology Progress Series, 1996, 141: 229-245.

［9］ Denis L, Grenz C. Spatial variability in oxygen and nutrient fluxes at the sediment-water interface on the continental shelf in the Gulf of Lion（NW Mediterranean）［J］. Oceanologica Acta, 2003, 26（4）: 373-389.

［10］ Ducklow H W, Steinberg D K, Buesseler K O. Upper ocean carbon export and the biological pump ［J］. Oceanography, 2001, 14（4）: 50-59.

［11］ Ferreira J G, Bricker S B, Simas T C. Application and sensitivity testing of a eutrophication assessment method on coastal systems in the United States and European Union ［J］. Journal of Environmental Management, 2007, 82 (4): 433-445.

［12］Field J G, Hempel G, Summerhayes C P. Oceans 2020: science, trends, and the challenge of sustainability ［M］. Covelo, CA: Island Press, 2013.

［13］Giovanardi F, Vollenweider R A. Trophic conditions of marine coastal waters: experience in applying the Trophic Index TRIX to two areas of the Adriatic and Tyrrhenian seas ［J］. Journal of Limnology, 2004, 63 (2): 199-218.

［14］Hagy J D, Boynton W R, Keefe C W, et al. Hypoxia in Chesapeake Bay, 1950—2001: long-term change in relation to nutrient loading and river flow ［J］. Estuaries, 2004, 27 (4): 634-658.

［15］Jaworski N A, Howarth R W, Hetling L J. Atmospheric deposition of nitrogen oxides onto the landscape contributes to coastal eutrophication in the northeast United States ［J］. Environmental Science & Technology, 1997, 31 (7): 1995—2004.

［16］May C L, Koseff J R, Lucas L V, et al. Effects of spatial and temporal variability of turbidity on phytoplankton blooms ［J］. Marine Ecology Progress Series, 2003, 254: 111-128.

［17］OSPAR. Draft common assessment criteria and their application within the comprehensive procedure of the common procedure ［C］ // Proceedings of the meeting of the eutrophication task group (ETG). OSPAR convention for the protection of the marine environment of the North-East Atlantic. London: 2001, 10.

［18］陈鸣渊, 俞志明, 宋秀贤. 利用模糊综合方法评价长江口海水富营养化水平 ［J］. 海洋科学, 2007, 31 (11): 47-54.

［19］陈于望. 厦门附近海域富营养化状况分析 ［J］. 海洋环境科学, 1987, 6 (3): 14-19.

［20］冈市友利. 浅海的污染与赤潮的发生, 内湾赤潮的发生机制 ［Z］. 日本水产资源保护协会, 1972, 58-76.

［21］何桐, 谢健, 余汉生, 等. 春季大亚湾海域沉积物-海水界面营养盐的交换速率 ［J］. 海洋环境科学, 2010, 29 (2): 179-183.

［22］蒋荣根. 厦门湾及其邻近海域富营养化特征分析与评价 ［D］. 厦门: 国家海洋局第三海洋研究所, 2014.

［23］李凡修, 陈武. 海水水质富营养化评价的集对分析方法 ［J］. 海洋环境科学, 2003, 22 (2): 72-74.

［24］林辉, 张元标, 陈金民等. 厦门海域水体富营养程度评价 ［J］. 台湾海峡, 2002, 21 (2): 154-161.

［25］林荣根. 海水富营养化水平评价方法浅析 ［J］. 海洋环境科学, 1996, 15 (2): 28-31.

［26］林小苹, 黄长江, 林福荣, 等. 海水富营养化评价的主成分-聚类分析方法 ［J］. 数学的实践与认识, 2004, 34 (12): 69-74.

［27］刘家寿，崔奕波，刘建康. 网箱养鱼对环境影响的研究进展［J］. 水生生物学报，1997，21（2）：174-184.

［28］生态环境部. 2017 年中国近岸海域环境质量公报［Z］. 2018.

［29］姚云，沈志良. 胶州湾海水富营养化水平评价［J］. 海洋科学，2004，28（6）：14-22.

［30］张凯. 对循环经济理论的再思考［J］. 中国人口·资源与环境，2004，14（6）：48-52.

［31］赵克勤. 集对分析及其初步应用［M］. 杭州：浙江科学技术出版社，2000.

［32］邹景忠，董丽萍，秦保平. 渤海湾富营养化和赤潮问题的初步探讨［J］. 海洋环境科学，1983，2（2）：41-54.

第四章

海水养殖污染与防治

海水养殖（mariculture）是利用深远海、浅海、滩涂、港湾、围塘等海域或近岸陆基构筑物进行饲养和繁殖海产经济动植物的生产活动，是人类定向利用海洋生物资源、发展海洋水产业的重要途径之一。近年来，我国水产养殖产业得到迅速发展，养殖产值已远远超过捕捞产值，在满足人们对高品质蛋白需求方面做出了重要贡献。然而，由于长期粗放的养殖模式，海水养殖过程对养殖海域及其邻近区域造成了直接或间接污染，对海洋环境、海洋生态系统造成了一定程度的影响。因此，目前对于海水养殖污染与防治有两大任务：一是认识当前普遍采用的海水养殖方式和养殖生物的类型，寻求技术革新，改良传统单一养殖模式，减少饵料投放和渔药的使用，降低对海洋环境的影响；二是修复受损海域环境，去除水体中有机物、氨氮、硫化物等污染，促进海洋生态系统健康发展。

第一节 海水养殖方式及污染的产生

一、海水养殖方式

海水养殖方式指在海水养殖过程中，通过某种介质、载体、手段，实现海洋经济动植物的增殖及收获。

养殖的方式也可以理解为养殖的类型，可从不同角度对海水养殖方式（类型）进行分类。

按养殖对象可分为鱼类、虾类、蟹类、贝类、藻类、海参等养殖，而以贝类、藻类最为普遍，虾类次之。目前，中国海水养殖已经形成大规模生产的经济品种，鱼类有梭鱼、鲻鱼、尼罗罗非鱼、真鲷、黑鲷、石斑鱼、鲈鱼、大黄鱼、美国红鱼、牙鲆和河豚等；虾类有南美白对虾，斑节对虾和罗氏沼虾等；蟹类有锯缘青蟹、三疣梭子蟹等；贝类有贻贝、扇贝、牡蛎、泥蚶、毛蚶、缢蛏、文蛤、杂色蛤仔和鲍鱼等；藻类有海带、紫菜、裙带菜、石花菜、江蓠和麒麟菜等。

按集约化程度可分为粗养、半精养和精养。粗养即在富营养水域利用天然饵料养殖；半精养即在养殖水域利用部分天然饵料，适当投喂一些人工饵料的养殖；精养即完全依赖人工配制的营养型的颗粒饵料，严格地进行科学管理养殖。

按生产方式可分为：单养、混养（如鱼虾藻）和间养（海带和贻贝）。

根据空间分布可将海水养殖方式自近岸至远海分为工厂化（池塘）养殖、滩涂（底播）养殖、浅海养殖及深远海养殖（图4-1）。

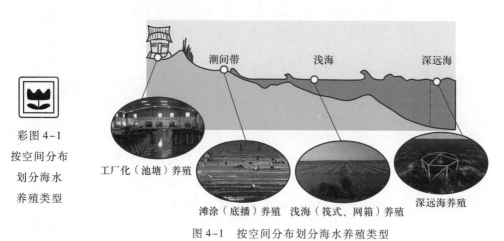

彩图4-1
按空间分布
划分海水
养殖类型

图4-1　按空间分布划分海水养殖类型

本书重点介绍按空间分布划分的养殖方式。

（一）工厂化（池塘）养殖

工厂化养殖（industrial culture）是一种现代集约化水产养殖方式，遵循工艺过程的连续性和流水作业原则，依托养殖工程和水处理设施与设备，在室内海水池中，运用机械、电气、化学、生物及自动化等手段，对水质、水温、水流、溶解氧、光照及饵料等实行全人工控制，进而为养殖生物提供适宜生长的环境条件，达到高产、高效养殖的目的（图4-2）。一个完整的工厂化养殖系统包括养殖设施工程系统和养殖生物学技术两大体系，其中养殖设施工程系统又分为养殖系统和水处理系统。在工厂化养殖系统中，通过

图4-2　工厂化循环水养殖石斑鱼（黄志涛 摄）

对养殖鱼类、虾类、贝类的生长过程进行全面自动监控，使其能在高密度养殖条件下，维持正常的生理状态，从而达到健康、快速生长，并尽可能地提高单位水体产量和质量，且最大程度降低对外界环境的污染。

自 20 世纪 90 年代起，工厂化养殖中引进了生物工程技术、纳米技术、微生物技术、膜技术、自动化技术、计算机技术等世界前沿高新技术成果，完善了生命维持系统及生命警卫系统，设计了一系列养殖软件，使自动化程度大大提高。养殖用水循环利用率高达90%，基本上达到了无废生产及"零"排放标准，实现了机械化、自动化、电子化、信息化和经营管理现代化。

全封闭循环水养殖方式是未来的发展方向。养殖用水经沉淀、过滤、去除水溶性有机物、消毒后，根据不同养殖对象不同生长阶段的生理要求，进行调温、增氧和补充适量的新鲜水，再重新输送到养殖池中，反复循环利用，可实现"零"排放。

我国海水工厂化养殖主要养殖品种为鲆鱼、石斑鱼、鲍鱼、鲑鱼，以及对虾、扇贝、海带、紫菜、蟹类的工厂化育苗等。大多数利用地下海水和地下淡水，以及卤水混合养殖温、冷水性鱼类，少数利用自然海水进行养殖。

池塘（围堰）养殖（pond culture）是指在潮间带滩涂及海岸线以上区域进行海水围塘养殖，在养殖过程中，尽量采取措施控制适宜的温度、光照、溶解氧、pH、投饵量等参数，但与工厂化养殖相比相对粗放（图 4-3）。山东省现有池塘（围堰）养殖面积 1.4×10^5 hm²，主要分布在黄河三角洲、山东半岛南部等区域，绝大多数为潮上带和滩涂地区的土池围海养

图 4-3 海水养殖池塘（赵阳国 摄）

殖，还有少数岩礁基岩岸线的围堰筑坝养殖。多数采取自然纳潮取水方式，少数利用动力取水，大部分仍是大排大灌的半精养模式，养殖效益较稳定，池塘养殖主要种类有虾类（南美白对虾、日本囊对虾、中国明对虾等）、蟹类（三疣梭子蟹、青蟹等）、刺参、海蜇等。

盐田养殖是指在滩涂或潮上带盐田中进行的池塘养殖。山东省盐业和养殖综合利用区面积较大，共 8.5×10^4 hm²，主要分布在黄河三角洲区域。此模式可同时兼顾养殖和盐业生产的一、二级晒盐池，可养殖区域与制盐区域的面积比一般为 20∶1 ~ 25∶1。主要养殖种类有虾蟹类、贝类、卤虫等。

（二）滩涂（底播）养殖

滩涂养殖（beach culture）是指利用滩涂、潮下带海底底面进行的护养或底播养殖。我国滩涂面积 217.04 万 hm²，分布于南到广西，北到辽宁的广大沿海地区。沿海滩涂作为海岸带的重要组成部分，具有重要的生态、社会和经济价值。滩涂贝类养殖是滩涂开发的主要方式之一。山东省进行底播养殖的区域有 1.7×10^5 hm²，其中滩涂养殖面积占 95.6%，主要分布于黄河三角洲地区及沿海海湾潮间带滩涂和 0 ~ 15 m 等深线浅海，种类主要有蛤

类（菲律宾蛤仔、文蛤、四角蛤蜊、中国蛤蜊，青蛤、蓝蛤、紫石房蛤等）、蚶类（毛蚶、魁蚶等）、蛏类（缢蛏、竹蛏等）、螺类（脉红螺、玉螺等）等。岩礁底质的养殖种类有皱纹盘鲍、刺参、扇贝、脉红螺等。

（三）浅海（筏式、网箱）养殖

浅海养殖是指在 20 m 等深线以浅的近岸海域进行的筏式养殖和网箱养殖。一般 0～20 m 等深线为浅海养殖，20 m 等深线以深海域为深水养殖。筏式养殖（raft culture）是指在浅海水面上利用浮子和绳索组成浮筏，并用缆绳固定于海底，使海藻（如海带、紫菜）和固着动物（如贻贝）幼苗固着在吊绳上，悬挂于浮筏的养殖方式。筏式养殖主要养殖种类有贝类（栉孔扇贝、海湾扇贝、虾夷扇贝、紫贻贝、长牡蛎、皱纹盘鲍等）、藻类（海带、裙带菜、条斑紫菜、江蓠等）及刺参、海胆、三疣梭子蟹等。

网箱养殖（cage culture）是一种将网片制成箱笼，放置于一定水域，进行养鱼的生产方式（图 4-4）。网箱养殖主要种类为鱼类，如美国红鱼、许氏平鲉、黑鲷、真鲷、大泷六线鱼、褐牙鲆等。

图 4-4　浅海网箱养殖鲑鱼（黄志涛 摄）

（四）深远海养殖

深远海养殖（far-reaching mariculture）指的是在远离陆地的 20 m 等深线以深的海域进行海洋经济动植物养殖的方式。深远海的主要特征是受人类干扰小，水质好，海底形貌、海浪、海流、风暴等自然影响因素不确定。深远海养殖是浅海养殖的延伸，很多技术如深水抗风浪网箱等均借鉴浅海养殖的经验。深远海养殖是一个综合工程，主体包括：养殖技术、养殖平台（养殖工船、大型基站和大型深水网箱等）和适养物。深远海养殖体系的配套支撑网络包括：淡水供给、清洁能源、物资和产品的海陆运输、产品的深加工等。同时，深远海养殖还须考虑海上恶劣天气、海流等对养殖活动的影响，以及如何预防灾害等。

美国从几十年前开始研究深远海养殖，是世界上最早开始探索深远海养殖的国家。目前，世界上已经有 20 多个国家开展了深远海养殖。浮式养殖平台和深远海巨型养殖网箱是世界渔业发达国家开展深远海养殖的主要装备。在现代科技的支持下，深远海巨型网箱养殖自动化程度、生产过程管控、信息化水平进步很大，生产效率显著提高。发达国家深远海巨型网箱形式多样，技术水平遥遥领先于其他国家。

挪威是全球深远海养殖的先进国家之一，其所掌握的冷水养殖技术、高端海水养殖装备制造技术在全球名列前茅，其所提出的先进的深远海养殖模型，不同于传统渔场，只需要几个工作人员即可管理上百万条鱼，自动化程度很高。到目前为止，挪威已在全世界许多国家和地区申请了相关专利，垄断了大部分深远海养殖技术及市场，形成了装备制造、鱼苗培育、成鱼养殖、捕捞加工、物流销售等一套完整的产业链。图4-5为挪威鲑鱼养殖公司萨尔玛（SalMar）从中国船舶重工集团有限公司武船集团定做的世界上第一艘半潜式养殖支持船"Ocean Farm 1"，船只直径110 m，高度69 m，重达7 700 t，它设计的储水能力能容纳养殖150万条鱼。

欧洲实施的"深远海大型网箱养殖平台"工程项目，利用深远海大型网箱、优质苗种培育、高效环境保护饲料与投喂、健康管理、海上风力发电、远程控制与监

图4-5　挪威萨尔玛（SalMar）公司的
深远海养殖船（黄志涛 摄）

测等配套技术，形成了综合性的工程技术体系，是全球开发和利用海洋资源的新尝试。法国与挪威合作，在布列塔尼海岸建成了一艘长270 m，总排水量10万t的养殖工船。西班牙彼斯巴卡公司设计了一种能经受9 m高的海浪，连接7只容量2 000 m³的深水网箱，年产鱼250~400 t的海上养殖平台。

2014年，我国开始在南海构建国内首个深远海大型养殖平台，该平台是在10万t级运油船的基础上改装而成的，养殖水体达8万m³；2016年，我国养殖专家也在黄海积极构建黄海冷水团鱼类养殖平台，日照市万泽丰渔业有限公司购买了载重3 300 t级的"万泽丰3"驳船，并将其改造成养殖工船，配备养鱼水舱14个，共2 000 m³。

2018年7月，中国自主研发的世界最大的全潜式智能网箱"深蓝1号"正式启用。"深蓝1号"全潜式智能网箱利用被称作"黄海冷水团"的独特海域资源，养殖的目标鱼群则是深受消费者欢迎的大西洋鲑、虹鳟鱼等。"黄海冷水团"位于黄海中部洼地的深层和底部，覆盖海域面积13万km²，拥有5 000亿m³的水体，水质优良。"深蓝1号"冬天可浮于水面，夏季底层水温在4.6~9.3 ℃，网箱可沉到海面25 m以下冷水团所在位置，近底层水的溶解氧不低于5 mg/L，其他水质指标也非常符合养殖冷水鱼类。

二、养殖污染的产生及种类

全球人口数量不断增加，预计到2050年，全球人口数量将达到100亿，为了提供充足的可食用动物蛋白，地球的生态系统正面临巨大的压力。水产养殖业可以持续地提供可食用蛋白质和其他营养，满足人类对蛋白质不断增长的需求，是人们获得可食用动物蛋白的重要来源。根据联合国粮食及农业组织（Food and Agricultural Organization，FAO）的报告，水产养殖业在世界各地不断蓬勃发展，2014年水产养殖的全球食用鱼产量为7 380万t，产量在过去十年中翻了一番。其中亚洲占据主导地位，食用鱼产量占全球总产量的88.91%（Nadarajah和Flaaten，2017）。根据我国《2017年全国渔业经济统计公报》，2017年，我国水产养殖面积744万hm²，其中，海水养殖208万hm²，淡水养殖536万hm²。我国渔业产值12 314亿元，其中海水养殖产值3 307亿元，淡水养殖产值5 876亿元；海水养殖

单位面积产值较淡水养殖高出近 50%；2017 年，养殖产量 4 906 万 t，捕捞产量 1 539 万 t（养殖∶捕捞 = 76∶24），我国是世界上养殖产量远超捕捞产量的国家。进一步测算的结果表明，我国水产品人均占有量 46.37 kg，水产养殖已成为我国蛋白质供给的主要来源。

一般来说，海水养殖池塘大多选择在较封闭的近岸沿海地区建设，而浅海养殖也多选择水深在 20 m 以内的近岸海域进行，生产方式粗放、集约化、规模化，这些特点往往容易产生一系列的生态环境问题，限制水产养殖业的健康可持续发展。在这些地区，风和海浪较小，水流速度相对缓慢，降低了海上风浪对养殖池塘、堤坝及养殖设施的影响。然而大量养殖设施占据了近岸水域的有限空间，对海流及水体的交换产生了很强的阻碍作用，这种较封闭的近岸环境特征及密集的养殖设施使得近岸附近水体由于水流缓慢而得不到有效交换。

在粗放的水产养殖过程中，投放的饵料中仅有约 19% 的总氮被转化，而大部分（62%～68%）则会释放到养殖环境中（计新丽等，2000）。这些污染物不易转移和扩散，大量停留在养殖区的海水和沉积物中，以及养殖网箱周围 10 m 左右的沉积物环境中（Srithongouthai 和 Tada，2017），造成养殖区及周围环境的污染。海水养殖过程中产生的污染物种类，根据其形态可分为：① 颗粒态污染物，包括残余的饵料、养殖生物的代谢废物、排泄物等；② 溶解态污染物，包括氨氮、硝氮、碳酸氢盐和磷酸盐等。根据养殖过程可分为：① 过量投饵产生的剩余饲料；② 排粪和排泄；③ 鱼药等化学药品。根据污染物的特性可分为：① 物理性污染，如降低水体交换能力、形成缺氧区；② 化学性污染，如氮磷营养盐、硫化物、抗生素鱼药等；③ 生物性污染，如外来物种入侵、抗性微生物等。

（一）物理性污染物

1. 降低水动力交换

浅海筏式和网箱养殖一般位于水流较弱的近岸和海湾内，养殖浮筏和网箱等设施及养殖生物密集分布于水面及以下数米深度范围内，将会大大降低养殖水域的水动力交换量，造成营养物质无法稀释扩散、含氧量下降，影响泥沙沉积模式。张泽华（2016）对筏式海带养殖区研究发现，海带养殖区覆盖的水体，由于养殖阻力作用使得潮流流速明显减弱，并使潮流流速的垂向剖面特征发生改变，形成三种比较典型的异常模式，分别为标准的双阻流速剖面，上层稳定、中下层形成双阻流速形态的流速剖面，上下层两个双阻流速形态的流速剖面。海带养殖使底部边界层切应力减弱，造成再悬浮作用减弱，养殖区内部近底层及垂向平均悬浮体浓度均显著降低。海带养殖区内部由于速度剪切显著减弱，海带藻体与潮流相互作用在其后部产生湍流等原因，使得水体出现很强的垂向混合作用。海带养殖区海域沉积格局发生改变，海带养殖区内部形成范围较大的淤积环境，而养殖区内侧近岸浅水区淤积减弱，近岸沉积物出现粗化的现象。另外，由于海带的生长具有季节性变化，短期的季节性交替变化使得养殖区附近海域水动力条件处在循环变化的过程中，致使海底无法出现持续稳定的淤积环境，而是出现交替的侵蚀和淤积变化过程，这种剧烈变化对区域海底沉积格局会带来更大的影响。

2. 形成缺氧区

养殖形成有机质沉降，好氧微生物降解过程消耗大量 O_2。同时水动力循环减弱，富氧海水无法及时补充。再者，近年来的全球升温等大环境背景因素，形成越来越多的缺氧区。沉积在养殖区海底的有机物在微生物的作用下，分解时需要消耗大量的溶解氧。研究表明，海水养殖区底部环境的耗氧率比非养殖区的要高 2~5 倍，导致海底缺氧，缺氧层逐渐上移；养殖区海洋底部逐渐向缺氧环境转变，而底层硫化物的产生，致使缺氧水层进一步上移（Henny 和 Nomosatryo，2016）。目前，科学家在全球很多海域发现了缺氧区，已经多达 500 个以上，因为生物难以在低氧或缺氧状态下存活，因此这些海区被称为最小含氧带（oxygen minimum zone，OMZ）或海洋死亡区（dead zone）。目前对 OMZ 的浓度及水层的划分都没有一个统一的标准，如以溶解氧（DO）低于 20 μmol/L（0.64 mg/L）为标准，低于此标准的海域面积可占全球大洋面积的 8%，水体体积可达大洋体积的 7%，主要分布于北半球经济活跃的大陆近岸海域（图 4-6）。研究认为，全球变暖、海水升温可能是导致最小含氧带区逐渐扩大的主要原因，当然人类活动如海水养殖过程也无疑进一步加速了这一进程（李学刚等，2017）。

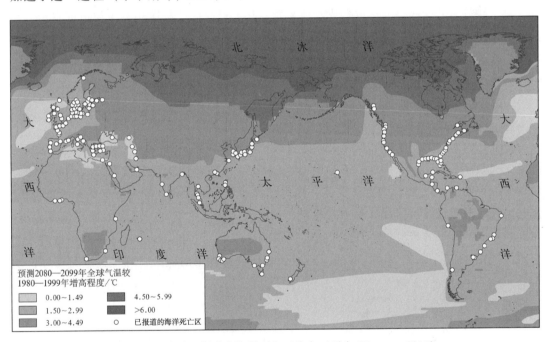

图 4-6 全球已报道的海洋死亡区分布（引自 Minogue，2014）

（二）化学污染

1. 氮磷等营养盐污染

养殖水体中的氮磷污染主要来源于未食用的饵料和养殖生物排泄物。养殖饵料多为高氮的动物性蛋白质，一般鱼类养殖未食饲料可高达 30%，其余 70% 左右被鱼类摄食。对鲑鳟鱼而言，典型商品饲料的消化率（消化物质占食入物质百分比）大约是 74%，即每消化 100 g 饲料的排粪量大约是 26 g 干重，粪便中蛋白质约占 17%，脂肪约占 3%，糖类占 62%，灰分占 17%（刘家寿等，1997）。

若以饲料中氮的含量 100% 计，双壳贝类养殖排放到水体中的氮占总投入氮的 75%，鲍鱼、鲑、鳟鱼和虾类排放到水体中的氮分别为投入氮的 60%～75%、70%～75% 和 77%～94%（毛玉泽等，2005）。在网箱养殖过程中，投入的总磷中有 78%～81% 进入环境，其中大部分颗粒态磷最终沉积到水底（Holby 和 Hall，1991）。氮、磷营养盐能直接被浮游植物所利用，在通常情况下，藻类首先吸收 NH_4^+-N，而对 NO_3^--N 的吸收能力相对较差。

离子氨态氮（NH_4^+-N）因为带电荷，通常不能透过生物体表，毒害较小，而且能够被藻类直接吸收利用。但非离子氨态氮（NH_3）能透过细胞膜，具有脂溶性，渗入量取决于水体与生物体内的 pH 差异。如果非离子氨态氮（NH_3）从水体渗入组织液内，生物就要中毒。在 pH、溶解氧、硬度等水质条件不同时，非离子氨态氮的毒性也不相同。pH 越高，毒性越大。溶解氧越低，毒性也越大。非离子氨态氮（NH_3）的毒性表现在对水生生物生长的抑制，它能降低甲壳类排氮的能力，损害鳃组织，导致体内中毒，体内脏器渗血、出血以至引起死亡。这在鱼虾养殖中尤为明显，在非离子氨态氮偏高的池子里鱼虾摄食能力和体质明显变弱，且脱壳后更不易硬壳。

氮、磷等营养盐的持续排放造成水体富营养化，进而促进海洋浮游藻类过度生长，藻类降低水体透明度，腐烂消耗水中的 O_2，水中生物多因过度缺氧大量死亡，甚至改变水生生态系统中的生物类群。每年黄海近岸爆发的浒苔绿潮，其根本原因还是水体中氮磷过剩，青岛近岸浒苔打捞每年需要支出数以亿计的费用。

2. 硫化物污染

海水养殖系统中产生的硫化物是危害仅次于非离子氨态氮的毒性污染物。硫酸盐还原细菌（sulfate-reducing bacteria，SRB）在厌氧状态下通过硫酸盐呼吸作用，以小分子的有机物为能源物质，以 SO_4^{2-} 为电子受体，将 SO_4^{2-} 还原产生大量硫化物（反应式 4-1）。大量饵料的投放导致近海水体和沉积物有机质污染严重，耗氧量增加，形成大面积缺氧生境。在此条件下，厌氧的硫酸盐还原菌快速还原硫酸盐产生硫化物，硫化物进一步扩散进入上覆水体（图 4-7）。研究表明，硫酸盐还原菌在厌氧条件下的硫酸盐呼吸过程是海洋沉积

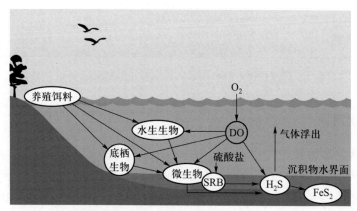

图 4-7　在海水养殖区硫化物的产生及扩散（引自赵阳国等，2020）

环境硫化物主要的产生来源，海洋沉积物中有机硫矿化过程中产生的硫化物仅占其产生总量的 3%（Jørgensen，1982）。

$$2[CH_2O]+2H^++SO_4^{2-} \longrightarrow 2CO_2+2H_2O+H_2S \qquad (4-1)$$

硫化物在养殖水域中的存在形式、含量及分布与养殖生物的活动和环境密切相关，其含量是衡量底质环境优劣的重要指标，与有机物负荷量成正相关，与生物量成负相关，并对耗氧速率产生影响。养殖环境底质中硫化物的形成还与环境条件有很大关系。夏季水温很高时，硫化物形成的速度也很快，这主要是因为较高水温可促使底质中氧的消耗和硫酸盐还原菌的生长繁殖，同时底质 COD、pH 等对硫化物的影响也很大。养殖环境底质中硫化物可通过释放、水体对流等方式进入水环境，从而影响养殖生物的生存。

我国近海养殖区沉积物中硫化物污染形势较为严峻，Huang 等（2007）对大鹏澳水产养殖区及附近海域的调查结果显示，养殖区沉积物中硫化物的平均含量（562 mg/kg）远高于非养殖区的硫化物含量（238 mg/kg），超标率为 136%。福建三都湾水产养殖区底质硫化物含量为 205～1 377 mg/kg，同样明显高于对照区的 171～246 mg/kg，有些网箱养殖区中心沉积物中硫化物浓度甚至高达 1 400 mg/kg，且随着与养殖区中心距离的增加，沉积物中硫化物的浓度渐渐降低（张皓等，2008）。

当有机物质在厌氧条件下分解时，硫化物首先会积聚在水体底部环境中，营底栖生活的物种如虾、底栖鱼最先受硫化物暴露和毒性的影响。对长期暴露于亚致死水平硫化物中的南美白对虾的研究发现，硫化物不仅可以混乱肠道免疫酶活性和基因表达，刺激炎症和免疫系统产生应激反应，增加黏膜的通透性并损害肠屏障功能，还导致结肠上皮细胞营养供应不足，肠道结构和功能损伤，并影响肠道微生物群落的结构。群落结构的改变表现为三方面：① 随着硫化物浓度的增加，病原菌的丰度显著增加；② 一些抗应激细菌的丰度下降，如能缓和硝酸盐毒性的硝基螺旋菌减少；③ 适应硫化物刺激的细菌逐渐减少。硫化物还会刺激和腐蚀养殖生物的皮肤和黏膜，引起血凝块和出血坏死。Li 等（2017）对南美白对虾的研究结果表明长期暴露于硫化物中还会造成糖质新生作用、蛋白质合成和能量代谢功能的改变，进而影响健康、降低存活率。此外，聚积在沉积物里的硫化物在一定条件下会以 H_2S 的形式向上层水体扩散，H_2S 能通过抑制微生物细胞色素 C 的氧化酶而影响微生物线粒体呼吸（Cooper 和 Brown，2008），并创造有利于细菌增殖的条件，导致养殖生物病害增加，严重影响养殖业的可持续发展。

3. 化学试剂及药品污染

在海水养殖中常使用化学药物（如消毒剂、杀虫剂、治疗剂、抗生素和防腐剂等）来防治病害，控制病源生物。抗生素是由微生物（放线菌、细菌和真菌）和高等动植物产生或通过人工合成获得的、能够在极低浓度下抑制或影响其他生物功能的一类化学物质及衍生物（顾觉奋，2002）。抗生素不仅能够杀灭普通细菌，而且能够抑制和杀灭衣原体、支原体、霉菌等微生物，甚至具有抗肿瘤的作用。抗生素除了应用于人类疾病防治外，还广泛应用于家禽饲养、水产养殖和食品加工等行业。

目前，全世界规模化生产的抗生素已达 200 多个品种，而且每年仍有新的抗生素品种投入市场使用。据统计（Richardson 等，2005），美国生产的抗生素，用于动物饲料和疾病预防的比例达 45% 以上；在澳大利亚生产的抗生素中，每年只有 36% 用于人类医疗，8% 作为兽药，其余高达 56% 的部分被掺到饲料中。2009 年我国抗生素产量整体规模已达世界第一；2011 年，我国抗生素年总量约为 21 万 t，其中 48% 用于水产和畜牧养殖业（Li 等，2015）。

随着集约化养殖业的发展，四环素类、喹诺酮类、大环内酯类、青霉素类和磺胺类等五大类抗生素在水产和畜禽养殖过程中的使用量还在持续增加。抗生素作为兽药和饲料添加剂的不合理使用所产生的耐药性等问题已被广泛关注。抗生素的滥用直接导致水产品和海产品中抗生素残留超标，甚至检出违禁药品。2007 年，美国在来自中国的养殖鱼虾中检出大量残留抗生素，直接对中国的水产品进行了扣留，导致我国水产品的出口受到重创（张聪和姜启军，2010）。

如果人体长期摄入低剂量的同类抗生素，可能会在体内积累，从而引发器官病变、癌症等风险。特定种类的抗生素类药物，如氨基糖胺类药物、青霉素等，进入动物体后经过吸收循环，会散布到动物全身，被特征人群食用后可能会引发过敏反应。

（三）生物污染

1. 抗性微生物及抗性基因

抗生素具有良好的抑菌杀菌作用，因此，在农业、畜禽和水产养殖业中被广泛使用，但是投入养殖区的抗生素仅有 20%～30% 进入动植物体内并被消化吸收，其余大部分直接进入环境中，或以母体形式随动物排泄物进入环境（王彦斌，2015）。抗生素进入环境会诱导微生物产生耐药性及耐药基因。抗性基因这一新型污染物兼具"可复制或传播"的生物特性和"不易消亡或环境持久"的物理化学特性。抗性基因在生物体内可长久而持续地传播，即使携带抗性基因的细胞被杀灭或消亡，它释放到环境中的 DNA 与黏土、矿物质和腐殖质物质相结合时，将逃脱核酸酶的降解，在环境中存留更长时间。抗生素抗性基因可以在各种环境介质（比如土壤、河水、地下水）中进行迁移、转化，继而整合到质粒、转座子、整合子等可移动的基因元件上，之后再进入微生物生态系统，在细菌之间利用基因的横向转移进行传播，使原本没有抗生素抗性的细菌获得耐药性；另外，在抗生素选择压力下，具有耐受性的细菌会持续繁殖，成为优势菌，破坏生态系统的平衡。抗生素抗性基因污染及其在环境中的传播风险，将是人类面临的最为重要的生态环境安全和人类健康问题之一，尤其是其诱导产生的对抗菌药物具有抗性的病原体，更是严重威胁到人类的健康与生态的安全。

Gao 等（2012）在天津地区的水产养殖场中检测出多种耐药性细菌和抗性基因，其中，磺胺甲基恶唑抗性细菌占 63.3%，四环素抗性细菌占 57.1%，这说明有一部分细菌呈多重抗性；Wang 等（2018）以组学技术对烟台近岸工厂化海水养殖废水中抗性基因进行普查，发现了 21 种抗生素抗性基因（ARGs），主要存于变形菌门和拟杆菌门细菌内，典型的硝化细菌（硝化螺旋菌门）也含有抗性基因。梁思思等（2012）发现鱼塘中 91.5% 的大肠杆菌都含有抗性基因，86.1% 的大肠杆菌含有两种以上的抗性基因；Di 等（2012）在地中海沿岸的渔场中发现了多种抗性基因，然而该渔场并没有在饲料中添加任何抗生素，这说明不同海域中的抗性基因可以通过海水的流动而进行横向转移；Reboucas 等（2011）在巴西的一个养虾场中也发现了对氨苄西林和四环素均具有抗性的致病性弧菌。除此之外，在越南、泰国、韩国、印度、埃及等国家的水产养殖水域中也都检测到抗生素抗性基因。

环境残留抗生素能够通过食物链积累传递，可能会对人类健康产生潜在的毒性作用；细菌耐药性及耐药基因的扩散，使抗生素杀死病毒微生物的有效剂量不断增加，甚至出现了无药可治的"超级细菌"。为此，对抗生素的耐药性（antimicrobial resistance）被世界卫生组织列为 2019 年全球健康面临的十大威胁之一，在一定程度上引起人类社会的恐慌。

2. 生物种质资源污染

生物污染包括生物主动蔓延和人为的盲目引进物种造成包括食物捕食、竞争、寄生等中间关系的破坏，有害生物或病原体等的携带及与原有自然种群或近缘种杂交而导致的基因污染等。引种或移植具有方法简便、成本低和见效快等特点，对丰富水产种质资源、增加养殖种类、增加产品结构、丰富水产品市场起到了积极作用，但人为的盲目引进或移植物种可能会造成生物污染。在西欧，一种北美虾病严重侵袭当地虾种，致使它们在河流中消失。此外，海水养殖中还存在基因污染的潜在威胁。种质资源是养殖生产中最为重要的物质基础。当前养殖所用苗种，尤其是海水鱼类，绝大多数是多代近亲繁育，尚未形成人工定向培育，种质受到严重损害，许多优良性状急剧退化。在养殖过程中，当人工繁育群体逃逸或放流，与天然群体杂交，造成种质混交，给天然基因库带来基因污染，甚至造成优良性状和纯度不可逆转的破坏，导致严重的生物污染。

从国内外引进海水养殖新品种，提高了海洋养殖品种的质量，改善了国内海水养殖品种的结构，促进国内海水养殖业迅速发展。由于人为因素和监管缺失，海水养殖物种引进后可逃逸野化成功或被有意弃养而进入自然水域，致使海水养殖物种变成外来入侵物种。由于外来生物具有较强的适应能力，经过适应期后，侵占原有生物生态位，改变区域生物分布和物种群落结构，进而影响了食物链的能量流动和物质循环。同时，入侵物种也将改变区域生物多样性水平，造成原有生物物种基因污染，破坏遗传物质稳定性，造成种质产业的巨大损失；外来入侵物种作为多种寄生虫的中间宿主还可能带入病原生物，威胁人类健康。

○ 第二节　海水养殖污染的预防与控制

一、海水养殖污染的预防

海水养殖是以自然环境为条件、辅以强烈的人工干预的过程，其对生态环境的影响是可以预见和预防的。如何以最小的生态成本获得最高的经济效益是海水养殖的关键。为了预防海水养殖过程对生态环境的影响，既需要政策层面严格、科学的管理，又需要不断革新养殖技术，减少污染排放，实现生态化养殖（刘广斌等，2012）。

（一）加强政策层面的监管

1. 完善环境立法，加大执法力度

管理部门会同科研院所继续研究和制定配套的法律法规、政策和管理办法，落实《中华人民共和国渔业法》和《水产苗种管理办法》，完善和颁布《海水养殖尾水排放要求》，以生态系统为基础对海水养殖进行区域综合管理和海陆一体化的管理。完善海水养殖环境恢复的相关法律对策，对海水养殖破坏的海域环境和海岸带生态系统、渔业水质和渔业资源的恢复进行法规上的设计，使已遭海水养殖破坏的环境和资源能够得以有效的恢复，减少海水养殖的负面效应。如 2014 年威海市海洋环境监测中心，启动了对重点海水养殖区的环境监测工作，重点对北海、荣成湾、桑沟湾、五垒岛湾、乳山湾和乳山第四增养殖区等 6 个海水养殖区进行监测，监测站位数达 49 个。

2. 建立地方环境标准体系

着力开展环境质量和生产企业污染治理地方标准研究，解决国家标准缺失或可操作性不强的问题，逐步形成具有特色的地方环境标准体系，如浙江省 2006 就出台了《水产养殖废水排放要求》（DB 33/453—2006）；山东省根据自身特点，出台《山东省实施〈中华人民共和国渔业法〉办法》，制定《山东省浅海滩涂养殖管理规定》，通过实施地方环境标准，促进产业升级优化，削减污染排放，提高污染治理和监管水平。

3. 科学规划海水养殖，完善养殖海域环境调控

养殖水域大面积的网围精养，密集网箱养殖，导致大量外源性营养物质输入，超出水体自净能力，严重破坏水资源。因此，必须按照水体不同的使用功能，对养殖水面进行科学规划。研究各养殖区自净能力，确定水体对网围精养或网箱养殖的负载能力，有条件的地方可以建立海水养殖环境信息系统。综合利用各种相关的数学模型，最终确定水体的养殖容量，以便科学规划养殖水面，尤其要确定合理的网围、网箱面积、网箱密度等，实现养殖水体的可持续利用。

4. 做好环境功能区划管理，对较封闭海域实施污染物总量控制

近岸海域的随意开发与无节制利用使海域资源不能得到很好的利用。不合理的产业结构造成环境恶化。据不同的生态分布特点，对近岸海域统一规划、合理布局、因地制宜、陆海兼顾，使经济效益、社会效益与环境效益相统一。

对于较封闭的河口港湾，应按相关的规划和功能区划，研究环境容量，进行污染物排放总量控制。在总量控制时，应充分使用养殖业所需的环境容量，满足海上养殖需求，减小其对养殖水体的污染程度。

5. 加强外部污染因素控制

加强水产养殖的外部环境保护是控制水产养殖环境污染的第一道防线，但结合我国目前环境发展和海水养殖情况来看，90%以上的自然水体都存在不同程度的污染，污染物会随着水产品进入人们体内造成严重的危害。在这种情况下，需要在发展过程中制定完善的污染防控机制及管理措施，对一些在生产过程中存在污染物排放的企业严格监督，避免工业废水直接排入自然水体；同时也要加强相应的基础设施建设，构建有效的城乡排污系统，科学合理地处理生活垃圾，避免对生态环境造成危害。

（二）建立和完善生态养殖模式

1. 加强养殖前期控制

所谓养殖前期控制就是对水产品的幼苗进行科学培育，通过现代科学技术提升幼苗抵御病害的能力，使其成活率和产量得到提升，并且通过有效的药品添加剂的使用，实现清洁化生产养殖。养殖人员也要加强对养殖流程各个环节的掌控，降低养殖过程中所产生的污染，摒弃不必要的饲料和药品添加，在保障生态环境的基础上有效地降低养殖成本。

2. 科学配方、合理投饵

从优化饵料营养结构及投喂方式来看，由于大多数水产养殖废物来自饲料，要降低由此产生的废物应注意饲料营养成分的搭配和投喂方式。易消化的碳水化合物的加入会提高蛋白质利用率。通过选择饲料中所含的能量值与蛋白质含量的最佳比，可以减少饲料中 N 元素的排泄，降低单位生物量所排泄的能量。此外饲料中非蛋白的组成也具有一定的重要性。对于投喂过程来讲，减少饲料的损失，仔细地监控食物摄入是非常重要的。

养殖户在养殖过程中往往会不加节制地使用饲料及药品，针对这种情况，需要对养殖户加以正确的引导，使其树立强烈的环境保护意识，科学地使用饲料和药品。饲料对于现代养殖业是必不可少的要素，为更好地促进水产养殖业的发展，相关研究人员应当加大对无污染饲料的研发力度，充分降低人为因素所导致的环境污染。

3. 利用生物技术改善养殖水质

生物技术主要指在生态系统各营养级上选择和培育有益且高效的生物种类，用于作为饲料或调控水质，如在饵料中添加光合细菌，在养殖池中移植底栖动物、培养大型海藻等。光合细菌可分解有机质，加速物质循环，改善水质；混养一些滤食性动物可滤食浮游生物，如扇贝、牡蛎和罗非鱼等；可在虾池中培育沙蚕，沙蚕可摄食对虾的残饵、粪便，改善底质环境状况；养殖一些大型藻类可吸收水中溶解的无机盐，降低养殖水体的营养负荷。传统的微生物学与现代生物技术有机结合，大大提高了降解效力，改善了水质。

4. 用物理手段改善水质

为了提高海水养殖区底层水中的溶解氧含量，改善还原环境，可利用水泵选择性地抽取底层污染水到海面曝气，强化污染物的降解和去除，提高溶解氧含量，创造良好生境。同样也可以利用压缩空气在底层喷射气泡，创造气泡幕，增加水气交换速度，提高氧传输效率，改变底层缺氧还原条件。由压缩空气产生的气流与潮汐流叠加，可以增大与外海的海水交换。水越深，气泡越小，效率越高。

针对浅海网箱和筏式养殖产生的固态废物，主要有两种方法可以清除。一是直接将筏箱下方的底泥连同固态废物一并泵出，再进行异位处置。这种方法较为简便，但易造成水体混浊，恶化水质。二是在筏箱下方设置废物承接袋，每天从袋底泵出固态废物，这种方法可减轻水质的恶化程度，但操作复杂，耗资较多。一般来说，鲑鳟鱼类的网箱养殖，饲料中75%的总氮和总磷排入环境，其中10%的总氮和65%的总磷是以固态形式沉于底泥，仍有65%的总氮和10%的总磷溶于水体。可见，通过清除固体废物的方法可很好地降低磷的污染，而对氮的污染控制效果有限（刘家寿等，1997）。

5. 发展综合养殖模式

结合当前提出的可持续发展理念和低碳经济号召，应当加强对水产养殖结构的优化，遵循生态优先的发展观念。在开展养殖前对水域环境的承载力做出科学的评估，设计合理的水产品养殖密度，根据水体环境选择适宜的养殖类型。

从养殖模式来看，单品种、高密度、高投饲率的养殖方式饱受诟病。而混养是利用养殖生物间的代谢互补性，来减少最终代谢产物总量并降低养殖过程对养殖水域污染的养殖模式，如虾、鱼、贝及藻类综合养殖、贝藻间养等模式，这不仅有利于养殖生物和养殖水域的生态平衡，而且能利用和发挥养殖水域的生产潜力，增加产量，具有明显经济效益。

海水循环生态养殖的整个系统由对虾池、贝类池、净化池和蓄水池4部分组成，对虾池养殖虾类，其残饵、排泄物随水体进入贝类池；贝类池中的贝类滤食对虾的残饵、排泄物，起到净化水质作用；净化池添加杀菌剂，对贝类池流入的水体进行净化，然后继续用于养殖对虾；蓄水池用于储备干净海水，以补充养殖过程中水量的损耗。在这个循环系统中，水路处于封闭状态，避免了残饵、排泄物直接进入海区；同时可减少病原微生物进入养殖池，减少渔药使用。

二、海水养殖废水的处理

循环海水养殖过程主要包括两个单元，一是养殖单元，二是养殖废水处理单元。与工业废水和生活污水相比，海水养殖产生的废水具有几个明显的特点，即潜在污染物的含量低（COD浓度仅每升几十甚至几毫克）、碳氮比低（COD浓度低而总氮含量高，一般在5以下）、盐度高和水量大，再加上养殖废水中污染物的主要成分、结构与常见陆源污水的差异，增加了养殖废水的生物处理难度。因此，需要对普通污水生物处理技术和工艺加以改进才能达到所需效果（刘广斌等，2012）。

目前，海水养殖废水处理流程如图 4-8 所示，一般为：微滤机（格栅）→蛋白质分离器→曝气生物滤池→消毒（充氧）池，通过该工艺可依次实现饵料、粪便等悬浮固体颗粒和蛋白质的去除，溶解性有机物和氮、磷营养盐的去除，病原微生物的去除，并最终达到部分废水可循环再利用的目的。

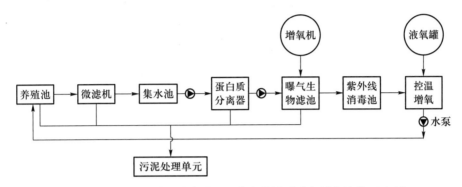

图 4-8　常规海水养殖废水处理工艺流程图（引自刘广斌等，2012）

（一）颗粒物和蛋白质的去除

在海水养殖废水处理中，首先采用物理方法，如利用沉淀、过滤和泡沫分离等构筑物单元，去除废水中的饵料、粪便等悬浮固体颗粒和蛋白质。

1. 沉淀

根据废水中固体悬浮物的特性与水质情况，通过诸如平流式、辐流式沉淀池的处理，以悬浮固体的重力作用实现固液分离，进而实现固体物的去除。

2. 过滤

根据废水中固体物质的粒径，采用过滤装置对固体颗粒物进行截留，进而实现悬浮固体的去除。一般来讲，过滤方法能够实现悬浮物的去除，但对氮、磷营养盐的去除效果较差，若海水养殖水体中悬浮物过多，还有可能导致过滤装置的堵塞。

3. 泡沫分离

通过向废水中注入空气，使得水体中的表面活性物质被细小气泡吸附，在气泡浮力作用下升至水面而聚集为泡沫，进而实现溶解物、悬浮物、细菌及酸性物质的去除。采用泡沫分离技术能确保在有机物尚未转化为有毒物质之前予以去除，同时为海水养殖废水处理提供溶解氧。根据气泡产生、气液接触及收集方式的不同，其类型主要有直流式、逆流式、射流式、涡流式和气液下沉式。

由于淡水养殖水中缺乏电解质、有机物分子与水分子之间的极性作用小，气泡形成的概率小，气泡的稳定性也差，因此泡沫分离法不适用淡水养殖，而主要用于海水养殖废水处理。但泡沫分离法也去除了水中有益的痕量元素，使微量元素含量发生变化，因此需要在后续工艺中对此法加以调整。

（二）溶解性有机物和氮、磷营养盐的去除

针对海水养殖废水中的溶解性有机物和氮、磷营养盐，微生物处理技术及菌藻处理技术的效果好，是比较常用的选择。

1. 微生物处理技术

微生物处理技术是指一种利用具有特殊功能的微生物的新陈代谢作用对海水养殖废水进行净化处理的技术。微生物作为生态系统中的分解者，在海水养殖系统的 N、P 等物质的循环中起着关键作用。海水养殖水体中有机氮的氨化，无机氮的硝化、反硝化等反应主要是通过微生物来完成的。具体方法有以下三种。

（1）微生物制剂。它们是能够降解海水养殖废水中的有机污染物且对养殖动物无致病危害的微生物，能够降低海水养殖水体中的污染物的含量，改善水质。微生物制剂一般选择几种有益微生物复配而成，对废水中污染物的去除率高且不会产生二次污染，但游离微生物抵抗水体冲击的能力较弱，再加上海水养殖过程中频繁地换水导致菌体流失，因此，这在一定程度上限制了微生物制剂在海水养殖中的应用。

（2）固定化微生物技术。游离微生物抵抗水体冲击的能力弱，对温度、压力、水流等环境因子的变化反应敏感，而固定化微生物技术因具有密度高、反应速率快、二次产物少、功能微生物流失少，以及对环境要求低等优点，近几年来被广泛用于海水养殖废水处理领域。固定化微生物技术是通过物理或化学的方法将游离微生物限制或定位在某一特定的空间区域内，保留其固有的催化活性，且能够被反复和连续使用的现代生物工程技术。目前该技术在海水养殖水体中的应用还停留在实验室模拟阶段，在实际应用中仍存在许多问题，如功能菌及水环境等组成的微生态结构较简单，抗干扰能力弱，难以长时期发挥稳定作用等，还需要进一步研究和完善。

（3）生物膜法。通过生长在滤料（或填料、载体）表面的微生物膜来处理海水养殖废水的技术。生物膜法主要有生物滤池、生物转盘、生物接触氧化设备和生物流化床等。生物膜法中微生物种类丰富，耐冲击负荷高，去除溶解性有机质和氮、磷营养盐的效果好，在封闭的循环海水养殖废水处理中已经得到广泛应用。但由于海水养殖废水的盐度效应和寡营养性导致生物膜的单位体积处理负荷较低。

2. 贝-藻、菌-藻复合生物处理技术

海水养殖废水的主要组成部分是残饵和养殖生物的排泄物，含有丰富的氮、磷营养盐，这些营养成分正是藻类生长所必需的元素，而藻类中的微藻又是贝类的食物。Tones 等（2001）研究了一种包括"沉淀-贝类过滤-藻类吸附"的综合处理方法，第一步是通过自然沉淀减少颗粒物的浓度；第二步利用贝类的摄食作用来降低悬浮颗粒物的浓度；第三步利用藻类对营养盐的吸收作用达到净化水质的目的。这种综合处理方法可以去除 38% 的 TSS、

72%的 TN、86%的 TP、24%的氨氮、70%的硝态氮和65%的磷酸盐。贝-藻处理技术在海水养殖废水得到净化的同时，增加了养殖户的收入。但贝类有可能会和养殖对象产生竞争关系，影响养殖对象的生长。因此，针对不同的养殖对象需要选择不同的贝、藻，以在不影响养殖对象生长的同时构建出高效、稳定的贝-藻海水养殖废水净化体系。

将大型海藻对海水养殖废水中 N、P 营养盐和有机物的去除功效与微生物对污染物的降解能力结合起来，形成菌-藻共生系统，可促进海水养殖废水的净化。好氧细菌将含碳有机物降解为 CO_2 和 H_2O；对含氮有机物进行氨化，继而进行硝化，形成硝酸盐；将含磷有机物降解为正磷酸盐。CO_2 又可以作为大型海藻的碳源，促进大型海藻的光合作用。此外，大型海藻在新陈代谢的过程中，能够将细菌代谢产生的物质吸收转化为自身的细胞物质。大型海藻释放的 O_2 能够增加水中的溶解氧，促进好氧菌的生长代谢。

（三）病原微生物的控制

1. 紫外线消毒法

利用紫外线照射海水养殖废水，从而使水体中的细菌、病毒等丧失繁殖能力，以达到消毒和净化海水养殖废水的目的。在海水养殖过程中，把紫外光消毒装置安装在废水生物处理尾端或者海水养殖池的进水源头上，对流过它的海水进行连续不间断的照射，然后再让消毒后的海水流进养殖池内供养殖用。这样一来既对养殖用的海水进行了有效的消毒，又不会伤害到养殖池中的生物。它与投放化学药物消毒方法相比，一是它不会产生负面影响的化学物质，二是它的消毒强度是一直持续相同，不会随时间而稀释。

2. 臭氧杀菌

臭氧通过破坏和分解细菌的细胞壁（膜）来杀死病原菌。臭氧在水中能够分解产生羟基自由基（·OH），·OH 具有很强的氧化性，可以分解一般氧化剂难以分解的有机物。近年来臭氧杀菌技术的研究应用发展非常迅速，而且杀菌效果不错。其主要优点为：① 臭氧具有强氧化性，可快速有效地杀死养殖水体中的病毒、细菌及原生动物，是其他消毒剂无法比拟的；② 臭氧的产物是 O_2，可被养殖生物利用，不会产生二次污染；③ 臭氧在应用中更方便、安全、可靠、经济。

值得注意的是，海水中存在许多微量元素，用臭氧进行处理海水时，臭氧会与这些元素特别是溴离子起反应生成次溴酸离子（BrO^-）及溴酸离子（BrO_3^-），并可相当长时间地残留于鱼体内，对鱼造成危害。

第三节　受损养殖区的生态修复技术

一、受损养殖生境中硫化物污染控制技术

大量饵料的投放导致近海水体和沉积物有机质污染严重，好氧微生物大量繁殖，耗氧

量增加，形成大面积缺氧生境。在此条件下，沉积物中厌氧的硫酸盐还原菌（SRB）快速生长，能够还原间隙水中的硫酸盐产生硫化物，硫化物进一步扩散进入上覆水体。养殖生境中硫化物的产生量与有机质含量成正比，饵料的积累促进了硫化物生成，硫化物不但危害养殖生物健康，还造成养殖生境的老化。因此，硫化物污染控制已经成为海水养殖过程中的重要课题。硫化物污染控制包括两方面，一是改变生境条件抑制硫化物的产生；二是去除已经存在于沉积物和上覆水中的硫化物。目前，海水养殖硫化物的控制措施主要包括物理的、化学的和生物的方法（刘广斌等，2012）。

（一）物理方法

物理方法是通过机械物理作业清除、转移或覆盖海水养殖环境底泥中沉积的过量有机污染物，从而从源头上达到改善养殖环境的目的。对于海水养殖过程硫化物的控制，常用的物理方法有底泥疏浚、粒状活性炭吸附和过滤，对底泥沉积物进行机械翻耕、压沙，以及通过人工曝气、循环水流创造水体高溶解氧环境等方法。这些物理方法具有造价较低、运行费用不高等优点，是目前应用较多的硫化物控制措施。缺点是只能应用于工厂化养殖或小面积封闭水体的养殖区，难以去除水体中的溶解性有机物，且对强毒性的氨氮、硫化物等污染物去除效果较差。

（二）化学方法

化学方法是目前海水养殖环境中硫化物控制最主要的方法，它主要是利用化学制剂与污染物发生氧化还原等反应，使硫化物被氧化为无毒无害的高价态硫或毒性较低物质的过程。对于硫化物的去除，主要包括直接投加铁盐、硝酸盐、过氧化氢等液体氧化剂或颗粒氧化铁、粉煤灰等固体氧化剂，将还原态的硫化物氧化到无毒的高价态，或与硫化物相结合，转化为毒性较低的物质。

通过施加过氧化氢、硝酸盐及铁盐等液体氧化剂去除沉积物表层及水体中的硫化氢，虽然能够使硫化物浓度快速降低，却并不是经济有效的方法。因为水产养殖区沉积物中的硫化物是缓慢释放的，用于去除硫化物的可溶性化学物质往往会大量释放到水体中，不仅会造成大量浪费且不能持久地发挥作用，甚至可能对养殖生物和水生生态系统构成威胁。此外，为了将硫化浓度控制在较低水平往往需要多次施加，在土壤和沉积物修复过程中投加氧化剂的操作成本要远远高于氧化剂本身的成本。

氧化态的铁锰等物质在海水养殖硫化物控制中表现出很强的应用潜力。Asaoka 等（2009）研究发现利用燃煤电厂燃煤过程中产生的副产品制成的颗粒状煤灰具有高效的硫化物去除效果，最高可达 108 mg/g，这主要是因为其所含的高价态的氧化锰、氧化铁等可将水体中的硫化氢氧化为单质硫，而且为控制沉积物中硫化物释放而实际应用于海洋沉积物中的颗粒状煤灰不需要回收活化。颗粒状煤灰上硫化氢的吸附位点可以在海水垂直混合季节被水体中的溶解氧活化再生——主要是将被硫化氢还原的氧化锰氧化回到高价态，使其氧化固定硫化物的能力得以恢复，实现长时间有效抑制沉积物孔隙水中硫化氢释放的目的。而且，沉积在颗粒状煤灰表面硫化物氧化形成的单质硫，却不会被溶解氧氧化转变为其他形式。

应用于现场试验的颗粒状煤灰几乎可以完全抑制硫化氢的产生，并且与对照地点相比，实验地点的底栖生物数量增加了几个数量级。研究认为应用于现场试验的颗粒状煤灰能控制硫化氢的主要原因可能是提高了沉积物环境的 pH，抑制了硫酸盐还原微生物的活性，从而在源头上控制了 H_2S 的生成。此外，颗粒状煤灰中的 Ca^{2+} 还能与水体中的磷酸盐反应形成磷酸钙降低环境的富营养化水平，提高生态环境质量。由于颗粒状煤灰的制备原料主要是水泥、燃煤副产物，含有较多的重金属等物质，需要注意其对水生生态系统尤其是水生生物造成的影响。

向沉积物水界面投加颗粒铁（氢）氧化物也是控制硫化物的安全有效且能相对持久的方法。与一些易于溶解到液相中的可溶性化学物（如铁盐）相比，颗粒铁氧化物以固体形式在水相或沉积物中通过氧化还原作用持续去除硫化物，并根据环境条件在颗粒铁氧化物表面形成无定型表面结合 $Fe(II)$ 化合物、硫化铁 FeS 和单质硫 S。

少量的颗粒铁氧化物便可较长时间地将硫化物控制在较低水平，Yin 等（2018）研究表明，原始颗粒氢氧化铁（GFH）去除硫化物的能力最高可达 68.34 mg/g。此外，对于被硫化物还原的颗粒铁氧化物通过短时间的曝气氧化便可以恢复，甚至增强颗粒铁氧化物的去除硫化氢的能力。这主要是因为颗粒氢氧化铁表面的 $Fe(II)$、FeS 在曝气过程中再次被氧化为无定形或较为无序的铁氧化物，这种铁氧化物具有更大的比表面积且更容易与硫化氢反应。但曝气恢复过程中硫化铁转化产生的单质硫可能会聚集在颗粒铁表面，占据反应位点，在反复使用之后颗粒氢氧化铁活性位点逐渐减少（图 4-9）

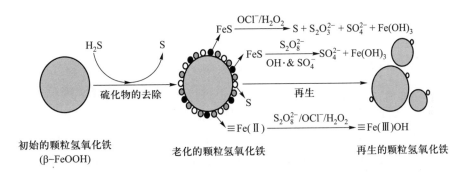

图 4-9　铁氧化物对硫化物的去除过程（引自 Yin 等，2018）

此外，由于沉积物中的硫化物是低量缓慢释放的，将氢氧化铁颗粒与化学氧化剂组合使用被认为是一种具有良好前景的持久原位控制硫化物的方法。首先，投加的颗粒氢氧化铁可以持续吸收氧化沉积物中缓慢释放的硫化氢；另外，在合适的时间投加适量的氧化剂不仅减少了投加氧化物的次数，降低了操作成本，又可以使颗粒氢氧化铁去除硫化氢的能力再次恢复，达到沉积物中硫化氢持续原位控制的目的。

（三）生物方法

依赖于微生物的硫氧化技术具有经济高效、持久性应用效果好、无二次污染、对环境及水生生物影响小等优点，在养殖区硫化物控制中表现出极高的应用潜力。海洋生物对硫化物的控制措施包括以海洋动物与植物为主体的生物控制措施，以及以海洋微生物为主体的生物控制措施。前者主要是通过消耗海水及沉积物中的有机质，从源头上减少硫化物的产生而间接起到对硫化物的控制效果。而海洋微生物对硫化物的控制是通过直接的生物氧化过程实现的。

以海洋悬浮颗粒为食的海洋动物可以直接从水体中捕获残余饵料等食物颗粒，吸收部分用于其生长和呼吸，难以处理的悬浮有机质则沉积到海洋沉积物表面。以沉积物内的有机质为食物的海洋动物不仅能够消耗沉积物内沉积的有机物，而且可以改变沉积物的质地和结构，例如孔隙度、渗透率、粒径、内聚力和有机物含量。更重要的是，它们的空间异质性可以为其他海洋生物，如海洋微生物、海洋微藻、大型底栖动物和大型底栖植物等提供生存空间（生态位）。例如，灰鲻鱼和遮目鱼是在河口和小溪中常见的天然广盐性鱼群。它们在生长过程中可以底泥中的碎屑为食物，消耗底质有机物，其广泛的饮食结构和对较差水质的耐受性使其成为处理水产养殖废物的理想生物。沙蚕不仅能够蚕食沉积物中的大量有机物质，还能通过掘穴等生物扰动作用提高沉积物中的溶解氧含量，降低硫化物的产生（牛俊翔等，2013）。此外，滤食性贝类养殖也可以大量去除海洋水体环境中的悬浮有机颗粒物，减轻水环境中过量的养分对海洋环境的影响。Comeau 等（2014）发现在贝类养殖筏下表层沉积物中的有机质含量（5.1%±1.5%）明显小于对照区中的有机质含量（10.5%±3.2%）。

水生植物可以通过控制沉积物中有机营养物质的二次释放和吸收多余的营养来修复受污染的水及沉积物。一些大型海藻具有极高的生产力，能有效提高海水中的溶解氧含量，并能显著降低海水养殖区的污染程度。此外，海草根系也能通过直接促进硫化物氧化或者消耗海洋沉积物中的有机质间接抑制硫化物产生来减小硫化物浓度。研究表明将大型藻类 *Gracilaria caudata* 和微型甲壳动物 *Artemia franciscana* 联合应用于海水养殖过程中污染物的去除，具有较好的效果，可使养殖废水中的氨氮降低 29.8%，亚硝态氮降低 100%，硝态氮降低 72.4%，因此将这些生物体用作生物过滤器可能有助于改善沿海地区的水质（Marinho-Soriano 等，2011）。Xiao 等（2017）对中国沿海大型藻类养殖的研究表明，沿海养殖的海藻每年可去除约 75 000 t 氮和 9 500 t 磷，并且按照目前海藻养殖的增长速度，预计到 2026 年养殖的海藻将 100% 消除中国沿海水域的磷元素，对减轻中国近海富营养化问题发挥了重要的作用。

硫化物氧化菌（sulfide-oxidizing bacteria，SOB）等海洋微生物能够以海水中的溶解氧或硝酸盐（NO_3^-、NO_2^-）为电子受体，以硫化物或硫单质为电子供体，大量消耗海洋沉积物水界面的硫化物，对海洋沉积物水界面硫化物的去除与控制起到直接的作用，对海洋硫循环具有不可替代的贡献。Gusseme 等（2009）为开发一种去除溶解性硫化物的生物技术，在连续搅拌的罐式养殖模型中富集了一种以 *Arcobacter* 属为主导的硝酸盐还原-硫化物氧化菌群（nitrate-reducing，sulfide-oxidizing bacteria，NR-SOB）。将 NR-SOB 应用于实际污水中的硫化物控制结果表明，NR-SOB 微生物菌群具有快速去除硫化物的能力，其对硫化物的去除率可达 99%，实现了高达 52 mg/（gVSS·h）的硫化物去除速度。

二、大型海藻对富营养化海水养殖区的修复

大型海藻是一类常见的海洋水生植物，是海洋生态系统中重要的初级生产者之一，在生长过程中通过光合作用的方式，大量吸收海水中过剩的 N、P 等营养元素，同时释放 O_2 补充海水的溶解氧，调节海水 pH，有效维持海洋生态系统的平衡。

大型海藻对富营养化水体的修复作用主要表现为对 N、P 营养盐的吸收利用，以及对赤潮藻类植物生长的抑制。在富营养化水体中，大型海藻可吸收过剩的 N、P 以合成自身所需的营养成分，而对大型海藻的收获可以将营养盐从海水中移走。此外，大型海藻与赤潮藻之间存在一定的营养盐竞争和相生相克关系，可以抑制赤潮藻的生长，加速赤潮藻的消亡，从而减少甚至防止赤潮的发生（刘广斌等，2012）。

（一）对海水中 N、P 营养盐的吸收

N、P 营养盐的不断累积是引起近岸海域有机质污染和富营养化的主要原因。许多实验已经证明，大型海藻如海带属（*Laminaria*）、紫菜属（*Porphyra*）、石莼属（*Ulva*）、裙带菜属（*Undaria*），以及江蓠属（*Gracilaria*）的海藻植物等可有效地吸收海水中过剩的 N、P 营养盐，改善水体的富营养化污染状况。

海带（*Laminaria japonica*）是一种生物量大、生产力高的常见海藻植物。沈淑芬等（2013）研究发现，在罗源湾养殖海区，3—5 月为海带生长旺盛期，海带养殖区的总无机氮（DIN）的吸收率分别达到 25.48%、19.62%、44.65%，总无机磷（DIP）的吸收率分别为 20.17%、32.00%、38.72%。吴益春等（2015）对舟山桃花岛碳汇渔业示范区的调研发现，该示范区内海带对 N、P 的吸收分别达到 2 130 kg/a、300 kg/a。研究表明，海带对海水养殖区内 N、P 具有明显的吸收效果，而且对 N 的吸收量明显优于对 P 的吸收量。

相较于海带，已有实验证明条斑紫菜（*Porphyra yezoensis*）对 P 的吸收能力更为突出。如陈聚法等（2012）对胶州湾湿地海域条斑紫菜养殖区水环境的研究，各实验周期水体中的 DIN 含量下降幅度为 17.15% ～21.26%，$PO_4^{3-}-P$（活性磷酸盐）含量下降幅度为 55.73% ～61.12%。而根据紫菜组织中 N、P 含量的分析结果，理论上每生产 1 000 t 紫菜可从海洋中除去 50～60 t 氮和 10 t 磷。

其他大型海藻，如裙带菜（*Undaria pinnatifida*）、真江蓠（*Gracilaria vermiculophylla*）对富营养化的海水也具有良好的修复作用。鲑鱼网箱开放养殖的智利江蓠（*Gracilaria chilensis*）对周围海水的 DIN 去除率为 6.5%，对 DIP 去除率为 27%。据孙琼花等（2013）研究发现孔石莼（*Ulva pertusa*）对养殖区 DIN 的去除率达到 98.6%，对 $PO_4^{3-}-P$ 的去除率达到 98.7%。

海带、条斑紫菜、龙须菜、孔石莼等大型海藻对 N、P 均具有一定的吸收效果，但不同海藻物种的吸收效果不同。海带对 N 的吸收效果明显优于对 P 的吸收效果，江蓠和孔石莼则对 N、P 都有良好的吸收效果。尽管不同海藻物种对 N、P 的吸收效果存在差异，但栽培大型海藻仍是目前较为有效的海水富营养化生物修复措施。

（二）对引发赤潮的有害海藻的抑制

常见的有害赤潮藻有赤潮异弯藻（*Heterosigma akashiwo*）、中肋骨条藻（*Skeletonema costatum*）、具齿原甲藻（*Prorocentrum dentatum*）、东海原甲藻（*P. donghaiense*）和链状亚历山大藻（*Alexandrium catenella*）等。许多学者通过实验发现，某些大型海藻具有抑制赤潮藻生长的作用，主要表现在与赤潮藻存在种间营养盐竞争，从而加速赤潮藻的消亡。

1. 大型海藻分泌克生物质

随着某些藻类的生长，藻类会分泌某种胞外产物来改变周围的环境，从而影响其他种群的生长。而某些大型海藻则会分泌特殊的胞外产物即对特定的赤潮藻生长产生抑制作用的克生物质，这也是大型海藻抑制赤潮有害藻生长的重要原因。

张培玉等（2006）研究表明孔石莼主要是通过分泌克生物质来抑制青岛大扁藻（*Platymonas helgolandica*）的生长。高密度的孔石莼能显著地抑制浮游微藻的生长，不受营养盐浓度的限制，是本身能够释放克生物质抑制赤潮藻种的生长。此外，通过研究两种大型海藻对赤潮异弯藻生长的影响，发现孔石莼（*Ulva pertusa*）或龙须菜（*Gracilaria lemaneiformis*）的分泌物散至其周围环境中，对赤潮微藻生长产生抑制作用。

2. 大型海藻竞争 N、P 营养盐

营养竞争作用是大型海藻抑制引发赤潮的有害藻的另一主要因素。大型海藻对 N、P 营养盐具有明显的吸收作用，而当大型海藻与赤潮藻如东海原甲藻、赤潮异弯藻等在同一海水环境中生长时，大型海藻对营养盐的吸收作用远远大于赤潮藻对营养盐的吸收作用。这使得环境中的营养盐不能满足赤潮藻的生长需求，从而达到抑制赤潮藻生长的作用。

在对龙须菜与东海原甲藻之间 N、P 营养盐竞争的研究中发现，龙须菜能够迅速地将海水环境中的营养盐吸收耗尽，导致了东海原甲藻的消亡，而东海原甲藻对龙须菜的生长影响却不明显。此外，实验研究发现，龙须菜能够通过竞争性吸收环境中的硝酸盐来降低锥状斯氏藻（*Scrippsiella trochoidea*）细胞内硝酸盐的储存含量，从而有效抑制锥状斯氏藻的生长。

三、浅海养殖生境修复策略

1. 调整养殖品种结构，发展贝藻混养

从 20 世纪 80 年代开始，贝、藻单养所面临的问题开始逐步显现，扇贝出现大量死亡、品质下降的问题，而海带、紫菜也爆发了腐烂病，产量品质大幅度下降。实践证明，发展贝、藻混养不仅使贝类和藻类的代谢产物互为利用，促进海区生态平衡，还可增加单产降低成本，获得更大的经济效益和生态效益。近年来，贝、藻混养技术在中国取得了重大的成功。如中国北方的贻贝或扇贝与海带的混养，南方的珍珠贝与江蓠、麒麟菜的混养。生态养殖是利用物质循环和生物共生的原理，加以良好的管理，提高养殖

效率和经济效益的养殖方法。目前，在中国沿海的一些重要养殖区已开发出多种生态养殖方式。如采取生态互补型的虾–贝、虾–鱼、虾–藻、虾–鱼–贝混养等养殖模式，封闭型、半封闭型的循环高效生态养殖模式，生态养殖正朝着多品种、多模式方向发展（刘广斌等，2012）。

目前在海水养殖中，利用贝类或者藻类与鱼、虾同池混养或者分池循环水养殖是水产养殖业改善水质或循环利用养殖水并且增加经济收益的通常方法，亦是利用生态修复技术控制污染产生的方向。同池混养可以通过提高养殖生物对天然饵料的利用率来提高产量，并且通过动物的滤除作用或者水生植物对营养的吸收作用，改善水质，减少养殖池塘的自身污染及对周边环境的污染。采取分池循环水养殖的综合养殖方式，利用鱼、虾养殖排放水养殖滤食性动物或者大型藻类，养殖水经过滤除作用改善水质后，排放掉或循环流入鱼虾养殖塘重新利用，并且养殖废水中含有大量营养物质，经一定处理后可使池塘中的养殖生物生长得比正常养殖的更好，同样可以增加额外的经济收入。

在部分海水养殖场采用如图 4–10 所示的分池循环水养殖模式。采用抽水泵将海边地下水打入车间内的蓄水池，经沙滤、曝气后用输水管道通入养鱼车间，进行循环水养殖。车间养殖废水经管道统一排入车间外的养殖池塘，池塘内贝藻混养，养殖一些大型藻（如江蓠等）和贝类，以消耗车间排放废水中的鱼类消化、呼吸代谢产物和饵料残渣，降低水中的 N、P 营养盐含量，然后排放入海。此模式不仅节约用水，而且降低了对海区的污染，是一种环境友好型养殖模式。

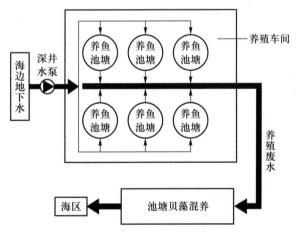

图 4–10　分池循环水养殖模式示意图（引自刘广斌等，2012）

这类循环水养殖模式主要应用于鱼类、虾类养殖中。净化养殖废水的养殖池塘中的养殖品种多为刺参、贝类和海藻（石莼、江蓠等），它们不仅可以消耗车间养殖生物的消化、呼吸代谢产物、身体黏液和饵料残渣，还可以摄食池底的原生动物、桡足类、有机碎屑、腐殖质及细菌等，从而达到净化养殖用水、节能减排的目的。

2. 修复沉积环境

处于较封闭港湾的筏式和网箱养殖对波浪及流速有一定的阻碍作用，对这类养殖区已经形成的生物性沉积，应采取人工方式加以修复改善（图4-11）。具体有以下三种方式。

（1）加强底部搅动，使沉积物再悬浮。使用"海底拖拉机"对受损海区的底质进行机械翻耕，并辅以物理或化学氧化，对受损区域进行人为修复。

（2）海底增氧。利用增氧设备，制造"海底鼓风机"，目的是在下层水域创造高流速水流，带动下层水域物质能量的循环，通过 O_2 的输送，提高表层沉积物的氧化还原电位，改善底部环境质量。

（3）投放人工渔礁，制造上升流。促进生物性沉积的再悬浮，提高沉积物向水体输送营养物质的能力，增加底栖动物的生物多样性，逐步恢复底层水域的生态功能。

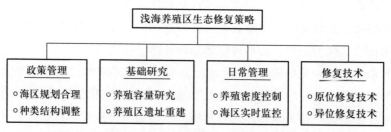

图4-11　浅海养殖区生态修复策略（引自刘广斌等，2012）

四、滩涂贝类养殖环境问题及修复

我国滩涂面积为 217.04 万 hm^2，分布于南到广西，北到辽宁的广大沿海地区。沿海滩涂作为海岸带的重要组成部分，具有重要的生态、社会和经济价值。滩涂贝类养殖是滩涂开发的主要方式之一，但是伴随其养殖规模的扩大，滩涂底质的老化，以及陆源污染的加剧，滩涂贝类养殖环境日益恶化，贝类病害日趋严重，严重阻碍了滩涂贝类养殖业的进一步发展。

在大规模高密度滩涂贝类养殖生态系统中，贝类排出的代谢废物，如氨氮和磷酸盐显著提高了养殖区的营养盐浓度，加大了水体的富营养化程度。袁秀堂等（2011）研究发现生物活动过程中产生的粪便及假粪等生物沉积导致滩涂淤积速度明显加快，底质中有机物的含量急剧增加，耗氧有机物的增加使底质呈厌氧状态，病原微生物大量繁殖，进而增加了贝类死亡的风险。沿海滩涂底质是氮、磷的主要蓄积库，其对上覆水环境具有净化功能，但滩涂中耗氧有机物、氮和磷在遇到大的风浪条件下，通过风力扰动、生物扰动作用将氮、磷等内源性营养物质重新释放到水体中，造成水体富营养化。

另外，我国广西北海、浙江乐清湾、福建宁德三沙湾、江苏盐城、山东东营等多个沿海滩涂出现滩涂生物入侵的情况。入侵的物种主要包括互花米草（*Spartina alterniflora*）、大米草（*Spartina anglica*）等。这些外来植物侵占了原有滩涂贝类、底栖动物的生存空间，使原来的滩涂丧失了原有的生态功能。

因此，为了改善养殖生境条件，降低贝类病害的发生，可以从以下几方面着手。

（一）影响滩涂修复的重要因素

影响滩涂修复的重要因素具体有三种。

（1）确定滩涂贝类养殖容量。由于滩涂贝类养殖具有投资小、见效快、效益高的特点，养殖户往往在利益的驱动下，忽视养殖滩涂的承载量和环境的容纳量，盲目地增加养殖密度，扩大养殖面积，最终导致滩涂贝类养殖业的自身污染加剧。应结合当地的滩涂养殖生态环境（包括温、盐结构，潮汐变化，水交换条件，水质和底质化学环境等），系统地研究滩涂贝类养殖容量，为海域管理提供科学依据。

（2）滩涂底栖生物的研究。底栖生物在滩涂贝类养殖生态系统的物质循环和能量流动中发挥着重要作用，并且可以用来监测滩涂生态环境的污染状况。因此，需要加强对滩涂贝类养殖环境中底栖生物的调查，确定其资源分布及影响因子，明确其生理功能，保护其多样性。

（3）滩涂贝类养殖生态模式研究。为了合理地开发利用浅海滩涂资源，避免滩涂资源和环境遭到破坏，应当针对不同的区域，创建适合当地情况并与当地生态系统相协调的区域化养殖模式，实现养殖过程的良性循环，减少养殖对海区生态环境造成的二次污染，保持滩涂养殖生态系统的稳定。研究滩涂的养殖容量和生态环境容纳量，分析滩涂主要养殖贝类的生物能量学，了解不同养殖种类之间的关系，探讨生态环境与养殖规模、养殖密度之间的联系，建立复合养殖生态系统。

（二）滩涂养殖环境的修复技术

沿海滩涂退化，导致生物多样性锐减，滩涂贝类养殖产量降低，滩涂养殖区域的面积减少。为了减少滩涂养殖资源的破坏和避免生态的进一步恶化，利用人工措施对已受到破坏和退化的滩涂进行生态恢复是改善滩涂养殖现状的重要途径之一。在广泛开展污染滩涂调查的基础上，搞清楚滩涂中主要污染物的种类和数量，有针对性地采用物理方法、化学方法和生物方法，提出滩涂生态修复的解决方案。滩涂养殖环境的修复技术主要分为以下三类。

1. 物理修复

物理修复是最简单易行的滩涂环境修复方法，通过机械翻耕的方法改善滩涂底质的通气性，创造耗氧有机物被氧化的环境，达到降低污染物含量的目的。机械翻耕可以提高底质深处的耗氧有机物与 O_2 的接触机会，促进污染物分解。同时，翻耕可增加底质的透气性和透水性，增强其综合生产能力，但翻耕会造成底质中大量的营养盐类发育，促进物质的溶出，造成水体的富营养化。

常见的物理修复方法还有压沙法（马绍赛等，2005），即取清洁无污染的沙子覆盖在污染区域，可以有效解决有毒污染物，如硫化物、氨氮对贝类的毒性作用，但这种方法不能从根本上解决底质中耗氧有机物含量高的问题，同时修复成本较高。滩涂物理修复过程中的难点在于滩涂每天都会潮涨潮落，自然条件具有不可控性，因此翻耕后对底质的修复效果还有待进一步评估。Huang 等（2014）在台湾省北门海滩采用竹片固化退化滩涂的方法，实现了当地沙化滩涂的生态修复。Liu 等（2016）提出退养还滩，即将在滩涂上建造的养殖池塘恢复为原有的滩涂形态也是生态修复的一种重要方法，这种修复方法在我国盘锦滩涂湿地已开始大面积推广。

2. 化学修复

在底质中加入化学底质改良剂，使底质中的有害物质和化学试剂反应，使其毒性降低甚至完全消失。受污染的滩涂通常由于底质中耗氧有机物大量积累，导致底质缺氧，氨氮、硫化氢浓度升高，进而威胁贝类的生存（马绍赛等，1997），因此可以采用投加化学改良剂，氧化耗氧有机物、降低底质中有毒的氨氮及硫化氢的含量。滩涂改良剂的主要成分包括过硫酸氢钾、生石灰、过氧化钙及螯合剂等，通过底质改良剂的强氧化性实现底质耗氧有机物、氨氮及硫化氢的氧化作用。底质改良剂的方法通常使用在池塘养殖过程中，为养殖生物提供良好的生活环境。

3. 生物修复

生物修复有以下三种方式。

（1）动物修复。滩涂底质生态修复所用的修复生物一般为沙蚕或蟥虫，可通过双齿围沙蚕（*Perinereis aibuhitensis*）、单环刺蟥（*Urechis unicinctus*）等生物的摄食、活动改善底质的通气状况，降低底质中耗氧有机物的量。陈惠彬（2005）在大沽河口滩涂开展了生态修复研究，使用了毛蚶（*Scapharca subcrenata*）、青蛤（*Cyclina sinensis*）、沙蚕和杂色蛤（*Ruditapes variegata*）作为修复生物。结果表明，沙蚕修复区域有机物、总氮、总磷和汞等污染物出现了显著下降，沙蚕活动降低了底质的异质性。牛俊翔等（2014）的研究表明，投放双齿围沙蚕对底质的修复效果明显，0.28 kg/m^2 密度组对 TN、TP 的去除效果及 0.14 kg/m^2、0.21 kg/m^2 密度组对 TN、TP 及 TOC 的去除效果较对照组均达到了显著水平（$P<0.05$），其中 0.21 kg/m^2 密度组对 TN、TP 及 TOC 的修复效果最佳。滩涂贝类养殖区底质环境修复实验研究（牛俊翔等，2014）发现物理方法和生物方法是滩涂修复的有效方法，在实际应用中成效显著。2015 年葫芦岛兴城市对污染的滩涂开展了生态修复，投入了沙蚕 1.275 万 kg，累积修复滩涂面积 110 hm^2，取得了显著的生态修复效果。

（2）微生物修复。微生物修复技术在土壤污染治理中应用得较为普遍，其原理是通过微生物的活动将难降解的有机物降解，如石油类、农药类等持久性有机物，通过接种特异性的微生物种群，辅以相应的管理措施，实现对污染滩涂的修复。马艳玲等（2004）获得一株无机化能自养型的脱氮硫杆菌（*Thiobacillus denitrificans*），能够在无氧条件下以硫化氢为电子供体，硝酸盐为电子受体，其产物主要是硫酸根离子和 N$_2$（反应式 4-2），其能够在无氧条件下实现硫化物和硝态氮的去除，在滩涂硫化物污染修复中具有很好的应用前景。

$$2NO_3^- + 5HS^- + H_2O \Longrightarrow 5S + N_2 + 7OH^-$$

$$5S + 6NO_3^- + 4OH^- \Longrightarrow 5SO_4^{2-} + 3N_2 + 2H_2O$$

总反应式：　　　　$$8NO_3^- + 5HS^- \Longrightarrow 5SO_4^{2-} + 4N_2 + 3OH^- + H_2O \qquad (4-2)$$

（3）植物修复。大型藻类能够快速、大量地吸收水体中的营养盐，降低富营养化海水中的溶解态氮和磷的含量。利用大型海藻、海草对浅海富营养化严重的海区进行修复，成为一种十分有效的生态修复方法。在富营养化严重的海区人工栽培大型海藻易形成规模，且易于收获，海藻生长迅速，能从环境中吸收大量的氮、磷，同时能够实现海洋的固碳作用。江志兵等（2006）指出利用大型海藻修复环境具有经济性、再利用性、无二次污染和快速性的优点。虽然大型藻类生态修复效果显著，但对于北方污染的滩涂来说，由于滩涂具有潮涨潮落、定期干露等特点，使得传统用于浅海的海藻生物修复技术没有用武之地，因此滩涂区域如何开展植物修复成为未来滩涂修复的研究重点之一。

生物入侵滩涂主要采用盐碱地特有的植物进行生态修复。成海等（2017）利用盐城当地盐地碱蓬（*Suaeda salsa*）作为修复的植物物种，对互花米草入侵的滩涂成功进行了修复。陈志明（2016）在浙江乐清湾通过种植红树林，有效实现了滩涂湿地生态系统的恢复和可持续发展。

第四节　海水循环养殖废水处理工程分析

王真真和赵振良（2013）构建了一套工厂化全封闭海水循环养殖系统，对大菱鲆养殖废水进行了处理及循环利用。处理系统对海水养殖废水中各项污染指标的去除率较高，处理后的水质达到《渔业水质标准》（GB 11607—1989），通过养殖生产试验单产达到 35.64 kg/m²，超过传统养殖模式单产的 8.32 kg/m²。

一、工程介绍

（一）试验设计

试验在河北省某公司进行。养殖水泥池 33 个，其中试验池 28 个，对照池 5 个，每个水泥池面积为 36 m²。每池备气石 16 个，均匀分布。1～28#池为试验池，采用全封闭循环海水工厂化养殖系统，放入 5～7 cm 规格的大菱鲆，放养密度为 70 尾/m²，养殖海水平均 2 h 循环一次。29～33#为对照池，放入规格 5～7 cm 的大菱鲆，放养密度 30 尾/m²，采用传统养殖方式，日换水 2 次，每次换水 30%～40%，根据水质监测情况做适当调整。对照池不加任何处理措施。

（二）工艺流程

全封闭循环海水工厂化养殖系统工艺流程如图 4-12。养殖单元为养殖池 28 个（36 m²/个）。废水处理单元包括：沙滤池 6 个（6 m×3 m×3 m）；生物滤池 6 个（6 m×3 m×3 m），滤池中放置毛刷式生物滤料（载体）；紫外线消毒器（滚筒式）；潜水泵（3 kW）；养殖单元与废水处理单元串联使车间成为全封闭循环系统。

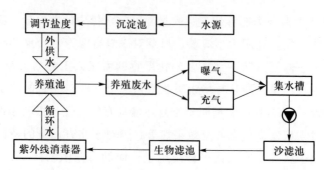

图 4-12 全封闭循环海水工厂化养殖系统工艺流程（引自王真真和赵振良，2013）

1. 养殖单元

养殖池底四周高，中间低，出水口在中间，对角进水形成旋流，有利于养殖池污物的排出，污物通过中间排水管道进入回水槽，回水渠道设在养殖池外侧，渠道宽 400 mm，高度与养殖池顶相同，坡降 0.1%，底角呈圆弧形，便于清污。养殖池水在回水流向回水泵槽的过程中，90% 以上的粪便、残饵沉积于回水渠道的底部和集污槽，通过集污槽底部排污口排出养殖系统。养殖水再进入集水槽，通过动力泵提入沙滤池进行沙滤，残余养殖污物截留在沙滤池表面，利用水位差将养殖水压入生物滤池，再经过紫外线消毒后进入养殖池，完成一个循环，每日需补水约 10%。

2. 废水处理单元

沙滤是对养殖废水进行固液分离的一种重要手段，主要用于进一步滤除水中的残饵、粪便等大颗粒固体物质，对去除溶解的氮、磷营养盐及有机物质等的作用不明显。通过沙滤，在系统运转之初即将养殖水体中的残饵、粪便等大颗粒固体物质去除掉，可大大提高生物滤池的处理效果。

生物滤池的主要目的是去除溶解性的有机物、氨氮和亚硝酸盐。本工程使用的生物滤池，内部填料为毛刷式，将筛选和分离的脱氮微生物附着于载体上，其中自养型硝化细菌将水中的氨氮氧化为亚硝酸盐，亚硝化细菌再将亚硝酸盐转化成无毒的硝酸盐。循环水以水膜形式通过载体表面，同时附着在载体的微生物利用水体中有机质代谢生成自身活动所需要的能量，将污染物转换成 CO_2、水、硝酸盐等物质。载体上的反硝化细菌将硝酸盐转化为 N_2，通过硝化、反硝化作用进而达到净化废水的目的。

紫外辐射广泛用于水产养殖系统中，可破坏残留的臭氧并杀死病菌，且具有低成本和不产生任何毒性残留的优点。微生物细胞中的 DNA 吸收光谱为 240～280 nm，对波长 255～260 nm 的紫外线有最大的吸收性，该工程使用的紫外消毒器为筒式结构，波长为 253.7 nm，外壁为聚乙烯塑料管，直径为 400 mm，筒内安装 16 盏 75 W 紫外线灯管，紫外线消毒器的上部安装检查口，端侧连接进水管和出水管，一个养殖池配置 1 个紫外线消毒器。

3. 运行管理

试验池和对照池均投喂无公害健康型全价配合水产饲料，投饵率为 2%～4%，日投喂

3~4次，当鱼体质量增加至200 g后，投饵率为0.5%~1%，减少投喂次数，日投喂1~2次。养殖池指标控制：水温15~17 ℃，盐度（28~30）‰，pH 7.5~8.5，溶解氧6 mg/L以上。试验开始于3月28日，于次年2月28日结束，共338 d。

二、工程效果

1. 废水处理效果

由表4-1可知，全封闭循环海水工厂化养殖系统废水处理单元进出水 pH 变化不大，差异性不显著，然而硝态氮（NO_3^--N）、亚硝态氮（NO_2^--N）、氨氮（NH_4^+-N）、磷酸盐（PO_4^{3-}-P）、化学需氧量（COD）和细菌数量均显著降低，进出水口差异极显著（$P<0.01$），其中氨氮去除率82.93%，亚硝态氮去除率74.51%，硝态氮去除率75.25%，三氮的去除率均大于70%，氨氮去除率最高，超过了80%；磷酸盐去除率64.87%，细菌指数下降85.05%，化学需氧量降低了53.52%。

表4-1　循环水处理单元对养殖废水的处理效果

项目	NO_3^--N/(mg·L^{-1})	NO_2^--N/(mg·L^{-1})	NH_4^+-N/(mg·L^{-1})	PO_4^{3-}-P/(mg·L^{-1})
进水口	0.505±0.096	0.051±0.010	0.539±0.108	0.279±0.057
出水口	0.125±0.028**	0.013±0.007**	0.092±0.100**	0.098±0.061**
去除率	75.25/%	74.51/%	82.93/%	64.87/%
项目	COD/(mg·L^{-1})	溶解氧/(mg·L^{-1})	pH	细菌数量/(个·μL^{-1})
进水口	8.274±1.571	6.619±0.602	8.025±0.031	31.409±3.042
出水口	3.846±0.872**	7.783±0.624*	8.117±0.013	4.696±0.857**
去除率	53.52/%	-17.59/%	-1.15/%	85.05/%

注：*表示差异显著（$P<0.05$）；**表示差异极显著（$P<0.01$）。

全封闭循环海水工厂化养殖系统废水处理单元进、出水相当于对照组的养殖池的出、进水，均反映养殖过程对水质的影响。对比表4-1、表4-2，经过对照养殖池的海水 pH 明显降低，溶解氧略下降，其他各项指标出水均有大幅度增加，尤其是三氮和细菌总数，进出水口差异极显著（$P<0.01$），远高于循环水系统养殖池进出水口指标。

表4-2　对照组养殖池进水口、出水口水质变化

项目	NO_3^--N/(mg·L^{-1})	NO_2^--N/(mg·L^{-1})	NH_4^+-N/(mg·L^{-1})	PO_4^{3-}-P/(mg·L^{-1})
进水口	0.409±0.108	0.031±0.010	0.305±0.096	0.279±0.057
出水口	1.123±0.954**	0.264±0.012**	0.897±0.066**	0.741±0.063**
项目	COD/(mg·L^{-1})	溶解氧/(mg·L^{-1})	pH	细菌数量/(个·μL^{-1})
进水口	8.274±1.571	4.619±0.602	8.025±0.031	31.409±3.042
出水口	12.24±1.201**	4.091±0.527*	7.825±0.027*	64.42±4.852**

注：*表示差异显著（$P<0.05$），**表示差异极显著（$P<0.01$）。

养殖水体中的氮元素，经生物降解后，在水体中主要以氨氮、亚硝酸盐、硝酸盐等形式存在。氨氮和亚硝酸盐对鱼类生长影响很大，氨氮过高会使养殖生物出现应激反应，增加动物对疾病的易感性，降低生长速度和生殖能力；亚硝酸盐是氨氮排除过程中的中间产物，能将正常的亚铁血红蛋白氧化成高铁血红蛋白，导致血液中与氧结合的亚铁血红蛋白失活，失去携氧功能，对水生生物造成毒害；硝酸盐是氨氮在水体中有氧环境下的最终产物，相对来说，鱼类对硝酸盐的耐受力较大，但浓度过高则影响鱼类生长，使鱼体色变差，肉质下降。该全封闭循环海水工厂化养殖系统水质净化效果显著，三氮的去除率均超70%，其中氨氮去除率最高超过了80%，消除了三氮过高对鱼体造成的危害。

2. 鱼单体质量、体长变化

全封闭循环海水工厂化养殖系统和传统养殖的大菱鲆体长、单体质量随时间都呈增长趋势（图4-13）。在养殖初期，两种养殖模式大菱鲆的体长、单体质量变化差异不大；在6—10月体长与单体质量增长速度均为整个养殖过程中最快的；而全封闭循环海水工厂化养殖系统养殖的大菱鲆体长、单体质量明显高于对照池，并在11月最先达到上市规格（500 g），对照池11月之后生长缓慢，在翌年1月底2月初才达到上市规格。

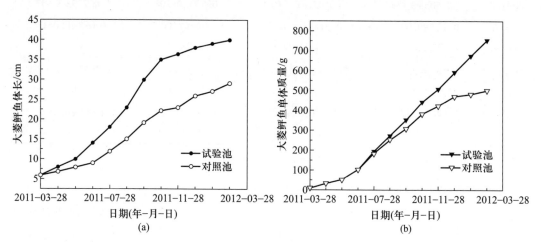

图4-13　大菱鲆鱼体长（a）、单体质量（b）随时间的变化曲线（引自王真真和赵振良，2013）

3. 养殖效益

由表4-3可以看出，全封闭循环海水工厂化养殖系统养殖大菱鲆的成活率高达93.9%，与传统养殖模式相比提高了37.3%，并在11月已有部分鱼达到上市规格（500 g），出鱼2.8×10^4尾，时逢元旦前夕价格较高，经济效益显著增加；全封闭循环海水工厂化养殖系统养殖的大菱鲆平均单体质量为546.56 g，明显高于传统养殖池，平均单产也增加了27.32%；饵料系数亦称"增肉系数"，指在一定时期内鱼类消耗饵料质量和鱼类增加质量的比值，试验池饵料系数明显低于对照池，表明饵料利用率、转化率更高。

表 4-3　两种养殖模式效益对比情况

	放养尾数	剩余尾数	成活率/%	平均饵料系数
试验池	70 000	65 730	93.9	1.1
对照池	5 400	3 056	56.6	1.4
	出鱼质量/kg	平均单体质量/g	平均单产/(kg·m^{-2})	
试验池	35 923.98	546.56	35.64	
对照池	1 498.17	490.4	8.32	

分析以上试验结果可以得出，全封闭循环海水工厂化养殖系统处理后的水质优于传统养殖模式水质，符合《渔业水质标准》（GB 11607—1989），全封闭循环海水工厂化养殖与传统大排大放的养殖模式相比，前者既不受外界环境影响，也不污染外界环境，从根源上减少了致病菌的来源，降低了病害发生的概率，成活率和生长速度都有明显提高，生长周期明显缩短，由原来的 15～16 个月上市，缩短至 11～12 个月达到上市规格，单产提升至 35.64 kg/m^2，远远超过传统养殖模式 8.32 kg/m^2。

本 章 小 结

（1）海水养殖是利用深远海、浅海、滩涂、港湾、围塘等海域进行饲养和繁殖海产经济动植物的生产活动，根据空间分布，可将海水养殖方式分为池塘（工厂化）养殖、滩涂（盐田）养殖、浅海养殖及深远海养殖，其中全封闭循环海水工厂化养殖、深远海养殖方式是未来的发展方向。

（2）海水养殖过程中产生的污染物种类，根据其形态可分为：① 颗粒态污染物；② 溶解态污染物。根据污染物的特性可分为：① 物理性污染；② 化学性污染；③ 生物污染。

（3）海水养殖污染的预防，要从政策层面建立监管体制，并大力发展生态养殖模式。

（4）受损养殖生境中硫化物污染控制技术包括两方面：一是改变生境条件抑制硫化物的产生；二是去除已经存在于沉积物和上覆水中的硫化物。常用控制措施主要包括物理的、化学的和生物的方法。

（5）大型海藻对富营养化海水养殖区的修复作用主要表现为对氮、磷营养盐的吸收利用，以及对赤潮藻类植物生长的抑制。

（6）浅海养殖生境修复策略包括：① 调整养殖品种结构，发展贝藻混养；② 修复沉积环境。

（7）针对滩涂贝类养殖环境问题及修复，首先分析影响滩涂修复的重要因素，然后进行滩涂养殖环境的修复技术。

（8）全封闭循环海水工厂化养殖系统包括养殖单元和废水处理单元，废水处理单元通过沙滤池去除颗粒物质，通过生物滤池去除溶解性有机物和氮、磷营养盐，通过紫外照射去除病原微生物。

复习思考题

1. 海水养殖有哪些类型？各有什么优缺点？

2. 在海水养殖过程中，污染物如何产生？污染物根据特性可以分为哪些类型？

3. 如何预防、改善浅海养殖污染？

4. 何为综合养殖模式？有哪些特点？

5. 受损养殖生境中硫化物污染是怎么产生的？如何控制？

6. 说明大型海藻对富营养化海水养殖区的修复作用的两个重要方面。

7. 针对滩涂贝类养殖环境问题，提出可行的修复方案。

8. 全封闭循环海水工厂化养殖系统包括养殖单元和废水处理单元，它们是如何协调工作的？

主要参考文献

［1］Asaoka S, Yamamoto T, Yoshioka I, et al. Remediation of coastal marine sediments using granulated coal ash ［J］. Journal of Hazardous Materials, 2009, 172 (1): 92-98.

［2］Comeau L A, Mallet A L, Carver C E, et al. Impact of high-density suspended oyster culture on benthic sediment characteristics ［J］. Aquacultural Engineering, 2014, 58 (1): 95-102.

［3］Cooper C E, Brown G C. The inhibition of mitochondrial cytochrome oxidase by the gases carbon monoxide, nitric oxide, hydrogen cyanide and hydrogen sulfide: chemical mechanism and physiological significance ［J］. Journal of Bioenergetics and Biomembranes, 2008, 40 (5): 533-539.

［4］Di C A, Vignaroli C, Luna G M, et al. Antibiotic-resistant enterococci in seawater and sediments from a coastal fish farm ［J］. Microbial Drug Resistance, 2012, 18 (5): 502-509.

［5］Gao P, Mao D, Luo Y, et al. Occurrence of sulfonamide and tetracycline-resistant bacteria and resistance genes in aquaculture environment ［J］. Water Research, 2012, 46 (7): 2355-2364.

［6］Gusseme B D, De Schryver P, De Cooman M, et al. Nitrate-reducing, sulfide-oxidizing bacteria as microbial oxidants for rapid biological sulfide removal ［J］. FEMS Microbiology Ecology, 2009, 67: 151-161.

［7］Henny C, Nomosatryo S. Changes in water quality and trophic status associated with cage aquaculture in Lake Maninjau, Indonesia ［J］. IOP Conference Series: Earth and Environmental Science, 2016, 31: 12-27.

［8］Holby O, Hall P O. Chemical fluxes and mass balances in a marine fish cage farm, phosphorus ［J］. Marine Ecology Progress Series, 1991, 70: 263-272.

　　[9] Huang H, Lin Q, Gan J, et al. Impact of cage fish farming on sediment environment in Dapengao Cove [J]. Journal of Agro-Environment Science, 2007, 26 (1): 75–80.

　　[10] Huang W P, Yim J Z. Sand dune restoration experiments at Bei-Men Coast, Taiwan [J]. Ecological Engineering, 2014, 73: 409–420.

　　[11] Jørgensen B B. Mineralization of organic matter in the sea bed: the role of sulphate reduction [J]. Nature, 1982, 296: 643–645.

　　[12] Li C, Chen J, Wang J, et al. Occurrence of antibiotics in soils and manures from greenhouse vegetable production bases of Beijing, China and an associated risk assessment [J]. Science of the Total Environment, 2015, 521–522 (1): 101–107.

　　[13] Li T Y, Li E C, Suo Y T, et al. Energy metabolism and metabolomics response of Pacific white shrimp litopenaeus vannamei to sulfide toxicity [J]. Aquatic Toxicology, 2017, 183: 28–37.

　　[14] Liu Z, Cui B, He Q. Shifting paradigms in coastal restoration: Six decades' lessons from China [J]. Science of the Total Environment: 2016, 566–567: 205–214.

　　[15] Marinho-Soriano E, Azevedo C A A, Trigueiro T G, et al. Bioremediation of aquaculture wastewater using macroalgae and Artemia [J]. International Biodeterioration & Biodegradation, 2011, 65 (1): 253–257.

　　[16] Minogue K. Climate change expected to expand majority of ocean dead zones [Z/OL]. 2014–11–10.

　　[17] Nadarajah S, Flaaten O. Global aquaculture growth and institutional quality [J]. Marine Policy, 2017, 84: 142–151.

　　[18] Reboucas R H, de Sousa O V, Lima A S, et al. Antimicrobial resistance profile of vibrio species isolated from marine shrimp farming environments (*Litopenaeus vannamei*) at Ceara, Brazil [J]. Environmental Research, 2011, 111 (1): 21–24.

　　[19] Richardson B J, Lam P K, Martin M. Emerging chemicals of concern: pharmaceuticals and personal care products (PPCPs) in Asia, with particular reference to Southern China [J]. Marine Pollution Bulletin, 2005, 50 (9): 913–920.

　　[20] Srithongouthai S, Tada K. Impacts of organic waste from a yellowtail cage farm on surface sediment and bottom water in Shido Bay (the Seto Inland Sea, Japan) [J]. Aquaculture, 2017, 471: 140–145.

　　[21] Tones A B, Dennison W C, Preston N P. Intergrated treatment of shrimp effluent by sedimentation, oyster filtration and macroalgal absorption: a laboratory scale study [J]. Aquaculture, 2001, 193: 155–178.

　　[22] Wang B D. Cultural eutrophication in the Changjiang (Yangtze River) plume: history and perspective [J]. Estuarine, Coastal and Shelf Science, 2006, 69: 471–477.

　　[23] Wang J H, Lu J, Zhang Y X, et al. Metagenomic analysis of antibiotic resistance genes in coastal industrial mariculture systems [J]. Bioresource Technology, 2018,

253：235-243.

[24] Xiao X, Agusti S, Lin F, et al. Nutrient removal from Chinese coastal waters by large-scale seaweed aquaculture [J]. Scientific Reports, 2017, 7：46613.

[25] Yin R, Fan C, Sun J, et al. Oxidation of iron sulfide and surface-bound iron to regenerate granular ferric hydroxide for in-situ hydrogen sulfide control by persulfate, chlorine and peroxide [J]. Chemical Engineering Journal, 2018, 336：587-594.

[26] 陈惠彬. 渤海典型海岸带滩涂生境、生物资源修复技术研究与示范 [J]. 海洋信息，2005（3）：20-23.

[27] 陈聚法，赵俊，过锋，等. 条斑紫菜对胶州湾湿地浅海富营养化状况的生物修复效果 [J]. 渔业科学进展，2012, 33（1）：95-103.

[28] 陈志明. 浙南茅埏岛红树林种植与滩涂生态系统修复 [J]. 海洋开发与管理，2016, 33（4）：40-44.

[29] 成海，陈浩，李建荣，等. 基于滩涂生态修复的景观型盐地碱蓬群落建设与应用：以盐城国家级珍禽自然保护区湿地恢复与重建工程为例 [J]. 现代园艺，2017, （22）：163-164

[30] 顾觉奋. 抗生素 [M]. 上海：上海科学技术出版社，2002.

[31] 计新丽，林小涛，许忠能，等. 海水养殖自身污染机制及其对环境的影响 [J]. 海洋环境科学，2000, 19（4）：66-71.

[32] 江志兵，曾江宁，陈全震，等. 大型海藻对富营养化海水养殖区的生物修复 [J]. 海洋开发与管理，2006, 23（4）：57-63.

[33] 李学刚，宋金明，袁华茂，等. 深海大洋最小含氧带（OMZ）及其生态环境效应 [J]. 海洋科学，2017, 41（12）：127-138.

[34] 梁思思，李珺峤，石磊，等. 多重PCR法检测与分析鱼塘生态系统大肠杆菌的耐药基因与整合子 [J]. 食品工业科技，2012, 33（23）：202-205.

[35] 刘广斌，宋娴丽，邱兆星. 山东省主要海水养殖区环境评价与生态修复策略 [M]. 青岛：中国海洋大学出版社，2012.

[36] 刘家寿，崔奕波，刘健康. 网箱养鱼对环境影响的研究进展 [J]. 水生生物学报，1997, 21（2）：174-184.

[37] 马绍赛，陈碧鹃，辛福言，等. 滩涂养殖菲律宾蛤仔死亡及生态环境效应调查研究 [J]. 海洋水产研究，1997, 18（2）：1-8.

[38] 马绍赛，辛福言，张东杰，等. 乳山湾菲律宾蛤仔养殖滩涂老化修复实验研究 [J]. 海洋水产研究，2005, 36（2）：59-61.

[39] 马艳玲，赵景联，杨伯伦，等. 脱硫细菌的筛选及其对硫化氢降解性能研究 [J]. 化工环境保护，2004, 24（增刊）：8-10.

[40] 毛玉泽，杨红生，王如才. 大型海藻在综合海水养殖系统中的生物修复作用 [J]. 中国水产科学，2005, 12（2）：225-231.

[41] 牛俊翔，蒋玫，李磊，等. 滩涂贝类养殖区底质硫化物的去除及修复 [J]. 农

业环境科学学报，2013，32（7）：1467-1472.

［42］牛俊翔，蒋玫，李磊，等. 修复方式对滩涂贝类养殖底质 TN、TP 及 TOC 影响的室内模拟实验［J］. 环境科学学报，2014，34（6）：1510-1516.

［43］沈淑芬，魏婷，孙琼花，等. 海带对罗源湾养殖区海水的生物修复研究［J］. 福建师范大学学报，2013，29（4）：103-108.

［44］王彦斌. 抗生素在畜禽养殖业中的应用、潜在危害及去除［J］. 农业开发与装备，2015（12）：38.

［45］王真真，赵振良. 大菱鲆循环水工厂化养殖系统及其应用研究［J］. 水产科学，2013，32（6）：333-337.

［46］吴益春，郝云彬，祝世军，等. 海带对富营养化水体的生物修复效果与固碳能力［J］. 中国渔业质量与标准，2015，5（4）：35-38.

［47］袁秀堂，张升利，刘述锡，等. 庄河海域菲律宾蛤仔底播增殖区自身污染［J］. 应用生态学报，2011，22（3）：785-792.

［48］张聪，姜启军. 我国水产品质量安全问题与对策建议［J］. 山西农业科学，2010，38（3）：61-64.

［49］张皓，杜琦，黄邦钦，等. 三都湾虾蛄弄网箱养殖区底质硫化物初步研究［J］. 应用海洋学学报，2008，27（4）：504-507.

［50］张培玉，蔡恒江，肖慧，等. 孔石莼与 2 种海洋微藻的胞外滤液交叉培养研究［J］. 海洋科学，2006，30（5）：1-4.

［51］张泽华. 浅海筏式海带养殖活动对水动力及沉积环境影响研究［D］. 青岛：中国科学院大学（中国科学院海洋研究所），2016.

［52］赵阳国，汤海松，周弋铃，等. 海水养殖生境中硫化物污染及控制技术研究进展［J］. 中国海洋大学学报（自然科学版），2020，50（3）：37-43.

第五章

围填海、疏浚工程污染与防治

　　围填海是人类开发利用海洋的重要方式之一。近年来，我国沿海地区兴起填海造地的高潮，用于兴建港口码头、工业园区及居住用地，围填海为社会经济发展做出了重要贡献，但大规模围填海工程与海洋生态环境保护的矛盾日渐凸显。永久性填海造陆使得海洋水域面积缩减，海岸线和地形改变导致水动力条件发生变化，影响物质和水体的输运过程，造成部分水域水交换滞缓，水质恶化。水动力条件和物质输运的变化将直接影响海洋生物的分布，从而影响到海洋生态系统的平衡。围填海一旦造成生态系统破坏，其恢复和治理就耗时久远。因此，有效地管理控制围填海，对于保护海洋生态环境，实现海洋环境经济协调和可持续发展具有重要的意义。

　　同样，近年来，随着我国经济的快速发展和航运交通基础设施的大力建设，我国沿海出现大规模疏浚工程，尤其在经济发达的沿海地区，为了满足日益增长的货运量和船舶大型化的需求，港口与航道不断向规模化、深水化方向发展，因港航建设和维护带来的疏浚量相当可观。疏浚工程在施工期间海水中的悬浮物增加，影响海洋生物的生长和繁殖；海洋疏浚和水下抛泥造成海洋底栖生境的破坏等负面影响。本章内容将分析围填海工程、疏浚工程的污染来源、过程及其污染防治措施。

○ 第一节　围填海工程污染与防治

　　围填海工程是围海和填海工程的总称。其中，通过筑堤或围堰的手段围圈海域的为围海工程；在围海工程所围圈的海域内，以沙石、泥土等物质填充形成陆地的为填海工程。

一、围填海工程填充物质材质要求及分类

根据《围填海工程填充物质成分限值》（GB 30736—2014），围填海工程填充物质材质不应含有冶金废料、采矿废料、燃料废料、化工废料、城市生活垃圾（惰性拆建物料除外）、危险废物、农业垃圾、木质废料、明显的大型植物碎屑和动物尸体等损害海洋环境质量的物质；块体大小符合围填海工程中堤坝或围堰的设计要求；围填海工程填充物质分类应符合《海洋功能区划技术导则》（GB/T 17108—2006）所规定的海洋功能区海洋沉积物质量的要求。

根据海洋功能区海洋沉积物质量的要求，可将围填海工程的填充物质分为三类，即：符合《海洋沉积物质量》（GB 18668—2002）中规定的第一类海洋沉积物质量要求的海洋功能区内使用的物质，为第一类围填海工程填充物质；符合第二类海洋沉积物质量要求的海洋功能区内使用的物质，为第二类围填海工程填充物质；符合第三类海洋沉积物质量要求的海洋功能区内使用的物质，为第三类围填海工程填充物质。

二、围填海工程施工

1. 围堰施工

为降低围填海工程施工产生的悬浮泥沙对海洋环境的影响，围填海工程施工遵循"先围后填"的原则，具体过程是先围堰、修筑护坡而后回填。

围堰技术包含有抛石围堰、袋装土围堰、桩模围堰等。选择何种技术要考虑工程区域的水深、流速、底质类型及底床渗水性等条件。其中，抛石围堰由于具有施工速度快、稳定性强、工程寿命长等优点，广泛应用于港口工程和大规模的围填海工程。

根据《疏浚与吹填工程施工规范》（JTS 207—2012）和《疏浚与吹填工程技术规范》（SL 17—2014），抛石围堰的施工要符合技术规范的要求，主要包括：① 应根据水深、水流及波浪等自然条件，计算块石漂移距离，通过试抛确定抛石船的驻位，先粗抛，再细抛。② 围堰所用石料具有较好的抗风化、抗侵蚀性能，级配良好。③ 抛石应分层平抛，石料块大小要考虑风浪和水流流速状况，并满足技术规范要求。④ 根据海底地基情况，当有"挤淤"要求时，应该从轴线逐渐向两侧抛填；当海底淤泥较深，不能直接实施"抛石挤淤"时，可采用"爆破挤淤"或清淤的方式。

2. 吹填施工

吹填是指挖泥船挖取的泥水混合物通过排泥管线直接输送到吹填区域，将余水排出，用淤积泥沙进行填筑的作业，是填海造地的主要方式之一。在吹填过程中，需要对施工进度、质量进行全过程监控，重点对吹填流失量与沉降量进行监测，统筹挖泥船作业、排泥管线布设、围堰及排水口的施工。

吹填区准备工作包括测量，管线敷设，建造围堰、排水口和排水通道，设置沉降杆。

吹填设备选择要根据工程的规模，吹填距离、吹填输送方式、吹填区域的容量和要求等进行确定，如挖泥船和吹填区距离超过施工的最大吹填距离时，需要采用接力泵。

吹填方法选择要根据吹填设备的性能、吹填距离、吹填质量要求、吹填工期，以及吹填成本和施工难度等因素进行确定。如根据合同工期要求进行分区吹填，根据不同区域对土质的不同要求进行分区吹填，根据不同的高程对土质要求不同进行分层吹填等等。

3. 吹填区排水

吹填时需要在围堰处设置排水口，悬浮泥沙随余水排放入海。排水口设置的原则为：有利于泥沙沉淀、吹填土质均匀分布、吹填平整、余水含沙量低。排水口的位置一般根据吹填区的地形、排水通道情况等因素确定，宜布设在远离排泥管线出口处；同时，考虑排水口处的水动力情况，为减小悬浮泥沙的影响范围，宜布置在水动力弱、水交换滞缓的地方，以利于泥沙快速沉积。

排水口应与围堰同步施工，要求在与围堰的结合处设置有效的防渗和防冲刷设施；在排水口出水处的地下采用充填块石、土袋等护底措施；采用埋管式排水口，排水管长度要满足设计要求，管与管之间的泥土要夯实，排水管要与堰体结合紧密不渗漏。

为控制余水的泥沙浓度，可以采取在吹填区内交错设置导流围堰或拦沙格栅、设置沉淀池、在排水口外设置防污屏等措施。

三、围填海工程环境影响分析

围填海工程对海洋环境的影响主要分为施工期环境影响和运营期海洋环境影响。

1. 施工期海洋环境影响分析

施工期的环境影响主要来自吹填溢流，施工机械、车辆运输等造成的大气污染、噪声污染和水污染。

（1）大气污染。围填海工程施工期大气污染源主要为施工机械、运输车辆产生的粉尘、SO_2、NO_x、非甲烷总烃，该污染源为无组织排放。

（2）噪声污染。围填海工程施工期噪声污染源主要为施工过程中各种机械产生的噪声，噪声值范围一般在 65～115 dB。

（3）水污染。围填海工程施工期水污染源主要为船舶机舱油污水中污染物油类和污水、施工人员产生的生活污水、爆破挤淤、抛石挤淤产生的悬浮物、吹填过程中排水口排放的悬浮物。

施工期间的大气、噪声及船舶机械产生的污染都是短暂且不明显的，在环境影响评价时，仅做一般的环境分析即可。吹填区排水口排放的悬浮泥沙，在吹填过程中是连续的，会对周边的海洋环境产生影响，一般需要进行海洋环境预测。吹填区排水口的源强核算取决于排水口的悬浮物浓度和排水量两个方面。

悬浮物浓度一般由排水口排放到的海域执行的排放标准确定，如某海域执行《污水综合排放标准》（GB 8978—1996）中二级标准限值要求，则排水口排放的水体中悬浮物浓度应当≤150 mg/L。如果监测发现排水中悬浮物浓度超标，就需要在施工中采取有关的环境保护措施，如加大吹填地与溢流口距离，围堰中采用土工布倒滤层及拦沙网等环境保护措施。

排水量由疏浚船舶的效率、数量，以及排水口的数量确定。如某工程采用绞吸式疏浚船，其疏浚效率为 1 600 m³/h，充泥系数取为 0.2，则 1 艘绞吸式挖泥船吹填至围堰内的出水量约为 8 000 m³/h，悬浮物浓度按照 150 mg/L，则悬浮物源强为 0.33 kg/s。根据核算的悬浮物源强，利用悬浮泥沙输运模型预测海水中悬浮物的浓度分布，评价其海洋环境影响。

2. 运营期环境影响分析

围填海工程完成后，运营期的环境影响为工程本身对海洋环境的影响和形成陆域的生产经营活动产生的环境影响。后续经营活动产生的环境影响在此不做分析，围填海工程对海洋环境的影响从以下几个方面进行分析：① 围填海工程改变了附近海域的水动力环境；② 围填海工程改变了海湾的纳潮量，影响了海水交换及物质输运能力；③ 围填海工程直接或间接对滨海湿地及滨海景观产生影响；④ 围填海工程改变了附近海域的冲淤环境，影响海底的地形地貌；⑤ 围填海工程降低了附近海域的生态环境质量，影响海洋生态系统、鱼类产卵场、索饵场和育幼场等关键生境。

四、围填海工程污染防治措施

围填海工程的影响分为施工期的污染型环境影响和围填海工程本身造成的水动力环境、海底冲淤环境等非污染型环境影响。为最大限度降低围填海工程的海洋环境影响，围填海工程必须遵循生态化建设理念，在施工阶段做到环境保护施工。

（一）围填海生态建设

为保护我国海洋生态环境，规范围填海工程用海，2017 年原国家海洋局制定《围填海工程生态建设技术指南（试行）》。其生态建设的内容主要有以下三个方面。

（1）生态化平面设计。围填海工程平面设计尽可能节省岸线资源的利用；在填海方式上避免采用截弯取直的方式或顺岸平推的方式；尽量采用离岸人工岛、多突堤、区块组团的形式填海。人工岛式填海要与原海岸线保持足够大的距离，充分考虑人工岛和海岸之间的水动力和水交换情况，避免造成泥沙淤积，形成陆连岛。多突堤式填海的目的是高效节约利用现状岸线，主要用于码头建设的情况。在设计时，应该考虑工程海域的水深地形、浪潮流条件，选择对水动力、冲淤环境等影响最小的形态设计。区块组团式填海，注重填海用途和区块间的协调，各区块间留有适当距离，以减缓泥沙淤积和侵蚀。

（2）生态化海堤建设。在向海一侧，海堤的结构宜采取斜坡式结构，在条件适宜时尽可能缓坡入海，有利于近岸海域生境的重建，向海一侧的护坡宜采用生态格栅、生态护面等设计措施。

（3）生态化岸滩建设。围填海工程完工后，应加强滩涂改造与生态重建，以增加护滩植被多样性为目标，进行生态修复。采取适宜的措施修复受损岸滩并加强新形成岸滩稳定性的保护，对影响红树林、珊瑚礁等生物海岸的围填海工程，应采取生态措施修复受损生境，提高邻接海域的生态功能。

除上述措施外，围填海生态建设，还应根据工程海域的特点进行海洋生物栖息地构建、实行严格控制污水排放、制定生态建设监测方案进行长期跟踪与评估等措施。

（二）环境保护施工

围填海工程施工对大气、噪声、海洋水环境等均有不同程度的影响，其中海洋环境影响是主要的，必须采取切实可行的措施降低污染。

1. 施工人员生活污水及船舶含油污水

围填海施工期间，施工人员产生的生活污水必须处理至达标后排放或进入城市污水处理系统。在施工期间，施工机械及船舶含油废水不能随意排放，必须由施工单位负责回收处理。

2. 固体废物

对施工过程中产生的固体废物，应尽可能地进行分检，回收可用物以减少最终的固体废物产生量。施工队伍的生活垃圾和零星建筑垃圾实行袋装化。船舶垃圾做好日常的收集、分类与储存工作，靠岸后交由陆域处理。最终的固体废物集中堆放，及时外运，交由城市环境卫生管理部门处置。

3. 陆域吹填

应严格控制吹填区溢流口泥浆浓度，陆域吹填过程的外溢泥浆入海后将直接影响吹填区附近的海水水质。因此，围填海工程必须采取"先围后填"的原则，先进行围堰建设，围堰外侧用干净石料堆填以防止泥沙污染环境。通过以下六种措施减缓吹填区排水口对周围海水水质的影响：

① 增大吹填点到溢流口的距离，加大泥浆在吹填区的流程，减缓流速，提高沉淀效果，降低排水口出水的悬浮物浓度，严格做到排水口悬浮物浓度达标排放。

② 在吹填区内交错设置导流围堰或拦沙格栅、设置沉淀池、在排水口外设置防污屏等措施，有效降低排水口出水的悬浮物浓度。

③ 合理选择吹填区排水口位置，选择水动力条件较弱，水交换滞缓的区域，以利于排放的悬浮物快速沉降，减小对周围海水水质的影响。

④ 为避免意外的泥浆泄漏入海造成污染事故，在吹填作业中，应定期对排泥管、挖泥船及二者的连接点进行维修检查，一旦发生管道损坏或连接不善的情况，应立刻采取补救措施，以避免意外的泥浆外溢入海污染事故。

　　⑤ 提高防患意识，在重点地段实施加固强化手段，在恶劣天气条件下，如风暴潮、台风及暴雨时，应提前做好安全防护工作，对围堰排水口等重要地段实施必要的加固强化措施，以保证有足够的强度抵御风浪的影响，避免发生垮坝导致泥浆外溢的泄漏污染事故。

　　⑥ 在吹填施工时应重视对环境敏感目标的保护。

第二节　海洋疏浚工程污染与防治

　　海洋疏浚工程是指采用水力或机械的方法为拓宽、加深水域而进行的水下土石方开挖工程，是开发、改善和维护航道、港口水域的主要手段之一。海洋疏浚工程可分为基建性疏浚工程、维护性疏浚工程、环境保护性疏浚工程。基建性疏浚工程是开挖新航道、港池，加宽、加深航道、港池等；维护性疏浚工程主要维持现有航道、港池的尺度，挖除回淤泥沙。环境保护性疏浚工程是为了治理环境进行的挖除底泥的工程。

一、海洋疏浚机械类型

　　海上大型疏浚设备也称为挖泥船，当前，在海洋疏浚工程施工中一般多采用耙吸式挖泥船、绞吸式挖泥船、抓斗式挖泥船和链斗式挖泥船。

（一）耙吸式挖泥船

　　耙吸式挖泥船属于水力式挖泥船，能自航、自载，有一整套用于耙吸挖泥的疏浚机具和装载泥浆的泥舱，以及位于舱底的排放泥浆的设备等。根据《港口与航道工程管理与实务》说明，耙吸式挖泥船的简要构造如图5-1所示。

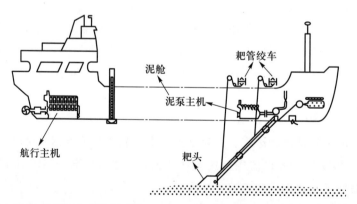

图5-1　耙吸式挖泥船简要构造图（引自《港口与航道工程管理与实务》，2020）

　　耙吸式挖泥船是一种边走边挖，并且挖泥、装泥和卸泥等全部工作都由自身来完成的挖泥船，主要设备由泥耙、泥泵、闸阀、管道系统和泥舱组成。进行疏浚作业时，挖泥船两侧配备的吸泥耙头放置在疏浚的港池、航道上，船往前开，耙头把泥耙起来；吸泥耙头上的吸泥管与泥泵主机连接，靠真空压力将泥吸进泥舱；泥舱两侧设有溢流门，当泥浆进入泥舱时，颗粒较粗的物质沉入舱底，泥浆量超过溢流门底部后，稀泥浆从溢流门溢出，当吸入的泥浆浓度与溢流口溢出浓度基本相同时，船舱装载的仪器指示泥舱达到满载。此时，提升耙臂和耙头出水，挖泥船航行至指定的抛泥区，通过泥舱设置的泥门，自行将舱内泥沙排空；或通过泥泵，将泥浆输送到指定区域或进行吹填。然后，返回原挖泥区，继续进行下一次的挖泥作业。

耙吸式挖泥船技术性能的主要技术参数有舱容、挖深、航速、装机功率，其最大特点是各道工序都由挖泥船本身单独完成，不需要其他的辅助船舶和设备来配合施工。

其优点有：具有良好的航海性能，能在恶劣的海况下进行施工作业；具有自航、自挖、自载和自卸的能力，在施工中不需要辅助船舶；在挖泥作业中处于船舶航行状态、不占用大量水域或封锁航道，施工对其他在航道中航行的船舶影响很小；特别适合于水域开阔的海港和较长距离的航道施工。这种船多用于挖掘淤泥和流沙，也能够挖掘水下黏土、密实的细沙。

耙吸式挖泥船也有不足之处，主要是在挖泥作业中，由于船舶在航行和漂浮状态下作业，挖掘后土层的平整度要差一些；与其他类型的挖泥船相比，超挖土方较多。耙吸式挖泥船一般以泥舱的容量来表示挖泥船的大小，小型的挖泥船，其舱容仅几百立方米，而目前世界上最大的耙吸式挖泥船舱容达到 46 000 m^3，最大挖深已超过 100 m。

1. 施工工艺

耙吸式挖泥船是边航行边挖泥的纵挖式挖泥船，船舶航行到接近挖泥点前，通过确定船位、降低航速、放耙入水、启动泥泵等操作程序将耙头耙松的泥浆吸入泥舱、满舱后起耙，航行到抛泥区或吹填驻船区域后，进行抛泥或打开抽泥舱内疏浚土泥门吹填，然后空载航行到挖泥区，进行下一循环的挖泥施工，简易流程如图 5-2 所示。

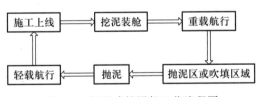

图 5-2　耙吸式挖泥船工艺流程图

根据挖槽长度、水深限制、航行避让、合同工期等要求对施工区域进行分段施工；根据施工区泥层厚度、水深及合同等要求进行分层施工；根据挖槽宽度、施工船舶数量、泥层厚度和合同等要求进行分条施工。

挖泥船施工方式可按照疏浚土的不同处置方法，分为挖运抛和挖运吹两种。

在设定的抛泥区进行疏浚土处置时，可采用挖运抛的方式进行施工；在吹填或海滩养护等工程中，需要将待装舱的疏浚土运至挖泥船无法直接抛卸的区域时，可采用挖运吹的方式施工。

耙吸式挖泥船的主要施工方法有：装舱溢流施工、抽舱不溢流施工、旁通施工或边抛施工、吹填施工等方法。

（1）装舱溢流施工。如果溢流对施工区周边水域不会造成长期不利影响，疏浚区、掉头区、抛泥区和抛泥航行区能满足挖泥船重载航行和调头的需要，可进行装舱溢流施工。挖泥船的舱容可进行连续调节时，应根据疏浚土质选择合理的舱容，并达到最佳的装舱量；当泥舱装满，但没有达到挖泥船的载质量时，应继续挖泥装舱溢流，增加装舱土方量。

（2）抽舱不溢流施工。抽舱不溢流施工适宜于下列情况：疏浚污染底泥；溢流对施工区周边海产养殖等有严重影响；溢流对施工区域周边水域造成长期不利影响；疏浚不易在泥舱内沉淀的粉土、粉沙、流动性淤泥且施工区水流不能将溢流土有效带出施工区域等。

（3）旁通施工或边抛施工。耙吸式挖泥船设有专门的旁通口，泥泵吸上来的泥浆经旁通口直接排入水中。这种方法称为旁通法。"边抛"是将吸上的泥浆，经过船上特设的边抛管输送到离开船舷一定距离的管口再排入水中。在以下情况下，采取边抛法或旁通法施工：① 在紧急情况下，突击疏浚航道浅段，迅速增加水深；② 施工期初期水深不能满足挖泥船装舱的吃水要求，必须开挖施工作业面或作业通道；③ 施工区水动力条件好，水流足以将疏浚的泥沙携带出深槽；④ 环境保护部门许可，对附近水域的回淤和水质环境没有明显不利影响时。

（4）吹填施工。耙吸式挖泥船吹填施工分为舱喷和舱吹两种方法，施工应满足：① 驻船水域的水深满足挖泥船满载吃水要求，单点定位吹泥时，水域宽度不低于 2 倍的船长；② 单点定位吹泥进点时，控制航速并提前抛艏锚，在有条件时抛艉锚辅助定位；③ 在接通吹泥管线后先打开引水阀门吹水，确认管线正常后打开泥舱内疏浚土门抽取泥沙；④ 在施工过程中，根据流量和浓度调节引水阀门，保持引水阀门与泥门启闭的协调，避免舱内泥沙经引水通道流出船外；⑤ 通过管线进行吹填时，抽舱完毕后继续吹水，直至管线内泥沙吹尽或管内残留泥沙不会对下一步的施工造成不利影响时再停泵和断开管线；⑥ 在施工过程中，根据真空、流量、浓度和压力等变化情况，对泥泵的转速、泥门的开启数量和引水阀门进行调节；⑦ 在舱喷施工时，根据水流、潮流、风向、水深及挖泥船操作要求选择就位点，根据施工工况选择合理的喷嘴尺度、喷射角度和泥泵转速。

2. 生产率计算

耙吸式挖泥船挖、运、抛施工运转生产率按照下面的公式计算：

$$W_{耙1}=\frac{q_1}{\dfrac{L_1}{v_1}+\dfrac{L_2}{v_2}+\dfrac{L_3}{v_3}+t_1+t_2} \qquad (5-1)$$

式中：$W_{耙1}$——挖、运、抛施工运转生产率（m³/h）；

q_1——泥舱装舱土方量（m³）；

L_1——重载航行段长度（km）；

v_1——重载航速（km/h）；

L_2——空载航行段长度（km）；

v_2——空载航速（km/h）；

L_3——挖泥长度（km）；

v_3——挖泥航速（km/h）；

t_1——抛泥及抛泥转头时间（h）；

t_2——施工中上线及转头时间（h）。

耙吸式挖泥船挖、运、吹施工运转生产率按照下面的公式计算：

$$W_{耙2}=\frac{q_1}{\dfrac{L_1}{v_1}+\dfrac{L_2}{v_2}+\dfrac{L_3}{v_3}+t_3+t_2}\qquad(5-2)$$

式中：$W_{耙2}$——挖、运、吹施工运转生产率（m³/h）；

t_3——耙吸式挖泥船吹泥的总时间（h）；

其他变量的含义与$W_{耙1}$相同。

耙吸式挖泥船边抛施工或旁通施工运转生产率按照下面的公式计算：

$$W_{耙3}=Q\times\rho\times\delta\times\eta\qquad(5-3)$$

式中：$W_{耙3}$——耙吸式挖泥船边抛施工或旁通施工运转生产率（m³/h）；

Q——抛出船舷外的泥浆流量（m³/h）；

ρ——抛出船舷外的泥浆浓度（%）；

δ——有效的出槽系数；

η——考虑转头等因素的时间系数。

（二）绞吸式挖泥船

绞吸式挖泥船是水力式挖泥船中较普遍的一种，是世界上使用较广泛的挖泥船。船艏装有一个松土装置——绞刀，将水底的泥沙不断搅松，船上装有强有力的离心泵，从吸泥口及吸泥管吸进泥浆，通过排泥管输送到卸泥区。此种施工方式可达到挖掘、输送、排出和处理泥浆等疏浚工序一次完成，能够在施工中连续作业，比较适用于挖泥区附近有吹填区的疏浚作业。

绞吸式挖泥船的主要设备由船体、桥架、绞刀、绞刀马达、泥泵、定位装置、排泥管等构成。根据《港口与航道工程管理与实务》，将绞吸式挖泥船的简要构造绘制如图5-3所示。

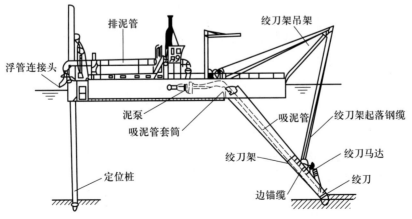

图 5-3 绞吸式挖泥船简要构造图（引自《港口与航道工程管理与实务》，2020）

绞吸式挖泥船的主要技术参数有标称生产率、总装机功率、泥泵功率、绞刀功率吸排泥管径、挖深、排距等。不同技术参数的绞吸式挖泥船，其生产能力差别很大。最小的挖泥船船生产效率为 $40 \sim 80 \ m^3/h$，最大挖深仅数米。我国生产的"天鲲号"自航绞吸式挖泥船是亚洲最大的挖泥船，其标准疏浚能力为 $6\ 000 \ m^3/h$，排距达到 15 km，最大挖深达到 35 m。

绞吸式挖泥船的适用范围广。它适用于港口、河道、湖泊的疏浚工程，特别适合于吹填造地工程；适用于挖掘沙、沙质黏土、沙砾、黏性土等不同的土质。

绞吸式挖泥船的缺点是抗风浪能力较差，不适宜在无屏障的开阔水域施工，只有一些装机总功率 5 000 kW 以上的大中型挖泥船可在沿海无掩护的开敞水域施工。排泥距离和排高大于挖泥船泥泵所产生的总水头时，需要采用接力泵施工，当水下障碍较多时工效极低。

1. 工艺流程与施工方法

绞吸式挖泥船的主要施工工艺流程如图 5-4 所示。

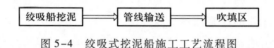

$$绞吸船挖泥 \longrightarrow 管线输送 \longrightarrow 吹填区$$

图 5-4　绞吸式挖泥船施工工艺流程图

绞吸式挖泥船开工前的准备工作包括船舶定位、抛锚、架接排泥管线等。准备工作完成后，开始挖泥，通过管线输送泥浆，将泥浆输送到抛泥区或吹填区。

绞吸式挖泥船采用横挖法施工，分条、分段、分层、顺流、逆流挖泥。根据定位装置的不同，横挖法可分为对称钢桩横挖法、定位台车横挖法、三缆定位横挖法、锚缆横挖法等。

装有钢桩的绞吸式挖泥船在一般施工地区，应采用对称钢桩横挖法或钢桩台车横挖法进行施工；在风浪较大的地区，装有三缆定位设备的挖泥船，应采用三缆定位横挖法施工；在水流和风浪较大的地区，装有锚缆横挖设备的绞吸式挖泥船，应采用锚缆横挖法施工。

2. 生产率计算

绞吸式挖泥船施工的特点是挖泥和吸输同时完成，二者相互制约，所以，绞吸式挖泥船的生产率由挖掘生产率和泥泵管路吸输生产率二者中较小者决定。

挖掘生产率主要与挖掘的土质、绞刀功率、横移绞车功率（绞刀前移距）等因素有关。公式如下：

$$W_{绞} = 60K \cdot D \cdot T \cdot v \tag{5-4}$$

式中：$W_{绞}$——绞刀挖掘生产率（m^3/h）；

　　　　D——绞刀前移距（m）；

　　　　T——绞刀切泥厚度（m）；

　　　　v——绞刀横移速度（m/min）；

　　　　K——绞刀挖掘系数，与绞刀实际切泥断面积等因素有关，可取 $0.8 \sim 0.9$。

　　泥泵管路吸输生产率，主要与土质、泥泵特性和管路特性有关，计算公式如下：

$$W = Q \cdot \rho \qquad (5-5)$$

式中：W——泥泵管路吸输生产率（$\mathrm{m^3/h}$）；

　　　　ρ——泥浆浓度，按原状土的体积浓度公式计算；

　　　　Q——管路的工作流量（$\mathrm{m^3/h}$）。

　　泥浆浓度可按照下式计算：

$$\rho = \frac{\gamma_m - \gamma_w}{\gamma_s - \gamma_w} \times 100\% \qquad (5-6)$$

　　　　γ_m——泥浆密度（$\mathrm{t/m^3}$）；

　　　　γ_s——土体的天然密度（$\mathrm{t/m^3}$）；

　　　　γ_w——当地水的密度（$\mathrm{t/m^3}$）。

（三）抓斗式挖泥船

　　抓斗式挖泥船属机械式挖泥船，在船上通过吊机，使用一只抓斗作为水下挖泥的机具。抓斗式挖泥船形式多样，用途广泛，大多数为非自航式。根据《港口与航道工程管理与实务》，抓斗式挖泥船的简要构造如图5-5所示。

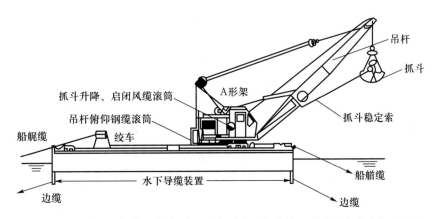

图 5-5　抓斗式挖泥船简要构造图（引自《港口与航道工程管理与实务》，2020）

　　抓斗式挖泥船的基本原理是在挖泥船的船体上，安装有一台或多台水下泥沙挖掘和抓取的机械装置。它运用安装于钢缆上的抓斗，依靠抓斗自由落体的重力作用，放入一定深度的水中，通过抓斗插入泥层和闭合来挖掘和抓取泥沙。然后通过操作船上的起重机械，将装满泥沙的抓斗提升出水面一定高度，到预定位置上方，开启抓斗，将泥沙卸入泥驳船。卸空后的抓斗，再通过起重机的回转，返回至挖泥点旁，进行下一次的挖泥作业。

　　抓斗式挖泥船是单斗作业，可以配备不同类型的抓斗，以适应不同硬度的土质。与其他类型的挖泥船相比，其设备简单，挖泥机械的磨损部件少，船舶的造价低廉。抓斗式挖泥船使用广泛，不仅能挖掘各种土质，还可以抓取水下的石块及部分障碍物。另外，抓斗式挖泥船能适用于狭小水域、港池、码头前沿、码头基槽、过江管道、电缆深沟等特殊工程的挖泥施工。

抓斗式挖泥船一般以抓斗的斗容来衡量其生产能力的大小，目前世界上最大的抓斗式挖泥船斗容达到 200 m^3。

1. 施工工艺

通过抓斗式挖泥船的挖泥机具，将疏浚泥土装至自航或拖航泥驳船，然后由泥驳船将疏浚土抛至指定抛泥区。主要工艺流程见图 5-6。

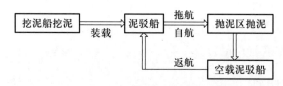

图 5-6　抓斗式挖泥船主要工艺流程图

抓斗式挖泥船一般进行纵挖式施工，根据不同的施工条件采用分条、分段、分层、顺流、逆流挖泥等施工工艺。

当挖槽宽度大于抓斗式挖泥船的最大挖宽时，应进行分条施工；当挖槽深度超过挖泥船一次抛设主锚或边锚所能开挖的长度时，应进行分段施工；当疏浚区的泥层厚度超过抓斗一次下斗能开挖的最大厚度时，应进行分层施工。

2. 生产率计算

抓斗挖泥船的生产率按照下式计算：

$$W_{抓斗} = \frac{ncf_m}{B} \tag{5-7}$$

式中：$W_{抓斗}$——抓斗式挖泥船生产率（m^3/h）；

　　　　n——每小时抓取的斗数（h^{-1}）；

　　　　c——抓斗容积系数（m^3）；

　　　　B——土的搅松系数；

　　　　f_m——抓斗充泥系数，对于淤泥可取 1.2～1.5，对于沙或沙质黏土可取 0.9～1.1；对于石质土可取 0.3～0.6。

（四）链斗式挖泥船

根据《港口与航道工程管理与实务》，链斗挖泥船属机械式挖泥船，一般在船体的首部和尾部中央开槽部位安装有斗桥、斗链和泥斗所组成的挖泥机具（图 5-7）。作业时，将斗桥的下端放入水下与疏浚土接触，在上导轮的驱动下，使斗链连续运转，斗链上安装着各个泥斗，泥斗随斗链转动对泥土进行挖掘。

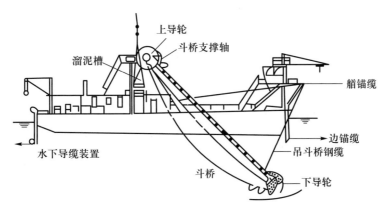

图 5-7　链斗式挖泥船简要构造图（引自《港口与航道工程管理与实务》, 2020）

链斗式挖泥船的挖掘能力较大，适应性较好，适用于开挖海港、内河等大中型疏浚工程，还能根据工程需要，与吹泥船或绞吸式挖泥船联合施工，进行吹填造陆。为了适应某些特殊的疏浚工程，可调换斗链和泥斗、减小斗容，增加泥斗的强度；可采用变速装置，改变不同的斗速和切削力，以适应挖掘不同的土质；在泥斗之间加装挖掘和松动泥层的粗齿，用以挖掘硬质土层、软岩石和预处理后的碎石等。

衡量链斗式挖泥船的主要参数有生产率、斗容、挖深等。最小型挖泥船的生产率只有 $10 \ \mathrm{m^3/h}$，而大型链斗式挖泥船生产率达到 $1 \ 000 \ \mathrm{m^3/h}$ 以上。

链斗式挖泥船施工应有较好的自然环境，适于风浪小、流速小、能见度好的开阔海域。

1. 施工工艺

链斗式挖泥船自航或拖航到挖槽起点位置，进行船舶定位，挖泥装驳，然后至抛泥区抛泥，泥驳船返回到挖泥区，开始下次的挖泥，主要工艺流程见图 5-8。

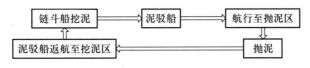

图 5-8　链斗式挖泥船主要工艺流程图

链斗式挖泥船的一般施工方法有：斜向横挖法、扇形横挖法、十字形横挖法、平行横挖法等；根据不同的施工条件采用分条、分段、分层等施工工艺。

当施工水域条件好，挖泥船不受挖槽宽度和边缘水深限制时，应采用斜向横挖法施工；挖槽狭窄、挖槽边缘水深小于挖泥船吃水深度时，采用扇形横挖法施工；挖槽边缘水深小于挖泥船吃水，挖槽宽度小于挖泥船长度时，采用十字形横挖法施工；施工区域水流流速较大时，采用平行横挖法施工。

2. 生产率计算

链斗式挖泥船的生产率按照下式计算：

$$W_{链斗} = \frac{ncf_m}{B}$$ (5-8)

式中：$W_{链斗}$——链斗式挖泥船生产率（m^3/h）；

　　　n——每小时挖取的斗数（h^{-1}）；

　　　c——泥斗容积系数（m^3）；

　　　B——土的搅松系数；

　　　f_m——泥斗充泥系数，对于淤泥可取 1.2~1.5，对于沙或沙质黏土可取 0.9~

　　　　　1.1，对于石质土可取 0.3~0.6。

二、疏浚施工环境影响分析

（一）疏浚施工环境影响分析

海洋疏浚工程施工时间较长、工程量大，疏浚工程会破坏原来物质的自然平衡，对海洋生态环境的影响很大。疏浚工程对环境的影响分析包括环境影响范围、影响类型、影响程度等。

海洋疏浚工程对海洋环境的影响可从疏浚现场、运泥路线、抛泥区三个主要环节进行分析。作业船舶本身产生的含油废水及生活垃圾，如果管理不善会对海洋造成污染；海洋疏浚工程扰动底泥，对底质环境造成永久性破坏；在疏浚过程中对底层泥土的扰动，使悬浮物进入水体影响海洋水质；在疏浚土运输过程中，泥浆洒漏对周围海水水质造成影响；在吹填过程中，管线泄漏、尾水排放等对水质造成影响。

对于不同的海洋疏浚工程，往往根据疏浚目的、泥沙特性、水文环境及施工条件等各方面的因素而采用不同的施工工艺和设备，疏浚作业的过程也各不相同，通常来说，均包含水下泥沙挖掘、疏浚泥沙垂向提升、泥沙水平输送和处置等主要环节或阶段，不同阶段的施工作业将对环境产生不同的影响。

在疏浚过程中，在疏浚机械的扰动下，局部产生高浓度的悬浮泥沙，海水运动致使悬浮泥沙扩散至较远的距离，对海洋生态环境产生影响。因此，对于一般的疏浚工程，需要重点分析悬浮泥沙对水质的影响，定量预测悬浮泥沙增量浓度，以及超一类、二类、三类和四类海水水质标准的海域面积。

对疏浚产生的环境影响范围和程度应按照《疏浚与吹填工程施工规范》（JTS 207—2012）进行下列内容的分析：疏浚物的再悬浮对水质的影响程度；疏浚物再悬浮对海水水体浑浊度的影响；对于含有污染物的疏浚土，经过疏浚扰动后，分析释放到水中的化学成分的有害程度；分析生活在水底的生物对浑浊程度和沉积物的适应能力。

（二）污染源强

核算挖泥船和疏浚工艺产生的污染源强是疏浚工程环境影响分析评价工作的基础。悬浮物源强估算的常用方法有类比法、物料衡算法、经验公式法和资料复用法等。

1. 现场试验研究

在海洋疏浚施工过程中，不同类型的作业船舶，由于其施工工艺、作业方式不同，施工过程中产生的疏浚物的发生源强、扩散影响范围存在较大差异。另外，即使是同一类型的疏浚船舶，同样工艺，由于不同的水深和水动力环境，其悬浮物源强也有较大差别，因此，现场试验数据仅做定性分析或类比分析使用（戴明新，1997）。

绞吸式挖泥船：施工时基本是定点作业，悬浮发生扩散机理类似于连续点源扩散，施工时，由于绞刀头的扰动造成底泥悬浮并随水流扩散，在施工海域形成羽状浑浊水体。

若测试挖泥船性能为 1 600 m^3/h 的绞吸式挖泥船，在绞刀头作业点附近（水深 5 m），底层水体悬浮物含量在 200～260 mg/L 之间，表层水体中悬浮物含量在 100～180 mg/L 之间，随水流扩散至 120 m 左右，则水体悬浮物含量基本接近本底浓度。

链斗式挖泥船：泥斗在提升过程将不可避免与水体接触，在水体的稀释和冲刷作用下，水体的悬浮泥沙浓度将增大。链斗式挖泥船作业方式为定点作业，悬浮泥沙的扩散机理与绞吸式挖泥船基本相似，即在疏浚作业海域同样形成一个羽状浑浊水体。所不同的是，链斗式挖泥船在作业时增加了以下污染环节：下导轮提升及卸泥槽向泥驳船卸泥的过程中存在着洒漏；泥驳船在满舱溢流过程中会有大量低浓度泥浆流入水体。

在链斗式挖泥船作业点附近（水深 7 m），水体底层悬浮物浓度达 300～350 mg/L，表层水体中悬浮物浓度在 230～260 mg/L 之间；当悬浮疏浚物随水流输移，并在羽状浑浊水体中心轴线上扩散至 300 m 左右时，可达到本底浓度。

耙吸式挖泥船：耙吸式挖泥船在作业时边航行边挖泥，双耙作业施工时，在船体经过路线两侧形成一条长长的带状浑浊区，悬浮疏浚物的扩散机理类似于瞬时线源的扩散。取样分析结果表明：在耙吸式挖泥船作业中心线附近，水体底层含沙量达到 600～700 mg/L，表层水体中的含沙量达到 300～350 mg/L，悬浮物沿横向扩散至 150 m 左右达到本底水平，挖泥船所经施工区形成一条宽约 300 m 的污染带。

耙吸式挖泥船污染范围比较大，施工时对底泥的扰动较多，同时，耙吸式挖泥船满舱溢流也是一个较大的污染因素。

根据现场调查数据，在同等的疏浚生产率下，疏浚悬浮物源强大小次序为：抓斗式挖泥船>耙吸式挖泥船>绞吸式挖泥船。因此，在同样的海域施工条件下，绞吸式挖泥船施工作业对海域水体的环境影响总体较小。另外，绞吸式挖泥船作业过程中基本无疏浚土洒漏现象，进行定点作业，对土层扰动较小，底泥松动后即被泥泵强大的吸力吸入管道，阻止了疏浚土的再悬浮过程。

疏浚工艺的选择还要考虑施工场所空间限制、施工便利条件等因素。比如，港池疏浚一般选择抓斗式挖泥船。在水动力条件复杂、水质要求较高的海域施工，需要对施工海域的水质影响进行定量预测，具体做法可见本章第三节案例分析。

2. 经验公式法

《港口建设项目环境影响评价规范》（JTS 105-1—2011）中提供了源强核算的经验公

式，其公式简化形式为

$$Q = M \cdot T/3\,600 \tag{5-9}$$

式中：T——挖泥船疏浚生产率（m^3/h）；

　　　M——悬浮物再悬浮率（kg/m^3）；

　　　Q——疏浚作业悬浮物发生量（kg/s）。

式（5-9）中，源强与挖泥船疏浚生产率及其所对应的泥沙再悬浮率有关。

（1）绞吸式挖泥船。根据 MacDonald（1991）的疏浚泥沙再悬浮率试验数据，绞吸式挖泥船泥沙再悬浮率为 3～5 kg/m^3，在环境影响评价中泥沙再悬浮率一般取最大值 5 kg/m^3，则疏浚生产率为 1 600 m^3/h 的绞吸式挖泥船作业将产生 8 000 kg/h 的悬浮泥沙，换算源强为 2.22 kg/s，这与 1991 年交通部天津水运工程科学研究所在天津港的现场试验结果（源强为 2.25 kg/s）接近（曾建军，2017）。

（2）耙吸式挖泥船。以常用的 4 500 m^3/h 的耙吸式挖泥船为例，根据 MacDonald（1991）测得的疏浚泥沙再悬浮率试验数据，在淤泥沙质海床进行耙吸式挖泥，泥沙再悬浮率约为 15 kg/m^3，据此估算，4 500 m^3/h 耙吸式挖泥船挖泥时产生的悬浮泥沙为 67 500 kg/h；长江口的实验结果表明，耙吸式挖泥船泥舱溢流悬浮泥沙为 8 475 kg/h，则在施工过程中，悬浮泥沙源强约为 75 975 kg/h（21.10 kg/s）（曾建军，2017）。

（3）抓斗式挖泥船。MacDonald（1991）对抓斗式挖泥船挖泥产生泥沙再悬浮率的试验结果显示，抓斗式挖泥船施工悬浮泥沙的再悬浮率为 11～20 kg/m^3，挖泥过程中悬浮物的产生总量与单位时间挖泥斗数或挖泥量有关。

三、疏浚弃土处置环境影响分析

疏浚弃土处置是疏浚工程关键环节，处置方式的选取既要根据疏浚工程的整体要求因地制宜，又要做经济合理性比较，即遵循经济、安全、环境保护的原则。确定疏浚弃土方案要考虑以下因素：① 疏浚弃土数量、物理力学指标及污染程度；② 施工现场条件及社会需求情况；③ 使用的疏浚设备及其正常作业条件；④ 底床演变规律；⑤ 船舶航行要求；⑥ 潜在的环境影响；⑦ 环境影响；⑧ 经济因素；⑨ 工程海域的生态环境及其环境保护法规等。

疏浚弃土的处置方案一般有三种方法：一是水下抛泥法，二是边抛法，三是吹填法。

1. 水下抛泥法

水下抛泥法，将疏浚弃土运往指定的水下抛泥区进行抛泥。由于水下抛泥的工程成本较低，所以很多疏浚泥沙通过抛泥的形式进行处理。抛泥时，不可随意倾倒，必须倾倒在当地划定的抛泥区，还应考虑抛泥作业对周围环境及生态的影响。抛泥时，95% 的泥沙会迅速沉降到海底，小于 5% 的细颗粒形成悬浮物，随水流输运扩散。悬浮泥沙影响的范围和程度和当地的水动力条件有关。流速大，泥沙浓度相对小，悬浮泥沙扩散快，抛泥的影响范围大，反之，水体泥沙浓度大，泥沙扩散慢，抛泥的影响范围小。抛泥作业产生的悬浮物将给海洋环境造成不利影响，一方面，高浓度悬浮泥沙影响海洋生物生长、繁殖，对海洋生态及海水养殖业造成损失；另一方面，疏浚泥沙倾倒改变了生物的底栖生境，导致底栖生物死亡。

2. 边抛法

边抛法是挖泥船边挖泥并将吸起的泥浆排入水中，随水流带走。按照《疏浚与吹填工程施工规范》（JTS 207—2012）采用边抛法施工，施工时应当注意：第一，在紧急情况下，应疏浚航道浅段，迅速增加水深；第二，施工初期水深不能满足挖泥船装舱的吃水要求，须开挖施工作业面或作业通道；第三，施工区水动力条件要足够好，水流足以将疏浚泥沙携带出挖槽。

边抛法施工要求在水动力条件好的海域施工，挖泥船排出的泥沙随水流扩散到较远的区域，由于悬浮泥沙扩散快，扩散范围大，导致泥沙浓度较低。根据边抛法施工特点，挖泥船作业相当于连续线源污染，悬浮泥沙影响范围和影响程度取决于挖泥船的功率、海域水动力条件等。

3. 吹填法

吹填法是通过泥泵将疏浚弃土送往陆地或填筑区进行填筑。吹填法的优点是对疏浚弃土进行综合利用，避免疏浚弃土回流到航道造成回淤，减轻海洋环境受到的负面影响。缺点是从疏浚区到回填区传输距离远，施工困难，工程投资较大。疏浚弃土自疏浚区输送到吹填区的过程对海洋环境的影响主要是吹填区的尾水排放，另外，排泥管线的跑冒滴漏或断裂都会对海水造成污染。

四、海洋疏浚工程污染防治措施

海洋底泥中含有大量的营养物、持久性有机污染物、重金属等物质，海洋疏浚工程大范围、激烈地搅动底层泥沙，导致悬浮泥沙及污染物扩散，势必对周围的海洋生态环境造成损害。为保护海洋生态环境，海洋疏浚工程必须从技术、管理、施工等多方面着手，制订严格的污染防治措施。

1. 制订有效合理的港口航道疏浚方案

海洋疏浚工程是一个系统工程，特别是综合性施工方案，涉及挖泥船、输泥管线、吹填区域及辅助设备等，因此，需要制订详细、科学、综合的施工方案，并精细组织现场施工。在施工过程中，应仔细查看、调查各个环节可能出现的污染情况，可以根据分析调查结果，更加合理地安排施工组织设计方案。依据分析调查结果对污染物进行测算，据此合理规划疏浚工程施工方案，科学合理地划分疏浚工作的施工区域，选择合适的疏浚工艺，根据方案制定相应的工作制度，选用合适的专业机械设施，确保港口航道疏浚工程正常进行。

2. 选择合适的疏浚时间

合理安排施工时间，使施工期尽量避开海洋生物的产卵、繁育盛期，从而有效降低施工悬沙扩散对海洋生物的影响。另外，施工期间应考虑潮位和流速的影响，适当利用当地的潮汐潮流特征，通过限制疏浚时段，在海水流速较低时作业，来缩小悬浮泥沙扩散面积，降低对水质环境和海洋生态环境的影响。大风天气不仅给施工带来安全风险，也会加大疏浚悬浮泥沙的扩散范围，因此疏浚施工应避免在大风天气进行。

3. 提高施工效率，缩短施工期限

施工期限越长，所产生的悬浮泥沙对海洋生态环境的影响时间越长，海洋生物群落就越难自然恢复。因此，应提高施工效率，缩短施工期限。例如，目前一种耙绞联合的施工方式已逐渐得到推广，具体做法是设置 2 个坑轮抛，在一个坑抛泥完成后，绞吸式挖泥船开始在该坑挖吹，耙吸式挖泥船在另一个坑进行抛泥，二者并行施工可大大提高疏浚船舶的施工效率。

4. 严格控制施工精度

在施工过程中要防止造成污染底泥扩散和泄漏，尽量减少扰动海底污染底泥的次数。严格控制施工质量和提高施工精度。对于环境保护疏浚，一般情况下水域污染底泥会有 10 ~ 50 cm 的沉淀厚度，而且厚度很少超过 1 m，相对来说不是很厚，对施工精度要求较高。在施工过程中要根据污染底泥分布的情况先进行污染底泥疏挖，在避免超挖的情况下进行污染底泥的清除，争取做到污染底泥先冲填在冲填区的底部，未污染的疏浚弃土覆盖在污染底泥的上层，以减少污泥的产生，最大限度地保护环境。

5. 安全有效地处理污染物

在港口航道疏浚工程中挖泥船绞刀、抓斗等对河道底泥的搅动，加大了污染底泥的分散。如果不能用合理的方法处理这些污染物，它们就会继续扩散，严重恶化水质。无机悬浮物在航道常规疏浚中是最主要的污染源，它会给生存在水域中的各类生物造成不利影响，可能使水生生物生态体系遭受破坏。此外，如果疏浚弃土不及时科学地处理，会给附近地下水造成威胁。所以港口航道疏浚工程要选用科学的方法处理弃土，清除出来的污染物要运用合理的技术处理，排泥场排放尾水泥浆浓度要严格控制在 1% 以内，避免对生态环境和周围地下水产生危害，使环境被污染的风险降到最低。

6. 加强水质监测，杜绝船舶污水排放

在海洋疏浚工程施工过程中必须杜绝任何船舶进入区域排放垃圾和污水。此外要对水质进行专业监测，密切观察水质情况，加强敏感水域的监测，掌控水域的水质情况。还要对回水浓度、泥浆浓度等进行专业的监测。

7. 优化疏浚方案

当疏浚对环境的影响较大时应对疏浚设备的选择和疏浚方法提出下列限制：① 限制耙吸式挖泥船溢流；② 在疏浚区设置防污帘；③ 限制挖掘绞刀泥斗，防止二次污染；④ 对运泥船和管线漏泥提出要求；⑤ 对水力输送加速泥浆沉淀采取物理、化学措施；⑥ 对疏浚土处理区提出要求；⑦ 对余水的排放及控制提出标准等。

8. 对受损的海洋生物进行增殖放流

在采取各种工程措施仍无法避免对海洋生物资源造成损失时，可考虑将受损生物幼苗增殖放流来进行补偿，以减缓海洋疏浚工程施工对海洋生态环境的影响。

9. 实现疏浚弃土的综合利用

疏浚弃土作为一种可利用的资源可广泛用于吹填造陆、筑堤护岸、路基工程、烧制陶粒和保温隔热的新型轻质墙砖、滨海湿地的修复和重建等。在国内，利用疏浚弃土进行吹填造地已有实践经验和成功案例，例如，黄浦江航道整治工程利用疏浚弃土吹填造就复兴岛、天津港东疆港区利用疏浚弃土吹填造陆、长江口深水航道治理二期工程利用疏浚弃土吹填横沙东滩等，均具有很强的借鉴意义。

10. 环境保护疏浚污染防治

环境保护疏浚以清除海洋、湖泊和河流等水体中的污染底泥为目的，严格控制疏浚的精度，重点防治疏浚过程的污染底泥的再次扩散、运输过程中污染底泥的泄漏等二次污染。

（1）施工措施。环境保护疏浚设计和施工采取以下方案和措施防止污染：挖泥机具应安装环境保护绞刀头，污染物在水中的扩散距离不超过 15 m；排泥管线、泥驳船、运输车辆、排泥区围堰不应漏泥；在排泥区底部为透水层时，应在底部采取铺设防渗膜等措施，排泥区围堰及排水沟要采取必要的防渗措施；在排泥区四周定期测量水质，发现异常情况及时采取处理措施；根据排泥区及疏浚土的具体情况制订加速泥浆固结措施。

（2）实现疏浚污泥的无害化处理与资源化利用。疏浚污泥无害化处理可通过物理化学法和生物工艺来完成（金相灿等，2013）。采用植物修复技术实现高氮、高磷疏浚污泥无害化处理，依靠植物的吸收、同化，将其转化为植物机体的成分。重金属疏浚污泥可以利用植物修复、磁分离技术、膜分离法、浮选法等去除重金属。有机物疏浚污泥可以利用微生物修复、植物修复技术、热解、表面活性剂洗脱等手段去除有机物。对于重金属及有毒有害有机污染物含量较高的疏浚污泥，采用玻璃化法等固定技术将污染物永久固定，并进行卫生填埋。

疏浚污泥也可以进行资源化利用。无毒无害的疏浚污泥可用于制造建工材料，如制作陶粒、制砖。利用水泥回转窑处理污泥，燃烧后的残渣可作为水泥熟料的一部分。用于农业堆肥和生态湖滨带营建，开发为旅游资源等。

第三节　案例分析

一、工程概况

工程位于青岛胶州湾的某造船基地。工程涉及基槽挖泥、围堰、陆域形成（回填）、码头建设。工程围堰长度 2.331 km，围堰施工采用陆上推进填筑，采用抛石堤，填海面积约 49.844 3 hm^2，港池疏浚量大约为 276 540 m^3，疏浚作业主要采用 2 艘 200 m^3/h 绞吸式挖泥船施工。基槽挖泥选用 2 艘 8 m^3 抓斗式挖泥船来进行，配备 5 艘 500 m^3 自航泥驳船运泥。

二、泥沙扩散迁移的数学模型

泥沙在海水中的沉降、迁移、扩散过程，在水深较浅的海域，可以由二维对流、扩散方程表示：

$$\frac{\partial SD}{\partial t} + \frac{\partial SUD}{\partial x} + \frac{\partial SVD}{\partial y} = \frac{\partial}{\partial x}\left(Dk_x \frac{\partial S}{\partial x} \right) + \frac{\partial}{\partial y}\left(Dk_y \frac{\partial S}{\partial y} \right) - \alpha\omega_s S + Q \tag{5-10}$$

式中：S——悬浮泥沙浓度；

　k_x、k_y——水平紊流扩散系数；

　ω_s——泥沙平均沉降速度；

　α——泥沙沉降概率；

　Q——源强度；

　D——水深；

　U——x 方向流速；

　V——y 方向流速。

在闭边界上没有物质通量，即 $\frac{\partial s}{\partial \vec{n}} = 0$。$\vec{n}$ 为方向向量。

在开边界上满足 $\frac{\partial s}{\partial t} + V_n \frac{\partial s}{\partial \vec{n}} = 0$。

流入边界的清洁水满足 $S(x, y, k, t) = 0$。

三、疏浚作业对水质环境的影响

1. 疏浚源强

港池疏浚作业，根据交通运输部天津水运工程科学研究院推算，产生悬浮泥沙源强为

3.7 kg/s。在疏浚港池的外侧选择三个拐点进行模拟，分别称为 A、B、C。

2. 悬浮泥沙影响的预测结果

由于是连续施工，疏浚扩散时间长度选择 12 h。

对悬浮泥沙的模拟是模拟水体悬浮泥沙浓度的增量。根据《海水水质标准》（GB 3097—1997）中所规定的二类水质标准，悬浮物质人为增加量不得高于 10 mg/L，所以模拟临界值定为 10 mg/L。由于潮流的周期运动，悬浮泥沙浓度不断变化，将计算区域每个格点一个潮周期内出现的最大浓度定义为该点的最大浓度。图 5-9 给出了各扩散点悬浮泥沙的影响范围。

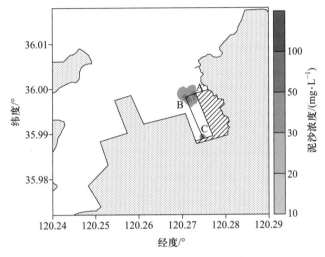

图 5-9　疏浚产生的悬浮物影响范围

注：灰色区域为陆地，白色区域为海洋

在 A 点最大中心浓度 220 mg/L，10 mg/L 等浓度线向西北方向扩散 280 m，向东南方向扩散 240 m；在 B 点最大中心浓度在 230 mg/L，10 mg/L 等浓度线向西北方向扩散 220 m，向东南方向扩散 260 m；在 C 点 10 mg/L 等浓度线向北扩散 90 m，向西扩散 70 m。

3. 吹填施工溢流口对海水水质的影响预测

如某工程施工采用绞吸式挖泥船，其疏浚生产率为 1 600 m³/h，充泥系数取 0.2，则 1 艘绞吸式挖泥船吹填至围堰内的出水量约为 8 000 m³/h，悬浮物浓度按照 150 mg/L，则悬浮物源强为 0.33 kg/s。根据核算的悬浮物源强，应用泥沙扩散迁移的数学模型，预测海水中悬浮物的浓度分布，评价其海洋环境影响。图 5-10 是吹填过程中产生的悬浮泥沙的浓度分布。

Y_1 和 Y_2 是备选排水口，Y_1 点 10 mg/L 的等值线向北扩散距离为 200 m，向南扩散距离为 300 m。Y_2 点 10 mg/L 的等值线向北和西的扩散距离分别为 77 m 和 70 m。Y_1 点水动力条件较 Y_2 点好，流速大导致扩散面积大，从而对周围水质的影响范围也相对较大。施工时推荐以 Y_2 点作为吹填溢流口。

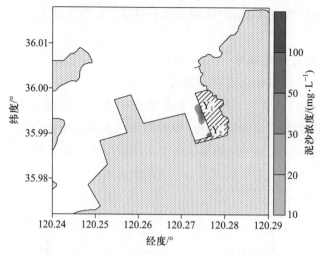

图5-10　吹填溢流口泥沙扩散范围图

本 章 小 结

（1）围填海工程包括围堰工程和吹填工程，了解围填海工程生态建设的内容，重点掌握吹填区排水口设置原则及其污染防治措施。

（2）海洋疏浚工程部分，重点掌握不同类型挖泥船的施工原理、施工工艺、海洋环境的影响机理。

（3）掌握具体的围填海工程和海洋疏浚工程的源强核算方法，了解海洋环境影响预测的内容、方法和步骤等。

复习思考题

1. 简述吹填工程中排水口设置的原则。

2. 简述围填海工程生态建设的主要内容。

3. 简述针对吹填区排水口对周围海水水质影响采取的防治措施。

4. 在同等疏浚生产率的情况下，绞吸式、耙吸式、抓斗式挖泥船，哪种类型对海洋环境的影响最大？

主要参考文献

［1］戴明新. 挖泥船疏浚作业对环境影响的试验研究［J］. 交通环境保护，1997（4）：7-9.

［2］中华人民共和国国家海洋局. 围填海工程生态建设技术指南（试行）［Z］，2017.

［3］金相灿，李进军，张晴波. 湖泊河流环境保护疏浚工程技术指南［M］. 北京：科学出版社，2013.

［4］全国一级建造师执业资格考试用书编写委员会. 港口与航道工程管理与实务［M］. 北京：中国建筑工业出版社，2020.

［5］曾建军. 不同类型挖泥船疏浚悬浮物影响的对比分析［J］. 海峡科学，2017，（7）：56-57.

［6］中华人民共和国国家质量监督检验检疫总局，中国国家标准化管理委员会. 围填海工程填充物质成分限值（GB 30736—2014）［S］.

［7］中华人民共和国交通运输部. 疏浚与吹填工程施工规范（JTS 207—2012）［S］.

［8］中华人民共和国水利部. 疏浚与吹填工程技术规范（SL 17—2014）［S］.

第六章

海港工程建设运营污染与防治

○ 第一节 海港工程概述

一、海港功能及分类

（一）海港的功能

海港指的是供海上船舶安全进出和锚泊、进行水-陆或水-水转运，以及为船舶提供各种服务设施的场所。为使船舶能安全进出和锚泊，海港通常应具备相对平静和具有一定深度的水域，海港位置的选择应注意利用天然的岬角、岛屿形成的湾澳或采用人工建筑物——防波堤使港口水域与外海隔开，以防止波浪袭击和减少泥沙淤积。港口应有足够的水域面积，供船舶航行、锚泊和建设码头。港口陆域一般配备足够的库、场、装卸设备，以及供货物集疏运的铁路、公路系统。除此之外，作为对外开放的海港，还须具备海关、边防、卫检、商检及饮水等必要设施（周素真，2000）。

（二）海港的分类

根据常用的分类方法，按港口的功能、自然条件及建造方式等可以做如下分类（肖青，1999）。

海港按功能可分为以下五类。

（1）商港。供一般商船使用，供货物装卸及旅客上下船，并具备货物贮存及输运的条

131

件。我国根据港口的重要性，将港口区分为枢纽港、重要港和一般港等三类。

（2）工业港。主要特点是港口大部分或全部设施直接服务于港区内的工业或仓储企业。一部分港兼有商港和工业港两种功能。

（3）渔港。服务于水产事业，通常具备渔品接卸、加工、制冰、冷藏及渔需物资补给的能力。

（4）轮渡港。专门用于汽车或火车的过海轮渡。

（5）军港。为军事目的而设置的港口。

海港按自然条件可分为以下三类。

（1）海岸港。位于天然海岸或海湾内的港口。

（2）河口港。位于受径流作用和潮汐作用的河口。

（3）潟湖港。位于邻近海岸的潟湖或径流作用较小的潟湖入海通道内的港口。

海港按建设方式可分为以下两类。

（1）天然港。利用天然湾澳、岛屿、潟湖口等自然条件建设的港口。

（2）人工港。港口水域主要依靠人工建筑物（如防波堤）或采取挖入式建成的港口。

海港按潮汐作用可分为以下两类。

（1）闭合式港。在潮差大的港口，为利用潮位加大港内水域水深、减少码头建筑物造价的一种措施，通常采用设置船闸将港口水域与外海隔开。闭合式港在欧洲早期的港区较为常见。

（2）开敞式港。港口水域与外海直接连通。

（三）海港的组成

港口由于其性质、功能和历史条件等多种因素，其构成既有共同之处也有各自的特点，港口的组成一般包括以下几部分。

（1）水域。包括锚地、航道、港地，以及为标明水域范围的航行标志。

（2）码头及其他水工建筑物。码头是船舶靠岸和进行装卸作业的必要设施。除此之外，由于各港自然条件的不同，有些港口尚须建设防波堤、导流堤、防沙堤及护岸等水工建筑物。

（3）陆域设施。根据港口功能的不同，陆域设施的配置也有较大的差别。商港通常应配备仓库、堆场、道路、铁路，以及为港口作业所必需的各种设施及建筑物。

作为现代化的海港，还应配备各种通信、导航，以及为外轮服务的涉外部门（如海关、商检、卫检、外轮代理、外轮供应等），这些都应在港口总体布置中加以综合考虑，使之与港口构成有机的整体。其他功能的港口，应根据其功能要求，配备相应的设施。

二、我国港口建设发展

自第二次世界大战以来，世界经济进入了一个飞速发展的阶段，世界各国之间的联系也更加紧密。参与国际大循环，已经成为各国经济发展的一种重要方式，故海运事业和港口发展也随着经济全球化而越来越重要。

我国改革开放后的海港建设历史可以追溯到 1979 年。自 1979 年 7 月 8 日深圳蛇口海港基础工程开始动工到 2018 年，我国已经拥有 40 个亿吨大港，其中上海港、宁波港、青岛港等 7 个港口跻身全球十大港口之列（暂未统计港澳台地区）。

对于港口的规模大小及发展程度，通常以港口吞吐量来衡量。港口吞吐量是衡量港口规模大小的最重要的指标。它反映在一定的技术装备和劳动组织条件下，在一定时间内港口为船舶装卸货物的数量，以吨数来表示。经过 40 余年的发展，我国沿海港口已经形成环渤海地区、长江三角洲地区、东南沿海地区、珠江三角洲地区和西南沿海地区 5 个港口群，43 个主要港口（图 6-1。暂未统计港澳台地区的港口）。

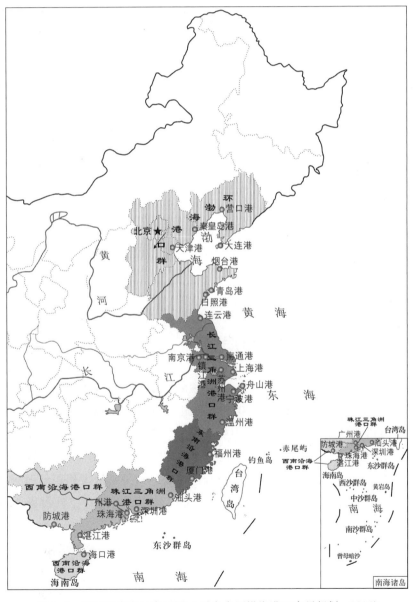

图 6-1　中国沿海港口布局图（引自全国沿海港口布局规划，2006）

（1）环渤海地区港口群。环渤海地区港口群由辽宁、津冀和山东沿海港口群组成，服务于我国北方沿海和内陆地区的社会经济发展。辽宁沿海港口群以大连港、营口港为主，包括丹东、锦州等港口。津冀沿海港口群以秦皇岛为主，包括唐山、黄骅等港口。山东沿海港口群由青岛、烟台、日照、威海等港口组成。

（2）长江三角洲地区港口群。长江三角洲地区港口群依托上海国际航运中心，以上海、宁波、连云港为主，发挥舟山、温州、南京、镇江、南通、苏州等沿海和长江下游港口的作用，服务于长江三角洲。

（3）东南沿海地区港口群。东南沿海地区港口群以厦门、福州港为主，包括泉州、莆田、漳州等港口，服务于福建省和江西等内陆省份部分地区的经济社会发展和满足对台"三通"的需要。

（4）珠江三角洲地区港口群。珠江三角洲地区港口群由粤东和珠江三角洲地区港口组成。该地区港口群依托香港经济、贸易、金融、信息和国际航运中心的优势，在巩固香港国际航运中心地位的同时，以广州、深圳、珠海、汕头港为主，相应发展汕尾、惠州、虎门、茂名、阳江等港口，服务于华南、西南部分地区，加强广东省和内陆地区与港澳地区的交流。

（5）西南沿海地区港口群。西南沿海地区港口群由粤西、广西沿海和海南省的港口组成。该地区港口的布局以湛江、防城港、海口为主，相应发展北海、钦州、洋浦、八所、三亚等港口，服务于西部地区开发，为海南省扩大与岛外的物资交流提供运输保障。

海港工程一般建设设备多，土方工程量大，建设周期较长，很多港口也会边营运边建设，在建设期间会涉及很多工程，包括陆域工程、码头防波堤等水工构筑物建设、锚地建设和航道疏浚等。在建设过程中，工程不可避免对周围环境造成一定的污染和影响。海港工程建设中涉及的围填海工程和航道疏浚工程等主要工程所造成的环境影响在本书第五章已有详细论述。

第二节　港口空气污染与防治

当前，我国大气环境污染形势严峻，灰霾现象频发。2014年6月，原环境保护部发布的《2013中国环境状况公报》显示，2013年全国74个新标准监测实施第一阶段城市环境空气质量达标城市比例仅为4.1%，其中氮氧化物（NO_x）和颗粒物（PM）浓度超标严重。2013年全国平均霾日数为35.9天，比上年增加18.3天，为1961年以来最多。灰霾过程呈现出污染范围广、持续时间长、污染程度严重、污染物浓度累积迅速等特点，且污染过程中首要污染物均以$PM_{2.5}$为主。而在沿海港口城市中，港口空气污染所占污染比重较大，越来越受到人们的关注和重视。

一、港口空气污染来源

港口空气污染物的排放主要来自船舶航行，以及进出港、靠离泊、锚泊时的船舶发动机尾气;进出港车辆发动机尾气、以燃油为动力的装卸运输机械尾气;煤炭矿石等干散货在装卸储运过程中的产尘;石油及化工品等液体散货在装卸储运过程中的有毒有害气体及其光化学反应二次产物;码头施工扬尘等。其特征污染物主要包括:NO_x、SO_x、VOCs、液体化工蒸气、CH_4、CO、CO_2、O_3、TSP、PM_{10}、$PM_{2.5}$等(路静等,2007)。

随着我国经济的快速增长,航运业取得了长足发展。2014年5月,交通运输部发布的《2013年交通运输行业发展统计公报》显示,2013年全国拥有水上运输船舶17.26万艘,全年港口完成货物吞吐量达到117.67亿t,连续多年位居世界首位(表6-1)。但由于我国船舶港口空气污染防治水平落后,空气污染形势日趋严重,尤其是长三角、珠三角和京津冀等沿海沿江地区,船舶港口排放已成为大气污染的重要来源之一。

表6-1 我国2013—2017年港口货物吞吐量(高省等,2018)

货物吞吐量/万 t	2013 年	2014 年	2015 年	2016 年	2017 年
总计	1 176 705	1 245 215	1 275 026	1 183 042	1 264 420
内河港口货物吞吐量	756 129	441 909	814 728	374 905	401 886
沿海港口货物吞吐量	420 576	803 307	460 298	808 137	862 534

针对上海的研究结果显示,2010年船舶对本市主要污染物总量的贡献主要集中在SO_2和NO_x,分别为12.4%和11.6%,对全市细颗粒物($PM_{2.5}$)的贡献也达到5.6%,其中又以远洋船舶为甚,$PM_{2.5}$、SO_2、NO_x排放量对全市的贡献分别为5.0%、12.0%和8.2%。

2014年3月,香港环境保护署发布2012年度香港空气污染物排放清单,指出水上运输SO_2、NO_x、可吸入悬浮粒子(RSP)及微细悬浮粒子(FSP)排放分担率分别达到50%、32%、37%及43%,已成为城市污染最大的排放源。

船舶造成空气污染的原因主要有以下三方面:

(1)燃料燃烧。近30多年来,船舶越来越多地使用劣质燃油。无论从技术还是从经济的角度考虑,使用燃油都反映了航运事业的一大进步,但是使用劣质燃油带来了不可避免的副作用,即排放出大量污染大气的有害气体,包括CO_2、CO、NO_x、SO_x、VOCs、碳氢化合物(HC),以及颗粒物等。

(2)船舶使用的制冷剂、灭火剂、洗涤剂、发泡剂。在船舶营运、消防、演习检修、拆装过程中,会将氟氯烃(CFCs)、哈龙(Halon)等耗损臭氧层的气体排入大气。

(3)液货中的烃类气化物或有害气体。液货船(油轮和散装液体化学品船)在装卸作业或航行途中,液货中的烃类气化物或有害气体有可能扩散到大气中去。此外,为了防止船舶废弃物对海洋环境的污染,船上将油渣、垃圾、生活废弃物等用焚烧炉进行焚烧处理,废弃物中的有害成分,甚至剧毒成分在焚烧中化为气体排入大气中,造成空气污染。

归纳起来,船舶排放到大气中的污染物主要有:CO_2、CO、SO_x、NO_x、CH_4、VOCs、CFCs、哈龙等有害气体。

大多数气体可以通过自然界的自净能力,即海洋、河流吸收,也可以通过土壤、植被的微生物活动、光合作用、化学反应转化，在对流层或平流层中的化学反应、自由基反应的转化，以及重力沉降、降水等过程予以去除。但自然界的自净能力有一定限度，并不能无限制地吸收、净化前述的气体污染物。有些气体甚至对自然界造成危害。例如，氮氧化物在反硝化作用下产生的氧化亚氮（N_2O）可以传输到平流层，与臭氧（O_3）作用，使臭氧层遭到破坏（孙永明等，2010）。

二、港口空气污染防治措施

目前，防治港口环境污染的技术主要针对船舶、运输车辆及装卸机械等。对于靠港船舶使用岸电；对于运输车辆采用液化天然气（LNG）动力拖挂车、集装箱拖挂车全场调度系统等；对于装卸机械采用集装箱门式起重机，将动力由内燃机改为电动机，让带式输送机"减电机"运行，轮胎式集装箱门式起重机采用根据负载控制柴油机转速技术，起重机采用势能回收或超级电容技术，起重机采用变频或直流驱动技术等；对于装卸储运过程，采用港口供电改进、地源热泵制冷供热、半封闭环境保护型料棚、防风抑尘网、码头油气回收、干雾抑尘等。

发展低碳绿色港口也是我国港口发展的新趋势。目前，欧盟、加拿大、美国、德国、澳大利亚等主要发达国家和地区都提出并正在建设绿色港口。建设绿色港口将成为我国优化和转型发展的主要目标，也是我国港口实现转型发展的迫切要求。《交通运输"十二五"发展规划》明确提出建设绿色交通体系，积极推动绿色港口发展。目前，大连港、秦皇岛港、上海港、唐山港、天津港、青岛港、深圳港等港口企业相继提出了绿色港口建设的理念和计划，并取得了初步成效。

针对港口空气污染产生的原因和我国港口空气污染防治中存在的问题，可从以下几个方面开展港口空气污染的防治。

1. 加强港口空气污染防治的力度

要改善港口空气污染的现状，必须不断加强港口空气污染防治的力度。① 针对港口机械废气污染，应该做好燃油机械的运行维护管理，使车船尾气达标排放，对各种燃油机械实行"油改气"或"油改电"。② 针对施工扬尘污染，施工单位应该做好扬尘污染的防治，采取遮盖、围挡、密闭、喷洒、冲洗、绿化等防尘措施，并采取篷盖、密闭等措施，做好施工材料运输过程中扬尘污染的防治。③ 针对货物装卸粉尘、有害气体污染，在对容易产生粉尘或者有害气体的货物进行装卸、运输和堆存时，严格根据相关标准进行，配备齐全的除尘抑尘设备，做好粉尘污染防治工作。

2. 加强港口空气污染防治监管力度

为了缓解港口空气污染的现状，我国相关部门制定了一系列法律法规，以加强港口空气污染防治监管力度。① 建立健全港口空气污染防治监管体系，根据我国现阶段的实际情况，制定合理的船舶污染物的排放标准等规范。② 运用先进的监测手段，积极开展对燃油质量的监督检查。③ 培养专业的监管人才，提升监管人员的能力和素质，建立高素质的监管队伍。

3. 加强清洁能源的利用

加强清洁能源的利用，是改善港口空气污染情况的重要举措。① 大力推行"油改电"。通过在机械中采用多台高压电机，以及无级调速液力耦合减速器对传统的柴油机驱动方式进行改进，将其改为运用交流电动机的方式进行驱动，降低燃油废气对空气的污染。② 大力推行"油改气"。应该推广液化天然气在港口机械中的使用，完善液化天然气使用的相关规范标准，给机械加装一套天然气装置，使其可在烧燃油和烧天然气之间自由转换，减少燃油的使用。③ 推进船舶岸电技术的发展。建立健全船舶岸电系统，当船舶在港口停船靠岸的时候，不再运用船上的发动机进行发电，而是运用陆地上的电源进行供电，减少船上发电产生的废气，降低对港口空气的污染。

4. 及时更新老旧和污染严重的设备

各种装卸设备、机动车、船载发动机技术水平较低，在使用时污染较为严重，对此，应该及时更新老旧和污染严重的设备，降低机械排放对港口空气的污染。① 使用符合排放标准的设备。及时更换使用年限较长和较为老旧的设备，采用符合现阶段排放标准的设备。② 更换机械的动力装置。对于一些剩余寿命较短的设备，为了降低成本，可以采用更换机械的动力装置的方式，在机械排放系统之前装上控制装置，控制污染的排放。

○ 第三节　港口噪声污染与防治

噪声（noise）是一类引起人烦躁或音量过强而危害人体健康的声音。港口施工期间和港口运营阶段都会产生声学环境污染。了解港口施工噪声的污染特性和预测技术，对采取恰当污染防治措施，防患于未然是很有必要的。

一、港口施工噪声特性与防治

在城市敏感区域内建港，港口施工期间的噪声污染对所在区域周围的环境影响问题比较突出。

1. 港口施工噪声特征及来源

港口施工较一般的工程建设项目施工范围大、施工周期长。港口施工分水上工程和陆域工程两大部分，通常先水上施工后陆域施工，全部工程大体可分为航道工程、码头工程、堆场建设、机械设备安装、公用设施建设等阶段。

水上工程部分主要包括：炸礁、航道及港池疏浚、围堰吹填、导助标建设。主要施工机械为挖泥船、各种港口作业船。水上工程部分主要噪声源是挖泥船，其声功率为 112 ～

117 dB（A），由于挖泥作业在港口施工过程中工作时间较长，所以噪声影响较为严重。其次是炸礁爆破噪声，声功率为121～127 dB（A），由于炸礁爆破在水下进行，爆破噪声较其他爆破作业噪声要小，该噪声带有突发性，但影响时间有限。

陆域工程部分包括码头、护岸、防波堤、堆场建设、机械设备安装和公用设施建设，与一般的建筑施工过程大体相同。在土方工程阶段，主要施工机械为推土机、挖掘机、装载机、运输车辆等，声源的声功率范围为99～109 dB（A）。在基础施工阶段，主要施工机械是各种打桩机、空气压缩机等，基本上都是固定噪声源。打桩机为主要噪声源，打桩时声功率为125～135 dB（A），其噪声时间特性为周期性脉冲声，具有明显的指向性，背向排气口一侧噪声可比最大方向低4～9 dB（A）。结构施工阶段主要施工机械是混凝土搅拌机和振捣棒，其声功率为105～110 dB（A）。装修施工阶段，基本上无大的噪声源。机械设备安装阶段，主要施工机械为汽车吊、运输车，其声功率为102～103 dB（A）（表6-2）。

表6-2　港口施工期间主要噪声源及其特性

序号	噪声源	声级（距离）/（dB（A）/m）	声功率/dB（A）	指向特性
1	炸礁爆破	73～79（100 m）	121～127	无
2	载重卡车	86～88（2 m）	99～102	无
3	挖泥船	78～83（20 m）	112～117	无
4	围堰吹填	78～87（15 m）	109.5～118.5	无
5	打桩机	92.5～104（15 m）	125～135	有指向性
6	钻机	85～93（2 m）	99～107	无
7	混凝土搅拌机	83～88（5 m）	105～110	无
8	振捣棒50 mm	87（2 m）	101	无
9	挖掘机	83～87（5 m）	105～109	无
10	装卸机械	82～89（3 m）	99.5～106.5	无
11	汽车吊	73～76（8 m）	101～103	无

引自袁瑾英，1997

2. 防治对策

防治对策主要是以下四条。

（1）加大声源治理力度。选择低噪声施工机械，对声源进行控制是降低港口施工噪声的重要措施。近年来国内外不断推出低噪声新机电设备，所以港口建设施工选用设备时，应选用技术先进、噪声最低（或较低）、价格合理的设备；对于必须使用的高噪声设备，应采取加装消声器、隔声罩等措施，尽量降低其噪声强度。

（2）限定施工作业时间。港口建设施工中的炸礁、挖泥、混凝土搅拌、振捣作业，要依据周围环境特点，科学安排施工进程，合理安排作业时间，避开居民夜间休息时段，从而减轻或避免施工噪声对周围居民生活的干扰。对炸礁等突出性噪声，要事先通知附近居民和有关部门，做好必要的防护准备工作。

（3）设置噪声屏障降噪。水上施工如炸礁、疏浚航道和港池时，可充分利用陆岸原有建筑物作为噪声屏障；在陆岸建筑物拆迁后，应修建声隔离墙，或在离居民区较近地段建临时库房、工棚等临时建筑，以起到隔离缓冲作用，对噪声敏感区域实施有效的屏障。

（4）加强对施工噪声的监督管理。环境保护部门应按国家规定的建筑施工场界噪声排放标准，对施工现场进行定期检查，实施规范化管理。对发现的违章施工现象和群众投诉的热点、重点问题，及时进行查处曝光。同时积极做好环境保护政策法规的宣传教育，加强与施工单位的协调，使施工单位做到文明施工。

二、港口运营期间噪声来源及防治

在港口运营期间，噪声污染源主要分为港口机械噪声源和集输港交通工具噪声源。

1. 港口机械噪声源

港口装卸机械一般有门机、抓斗、皮带机、堆扒机、起吊机械、铲斗车等，主要集中在港口码头的前沿地带。港口码头与后方居民区的距离一般均不少于200 m。通常因港口类型不同，装卸工艺及机械设备不同，港内库场建筑物、构筑物、绿化、防护林等围隔降噪设施不同，港口的噪声和暴露情况各有差异。经测量，港内距噪声源200 m处环境噪声声级，白天连续作业时为40~60 dB（A）；码头正常作业白天为80 dB（A）左右。在某些港口的边界处，港外噪声声级大于港口噪声声级。辅助机械主要有空压机、发动机、鼓（引）风机、除尘风机等，这些设备的噪声声级一般较高，在82~97 dB（A）。表6-3列出了港口主要装卸机械的等效声级。

表6-3 港口装卸机械单机噪声等效声级

机械名称及型号	等效声级/dB（A）	机械名称及型号	等效声级/dB（A）
门座式起重机 5~20 t	69~96	卸船机（煤）	69~88
轮胎起重机 6~25 t	72~100	堆料机 900~1 120 t/h	95~96
多用途门机 40.5 t	75~90	集装箱起重机 30.5 t	79~103
浮式起重机 10~63 t	67~107	集装箱叉车	76~91
浮式起重机 200~500 t	100~107	叉式装卸车 2~5 t	67~106
推扒机 50~70 t/h	78~97	叉式装卸车 6~16 t	74~90
装船机（煤）500~1 200 t/h	67~99	牵引车 2~4.5 t	68~102
单斗装载机 5 t	76~80	单斗车 1~2 t	71~96

引自侯荣华等，2007

2. 集疏港交通工具噪声源

集疏港包括船舶到港、离港的过程及车辆进出港口的过程，其间会产生船舶噪声污染及车辆噪声污染。船舶是交通工具噪声中比较突出的一类对象，噪声的主要危害对象是船员及旅客。船舶噪声主要来自主机、辅机、螺旋桨，推进系统的动力机械和泵、风机等辅助机械，此外还有水动力噪声和鸣笛。

（1）主机噪声。船舶常用的主机是柴油机，柴油机的噪声主要由气动噪声和机械噪声两部分构成。燃烧过程中气体在气缸中产生声驻波，声压起伏通过换气过程等直接辐射并通过气缸壁以结构声形式传播和辐射。燃烧过程中冲击激励的机械振动通过活塞、连杆、曲柄轴传到柴油机构架上，并由曲轴箱、壳体等向外辐射噪声。

（2）螺旋桨噪声。螺旋桨在不均匀流场中工作引起的干扰力，和螺旋桨的机械不平衡引起的干扰力所产生的旋转噪声。

（3）水动力噪声。主要是由于高速海流的不规则起伏作用于船体，激起船体的局部振动并向周围媒质（空气、水）辐射的噪声。此外，还有船下附着的空气泡撞击声呐导流罩、湍流中变化的压力引起壳板振动的噪声（声呐导流罩内的噪声一部分就是因此产生的）等。

（4）辅助机械噪声。船舶辅助机械一般功率较小，噪声的强度也较低。但如果泵和风机等设备安装在驾驶室或客舱附近而不采取防噪措施，也会造成严重的噪声干扰。

总体上船舶噪声主要来自机舱。机舱噪声级的大小与柴油发动机的转速，船舶吨位、功率和长度，船舶总体布置和动力布置是否合理，柴油发动机及各动力设备的设计和加工质量，船舶的设计、建造质量和工艺水平等因素有关（表6-4）。

表6-4　船舶噪声级表

声源名称	测点距离/m	等效声值/dB（A）
6.4万吨级油轮机舱	10	75～76
5万吨级货船机舱	10	72
1万吨级货船机舱	20	68～75
5万吨级货船通风口	10	75～90
拖船（昼间）	—	65
拖船顶椎（昼间）	—	67.5
船舶辅机	25	61
长江大客班船鸣笛	约200	85

引自侯荣华等，2007

三、港口噪声的评价

噪声作为环境质量指标的要求过去往往不为人们重视，但科学研究表明，环境噪声超过某一极限即会对人的生活产生影响。按照人机工程学的理论，人所处作业的噪声超过一定限值就会对作业效率产生急剧的影响，在这种情况下，司机容易引发安全事故。因此，努力降低港区环境噪声日平均值，提高环境噪声达标区覆盖率是运营期生态港口群建设过程中保护港区声环境的主要目标。港区环境噪声日平均值指标和环境噪声达标区覆盖率指标可以用来衡量运营期生态港口群的港区声环境质量和声环境治理水平（于林，2009）。

港口噪声环境目标是控制规划区域噪声水平和陆路集输主线路两侧噪声水平，保障居民点等噪声敏感点声环境达标。具体声环境评价指标包括港界噪声平均值，区域环境噪声平均值，区域声环境质量达标率，疏港主线道路两侧噪声均值等（李晓燕，2010）。

第四节　港口危险品污染与预防

近年来，由于经济增长和发展的需要，我国对危险品的需求量呈现增长趋势，港口的危险品作业也随之增多。以 2015 年为例，我国港口集装箱总的吞吐量超过 2.1 亿 TEU（标准集装箱单位），比 2014 年增长 4.1%，其中危险品类集装箱数量高达 400 多万 TEU，比 2014 年增长高达 30%，而根据国际海事组织（IMO）的统计，危险品海运量约占全年货物海运量的 50%。集装箱是危险品类货物运输的主要形式之一，在港口，危险品类集装箱一般采取特定场地集中堆放和管理的策略。这一策略虽然便于统一管理，但是危险品存放得过于密集，一旦发生火灾、泄漏、爆炸、腐蚀等危险灾害易产生连锁效应。

一、危险品定义与种类

就海运而言，危险品是指《1974 年国际海上人命安全公约》（SOLAS1974）第Ⅶ章和《国际防止船舶造成污染国际公约》（MARPOL73/78）附则Ⅰ、附则Ⅱ、附则Ⅲ，以及我国加入的其他国际公约与规则中规定的危险有害物质和物品，包括包装危险品和散装危险品。包装危险品根据《国际海运危险货物规则》划分为九类：爆炸品、气体、易燃液体、易燃固体、氧化剂及有机过氧化物、毒性物质及感染性物质、放射性物质、腐蚀性物质、杂类危险物质。散装危险品主要包括散装液体危险品（油类、液化气、散装化学品等）和散装固体危险品（矿粉、种子饼、硝酸铵基化肥等）。各类包装危险品的详细定义与特性见表 6-5。

表 6-5　包装危险品分类表

类别	定义	特性	分类
第一类：爆炸品	① 在外界作用下（受热、摩擦、撞击、振动、高热或其他因素的激发），发生剧烈的化学反应，同时产生的大量气体和热量造成周围压力急速上升发生爆炸，并对周围环境造成破坏的物品。 ② 整体无爆炸危险，但会产生燃烧、抛射及较小爆炸危险，或仅产生热、光、声响或烟雾等一种或几种作用的烟火物品，均称为爆炸品	① 爆炸威力大。在外界条件作用下，炸药受热、撞击、摩擦、遇明火或酸碱等因素的影响都易发生爆炸。 ② 起爆能量小，敏感度高。爆炸的难易程度取决于物质本身的敏感度。一般来讲，敏感度越高的物质越易爆炸。 ③ 殉爆。当炸药爆炸时，能引起位于一定距离之外的炸药也发生爆炸，这种现象称殉爆，这是炸药所具有的特殊性质。殉爆的发生是冲击波的传播作用，距离越近冲击波强度越大	① 具有易产生爆炸危险的物质或物品，如 TNT 炸药。 ② 具有燃烧危险和局部爆炸危险或较小抛射危险，一或二者兼有，但无整体爆炸危险的物质或物品，如焰火。 ③ 具有抛射危险，但不具备整体爆炸危险的物质或物品，如白磷烟雾弹药。 ④ 无重大危险的爆炸物质或物品，如烟火。 ⑤ 非常不敏感的爆炸物质或物品，如铵油炸药。 ⑥ 无整体爆炸危险的极端不敏感物品

续表

类别	定义	特性	分类
第二类： 气体	① 在 50 ℃时蒸气压大于 300 kPa 的物质。 ② 20 ℃在 101.3 kPa 标准压强下完全是气态的物质	① 遇热易爆。② 有些气体相遇有燃烧爆炸危险。③ 助燃气体遇油脂有燃烧爆炸危险。④ 在空中高速喷射易产生静电危险。⑤ 不同气体爆炸危险不同	按气体性质分类： ① 易燃气体，如氢气。 ② 惰性气体，如 N_2。 ③ 有毒气体，如液氯
第三类： 易燃液体	当液体的蒸气与空气组成的混合物与火源接近时，初次发生蓝色火焰闪光的温度称为该物质的闪点，凡是闭杯试验闪点等于或低于 61 ℃的液体称之为易燃液体	① 易燃烧性。② 易燃气与空气混合后在一定浓度范围内形成爆炸混合物。③ 热膨胀系数大。④ 黏度低，易流淌扩散。⑤ 有些液体有毒	按闭杯试验闪点分类： ① 低闪点液体。闪点≤18 ℃，如汽油。 ② 中闪点液体。闪点 18 ~ 23 ℃，如丙酮。 ③ 高闪点液体。闪点 23 ~ 61 ℃，如二甲苯
第四类 4.1 项： 易燃固体	易燃固体指燃烧点低，对热、摩擦、撞击敏感度高，容易被外部火源点燃，且迅速燃烧，并可能产生有毒气体或有毒烟雾的固体，但不包括已列入爆炸品的物质	① 燃点低。② 燃烧迅速。③ 与强氧化剂剧烈反应，有发生燃烧爆炸危险。④ 容易与氧化性酸起作用，也有燃烧爆炸危险。⑤ 本身性质不稳定，有的易燃固体遇水反应，有燃烧爆炸危险。⑥ 部分易氧化的粉末状物质不仅易燃，还有爆炸危险。⑦ 很多易燃固体有毒，或燃烧产物有毒	① 一级易燃固体。燃点<200 ℃，如赤磷。 ② 二级易燃固体。燃点 200 ~ 400 ℃，如镁粉
第四类 4.2 项： 易于自燃的物质	自燃物质指燃点低，在空气中容易发生氧化反应，放出热量并自行燃烧的物品	① 自燃点低。② 凡是能促进氧化作用的一切因素都能促进自燃。③ 湿度增加，能促进某些自燃品的自燃	按氧化反应速度和危险程度分类： ① 一级自燃物品。如黄磷。 ② 二级自燃物品。如硝化纤维片基
第四类 4.3 项： 遇水放出易燃气体的物质	遇湿易燃物品指遇水或受潮时发生剧烈化学反应，放出大量易燃气体和热量的物质	① 遇湿易燃物品遇水或潮湿空气的水分发生剧烈反应，放出易燃气体和热量，有燃烧爆炸危险。② 遇湿易燃物品与酸反应比与水反应更加剧烈，更加迅速地放出易燃气体和放出更多的热量，更加容易发生燃烧爆炸。③ 大多数遇湿易燃物品具有还原剂性质。④ 硼氢类化合物毒性很大。⑤ 金属钠、钾保存在煤油里，具有易燃液体的危险	① 一级遇湿易燃物品。如电石 ② 二级遇湿易燃物品。如石灰氮

类别	定义	特性	分类
第五类 5.1项：氧化剂	氧化剂是指处于高氧化态，具有强氧化性，易分解并放出 O_2 和热量的物质，包括含有过氧基的无机物	① 分解温度低。② 氯酸盐、硝酸盐、过氧化醋酸、过氧化苯甲酰等经摩擦、撞击、振动、明火、高热等作用后引起爆炸。③ 遇有机物、易燃物品、可燃物品会发生氧化反应，有发生燃烧爆炸的危险。④ 遇酸剧烈反应，有发生爆炸的危险。⑤ 无机过氧化物遇水分解，放出氧和热量，促使可燃物燃烧。⑥ 具有毒性和腐蚀性。⑦ 有的遇光易分解。⑧ 各种氧化剂氧化能力强弱不同，互相接触会发生复分解反应，产生热量，引起危险	① 一级无机氧化剂。如高锰酸钾 ② 二级无机氧化剂。如亚硝酸钠
第五类 5.2项：有机过氧化物	有机过氧化物指分子组成中含有过氧基的有机物，其本身具有易燃易爆、极易分解的特点，对热、振动或摩擦非常敏感	① 分解温度低。② 氯酸盐、硝酸盐、过氧化醋酸、过氧化苯甲酰等经摩擦、撞击、振动、明火、高热等作用后引起爆炸。③ 遇有机物、易燃物品、可燃物品会发生氧化反应，有发生燃烧爆炸危险。④ 遇酸剧烈反应，有发生爆炸危险。⑤ 无机过氧化物遇水分解，放出氧气和热量，促使可燃物燃烧。⑥ 具有毒性和腐蚀性。⑦ 有的遇光易分解。⑧ 各种氧化剂氧化能力强弱不同，互相接触会发生复分解反应，产生热量，引起危险	有机过氧化物。如过氧化苯甲酰
第六类 6.1项：毒性物质	毒害品指进入人体后，当累积达一定的量的时候与体液和组织发生生物化学作用或生物物理学变化，扰乱或破坏人体的正常生理功能，引起暂时或持久性的病理状态，甚至危及生命的物品	① 有机毒品具有可燃性。② 部分毒品，主要是氰化物遇酸或水反应会放出剧毒的氰化氢气体。③ 有些毒性物质对人体和金属有较强的腐蚀性	

续表

类别	定义	特性	分类
第六类6.2项：感染性物质	感染性物质通常认为是含有病原体的物质。病原体是会使动物或人感染疾病的微生物（包括细菌、病菌、立克次氏体、寄生虫、真菌）或微生物重组体（杂交体或突变体）	对人和动物均有感染性	
第七类：放射性物质	放射性物质是自发和连续地放射出某种类型辐射（电离辐射）的物质	这种辐射通过辐射环境，使人受到辐射危害，不能被人的任何器官（视觉、听觉、嗅觉、触觉）觉察到	
第八类：腐蚀性物质	腐蚀性物质是通过化学作用在接触生物组织时会造成严重损伤，或在渗漏时会严重损害甚至破坏其他物质的物质	① 强烈的腐蚀性。② 有毒性。③ 易燃烧性。④ 氧化性与还原性。⑤ 遇水反应性	酸性腐蚀品：① 一级酸性腐蚀品，如硫酸。② 二级酸性腐蚀品，如磷酸 碱性腐蚀品：① 一级碱性腐蚀品，如氢氧化钠。② 二级碱性腐蚀品，如氨水。 其他腐蚀品：① 一级其他腐蚀品，如甲醛。② 二级其他腐蚀品，如次氯酸钠
第九类：杂类危险物质	本类危险品指其他类别不包括的物质和物品	多指隐含的危险品	① 物品的某些零部件、配件原料是危险品。② 在一个笼统的货物名称中包括了许多的具体物品，其中可能有具体的危险品

引自刑颖，2011

在这些危险品中，一般以某一种或几种危险品占优势，如以广州港为例，在九类危险品中，第六类危险品占 54.42%（图 6-2）。

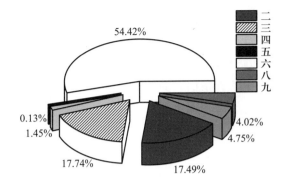

图 6-2　广州港各类危险品吞吐量占比（引自许凡，2018）

二、危险品管理现状与问题

由于危险品集装箱的特殊性和危险性，在其运输、堆放、管理等过程中均需要特殊处理。面对种类繁多、性质特异的危险品，港口管理工作往往会出现管理不善的现象，如安全距离估算得过小、堆场温度过高等。近年来国内也发生了多起这类事故，致使港口设备损坏、环境污染、人员伤亡等，如 2007 年 7 月 2 日深圳盐田港集装箱危险化学品泄漏事故；2009 年 6 月 16 日，江苏洋口港液化天然气接收事故；2010 年 7 月 16 日，大连港输油管道爆炸事故；2013 年 5 月 4 日青岛港危险品库起火爆炸事故；2015 年 8 月 12 日天津东疆保税港区瑞海国际物流有限公司危险品仓库发生特别重大火灾爆炸事故（图 6-3）。

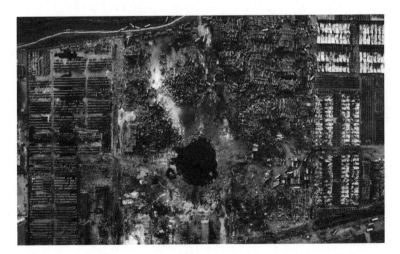

彩图 6-3
2015 年天津港危险品仓库爆炸事故

图 6-3　2015 年天津港危险品仓库爆炸事故（引自《中国应急管理》，2016）

以上事故的发生，不仅有危险品本身特性的原因，而且也源于在管理和处置过程中存在的各种问题。

1. 相关法律与体系不健全
我国危险品集装箱的年增速极高，新危险品种类的增加更是每年高达百余种，在这一背景下,我国对危险品集装箱的定义、危险类别的确定、防护等级和应急反应措施等制度和标准存在一定程度的滞后现象。如:《危险化学品经营企业安全技术基本要求》中对危险品技术要求、安全距离和防护要求定义一直沿用至今,该规则对新危险品的防护安全已不能适用;《危险化学品安全管理条例》为2013年修订使用至今;港口码头事故应急防备能力要求一直沿用2017年的版本,这些条例规则都无法限制危险品集装箱的管理与运输作业中出现的漏洞。

2. 申报与装箱缺陷

对于危险性比较大的特殊货物的管理,需要使用特殊的集装箱,其对电力、温度、湿度等要求较严格。而对应的集装箱的租金、管理费和运费也往往比普通货物集装箱的费用高出数倍。货主为节约成本,往往在对危险品运输的适运申报时瞒报谎报,使单证信息与实际货物信息不相符,致使危险品类货物的包装、堆放及运输等作业安全级别达不到危险品货物的安全管理要求,留下安全隐患。

3. 危险品集装箱标签信息不全

危险品集装箱标签要根据国家有关规定由海事局或其委托单位开出,而现实中存在很多危险品集装箱标签由危险品公司免费提供。按照集装箱危险货物运输管理规定,危险品集装箱标签要有正确的技术名称、性质、危险类别、特别注意事项等,对危险品货物采取的特殊预防措施需要书面通知港口方及承运人,并及时做好申报单与货物的对照,做到负责翔实。对于有电子标签系统的港口,需要及时更新危险品集装箱的信息。由于港口集装箱流动量大,并且出现多种货物合箱的现象,造成标签信息量增大。面对如此大的工作量,工作人员往往会对标签信息的填写进行简单化处理,容易造成危险品集装箱信息漏填,这对危险品集装箱的管理带来很大的安全隐患。

4. 港口码头调度水平较低

随着港口码头集装箱业务量的不断增大,港口码头对集装箱的装卸、空箱调运、倒箱、运输等业务水平要求不断提升。一个港口码头的集装箱调度水平主要体现在箱务管理、集装箱卡车调度、堆场管理、空箱调度等若干方面。由于国内诸多港口码头管理系统落后,各调度系统优化不够,常出现装卸效率低、倒箱业务频繁,甚至出现错装、漏装集装箱事件的发生。

5. 危险品集装箱堆积安全评估不足,安全管理不合理

港口码头的危险品集装箱的堆积不仅考虑空间资源,还要考虑倒箱事件、危险品特性、最小安全距离确定、相关安全应急计划,以及监督监控系统配备等因素。目前大多港口对危险品集装箱划分特定堆场(一般为后方堆场),但对不同种类和不同级别的危险品集装箱的堆放的贝位、行、堆高层数没有进行严格的区分和规定,常常是统一管理,堆放随意,不进行区分管理。

三、危险品管理与事故防范措施

1. 船舶航行、操纵事故防范措施

防范措施包括：① 船舶靠泊码头，应严格遵守海事行政主管部门有关船舶在港停泊、作业的规定，加强值班，注意收听船用甚高频（VHF）和气象台发布的相关信息，防范异常情况的发生，及时采取相应的安全措施；② 当气象报告有台风可能袭击时，停靠在码头的船舶应服从海事行政主管部门的防台风安排，及时离开码头驶往防台风锚地避风。

2. 码头营运管理对策

管理对策包括：① 船舶进出港应严格遵守海事行政主管部门有关船舶在港内航行、停泊的规定，加强瞭望，使用安全航速，谨慎驾驶，小心操作。进港船舶靠右航行，小船应当主动避让在规定航路内正常行使的船舶，同时这种避让应贯穿穿越的全过程，确保穿越的安全。② 码头宜设置工业电视监控系统监测进出港船舶动态，做好码头的调度和协调管理工作。③ 码头方必须制定相关的码头安全管理办法，对船舶和码头的经营人、船舶和人员进出港区、码头现场监督管理、防污染管理、相邻泊位运营操作等做出明确规定，建立相应的安全管理体系。包括明确规定大雾、大雨等能见度不良和风力≥6级天气条件时不安排船舶进靠码头等。④ 应加强安全设施（如防雷、橡胶护舷等）、消防设施及报警装置的日常维护与保养，定期校验和标定，若发现质量缺陷或故障，应及时排除，确保其运行状态完好。

3. 装卸过程中事故预防措施

预防措施包括：① 船舶载运危险货物，承运人应按规定向港务（航）监督机构办理申报手续，港口作业部门根据装卸危险货物通知单安排作业。装卸危险货物的泊位及危险货物的品种和数量，应经港口管理机构和港务（航）监督机构批准。② 装卸危险货物应选派具有一定专业知识的装卸人员（班组）担任。装卸前应详细了解所装卸危险货物的性质、危险程度、安全和医疗急救等措施，并严格按照有关操作规程作业。装卸危险货物，应根据货物性质选用合适的装卸机具。装卸易燃、易爆货物，装卸机械应安置火星熄灭装置，禁止使用非防爆型电器设备。③ 装卸危险货物，应根据货物的性质和状态，在船-岸、船-船之间设置安全网，装卸人员应穿戴相应的防护用品。夜间装卸危险货物，应有良好的照明条件。装卸危险货物时，遇有雷鸣、电闪或附近发生火情，应立即停止作业，并将危险货物妥善处理。在雨雪天气下禁止装卸遇湿易燃物品。④ 船舶装卸危险品箱时应严格按照《国际海运危险货物规则》规定和船公司提供的配载图进行配载，不得随意变更配载位置。

4. 堆存过程中事故预防措施

表6-6为部分危险品货物的堆放要求。具体预防措施有：① 对于一级危险货物集装箱，不得在码头堆场堆存，必须采用车船直装、直取的方式，如需堆存，堆存时间不得超

过 72 h。② 在危险货物专用堆场门口处设置专门的警示牌和危险货物场地标志，标志牌上注明"危险货物场地""严禁烟火""车辆限速"等标志。③ 危险货物集装箱的堆码高度不超过 3 层。④ 具有专门堆存危险品箱的堆场区域，该区域必须远离生活区，并且要用隔离墩（或围栏）实行安全隔离，进行封闭式管理。⑤ 按照危险货物场地安全消防要求，在场地内指定位置配置干粉消防推车、干粉灭火器、消防水龙、消防沙箱，以及消防锹等消防设备。⑥ 堆存必须符合危险货物室外堆存规则，对于属性间相互有影响的箱子分开堆存，对于怕晒的集装箱堆在底部，对于怕水浸泡的集装箱堆存在 2 层高的位置等。⑦ 码头内危险货物堆存严格按照危险品相关堆存要求进行堆存管理。

表 6-6　部分危险品堆放要求

类别	堆存注意事项
第一类：爆炸品	① 禁止与氧化剂、酸、碱及易燃物品堆放在一起，堆放时至少保持 20 m 的距离； ② 火药炸药不得与起爆和点火器材堆存在一起； ③ 不得与自燃物、酸类、硫黄、油脂等物质接触
第二类 2.1 项：易燃气体	① 不得与爆炸品、氧化剂、自燃品，以及易于自燃物质和腐蚀性物质堆放在一起，至少隔离一个箱位堆放 ② 尽可能远离助燃气体
第二类 2.2 项：惰性气体 2.3 项：有毒气体	助燃气体不得与易燃气体堆放在一起
第三类：易燃液体	与助燃气体、易燃物质、氧化剂、强酸物质至少隔离一个箱位堆放
第四类 4.1 项：易燃固体 第四类 4.2 项：易于自燃的物质	不得与酸类、氧化剂同垛堆存，隔离一个箱位
第四类 4.3 项：遇水放出易燃气体的物质	① 不得与酸类、氧化剂同垛堆存，隔离一个箱位 ② 不得与需要喷淋的货物放在一起
第五类 5.1 项：氧化剂 第五类 5.2 项：有机过氧化物	不得与酸类、可燃物同垛堆存，隔离一个箱位
第六类：腐蚀性物质	与有机物、氧化剂、酸性腐蚀品隔离存放

引自邢颖，2011

第五节　绿色港口发展案例

国内外港口纷纷提出"生态港口""绿色港口""环境保护港口"等概念，并积极提倡绿色港口建设，引起社会关注。绿色港口，也称生态港口，就是既能满足环境要求又能获得良好的经济效益的可持续发展港口，其关键是在环境影响和经济利益之间寻求一个平衡点，即港口的经济、社会发展不超过自然系统的承载能力。这个可以接受的平衡点一定是基于对环境消费和经济利益的正确判断基础之上的，同时还要满足没有无法挽回的环境变化发生。绿色港口是未来港口发展的趋势，它的核心目标是建设良好的生态环境和高效的港口经济，建设高度生态文明的港口，实现港口及其腹地社会经济环境复合生态系统的整体和谐和可持续发展，建立以港口为龙头的现代交通、物流、临港工业和综合服务体系。

各国政府意识到港口发展和环境保护的不可分离性，把港口规划、生产经营与自然环境的保护、美化放在同等重要的议事日程上。一些发达国家在推行港口环境保护方面已取得了长足进展，积累了一定经验，可以提供很好的借鉴。

一、长滩港

（一）长滩港基本情况

长滩港始建于 1911 年 6 月，面积共 3 078 万 m²，是洛杉矶港（图 6-4）的重要组成部分。经过 90 多年的发展，长滩港已经成为美国第二大港，在全球按集装箱吞吐量排名位列第 12 名。从 2000 年到 2015 年，长滩港集装箱吞吐量自 460 万 TEU（标准集装箱单位）增至 720 万 TEU。

然而随着港口吞吐量的逐年上升，污染也日益加重，尤其是交通车辆、装卸作业过程中所产生的大气污染物逐年增加。目前长滩港所在的圣佩德罗湾港区已经成

图 6-4　洛杉矶港自动化码头（引自徐剑华，2019）

为美国空气质量最差的地区之一，成为当地居民关注的健康隐患，如何解决这一矛盾，促进港口的良性发展，就成为迫在眉睫的问题。

长滩港是"绿色港口"的倡导者之一，2005 年 1 月，在长滩港港口委员会的批准下，长滩港首次推出"绿色港口政策"，制订了包括维护水质、清洁空气、保护土壤、保护海洋野生动植物及栖息地、减轻交通压力、可持续发展、社区参与 7 个方面近 40 个项目的环境保护方案，并针对各类环境问题，采取了积极的环境保护措施，设计了相应的环境保护规划及方案。经过三年来的努力，长滩港排放的大气污染物占区域污染物总量的比例大幅度下降，水质已达到 10 年来的最佳水平，已清除或治理了一大半被污染的土壤，通过湿地修复工程的实施，港口鱼类多样性有所提高，港口鸟类的数量不断增加。

（二）长滩港绿色港口政策

绿色港口政策是积极、全面、协调地减少港口运营期间对环境负面影响的综合方法，是制定决策和建立环境友好型港口的指导方针。2003 年，长滩港将原有的环境计划纳入"健康港口计划"，并将其划分为四大重点领域：空气、水、野生动植物、土壤/沉积物。

基于此，2004 年 11 月长滩港务局委员会指示港口制定一项全面的环境保护政策。为

响应长滩港务局委员会的要求，长滩港务局组织有关人员讨论、优化现有的环境保护计划和开发新计划的每个具体的、可衡量的目标及实施方案，最后得出的结论是健康港口计划除了上述四个元素外，应增加两个新元素：可持续性和社区参与。

在 2004 年 12 月下旬，长滩港务局提交了一份绿色港口政策草案供审议，并于 2005 年 1 月得到长滩港务局委员会的批准。长滩港绿色港口政策主要包括 5 个导向原则：① 保护群落免受港口运营的不利影响；② 分清港口在环境保护工作中是处于领导地位还是从属地位；③ 促进港口的可持续发展；④ 采用最有利的技术以避免或减少环境影响；⑤ 社区参与和社区教育。

绿色港口政策包括 6 个基本元素，每一个都有其独立的总体目标：① 野生动植物。保护、保持和恢复水生生态系统及海洋生物栖息地。② 空气。减少港口的有害气体排放。③ 水。改善长滩港的水质。④ 土壤/沉积物。采取处理措施以使其能重新利用。⑤ 社区参与。就港口运营和环境保护规划与社区互动，并进行社区教育。⑥ 可持续性。将可持续发展的理念贯彻到港口设计、建设、运营和管理的各个方面。

（三）长滩港绿色港口建设方案与对策

为了落实长滩港绿色港口政策，解决港口经济增长及规模扩大过程中产生的环境影响，使海岸的空气质量符合美国环境空气质量标准、保障公众健康，长滩港通过了一项具有法律效力的环境管理计划——洁净空气行动计划（主要包括确定环境目标和最佳管理及监控措施，遵守相关的法律和法规，选择满足于现行有关规定的环境保护方案，对员工、企业和社区进行宣传和沟通），成立了由长滩港务局、南加州空气品质管理局、南加州空气资源局和美国环境保护署（EPA）等部分有关人员组成的工作组，负责环境管理计划的实施和监控，并通过相应的管理和激励措施确保相应环境方案与计划的有效实施。

1. 环境管理计划——洁净空气行动计划

为了有效改善南海岸空气盆地地区（south coast bay air basin）的大气环境质量，长滩港和洛杉矶港联手，与南海岸空气品质管理区、加州空气资源委员会及美国环境保护署的人员展开密切的协调合作，共同制定了圣佩德罗湾港区洁净空气行动计划。此计划将美国最大的两个港口在减少废气排放上所做的努力和愿景与空气监督单位所做的尝试及目标相结合，这项计划的制定对于降低港口运营带来的空气污染、改善圣佩德罗湾港区空气质量具有重要意义。

该计划的实施（2007—2011 年）耗资 1.94 亿～26 亿美元，可使 DPM（柴油颗粒物质）减少 1 200 t/a，NO_x 减少 12 000 t/a，其中卡车 DPM 降低 80%，远洋船只 DPM 降低 35%，装卸设备 DPM 降低 19%，其他机动车 DPM 也显著减少。洁净空气行动计划的实施对象主要为重型车辆、远洋船、装卸设备、港口作业船和铁路机车五类，并分别制定了相应的污染值标准。

2. 控制措施

主要控制措施有以下四条。

（1）针对载重卡车的控制措施——清洁卡车计划。洁净空气行动计划中最富于挑战性的部分，就是实施对经常进出港口的卡车进行大规模改装，以及与此相关的资金投入。经过长达一年的准备工作，其中包括与政府部门、港口周边社区、进出口贸易商，以及相关托运人和承运人协商沟通，基本上达成共识后，长滩港务局于2008年2月19日正式批准"清洁卡车规划"，于2008年10月1日正式强制实施。要求卡车驾驶员或者卡车运输独立承包商、卡车运输公司雇员和老板、凡是在长滩港工作的卡车运输公司合伙人和关系人都必须严格遵守和执行长滩港"清洁卡车规划"的各项要求和规范。其中特别要求出入港口的卡车和其他车辆在废气排放、车辆保养维修和安全卫生等方面必须达到规划中的清洁要求，不符合规划清洁标准的卡车必须换新和淘汰。为了有效推进清洁卡车计划的实施，长滩港务局委员会批准一项港口环境保护新措施，规定由2008年6月1日起，向所有进出码头的卡车征收绿色附加费（凡是未达标的卡车费用为35美元/标准箱，港口另外收取基础设施费用15美元/标准箱，两者加起来总共50美元/标准箱），若卡车达到清洁标准，通过测试认证，达到长滩港根据美国法律法规颁发的安全卫生标准，则可获得长滩港务局颁发的证书，在出入长滩港的时候让门卫识别，无须缴纳额外费用。

（2）针对远洋船只的控制措施——绿旗计划。洁净空气行动计划的另一项重点是减少远洋船只在港口等待转运（抵达及离开圣佩德罗湾港）时和在港口航站停泊（装卸货物时在港口停泊）时的废气排放。为此，长滩港采取了一些措施以控制挂靠港口船舶的废气排放，包括：停靠船舶使用岸电取代船舶供电；激励挂靠港口的船舶在港口附近水域降低航行速度的绿旗计划；鼓励对船舶进行适当的维护和操作控制，以及使用石油燃料代替品以减少烟尘排放。

鉴于船舶低速航行有利于减少空气排放，自2006年1月1日起，长滩港每年花费220万美元，实施一项鼓励船舶自愿参加的降低船舶航行速度的绿旗计划，即鼓励船舶在靠岸37 km的范围内将船舶航行速度降到22.2 km/h。作为对船舶参与绿旗计划、重视环境保护的回报，长滩港将减收这些船公司的船舶港口费。

2007年挂靠长滩港执行绿旗计划的船舶比例接近90%，2008年2月这一比例已接近95%。由于实施了绿旗计划，2007年长滩港船舶减少空气污染物排放达620 t。

（3）针对其他机动车的控制措施。具体的有：① 针对码头货物装卸设备的控制措施，在加州空气资源委员会制定有关标准的基础上，设置码头货物装卸设备的性能标准并加大船舶汰换率。② 针对港勤船只的控制措施，改建动力装置的船只，助拖船在船籍港航行时必须使用岸上电力，加大发动机的汰换率。③ 针对铁路机车头的控制措施。采取升级引擎、使用更清洁的燃料、采取严格的环境标准，使铁路机车排放的废气显著减少。

（4）其他措施。具体的有：① 港口水质的改善。② 野生动植物保护。③ 被污染土壤/沉积物的清除。④ 将可持续发展的理念贯彻到码头设计、发展和运营各个阶段。⑤ 教育和促进社区公民参与港口发展计划与环境计划。

二、悉尼港

(一)悉尼港基本情况

悉尼港(Sydney Harbor)又称杰克孙港(Port Jackson),东临太平洋,西面20 km为巴拉玛特河(Parramatta River),南北两面是悉尼最繁华的中心地带。悉尼港位于澳大利亚新南威尔士(New South Wales)州东部,由两个港区组成——悉尼港区和波特尼港区。悉尼港是州立港口,所有权与经营权分离,政府享有所有权,经营者享有经营权并服从港方管理。

悉尼港是澳大利亚第二大集装箱港口,港区主要码头泊位有12个,岸线长2 421 m,最大水深为12.4 m。装卸设备有各种岸吊、抓斗吊、门吊、可移式吊、输送带及拖船等,其中可移式吊最大起重能力为125 t,还有直径为100~400 mm的输油管供装卸使用,装卸效率为卸煤1 500 t/h、卸铁矿石3 000 t/h、装煤2 000 t/h。大船锚地最大水深为18 m,主要进出口货物为煤、铁矿石、石油及钢材等。

(二)悉尼港绿色港口的建设实践

近年来,悉尼港将绿色港口理念融入其发展过程中,取得了巨大的成就,受到行业的瞩目。

1. 水环境保护

针对船舶生产或生活废水,悉尼港积极采取多种措施来加强船舶管理,例如在船舶加油过程中采用防湿技术,派专业人员对危险品(油、气和化学品等)作业进行现场监督。

针对陆地雨水或废水,悉尼港安装雨水收集处理装置,雨水经处理后能够达到澳大利亚饮用水标准,然后再用于花园浇灌和卫浴冲洗,节水可达45%。2003年悉尼港在其波特尼港区安装了3套此种装置,后来又在全港范围内推广。

针对船或岸溢油等突发事故,悉尼港划定了7.4 km应急海域,并组建了一支装备先进(拥有澳大利亚最长的10 km"海上柔性浮式拦油栅栏"、每小时可回收100 t浮油)、24 h待命的应急队伍,为使应急队伍时刻保持临战状态,悉尼港每年至少要举行3次应急演练。2003年悉尼港共发生212起突发性污染事故,均得到了应急队伍的快速反应和妥善处理。

2. 大气环境保护

为减少港口废气排放、提高空气质量,悉尼港积极配合州政府实施相关法规。如配合州环境保护局实施"政府空气政策行动",配合州交通局实施"政府交通运输行动2010"。

较之公路,铁路是较为清洁的运输方式,在相同运量条件下,公路能源消耗量是铁路的 9.3 倍，废气排放量是铁路的 10 ~ 15 倍。悉尼港最大限度地使用铁路进行运输，目前悉尼港集装箱铁路运输率达到 50% 以上。

3. 噪声控制

悉尼港噪声的控制措施主要有开设噪声投诉热线、成立噪声管理委员会、制订噪声管理计划。

悉尼港开设了 24 h 噪声投诉热线，对每起投诉电话都认真对待，先弄清楚声源，再和噪声责任方一起来减少噪声。2003 年悉尼港共接到噪声投诉电话 111 起，到 2007 年只有 34 起，此外，悉尼港每百艘次船舶噪声投诉也有较大幅度的下降（表 6-7）。

表 6-7　悉尼港每百艘次船舶噪声投诉　　　　　　　　　单位：次

年份	2005	2006	2007
达令港 （Darling Harbor）	1.1	0.4	2.4
格里布岛 （Glebe Island）	3.4	6.5	6.3
波特尼湾 （Botany Bay）	0.3	0.1	0

引自卢勇和胡昊，2009

悉尼港还主持成立了一个三方（港口、社区和政府）噪声管理委员会，定期开展"减噪行动"，其核心措施有：给港口装卸设备加装消声装置；对港口员工进行环境保护教育；禁止叉车等装卸设备在夜间鸣笛、调整集装箱卡车运行时间。

4. 生物多样性保护

悉尼港积极参与生物多样性保护和研究行动，2003 年悉尼港资助悉尼大学生态研究中心进行"海洋生物栖息地研究"，资助国家公园和野生动物保护局进行"波特尼湾双纹鸟生存状况研究"，然后根据这些课题的研究成果来制订生物保护方案。

2001—2002 年间大批小燕鸥在波特尼港区筑巢，然而悉尼港计划在 2003 年将其改造成为一个运输中转中心，为此，悉尼港和国家公园、野生动物保护局合作设立拦鸟墙，引导小燕鸥在其他地方筑巢，待小燕鸥迁移完毕再开始施工。

5. 垃圾管理

为减少垃圾生成，悉尼港实施废物减量和付费计划（WRAPP, Waste Reduction and Purchasing Plan），具体分为以下三个方面。

（1）针对建筑垃圾。悉尼港在工程招标阶段要求所有投标者在标书中说明如何降低垃圾的生成量，如何充分回收利用垃圾；在施工阶段要求中标者最大限度地降低垃圾的生成量，并充分回收利用垃圾。2003 年共有 7 767 t 建筑垃圾被回收再利用，其中在 Manettas

Coldstore 改造工程中混凝土和废铁的回收率都达到了 100%，见表 6-8。2007 年共产生了 6 235 t 建筑垃圾，其中有 3 525 t 被回收再利用（包括 2 915 t 混凝土，610 t 木材），再利用率达 57%。

表 6-8　工程垃圾回收表

	混凝土	废铁	石棉
总量/t	2 540	72	549
回收量/t	2 540	72	0
回收率/%	100	100	0

引自卢勇和胡昊，2009

（2）针对油污水、生活垃圾。每年有大批货船、客船进出悉尼港，产生大量的垃圾如油污水、生活垃圾等。悉尼港要求到港船舶必须使用油水分离器对油污水进行处理，并将船舶垃圾输送到岸上进行处理，在输送的工程中采取保护措施防止泄漏。2003 年度悉尼港共从 102 艘船舶上收集了 15 198 t 油污水，并在岸上进行了处理。

（3）针对办公室垃圾。悉尼港依据 WRAPP 计划努力降低办公耗材的使用，并优先采购环境保护办公用品，包括纸张、笔支、桌椅等。2002 年全港全年纸张的采购量中有 12% 是可循环利用的纸张，2003 年增长到 21%，2007 年全港回收 0.3 t 易拉罐和 4.6 t 废纸。

6. 危险货物管理

针对危险货物，悉尼港按照国际和国内的相关法律法规对危险货物进行管理。目前悉尼港所实施的关于危险货物管理的法律法规主要有《国际海运危险货物规则》《危险货物规范 1999》和《危险货物法案 1975》等。悉尼港依照这些法规积极开展稽查，并对违规者提起诉讼，见表 6-9。2003 年针对液体散货开展稽查 2 781 次，2004 年 3 331 次，2007 年对违规者共开出了 559 张罚单。

表 6-9　悉尼港稽查统计表

年份	2005	2006	2007
安全稽查/次	3 267	4 099	3 690
危险货物稽查/次	360	178	568
加油监督/次	1 183	1 296	1 556
诉讼胜率/%	80	75	100

引自卢勇和胡昊，2009

悉尼港还建立了 SHIPS（Sydney's Integrated Port System）系统，该系统详细记录了各种危险货物的来源、发往地及危险等级等信息；此外，悉尼港还对从事危险货物运输的船舶进行信誉管理，鼓励它们提高危险货物的管理水平，降低危险货物行业风险。

7. 环境保护教育及培训

悉尼港管理人员充分认识到，没有员工的支持与理解，一切措施及法规都难以有效实施。基于这种认识，悉尼港长期致力于员工环境保护教育，并通过培训等手段提高员工的环境保护意识。环境保护培训教育针对各个层次的员工，在 2003 年共有 75 名员工参与了培训，培训总学时为 1 262 h，主要包括油轮及港口安全培训、危险货物培训、液体散货培训、安全防火培训、化学品溢漏反应培训、溢油管理培训。此外，另有 4 名来自环境保护部门的员工参加了学时数为 262 h 的专业环境保护培训，培训主要内容有沉淀物质管理、雨水管理、公共环境报告、环境毒理学、空气质量管理、海洋环境污染调查等。通过这些培训大大提高了员工的环境保护意识。

三、案例分析

国外绿色港口主要有以下几个特点。

1. 在港口规划中融入环境保护理念

任何一个港口建设都是从规划开始的，在港口规划的制定过程中考虑环境因素，可以保持港口建设与环境的协调性，更合理地使用水域、岸线、土地等资源，使港口满足社会经济发展和适应环境保护两方面的要求。

2. 重视环境规划

港口的规划不单纯考虑经济因素，而是综合考虑经济、社会与环境因素，使港口的发展适应环境条件，实现经济发展与环境保护的双赢。美国长滩港致力于改善环境，20 年来一直制定环境规划；日本要求管理者制定环境规划，确定绿色港口示范工程，为建成绿色港口而努力；澳大利亚对较大港口和经常倾倒物质的港口均制定有长远的环境保护规划。

3. 在港口运营过程中注重污染治理和资源利用

在港口运营过程中不可避免地要产生环境污染，造成资源浪费。国外很多港口在运营过程中注重污染治理和资源利用。纽约-新泽西港从港区运营、船舶监控、环境监测三方面为建设绿色港口做出努力；休斯敦港务局开展了一系列活动来评估并降低废气的排放；澳大利亚的港口在运营过程中，要求船舶要配备收集垃圾设备、回收船舶废水及防止石油污染设备，以尽量减少对水、陆地和大气的污染；英国港口积极采用先进实用的环境保护防治技术，对各类污染进行防治；美国巴尔的摩港通过建设人工岛，实现了资源的综合利用。

4. 加强环境管理

港口的环境管理，特别是在运营期间的管理，是港口可持续发展的关键，环境管理成效的大小直接关系到港口可持续发展实施的前景。国外很多港口加强环境管理，如美国为了实现港口环境三个"洁"，一个"静"，即港区水域要清洁、地面要清洁、空气要清洁和环境要安静，推出严厉的港口绿色法规；休斯敦港口重视环境管理，于 2002 年率先在英国港口中取得 ISO 14001 认证；纽约-新泽西港通过建立港口环境管理体系进行绿色港口建设，注重加强内部培训和对外宣传。

5. 建立完善的绿色港口政策和管理条例

通过港口环境保护方面的法律法规的建设，尤其是对有关港口经营、发展中的环境保护配套法规的落实，建立完善的港口环境保护立法体系，加强对港口环境保护的执法力度；通过港口规划，建设全过程的环境保护监督管理、环境保护激励机制，鼓励企业主动参与港口的环境保护建设；通过开展 ISO 14000 环境管理体系认证和清洁生产审计建立有效的港口管理体系。

6. 加强基础设施建设

通过配备器材、完善网络、建设导航系统及完善应急监测装备体系等，实现陆源排污实时监控和预报预警、海洋生态监控区的实时监控，通过环境保护基础设施的建设，实现港口污染物的达标排放，推进港口污染治理、生态修复及建设工作，改善港区环境质量。同时，注重应急防范能力建设，制订完善的港口环境风险防范管理对策与应急计划，通过对历史事件的统计分析，建立港口及其附近海域环境风险源数据库、环境应急资料库，建立完善的环境安全预警及应急决策支持系统。

本 章 小 结

（1）海港指的是供海上船舶安全进出和锚泊，进行水-陆或水-水转运，以及为船舶提供各种服务设施的场所。按功能一般可分为商港、工业港、渔港、轮渡港和军港。港口一般由水域、码头及其他水工建筑物和陆域设施三部分构成。我国沿海港口已经形成环渤海地区、长江三角洲地区、东南沿海地区、珠江三角洲地区和西南沿海地区 5 个港口群。

（2）港口空气污染物的排放主要来自船舶航行过程，以及进出港、靠离泊、锚泊时的船舶发动机尾气；进出港车辆发动机尾气、以燃油为动力的装卸运输机械尾气；煤炭矿石等干散货在装卸储运过程中的产尘；石油及化工品等液体散货在装卸储运过程中的有毒有害气体及其光化学反应二次产物；码头施工扬尘等。其特征污染物主要包括：NO_x、SO_x、VOCs、液体化工蒸气、CH_4、CO、CO_2、O_3、TSP、PM_{10}、$PM_{2.5}$ 等。

（3）针对港口空气污染产生的原因和我国港口空气污染防治中存在的问题，港口空气污染的防治措施有：① 加强港口空气污染防治的力度；② 加强港口空气污染防治监管力度；③ 加强对港口清洁能源的利用；④ 及时更新老旧和污染严重的设备。

（4）港口施工期噪声污染防治对策：① 加大声源治理力度；② 限定施工作业时间；③ 设置声屏障降噪；④ 加强对施工噪声的监督管理。

（5）对于港口航运危险品，包括包装危险品和散装危险品。包装危险品根据《国际海运危险货物规则》划分为九类：爆炸品、气体、易燃液体、易燃固体、氧化物及有机过氧化物、毒性物质及感染性物质、放射性物质、腐蚀性物质、杂类危险物质。散装危险品主要包括散装液体危险品（油类、液化气、散装化学品等）和散装固体危险品（矿粉、种子饼、硝酸铵基化肥等）。

（6）港口危险品在管理和处置上容易出现的问题：① 相关法律与体系不健全；② 申报与装箱缺陷；③ 危险品集装箱标签信息不全；④ 港口码头调度水平较低；⑤ 危险品集装箱堆积安全评估不足，安全管理不合理。

（7）危险品管理与事故防范措施：① 船舶航行、操纵事故防范措施；② 码头营运管理对策；③ 装卸过程中事故预防管理措施；④ 堆存过程中事故预防管理措施。

复习思考题

1. 什么是海港？海港的组成部分有哪些？海港怎么分类？

2. 港口空气污染物的排放主要来源有哪些？

3. 港口空气污染如何防治？

4. 港口建设施工期间和运营期间，噪声主要来源和防治措施主要有哪些？

5. 港口运营过程中涉及的危险品分为几大类？每一类包括哪些种类？

6. 港口危险品管理一般会存在什么问题？

7. 港口危险品管理与事故防范一般有哪些措施？

8. 如果你是港口规划者，设想"绿色港口"应该如何建设。

主要参考文献

［1］中国应急管理编辑部. 天津港"8·12"瑞海公司危险品仓库特别重大火灾爆炸事故原因调查及防范措施［J］. 中国应急管理，2016（2）：44-57.

［2］防城港市港口区地方志编纂委员会. 港口年鉴2017［M］，南宁：广西人民出版社，2018.

［3］高省，黄璐. 港口空气污染与防治探讨［J］. 低碳世界，2018（3）：14-15.

［4］中华人民共和国交通部. 全国沿海港口布局规划［R］. 2006.

［5］侯荣华，刘克宁. 港口建设项目环境影响因素的确定及其危害的评价［J］. 水运工程，2007，3（3）：1-7.

［6］金燕. 港口危险品作业事故应急管理对策研究［J］. 企业改革与管理，2017（16）：202.

［7］李威. 危险品集装箱港口安全管理［J］. 天津职业院校联合学报，2017，19（11）：106-109，114.

［8］李晓燕. 港口规划环境影响评价研究与实践［D］. 青岛：中国石油大学，2010.

［9］卢勇，胡昊. 悉尼港绿色港口实践及其对我国的启示［J］. 中国航海，2009，32（1）：72-76.

［10］路静，唐谋生，李丕学. 港口环境污染治理技术［M］. 北京：海洋出版社，2007.

［11］马冬，肖寒，白涛，等. 美国船舶港口大气污染防治及对我国的启示［J］. 世界海运，2017，40（11）：23-28.

［12］彭传圣，彭澄. 长滩港自动化集装箱码头建设和经营概况［J］. 集装箱化，2016，27（8）：7-10.

［13］孙永明. 海洋与港口船舶防污染技术［M］. 北京：人民交通出版社，2010.

［14］王宁. 危险品集装箱码头环境风险事故预防管理对策措施［J］. 科技资讯，2012，（23）：209-209.

［15］肖青. 港口规划［M］. 大连：大连海事大学出版社，1999.

［16］邢颖. 港口集装箱危险品库的管理研究［D］. 天津：天津大学，2011.

［17］徐剑华. 长滩集装箱码头将花落谁家？［J］. 中国船检，2019（3）：42-46.

［18］许凡. 港口危险货物集装箱管理探讨［J］. 物流工程与管理，2018，40（5）：152-153.

［19］于林. 运营期辽宁省生态港口群建设问题研究［D］. 大连：大连海事大学，2009.

［20］袁瑾英. 港口施工噪声污染特性及防治对策研究［J］. 石油化工环境保护，1997（4）：37-39.

［21］詹幼卿，周艳. 港口危险品物流的安全管理现状及发展对策［J］. 珠江水运，2019（8）：90-91.

［22］周素真. 港口航道工程学［M］. 武汉：中国水利水电出版社，2000.

第七章

航运污染与防治

航运污染，也称船舶污染，是指因船舶操作、海上事故及经由船舶进行海上倾倒，致使各类物质或能量进入海洋，产生损害海洋生物资源、危害人体健康、妨碍渔业和其他海上经济活动、损害海水使用质量、破坏环境等有害影响的现象。其污染的特征：① 由船舶将各类污染物质引入海洋；② 污染物质进入海洋是由于人为因素而不是自然因素，也就是说污染行为在主观上表现为人的故意或过失，如：洗舱水、舱底污水未经处理排入海洋；③ 污染物在进入海洋后，造成或可能造成海洋生态系统的破坏。

○ 第一节　航运污染类型

航运污染是船舶在运输过程中产生的污染，根据污染物的种类可将其分为含油污水、燃料废气、生活污水、船舶垃圾等；根据污染物产生方式，可将其分为船舶营运过程中操作性排放的污染和船舶事故性排放的污染。船舶事故性排放的污染是造成海洋及港口水域污染的重要因素。事故性排放有两种情况：一种是为营救船舶、货物或保护人员生命安全而进行的应急排放；另一种是由于海损、机损事故造成船体或设备系统破坏而引起的排放。后者所造成的污染有时会给海洋环境带来惨重后果，使沿岸国家经济受到严重损害。船舶事故性排放的污染，尤其是石油污染会在本书部分章节进行介绍，不作为本章重点讨论内容。

船舶在营运过程中操作性排放的污染是航运污染的主要方式，其类型较多。具体有以下 6 类：

（1）船舶冷却水（舱底水）。为了保证船舶动力装置的正常运转，需要用水作为冷却介质。由于系统的不完善，必然会有部分冷却水泄漏到机舱舱底，与舱底的各种污染物质（特别是油）混合，形成机舱舱底污水，这种含油机舱舱底污水是各类船舶普遍存在的污染源。

（2）船舶货舱洗涤水。为保证货舱、机舱和机械设备达到技术使用条件或货物运输规定的清洁程度，常用水或洗涤剂清洗。洗舱水中可能含有石油、化学品、有毒物质或去污剂等各种污染物质，因此洗舱水是船舶（尤其是油轮、散装液体化学品船等液货船）造成污染的一个主要污染源。

（3）船舶压载水。压载水也称压舱水，指船舶为控制纵倾、横倾、吃水、稳性或应力而在船上加装的水及悬浮物。为保证船舶航行时的稳性，常用舷外水作为船舶压载水，特别是液货船在空载航行时，一定要装相当数量的压载水。如果这些压载水装入未经清洗的货油舱，与舱内残留的货油或其他有害液体混合形成脏压载水，这些脏压载水直接排入海洋会造成严重的海洋环境污染。另外，对带有病原体和有害生物的船舶压载水，在异地港口水域直接排放也会对当地海洋环境造成严重危害，这些所谓的"舶来物种"，将会造成外来物种入侵，对当地生态环境造成严重威胁。

（4）船舶生活和卫生用水。为满足船员、旅客日常生活和卫生需要，船舶产生大量的生活污水，这些船舶生活污水可能含有有机废物、各种致病微生物和寄生虫等，有机废物排放过多会破坏海水中溶解氧的平衡，未经处理的船舶生活污水直接排放入海，将对海洋环境造成有害影响。

（5）船舶垃圾物。包括船舶生产中产生的垃圾（垫舱、包装材料、油泥、铁锈、油棉纱等），船员、旅客在生活中产生的垃圾（食品残余物、包装物及日用消费品的废弃物等）。在这些垃圾中，塑料垃圾由于在海水中难以降解，而成为危害海洋环境的"首恶"。据统计，每年营运在全世界各地的商船和渔船要向海洋倾倒 2 400 多吨塑料包装材料，并丢弃超过 13 万吨的塑料捕鱼用具。这些塑料垃圾的最大受害者是鸟类、鱼类和哺乳动物等。大型海洋生物如鲸、海豚和海狮，有时会被渔网缠住而遭遇危险。据报道，因误食塑料制品或被废弃渔网缠绕而死亡的信天翁、海鸭、海鸥、海燕等有 100 万 ~ 200 万只，还有 10 万头鲸鱼、海豚、海豹、海牛等海洋动物也因同样原因而死亡。

（6）船舶废气。船舶动力装置在燃料燃烧后，排出的废气中含有未完全燃烧的微粒及带有各种有害化学成分的燃烧产物。另外，船舶在装卸货物时产生的有害挥发性物质、粉尘等都会对空气产生不同程度的污染。由于船舶发动机功率大，且往往使用含硫重油作为燃料，燃烧产生大量的硫氧化物（SO_x）、氮氧化物（NO_x），以及颗粒物（PM），其污染程度已经高到引起了人们的重视。

○第二节　船舶含油污水产生及其治理

船舶运输给海洋造成的石油污染有两种来源，即操作性排放和事故性排放。事故性排放如船舶倾覆造成的溢油事件，将在本书中专门章节论述；本节主要探讨船舶操作性排放造成的含油废水的污染及其防治措施。

一、船舶含油污水的产生

操作性排放的含油污水主要是指船舶机舱含油舱底水、油轮的含油压载水和洗舱水，据统计，由于操作性原因而排入海洋的石油约占每年入海石油总量的33%。这些含油污水的形成与运输石油的操作工艺和船舶动力装置的技术管理有关。

1. 机舱舱底水（bilge water）

船舶在营运过程中，机舱中机器（主机和辅机）、设备（泵、冷凝器、加热器等）及管路泄漏的燃料油和润滑油，与外板渗漏、舱盖漏水、温差冷凝等过程产生的淡水、海水等混合在一起的油污水会在舱底形成积水，俗称舱底水（图7-1）。舱底水必须及时排除，否则会使货物受潮变质，使船体结构锈蚀，甚至会危及船舶的安全。排除舱底水的方法是在各舱舱底设置集水井，使污水沿污水沟流至集水井内聚集，在集水井处装上吸水过滤器，并与吸水管路相通，当舱底水泵开动时，通过吸水管将舱底水抽出并排至专门的处理系统，经处理后排放。

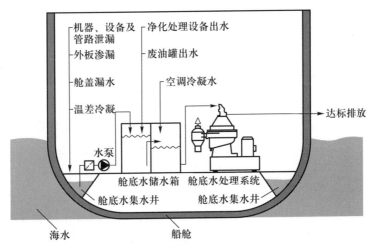

图7-1　舱底水、洗舱水的产生及处理（引自孙永明，2010）

油轮与非油轮船舶均会产生机舱舱底水。舱底水的水量不仅与船舶动力装置的技术状态有关，还与船舶航行、停泊作业时间的长短、维修、管理状况有关。一艘船舶机舱舱底水的年发生量一般为该船总吨位的10%左右，舱底水成分复杂，含多种油，其含油量可高达0.5%（质量分数），据此计算，全世界每年随舱底水排入海洋的油类多达数万吨。这些含油污水在港内排放，造成港口大片水域长期被油类污染。根据相关法律规定，直接向海洋中排放未经处理的舱底水会受到非常严厉的处罚。

2. 残油污染

残油（废油、油渣）几乎全部产生于机舱。残油的主要来源为：燃油与滑油分油机排出的残渣和水分、油水分离器分离出来的油、油机扫气箱泄放出的废油等。自 20 世纪 80 年代以来，由于大量劣质燃油的使用，油渣量由 70 年代的 0.4% ~ 0.5%（质量分数，后同）提高到 1% ~ 3%。据此计算，2007 年中国远洋运输（集团）总公司下属的 830 艘船舶耗油 430 万 t 左右，所产生的油渣量就是一个不容忽略的数量。废油油渣按《国际防止船舶造成污染公约》规定，可在船上用焚烧炉烧掉，或存在污油舱中，在抵港时交岸上接收装置处理；然而，大部分机舱内的残油也将进入舱底水，随着含油舱底水一起处理。

3. 油舱压载水（ballast water）

油轮货油舱内的结构较复杂，货油舱卸空后，舷侧壳板、舱壁、顶板、舱底的内表面，以及纵向横向构架的金属结构上，滞留着部分原油或石油制品形成的油层。此外，有相当一部分残留在货油泵及管道系统内，在油舱的底部积聚着石蜡、沥青等杂质、船体金属腐蚀剥落物、机械杂质、泥沙等，结果就形成难以抽汲的残油。

油舱内不可抽汲的残油量，取决于货油舱的大小和数量、货油的油品、卸油时货油的加热温度、货泵系统的技术状况，以及货油舱内壁金属表面的腐蚀状况等因素。舱内不可抽汲的残油量通常可达到运输油量的 0.3% ~ 0.6%。据测算，载重 10×10^4 t 的油轮，与石油相接触的金属表面大约有 8×10^4 m^2，不可抽汲的残油可达 500 ~ 600 t。

油轮卸油后在回程途中，为了保证规定的适航性，避免碰击现象或空船振荡，必须加装压载水。沿海油轮所需压载水量为总载油量的 20% ~ 25%。远洋油轮为 35% ~ 40%，恶劣天气下为 40% ~ 50%，特殊情况下高达 50% ~ 60%。压载航行时货油舱内不可抽汲的残油与压载海（淡）水相混合形成含油污水。在进入装油港口之前，所有压载污水都必须从油舱排出，以便接收新的货油。这时若无必要的措施，可能有 30% 以上不可抽汲的残油要被排放入大海。需要说明的是，目前新建船舶已经强制要求必须设有专门的压载水水舱，而不与油舱混用。

4. 洗舱水

油轮的洗舱水也是造成海洋环境污染的一大重要因素。当油轮调换装运油种或进厂修理时，需洗掉舱内的残油。油轮平均每年要洗舱 6 ~ 8 次。早期采用水洗舱，2×10^4 t 级的油轮，洗舱水量每次约需 4 000 t，占载重量的 20% 左右，洗舱水中主要含油、泥、铁锈和少量的酚，含油量平均为 0.3%。大连远洋公司"巢湖"号油轮载重吨位 9.2×10^4 t，用 $(1.5 ~ 2.0) \times 10^4$ t 海水洗舱，洗出污油 250 t，污泥 300 余 t，其含油量为 1.25%。此外，对船舶燃料舱、柜进行多次清洗所产生的洗舱水也会对海洋造成严重污染。

二、船舶含油污水的特征

在研究或选择船舶含油污水净化技术时，必须了解船舶含油污水的特征，即油污水的水量、水质，以及排放要求等。因为水质和排放标准决定着处理方法、工艺流程和技术设施的选择，而水的多少影响着处理设施的规模大小，所以了解水质水量，才能采用适当的方法和技术，选择相应的工艺流程，使污水达到排放标准，以便经济、合理地处理船舶含油污水。

1. 机舱舱底水的特征

舱底水的数量与船舶新旧程度、船舶吨位大小、主机功率、动力装置的形式及船舶的航行、停泊等作业时间的长短、维修及管理状况有关。一般一条船平均每天产生的舱底水约为该船总吨位的 0.02% ~ 0.05%（质量分数），每年平均为该船总吨位的 10% 左右。

舱底水偏酸性，pH 为 6.5 左右，与舱壁钢板接触产生锈蚀，故颜色略带微黄，加之部分污水不能排尽而长期积存于阴暗的舱底，使污水具有异味。机舱含油污水中主要混有燃料油、柴油、润滑油，据估计 70% 为润滑油。近年来，过多地使用洗涤剂、防锈剂也给油水分离带来困难。主机冷却水等使用的防锈剂是水溶性的合成油。当冷却水 pH 低于 6 时就得更换，更换周期为半年到一年。在更换时，用清洁剂清除附着于气缸和燃油系统壁面上的污物。混有防锈油的洗涤污水，含油量可达 2×10^4 mg/L，油滴直径都在 1 μm 以下。对 1 万吨的船舶来说，这类污水量每年约为 60 t，以往都是直接被排入舱底，这种极难用常规手段处理的油污水增加了舱底油污水水质的复杂性。

锅炉的清洗有时在船上进行，一般采用磷酸系洗涤剂，其洗涤污水 pH 为 1 ~ 2，属于强酸性，进入舱底后，将会形成胶状微粒化油滴，也会增加油水分离的困难。

界面活性剂被作为添加剂加入燃油和润滑油中。轮机人员在清洗增压器等设备、部件或洗手时，常使用的洗涤剂一般也含有这类界面活性剂。被带入舱底水的界面活性剂会使油滴细微化，使油粒直轻小于 1 μm，给油水分离增添了困难。

空气压缩机排气中的凝结水也会对舱底水的分离带来影响。一般排气中的凝结水含油量为 30 000 ~ 50 000 mg/L，且呈乳浊液状态，油滴直径极小，用显微镜观察其大部分在 0.7 ~ 0.8 μm 之间。这种凝结水使用滤布、凝聚剂、活性炭吸附等物理方法反复处理，其含油量至多降到 1 000 mg/L 左右。因此，空气压缩机排气中的凝结水最好不直接排入舱底，以免造成分离困难。

舱底水中的海水在盐度较高时容易分离，这是因为海水密度大，油水密度差大，能够增加油滴上浮速度，更重要的是海水中有氯化钠一类金属盐的存在，它能使舱底水中的乳化油负离子倾向大为减少，有利于油滴的聚合和捕捉。然而，近年来，中央冷却系统的引进，使海水管路长度大为缩短，加之密封技术的改善，尤其是尾轴采用油封后，使海水漏泄至舱底的可能性大为减少，因此，舱底水存在淡水化的倾向，这也给舱底油污水的处理增加了新的难度。

污水中固体微粒（泥沙，微细铁锈等）和油粒混合时，就会形成以固体微粒为核心的油包杂质的大油粒。这种油粒的相对密度接近 1，使油滴上浮速度受到影响。对于过滤式分离装置，容易使过滤材料堵塞，造成分离性能下降。此外，船舶的摇摆会使油滴和悬浮固体的混合物处于悬浮状态，既不下降，也不上浮，加剧水质的恶化，尤其是旧船的舱底较脏时此现象更为严重。

为了减少舱底油污水的产量，应当尽可能减少进入舱底的污水量和废油量，如辅助机械产生的废油，应直接排至残油舱柜，而不要直接排入舱底，以免导致舱底水含油量增加。船舶的无油废水应直接排到舷外或另行处理，不要直接排入舱底。

海水淡化装置的排污及淡化后盐度过高的水，也不宜排入舱底。在处理设备受洗涤剂限制时，应限制船员的洗涤水排入舱底。设置残油柜，以便使净化燃油及润滑油时排出的残油（油泥）及主轴机械的泄漏残油不流入舱底水中。

底水中的油一般有三种状态：① 浮上油：系指油粒粒径大于 50 μm，静置一段时间后能自行上浮的油分。② 分散油：油粒粒径较小，为 10~50 μm，分散于水中，要经过一定时间的静置，才能上浮的油分。③ 乳化油：油粒粒径更小，为 10 μm 以下的油分。一般是因使用界面活性剂或机械作用等使油乳化所形成稳定的分散体系，水呈乳浊状。

2. 油船压载水的特征

油船的压载系统，常采用专用压载舱、清洁压载舱、原油洗舱后的货油舱或任一货油舱作压载舱等办法。根据《国际防止船舶造成污染公约》及 1999 年、2001 年和 2003 年修正案的规定，载货量 20 000 t 及 20 000 t 以上的原油油船及成品油船，均应设专用压载舱，所以现行的油轮绝大部分设有专用压载水舱，而用任一货油舱作压载舱的做法已很少采用。

专用压载舱（segregated ballast tank，SBT）是指在油轮上专用于压载的舱室，有独立的管道系统，与货油舱和燃油舱完全隔开。在正常情况下，其容量能满足压载航行的要求，使货油舱不接触压载水，其水清洁，可按有关要求杀灭生物后排放。

清洁压载舱（clean ballast tank，CBT）是指现有油船在营运过程中，根据船型、货舱结构、航区特点、吃水要求等，将部分货油舱经过清洗，改为专门用于装载压载水，成为临时的 SBT。但对船舶结构、泵、管路等方面不做改动，即泵、管路仍与货油为同一系统，只不过降低了货油的装载容积，操作程序变得复杂，但并不能保证压载水一定符合标准。因此，必须增设油水分离器和排油监控装置。

清洁压载舱内的压载水和用任一货油舱作压载舱的额外压载水（脏压载水）均含有油分。油在污水中存在的状态，一般也像舱底水一样，呈三种物理状态：浮上油、分散油和乳化油。含油的压载水绝大多数情况为浮上油型压载水。压载水与洗舱水、舱底水相比，油污乳化程度低，而且油的品种纯净，不如舱底水的含油量高。

3. 油船洗舱水的特征

对于洗舱水的水量，一般 2 万吨级油船，洗舱水每次约需 4 000 t，占载重量的 20% 左右。5 万~10 万吨级油船洗舱水占其载重量的 10%~15%。装有原油洗舱系统的油船，洗舱水可减至载重量的 5% 以下。

洗舱水中油分的乳化程度比压载水高，洗舱时需用高压热水冲洗，有的还使用洗涤剂。油水充分混合，故乳化程度较高。有研究（孙永明，2010）曾对船上的洗舱水进行试验观测，将洗舱水排入处理船上的一个深 10 m、容积为 2 000 m³ 的舱内，分别静置分离 1 h、4 h 和 8 h，取样化验，结果见表 7-1。

表7-1　洗舱水静置分离时间与含油量（mg/L）情况

项目	静置分离1 h			静置分离4 h			静置分离8 h		
	上层	下层	平均	上层	下层	平均	上层	下层	平均
批次1	142.3	126.6	134.5	98.8	65.4	82.1	54.5	58.1	56.3
批次2	81.8	57.2	69.5	17.4	20.7	19.1	11.9	9.4	10.7
批次3	76.4	116.5	96.5	30.4	38.8	34.6	19.4	14.2	16.8
批次4	30.6	44.4	37.5	11.5	11.5	11.5	9.8	6.9	8.4
平均	82.8	86.4	84.5	39.5	34.1	36.8	23.9	22.2	23.1

注：批次1、2、3、4为初始含油量不同的洗舱水；上层距表面2 m，下层距舱底2 m。

引自孙永明，2010

可知，含油量为30 000 mg/L以下的洗舱水，经1 h的静置分离，均可降到150 mg/L以下，平均为84.5 mg/L。经4 h的静置分离，可降到100 mg/L以下，平均为36.8 mg/L。经8 h静置分离，可降到60 mg/L以下，平均为23.1 mg/L。

静置分离1 h后，在静置舱中间取样，观测污水中油粒分布，如图7-2所示，横坐标为油粒半径，纵坐标为油粒数量，可见绝大部分油粒半径在20 μm以下。

洗舱水的污泥量大，主要是在洗舱时舱壁上铁锈和污泥黏在一起，这些污泥相对密度较大，经静置会沉淀，洗完舱后作为泥渣被排出。

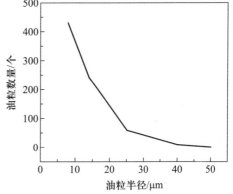

图7-2　洗舱污水中油粒粒径分布曲线（引自孙永明，2010）

三、船舶含油污水的治理

处理船舶产生的含油污水，经济有效的方法就是通过油水分离器将油水分开，然后分别进行处理。因此，油水分离器作为船舶主要的防污染设备之一，在减轻船舶对海洋环境污染方面发挥着重要的作用。《国际防止船舶造成污染公约》附则Ⅰ第9条规定：对于400 t及以上的非油船和油船机器所处的舱底（含油污）水（不包括货油泵舱的舱底，但不得混有货舱的残油）的排放，未经稀释的排出物的含油量不超过15 mg/L；第16条规定：凡400吨及以上但小于10 000 t的任何船舶，应装有经主管机关批准的滤油设备，且应保证通过该滤油设备处理后排放入海的含油混合物的含油量不超过15 mg/L；凡1万吨及以上的任何船舶，应装有经主管机关批准的滤油设备和当排出物的含油量超过15 mg/L时能发出报警信号并自动停止含油混合物排放的装置。

在我国，2018年生态环境部批准并与国家质量监督检验检疫总局联合发布国家环境保护标准《船舶水污染物排放控制标准》（GB 3552—2018），于当年7月1日起实施，要求除军事船舶外，所有船舶排放入海（河）的含油混合物中含油量不得超过15 mg/L。

　　油水分离的方法按其原理可分为物理分离法、化学分离法、生物处理法、电浮分离法等。物理分离法是利用油水的密度差或过滤吸附等物理现象使油水分离的方法，主要特点是不改变油的化学性质而将油水分离，包括重力分离、浮选分离、气浮分离、过滤分离、吸附分离、聚结分离、超滤膜分离及反渗透分离等方法。化学分离法是向含油污水中投放絮凝剂或聚集剂，其中絮凝剂可使油凝聚成凝胶体而沉淀，而聚集剂可使油凝聚成胶体使其上浮，从而达到油水分离的一种方法。生物处理法有活性污泥法、生物滤池法等。电浮分离法是一种物理化学分离方法，其原理是把含油污水引进装有电极的舱柜中，利用电解产生的气泡在上浮过程中附着油滴而加以分离，从而实现油水分离的方法。就目前船用油水分离器而言，主要还是采用物理分离法。

　　船舶油水分离器主要由油水分离装置、自动排油装置、油分浓度监测装置、报警和排放自动停止装置等组成。其中油水分离装置的主要形式有重力-聚结组合式、重力-吸附组合式和真空式三种。

　　重力-聚结组合式油水分离装置先将含油污水泵入一级分离筒，进行一级分离即重力分离，大油滴上浮至集油室顶部，而含有小油滴的污水向下流动进入聚结分离装置。不同的液体有着不同的表面张力，而液体流过小孔时，表面张力越小，所通过的速率就越快。当不同相混合液体流入分离器后，首先进入聚结滤芯，聚结滤芯具有多层过滤介质，其孔径逐层递增。由于表面张力的差异，油液快速通过滤层，而水却缓慢得多；又由于聚结滤芯采用亲水性材料，微小的水滴更是吸附在滤层表面从而造成水滴的聚结。受动能的作用，小液滴竞相通过开孔，逐渐汇成大的液滴，并在重力的作用下沉降而与油液分离。通过聚结滤芯后的油液，仍有尺寸较小的水珠在惯性的作用下向前移动至分离滤芯处。分离滤芯由特殊的疏水材料制成，在油液通过分离滤芯时，水珠被挡在滤芯的外面，而油液则通过分离滤芯，并从出口排出。

　　重力-吸附组合式油水分离装置工作原理如下：由泵送来的含油污水被泵入一级分离筒后，进行一级分离即重力分离，大油滴上浮至溢油口，经排油管排至污油柜。含小油滴的污水流入二级分离筒，污水中的小油滴与其中的粗粒化板碰撞、聚合、粗粒化、使油滴上浮集聚，经排油管排至污油柜。这样处理完的污水再进入充有吸附材料的精分离区，油污水经过吸附层后细小油滴被吸附，其含油量降到 15 mg/L 以下。

　　真空式油水分离装置能消除输送泵对其分离性能的不良影响，目前新造的船大多采用真空式油水分离器。真空式油水分离装置的排油系统较为复杂，其常见的排油方法有两种，一种是改变输送泵的吸排方向，抽吸清水将其泵入分离装置内把油"压出"；另一种是泵的吸排方向不变，采用三通电磁阀，控制电磁阀的通路，改为抽吸清水向分离装置供水而排出分离装置内的油。

　　油水分离器的排油装置一般有自动和手动两种形式。常见的自动排油装置由电容式或电阻式油位探测器和排油阀组成，油位探测器装在分离器的集油室中，利用感受元件在油、水中与分离器壳体之间探测导电系数（或电容）的改变，测出油层厚度的变化，并输出控制信号来控制排油电磁阀。

　　油分浓度报警器（15 mg/L 报警器）按其核心部分即油分浓度计的工作原理分类主要

有光学浊度法、红外线吸收法、紫外线吸收法和光散射法。如排放水中含油浓度超过规定的标准，报警器就发出声光报警信号。

常见的自动停止装置有两种：一种是采用气控或电控三通阀，当排放水样超过排放标准时，15 mg/L 报警器发出报警信号，同时旁通回流管路自动打开，舷外排放管路自动切断，将超标污水导回污油水柜；另一种是当排放水超过排放标准时，15 mg/L 报警器发出报警信号，同时旁通回流管路自动打开，舷外排放管路自动关闭，污水泵自动停止。

一般油水分离装置的上部还设有电加热或蒸汽加热设备。油水分离器铭牌上均标有该设备的型号、额定处理量，还有一块铜牌说明其使用的注意事项（如不能处理含油过多或已乳化及含有某些洗涤剂的油污水等）。

第三节　船舶造成的大气污染控制及防治

水路运输凭借其装货量大、运费低、距离远等优势成为当今国际贸易的主要运输方式，占国际货物运输总量90%左右的份额。目前具备远洋资质的船舶约 9 万艘，每年实际有 5 万多艘船舶在跨洲运输货物，消耗燃油超过 2.0×10^8 t。与车用汽油、柴油相比，大部分船舶主要以重油为燃料，其硫、重金属等含量均较高，燃烧产生大量的硫氧化物（SO_x）、氮氧化物（NO_x）及颗粒物（PM），加之船舶发动机功率大，燃油消耗量大，废气排放十分严重。假设一艘中型到大型集装箱船使用硫含量为 3.5%（质量分数）的船用燃料油，并以最大功率的70%行驶，其一天排放的 $PM_{2.5}$ 总量相当于我国 3 万辆国Ⅳ货车一天的排放量（史湘君，2016）。可见，如果对船舶废气不进行控制和处理，会对环境造成严重的污染。

船舶尾气排放已经成为大气污染的主要来源之一（图7-3）。据挪威向国际海事组织提供的资料表明，2000 年全球船舶排放的 NO_x 达 602 万 t，占世界排放总量的7%；排放

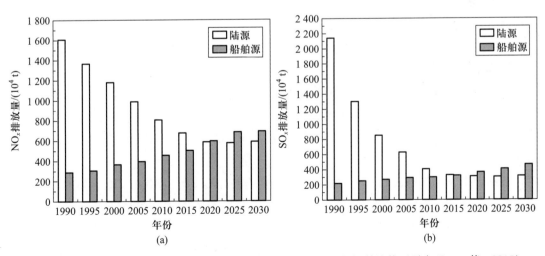

图7-3　1990—2030 年来自陆源和船舶排放 NO_x（a）和 SO_x（b）的比较（引自 Komar 等，2015）

的 SO_x 达 634 万 t，约占世界排放总量的 4%。原环境保护部发布的《中国机动车环境管理年报（2017）》数据显示，2015 年我国船舶排放二氧化硫、碳氢化合物、氮氧化物、颗粒物的量分别为 78.8 万 t、2.8 万 t、121.4 万 t、11.9 万 t。其中，氮氧化物和颗粒物分别占移动源排放的 10% 和 12%。船舶大气污染已经到了不容忽视的地步，特别是在港口、海峡和一些航线密集、船舶流量大的海区，船舶排放的废气甚至成为该地区的主要污染源。上海市环境监测中心、深圳市环境科学研究院和香港环境保护署的研究结果均显示，船舶排放的氮氧化物和二氧化硫是大气污染的重要来源。

一、船舶造成大气污染的途径

船舶造成大气污染的途径主要有以下三方面。

1. 燃料燃烧

目前，我国内河船舶、内燃机车、工程机械、拖拉机和发电机组等使用燃料以普通柴油为主，技术标准符合《普通柴油国家标准》（GB 252—2015），要求硫含量不大于 0.035%（质量分数，下同）。但实际硫含量普遍较高，平均在 0.2% 以上。目前，我国沿海船舶常用的为 380 cst 和 180 cst 燃油，而规定的船用燃料油标准——《船用燃料油》（GB 17411—2015）为强制性标准，对船用馏分油硫含量要求在 1% ~ 1.5%，对船用残渣燃料油硫含量要求在 2% ~ 3.5%（质量分数）。此外，大马力渔船常用重质燃料油，这类燃油的使用会产生更多的有害气体，例如一氧化碳（CO）、氮氧化物（NO_x）、硫氧化物（SO_x）、挥发性有机化合物（volatile organic compounds，VOCs）、碳氢化合物（HC），以及颗粒物等。燃油废气污染在船舶大气污染中占有绝对比例，是需要重点控制的对象。

2. 制冷剂、灭火剂、洗涤剂、发泡剂（隔热材料）的使用

在船舶营运、消防、演习、检修、拆装过程中，会将氟氯烃（CFCs）、卤烃（Halon）等耗损臭氧层的气体排入大气。

3. 有害货物的泄漏

在装卸作业或航行途中，液货中的烃类气化物或有害气体有可能扩散到大气中去。此外，为了防止船舶废弃物对海洋环境的污染，船上将油渣垃圾、生活废弃物等用焚烧炉进行焚烧处理，废弃物中的有害成分，甚至剧毒成分在焚烧过程中转化为气体排入大气中，造成空气污染。

归纳起来，船舶排放到大气中的污染物主要有：CO、SO_x、NO_x、CH_4、VOCs、CFCs、哈龙等有害气体。大多数气体可以通过自然界的自净能力净化，即海洋、河流水体的吸收，土壤、植被和微生物的吸收和转化，在对流层或平流层中的化学反应，以及重力沉降、降水吸附等过程完成净化。但自然界的自净能力有一定限度，并不能无限制地吸收、净化前述的气体污染物。例如氮氧化物在反硝化作用下产生的氧化亚氮（N_2O）可传输到

平流层，与臭氧（O_3）作用，使臭氧层遭到破坏。

二、船舶柴油机 NO_x 和 SO_x 排放的法律规范及控制措施

联合国下属的国际海事组织（International Maritime Organization，IMO）总部位于英国伦敦，主要负责海上安全和海洋环境的保护。IMO 制定了《国际防止船舶造成污染公约》（International Convention on the Prevention of Pollution from Ships），也即 MARPOL73/78 公约，该公约最初于 1973 年 2 月 17 日签订，但并未生效，现行的公约包括了 1973 年公约及 1978 年议定书的内容，于 1983 年 10 月 2 日生效。我国于 1983 年 7 月 1 日加入《国际防止船舶造成污染公约》，成为缔约国。截至 2019 年底，该公约已有 174 个缔约国，缔约国海运吨位总量占世界海运吨位总量的 98%。

1997 年 9 月 15 日至 26 日，《国际防止船舶造成污染公约》的 6 个缔约国政府代表及 15 个非缔约国观察员在 IMO 总部召开了 1997 年防止大气污染国际会议，会议通过了《国际防止船舶造成污染公约》的 1997 年议定书及 8 个决议。议定书将"防止船舶造成大气污染规则"作为附则Ⅵ纳入《国际防止船舶造成污染公约》，并于 2005 年 5 月 19 日生效。

各国可以向 IMO 申请设立更严格的"排放控制区"（emission control area，ECA），以加强船舶废气排放控制。2016 年，我国设立三个船舶排放控制区，包括珠三角、长三角、环渤海（京津冀）水域船舶排放控制区；目前，国际上已经设立 6 个排放控制区，其中波罗的海海域、北海海域（含英吉利海峡）、北美海域和美国加勒比海域排放控制区由 IMO 批准设立，欧洲海域排放控制区和美国加利福尼亚排放控制区分别由欧盟和美国自行设立（图 7-4）。

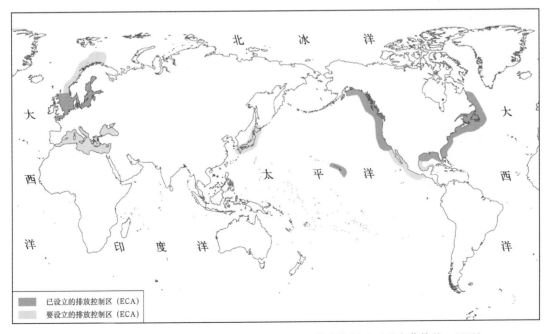

图 7-4　国际上已设立的排放控制区及要设立的排放控制区（引自蔡轶基，2019）

（一）《国际防止船舶造成污染公约》对 NO$_x$ 和 SO$_x$ 排放的控制标准

船舶柴油机排放的废气主要有氮氧化物（NO$_x$）、硫氧化物（SO$_x$）、碳氧化物（CO$_x$）、碳氢化物（HC），以及细颗粒物（PM$_{2.5}$）等，其中氮氧化物（NO$_x$）和硫氧化物（SO$_x$）对环境和人类的影响最为严重。《国际防止船舶造成污染公约》附则Ⅵ对船舶排放大气污染物做出了严格的规定，其首次设定了船舶氮氧化物（NO$_x$）和硫氧化物（SO$_x$）的排放指标，并通过限制 SO$_x$ 排放间接控制空气中颗粒物的排放。

1. 氮氧化物（NO$_x$）排放的控制标准

除应急发电柴油机、救生艇发动机及应急设备或装置使用的柴油机外，2000 年 1 月 1 日或以后建造的输出功率超过 130 kW 的柴油机船舶，以及 2000 年 1 月 1 日或以后经过重大改装的输出功率超过 130 kW 的柴油机船舶，其氮氧化物（NO$_x$）的排放量必须满足如下指标：

低速机（$n < 130$ r/min）为 17 g/(kW·h)；

中速机（$n = 130 \sim 2\,000$ r/min）为 $45 \times n^{-0.2}$ g/(kW·h)；

高速机（$n > 2\,000$ r/min）为 9.84 g/(kW·h)。

IMO 所属海洋环境保护委员会（Marine Environment Protection Committee，MEPC）第 58 次会议于 2008 年 10 月 6 日至 10 日在英国伦敦 IMO 总部召开，会议通过了《国际防止船舶造成污染公约》附则Ⅵ关于减少船舶排放废气的修正案，对船舶大气污染物的排放提出了进一步的要求。该修正案于 2010 年 7 月 1 日生效。在 NO$_x$ 排放控制方面，修正案根据船舶的建造年份制定了三层控制标准。

第一层标准要求 2000 年 1 月 1 日至 2011 年 1 月 1 日建造的船舶上安装的柴油机的氮氧化物（NO$_x$）排放量控制在下列限值内：

低速机（$n < 130$ r/min）为 17 g/(kW·h)；

中速机（$n = 130 \sim 2\,000$ r/min）为 $45 \times n^{-0.2}$ g/(kW·h)；

高速机（$n > 2\,000$ r/min）为 9.84 g/(kW·h)。

第二层标准要求 2011 年 1 月 1 日及以后建造的船舶上安装的柴油机的氮氧化物（NO$_x$）排放量控制在下列限值内：

低速机（$n < 130$ r/min）为 14.4 g/(kW·h)；

中速机（$n = 130 \sim 2\,000$ r/min）为 $44 \times n^{-0.2}$ g/(kW·h)；

高速机（$n > 2\,000$ r/min）为 7.7 g/(kW·h)。

而第三层标准最为严格，当船舶航行于指定的排放控制区时，2016 年 1 月 1 日及以后建造的船舶上安装的柴油机的氮氧化物（NO$_x$）排放量必须控制在下列限值内（控制区外仍适用第二层标准）：

低速机（$n < 130$ r/min）为 3.4 g/(kW·h)；

中速机（$n = 130 \sim 2\,000$ r/min）为 $9 \times n^{-0.2}$ g/(kW·h)；

高速机（$n > 2\,000$ r/min）为 2.0 g/(kW·h)。

2. 硫氧化物（SO$_x$）排放的控制标准

《国际防止船舶造成污染公约》附则Ⅵ对硫氧化物（SO$_x$）的一般要求规定，船舶使用的任何燃油的含硫量不得超过4.5%（质量分数，下同）。在硫氧化物（SO$_x$）排放控制区的船舶所使用的任何燃料中，含硫量不得超过1.5%。2012年1月1日，要求全球重质燃油的含硫量从现在的4.5%降至3.5%；2020年1月1日以后，除排放控制区以外的全球其他海域船用燃油的最大硫含量不得超过0.5%；对于硫氧化物（SO$_x$）排放控制区，从2010年7月1日开始，该区域船舶所使用的燃油含硫量不得超过1.0%，从2015年1月1日开始不得超过0.1%（图7-5）。

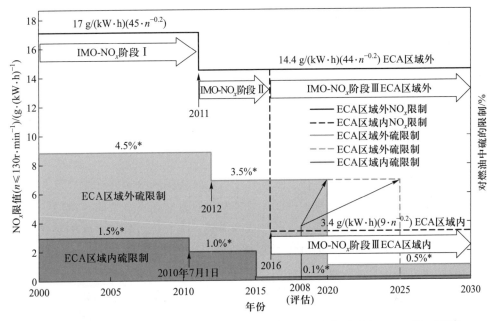

图7-5 燃油中NO$_x$和硫的削减及排放控制区（ECA）限值（引自 Komar 等，2015）

注：* 为质量分数

（二）船舶柴油机 NO$_x$ 排放的控制措施

柴油机燃料中含氮量一般不到0.02%（质量分数），排气中的氮氧化物主要是由空气中所含的氮单质在高温下氧化而成，其氧化反应过程可用扩充的切尔杜维奇（Y. Zeldovich）机理加以说明。

$$N_2 + O \Longrightarrow NO + N \tag{7-1}$$

$$O_2 + N \Longrightarrow NO + O \tag{7-2}$$

$$N + OH \Longrightarrow NO + H \tag{7-3}$$

上述反应中的氧原子是 O$_2$ 在高温分解时产生的，氧原子的存在诱发了 NO 生成的连锁反应。由于在整个反应过程中，反应式（7-1）起决定作用，所以氧原子浓度及反应温度对 NO 的生成最为重要。NO 的生成量还与反应时间有关，如果燃气在富氧和高温条件下停留时间长，NO 的生成量必然增加。随着膨胀冲程缸内温度下降，NO 的生成率也迅速下降。但因逆向反应速率很低，NO 不能很快达到相应的平衡浓度，因此，其排放浓度大大高于平衡浓度。NO_2 不是在气缸内生成的，而是 NO 在排入大气后与空气中的 O_2 发生反应生成的。

通过上述分析可知，对氮氧化物生成有重要影响的因素是：高温、富氧、长时间停留。如果这三个条件同时成立，那么氮氧化物的生成将明显增多。所以控制 NO_x 的排放，从本质上讲就是避免这三个条件在燃烧室中同时形成。当然，从燃烧理论来讲，NO_x 是良好燃烧状况的副产物。因此，要降低 NO_x 排放就不可避免地要降低柴油机的热效率，使柴油机运营成本上升。

船舶柴油机的排放控制措施分为机内控制（一次控制）和机外控制（二次控制）。机内控制是指在可燃混合气燃烧之前采取的减少污染物排放的措施，包括湿法降低 NO_x 技术（燃油乳化、气缸直接喷水、增压空气加湿）、废气再循环技术（EGR）、优化柴油机结构参数和运行参数、添加燃油添加剂等；机外控制是指在机内控制基础上进一步降低排放量，以期满足《国际防止船舶造成污染公约》附则Ⅵ的要求所采取的措施，包括选择性催化还原技术（SCR）、废气洗涤法等。

下面将目前船舶柴油机常用的控制 NO_x 排放的措施分为以下六个方面进行说明。

1. 燃油乳化

燃油乳化是指燃油在喷入气缸前，在燃油中混合一定的水分，并在超声波和机械搅拌的作用下，将重油乳化成为油包水的油滴。燃油喷入气缸后在水蒸气的"微爆"作用下破碎成更细小的油滴，因而促进了混合气的形成和燃烧。在燃烧过程中，水的吸热作用，可降低最高燃烧温度，从而减少柴油机的 NO_x 排放量。

燃油的乳化必须在其进入燃油系统循环回路前完成。水的使用量可根据排气中测得的 NO_x 来决定，因此需要对 NO_x 进行连续监测。对于采用燃油乳化措施的船舶，燃油系统应设置一个特殊设计的安全系统，当船舶失电时，不会影响油/水乳化的稳定性。这样，机器再启动时仍可使用稳定的乳化燃油，而无须切换到纯燃油状态。

燃油乳化技术也有其局限性，水和重质燃油的乳化比较容易实现，但水和轻质柴油的乳化就存在一定的困难。另外，使用乳化燃料时，原喷油泵的喷射量及喷射特性不能满足柴油机运转时所需求的燃料量，尤其是在大负荷情况下，柴油机几乎不能正常运转；加之乳化燃料的黏度较大，雾化效果不好，造成燃烧恶化，反而使一些有害气体的排放增加。因此需要改造柴油机的高压油泵、高压油泵凸轮轴和喷油器。在实际应用中，燃油乳化技术能降低 NO_x 排放 20% ~30% 。

2. 气缸直接喷水（DWI）

鉴于燃油乳化技术有较为明显的缺点，瓦锡兰公司开发并应用了气缸直接喷水技术（DWI）。该技术通过复合型喷油器将水和燃油先后喷入燃烧室，实现水与燃烧混合气的混合从而降低了燃烧的温度，能够减少 NO_x 排放量 50% ~60% 。

如图 7-6 所示，DWI 技术采用双喷嘴油头，一个喷油，一个喷水。水在燃油喷射之前喷入缸，可以降低燃烧室温度从而降低 NO_x 排放量。在喷水结束之后开始喷油，对燃油的着火和燃烧过程不会造成影响。油、水两个系统是相互独立的。该方法可使 NO_x 排放量降低 50%～60%。随着喷入气缸水量的增加，NO_x 排放量随之减少，最大的水油比例为50%，NO_x 排放量降低 60%。

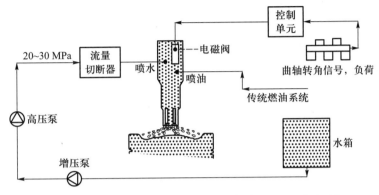

图 7-6　气缸直接喷水系统（引自孙永明，2010，有改动）

DWI 技术在降低 NO_x 排放的同时也降低了柴油机的热负荷，并提高柴油机的运行清洁性，消耗的淡水量也较少。实践表明，当发动机负荷在额定功率的40%以上时，喷水系统对降低 NO_x 排放最为有效。但是 DWI 技术会导致燃油消耗率略有提高，燃烧含硫量较高的燃油时需考虑燃烧室材料和采用特殊的喷嘴。

3. 增压空气加湿

亦称进气空气加湿，水以高压水雾的形式在压气机后喷入增压空气，有时还需要提高空气冷却器中增压空气的温度，以防止水雾凝结。这种方法可减少50%～60%的 NO_x 排放，降低主机的热负荷并提高柴油机的运行清洁性，在必要时也可以屏蔽掉喷水系统，而不影响柴油机的正常运转。增压空气加湿系统有结构简单成本低和不增加燃油消耗率等优点，但是采用增压空气加湿技术需要较多的淡水且对水质要求较高，并且有可能对气阀和阀座产生腐蚀。

4. 废气再循环（EGR）

废气再循环将排气管中的一部分废气引入进气管，再引入气缸中。废气的稀释作用减缓了 NO_x 的生成速度、降低了燃烧温度，从而有效地降低了 NO_x 排放浓度。

废气再循环之所以能够使排气中的 NO_x 浓度下降，是因为：① 柴油机排出的废气中，由于含氧量少，在其再循环回气缸内后，使燃烧时反应混合物中的氧气含量与不循环时相比，有显著降低。在燃烧和爆炸过程中 NO_x 的生成反应速度与氧浓度的平方根成正比，因此 NO 的生成反应速度降低，于是废气中的 NO 浓度也相应下降。② 废气中含有较多的水蒸气和 CO_2，在高温下，水蒸气和 CO_2 的比热容比空气大得多。若燃料油的燃烧热值一定，燃烧混合气比热容大者，会使燃烧过程所达到的火焰温度较比热容小者低。由于在燃烧和爆炸过程中，NO_x 的生成速度与燃烧绝对温度成指数关系，因此燃烧温度的降低导致废气中 NO_x 浓度降低。

当然，废气再循环技术也有其不足之处，会使发动机热负荷较高，排气温度增加，柴油机的动力性及经济性下降。废气再循环量过大还会使燃烧速度变慢，稳定性变差，HC 及 CO 排放量增加。

5. 优化柴油机结构参数和运行参数

延迟喷油定时是在燃烧过程中降低 NO_x 发生量的简便、有效的改进方法。延迟喷油定时的作用主要是使燃料燃烧所形成的温度峰值降低，但会使油耗率略有增加。对于经常在热带航区航行的船舶动力装置，由于冷却水温较高，利用此方法能将 NO_x 的排放量减少 10% ～15% 。

通过调整喷油规律，减少上止点前喷入气缸的燃油量；或者调整气阀正时，以降低最高燃烧温度和压力，也可减少 NO_x 发生量。另外，改进喷油器的结构，如减小喷油器压力室容积，改变喷油嘴喷孔数目、孔径和长度等，也是控制 NO_x 排放的有效措施之一。但是要解决减少污染物排放和保证发动机性能之间的矛盾，目前较好的办法是采用柴油机电子控制技术或智能喷油系统。近年来发展的共轨电控喷油技术，能实现柴油机在不同负荷的情况下以优化的喷油提前角和喷油压力将燃油喷入气缸，在降低了燃油消耗率的同时，也降低了 NO_x 的排放。

彩图 7-7
选择性催化还原法（SCR）原理

6. 选择性催化还原法（SCR）

用氨或尿素作还原剂对含 NO_x 的气体进行催化还原处理，使氨或尿素能有选择地和气体中的 NO_x 进行反应，而不和氧气发生反应，称为选择性催化还原法（图 7-7），是目前大幅降低 NO_x 排放的最有效方法，最高可去除 95% 的 NO_x 。

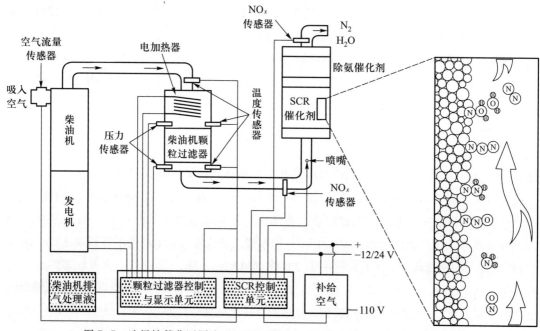

图 7-7　选择性催化还原法（SCR）原理（引自李松梅等，2013，有改动）

利用选择性催化还原法来降低废气中的 NO_x 时，废气在通过一层特殊的催化剂之前与氨或尿素相结合，温度为 300～400 ℃，NO_x 还原为 N_2 和 H_2O。用 SCR 法净化 NO_x 时，主要发生以下反应：

$$4NO+4NH_3+O_2 \longrightarrow 4N_2+6H_2O \tag{7-4}$$

$$6NO_2+8NH_3 \longrightarrow 7N_2+12H_2O \tag{7-5}$$

NO_x 清除的程度取决于所加的氨量（表示为 NH_3/NO_x）。NH_3/NO_x 的比值高，则可得到高的 NO_x 净化率，但在被处理过的烟气中未用过的氨（称为氨的流失）将增加。氨的流失应尽可能低，这是因为烟气在其下游的锅炉或者其他热交换器中冷却时，氨可能与排气中的 SO_3 反应，导致加热面被硫化氨污染。

SCR 反应器含有多层催化剂。催化剂的容量和反应器的尺寸取决于催化剂的活性、期望 NO_x 的净化程度、NO_x 的浓度、烟气压力和可接受的 NH_3 流失量等因素。船用 SCR 在较严峻的条件下工作，低硫燃油、机器负载频繁迁移等会受较多因素影响。催化剂的耐用性对维修时间和运行费用有重要的影响。

SCR 技术的最大优点在于它能降低 85%～90% 的 NO_x 排放，并且不影响柴油机的燃油消耗率。如果机内控制措施仍不能满足排放法规要求，可以应用 SCR 技术有效地弥补这一点。国外一些柴油机制造厂早已开始 SCR 技术实船应用的开发研究工作，所有试验研究都表明 SCR 技术不仅有效地降低了 NO_x 的排放，同时也降低了 CO、HC 等污染物的排放。SCR 技术是降低 NO_x 排放的机外控制技术的首选方案，能够较好地满足一些航区对 NO_x 排放控制较严的要求。

然而，SCR 技术也存在不少问题，其系统装置的体积与发动机相当，投资费用为船舶的 5%～8%，运行费用（主要是还原剂消耗）也很高，当负荷变化时难以控制氨的喷入量，此外在船舶的应用、还原剂的装卸、贮存和安全等方面存在问题需要考虑。

（三）船舶柴油机 SO_x 排放的控制措施

控制 SO_x 排放主要从两个方面考虑，一是尽量使用低硫燃油和清洁能源，二是对排放废气进行脱硫处理。

降低 SO_x 排放的根本措施在于使用低硫燃油。根据 IMO 要求，到 2020 年船舶燃油含硫需低于 0.5%（质量分数，下同），这类燃油有三种供应方式。一是直接使用 0.5% 低硫重质燃油（HFO），有些地区的原油硫含量甚至远远低于 0.5%，比如我国克拉玛依、大庆、辽河等油田出产的原油，其中，克拉玛依油田出产的原油硫含量只有 0.04%。这种原油经蒸馏工艺后产生的渣油（residual oil）硫含量也会很低，调制出的 HFO 硫含量就能满足 IMO 0.5% 低硫燃料标准，然而这类 0.5% HFO 的产量很少，远远满足不了全球远洋船舶的燃料需求。二是使用 0.5% 低硫调和油（blending），通过低硫轻质燃油和高硫重质燃油按规定的比例进行混合、调制，生产出满足 IMO 排放要求的 0.5% 低硫调和油，然而这种调和油中，轻质燃油所占的比例接近 66%，这决定了 0.5% 低硫调和油的市场价格较高。三是使用脱硫燃油。在石油的炼制过程中，一般都要经过脱硫工序，成品油中的含硫量比原油中的低得多，问题是燃油价格在一定程度上取决于含硫量，如果燃油中硫的含量从 3.5% 降到 1.0%，则价格将提高 10%～20%，而且燃油脱硫的精炼过程需耗费大量能量，并造成新的污染（脱硫 1 t 需释放 6 t CO_2），同时不同地区对船舶进港所用燃油的含硫量要求不一，转换使用含硫量不同的燃油会因不相容性而产生品质不稳定的燃料，可见仅仅使用低硫燃油也并非万全之策，船舶排烟脱硫处理将是今后船舶 SO_x 污染控制的重点发展方向。

燃油中的硫几乎 100% 氧化为 SO_x，主要为 SO_2。从烟气中脱除 SO_2 的技术，根据净化的原理和流程来分类，大致有三类。一是用各种液体和固体物料优先吸收或吸附 SO_2；二是在气流中将 SO_2 氧化为 SO_3，再冷凝为硫酸；三是在气流中将 SO_3 还原为单质硫，再将硫冷凝。

湿法脱硫是烟气脱硫的主要技术手段，即利用液体作为吸收剂在洗涤塔中吸收并除去烟气中所含的 SO_2。根据所用吸收剂的不同，又可分为石灰石膏法、氢氧化镁法和碱性水溶液法等，目前又兴起了使用海水作为吸收剂脱硫的海水脱硫法，利用海水呈碱性与 SO_2 可以溶于海水的基本原理，在洗涤塔内大量喷淋海水，烟气中的 SO_2 被海水吸收而除去，净化后的烟气经除雾器除雾和烟气加热器加热后排放，溶于海水中的 SO_2 则排入海中。实践证明采用海水脱硫法除硫效果可达 90%，虽然此法将对水质有所影响，但这种影响不会对环境造成长期的损害。

当然，无论是采用洗涤塔的湿法脱硫技术，还是其他烟气脱硫的办法，柴油机 SO_x 排放后，处理都需要较大的投资。为此，是选用低硫燃油还是采用高硫燃油并添置烟气后处理脱硫设备仍需认真权衡。所幸的是中国产原油属远东低硫原油，大庆原油含硫量不到 0.1%，胜利油田和江汉油田的原油含硫量分别为 0.98% 和 1.28%，远小于《国际防止船舶造成污染公约》附则Ⅵ中对当前船用燃油含硫量的质量分数不超过 3.5% 的规定，但略超过 2020 年实施的 0.5% 的规定。西亚原油的含硫量偏高，在 2.5% 以上，委内瑞拉波斯坎（Boscan）原油含硫量为世界最高，达 5.5%。

第四节　航运造成的生物入侵及防治

船舶是按照载货航运的要求来设计和制造的，如果船舶没有装货，或者已经在某一港口卸下了部分货物并开往它的下一停靠港，为了让船舶能有效和安全地航行就必须进行压载（图 7-8）。船舶压载水（ballast water）指为控制船舶横倾、纵倾、吃水、稳性或应力而加装到船上的水及悬浮物质。

压载水中含有大量的海洋生物，当未经杀生处理的压载水通过航运在世界各地转移时，极可能将新的物种带入压载水排放的海域，并在该海域定居、繁殖，甚至与同营养级的生物争夺栖息地，进而造成外来物种（alien species）的生物入侵（biological invasion），给当地渔业经济和生态环境带来巨大危害。

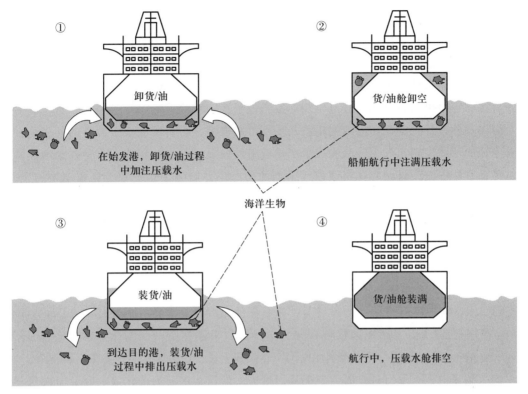

图7-8　船舶压载水的加载、卸载示意图（引自钱程，2017）

一、压载水导致的生物入侵

几千年前人类首次造船的时候，压载物是固体的，一般使用岩石、沙子或金属。大约从1880年前后，船舶已经主要使用水作为压载物，因为水更容易利用，更便于装卸，因此也比固体压载更有效、更经济。当船舶没有装货时，它装满压载水；而装货时，压载水就被排放了。压载水装在船上的压载舱中，压载舱通常位于船体的两边和底部。在压载水泵的帮助或在重力作用下，压载水通过通海吸水阀箱进入船舶的压载舱。通海吸水阀箱入口覆盖着格栅或滤网板以防止大型的外来物体进入船舶的压载管道系统，进而对水泵和设备进行保护。

在过去的50多年里，船舶压载水携带的有害水生物和病原体在广度和破坏性上已经显示出爆发性的增长。快速发展的航运使不断增长的压载水通过船舶在全世界转移，不断提高的航速提高了水生生物的存活率。船舶运输了世界上超过90%的货物，据估计，每年有30亿~50亿t压载水通过约85 000艘船舶在世界范围内转移。根据船舶大小和用途的不同，每条船可以携带几百kg到超过13万t的压载水。

船舶压载水中含有大量生物，包括浮游生物、微生物甚至是小型鱼类，以及各种物种的卵、幼体或孢子。研究表明，1 m³的压载水中可以包含50 000个浮游动物或1 000万个浮游植物细胞，这些生物在跟随船舶航行的过程中有的因为无法适应温度、盐度等因素的变化而死亡，但有的能够生存下来，并最终随着船舶压载水排入新的环境。由此导致一个水域的生物随着压载水传送到另一个地理性隔离水域，如果这些生物因为缺乏天敌或其他原因能够在自然或半自然的生态系统或生境中生长繁殖、建立种群，就可能威胁到这些海湾、河口或内陆水域的生态系统，成为外来入侵种（invasive species）。而且，压载水还会传播有害的寄生虫和病原体，甚至可能导致当地某些物种的灭绝。

海洋物种一旦入侵并在当地扎根就几乎不可能根除，船舶压载水中含有的外来物种已经对当地的环境生态和人类健康构成了严重威胁。如 20 世纪 80 年代，一种外来的热带绿藻被传播到地中海，这种海藻很快取代了当地的海草并影响了鱼苗和无脊椎动物的生长。1984 年，这种海藻只覆盖了摩洛哥水域 1 m^2 的面积，但是到了 1993 年其覆盖水域已达到了 1 300 hm^2，1996 年扩大到 3 000 多 hm^2，可见其蔓延速度是很快的。现在这种绿藻已占领了法国、西班牙、意大利和克罗地亚沿岸数千公顷的水域。美国西海岸的圣弗朗西斯科被认为是世界上外来物种数量最多的聚集地，截至 2004 年圣弗朗西斯科湾已发现了总计 212 种外来物种。在水域环境中，由于具有较为明确的边界限制，土著物种缺乏足够的逃避空间，入侵物种带来的影响尤为显著，如欧洲的黑口新虾虎鱼（Neogobius melanostomus）造成了美国-加拿大五大湖地区数种杜父鱼类种群数量剧烈下降；生长在亚洲北部的藻类（Undaria pinnatifida）已入侵澳大利亚南部，并疯狂生长，迅速取代本地海床生物群落。

澳大利亚由于大量出口矿石，空船返回带来大量压载水。为此，澳大利亚海域每年要接收 6 000 万 t 压载水，其中 50% 来自日本。目前至少已有 14 种海洋生物被证明是通过压载水迁移来的。原产于里海的欧洲斑马贝（Zebra mussel）通过压载水在北美洲落脚，它们争食浮游动物从而影响自然食物链，影响当地生态功能，造成巨大的经济损失。这种贝类已扩展到美国 50% 以上的河道，布满了当地水下建筑和管道。为清除这些贝类，美国政府在 20世纪已花费数十亿美元。船舶压载水作为媒介转移外来物种并造成污染危害的起因是不同水域间物种的差异。地球上的海洋虽然是相通的，但无论是盐度、温度等简单环境因子，还是物种、种群分布、群落构成这样的复杂生物因子都有相当大的不同。任何水域生态系统中的生存物种都是自然界长期演替进化形成的，所以许多物种分布带有严格的地域特征。

外来物种的入侵，经常会使原来处于稳定状态的生态系统发生变化。快速的船舶意味着更高的货物运输经济效益，然而随着船舶吨位增大、航速提高、航线加长，在船舶缩短航行于两港之间所用的时间、航行范围加大的同时，生物也在货舱的"保护"下跨越靠自身、自然因素不可能逾越的屏障，进而增加了那些具有潜在破坏性的外来物种的存活率和传播的可能性。外来物种入侵后，要与处于同一生态位的本土物种争夺食物和栖息地，直接造成海产鱼类和贝类减产而对当地经济造成严重破坏；以压载水作为媒介传播病原体导致流行病蔓延，对人类的健康构成严重威胁。为此，海洋生物入侵的危害引起了国际社会的高度重视，由船舶压载水造成的生物入侵问题已引起国际社会的广泛关注。

二、压载水公约

《国际船舶压载水及沉积物管理与控制公约》（下称《压载水公约》）是全球第一部应

对船舶压载水携带外来物种入侵的国际公约，旨在通过对船舶压载水和沉积物的控制与管理来防止、减少和最终消除由有害水生物和病原体的转移对环境、人体健康、财产和资源造成的危害。1973 年在国际海事组织（IMO）大会上，压载水问题被首次提出，经过 30 多年的讨论和准备，2004 年 2 月 13 日 IMO 在伦敦总部最终通过了《压载水公约》，公约中对船舶压载水管理控制、标准、记录和报告程序、船舶与港口国程序、港口国强化实施和监控等分别做了相应规定，为解决船舶压载水生物入侵问题提供了法律约束力。根据《压载水公约》生效条款，该公约将在合计商船总吨位不少于世界商船总吨位 35%，至少 30 个国家加入公约之后的 12 个月后生效。2016 年 9 月 8 日，芬兰加入了压载水公约，公约正式达到生效条件，并于 2017 年 9 月 8 日正式实施。

2018 年 10 月 22 日，中国驻英国大使馆代表中国政府正式向国际海事组织（IMO）秘书长林基泽递交中国加入《压载水公约》文书，公约于 2019 年 1 月 22 日起对我国正式生效。

公约要求，按照船舶压载水水量的不同，自 2009 年开始，部分新建的船舶必须先安装压载水处理装置，并对现有的船舶追溯实施。到 2016 年年底，全部现有的远洋船舶都须安装完成压载水处理装置，并且处理装置必须获得 IMO 的认可或相关主管机关的型式认可。2009 年新建造的船舶应满足 D-2 标准（第二阶段，即处理标准）的要求，并规定到 2016 年所有的远洋船舶都应满足 D-2 标准。

公约目前认可两种压载水管理标准，即 D-1 标准和 D-2 标准。D-1 标准代表着施行《压载水公约》的第一个过渡阶段，在这个阶段中，所有不配备符合要求的压载水处理系统的船只都需要在公约规定距离外的深海，使用批准的几种方法交换船舶的压载水。船舶在要求符合 D-2 标准之前要求满足 D-1 标准。在 IMO 海上环境保护委员会（MEPC）71 次会议上，IMO 同意对 2017 年 9 月 8 日前建造的现有船舶允许推迟 2 年至 2019 年 9 月 8 日前船舶的首次国际防止油污证书（IOPP 证书）在换证时符合 D-2 标准。

综上，对公约附则 B-3 条款关于压载水处理标准实施时间归纳如下：① 2017 年 9 月 8 日以后建造的船舶需要在公约生效后满足 D-2 标准。② 2017 年 9 月 8 日之前建造的船舶应当在以下情况下满足 D-2 标准，即：第一次换证检验：2019 年 9 月 8 日后完成换证检验或在 2014 年 9 月 8 日至 2017 年 9 月 8 日完成初次或换证检验，下次检验视为第一次换证检验。第二次换证检验：第一次换证检验在 2019 年 9 月 8 日前完成且该检验不在 2014 年 9 月 8 日至 2017 年 9 月 8 日完成。③ 不适用上述检验的船舶满足 D-2 标准的时间应当由主管机关确定，但不应晚于 2024 年 9 月 8 日。

以下为公约目前认可两种压载水管理标准，即 D-1 标准和 D-2 标准。

D-1 标准——压载水置换标准：① 船舶按本条进行压载水置换，其压载水容积置换率应至少达到 95%。② 对于使用泵入-排出方法交换压载水的船舶，泵入-排出三倍于每一压载水舱容积的水应视为达到第 1 款所述标准。泵入-排出少于压载舱容积三倍的水，如船舶能证明达到了至少 95% 容积的置换，则也可被接受。

D-2 标准——压载水性能标准：① 按本条进行压载水管理船舶的排放，应达到每立方米中尺寸 ≥50 μm 的可生存生物少于 10 个，每毫升中尺寸 ≥10 μm 且 <50 μm 的可生存

生物少于 10 个；并且，指示微生物的排放不应超过第 2 款中所述的规定浓度。② 作为人体健康标准，指示微生物应包括：有毒霍乱弧菌（O1 和 O139），每 100 mL 少于 1 个菌落形成单位（CFU）或每一克（湿重）浮游动物样品少于 1 个 CFU；大肠杆菌，每 100 mL 少于 250 个 CFU；肠道球菌，每 100 mL 少于 100 个 CFU。

三、船舶压载水处理方法

压载水杀生处理的主要目的是防止外来水生生物（细菌、病毒、藻类、原生生物、软体动物和鱼类等）对排放地的入侵，避免因水生生物入侵对生态环境经济和人的健康造成危害。所以选择压载水处理方法时应遵循以下技术原则：① 保证船舶的稳性和强度以确保船舶和船员的安全；② 对环境无二次污染，不破坏生态平衡；③ 能有效地杀死潜在的入侵生物，尤其是已经被发现的有害生物；④ 现有技术可行，对船舶结构改动较小；⑤ 操作简单，易于实船操作；⑥ 费用较低，包括改造（新建）和运行费用在可接受范围。

根据杀生机理，压载水处理系统常用的处理方法包括物理清除法、化学处理法，以及物理化学联合方法。

（一）排岸法

利用岸基压载水处理装置来进行船舶压载水处理。相对来说岸基设备的开发限制少，比较容易达到《压载水公约》规定的 D-2 标准。但它增加了港口方面的负担，对于一些装卸速度快的船舶，可能会影响其船期。

（二）化学处理法

化学处理法一般是通过向压载水中施加化学试剂，或者通过改变压载水中部分物质的化学结构，从而抑制或杀死压载水中的微生物，达到处理效果。这些化学试剂主要有氯或氯化物、臭氧、过氧化氢、羟基自由基等，它们对压载水中的微生物具有很强的杀伤作用，但大多会造成二次污染。此方法通常是通过化学注射泵直接输送到主压载水泵，并与压载水混合，以达到相应效果。

化学处理法的优点是机械结构简单易用，成本低，能耗低。化学处理法缺点在于，不同的微生物需要不同的化学物质来处理，而要想达到很好的效果，则可能需要添加多种化学物质，而这些化学物质在运输、存储的过程都存在潜在的风险。另外，处理后的船舶压载水残留在管路上、船体上、水舱中，由于存有大量化学药品，可能会对以上部件造成腐蚀，从而影响船舶的性能。最后，排到海中的处理后的压载水中的化学药品，还会对周边海水产生破坏，影响海水水质。下面就 5 种主要的化学处理方式展开介绍。

（1）臭氧（O_3）处理。臭氧是一种强氧化剂，氧化还原电位高达 2.07 V，足以杀死压载水中的入侵微生物，而且不存在二次污染问题。但臭氧会加快压载舱的腐蚀，并且投加量不易调节，需要较高的技术水平来进行管理和维护，因此臭氧法并不适于船舶压载水处理。

（2）氯化法。氯化法可去除船舶压载水中的浮游植物、原生动物和细菌。但对不同的目标生物所需的氯气含量差异较大。一般来说，少量氯气对杀死压载水中的细菌有明显效果；而对于浮游藻类，因为其耐受性强，需要较高的有效氯气含量进行处理，如对于扁藻在氯化处理中有效氯气含量即使高达 40 mg/L，也无法将其去除。

（3）羟基自由基（·OH）处理。羟基自由基具有极强的氧化能力，与氟的氧化能力相当，参与反应属于游离基反应，反应速度快，能很容易地氧化分解各种有机物和无机物，最终生成物是 CO_2 和 H_2O，无剩余污染。缺点是成本较高。

（4）电解法。电解法对于船舶压载水处理中的有害水生物和病原体是一种非常有前途的处理技术，在一定的条件下能杀灭压载水中绝大多数的有害水生物和病原体。压载水的电解处理产物会造成压载舱金属的腐蚀，而腐蚀速度随有效余氯浓度、腐蚀时间等参数的变化而不同。

（5）过氧化氢（H_2O_2）处理。与其他化学品相比，其主要优点是残余物很容易分解成水及氧气，因此从环境角度讲比较合理。其主要缺点是当压载水中有机物质过多时，其处理效果会降低。

（三）物理清除法

物理清除法可以分为以下四类。

（1）紫外线照射。研究表明，紫外线处理装置对杀灭海洋细菌、微生物非常有效；但对杀灭外来有害水生物效果不一定很好。因此，在使用紫外线处理装置的同时，还应考虑如何杀灭外来有害水生物。

（2）加热处理。加热法是通过将压载水加热的方法杀死水中生物，根据相关研究，温度在 38～50 ℃，加热持续 2～4 h，可杀灭大部分生物，但加热处理过程存在处理时间长、能耗过高、热应力影响船舶航行安全等难以解决的问题。这种方法虽然能杀死主要生物，但是仍然不能杀灭处于休眠状态的孢子。这种方法需要安装加热装置，并且由于环境不同、水温不同所需能量也不同。故在冬季寒冷地区水处理效果不佳。此方法的另一问题就是压载水排放的水温问题，如果在没有达到标准水温时即排放，则可能对停泊海域的生物造成损害。

（3）超声波法。它在船舶压载水处理过程中可以产生热量、压力波的偏向，形成半真空从而脱氧导致浮游生物的死亡。

（4）空化技术。空化技术的基本原理是当船舶压载水通过孔板时，将受到阻碍，使得压力骤减，流速剧增，当压力降至空化初生压（一般为相应温度下的饱和蒸汽压）时就会产生大量的空化泡。随后液体喷射扩张，压力值逐步恢复，空化泡瞬间破灭，从而产生空化。在液体中，当压强降低到某一临界压强以下时，就会产生空化泡，这些空化泡在正压作用下溃灭，其溃灭过程仅持续几微秒，从而在该点产生瞬间高温高压，该点即热点。热点处的有机物可能直接热解，也可能与水热解生成的羟基自由基反应。

空化技术的优点是绿色无污染，设备简单，投入低，能耗低，操作方便，维护容易。但是此技术也有不足之处，主要是空化泡对于管路的腐蚀作用较大，另外其效果会因船舶压载水物理化学性质的不同而差别很大。

（四）其他清除方法

此外还有以下三类清除方法。

（1）稀释法。这是指海上更换压载水时，从压载舱顶部泵入海水，同时，以相同的速率从压载舱底部将压载水泵出压载舱。此种方法用于船舶压载水处理比排空法和溢流法都更为安全。因此，以相同速率泵进和排出压载水，基本上保持了压载舱中的液面高度不变。

（2）排空法。这是指船舶在海上更换压载水时先将压载水排空，直至泵吸丧失为止。而后泵入少量海水进行冲洗后重新加载压载水。排空法可以有效地排出舱底及压载舱内船舶构件表面的沉积物与淤泥中的水生生物与病原体，所需水量较少，更换时间短。

（3）溢流法。这是指船舶压载水处理中从压载舱的底部泵入清洁海水，使原来的压载水通过溢流孔从顶部排出的方法。采用溢流法更换船舶压载水不会对船舶的稳性、吃水等产生重大影响，也不会产生过大的剪切应力和弯曲力矩，但使用溢流法需要向压载舱内泵入 3 倍舱容的海水，更换时间长，消耗能量较多。

四、压载水处理系统及其工作原理

压载水处理系统的作用是将压载水注入压载舱或自压载舱排出压载水，进而保证船舶在航行、进出港、装卸和停泊等不同的工况保持恰当的排水量、吃水、船体纵向和横向的平衡，以便维持适当的稳心高度，减小船体过大的弯曲力矩和剪切力，以减轻船体的振动。压载水处理系统的任务就是通过压载水泵、阀箱和压载管路将压载水注入各个压载舱，或者将压载水从各个压载舱中排出和进行各个压载舱之间的调驳。

根据压载水处理系统在压载水加装、储存和排放过程中工作时段的不同，可将系统分为前处理式（压载水加装时处理）、中间处理式（压载舱中处理）、后处理式（排放时处理），以及这三种处理方式的组合。无论何种方式，首先都是对进入船舱的压载水采用过滤处理，以去除大的有机体和杂质，然后再选择具体的处理时段，虽然过滤并不能杀灭所有的水生生物，但是它是压载水处理系统普遍采取的重要前处理辅助手段。迄今为止，已通过 IMO 和主管机关认可且已实际应用的压载水处理系统，主要为"前处理式"或者"前处理+后处理式"两种形式。表 7-2、表 7-3 分别列出了国内外部分压载水处理系统的原理及性能。

表 7-2　国内部分压载水处理系统的原理及性能

序号	厂家	产品品牌	原理	CCS 形式认可	AMS 证书	最大处理能力 /（$m^3 \cdot h^{-1}$）
1	威海中远造船科技有限公司	蓝海盾	过滤+紫外线照射	有	有	1 600
2	青岛双瑞海洋环境工程股份有限公司	BalClor	电解海水制氯	有	有	7 000

续表

序号	厂家	产品品牌	原理	CCS形式认可	AMS证书	最大处理能力/(m³·h⁻¹)
3	九江精密测试技术研究所	海博士	紫外线照射+过滤+光催化	有	有	5 500
4	上海船研环境保护技术有限公司	Cyeco	过滤+紫外线照射	有	有	6 000
5	无锡蓝天电子有限公司	BSKY	水力旋分+超声波+紫外线照射	有	有	6 000
6	青岛海德威科技有限公司	海洋卫士	过滤器+电催化	有	有	4 000
7	江苏南极机械有限公司	NiBallast	过滤+膜分离+充氮驱氧	有	有	1 500

引自何德涛，2019

表7-3　部分国外压载水处理系统的原理

序号	压载水处理系统名称	国家（厂家）	原理
1	Pure Ballast System	瑞典（阿法拉瓦）	先通过反冲洗过滤，再利用紫外线光源照射 TiO_2 产生羟基自由基
2	VOS System	美国（NEI）	通过文氏管喷射器，经空化和 N_2 过饱和处理
3	Hyde Guardian	美国（Hyde）	先过滤，再利用紫外线处理杀灭微生物（过滤+紫外线）
4	GloEn-Patrol	韩国（帕纳西亚）	先过滤，再利用中压紫外线杀死微生物
5	Ocean Saver System	挪威（Ocean saver AS）	先通过反冲洗过滤，后进行空化、N_2 过饱和和电解处理
6	Hybrid Ballast Water System	日本（Misubishi Heavy）	先过滤，再利用电解产生氯气
7	SEN DA System	德国（Hamann AG）	预处理过程为物理方法：水力旋流+过滤器，而核心技术采用德国 Degussa GmbH 生产的 PERA-CLEAN Ocean 制剂来进行杀菌消毒
8	Clear Ballast	日本（日立）	采用凝结和磁分离技术，使净化效果达到最佳状态

引自何德涛，2019

1. 紫外线（UV）系统

一般采用过滤和紫外线杀菌技术相结合的物理处理方法。首先应用滤器以过滤方式去除水体中大于 50 μm 的生物体，然后再通过紫外线照射的方式，杀灭水体中个体尺寸小于 50 μm 的生物体。处理后排放的海水完全满足《压载水公约》对船舶压载水排放的生物有效性和生态安全性指标要求。目前，UV 系统的市场占有率达 50%，是最常见的选择。虽然理论上 UV 系统适用于任何船只，但是主要用于压载水流量小于 1 000 m³/h 的船只。

对于过滤环节，采用专为压载水开发的预进气式气体辅助液体自清洗滤器，其优点：① 单位设备体积内有效过滤面积大，额定流量余量大；② 专为压载水处理开发，反冲洗压力大，反冲洗效果好，不易堵塞，适用于各种水质水域；③ 机械结构简单，无运动部件（除阀门外），从而故障少；④ 反冲洗用水少（<2%），执行迅速；⑤ 反冲洗采用 0.7 MPa 空气清洗，压力大，效果好；⑥ 拆装方便，2 小时即可完成，维修成本低。其缺点是对水的浑浊度有要求。

UV 系统的灭活环节主要通过紫外线照射实现。紫外线是电磁波的一种，原子中的电子从高能级跃迁到低能级时，会把多余能量以电磁波的形式释出。电磁波的能量越强，则频率越高，波长越短。人类肉眼能看见的可见光的波长为 400~780 nm，紫外线是指波长比 400 nm 还短的电磁波，因其光谱在紫外光区之外，故名为紫外线（ultraviolet rays，简称 UV）。紫外线通指是波长在 100~400 nm 的电磁波。波长 100~400 nm 的紫外线，按其对人体的影响及功能，分为 UV-A，UV-B，UV-C 和 V-UV，其中 UV-C 波长在 200~280 nm 之间，而生物 DNA 和 RNA 的紫外吸收峰均在 260 nm，因此常使用 UV-C 中 254 nm 波段进行杀菌、消毒，打断生物细胞内的 DNA 或 RNA，使其不能复制。

UV 系统的优点：① 紫外方法处理水技术成熟可靠，且已得到广泛应用；② UV 在灭活时无毒性副产品产生，是一种保护环境的纯物理处理方法；③ 无须添加任何化学性生物杀灭剂；④ 对船舶压载舱、管路等无腐蚀性；⑤ 设备运行操作简单；⑥ 设备布局简单，方便灵活，过滤单元、紫外单元、控制单元可分别独立布置，也可一体化布置。UV 系统的缺点在于：所处理的水如果过于浑浊，则会严重降低紫外线透光度，一般采用加大功率、灯管紧凑布置、提高前处理过滤器效果等方式加以解决。

UV 系统易于安装和改装，并且从船级社的角度而言也很少有安全隐患。它能在不同盐度和温度下运作，不过其工作效果依赖于水的透射比，在较为浑浊的水中，透射比很低，系统的效果较差。美国海岸警卫队要求，所有从船上排放进入美国海域的压载水，其包含的所有生物都必须处于死亡状态，而不仅仅是处于不能繁殖的状态。这就意味着一个经过型号认可的过滤+UV 系统对于水的浑浊度有了更高的敏感度，它需要更长的照射时间来保证生物的死亡率。

2. 电解系统

电解处理系统属于物理和化学相结合的技术系统，拥有约 35% 的市场占有率。该系统同样也需要首先使用过滤装置对压载水进行预处理。海水是一种天然的电解质溶液，电解海水可以产生次氯酸、次氯酸钠等，然后再将次氯酸盐重新注入压载水以杀死水生生物。采用电解的处理方式，系统在工作时主要通过电解发生的电极之间的电位差（ORP）和产生的瞬间能量 OH 自由基（·OH）进攻生物的细胞，可将微生物体内的生物酶（如带有巯基的酶）氧化分解致使其失效，或者作用于微生物的细胞壁，使其通透性增大，导致细胞因细胞质流出而死亡。流入压载舱的处理后的压载水里还残留有次氯酸盐，舱内残留的次氯酸盐继续对生物进行灭活，处理过的压载水需要中和后才能排放。电解系统更适用于拥有较大压载水容量的大型船只，它能承受最高每小时 8 000 m³ 的流量。

　　除了能适应较大的压载水容量外，以电解为基础的处理系统也非常有效。它对于水的处理，只需要在压载时进行（在排压载时可能需要进行适当中和）。这就意味着该系统在船上也能进行杀菌处理，甚至在一些无法进行压载水处理的港口，有些电解系统还能在航行途中提供舱内循环处理。不过这个系统也有一些缺点，如：① 过高浓度的余氯会腐蚀船上的金属，以及造成压载水周边排放环境的二次污染，为船级社及港口国重点监督和检查内容；② 化学酸等物质会对船舶舱室、海水管路等造成腐蚀，缩短油漆的保护寿命；③ 需增加一道处理工序，中和后才能排放，因此船舶上需要储备中和剂，并确保添加量适当，因此这不仅处理步骤复杂，而且增加后续使用成本；④ 在淡水中无法使用，需要储备一定量的海水或者添加盐，同时处理效果取决于压载水的盐度；⑤ 反应后会产生氢气，氢气的监视与排放问题比较复杂，如果电解氢气在短时间内无法凝聚成大气泡逸出排掉，就有可能积聚在舱中，因此存在较大的安全风险（如爆炸）；⑥ 耗电量较大；⑦ 电极寿命较短，更换成本较大。除此之外，电解系统对低温的环境也非常敏感，因而在需要的时候应当加装一套加温系统；而且电解系统相较于 UV 系统较难安装、控制和维护。

3. 电催化氧化

　　过滤+电催化氧化的化学处理方式，通过滤器过滤方式去除水体中的 50 μm 以上的生物体，然后利用具有催化性能的金属氧化物电极，产生具有强氧化能力的羟基自由基（·OH）或其他基团，与生物大分子、有机物或无机物发生各种不同类型的化学反应，从而实现杀菌的效果，IMO 组织将其归为电解法。

　　过滤采用轮盘式自清洗滤器或负压吸管式自清洗滤器，其中轮盘式自清洗滤器的优点在于：① 单位设备体积内有效过滤面积大；② 反冲洗过程不断流、排污口径较小；③ 体积小。缺点在于：① 机械结构复杂；② 反冲洗压力小，极易堵塞，在很多水质不适用。

　　负压吸管式自清洗滤器的优点：反冲洗不依赖出水水头，反冲洗效果好；缺点：① 单位体积内有效过滤面积小，同等流量体积大；② 机械结构复杂，容易出现故障；③ 反冲洗依靠压载泵的自身压力来完成，故冲洗效果不佳；④ 对水的浑浊度有要求。

　　灭活环节采用电催化氧化，其优点：① 催化氧化产生的羟基自由基（·OH）有很高的氧化还原电位；② 羟基自由基反应后的产物为 CO_2 和水，没有二次污染；③ 额定功率比较小。主要问题：① 技术成熟度较低，目前主要在实验室阶段，能否成熟进入应用阶段尚不确定；② 目前的此种方法被 IMO 实际归类为电解方法，也存在氢气等问题；③ 电极的质量稳定性、可靠性存在很大的不确定性；④ 电极表面催化涂层比较薄，通常为几纳米到几十纳米，使用寿命比较低；⑤ 电极表面结垢后清洗比较困难；⑥ 处理效果未经过时间和实践验证，未知情况较多，催化物（剂）衰减和受损对性能的影响明显，催化物钝化或失效情况没有明确解释。

4. 化学注入系统

　　过滤+添加药剂系统是通过将一些化学溶质加入压载水中来达到杀菌消毒的目的。消毒剂可以是液态的或者颗粒状的，并且通常需要在将压载水排出船外时进行中和。一些常见的有效物质包括次氯酸钠、过氧乙酸和二氧化氯。化学注入系统适用于绝大多数压载水流量低于每小时 16 000 m^3 的船只，并且通常用于压载水容量大、流量大的船只。这个技术本身也较多适用于那些不经常被使用的压载舱，并且也是一些在本土航行且不需要处理压载水的船只的较好选择。

通常来说，化学注入系统对于能量的需求较低，因为它对于能量的唯一需求就是要把化学制品注入压载水。由于只需要一个计量泵作为系统的主要元件，因而该套系统不会占据船上过多的空间。这使得它们相较于其他系统更便于安装。但是，系统所使用的化学制品，诸如 Peraclean 和 Purate，都是注册商标产品且只会在特定的港口进行供应。不仅如此，化学制品还需要被保存在船上封闭的容器中，这可能带来安全隐患。化学品的使用需要实施较为严格的安全条例和船员培训。必要的定期化学品存储，相较于主要消耗电力的 UV 系统和电解系统而言，也会产生附加的操作成本。

第五节　船舶防污材料的污染及防治

船舶在长期航行和长时间停靠在港内或锚地的过程中，船体表面浸入水中的部分尤其是船底表面由于长期浸泡在海水中会生锈，且海生植物类、贝类动物类及非生物类混合物会附着在其表面，致使船体水下部分凹凸不平，粗糙度增加，形成船舶污底（hull fouling）。船舶污底（附着海洋生物）的存在不但对船舶产生极大的危害，所产生的阻力也是一个影响船舶航行的重要因素。同时，船舶污底的存在还会增加船舶水下部分船体的腐蚀速度，进而影响船舶的使用寿命。

为了控制和防止船底海洋生物生长、附着，所有的船东已普遍采用在水线以下的船体表面及船底涂上防污漆的方法，以达到杀死或驱散附着的海洋生物，使之不再附着在船体上的目的，从而减少船舶由于船舶污底而增加的阻力，减少船舶的燃油消耗，缩短船舶的营运周期，提高船舶的营运效率，同时还减缓船体的腐蚀速度。

有机锡作为船舶防污材料中的杀虫剂，曾经被广泛应用于船舶防污底系统。但在过去的 20 多年中，各国政府和权威的国际组织的大量科学研究和调查表明某些用于船舶上的防污底系统，特别是含有三丁基锡（TBT）的船舶防污底系统，有剧毒并对水生生物及其栖息地，乃至整个生态系统产生显著的毒害作用，对于具有重要生态和经济价值的海洋生物构成严重的毒性危险和其他慢性影响，给海洋环境带来了严重危害。

一、船舶污底与防治

船舶在长期航行，尤其是长时间静止地停留在港内或锚地中，船体表面水线以下浸入水中的部分尤其是船底表面由于长期浸泡在水中会生锈（海水由于盐度高，比淡水对船舶的腐蚀影响更为严重），并生长海藻（如绿藻或褐藻等）等植物，藤壶、管虫、贝类等动物，以及浮游生物和非生物类的混合物等，并且不断地致使水下部分的船舶和船底表面脏污和粗糙的现象称为污底（fouling）或称生物污损（biofouling），俗称"长毛"。

1. 海洋生物的污损过程

这些附着海洋生物也称海洋污损生物（marine fouling organism），是生长在船底和海中一切设施表面的动物、植物和微生物的通称（图7-9），这些生物一般是有害的。海洋中有4 000～5 000种污损生物。在所有污损生物中，有半数以上浮游在海岸和港湾处，这些生物生长在船底、浮标、输水管道、冷却管道、沉船、海底电缆、木筏、浮子、浮桥和网具上，其中除微生物外，植物性生物有约600种，动物性生物有约1 300种，但常见的污损生物只有50～100种，如典型的污损生物藤壶和褐藻类。

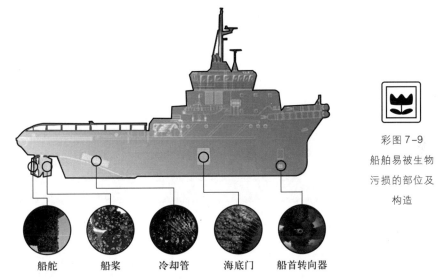

彩图7-9

船舶易被生物污损的部位及构造

船舵　　船桨　　冷却管　　海底门　　船首转向器

图7-9　船舶易被生物污损的部位及构造（引自Bixler和Bhushan，2012）

海洋生物的污损过程是非常复杂的。一般物体浸入海水以后，在几小时内就有细菌在其表面附着，并以几何级数的增长方式进行繁殖，48 h内每平方厘米的细菌可达70多万个。有很多细菌能够产生黏液状的分泌物，分泌物为多糖类。硅藻会附着在上述黏液状分泌物上，以与细菌同样的方式繁殖，形成一层薄的黏膜，黏膜的颜色，会由半透明乳白色变成黄绿色。以后在黏膜内出现纤毛虫、鞭毛虫、钟形虫及小型线虫等，它们生活于黏膜内而与黏膜的形成无关。它们的出现是有顺序的，而且受着环境条件的制约，并具有生物演替现象（图7-10）。

黏膜还有显著的季节变化。这在一般情况下是与海水温度有关的，黏膜的质量变化每平方厘米在冬季只有几百微克，而在夏季可达4 000 μg。黏膜的干物质量是总质量的30%。普遍认为这层生物黏膜与后来的大型生物附着有着密切的关系。

生物黏膜的组成变化很大。生物黏膜在初期（两三天内）是由各种类型的细菌所组成，包括杆菌、球菌、弧菌、螺菌，其中以杆菌为主，球菌次之。在中期（30天左右）杆菌变为短杆菌，纤毛虫增多，出现钟形虫和小型线虫。在后期（3个月左右）硅藻的种类和数量增多，除舟形硅藻外还有弯杆硅藻、菱形硅藻、直链硅藻、盒形硅藻等。盒形硅藻是附着生活的硅藻，能分泌胶质，通过胶质与物体表面连接。在一般情况下，这个时候藤壶等大型海洋附着生物开始附着在物体的表面（图7-11）。

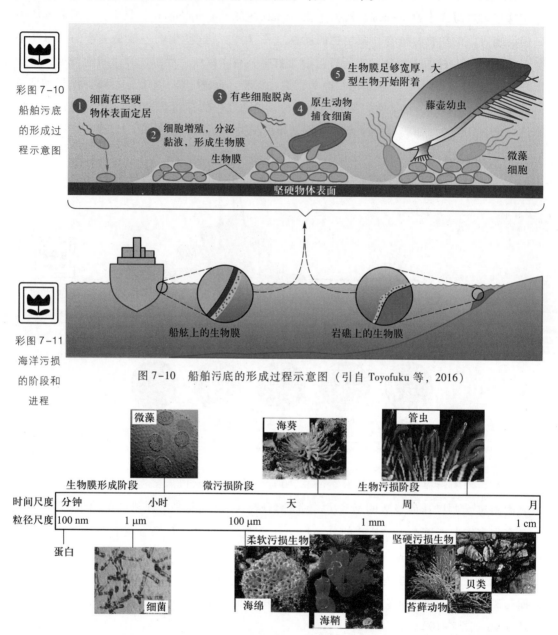

彩图 7-10
船舶污底
的形成过
程示意图

彩图 7-11
海洋污损
的阶段和
进程

图 7-10　船舶污底的形成过程示意图（引自 Toyofuku 等，2016）

图 7-11　海洋污损的阶段和进程（引自 Nurioglu 等，2015）

2. 海洋生物污损的危害性

船舶污底（附着海洋生物）产生的危害是极大的，污底的存在是影响船舶航行的一个重要因素。污底产生的阻力称为污底阻力，它是由于污底使船体表面凹凸不平，大大地增加了船体表面的粗糙度，导致船体摩擦阻力及涡流阻力增加所构成的阻力。由此可见，船舶污底会增加船舶的航行阻力。航海实际经验认为，新船下水后 6 个月，因船舶污底而增加的阻力可达船舶总阻力（水上部分空气阻力和水下部分水阻力）的 10% 以上，从而由船舶污底引起主机燃油消耗量增加（可能使一艘典型油轮的燃油消耗量增加 50%，一般货船增加 20%～30%）和船舶航速降低等问题。

众所周知，船舶燃油消耗的费用在船舶的营运成本中占到了相当大的比例，燃油消耗量的增加，不仅提高了船舶的营运成本，增加了航运企业的负担，而且会由于船舶航速降低延长船舶的周转周期，降低船舶的营运效率，减少船舶公司的投资收益。同时，污底的存在一定程度上还会增加船舶水下部分船体的腐蚀速度，进而影响船舶的使用寿命，船舶营运寿命的缩短也会减少船舶所带来的投资收益。

3. 海洋生物污损的防治

船舶污底所造成的负面影响是巨大的。为此，船舶必须设置船舶防污底系统，船舶防污底系统（anti-fouling system）是指用于船舶控制或防止不利生物附着的涂层油漆、表面处理技术、表面或装置。船舶防污底的主要方法包括：① 物理防污底法。主要有人工或机械清除法、过滤法、加热法、超声波法、紫外线法、利用淡水法和低表面能涂料防污底法（环境保护无毒，不含生物杀生剂）等。② 化学防污底法（目前最广泛）。分为直接加入法、海水直接电解法、电解重金属法和化学防污底涂料法（分溶解型和不溶型）等。③ 生物防污底法。指采用生物活性物质作为防污剂来防止海洋污损生物的污损。

在以上三种方法中，使用最为普遍的是在船底涂上一层防污涂料（船底防污漆）。据记载，早在公元前 3 世纪的木壳船时代，人们便利用焦油、石蜡、沥青、树脂和铅等包裹在船壳上保护船不受污损。1618 年丹麦首次使用铜板作为船体的防污材料，铜包裹技术得以推广。随着钢铁船只的出现，铜加速了钢铁船壳的腐蚀，最终废止了铜包裹的防污技术，但由此人们认识到了铜离子对海洋附着物的杀灭作用。随后，人们开始广泛使用以铜离子为毒料的传统海洋防污涂料的研制。

防止海洋生物在船舶上的附着和生长，在航海史上一直是用有毒物质进行防污。人们在防污涂料中曾用过铜、砷、铅、汞、DDT 及锡等化合物作为毒剂，但其中的砷、铅、汞等毒性太大，对海洋环境造成很大危害，早已被大多数国家所禁用。我国先前曾大量使用含有 DDT 的防污漆，在高峰时占 DDT 生产总量的 5% 用于船舶防污漆的添加剂。DDT 化学名称是：双对氯苯基三氯乙烷（Dichlorodiphenyltrichloroethane），化学式 $(ClC_6H_4)_2CH$ (CCl_3)，是有机氯类杀虫剂（图 7-12（a））。DDT 船舶防污漆的使用除了给生产和施工企业周围环境造成影响外，还对工人的健康造成损害，因为它在人或动物体内积蓄后，不

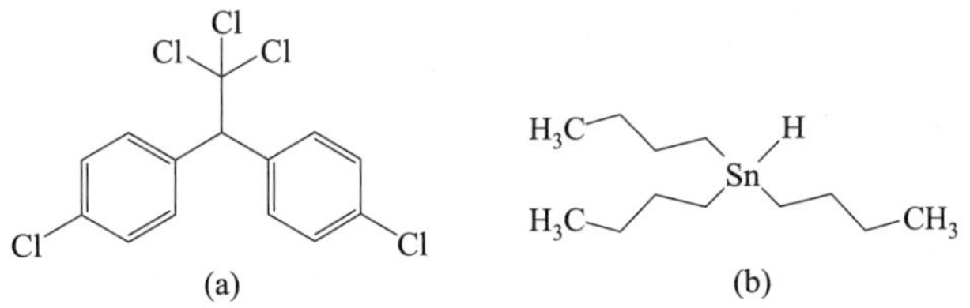

图 7-12　DDT（a）和 TBT（b）的化学结构式

仅具有致癌、致畸、致突变性，而且还具有内分泌干扰作用。DDT 作为《关于持久性有机污染物的斯德哥尔摩公约》中受控的一种持久性有机污染物，会在海洋生物体中累积，破坏海洋生物和生态环境。我国已在 2009 年全面淘汰 DDT 在船舶防污漆上的生产和使用。

20 世纪 60 年代，生产出了有机锡化合物作为防污漆的杀虫成分，它比砷和 DDT 更有效，而且毒性更小。有机锡化合物是锡和碳元素直接结合所形成的金属有机化合物，通式为 R_mSnX_{4-m}，其中 Sn 为锡，R 为烷基或芳香基，X 为无机或有机酸根、氧、卤族元素等，$m=1\sim4$。不同的有机锡化合物毒性差异较大，其中三丁基锡（Tributyltin，TBT）在船舶防污漆中应用得最为广泛（图 7-12（b））。早期含 TBT 的防污漆，是将 TBT 分散到树脂基质中，当船体上的防污漆与海水接触时，TBT 就会溶出而进入海水中，杀死藤壶、软体动物和藻类等海洋生物。由于 TBT 是自由分散在防污漆中的，无法控制其溶出释放速度，所以这种防污漆在开始时，TBT 溶出速度很快，防止污着的作用明显。但到了后期，随着防污漆中 TBT 越来越少，防污作用也越来越小，一般在涂装后的 18～24 个月，防污漆中的 TBT 就会耗尽。

到了 20 世纪 60 年代末，防污漆的生产有了一个重大的技术突破，即把 TBT 化合到聚合物基体上形成共聚物。这种防污漆的特点是，当与海水反应时，TBT 与聚合物一起释放，待表层消耗完后，海水再与下一层 TBT 聚合物发生共聚体反应。这样，一层一层地消耗，从开始到最后，TBT 的释放速度较为均匀，所以在整个有效期内防污性能差不多。这种防污漆被称为"自抛光防污漆（self-polishing paints）"。使用这种防污漆可使船舶保持 60 个月不发生污底，大大地延长了坞修间隔。由于 TBT 在防止船舶污底上的良好性能，到了 20 世纪 80 年代初，70% 以上的海船开始采用含 TBT 的防污漆，新建船舶 90% 左右均涂装这种防污漆。

二、船底防污漆对水生生物的危害

船底防污漆由毒料、渗出助剂、基料、颜料和助剂等组成。毒料是指氧化亚铜、有机铅或有机锡化合物等；基料是以可溶性的松香或松香酸钙为主；有机锡高聚物既是毒料又是基料。高性能船底防污漆以氯化橡胶、氯醋三元共聚体、丙烯酸为基料。

含有机锡化合物和氧化亚铜等毒料的防污漆，其漆膜与海水接触后，毒料以有机锡分子或 Cu^{2+} 的形式逐渐向海水溶解，在防污漆表面形成两层厚度十几微米的有毒溶液"薄层"。靠毒层区内的毒料发生作用，排斥或杀伤海生生物的幼虫和孢子，以达到防止污底的作用。船底防污漆具有一定的防污期效。一般而言，短期效为 1 年左右，长期效为 2～4 年。

"毒层"内的毒料由于扩散和涡流作用而不断流失，漆膜内的毒料持续不断渗出，以补充流失的毒料并保持"薄层"内的毒料浓度，且以一定的速度向海水释放出毒料。单位时间内单位面积上毒料的渗透量称为防污漆的渗出率。TBT 在海洋中的降解速度慢，在海洋环境中的残存时间长，同时海洋生物对 TBT 表现出富集和积累作用。TBT 对海洋生物的毒副作用主要表现为急性致死作用、慢性致毒作用和致畸作用。

1. 急性致死作用

由于有机锡化合物防污漆具有广效性，其对非目标的水生生物，包括生态学上和商业上的重要生物如荔枝螺、牡蛎、蚶、贻贝等造成伤害。试验表明，TBT 对鲤鱼的急性毒性试验 48 h LC_{50} 是 3.03 μg/L；对日本沼虾 48 h LC_{50} 是 2.22 μg/L，一般说来，0.1 ~ 10 μg/L 的浓度即可导致海洋生物急性中毒，可见 TBT 的毒性很大。

2. 慢性致毒作用

水体中 TBT 的浓度在 0.001 ~ 0.1 μg/L 可导致海洋生物慢性中毒。海洋生物慢性中毒的表现有：肾中毒、肝胆中毒、繁殖成活率低、代谢异常、大脑水肿、生长速度降低和抵抗力降低等。

3. 致畸作用

20 世纪 80 年代初，法国沿岸生长的牡蛎因 TBT 污染导致幼体死亡率高并且贝壳畸形，引起牡蛎市场价格暴跌。经研究，人们认定 TBT 是通过扰乱钙的代谢造成牡蛎贝壳畸形的。随后，在英国沿岸发现荔枝螺出现了性畸变，并导致其种群数量下降。在世界上的许多海域都发现了螺类的性畸变。最近的统计数字显示，受 TBT 的污染危害，世界上有 100 多种螺类有性畸变的发生。螺类的性畸变是 TBT 典型的毒性效应，甚至可以用螺类的性畸变作为有机锡化合物污染的指示标志。

TBT 在大约 10 ng/L 的浓度就会限制蚶幼虫的生长，即使按照毒物学的标准，这样的浓度也是极低的。TBT 在低达 1 ng/L 的浓度下就可引起荔枝螺变性，对某些珍贵生物品种可诱导病理学的效应，如牡蛎、蚶和贻贝的性别变异和壳体畸变。性畸变将使生物无法繁殖，最终导致种群数量下降或灭绝。在英国水域，已发现 TBT 严重地引起荔枝螺性别变异和群体衰落现象，在许多地区，荔枝螺已处于消失的危险中。在美国的类似品种也以同样方式受到影响。TBT 引起牡蛎壳蜕变的现象在法国、英国和美国均有发现。一些研究认为有机锡化合物防污漆的危害有可能进入食物链。由此可见，有机锡防污漆正在危害海洋生态环境和海洋养殖业。为此，世界上许多国家正从法律上对有机锡防污漆采取各种限制措施。

三、有机锡防污漆限用措施及国际公约

1. 各国对有机锡防污漆的限用措施

对有机锡防污漆的担忧，在 20 世纪 70 年代末期首先在法国逐渐表现出来。研究人员于 1980 年首次提出 TBT 在防污漆中使用与港湾生物的损害之间的关系。在法国游艇码头水域所养殖的太平洋牡蛎因受防污漆 TBT 的影响，生长遇到了严重问题：产卵减少，发育不良，壳体变异，并发现受影响的牡蛎含有高浓度的锡。严峻的事实促使法国政府采取行动，法国环境部于 1982 年 1 月 19 日宣布禁止使用有机锡化合物含量大于 3%（质量分数）的防污漆来涂装 25 t 以下的小艇，该条例适用于大西洋沿岸和英吉利海峡。其后又将禁用范围扩展到整个沿岸水域和全部有机锡化合物防污漆，禁止在所有小艇上和总长小于 25 m 的海船上涂装有机锡化合物防污漆。随着这项禁令的实施，在法国的一些港湾的数据表明，有机锡化合物对海水和牡蛎的污染在逐渐降低，牡蛎的生长和幼牡蛎的附着逐渐趋于良好，牡蛎的发病率和钙化机制的畸变程度已明显降低，从而证明了这些措施的有效性。

此后不久，英国的牡蛎养殖业也受到同样的影响。为此，英国科学家做了大量的调查和监测工作，以检查受影响的程度。1982—1984 年的监测结果显示出在英国水域（游艇活动频繁和较为封闭的水域）的 TBT 浓度相当高，这是防污漆的高渗出率和 TBT 的缓慢降解的反映，从而引起许多商业和非商业的生物种群（特别是幼体和浮游生物）的大量死亡，并影响到一些种群的生长和繁殖。1985 年英国政府宣布了限制有机锡化合物防污漆的一整套计划，又根据《污染管理法（1974）》制定了《防污漆管理条例（1985）》并于 1986 年 1 月 13 日正式实施，该条例禁止零售总锡含量超过 7.5%（质量分数）的共聚体漆干膜的防污漆。1985 年 9 月 20 日，英国科学家们一致通过以 20 ng/L 作为港湾和沿岸水域中 TBT 的目标浓度。但在 1986 年，许多地方的 TBT 浓度大幅度超过目标浓度，许多海洋生物受到进一步的有害影响。为此，英国的条例不断修正，日趋严厉。直至 1987 年采取较严厉的限用措施之后，英国水质才有实质性的改善。

美国水域受到有机锡防污漆的影响也日趋明显。在限制使用之前，美国水域有 30 多处的 TBT 浓度大于或等于 20 mg/L，并且也已发现牡蛎壳体畸变和海蜗牛性别变异现象。1985 年末，美国国会强行暂停有机锡化合物防污漆在美国海军舰船上的使用。美国环境保护局（EPA）在确定有机锡的使用对非目标生物如贻贝、蚶、牡蛎和鱼等引起过度的危险之后，着手进行了关于有机锡化合物防污漆的"特别审查"工作。1988 年 7 月 16 日，美国总统签署了《有机锡防污漆管理法（1988）》，该法案确定了以 4 μg/(cm² · d) 作为暂定的 TBT 漆渗出率。该法案于 1988 年 12 月 16 日实施。美国的弗吉尼亚州、缅因州、阿拉斯加州和加利福尼亚州，对防污漆的使用采取了更为严厉的限制措施，即全面禁止 TBT 基防污漆的应用和处理。

日本水域同样受到了有机锡化合物的影响，东京湾的监测结果表明，海水中 TBT 和 TPT（三苯基锡）浓度分别为 4.4 ~ 120 ng/L 和 2.8 ~ 153 mg/L。为此，日本也采取了限制措施，内容包括：① 禁止 TBT 在渔网上使用；② 到 1989 年年中禁止三苯基锡用在防污漆中。到 1990 年 7 月 1 日，日本运输省已提出涉及防污漆制造商、船舶经营者和船厂的各项准则，以控制和减少用在当地船厂的含锡防污漆的量（特别是 TBT 漆）。

此外澳大利亚、新西兰、加拿大等国也在采取行动，这种限制行动已陆续在世界范围内展开。到目前为止，各国限制 TBT 的法规主要集中在长度小于 25 m 的船上，特别是游艇或娱乐艇，这些小艇由于行驶和停泊方式的特殊性，使港湾封闭或半封闭海域产生较高浓度的 TBT，对水质的污染作用很严重。大船航行和停泊的海域水比较深，水质交换条件比较好，TBT 油漆的毒性影响不明显。

2. 控制船舶有害防污底系统国际公约

早在 1989 年 IMO 就意识到了含有有机锡化合物（TBT）的船舶防污漆对海洋环境的有害影响。1990 年 IMO 海上环境保护委员会（MEPC）通过了一项决议，建议各国政府对船长小于 25 m 的非铝质船壳的船舶禁止使用含 TBT 的防污底系统和禁止使用 TBT 渗透率超过 4 μg/(cm²·d) 的防污系统。

1999 年 11 月，IMO 通过了一项大会决议，敦促海上环境保护委员会，尽快制定出一个全球性的强制的法律文件，以解决船舶防污底系统的有害影响问题。该决议呼吁从 2003 年 1 月 1 日起在全球范围内禁止船舶使用含有 TBT 的防污漆，到 2008 年 1 月 1 日要完全禁止使用。

2001 年 10 月，国际海事组织（IMO）在英国伦敦总部召开了国际控制船舶有害防污底系统外交大会，2001 年 10 月 5 日大会通过了《国际控制船舶有害防污底系统公约 2001》（*International Convention on the Control of Harmful Antifouling Systems on Ships*，2001），简称《防污底系统公约》或《AFS 公约》，并在该公约的第 18 条明确规定了该公约的生效条件。制定和通过该公约的目的就是为了保护海洋环境和人类身体健康免受船舶有害防污底系统的不良影响，逐渐淘汰使用有机锡化合物的防污底系统，并建立新的机制防止以后的防污底系统中使用其他有害物质。

2007 年 9 月 18 日，随着巴拿马加入公约，批准加入《AFS 公约》的国家达到了 25 个，合计商船吨位达到世界商船总吨位的 38.09%，满足了《AFS 公约》规定的生效条件，该公约于 2008 年 9 月 17 日正式生效，该公约是继《MARPOL73/78 公约》之后国际海洋环境保护的又一部重要法典。2009 年 7 月在英国伦敦 IMO 总部召开的 MEPC 第 59 届会议上，委员会批准了《从船上清除包括 TBT 在内的防污底系统最佳管理做法指南》。

我国于 2011 年 3 月 3 日向国际海事组织递交了加入《国际控制船舶有害防污底系统公约 2001》的文书，公约于 2011 年 6 月 7 日对我国生效。

公约的附则 1 中要求：2003 年 1 月 1 日开始，所有船舶（2003 年 1 月 1 日前建造并在 2003 年 1 月 1 日或以后未曾坞修的固定或浮动式平台、浮动式储存装置（FSU）、浮动式生产、储存和卸货装置（FPSO）除外）不得再施涂或重新施涂含有有机锡化合物（TBT）的防污底系统。

到 2008 年 1 月 1 日，所有现有船舶在船壳或外部结构的表面上不得再施涂含有有机锡化合物（TBT）的防污底系统；对于已经施涂的含有 TBT 的防污底漆，应将其全部清除；或在已经施涂的含有 TBT 的防污底漆上涂上封闭漆（sealer coat）形成一个隔离层来阻挡含有有机锡化合物（TBT）的防污底漆的渗出，然后再在其表面上施涂无 TBT 的防污底系统。

从附则所述内容我们可以看出，本公约条款都具有追溯力，公约实施后将约束所有在上述规定日期之后的施涂行为，并对违反公约的行为采取相应制裁措施。

四、船舶新型防污涂料的研发

随着《AFS 公约》的生效，有机锡化合物防污涂料已全面退出市场。目前，商业化应用的不含有机锡的防污涂料主要分为三大类：一是含有杀虫剂（非有机锡化合物）的防污涂料；二是不含杀虫剂的低表面能防污涂料（fouling release coatings，FRC）；三是仿生防污涂料。

（一）含有杀虫剂的防污涂料

含有杀虫剂的防污涂料目前仍是防污涂料的主流，其市场份额为 90% ~95%。其配方中含有 30% ~60% 的防污剂，以氧化亚铜为主，通常还添加其他的防污剂以拓宽其防污范围并加强防污效果。除氧化亚铜外，常添加的防污剂有吡啶硫酮铜、吡啶硫酮锌、二硫代碳酸盐、4，5-二氯-2-辛基-3(2H)-异噻唑酮、敌草隆、均三嗪、硫氰酸亚铜、三氯苯基马来酰亚胺、生物防污剂等。

含有杀虫剂的防污涂料从组成和作用机理上又分为可控溶蚀型防污涂料、水解型自抛光防污涂料，以及混合型防污涂料。可控溶蚀型防污涂料是传统溶解型防污涂料和长效扩散型（基料不溶型）防污涂料技术结合的产物，含有亲水性的松香、疏水性的乙烯或者丙烯酸树脂、氧化亚铜、少量有机防污剂，该防污涂料在使用中形成水合物的防污表面，通过海水的冲刷作用将表面更新，达到"抛光"的目的，其有效期可达 3 a 以上。水解型自抛光防污涂料与有机锡自抛光防污涂料机理相似，通过丙烯酸聚合物在海水中的水解或离子交换来保证防污剂的平稳渗出，从而达到防污目的。可水解或离子交换的丙烯酸聚合物主要有丙烯酸铜聚合物、丙烯酸锌聚合物、丙烯酸硅氧烷聚合物 3 类。此类防污涂料的性能基本上达到有机锡自抛光防污涂料的性能，防污期效可达 5 a，具有抛光率和防污剂渗出率可控、防污剂扩散层薄等特点。混合型防污涂料综合上述两种防污涂料的特点，可提供有限的自抛光功能。主要的成膜物是水解（离子交换）型的聚合物树脂如丙烯酸铜、丙烯酸锌、亲水性松香。该类涂料避免了自抛光防污涂料固体成分含量低、与底层旧涂膜配套性差（一般需涂封闭涂层）、价格高，而可控溶蚀型防污涂料抛光率和防污剂渗出率可控性差、涂膜较软的缺点，具有固体成分含量提高、抛光率和防污剂渗出率可控、与旧涂膜配套性好、机械性能好、价格适中等特点。

含有杀虫剂的防污涂料的另一个重要研发方向是开发无环境安全问题的生物杀虫剂。许多海洋天然动植物和非海洋动植物在生存过程中会分泌刺激性的代谢产物阻止其他生物附着。这些物质无毒、可降解，但对其他生物有驱避性，是近年无毒防污剂的研究重点，从中提取出了一系列生物物质防污剂，用于防污涂料的试验。但距完全替代含铜防污剂，达到实用化效果尚有一定差距。

（二）不含杀虫剂的低表面能防污涂料

不含杀虫剂的低表面能防污涂料（FRC）不含任何杀虫剂，环境友好性能得到广泛认可，获得了商业应用。不含杀虫剂的低表面能防污涂料主要以有机硅、有机氟污损释放型防污涂料为主，此类防污涂料通过涂层低表面能的特性使污损生物不易附着或附着不牢，容易被水流冲刷掉，从而达到防污的目的。从理论上讲，这类涂料完全不依靠防污剂的渗出来防污。尽管主流产品仍是高铜含量的防污涂料，一旦有相关限制法规出台，不含杀虫剂的低表面能防污涂料会迅速占据市场的主导地位。

（三）仿生防污涂料

仿生防污是当今世界防污涂料领域研究的重要前沿，不仅包括化学仿生，而且还包括结构仿生。海洋中的藻类和大型动物、大型贝类表面均没有其他生物附着，它们长期生活在充满各类附着小生物的海洋环境中，其防污本领远远超出人们的想象。这不仅是因为这类海洋生物分泌产生特殊的化学物质对其他生物的防御作用，而且还在于它们具有独特的传输机制，使这种驱避物质源源不断地输送至表面。另外是因为这类海洋生物的表面具有独特的结构。结构仿生防污就是模拟生物表面的结构，依靠涂层特定的物理作用，长期抵制其他生物附着的技术。

从海绵、珊瑚、红藻、褐藻中已提取甾类化合物、杂环化合物、生物碱等化合物，这些物质被证明具有防污作用。将这些物质添加到自抛光防污涂料体系，通过自抛光作用，使表面不断更新，在海洋生物表面不断分泌补充驱避物质，达到防污目的。

在化学仿生防污方面的最新成果是生物酶的研究，如藻类生物所含的钒卤代过氧化物酶。在酶的催化作用下，海水中的过氧化氢与溴化物离子产生少量的次溴酸，分解附着生物的蛋白质，干扰污损生物的代谢，抑制附着生物的变形和生长，从而达到防污的目的。

结构仿生防污的仿生对象主要是大型的海洋动物如鲨鱼、海豚、鲸等或者贝类。其研究重点是利用分子技术，设计制备特定的高分子材料，模拟大型动物的表皮结构和几何形貌，形成一系列的人工表面。这种模拟通常是微纳米级的，而且是多结构的，因为单一的人工结构不能防止多种海洋生物的附着污损（图7-13）。例如，武汉理工大学研究的仿贝壳表面形貌的船舶绿色防污技术完全从材料的表面结构设计上抑制海洋污损生物附着，为探索船舶绿色防污技术提供一条新的途径。比利时的 Nanocyl 公司开发了专门用于防污涂料的碳

彩图7-13
防止海洋
生物污损
的原理及
策略

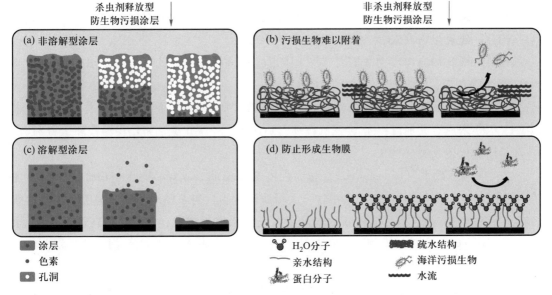

图7-13　防止海洋生物污损的原理及策略（引自 Nurioglu 等，2015）

纳米管 BIO CYL™，通过用特殊的分散工艺将碳纳米管分散到硅树脂体系中，形成特殊的微观表面结构，具有良好的防污性能。英国谢菲尔德哈勒姆大学（Sheffield Hallam university）的科学家通过溶胶技术和纳米技术得到的纳米结构表面，具有很好的污损释放性能。

人类面临越来越严重的环境压力，故海洋涂料必须是节省资源、保护环境的；海洋利用和远洋运输业的发展寄希望于船舶涂料工业为其保驾护航，未来的防污涂料将变得更加高效、毒性更低。

本 章 小 结

（1）航运污染，也称船舶污染，是指因船舶操作、海上事故及经由船舶进行海上倾倒，致使各类物质或能量进入海洋，产生损害海洋生物资源、危害人体健康、妨害渔业和其他海上经济活动、损害海水使用质量、破坏环境等有害影响。

（2）航运污染可分为船舶营运过程中操作性排放污染和船舶事故性排放污染。操作性排放污染是主要类型，包括船舶冷却水（舱底水）、船舶货舱洗涤水、船舶压载水、船舶生活和卫生用水、船舶垃圾物、船舶对大气环境的污染。

（3）船底水中的油一般有三种状态：浮上油、分散油、乳化油。油水分离的方法按其原理可分为物理分离法、化学分离法、生物处理法和电浮分离法等。

（4）船舶造成空气污染，按污染物的来源主要有以下三方面：① 船舶燃油废气污染，是主要来源。② 船舶使用的制冷剂、灭火剂、洗涤剂、发泡剂（隔热材料）等在船舶营运、消防、演习、检修、拆装过程中，会将氟氯烃（CFCs）、哈龙（Halon）等耗损臭氧层的气体排入大气。③ 液货中的烃类气化物或有害气体液货船（油轮和散装液体化学品船）在装卸作业或航行途中，液货中的烃类气化物或有害气体有可能扩散到大气中去。

（5）船舶燃油多为柴油，有害气体排放物包括氮氧化物（NO_x）、硫氧化物（SO_x）、一氧化碳（CO）、碳氢化合物（HC）及颗粒物（particulate matter，PM）等。其中氮氧化物（NO_x）、硫氧化物（SO_x）占绝对优势。

（6）我国于 1983 年 7 月 1 日加入《国际防止船舶造成污染公约》（MARPOL73/78 公约），成为缔约国，2005 年 5 月 19 日生效。

（7）船舶柴油机常用的控制 NO_x 排放的措施包括：① 燃油乳化；② 气缸直接喷水（DWI）；③ 增压空气加湿；④ 废气再循环（EGR）；⑤ 优化柴油机结构参数和运行参数；⑥ 选择性催化还原法（SCR）。

（8）船舶压载水（ballast water）指为控制船舶横倾、纵倾、吃水、稳性或应力而加装到船上的水及悬浮物质。压载水中含有大量海洋生物，当未经杀生处理的压载水通过航运在世界各地转移时，极可能将新的物种引入压载水排放海域，并使它们在该海域定居、繁殖，甚至与同营养级的生物相争栖息地，进而造成外来物种（alien species）的生物入侵（biological invasion）。

（9）我国 2018 年 10 月 22 日加入《国际船舶压载水及沉积物管理与控制公约》。该条约 2019 年 1 月 22 日起对我国正式生效。压载水的处理方法包括：① 排岸法；② 化学处理法；③ 物理清除法；④ 一般清除方法等。当前主流的压载水处理系统包括：① 紫外线（UV）系统；② 电解系统；③ 电催化氧化；④ 化学注入系统。

（10）船舶在长期航行和长时间静止在港内或锚地中，船体表面水线以下浸入水中的部分尤其是船底表面由于长期浸泡在水中会生锈，并生长海生植物类、贝类动物类及非生物类混合物等，致使船体水下部分凹凸不平，粗糙度增加，形成船舶污底（hull fouling）。

（11）海洋附着生物也称海洋污损生物（marine fouling organism），是生长在船底和海中一切设施表面的动物、植物和微生物的通称。

（12）船舶防污底系统（anti-fouling systems）是指用于船舶控制或防止不利生物附着的涂层油漆、表面处理、表面或装置。船舶防污底方法包括：① 物理防污底法；② 化学防污底法（目前最广泛）；③ 生物防污底法。

（13）三丁基锡（TBT）在海洋中的降解速度慢，在海洋环境中的残存时间长，同时海洋生物对 TBT 表现出富集和积累作用。

（14）商业化应用的不含有机锡化合物的防污涂料主要分为三大类：一是含有杀虫剂（非有机锡化合物）的防污涂料；二是不含杀虫剂的低表面能防污涂料（fouling release coatings，FRC）；三是仿生防污涂料。

复习思考题

1. 什么是船舶污染，包括哪些污染类型？

2. 船舶含油污水来源有哪些？根据油的状态，有哪些油水分离技术？

3. 船舶造成空气污染按污染物的来源主要有哪些？哪种来源是主要来源？

4. 如何控制船舶燃油产生的有害气体：氮氧化物（NO_x）和硫氧化物（SO_x）？

5. 为什么要使用船舶压载水？压载水是如何造成外来生物入侵的？

6. 压载水的处理方法及系统有哪些类型？

7. 什么是船舶污底（hull fouling）？海洋污损生物（marine fouling organism）？船舶防污底系统（anti-fouling systems）是如何工作的？

8. 含三丁基锡（TBT）防污漆的防污原理是什么？为何要禁止使用这类防污漆？有哪些可替换的防污漆应用？

9. 讨论《国际防止船舶造成污染公约》（MARPOL73/78 公约）、《国际船舶压载水及沉积物管理与控制公约》和《国际控制船舶有害防污底系统公约2001》产生的背景，主要针对的内容，以及我国的应对措施。

主要参考文献

［1］ Bixler G, Bhushan B. Biofouling：lessons from nature ［J］. Philosophical Transactions of the Royal Society A, 2012, 370：2381-2417.

［2］ Flemming H C, Murthy P S, Venkatesan R, et al. Marine and industrial biofouling

［M］．Berlin Heidelberg：Springer，2009.

［3］ Komar I，Lalić B. Sea transport air pollution ［M］∥Nejadkoorki F. Current air quality issues ［M］．Rijeka：Intech Open Access Publisher，2015.

［4］ Nurioglu A G，Esteves A C C，de With G. Non-toxic，non-biocide-release antifouling coatings based on molecular structure design for marine applications ［J］．Journal of Materials Chemistry B，2015（3）：6547-6570.

［5］ Toyofuku M，Inaba T，Kiyokawa T，et al. Environmental factors that shape bioflm formation ［J］．Bioscience，Biotechnology，and Biochemistry，2016，80（1）：7-12.

［6］ 蔡轶基. 硫排放控制区下的海运路线优化及减排技术选择 ［D］．广州：华南理工大学，2019.

［7］ 何德涛. 国内外船舶压载水处理技术现状分析 ［J］．科学技术创新，2019（6）：4-5.

［8］ 李松梅，董耀华，张成雷，等. 国内外船舶尾气处理技术研究现状及发展趋势 ［J］．机械工程师，2013（5）：1-5.

［9］ 钱程. 船舶压载水常见致病菌生物特性环境影响因子研究 ［D］．宁波：宁波大学，2017.

［10］ 中华人民共和国生态环境部. 2018 年中国生态环境状况公报 ［R］．2019.

［11］ 史湘君. 议防治船舶大气污染现状及对策 ［J］．世界海运，2016，39（2）：53-56.

［12］ 孙永明. 海洋与港口船舶防污染技术 ［M］．北京：人民交通出版社，2010.

［13］ 殷佩海. 船舶防污染技术 ［M］．大连：大连海事大学出版社，2000.

第八章

海洋溢油污染与防治

在海洋石油勘探、开采、加工、运输的过程中，由于意外事故或操作失误，造成原油或石油制品从作业现场或储存器里溢出外泄，使之流向海洋水体、海面或海滩的行为称为海洋溢油。海洋溢油造成海洋环境质量下降或海岸环境污染，从而影响生物正常生活、生存的现象称为海洋溢油污染。

为了降低溢油量与影响范围，最大限度地控制、减少、清除溢油，减轻海洋溢油对环境的污染损害，溢油发生后所采取的抗溢油应急行动，以及所采取的其他应急处理和长期处理技术，通常被看作对海洋溢油污染的防治。

第一节　海洋溢油的来源与危害

一、海洋溢油的产生

海洋溢油产生的形式多样，归结来说主要分为两大类。一类是石油开发运输所产生的溢油，包括经河流或排污口向海洋注入的各种含油废水、海底开采逸漏、逸入大气中的石油烃沉降、港口和船舶的作业含油污水排放、天然海底渗漏、含油沉积岩遭侵蚀后渗出、工业和民用废水排放等；另一类为海洋事故溢油，已经成为溢油的主要方式，包括海洋石油资源勘探开发过程中由井喷、输油管道破裂等原因造成的原油泄漏，以及海洋运输船舶搁浅、碰撞、失事等原因造成的船舶灾害溢油和油库储藏设施爆炸溢油。

自 20 世纪 60 年代以来，由于各国对石油的需求不断提高，对石油的船舶运输、海上石油开采逐渐常态化，因此造成的海洋溢油事故日益频繁，已经引起各国政府的广泛关注，出台了一系列防范措施。

1967 年 3 月，利比里亚"托雷峡谷"号油轮在英国锡利群岛附近海域沉没，12 万 t 原油倾入大海，浮油漂至法国海岸。受此次事件影响，联合国下属的国际海事组织于 1973 年通过了《国际防止船舶造成污染公约》。

1979 年，墨西哥湾的"伊克斯托克–I"油井发生爆炸，向墨西哥卡门城附近的坎佩切湾泄漏了约 45.4 万 t 原油。这些泄漏的石油给周边环境造成了严重破坏。

1979 年 7 月，"大西洋女皇"号和"爱琴海船长"号两艘油轮在多巴哥岛附近的加勒比海水域发生碰撞导致爆炸，泄漏原油 28.7 万 t。这些石油所含的化学物质直接进入藻类等食物链底端生物体内，食物链顶端的哺乳动物乃至人类同样难以幸免。

1989 年 3 月，美国埃克森公司"瓦尔德斯"号油轮在阿拉斯加州威廉王子湾搁浅，泄漏 5 万 t 原油。沿海 1 300 km^2 区域受到污染，当地鲑鱼和鲱鱼近于灭绝。海鸟由于翅膀沾染油污而失去飞行能力，海豚努力跳跃甩脱油渍，最终却精疲力竭沉入海底。海象、鲸鱼等动物也受到波及，即使生存下来的海洋生物，体内也会累积大量有毒成分。

2002 年 11 月，载有 7.7 万 t 燃油的希腊油轮"威望"号，在西班牙西北部距海岸 9 km 的海域遇到风暴，船体出现裂口导致燃油外泄，海面出现大片污染。西班牙 4 艘拖船将这艘油轮拖向外海。"威望"号在西班牙海域沉没后溢出大片油污，对葡萄牙海域也有很大影响。泄漏的 2.5 万 t 燃油在局部海面形成 38 cm 厚的油膜，船体内还有 5 万 t 燃油随船沉入海底。

2010 年 4 月，英国石油公司在墨西哥湾所租用的一个名为"深水地平线"的深海钻油平台发生井喷并爆炸，导致漏油事故。事故导致了 11 名工作人员死亡及 17 人受伤。从 2010 年 4 月 20 日到 7 月 15 日，共泄漏了 56 万 ~58.5 万 t 石油，导致至少 2 500 km^2 的海水被石油覆盖。

2010 年 7 月 16 日 18 时，位于辽宁省大连市保税区的大连中石油国际储运有限公司原油罐区输油管道发生爆炸，引起火灾，导致部分原油、管道和设备烧损，有部分泄漏原油流入附近海域造成污染。

二、海洋溢油的组分

石油中含有数百种化合物，它们主要是由烷烃、芳香烃、环烷烃及烯烃等按照一定比例组成的复杂化学混合物，占石油含量的 50% ~98%（质量分数），简称为石油烃。石油中的其他成分为含氧、含硫及含氮的非烃类化合物。不同产地的石油，烃类的结构和所占比例相差很大，通常以烷烃为主的石油称为石蜡基石油；以环烷烃、芳香烃为主的称为环烷基石油；介于二者之间的称为中间基石油。

原油的组成按馏分，可分为汽油（$C_4 \sim C_{12}$）40%（质量分数，下同），煤油（$C_{12} \sim C_{16}$）10%，轻馏分油（$C_{12} \sim C_{20}$）15%，重馏分油（$C_{20} \sim C_{40}$）25%，残余油（$>C_{40}$）

10%；按分子结构，可划分为直链烷烃约 30%，环烷烃约 50%，芳香烃约 15%，杂环碳氢化合物约 5%。原油相对密度一般在 0.75~1.0 之间。

三、海洋溢油的归宿

石油进入水体环境后通常以 3 种形式存在（图 8-1）：① 漂浮在水面的油膜；② 溶解分散状态，包括溶解和乳化状态；③ 凝聚态残余物，包括海面上漂浮的焦油球和在沉积物中的残余物。溢油在海洋环境中经过复杂的物理、化学和生物作用之后消解，其过程可概括为动力学过程（扩散、漂移）与非动力学过程（蒸发、溶解、分散、乳化、沉降、氧化、生物降解作用等）（El Samar 和 EI Deeb，1988；Horiguchi，1991；Han 等，2001）。生物降解是海洋自净的主要途径，目前已发现 200 多种微生物能够降解原油，但降解速率普遍缓慢，需要几个月甚至数年后才能彻底完成。原油进入海洋后在海面上扩散，大多都形成透镜状薄膜，少量高黏度的原油因不易扩散而以块状漂于海面。溢油在海流、紊流及风的作用下扩散、漂移，并随时间和泄漏量的变化，出现形状和厚度不同的油膜、油带、碎片、油块或小油球。原油中部分的低分子烃会向海水中扩散甚至溶解或向大气挥发，而重烃组分却基本保持不变。

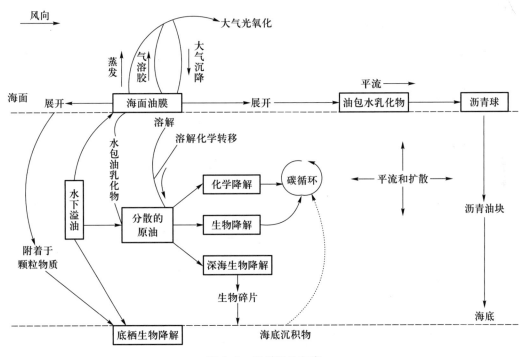

图 8-1　海洋溢油归宿

1. 溢油扩散

溢油进入海洋后，首先进行油的扩散。它主要是在油的重力、黏性和表面张力联合作用下迅速向四周扩散。最开始重力起主要作用，所以油的扩散受油的溢出形式的影响很大。如果油的溢出形式是瞬间大量溢油，则其扩散要比连续缓慢溢油快得多。油溢出几小时后，油层厚度大大减小，此时表面张力作用将超过重力作用，成为溢油扩散的主要影响因素，溢油在水面会形成镜面似的薄膜，它的中间部分比边缘部分厚。对于少量高黏度的原油和重燃料油，它们不易扩散而以块状漂浮在海面上。这些高黏度油，在环境温度低于其倾点温度时，几乎不扩散。当溢油在水面上形成薄膜后，进一步的扩散主要是靠海面的紊流作用。

2. 溢油漂移

海洋溢油有一部分漂浮于海面形成油膜，油膜在海洋动力作用下的迁移输运，主要靠海风、海表层流、湍流、波浪等作用。油膜的漂移过程是极其复杂的，涉及许多因素。其中溢油的油膜漂移速度是由水体表层流场、海上风场决定的。

值得注意的是油膜在漂移的过程中，同时也在进行着扩散、蒸发、光氧化等过程。由于受到波浪和浮力的作用，油膜也在进行着油滴溶解和水中油滴浮出的交换过程。应说明的是，油膜并非是连续的，它受海风、洋流和温度及自身性质等的影响，随着时间的变化，会出现形状不同、厚度不同的油膜、油带、碎片或小焦油球。

3. 溢油蒸发

溢油中易挥发组分的蒸发能够导致溢油特性的变化，蒸发后留在海面上的油比其原来的油的密度和黏度都要大。蒸发造成海面溢油量的减少，还影响溢油的扩散、乳化等，并且还会带来火灾和爆炸危险。影响蒸发的因素有：油的组分、油膜厚度、环境温度、风速及海况等。

油的组分对其蒸发的影响最大，它可决定其蒸发速度和总量比。原油及其炼制品中的轻组分含量越高，越容易蒸发。多数原油和其轻质炼制品的轻组分含量较高，溢到海面后，蒸发的速度快，蒸发总量比大。溢油中碳原子数小于 15 的烷烃可以全部蒸发，$C_{16} \sim C_{18}$ 的烷烃可蒸发 90%，$C_{19} \sim C_{21}$ 的烷烃可蒸发 50%。汽油的主要组分为 $C_9 \sim C_{11}$ 的烷烃，因此溢到海面后，可以全部蒸发掉。重质原油和重燃料油轻组分含量较低，因此蒸发慢，蒸发总量比也很小。

溢油在海面的蒸发速率随时间的延长而减小，溢油在最初几小时内蒸发得很快。在一般的环境条件下，多数原油和其轻质炼制品在 12 h 内可蒸发掉 25% ~ 30%；在一天内可蒸发掉 50%。

油膜厚度影响溢油的蒸发速率。一定量的溢油，油膜越薄，暴露在大气中的油膜面积越大，蒸发得就越快。但是，油膜厚度不会影响其蒸发总量比。

温度对溢油蒸发的影响涉及蒸发速率和蒸发总量比，温度越高，油蒸发得越快；同一种油，在高温时蒸发总量比大，在低温时蒸发总量比小。

大气压对油的蒸发有影响，但是这种影响不大。风速主要影响溢油的蒸发速率。风速越大，蒸发越快。海况对溢油蒸发也有一定的影响，海况越差，蒸发越快。

当给定溢油品种和溢油量、油膜厚度、环境温度和风速后，可用计算机模型准确地预测某一时间的溢油蒸发量，在实际溢油事故中也可以用蒸发曲线估算蒸发量。

4. 溢油溶解

溶解是石油中的低分子烃向海水中分散的一个物理化学过程，也是一个自然混合过程。溶解的速率取决于油的分子构成、水温、紊流，以及分散程度。原油中的重组分实际上在海水中并不溶解，低分子的烃类化合物，尤其是芳烃如苯和甲苯稍溶于水。但这些化合物也极易挥发，这种挥发速度要比溶解快 10 ~ 1 000 倍。烃类的溶解浓度很少超过 1 mg/L，而石油主要由各种烃类组成，所以油的溶解对于清除海面溢油没有多大影响。在石油中，20 号重柴油的溶解能力最大，它在海水中的自然混合作用也最强，对海洋生物的危害也最大；而重燃料油和大部分原油的溶解能力相对较差，在海水中的自然混合作用也较弱。

5. 溢油分散

海面的波浪作用于油膜，产生不同尺寸的油滴，小油滴悬浮在水中，而较大的油滴升回海面。这些升回海面的油滴位于向前运动的油膜后面，或与其他油滴聚合形成油膜，或扩散为更薄的油膜，而呈悬浮状的油滴则混合于水中。这种油的分散现象造成了油的表面积增大，能促进生物降解和沉积过程。

自然分散率在很大程度上取决于油的特性及海况，在碎浪出现时分散过程进展得较快。低黏度油在保持流动、不受其他风化过程阻碍的情况下，数天内能完全分散，如汽油、柴油。相反，高黏度油或能形成稳定的油包水乳化液的油，容易在海面形成不容易分散的厚油层。这类油可在海面存留数周，如重质原油和重燃料油。

6. 溢油乳化

许多油类易于形成油包水乳化液，体积会增加 3 ~ 4 倍。这种乳状液通常很黏，不容易消散。多数油都能迅速形成乳状液，其稳定性依赖于沥青质的含量。沥青质含量大于 0.5% 的油，易形成稳定的乳状液，即通常所说的"巧克力冻"；而沥青质含量小于此值的油易于分散。油的乳化物在平静海况下或搁浅于岸上时，因日晒受热，还会重新分离为油和水。

油的乳化速度取决于油的特性和海况，乳化物的含水量只取决于油的本身。油吸收水分常使油由黑色变成棕色、橘黄色或黄色。随着乳化的进展，油在海浪中的运动使油中的水滴越来越小，乳化物变得越来越黏。随着吸水量的增加，乳化物的密度接近于海水（杨庆霄等，1994；1997）。

溢油一旦乳化形成"巧克力冻"，会给应急处理带来困难。"巧克力冻"含量越大，溢油分散剂的作用越小；当乳化液的含水率达 50% ~ 60% 时，分散剂就完全失去效用。如果用撇油器回收含有"巧克力冻"的油，由于其黏度增加，回收效率将降低，且由于"巧克力冻"的形成，使回收的含油的物质总量大大增加，有的甚至增加 10 倍以上，这也大大地增加了回收物的运输量。"巧克力冻"在海洋环境中很难自然消失，如任其漂流，碰到固体物质或海滩就会黏附在上面，它对环境的污染很难消除。

7. 生物降解

生物降解是海洋环境净化原油最根本的途径。目前已发现 200 多种微生物能够降解石油,这些微生物一般生存于海面及海底。微生物降解石油时三分之一用于细胞合成,其余分解为水和 CO_2,这种降解作用使得油污从根本上得以消除。影响生物降解的因素主要有温度、含氧量及营养物质中氮和磷的含量。据报道,在适宜的水域中,生物降解石油的速率为每天可从每吨海水中清除 0.001~0.003 g 油;在常年受石油污染的地区每天可从每吨海水中清除 0.5~60 g 油。但油一旦与沉积物混合,微生物会由于缺乏养料而大大降低降解速率。生物降解的速率太低,对于抗御海洋溢油应急行动来说并不能起到大的作用,但对于被石油污染的海洋环境来说,即使需要几个月甚至几年才能恢复,那也是非常有意义的。

通过生物降解可以最终清除海洋溢油,所以近年来开发了含营养物质的溢油分散剂,其中添加的营养物质能增强微生物的繁殖能力,强化生物降解作用。

8. 氧化作用

石油烃可被氧化为可溶性物质或者更为持久性的焦油。氧化反应由于日晒而加剧,但是相对于其他各种作用过程,氧化的量很小,氧化的速率较慢,特别是高黏度、厚层油或油包水乳化液的氧化更慢。

9. 沉积

溢油在海洋中经过蒸发、乳化等过程,其密度增加,有些重残油的相对密度大于 1,在微咸水或淡水中下沉。但是几乎没有原油可以靠自身的沉降作用沉积于海底,一般来讲,溢油主要通过三种途径实现沉积过程:溶解的石油烃吸附在固体颗粒上下沉;分散的油滴附着在海水悬浮颗粒上下沉;轻组分挥发、溶解后的剩余组分由于密度增大而生成半固态小焦油球下沉。

浅水区和江河口处经常夹杂着大量的悬浮颗粒,这会促使溢油沉降。溢油的沉降有时也会受温度影响,在较冷的天气里,油污往往漂浮于水面;当晚上气温下降到更低时油又会沉到水面以下;当白天气温回升时它又重新回到水面上。沉积在海底的石油经过一定的时间后,一部分被生物降解,一部分在沉积矿化作用下得到净化。

四、海洋溢油的危害

海洋溢油的危害表现在大量油污的进入给海洋生态系统带来严重的威胁。海面漂浮着大量油膜,能够降低表层海水中的日光辐射量,从而导致靠光合作用存活的浮游植物数量的减少;继而会引起食物链中其他高级消费者数量的相应减少,从而导致整个海洋生物群落的衰退。

由于浮游植物是海洋中甚至是整个地球上 O_2 的主要供应者,海洋溢油减少了浮游植物的数量,故海水中溶解氧的含量将随之降低,厌氧的种群增殖,好氧的生物衰减,最终结果会导致海洋生态平衡的失调。另外,在自然环境中,海洋生物的许多习性如觅食、躲避天敌、区系选择、交尾繁殖和鱼类洄游等都会受到海水中某些浓度极低的化学物质的控制。当海洋环境遭受石油及其他一些物质污染时，生物的上述习性就有可能受到影响，部分敏感的种群数量减少，而其余种群则相应增加，导致生物群落原有结构的变化。由于海洋溢油危害的对象具有普遍性，不仅海水质量、海洋各系统及沉积物环境受到溢油的影响与损害，海洋生物也将受到溢油的损害。另外，海洋溢油具有潜在性、延续性、缓慢性。大多数损害往往隐蔽于一个较为缓慢的量变过程，通常经过一定的时间，在多种因素复合累积后才逐渐显现。

石油进入海洋后，会通过食物链在人体内富集，从而对人体健康造成严重危害；受洋流和海浪的影响，海洋中的石油极易聚集到岸边，使海滩受到污染，破坏旅游资源；油膜覆盖在海面，阻断 O_2、CO_2 等气体的交换，破坏了海洋中溶解气体的循环平衡；石油污染物进入海洋环境中会对水生生物的生长、繁殖甚至整个生态系统产生巨大影响，污染物中的毒性化合物可以改变细胞活性，使藻类等浮游生物急性中毒死亡；另外，在渔业方面，石油污染抑制光合作用，降低海水中 O_2 的含量，破坏生物的正常生理机能，使渔业资源逐步衰减，恶化水质使养殖生物大量死亡。

○ 第二节　海洋溢油的鉴定

石油资源分布不均与经济全球化的快速发展，推动了石油勘探、开采和运输规模的不断扩大。相应的是溢油事故的日益增多，包括井喷、输油管道破裂、船舶漏油等，带来了环境损害评估、溢油纠纷等问题。因此，及时准确地确定海洋溢油污染源具有非常重要的意义。海洋溢油的鉴定就是通过鉴别技术，寻找溢油指标，确定溢油源。对于溢油指标的寻找及溢油鉴别技术的研究一直是海洋溢油鉴定领域的研究重点。

一、海洋溢油的鉴定方法

海洋溢油鉴定是溢油事故调查处理的重要取证手段，而石油指纹鉴别则作为目前海洋溢油鉴别的主要技术，通过分析比较可疑溢油源和溢油样的各类油指纹信息，为溢油事故处理提供非常重要的科学依据。但是原油（或油品）组成异常复杂，不可能对所有信息进行分析比较，只是从所获得的数据中提取最能代表原油特征的信息加以利用，而原油中许多信息的不稳定性也要求在利用这些数据时要有所选择。随着分析技术的发展，"石油指纹"分析方法越来越多。使用气相色谱-质谱法（GC-MS）等进行鉴别溢油的方法已得到广泛应用（王传远等，2008，孙培艳等，2006）。展卫红（2006）介绍了应用光谱扫描技术对被测油品进行鉴别的实验方法。徐恒振等（2001）用 GC-MS 对溢油中的饱和烃进行分析，结果表明用姥鲛烷、植烷与其相应正构烷烃的比值参数（Pr/Ph、Pr/nC17、Ph/nC18）和奇偶优势（OEP）等可对未风化的不同油种进行鉴别，用指示物参数 OEP 可对重度风化的不同油种进行鉴别。海洋溢油的鉴定方法根据所检测的石油指纹信息特点，可分为 2 类：非特征方法和特征方法。

（1）非特征方法。传统的方法主要有气相色谱法（GC）、荧光光谱法、红外光谱法（IR）、高效液相色谱法（HPLC）、薄层色谱法（LC）、排阻色谱法、超临界流体色谱法（SFC）、紫外光谱法（UV）和重量法等，还有最近兴起的红外纤维光学传感器法等。这些方法预处理和分析时间较短，费用较低，但通常很难获取详细的石油特征组分信息，因此在溢油鉴别上受到一定限制。

（2）特征方法。主要有气相色谱-质谱法（GC-MS）、GC-FID 和其他的辨别石油烃组分的分析技术，可较容易地获取组分的详细信息，尤其是能够抗风化的化合物信息，如一些多环芳烃和生物标志物等，更准确地开展石油指纹鉴别，因此越来越引起科学家的关注。

二、海洋溢油生态损害评估

全球海洋溢油事故频繁发生，已经成为影响经济发展、生态平衡、社会稳定发展的重要制约因素。国外对海洋溢油生态损害评估技术的研究始于 20 世纪 70 年代，至今已经形成了较为成熟的评估技术体系。从 20 世纪 90 年代开始，国内学者陆续开始对海洋溢油生态损害评估进行相关研究，目前已初步建立了几种适合我国国情的评估方法。总结归纳国内外现有的研究成果，海洋溢油生态损害评估方法可分为 3 类，即环境损害评估、自然资源损害评估和生态服务损害评估（表 8-1）。

表 8-1　海洋溢油生态损害评估方法对比

评估类别	代表性方法		评估指标	计量方法	优点	缺陷	典型应用案例
环境损害评估	国际公约 92CLC 及指南		复原措施费用	直接统计	易于计算	评估内容不充分	1992 年西班牙 Aegean Sea 事故、1993 年英国 Braver 事故
自然资源损害评估	美国自然资源损害评估法（NRDA）	经验公式法（华盛顿州公式）	溢油量等变量简易函数	直接计算	评估简便	评估精度较低	美国海域中、小型溢油事故
		计算机模型法（NRDAM/CME 模型）	自然资源损失	数值模拟定量	精度相对较高	仅能估算资源损失量，不能量化生态服务损失	美国海域大、中型溢油事故
		等价分析法 HEA（REA）	生态服务损失	以自然资源为生态服务计量标尺	评估内容全面	评估周期长，因主观因素导致计算结果的不确定度较高	美国海域大、中型溢油事故

续表

评估类别	代表性方法	评估指标	计量方法	优点	缺陷	典型应用案例
生态服务损害评估	中国国家海洋局北海监测中心评估法《海洋生态损害评估技术导则》	生态容量损失，生态服务损失	环境经济学方法，全球生态平均公益价值研究成果	评估内容全面，具有较好的可操作性	评估内容缺乏足够的合理性，计量方法较粗略	2002 年渤海"塔斯曼海"轮事故
	海洋生态服务损害评估法	生态服务损失	环境经济学方法	评估内容全面	评估内容未能结合司法实践，计量方法有效性不足	未见报道

引自刘伟峰等，2014

1. 环境损害评估

环境损害评估类方法主要是依据《1992 年国际油污损害民事责任公约议定书》及《油污损害赔偿——国际油污损害责任和赔偿公约指南》对溢油污染造成的环境损害进行评估。上述文件将油污损害的索赔归类为：预防措施、财产损害、经济损失、为恢复受损环境而采取的各种措施。对于溢油造成的环境损害赔偿，仅限于实际采取的或将要采取的合理复原措施费用，并且这种损失能以金钱计量，按照理论模式计算出的抽象损害索赔是不会被接受的。在遭受海洋溢油损害后，海洋生态系统的恢复是一个长期的过程，甚至无法恢复到原有状态，因此将在较长的一段时期内无法继续向人类提供产品和服务，丧失原有的价值。该类评估方法仅以采取环境修复措施的费用作为溢油造成的海洋生态损失价值量，忽略了海洋生态系统恢复期间的原有价值损失；此外，对于环境修复费用仅能以货币直接计量，按照理论模式计算出的抽象损害价值量不被认可，因此该类评估方法具有一定的片面性，无法实现充分索赔。

2. 自然资源损害评估

自然资源损害评估方法中最为完善的是美国自然资源损害评估法（牛坤玉等，2014）；该方法是美国国家海洋与大气管理局（NOAA）在《石油污染法》框架下开发的、用于油品等有害物质泄漏造成的自然资源损害评估（natural resource damage assessment，NRDA），其评估对象包括自然环境中的空气、水、沼泽、潮滩及其间栖息的动植物等。根据《石油污染法规章》（1996）评估程序包括预评估、损害评估、恢复规划和恢复实施 4 个阶段，评估方法包括经验公式法、计算机模型法及等价分析法。

3. 生态服务损害评估

生态服务损害评估方法是基于海洋生态系统服务理论对溢油造成的生态损失进行的探

讨研究，以海洋生态系统因溢油污染导致其原有服务功能减弱或丧失而导致的价值损失来计量生态损失。该方法中最具代表性的是中国国家海洋局北海监测中心以 2002 年渤海湾"塔斯曼海"轮原油对海洋生态环境污损索赔案件为例提出的评估法（高振会等，2007）。该方法将生态损失界定为环境容量损失和生态系统服务损失，包括海洋生境修复费用、海洋生物修复费用及监测评估费用等间接损失，其适用条件是天然渔业资源、水产养殖资源等自然资源损失被单独评估，不包含在生态损害评估之中。该方法第一次在真正意义上实现了我国对海洋生态环境损害的评估，但在实际应用中还存在一定不足。随后国家海洋局以该方法为基础研究制定了《海洋生态损害评估技术导则》（GB/T 34546.1—2017）。

第三节　海洋溢油预警

一、海洋溢油的风险分析

根据我国《水上溢油环境风险评估技术导则》（JT/T 1143—2017）的规定，海洋溢油风险分析的内容主要包括风险源识别、事故溢油量分析和概率分析三大部分。

1. 风险源识别

根据水上溢油事故风险识别结果，筛选确定船舶、陆域油罐、码头输油管道等可能发生水上溢油事故的风险源，分别分析其中一个风险源发生的最大可信水上溢油事故溢油量和最可能水上溢油事故溢油量。最大可信水上溢油事故即在所有预测的概率不为零的水上事故中，溢油量最大的那个；最可能水上溢油事故即在设计条件下发生概率最大，可采取溢油应急防备措施有效应对的水上溢油事故。

2. 事故溢油量分析

最大可信水上溢油事故溢油量按照设计船型所载货油或船用燃油全部泄漏量的数目确定；最可能水上溢油事故溢油量按照设计船型的一个货油边舱或燃料油边舱的容积确定。港口码头罐区事故溢油量则根据其所处地市、距离水体距离等地理条件分析确定。

3. 概率分析

在有足够的历史数据的情况下，事故概率的计算应以统计分析为基础，可采用事故树分析法、故障树分析法、蝶形图分析法等作为补充；在没有足够历史数据的情况下，可以采用类比方法分析，也可以采用概率分布方法补充，选择最可信的概率分析结果。

二、海洋溢油的漂移扩散

溢油漂移过程常指油膜在水面流场、波浪、风力等外界因素的共同作用下，所发生的迁移过程（Spaulding，1988）。石油在进入海洋后，不仅会随着洋流和海风进行空间位置的输运，还存在着极其复杂的物理、化学和生物过程。如石油在海面上存在分散、运移、蒸发、溶解、光分解、生物降解、乳化、悬浮物的吸附和沉积过程等（Mcgenity 等，2012）。溢油在海洋表面的过程可以分为动力学过程和非动力学过程 2 种，其中溢油动力学过程的驱动场由海流和气象模型提供，非动力学过程则由蒸发、乳化、溶解等物理、化学变化组成（Proctor 等，1994a；1994b）。目前溢油形态学的数值模拟方法是利用不同的数学模型进行计算，其计算理论可分为油膜扩展模式、对流扩散模式和"油粒子"模式3 类。而近年来溢油被看成是由大量"油粒子"组成的，每个油粒子代表一定的油量，在表层洋流和风场的作用下做漂移运动。"油粒子"的物理过程是指由于平流流动和湍流波动引起的粒子运动。平流流动是指每个粒子在特定的流场条件下发生的平移，湍流波动是指由于剪切流和湍流引起的扩散运动，每个粒子的随机运动导致了整个云团在水体中的扩散过程。

三、海洋溢油的预测预报

溢油模型研究可分为三大模拟类别和研究阶段：Fay 模式（Fay，1971）、基于欧拉观点求解对流-扩散方程（Sugioka 和 Kojima，1999；袁业立，1992）和基于拉格朗日观点的"油粒子"模式（Elliott，1986；Elliott 和 Perianez，2002）。世界各国在对溢油行为和归宿的理论研究基础上，采用上述不同的模拟方法，相继建立了溢油应急响应计划及溢油漂移轨迹预测系统等，如美国的 OILMAP（美国 ASA 公司研究发展的溢油商业软件）系统和GNOME（美国 NOAA 研究发展的开源溢油模型）系统、英国的 OSIS 系统、挪威的OILPILL/STAT 系统，以及得到广泛认可和应用的 OSCAR 溢油软件（商业软件）、意大利的 MEDSLIK 系统、比利时的 MU-SLICK 系统、荷兰 SM4 系统和日本溢油灾害对策系统等。我国的溢油预报模型研究始于 20 世纪 80 年代初，大多数预测模型属于 Fay 模式的改进型，如胶州湾溢油污染研究模型（吴永成等，1996），胶州湾海面溢油轨迹的分析预报模型（娄安刚等，2001），用动力学方法建立的连续性油膜的全动力油膜运动模型（袁业立，1992）。国家海洋局海洋环境保护研究所在与比利时北海数学模型管理署的"油污染：环境风险评价"合作研究项目（1989—1991 年）中，对溢油预报模型进行了全面研究，开发并建立了基于"油粒子"概念的二维溢油软件包和三维溢油软件包。其中二维溢油软件包在辽河油田浅海开发区推广应用，建立了"溢油动态可视系统 OILSYS"并纳入辽河油田滩海开发区溢油应急计划。在"八五"期间（1990—1995 年），溢油预测模型研究被列入国家重点攻关计划，中国海洋大学承担的课题"溢油污染对海洋环境影响及预测研究"，运用蒙特卡罗方法预测溢油输移和湍流扩散，较好地重现了溢油的环境行为。国家海洋局海洋环境保护研究所承担的课题"渤海溢油数值预报体系"是基于油粒子群随机运动的三维溢油综合预报模型为核心的溢油微机化预报体系。"十五"期间我国的国家海洋局、"十一五"期间我国的交通部和国家海洋局均有关于溢油漂移预测模型的国家支撑计划研究专题，并取得了一定的成果，已实现了三维溢油漂移业务化预报，初步开展了海浪对溢油漂移扩散的影响分析和模拟（娄安刚等，2001）。

（一）溢油预测控制方程

石油在水表层和在水体中的研究都需要控制方程。溢油在海洋中的分布及输移扩散是一种三维过程。对海洋溢油中的表层石油来说，在三维系统中，方程类似于在二维系统的方程。表层石油的厚度对比水的深度是可以忽略的。这个方程可以写为：

$$\frac{\partial C_s}{\partial t} + \frac{\partial}{\partial x}(u_s C_s) + \frac{\partial}{\partial y}(v_s C_s) = \frac{\partial}{\partial x}\left(D_x \frac{\partial C_s}{\partial x}\right) + \frac{\partial}{\partial y}\left(D_y \frac{\partial C_s}{\partial y}\right) + \left(v_b C_v - w C_v + D_z \frac{\partial C_s}{\partial z}\right)\bigg|_{z=0}$$
$$-S_m - S_E - S_D + M_s(x,y) - D_s(x,y) + E_m \qquad (8-1)$$

式中：　　t——时间；

$\qquad x$ 和 y——平面坐标；

$\qquad z$——垂直坐标（从海水表面向下测量）；

$\qquad C_s$——在表层单位面积石油的浓度；

$\qquad C_v\big|_{z=0}$——在表层中单位体积的水中石油体积浓度；

$\qquad u_s$、v_s——x、y 方向的表层漂移速度；

D_x、D_y、D_z——x、y、z 方向的扩散系数；

$\qquad v_b$——石油滴的漂浮速度；

$\qquad S_m$——表层石油垂直混合的影响（也可以写作 γC_s）；

$\qquad S_E$、S_D——单位体积石油膜的蒸发、溶解速率；

$\qquad M_s$——由于机械扩散作用引起的表层石油的分布；

$\qquad D_x$——由于岸线沉积作用引起的表层石油的分布；

$\qquad E_m$——由于乳化作用引起的表层石油的分布。

石油在水体中的浓度分布可以描述为：

$$\frac{\partial}{\partial t}(C_v) + \frac{\partial}{\partial x}(u C_v) + \frac{\partial}{\partial y}(v C_v) = \frac{\partial}{\partial x}\left(D_x \frac{\partial C_v}{\partial x}\right) + \frac{\partial}{\partial y}\left(D_y \frac{\partial C_v}{\partial y}\right) + \frac{\partial}{\partial z}\left(D_z \frac{\partial C_v}{\partial z}\right)$$
$$+ \frac{\partial}{\partial z}(v_b C_v) - S_m - E_B - S_D + E_m \qquad (8-2)$$

式中：C_v——在悬浮层中单位体积的水中石油体积浓度；

$\quad u$、v、w——x、y、z 方向的水流速度；

$\qquad v_b$——石油滴的漂浮速度；

$\qquad S_m$——悬浮油层垂直混合的影响；

$\qquad E_B$——海底沉积作用的影响，z 不等于 h 时 $E_B = 0$，$z = h$ 时，$E_B = \beta_1 C_v\big|_{z=h}$；

$\qquad h$——水深；

$\qquad S_D$——在单位体积水中石油的溶解速率；

$\qquad E_m$——由乳化作用引起的油在水中的分布。

当水动力条件已知时，方程8-1和8-2可以用在欧拉模型系统中。然而，采用有限差分或者有限元法用来求解水平对流扩散方程时，使用欧拉方法通常会遇到一些数值扩散问题。在大的潮流区域，欧拉方法需要大量的计算时间。因而，很少有溢油模型完全采用欧拉方法，而目前大多数溢油模型采用拉格朗日离散粒子法。

（二）拉格朗日离散粒子法

在拉格朗日离散粒子法中（Elliott，1986；Elliott 和 Perianez，2002；Cekirge，1992；Cerirge 和 Koch，1997），溢油被认为是大量的小粒子，这些粒子可以在水的表面或者悬浮在水体中，这些粒子在静止或者移动的溢油点处，以一定的速度进入水中。

拉格朗日离散粒子法具有内在稳定性（娄安刚，2000；2001）。在每一个时间尺度上，油粒子的位置处在一个固定的平流和湍流扩散坐标系统，每个粒子的质量和数量随时间改变，系统中油的总质量是确定的，允许质量在每一个粒子之间变化。表层石油的厚度通过划分石油的总体积（基于网格面积）计算，因为计算结果在某种程度上依赖网格的选择，因此在水动力模型中要尽量应用相同的网格尺寸。

（三）平流的模拟

在应用拉格朗日离散粒子法的模型中，平流通过一阶方法模拟。然而，如果流场是由于在短距离流场方向的改变而变得复杂，一阶法就不精确。为了处理这个问题，在模拟平流的模型中通过增加二阶法来改进。不论是二阶显式法还是二阶隐式法，它们都是在一阶法的基础上模拟平流。为了展示更高阶法的优点，下面讨论每种方法的结果和数学公式。

1. 一阶法
下面这个方程给出了一个粒子的新位置：
$$\overrightarrow{s_{n+1}}=\overrightarrow{s_n}+\overrightarrow{v_n}\Delta t \tag{8-3}$$
式中：$\vec{s}$——位置向量；

$\vec{v}$——通过节点的速度值内插得到的平流速度；

Δt——时间步长；

n——时间步长数。

2. 二阶显式法
这种方法基于二阶泰勒展开式，给出一个指定的粒子的位置：
$$\overrightarrow{s_{n+1}}=\overrightarrow{s_n}+\overrightarrow{v_n}\Delta t+\frac{(\Delta t)^2}{2}\frac{\mathrm{d}\overrightarrow{v_n}}{\mathrm{d}t} \tag{8-4}$$
$$\frac{\mathrm{d}\overrightarrow{v_n}}{\mathrm{d}t}=\frac{\partial\overrightarrow{v_n}}{\partial t}+(\overrightarrow{v_n}\cdot\nabla)\overrightarrow{v_n} \tag{8-5}$$
在 $t=n\Delta t$ 空间，速度梯度由线性内插法得出。

3. 二阶隐式法
方程 8-4、8-5 可以修改为：

$$\vec{s_{n+1}} = \vec{s_n} + \vec{v_n}\Delta t + \frac{(\Delta t)^2}{2}\frac{\mathrm{d}\vec{v}}{\mathrm{d}t} \tag{8-6}$$

$$\frac{\mathrm{d}\vec{v}}{\mathrm{d}t} = \frac{\partial \vec{v_n}}{\partial t} + \left(\frac{\Delta \vec{s}}{\Delta t} \cdot \nabla\right)\vec{v_n} \tag{8-7}$$

式中：$\Delta \vec{s} = \vec{s_{n+1}} - \vec{s_n}$

方程 8-6、8-7 可以写成下面的线性方程：

$$[A][X] = [B] \tag{8-8}$$

$$[A] = \begin{pmatrix} 1 - \dfrac{\Delta t}{2}\dfrac{\partial u_n}{\partial x} & -\dfrac{\Delta t}{2}\dfrac{\partial u_n}{\partial y} & -\dfrac{\Delta t}{2}\dfrac{\partial u_n}{\partial z} \\[2ex] -\dfrac{\Delta t}{2}\dfrac{\partial v_n}{\partial x} & 1 - \dfrac{\Delta t}{2}\dfrac{\partial v_n}{\partial y} & -\dfrac{\Delta t}{2}\dfrac{\partial v_n}{\partial z} \\[2ex] -\dfrac{\Delta t}{2}\dfrac{\partial w_n}{\partial x} & -\dfrac{\Delta t}{2}\dfrac{\partial w_n}{\partial y} & 1 - \dfrac{\Delta t}{2}\dfrac{\partial w_n}{\partial z} \end{pmatrix} \tag{8-9}$$

$$[X] = \begin{bmatrix} x_{n+1} \\ y_{n+1} \\ z_{n+1} \end{bmatrix} \tag{8-10}$$

$$[B] = \begin{bmatrix} x_n + u_n + \dfrac{(\Delta t)^2}{2}\dfrac{\partial u_n}{\partial t} - \dfrac{\Delta t}{2}\left(x_n\dfrac{\partial u_n}{\partial x} + y_n\dfrac{\partial u_n}{\partial y} + z_n\dfrac{\partial u_n}{\partial z}\right) \\[2ex] y_n + v_n + \dfrac{(\Delta t)^2}{2}\dfrac{\partial v_n}{\partial t} - \dfrac{\Delta t}{2}\left(x_n\dfrac{\partial v_n}{\partial x} + y_n\dfrac{\partial v_n}{\partial y} + z_n\dfrac{\partial v_n}{\partial z}\right) \\[2ex] z_n + w_n + \dfrac{(\Delta t)^2}{2}\dfrac{\partial w_n}{\partial t} - \dfrac{\Delta t}{2}\left(x_n\dfrac{\partial w_n}{\partial x} + y_n\dfrac{\partial w_n}{\partial y} + z_n\dfrac{\partial w_n}{\partial z}\right) \end{bmatrix} \tag{8-11}$$

式中：x、y、z——各自相应的 $\vec{s}$ 分量；

　　　u、v、w——各自相应的 $\vec{v}$ 分量。

（四）湍流扩散的模拟

1. 模拟湍流扩散的算法

湍流扩散的模拟通过增加垂直速度向量来实现。这可以写为：

$$\vec{v}_T = \vec{v}_m + \vec{v} \tag{8-12}$$

式中：$\vec{v}_T$——总的速度向量；

　　　$\vec{v}_m$——水平速度向量；

　　　$\vec{v}$——湍流扩散。

应用随机方法来模拟湍流扩散。$\vec{v}$ 部分可以写为：

$$u_{\mathrm{ran}} = \sqrt{\frac{2D_x}{\Delta t}}R_{nx} \tag{8-13}$$

$$v_{\mathrm{ran}} = \sqrt{\frac{2D_y}{\Delta t}}R_{ny} \tag{8-14}$$

$$w_{\mathrm{ran}} = \sqrt{\frac{2D_z}{\Delta t}} R_{nz} \tag{8-15}$$

式中：u_{ran}、v_{ran}、w_{ran}——在 x、y、z 方向的自由速度；

$\quad\quad\quad D_x$、D_y、D_z——在 x、y、z 方向的扩散值；

$\quad\quad\quad R_{nx}$、R_{ny}、R_{nz}——均方差为 1 的正态分布随机数；

$\quad\quad\quad\quad\quad \Delta t$——时间步长。

因而湍流扩散可以替代为（如果用一阶方法模拟平流）：

$$\Delta \vec{S}_{\mathrm{ran}} = \vec{v} \Delta t \tag{8-16}$$

式中：$\Delta \vec{S}_{\mathrm{ran}}$——湍流作用的替代向量。

2. 湍流的模拟

（1）一维的情况。随机移动法，是一个显式的欧拉方法和一个隐式的欧拉方法，常用来模拟瞬时源和连续源简单的一维平流扩散问题。

$$\frac{\partial C}{\partial t} + u \frac{\partial C}{\partial x} = \in_x \frac{\partial^2 c}{\partial x^2} \tag{8-17}$$

式中：C——浓度；

$\quad\quad u$——流速；

$\quad\quad \in_x$——扩散系数。

对一个瞬时源：

这种情况的分析方法是：

$$C(x,t) = \frac{M}{\sqrt{4\pi \in_x t}} \exp\left[-\frac{(x-ut)^2}{4 \in_x t} \right] \tag{8-18}$$

式中：M——在 0 时刻 x 方向引入的初始量。

对一个连续源：

这种情况的分析方法是：

$$C(x,t) = \frac{C_0}{2}\left[\mathrm{erfc}\left(\frac{x-ut}{\sqrt{4 \in_x t}} \right) + \mathrm{erfc}\left(\frac{(x+ut)}{\sqrt{4 \in_x t}} \right) \exp\left(\frac{ux}{\in_x} \right) \right] \tag{8-19}$$

式中：C_0——初始浓度值；

$\mathrm{erfc}(x)$——互补误差函数。

（2）二维的情况。瞬时源污染物释放，二维的分析方法可以由下面的方程给出：

$$\frac{C(x,y)}{\rho} = \frac{Vol}{4\pi t \sqrt{D_x D_y}} \exp\left[-\frac{x^2}{4D_x t} - \frac{y^2}{4D_y t} \right] \tag{8-20}$$

式中：Vol——排出的石油的体积；

$\quad\quad \rho$——石油的密度；

扩散系数 $D_x = D_y = D_z$。

（五）垂直混合模拟

在现行的模式中，Delvigne 和 Sweeney（1988）、Delvigne 和 Hulsen（1994）的模式用来

模拟垂直混合。把石油滴分为不同的尺寸等级，按照每个时间步长单元引进浓度剖面上扰动层中均匀分布的石油粒，建立由表面扰动引起的石油滴形式。表面油层的输运速率由下式给出：

$$Q_r(d_0) = K_{EN} D_{ba}^{0.57} S_{cov} F_{wc} d_0^{0.7} \Delta d \tag{8-21}$$

式中：d_0——石油滴直径；

  $Q_r(d_0)$——包括直径为 d_0 的石油滴在 Δd 内的石油滴输运速率；

    K_{EN}——运移系数，是一个比例常数；

    D_{ba}——单位面积破波能；

    S_{cov}——石油覆盖的表面积（$0 \leqslant S_{cov} \leqslant 1$）；

    F_{wc}——单位时间由破波引起的海区表面撞击部分。

公式 8-21 中 D_{ba} 和 F_{wc} 由下式给出：

$$D_{ba} = 0.0034 \rho_\omega g H_\omega^2 \tag{8-22}$$

$$F_{wc} = c_b(U_\omega - U_{\omega i})/T_\omega \tag{8-23}$$

式中：ρ_ω——水的密度（kg/m³）；

    g——重力加速度（m/s²）；

    H_ω——波高（m）；

    c_b——常量 ≈ 0.032 s/m；

    U_ω——风速（m/s）；

    $U_{\omega i}$——破波风速 ≈ 5 m/s；

    T_ω——波周期。

Delvigne 和 Sweeney（1988）、Delvigne 和 Hulsen（1994）估计干扰深度等于 $1.5H_\omega$。

一旦石油滴进入水层中，它们的运动由水平对流扩散方程描述，公式中浮力速度作为垂直速度的一部分。浮力速度 W 由 Stocks 法则或者是 Reynold 法则计算出，它根据颗粒直径 d 大于或者小于临界直径计算。由 Elliot（1986）给出的临界直径 d_c：

$$d_c = \frac{9.52 \eta^{2/3}}{g^{1/3}(1-\rho_0/\rho_\omega)^{1/3}} \tag{8-24}$$

式中：η——海水的黏性；

    ρ_0——颗粒的密度；

    ρ_ω——海水密度。

对于 $d < d_c$ 的小颗粒，W 由 Stocks 法则给出：

$$W = \frac{g d^2(1-\rho_0/\rho_\omega)}{18 v} \tag{8-25}$$

对于 $d \geqslant d_c$ 的大颗粒，W 由 Reynold 法则给出：

$$W = \left(\frac{8}{3} g d\left(1 - \frac{\rho_0}{\rho_\omega}\right)\right)^{\frac{1}{2}} \tag{8-26}$$

（六）蒸发和溶解的模拟

在这部分中，讨论蒸发和溶解模型的算法，着重强调的是计算多组分蒸发和溶解的方法。公式 8-27、8-28 给出了石油损失到环境中的量，即蒸发和溶解通量（Mackay 和 Leinonen，1975）。

$$\Delta M_{Ei} = A\Delta t N_i^e \tag{8-27}$$

$$\Delta M_{Di} = A\Delta t N_i^d \tag{8-28}$$

式中：ΔM_{Ei}——组分 i 由于蒸发损失的量（mol）；

$\quad\quad A$——油膜的面积（cm^2）；

$\quad\quad \Delta t$——时间步长（s）；

$\quad\quad N_i^e$——组分 i 的蒸发通量；

$\quad\quad \Delta M_{Di}$——组分 i 由于溶解损失的量；

$\quad\quad N_i^d$——组分 i 的溶解通量。

$$N_i^e = K_m X_i P_i^3 / RT \tag{8-29}$$

$$N_i^d = K_d(e_i X_i S_i - S_i^\omega) \tag{8-30}$$

式中：K_m——蒸发质量转移系数；

$\quad\quad X_i$——在石油中 i 组分的浓度；

$\quad\quad P_i^3$——在石油的温度下 i 组分的蒸发压；

$\quad\quad R$——气体常数；

$\quad\quad T$——石油膜上面的气体温度。Mackay 和 Matsugu（1973）假设石油层的温度和水的温度相同；

$\quad\quad K_d$——溶解质量转移系数；

$\quad\quad e_i$——i 组分的因素提高的溶解度；

$\quad\quad S_i$——i 组分的溶解度；

$\quad\quad S_i^\omega$——i 组分的油在水团中的浓度。

K_m 的值可以从 Mackay 和 Matsugu（1973）的相关性估计：

$$K_m = 0.026\,2U^{0.78}D^{-0.11}Sc^{-0.67} \tag{8-31}$$

式中：K_m——质量转移系数；

$\quad\quad U$——风速；

$\quad\quad D$——石油膜的厚度；

$\quad\quad Sc$——Schmidt 数，它表示表面的粗糙度。

溶解质量转移系数实际值是风速和粗糙度的函数这种论点存在争议，似乎没有数据能够量化它的影响。Leinonen（1976）通过水池实验得到溶解质量转移系数 $K_m = 2.36\times10^{-4}$ cm/s。在有的模拟中，这个值常被用到。

Yang 和 Wang（1977）给出了不同石油的组成及组分的基本特征。

剩余石油的量可以由下面的公式计算：

$$M_{i(\text{new})} = M_{i(\text{old})} - \Delta M_{Ei} - \Delta M_{Di} \tag{8-32}$$

$$X_{i(\text{new})} = M_{i(\text{new})} / \sum M_{i(\text{new})} \tag{8-33}$$

式中：M_i——i 组分剩余的物质的量。

○ 第四节　海洋溢油应急处理与长期处理技术

一、海洋溢油应急处理的方法

海洋溢油后，应急处理的方法一般采用的是物理处理法、化学处理法。

（一）物理处理法

海洋环境中的油污进入潮滩区域后，在通常情况下首先采取的应急处理措施就是物理处理，即采用物理手段将污染物从污染区域分离出来，来减少待处理污染区域的面积，为后续溢油污染物的处理奠定基础。该方法操作较为简单，价格低廉，修复成本较低。但该方法的缺点是对乳化油的清除不太适用。

物理处理法所使用的设备一般为围油栏、油回收器、吸油材料等。

1. 围油栏

围油栏是海洋溢油污染物理处理法中最为常见的使用工具，它由围油栏的浮体、水上功能部分、水下功能部分和压载组成，用于溢油的回收、引流、遏制、集中和防护。围油栏的水上部分主要起到了围油的作用，阻止海洋溢油污染物的进一步扩散，防止海洋环境中溢油污染面积的扩大，并且可以使海水表层的浮油层厚度增加，便于后续船只回收水体表层油品。而水下部分主要是防止大块的或含有杂质的浮油从下部漏出漂走。围油栏通过浮体为其提供浮力，利用压载确保围油栏能够在水体中保持直立，从而使其稳定地浮于水面上。但是围油栏的使用也受到环境因素的影响，比如在海风和海浪较大的溢油污染区域，围油栏使用起来就比较困难，对污染物的处理效率不高。所以，围油栏一般在海洋环境较为平稳的港湾、港口码头、污水排放口或者海滨浴场内使用，作为预防突发事故的一项应急处理措施。

当溢油源被切断或溢油量减少时，根据预测方向布设围油栏围控，此法主要是有效地聚集海面分散的油膜，以便实施机械回收作业。沿溢油漂移方向，围油栏被拖拉成特定形状，例如 J 形、U 形或 V 形，并且用船只牵引，这种方法只能用于溢油周围有足够可航行水域的情形。在一般情况下，围油栏效果受以下因素的影响较大：一是操作环境，例如天气条件、浪高、内海或外海、流速等；二是可利用的人员和设备。在大多数情况下，应急人员几乎无法选择设备类型，只能使用已有的设备。

2. 油回收器

通过围油栏的限制作用，将海洋溢油污染物固定在一定海域之后，便可使用油回收器对水体表面的浮油进行回收处理。油回收器可根据工作原理的不同来划分，应用较多的是抽汲式油回收器，除此之外还有通过吸附能力设计的油回收器和旋涡式回收装置。在海洋溢油污染物的处理过程中，通过将不同适用条件下的油回收器装配到溢油处理船只上，即成为可对水体表层浮油进行回收处理的油回收船，通过与围油栏的配合使用就可以实现对海洋油污的高效处理作业。与围油栏一样，油回收船的使用也同样受到海洋环境的影响，在风高浪大的情况下油回收船的使用效率大打折扣，因此它一般也是在较平静的海域中使用。

3. 吸油材料

吸油材料在海洋溢油处理过程中的应用，主要是基于其较大的比表面积和较强的集油能力。吸油材料对石油制品进行吸附后能够浮在水面上，便于后续集中再进行处理。用作吸油材料的物质主要有硅藻土和浮石等无机材料，一些高分子材料，以及较为常见的稻草、麦秆、芦苇、木屑等天然纤维材料等。由于头发上的毛囊有巨大的比表面积，能有效吸收各种石油成分，在美国墨西哥湾溢油事件的处理过程中，美国政府号召发型屋、宠物美容店及农夫加紧收集大量的头发和动物的毛发，把收集得来的头发和毛发塞进尼龙袋，然后放到受影响海滩，以吸收浮到岸边的原油。美国志愿组织也在网上发起收集毛发行动，共有一万间发型屋参与，每天约收集到 4 540 kg 毛发。

4. 直接分离

直接分离就是采用物理的方法对环境中的溢油污染物直接进行分离处理的方法。这种方法一般应用于海洋近岸的潮滩区域。根据受污染的潮滩区域所处的地理位置及受海水冲刷的作用强度的不同，被石油污染的海滩大体可以分为暴露型和掩蔽型。在暴露型的海滩，溢油污染物的处理方法较多。但是在掩蔽型的海滩，由于在该区域受风浪和潮汐的影响较小，油污不能有效地收集和处理，大多数只能依靠人工处理的方法对溢油污染区域的油污进行直接分离收集，或者采用大型的挖掘装置将受污染区域的海滩挖走，进行异位修复处理。在 2010 年大连港溢油事故中，大量浮油在海浪和潮汐的作用下进入潮滩区域和海湾，在现场应急处理过程中采用的方法就是利用推土机等许多大型移动装置将表层油沙直接挖走，然后再集中进行异位处理。

5. 就地淋洗

就地淋洗技术是指在水压的作用下，将海洋溢油污染环境中的污染物分离出来再进行收集处理的技术。该技术在海洋近岸礁石较多的区域应用得比较广泛。

6. 机械回收（撇油器）

撇油器是一种从水表面清除石油，但不改变石油的物理和化学性能的机械回收装置。受不同黏度的油品影响，撇油器回收效率会有所不同；撇油器回收的溢油基本上是石油与海水的混合物，后续仍需进行油水分离处理。撇油器主要应用于被围的溢油区域，也可用于敞开的水域，但在浪高超过 2 m 时，撇油器的效率会很低。撇油器应和围油栏一起使用才能达到较高的效率，因为油膜变厚之后才好处理。

撇油器可分为以下六类：

（1）堰式撇油器。它利用了石油和海水的相对密度不同、浮油漂浮在水面的原理。调节撇油器的堰口高度到油层下面，使油流入集油槽中，然后被泵走，而水则被挡在堰口外面。

（2）绳式撇油器。这是一种亲油式撇油器，利用由亲油材料制成的漂浮于水面的一定长度的环形绳来吸附水面的溢油，通过辊子挤压装置将绳中吸附的油挤出并存放在集油槽中。在浅水区和垃圾多的河里及港口应用这种撇油器较多。在狭窄水域收油时，这种撇油器通常被固定在陆地上。

（3）盘式撇油器。指利用亲油材料制作的盘片在油水混合物中旋转，当盘片旋出时，吸附的溢油被刮片刮入集油槽，并被泵到储存装置中。

（4）刷式撇油器。指利用刷子黏附溢油的机械装置。溢油黏附在旋转的刷子上并被刮下来导入集油槽中，通过泵将溢油泵入储存装置中。

（5）带式撇油器。指利用传动带回收水面溢油的机械装置。传动带的运转将水面的溢油黏附在上面，经过刮片将油导入集油槽中，再由泵抽吸到储存装置。

（6）真空收油机。指利用吸入泵或真空泵在真空储油罐内建立真空，并通过撇油器头部的压力差回收油水混合物的装置。

（二）化学处理法

化学处理法有传统化学处理法和现代化学处理法。传统化学处理法为燃烧法，即通过燃烧将大量浮油在短时间内彻底烧净，处理对象一般为大规模的溢油和大洋水域的石油污染，一般在离海岸相当远的公海才使用此法处理。此法优点是成本低、快速高效、效果好。缺点是浪费能源，不完全燃烧会放出浓烟，会污染海洋、大气，并带来次生污染，对生态环境造成不良影响。化学处理法所用的化学制品一般为分散剂、凝油剂、集油剂、沉降剂和其他化学制品，此外还有燃烧剂和黏性添加剂等。

1. 喷洒消油剂

消油剂是由多种表面活性剂和强渗透性的溶剂组成，主要用于处理海洋溢油及清洗油污。消油剂的作用机理是将水面浮油乳化，形成细小粒子分散于水中。消油剂分为常规型和浓缩型两种，主要区别在于活性物含量的高低。

消油剂的优点是：① 快速形成水包型微粒子，降低油分浓度，增大了油粒子的比表面积；② 有利于石油的溶解和蒸发、生物降解和氧化作用（主要是光氧化反应）的进行，加速自然净化消散过程；③ 使水生生物不能与油粒子表面直接接触，降低了石油对水生生物的毒害；④ 使石油失去了黏附力，不再黏附船舶、礁石和海上建筑物；⑤ 防止形成油包水型乳状液，减少了石油沉积。

消油剂的缺点是会给某些生物的生长发育带来影响，对高黏度石油及在低温（10 ℃以下）下使用时，还存在乳化率低的问题。消油剂的费用昂贵，其用量起码为溢油量的

20%以上,以30%~40%为好,而有时在处理黏度小或薄油层时消耗量更可达到溢油量的100%。在实际处理大规模油膜时,采用如此大量的消油剂使处理价格相当高昂。消油剂通常要采用特殊装置如船舶、飞机进行喷洒,飞机喷洒用于处理不规则的大片油膜,覆盖海面的油膜厚度不一,所喷的消油剂不可能都与油膜相遇,造成消油剂的大量浪费,增加了处理成本。而且油污在分解过程中产生的一些有害物质,会先被海洋生物吸收并累积,随着食物链的传递,最后威胁到人的身体健康。

消油剂适用于外海或海水交换好的海域,但影响乳化分散效果的因素也有很多。在消除海洋溢油的实践中,化学消油剂的乳化分散效果,除取决于消油剂本身的性能外,还受油的性状(黏度、倾点、组成)和环境条件(水温、水分含盐量、水动力作用)等因素的影响。除上述因素外,消油剂的用量、喷洒技术及水动力作用等,皆可对消油剂乳化分散效果造成影响。

2. 凝油剂

凝油剂是一种使海洋溢油固化成凝胶状或块状的化学试剂。凝油剂能使原油、重油、轻质油、烃类、植物油等在短时间内凝成为半固体状油块漂浮于水面,使其易于用网具等机械设备打捞出水面而加以回收。凝油剂一是用来使事故油轮内的残油迅速固化成凝胶状,防止石油从破孔中流出来;二是用来将溢出在海面上的石油固化成凝胶状,防止扩散以便回收。凝油剂对面积大、油膜薄的溢油处理回收特别适用。

3. 燃烧水面溢油

燃烧原油产生的有害气体会影响人员、设施、船舶和飞机的安全,尤其是对于还没有经过处理的原油而言。燃烧时要配套使用防火型围油栏,其优点是具有较强的移动性,无须储存和运输,不需太多资源;而其缺点则表现为容易造成二次污染(大气、水体、残留物),存在环境、公共卫生问题,烟和残留未燃烧尽的油处置较难,配套设备配置起来较难。

二、海洋溢油应急系统

一旦发生海上溢油事故后,如果能够及时采取有效的处理措施,不但可以把溢油造成的损失减至最小,而且能够将溢油产生的危害降至最低。通常将溢油防除技术方法选择体系分为三种:防止溢油扩散技术体系、溢油回收技术体系和溢油处理技术体系。

1. 防止溢油扩散技术体系

当海上发生溢油事故时,作为溢油应急处理措施的第一阶段,需要将溢油围住,防止溢油源继续扩散,以便后续回收和处理。防止溢油扩散的主要技术包括:围油栏法、化学集油剂和气幕法。这三种方法的区别、应用条件等如表8-2所示。

表 8-2 防止溢油扩散技术体系

类型			应用条件、区域和特点
围油栏法	使用条件和用途	使用性能	
		应急型	油轮、驳船、油回收船、围油栏作业船、岸壁设施等
		常用型	码头泊位、渔场、钻井平台、海上作业船，以及海上浴场等
		体积质量	
		轻型	在较好或不很恶劣的自然条件下（风速 10 m/s，波高 1 m，潮流速度每小时 1 海里以内）
		重型	在比较恶劣的自然条件下
		沉浮特点	
		浮上式	应急型围油栏多属于浮上式，仅能浮于水面
		浮沉式	油轮码头泊位处。平日沉于海底，使用时充气上浮，将溢油围住
		材料特性	
		可燃性	在一般情况下都可以使用
		不可燃性	由火灾造成的溢油事故必须采用
		结构形式	
		垂直屏体型	结构简单、使用方便。在强风浪时，垂直部位不够稳定
		固形浮体型	体积较轻，易于铺放、拖曳和锚定。但受潮流、海流、风压和波浪的影响较大，只适用于比较平静的海面
		气体浮室型	分为浮上式和浮沉式两种
	铺设方法	包围法	溢油初期火灾面积、时间、溢出量均不多，以及风和潮流的影响因素都较小的情况下使用
		等待法	在溢油量大、围油栏不足或风和潮流影响大、包围溢油困难的情况下使用。该方法根据风向、潮流情况在离溢出源一定的距离铺设
		闭锁法	在港域或狭窄的水路、运河等地发生溢油时采用。在水的流速大、闭锁有困难或全闭锁会影响交通的情况下，可采用中央开口式铺设
		诱导法	当溢油量大，风、潮流的影响也大，溢油现场不能使用围油栏围油，或为了保护特定海域、海岸不受溢油污染时使用
		移动法	在深水的海面或风、潮流大的情况下，以及不可能使用锚或者溢油在海面漂流的范围已经很广的情况时采用，需两艘作业船
化学集油剂	喷洒、撒布		适合在海岸、港区、海滨附近或炼油厂排水口使用。当风与海岸平行或远离海岸时，集油剂效果理想。集油剂功能不受风浪影响，但油厚对集油效果有直接影响。当溢油层较薄，使用回收机械效果差，适宜喷洒集油剂，集油剂对防止非持续性油（煤油、柴油、轻油等）和重油扩散是有效的。撒布作业比围油栏容易、迅速
气幕法	生成表面流		多用于港区、运河地区、潮流在 0.6 km/h 以上地区，且使用方便、迅速、造价低、耐用、受风浪的影响较小

引自崔杰，2013

2. 溢油回收技术体系

溢油回收技术作为溢油应急处理措施的第二阶段措施，主要分为人工回收、吸油材料吸油和机械回收三种。不同的技术方法所应用的条件和区域各异，且具有不同的特点，如表8-3所示。

表8-3 溢油回收技术体系

类型		应用条件、区域和特点
人工回收	专门回收机械	使用工具轻便、简单易行。溢油量少，气象条件好时，溢油发生后可立即组织人员用舢板、小船、渔船或拖轮等将溢油回收处理；溢油扩散到岸边时，可采用人工回收
吸油材料吸油	高分子材料、天然纤维无机材料	技术简单，有效，不产生二次公害
机械回收	油回收船	在平静的海面和油层厚的轻质油收油效果好
	油吸引装置	海上大量溢油，且油层较厚
	网袋回收装置	高黏度的溢油漂浮在海面上，由于风浪的作用逐渐形成片、块状，或使用凝油剂使一些黏度低的油在海面凝结成块时采用。装置结构简单、造价低、便于保管，还可以回收漂浮在海面上的吸油材料和垃圾等
	油拖把回收装置	由吸油性能好的纤维吸油材料制成并且能够反复使用。对于低黏度的油且在油层较厚及无风浪的情况下使用非常有效。使用时不能同时使用消油剂

引自崔杰，2013

3. 溢油处理技术体系

物理法、化学法和生物法组成了溢油应急处理措施的最后部分。

物理法包括沉降和燃烧处理，化学法分为凝聚沉降、凝固上浮和乳化分散处理（李言涛，1996），生物法主要是微生物高效降解石油烃处理（唐霞，2010；宋志文等，2004；王丽娜，2013）。它们的应用条件和特点如表8-4所示。

表8-4 溢油处理技术体系

类型		应用条件、区域和特点
物理法	沉降处理	是一种经济可行的处理大量溢油的方法，在一定场合下迅速方便。但该法对海洋底栖环境的损害较大，只能限于特定海域、特定条件
	燃烧处理	能够短时间燃烧大量的溢出油，比其他处理方法彻底；对海洋底栖生物无影响；不需人力和复杂的装置，且处理费用低。使用燃烧处理时要远离海岸及海上设施和船舶停放的地方

续表

类型		应用条件、区域和特点
化学法	凝集沉降处理	易造成二次污染，对海洋底栖鱼、贝类危害较大，一般不使用
	凝固上浮处理	凝固剂毒性低，处理后的溢油块便于回收，不受风浪影响，并能有效地防止溢油扩散，提高围油栏和回收装置的使用效率
	乳化分散处理	适用于低黏度和中黏度的原油，环境水温大多在 15 ℃ 以上且不低于拟处理油的倾点。多适用于海上石油开采和油船的小型油污处理，禁止在封闭的浅水区、平静的水域、淡水水源或对水产资源有重大影响的区域使用
生物法	微生物高效降解石油烃处理	能够彻底将石油烃从海洋环境中清除的理想技术，但一直只处于研究阶段，尚没有成功的应用案例

引自崔杰，2013

　　根据不同的溢油污染状况选取最佳的溢油处理技术，不仅能够提高溢油处置效率，而且能够降低溢油污染产生的影响。

4. 海上溢油处置方法的选择

　　当海面上发生溢油事故时，首先要对溢油源采取措施，防止溢油的继续扩散，然后科学合理地采取有效措施处理溢出的石油，这是处理溢油事故的总的原则。另外，溢油事故的处理方法应根据溢油的区域、溢油油种、油膜厚度及浪高等各种特定的条件来选择特定的方法，处置方法的选择如表 8-5 所示。

表 8-5　海上溢油处置方法

类型		处置方法
油种	流动点高的原油	不能采用化学分散剂、吸油材料和吸油泵等吸油装置，但使用刮板式、倾斜板式回收船和网袋回收装置，以及人工方式非常有效
	流动点低的原油	使用围油栏，并采用吸油泵、吸油材料、油拖把和刮板式、倾斜板式油回收装置等回收溢油；水面含少量漂浮溢油时最后可用消油剂处理
	重油等燃料油	利用油处理剂、吸油材料、油吸引装置、油回收船、油拖把等装置回收
溢油量	10 t 以下溢油	一般在港区内发生，海况比较平稳。当发生事故时，立即铺设围油栏或用集油剂。防止扩散，再用简易收油工具进行人工回收
	10～500 t 溢油	根据溢油形状、气象水文条件，选择使用围油栏、吸油材料、油回收船、油吸引装置、集油剂、油拖把等
	500 t 以上溢油	需动用大型油回收船、吸油装置、胶凝剂等回收溢油机械和方法。若在远洋可采用燃烧法

类型		处置方法
气象水文条件	平静海况	油回收船、油吸引装置、吸油材料等回收效果良好
	外海大风浪	可用分散剂或燃烧处理技术
溢油区域	远海	由于风浪、潮流一般都较大，很难采取有效回收措施，尽量控制溢油源，当条件较好时尽量回收溢油
	近海	浪高>0.6 m 时，可喷洒消油剂来消散溢油以免溢油漂上岸；浪高<0.6 m，主要采取回收的方法
	码头、港湾	首先用围油栏封锁溢油源，防止溢油扩散。同时，考虑是否有火灾的危险。在溢油被封锁后，如果没有火灾危险，则采用机械回收方法回收溢油，可以根据溢油的有关情况采用回收船或者吸式、黏式、网式回收器来回收溢油。码头、港湾风、浪、流较小，一般的油回收设备都能适应，特别是小型回收设备具有更大的优势
黏度	<200 cst[*]	可用分散剂来分散。另外，吸式油回收器、吸油材料回收法，也有较好的效果
	200 ~ 6 000 cst	比较适于用黏式油回收器回收。其中圆盘附着式回收器适于回收黏度为 2 000 cst 左右的溢油，油拖把所能回收的最大黏度为 6 000 cst
	> 6 000 cst	可用网式回收法回收。若>10 000 cst 时，可用起锚竖直浮网来围住油膜，同时可用大型围网技术包围油，然后再回收。溢油的黏度为 40 000 cst 以上时，可以用网袋回收法回收
倾点	$t_e-t<0$	可用网式回收法回收
	$0 \leqslant t_e-t<5$	可采用黏式油回收器回收，也可采用大型围网技术来包围回收
	$t_e-t \geqslant 5$	可采取吸式油回收器、吸油材料等方法回收，亦可用分散剂来分散
油膜厚度	<0.025 mm	各种处理方法的效果都不理想，此时由于微生物的降解和油的蒸发、扩散等过程都将较快，油的转化和消散较快，油的危害不大，因此可不加处理
	0.025 ~ 1 mm	使用消油剂效果较好
	> 1 mm	消油剂的用量将很大，其所造成的影响会很大，甚至会大于溢油所造成的影响。另外，利用相应的回收法的回收效率和单位时间内的回收量都很可观
	1 ~ 10 mm	可用吸油材料来回收
	>10 mm	可用各种机械回收法回收

注：* cst，即运动黏度，表征流体的动力黏度与同一温度下的密度之比。1 cst = 1 mm^2/s。

引自崔杰，2013

三、海洋溢油长期处理技术

海洋溢油的生物处理法是一个长期过程，主要是利用微生物将分散在水中的石油降解成无机物，这一技术过程可看作海洋溢油的长期处理技术。

生物修复是指利用生态系统将污染物催化降解或催化转化为低毒或无毒的化合物，它在狭义上主要是指通过生物代谢作用去除或降低污染物的方法。它的基本原理就是利用活的有机体去除污染、有毒害的大分子，使其成为较简单的无害分子，并可以直接或间接地被生物体所利用。生物修复包括微生物修复、植物修复和动物修复。目前，以微生物为主要处理技术的原位生物修复技术在溢油污染物的治理方面效果显著。微生物修复技术，是一种安全、高效、对环境友好且无二次污染的处理技术。相较于其他化学试剂，微生物菌剂正逐渐成为一种新型的环境保护材料而被应用于海洋环境污染的处理过程中。因此，微生物修复技术是目前海洋溢油修复过程中的研究重点。

该处理技术的优点是不会引起二次污染，对人和环境造成的影响小、无残毒、成本低。缺点是由于石油的疏水性，溢油进入水域形成明显的两相体系，微生物利用率低；另外，微生物的生长和繁殖受到各种环境因素的影响，如营养因子和 O_2 浓度等。烃组分是微生物代谢的目标成分，不同种类的微生物在环境中能够利用各种烃组分，作为其生长代谢所需的能量来源进行生长繁殖。受石油长期污染的区域对这种功能菌株具有较好的富集作用，人们可以通过培养和筛选过程，对环境中的这些微生物菌株进行选育并加以利用，甚至对其基因进行改良，然后再将它们投放到受污染的海域，更加迅速地进行石油烃的降解。

第五节 海洋溢油案例

一、蓬莱 19-3 油田溢油事故

（一）事故描述

2011 年 6 月，美国康菲石油中国有限公司在蓬莱 19-3 油田 B 和 C 平台发生原油油基泥浆溢出事故，先后约 700 桶（115 m^3）油溢出到海面，2 600 桶（416.45 m^3）原油油基泥浆泄漏并沉积到海床。

（二）污染介绍

蓬莱 19-3 油田溢油事故造成污染的海洋面积至少为 5 500 km^2，导致其周边约 3 400 km^2 海域由第一类水质下降为第三、第四类水质。本次溢油单日最大影响面积达到 158 km^2，蓬莱 19-3 油田附近的海域海水石油类平均浓度超过历史背景值的 40.5 倍，最高浓度达到历史背景值的 86.4 倍。溢油点附近的海洋沉积物样品有油污附着，个别站点石油类含量是历史背景值的 37.6 倍。对周边渔民的损失及对于临近污染海域生活的居民影响还无法预计。

（三）事故影响

据国家海洋局报告称，本次溢油污染主要集中在蓬莱 19-3 油田周边和西北部海域，造成劣四类海水面积 840 km^2。

1. 对海洋环境的影响

蓬莱19-3油田溢油事故发生以后，溢出的石油进入海洋，在海平面上形成大面积油膜，并持续了长达半年之久没有得到彻底解决，对海洋生物造成了很大的危害。在封堵溢油源的过程中，有少量原油油基泥浆残留在海床或海底表层，这对海洋环境的污染是潜在的、长期的，对海洋生物的正常生长和繁衍造成一定的危害。此外，海洋环境不同于陆地环境，海上油污的扩散受海洋上气象条件的影响，在风力和洋流的作用下，油污扩散速度快，更进一步加重了海洋环境的污染。

2. 对人类健康的影响

渤海是我国的内海，自净能力弱，另外渤海周围人口稠密，水产品产量比较高，人一旦食用被原油污染的水产品，身体会受到不良影响，然而自蓬莱19-3油田溢油事故发生，到溢油信息公布于众，在一个月的时间里公众对此毫不知情，不排除这期间有受污染的水产品流入市场，食用了受污染的水产品的市民的身体健康受到了一定影响。

（四）经验教训

蓬莱19-3油田是中国海洋石油总公司与美国康菲石油中国有限公司在渤海海域合作开发的油田，美国康菲石油中国有限公司作为油田的作业方对事故的发生负有很大的责任。此次溢油事件的应急处置为国际能源项目的合作开发提供了很多宝贵的经验和教训。

第一，加强石油公司间的商业合作，明确合作各方的责任。海洋油气田的开发属于高危行业，某个石油公司单独进行油气田的勘探开发风险极大，因此，需要通过国际合作分担一部分风险。但是，中国海洋石油总公司（以下简称中海油公司）和美国康菲石油中国有限公司（以下简称康菲中国公司）在此次事故的处理上存在责任不明现象。在公众看来，中海油公司和康菲中国公司都在逃避责任，从而导致事件的影响越来越大，使得事故逐渐发展为比较严重的公共事件。国际石油公司在未来油气田的勘探开发中，要吸取此次事件的经验教训，加强国际化的商业合作，明确责任，一旦出现紧急事故即以积极的态度处理，将事件的影响最小化。

第二，共享溢油事故处理中的技术与经验教训。频繁发生的溢油事故为突发事件的应急处置积累了经验，同时还提供了很多的新技术、新手段、新方法和新思路。我国与其他国家要及时共享国际上的新技术、新手段、新方法和新思路，为我国溢油事件的应急处置提供支持。

第三，加快国际争议海域的开发进程。世界能源资源的开发速度不能满足人类对能源需求的增长，争议海域的勘探开发是国际能源战略的必然趋势。但是，由于涉及国家主权问题，国际上大多数的争议海域的勘探开发还处于空白状态。蓬莱19-3油田是中海油公司和康菲中国公司在渤海海域合作勘探发现的油田，这次的合作开发积累了大量的经验，为以后争议海域的合作开发提供了一定经验基础。

二、墨西哥湾溢油事故

（一）事故描述

2010 年 4 月 20 日，瑞士越洋钻探公司（Transocean）所属、英国石油公司（以下简称 BP 公司）租用的石油钻井平台"深水地平线"发生爆炸并引发大火，大约 36 小时后平台沉入墨西哥湾，随后大量石油泄漏入海。在事故发生时，该石油钻井平台上有 126 名工作人员；事故导致 11 人失踪，17 人受伤。事发半个月后，各种补救措施仍未明显奏效，沉没的钻井平台每天漏油达到 5 000 桶，4 月 30 日，海上浮油面积 9 900 km^2。此次漏油事故造成了巨大的环境危害和经济损失。

（二）处理方案

为了应对该事故，BP 公司在美国休斯敦设立了一个大型事故指挥中心，包括联络处、信息发布与宣传报道组、油污清理组、井喷事故处理组、专家技术组等相关机构，并与美国地方政府积极配合，寻求支援、动员各方力量、采取各种措施清理油污。他们的应急处理方案主要分为五个步骤：准备工作、第一时间应急反应、评估和监测、预防和阻止扩散，以及清理。

1. 准备工作

准备工作主要是建立地区应急预案和组织野生动物保护。

（1）建立地区应急预案。美国每个州的当地政府都建立了地区意外事故应急预案（简称 ACP），这是一个很重要的规划，在溢油应急处理准备过程中，ACP 可在所有利益相关方之间建立紧密的联系，确立需要保护的敏感地区的范围，并制定行之有效的保护策略及获取实施这些保护策略所需要的物资。在实施过程中有效的 ACP 不仅可迅速协调各方力量，而且可及时了解当地情况并按照预先制定的相关策略快速调配所需的物资。

（2）组织野生动物保护。应急反应小组通过与政府内外的野生动物专家紧密合作，加快应急反应能力，尽可能保护野生动物及其敏感栖息地，最大限度地减少溢油对野生动物的影响。通常较好的做法是安排一些专业人员对当地最敏感的物种及栖息地进行观察以便更好地保护和拯救野生动物。应急救援小组主要采取的措施包括：野生动物专家的人数扩大至原来的 4 倍；通过新系统加速对所需物资的调度和支持；在各类广告和 BP 公司的官方网站中设置公众救治野生动物热线呼叫中心，在一个小时内对提出的救治做出回应；建立动物栖息地来收纳一些动物；建立一些专用设施来保护敏感地区。

2. 第一时间应急反应

以最快的速度将有效资源部署到可能受污染的区域，关键的因素是部署应急资源。"机遇之船"（vessel of opportunity）方式值得我们借鉴。

漏油事件对美国从路易斯安那州到佛罗里达州的很多渔民和其他船只的船东都造成了影响，并导致他们中的很多人申请参与救援工作。面对这一需求，应急反应小组及时整合资源并将他们纳入溢油处理队伍，形成了"机遇之船"的工作模式。应急反应小组在"机遇之船"计划中投入了巨大的努力并受益良多，具体包括：①"机遇之船"计划共包含5 800艘船舶，雇用了当地的海员并提供给他们一些相关设备让他们来参与海岸线的保护。② 应急反应小组充分整合了"机遇之船"的资源，扩大了后勤运输补给的范围和能力，并通过他们来完成布放围油栏和撇油器作业，组织收集稠油并将其燃烧。应急反应小组还经常借助船东对当地海岸地区的高熟悉度，预测和观察溢油在敏感海岸的流动状况。③ 应用系统性的方法来进行选择、观察、培训、开发、标记及装备以满足人员安全及健康管理局（OSHA）和其他监管部门的要求。"机遇之船"计划作为未来应急反应系统中富有潜力的部分，主要体现在：① 这些训练有素、经验丰富的船队已被证明可以迅速部署在事故发生区，以保护当地的海岸线；② 形成了基本的框架组成和规章制度，包括：招募、审核、分类排序、标记、培训和监管要求；③ 让受溢油影响的沿岸居民既有机会参与保卫家园的工作，又可以为他们提供临时的就业机会。

3. 评估和监测

具体方案有以下4种。

（1）公共图像系统。利用全球超过200个独立的数据类型，创建了一个集成视图；该视图采用新开发的设备和技术，提供了一个无缝和快速协助救灾的平台。公共图像系统作为一种系统性应急协调机制，可确保应急人员和指挥部人员做出准确、可靠的判断并与当地作业人员和公众进行有效的沟通。

（2）通信联络。溢油应急响应要求对横跨墨西哥湾沿岸的五个州开展协调活动，其反应的规模、数量及各种行动，都需要大量的通信沟通平台，但在溢油事故发生时尚没有一个平台可以提供如此广泛的通信能力。应急反应小组正在努力构建通信基础设施，该网络通信能力的提升将使政府具备应对未来任何应急响应的能力。

（3）组织海岸线清理评估小组。海岸线清理评估小组（以下简称SCAT）由英国石油公司、美国国家海洋和大气管理局、美国国家环境保护部门及各州立大学的科学家组成，主要负责准备及计划海岸线保护和溢油处理。工作内容主要包括：① 预评估阶段。实地考察溢油事故是评估损害程度的关键。② 初始评估阶段。在溢油到达海岸后，将调查结果的报告提交给应急救援人员，并给出溢油处理建议。SCAT专家需要核实溢油出现的位置，确定溢油的性质及潜在的污染源并给出处理建议。③ 最后评估阶段。需要评估海岸线溢油处理工作的成效。

（4）空中监测。在这次事故中，空中监测系统为6 000多艘船舶提供服务，包括提供油情警报、指导收油船撇油器到达正确的作业位置、监控燃烧点等；这对于作业船舶而言，其作用更像是眼睛。且空中监测团队正不断提高自身的工作能力，以通过对开阔水域的监视、跟踪、探测、识别来确定溢油的正确位置及相关属性。此外，空中监测系统还可于第一时间记录溢油区域的立体照片，并将溢油的具体位置及相关数据传递给公共图像系统。

4. 预防和阻止扩散

具体措施有以下 5 个。

（1）成立分支结构。分支机构组成结构的变化体现出溢油应急处理工作范围是局部的。墨西哥湾沿岸地区共建立了 19 个分支结构，极大地提高了应急反应小组的协调和规划能力，提升了反应速度，深化了对当地情况的了解，确保了部署的准确性；且分支机构的建立可充分调动墨西哥海岸线附近及陆地作业人员的积极性，并使当地利益相关者也可参与到救援工作之中。

（2）开阔水域收油。直接从水中回收溢油被认为是当时最有效的方法。但伴随着石油动态运动及特性的持续变化，如何确定溢油处理的规模和持续时间已成为一个新的挑战。这要求必须对现有撇油器进行改进，包括收油的过程和工作原理，以及撇油器的维护和部署。通过"深水地平线"平台事件，应急反应小组做出了如下的改进：撇油能力达到有史以来的最大规模；加强国际合作；在高峰期，开阔海域中有超过 60 个撇油器在工作，同时还部署了 12 条救援船只，此外还有一些由美国海岸警卫队提供的船只；创新了"命令和控制"系统，结合航空网络体系打造的创新性"命令和控制"系统能协调撇油船只部署到最佳位置；部署了四个由驳船改装成的"BigGulp"撇油器，该撇油器可以用于处理乳化油和清理水草；研发了一种创新性的"Pitstop"撇油器，并投入运行超过 100 天；研发了新技术以提高深海区域溢油回收船的作业效率（包括：围油栏的拖放和溢油船上分离漏油的效率），并在一条 85 m 长的海洋工程船上部署了来自挪威的新一代撇油器 TransRec150。

（3）溢油受控燃烧法。通过这次事件，溢油受控燃烧法经历了一个从概念的提出到实际用于溢油处理的过程，影响此方法的关键因素在于如何在开阔水域聚集溢油、确保燃烧技术、确保燃烧条件、设置耐火围油栏等，专家们在此次事件后对于该方法的使用经验都得到了显著增强。应急反应小组对于此次溢油的燃烧采用并实践了很多新的方法：本次溢油事件共执行了 411 次受控燃烧，控制燃烧时间最长持续近 12 个小时，共处理石油约 26.5 万桶；培训和部署了 10 只专业的燃烧队伍，相关专家人数从最开始的不到 10 人增加到超过 50 人；提高了耐火围油栏的技术，包括应用水冷式和可重复利用的围油栏；采用新技术来控制和燃烧溢油，此外还开发出"动态燃烧法"，该方法可通过连续燃烧新油来增加控制溢油燃烧的长度；开发和实施了新的人工点火技术，明确了受控燃烧法的影响因素；采用了新的安全技术，包括使用有颜色的油布来识别溢油燃烧船。

（4）空中喷洒分散剂。统一指挥在开阔水域使用溢油分散剂可能是降低溢油对海岸线影响最有效、最迅速的方法，应急反应小组通过动员全球多名不同学科的专家以保证该方法成功施行。在平台漏油事故初期，用飞机喷洒消油剂（主要是 Corexit 9500/Corexit 9527A）至海面，是主要的溢油处理方法。在美国国家环境保护局的引导和联邦海岸警卫队的监督下，应急反应小组通过以下方式为增加分散剂喷洒的有效性做出了努力：① 在溢油事故发生的 2 天内出动约 400 架次飞机喷洒分散剂；② 通过改善流程来优化喷洒的数量和目标；③ 应用成像技术及其他技术包括培训相关的监测人员来提高喷洒的精度和实现喷洒数量的控制；④ 改善分散剂的供应链，保证供应，以提高 Corexit 分散剂的可靠性；⑤ 由政府机构和 BP 负责编制详细的取样和监测方案。

（5）布置围油栏。此次漏油事故处理中进行了史上最大的溢油围油栏部署，共使用了超过 427 万米的围油栏，其中包括约 128 万米的普通围油栏和约 277 万米的吸油围油栏。

5. 清理

具体措施分为以下两种。

（1）沼泽清污。沼泽的清理通常是采用一些技术使生态系统自然修复，以达到保护脆弱的湿地生态系统的目的。这些措施以前没有在对沼泽的清污工作中应用过。这些设备和技术包括：通过小规模整治沼泽油污，逐步恢复沼泽的自然修复能力对于清污是非常有效的；超过 2 500 名清污人员进行模块化分工，展开高效、快速的清污工作，每个小组由 16 到 20 名应急反应人员组成；配备了固定式泵、机械臂等新工具，用在湿地的深处，通过注水以加快对浮油的冲刷作用；对大面积清污作业而言，后勤保障是个重要问题，开发了浅水驳船以应用于清理现场；通过征集机动船只，提高了作业的可操作性，并减少了在沼泽水域的意外伤害。

（2）海岸清理。应急反应小组在沿岸附近采取了大量的防范措施以保护海岸不受到污染，并迅速及时地清除海岸附近的污油。应急反应小组采用以下方法提高了岸滩的清污能力，减小了对海滩的危害，其中包括：① 在夜间开展海滩清理工作，一方面减少对海滩游客的惊扰，另一方面降低高温对工人的影响，从而提高工作效率；② 培训了超过 11 000 名合格的环境保护人员；③ 组织安排海滩清洁人员在下一次浪潮来临前的清污工作，并尽量减少在海滩上的油污脚印；④ 评估机械设备的适应情况并做出更换，清理海滩上的沙石、海草等杂物，采用新的设备和方法以便更深入和快速地清理海滩油污；⑤ 装备了沙滩油污清洁车（SandShark），它能挖掘得更深，而且在清除污油过程中拖带的沙粒较少。

本 章 小 结

（1）石油勘探、开采、加工、运输过程中的意外事故或操作失误，通常会造成原油或油制品外泄至海洋水体、海面或海滩，从而造成海洋环境质量下降或海岸环境破坏。

（2）海洋石油资源勘探开发过程中因井喷、输油管道破裂等原因造成的原油泄漏，以及海洋运输船舶搁浅、碰撞、失事等原因造成的船舶灾害溢油和油库储藏设施爆炸等海洋事故溢油为主要的海洋溢油方式。

（3）溢油进入海洋水体环境后通常以三种形式存在：漂浮在水面的油膜；溶解分散状态；凝聚态残余物。

（4）溢油在海洋环境中经过物理、化学和生物等复杂过程，各过程间相互作用，最终溢油消解，其过程可概括为动力学过程（扩散、漂移）与非动力学过程（蒸发、溶解、分散、乳化、沉降、氧化、生物降解作用等）。

（5）海洋中的溢油所受的动力学过程主要是海流、紊流和风引起，风的影响通过两种方式，即直接作用在油膜上的力和风引起的流的作用力。非动力过程是引起溢油在海洋中数量减少并最终消失的过程，其中生物降解是海洋自净的主要途径。

（6）海洋溢油给海洋生态系统及其中的生物带来严重的威胁。海面漂浮着的大量油膜，降低表层海水中的日光辐射量，海水中溶解氧的含量也随之降低，厌氧的生物种群增殖，好氧的生物、靠光合作用存活的浮游植物数量则衰减，最终结果是导致海洋生态平衡的破坏。

（7）油指纹鉴别是目前溢油鉴别的主要技术，根据所检测的油指纹信息特点，可分为非特征方法和特征方法。

（8）海洋溢油生态损害评估方法可分为环境损害评估、自然资源损害评估和生态服务损害评估。

（9）溢油形态学的数值模拟方法是利用不同的数学模型进行计算，其计算理论可分为油膜扩展模式、对流扩散模式和"油粒子"模式。

（10）海洋溢油应急处理的物理法主要是围堵和回收海面上残留的石油，所使用的设备一般为围油栏、撇油器、吸油材料等；化学处理法除传统的燃烧法外，所用的化学制品一般为分散剂、凝油剂、集油剂、沉降剂和其他化学制品，此外还有燃烧剂和黏性添加剂等。

（11）溢油防除技术方法选择体系分为三种阶段体系，即防止溢油扩散技术体系、溢油回收技术体系和溢油处理技术体系。

（12）防止溢油扩散的主要技术有围油栏法、化学集油剂和气幕法；海上溢油回收技术分为人工回收、吸油材料吸油和机械回收三种；溢油处理技术体系包括物理法、化学法和生物法三类处理技术。

复习思考题

1. 海洋溢油的来源、组成成分及其危害有哪些？
2. 描述溢油在海洋中经历的过程及其归宿。
3. 油膜在海洋中受哪些动力学因素的影响？怎样计算这些力？
4. 何为"油粒子"？
5. 简述海上油膜迁移扩散过程的预测方法。
6. "石油指纹"鉴别溢油的方法有哪些？各有什么优缺点？
7. 围油栏有哪些种类？机械回收器分几类？
8. 简述海洋溢油应急处理的方法及其优缺点。
9. 海上怎样选择溢油处理技术？

主要参考文献

［1］Cekirge H M. Use of three generations of oil spill models during the Gulf War Oil Spills［C］. Proceedings of the Arctic and Marine Oil Spill Program Technical Seminar, Edmonton,

Alberta, Canada, 1992: 93-105.

[2] Cekirge H M, Koch M. State-of-the-Art techniques in oil spill modelling [C]. 1997 Proceeding of Oil Spill Conference. American Petroleum Institute, Washington D. C., 1997: 67-72.

[3] Delvigne G A L, Hulsen L J M. Simplified laboratory measurements of oil dispersion coefficient application in computations of natural oil dispersion [C] // Proceedings of the 17th Arctic and marine oil spill program. Environment Canada, 1994: 173-187.

[4] Delvigne G A L, Sweeney C E. Natural dispersion of oil [J]. Oil and Chemical Pollution, 1988, 4: 281-310.

[5] El Samar M I, El Deeb K Z. Horizontal and vertical distribution of oil pollution in the Arabian Gulf and the Gulf of Oman [J]. Marine Pollution Bulletin, 1988, 19: 14-18.

[6] Elliott A J, Perianez R. A particle tracking method for simulating the dispersion of non-conservative radionuclides in coastal waters [J]. Journal of Environmental Radioactivity, 2002, 58: 39-59.

[7] Elliott A J. Shear diffusion and the spreading of oil slicks [J]. Marine Pollution Bulletin, 1986, 17: 308-313.

[8] Fay J A. Physical processes in the spread of oil on a water surface [C] // Proceedings of joint conference on prevention and control of oil spills. American Petroleum Institute, 1971: 463-468.

[9] Han M W, Chang K I, Park Y C. Distribution and hydrodynamic model of the Keumdong oil spill in Kwangyang Bay, Korea [J]. Environment International, 2001, 26 (7-8): 457-463.

[10] Horiguchi F. Fate of oil spill in the Persian Gulf [R]. 1991, 26 (4): 39-62.

[11] Leinonen P J. The fate of spilled oil [D]. Toronto: University of Toronto. 1976.

[12] Mackay D, Leinonen P J. Rate of evaporation of low solubility contaminants from water bodies to atmosphere [J]. Environmental Science & Technology, 1975, 9: 1178-1180.

[13] Mackay D, Matsugu R S. Evaporation rates of liquid hydrocarbon spills on land and water [J]. The Canadian Journal of Chemical Engineering, 1973, 51: 434-439.

[14] McGenity T J, Folwell B D, Mckew B A, et al. Marine crude-oil biodegradation: a central role for interspecies interactions [J]. Aquatic Biosystems, 2012, 8 (1): 10.

[15] Proctor R, Elliott A J, Flather R A. Forecast and hindcast simulations of the Braer Oil Spill [J]. Marine Pollution Bulletin, 1994a, 28: 219-229.

[16] Proctor R, Flather R A, Elliott A J. Modelling tides and surface draft in the Arabian Gulf-application to the Gulf oil spill [J]. Continental Shelf Research, 1994b, 14: 531-545.

[17] Spaulding M L. A state of the art review of oil spill trajectory and fate modelling [J]. Oil and Chemical Pollution, 1988, 4: 39-55.

[18] Sugioka S, Kojima T. A numreical simulation of an oil spill in Tokyo Bay [J]. Spill

Science & Technology Bulletin, 1999, 5: 51-61.

[19] Yang W C, Wang H. Modelling of oil evaporation in aqueous environment [J]. Water Research, 1977, 11: 879-887.

[20] 崔杰. 海洋溢油应急响应系统 [D]. 大连: 大连工业大学, 2013.

[21] 高振会, 杨建强, 王培刚. 海洋溢油生态损害评估的理论、方法及案例研究 [M]. 北京: 海洋出版社, 2007.

[22] 刘伟峰, 臧家业, 刘玮, 等. 海洋溢油生态损害评估方法研究进展 [J]. 水生态学杂志, 2014, 35 (1): 96-100.

[23] 娄安刚, 王学昌, 于宜法, 等. 蒙特卡罗方法在海洋溢油扩展预测中的应用研究 [J]. 海洋科学, 2000, 24 (5): 7-10.

[24] 娄安刚, 吴德星, 王学昌, 等. 三维海洋溢油预测模型的建立 [J]. 青岛海洋大学学报 (英文版), 2001, 31 (4): 473-479.

[25] 马立学, 王晶, 王莺莺, 等. 浅谈突发溢油事件应急处置技术及装置的应用 [J]. 中国环境保护产业, 2012 (5): 17-20.

[26] 牛坤玉, 於方, 张红振, 等. 自然资源损害评估在美国: 法律、程序以及评估思路 [J]. 中国人口资源与环境, 2014, 24 (3): 345-348.

[27] 宋志文, 夏文香, 曹军. 海洋石油污染物的微生物降解与生物修复 [J]. 生态学杂志, 2004, 23 (3): 99-102.

[28] 孙培艳, 包木太, 王鑫平, 等. 国内外溢油鉴别及油指纹库建设现状及应用 [J]. 西安石油大学学报: 自然科学版, 2006, 21 (5): 72-75.

[29] 唐霞. 藻-菌体系降解原油性能及其体系生物多态性的研究 [D]. 广州: 华南理工大学, 2010.

[30] 王传远, 王敏, 段毅. 海洋溢油源鉴别研究现状及进展 [J]. 海洋管理, 2008, 25 (3): 85-87.

[31] 王丽娜. 海洋近岸溢油污染微生物修复技术的应用基础研究 [D]. 青岛: 中国海洋大学, 2013.

[32] 吴永成, 翁学传, 杨玉玲, 等. 胶州湾溢油污染研究 [J]. 海洋科学集刊, 1996, (37): 25-31.

[33] 徐恒振, 周传光, 马永安, 等. 溢油指示物 (或指标) 的 GC-FID 研究 [J]. 交通环境保护, 2001, 22 (1): 4-8.

[34] 杨庆霄, 徐俊英, 李文森, 等. 海上溢油溶解过程的研究 [J]. 海洋学报, 1994, 16 (3): 51-56.

[35] 杨庆霄, 赵云英, 韩见波. 海上溢油在破碎波作用下的乳化作用 [J]. 海洋环境科学, 1997, 16 (2): 3-8.

[36] 展卫红. 应用光谱扫描技术进行海上石油污染责任的判定 [J]. 海洋开发与管理. 2006, 23 (6): 129.

第九章

海水代用污染与防治

  海水代用是指在生产生活过程中某些使用淡水资源的行业，如生活冲厕、电厂冷却等，可部分或者全部用海水代替，而不用或者较少改变原有生产工艺，或者可以通过技术手段从海水中获取资源，如海水淡化、海水综合利用等，以弥补当前淡水资源的不足的行为。地球上总储水量约为 13.86 亿 km^3，其中 96.54% 贮存于海洋中；此外，由于工农业生产造成大量水体污染，实际可被人类利用的淡水非常有限，西亚、非洲等许多国家均面临着极度缺水的问题。在此背景下，如何在充分利用海水资源的同时有效应对和处置污染海水和浓缩海水，是海水代用中亟须解决的问题。

  世界上许多国家和地区都在加大海水淡化、海水直接利用量以缓解所面临的缺水问题。根据国际脱盐协会的统计显示，截至 2022 年 10 月，世界范围内海水淡化工厂多达 22 757 家，总淡化能力为 10 795 万 m^3/d，解决 3 亿多人的饮用水问题。调查表明（柳文华和苏仁琼，2015），全世界每年海水冷却水量已经超过 7 000 亿 m^3；日本工业冷却水总用量的 60% 为海水，每年高达 3 000 亿 m^3；美国大约 25% 的工业冷却用水直接取自海水，年用量约 1 000 亿 m^3。全世界每年从海洋中提取海盐 6 000 万 t、镁及氧化镁 260 多万 t、溴素 50 万 t。根据自然资源部发布的《2021 年全国海水利用报告》，截至 2021 年底，中国已建成海水淡化工程 144 个，工程规模 186 万 m^3/d；年海水冷却用水量 1 775 亿 m^3。据调查，城市生活用水占城市供水的 30% 左右，而冲厕用水占城市生活用水的 35% 左右；在发达国家，如美国，冲厕水占生活用水量的 40% 以上。在淡水资源日益紧缺的情况下，将大量的饮用水用于冲厕无疑是一种浪费淡水资源的行为。滨海城市如果利用海水作为冲厕用水，将是一项很有前景的节约淡水资源的途径。

  本章主要分析了大生活用海水（海水冲厕）、近岸电厂冷却用水、海水烟气脱硫、海水淡化的工艺过程、环境影响，以期能够在海水代用过程中更好地预防和控制污染。

第一节　大生活用海水污染与防治

大生活用海水是指利用海水替代淡水作为居民生活用水（主要用于冲厕），属于海水直接利用范畴。采用大生活用海水技术可节约大量淡水，对缓解沿海城市淡水资源的紧缺状况具有重要意义。大生活用海水技术是海水资源开发利用领域的一个重要组成部分，我国科学技术部对发展大生活用海水技术十分重视，沿海很多缺水城市都在探索海水利用技术、方法与措施，其中香港、青岛、厦门、深圳、天津和大连等沿海城市走在前列。大生活用海水与再生水在技术、工程投资、运行费用、经济和社会效益等方面具有一致性，均是缓解淡水资源紧缺状况的重要途径。

一、大生活用海水的历史与发展

在我国，大生活用海水最早出现于香港。香港从1955年开始筹划海水冲厕计划，建设海水冲厕设施，如建立海水抽水站及海水储水池、铺设防海水腐蚀性水管等。1955年底，香港政府在未推行海水冲厕计划前，首先在油麻地区筹建冲水式排污系统。1957年，香港水务署建议在九龙新发展地区，如石破尾、李郑屋村等人口稠密区，设立海水冲厕系统以降低淡水需求量。

香港的海水冲厕系统于1958年起在港九各区实施，最早实施区域为长沙湾、黄大仙、佐敦谷、观塘、北角及柴湾。政府在1959年底正式修改《建筑物管理条例》第19条，规定："新落成的私人楼宇必须设有冲水式排污系统设备，包括抽水系统、排污渠、抽水马桶及其他装置"。该条例于1960年1月1日通过，3月1日起生效。海水冲厕排污系统建立初期，海水按用量收费，1972年后改为免费。1991年，全港使用海水冲厕的用户约65%；1999年跃升至78.6%；2015年，香港水务署成功扩建了冲厕海水管网，海水冲厕覆盖范围进一步扩大，全港已约有八成半人口使用海水冲厕，海水用量约占全港总耗水量的23%，每年有效减少淡水需求近3亿t。

香港制定了《水务设施条例》和《香港水务标准规格》（楼宇内水管装置适用），作为香港管制水务设施的条例和标准，规定所有建筑物都应有两套供水系统，一套是饮水供应系统，另一套是冲厕水供应系统，即使暂时没有海水供应的地区也是如此。有海水供应的地区必须用海水冲厕，但不允许作其他用途，若用淡水冲厕或用冲厕海水作为他用均属违法。《水务设施条例》明确规定："如未经水务监督书面许可，而在任何处所内使用来自水务设施的淡水冲洗水厕、厕所或尿厕，则该处所的占用人及业主均属犯罪。"同时香港制定并实行了多级用水收费制度，规定用海水冲厕是免费的，以鼓励居民及企业节约淡水资源。

二、大生活用海水前处理及输送

大生活用海水的汲取及输送过程与地表淡水的汲取及输送过程，既有相同之处，也有较大差异。需要针对取水泵站和送水泵站的水量、水压变化特点，确定海水输送系统的选泵原则，对不同规模的大生活用海水工程中取水、储水、输送管路等系统进行优化设计；而海水的输送则更需要优选抗腐蚀性高的混凝土材料，并对输水管道和构筑物进行防腐蚀处理。

1. 海水前处理

对用于海水冲厕水源的保护是不能忽视的。过去香港由于生活污水和工厂废水随意排放，污染较为严重。现在根据防止水污染条例划分了 10 个水域，并对这些水域排放的水质做了严格的限制。在市区中心地带，建有 24 km 长的大型污水管道，设于昂船洲的大型污水处理厂已经启用，采用化学辅助处理方法处理多达 350×10^4 m³/d 的污水。

与地表淡水类似，海水汲取后，输送前首先需要进行必要的前处理，以去除悬浮物和颗粒物，降低其对管线的堵塞和腐蚀，抑制病原微生物的传播。海水先经过进水口处的不锈钢格栅，通过 12 mm² 的网孔截留去除大颗粒杂质，为保证格栅正常工作，通常一周冲洗一次。其次，为避免供水系统中因细菌和生物繁殖对水质造成不良影响，并防止因生物繁衍沉积使供水能力降低，须在供水站根据水质状况加氯 3~6 mg/L，并保证管网末梢有 1 mg/L 的余氯；所用氯气通过电解海水方式直接在现场制取（武桂芝等，2002）。

由于像香港这样大规模利用海水冲厕的情况尚无先例，因此这方面的用水水质尚无国际标准，香港水务署为海水供应系统拟定的水质标准见表 9-1。该标准是根据海水的外观标准、海水抽水站的过滤能力，以及洗浴水和污水经处理回用的有关标准而制定的。

由香港水务署负责取水及对配水系统内海水水质进行日常监测工作，以确保供应给用户的冲厕海水水质达到水务署规定的标准。若用户发现其居住的房屋冲厕海水变色或有异味，可以随时致电水务署热线，从而保证了居民的用水安全。

表 9-1　香港冲厕海水水质标准

项目	取水点海水标准	冲厕供水系统海水标准
色度/倍	<20	<20
浊度/NTU	<10	<10
臭阈值	<100	<100
氨氮/(mg·L⁻¹)	<1	<1
悬浮固体/(mg·L⁻¹)	<10	<10
溶解氧/(mg·L⁻¹)	>2	>2
BOD₅/(mg·L⁻¹)	<10	<10
合成洗涤剂/(mg·L⁻¹)	<5	<5
大肠杆菌/(个·(100 mL)⁻¹)	<20 000	<1 000

引自武桂芝等，2002

2. 海水供应系统

冲厕用海水系统应该是一个独立于淡水供应的系统，至少包括抽水站、前处理系统、输水管及储水塔等（图9-1）。抽水站取水口可适当向远岸延伸，避免受到近岸污染源的影响；或者在取水口设置集水井，通过海沙过滤除去海水中的粗大颗粒；海水经过适当的前处理后，通过输水管网供用户使用，同时注入储水塔，以调节用水高峰。香港地区目前冲厕海水供水网络由37个抽水站、42个配水库及约1 050 km长的水管组成。

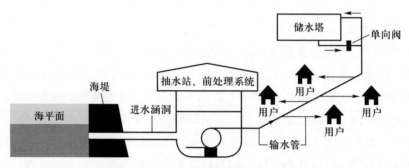

图9-1　香港的冲厕海水供应系统示意图（引自程宏伟，2010）

香港规定所有建筑物都应有两套供水系统，即淡水供应系统和冲厕海水供应系统，即使暂时没有海水供应的地区也是如此。由于海水中的氯化物和硫酸盐含量非常高，冲厕海水供应系统的每个部分（包括调蓄水池），均需以适用于海水的材料建造。在内部供水设施方面，球墨铸铁管及低塑性聚氯乙烯水管（PVC-U）最为常用。《楼宇内部供水设备防锈喉管物料》（一般资料）是香港水务署推荐采用的各种抗锈蚀喉管物料的汇编资料，供施工用户参考。

香港供应的海水，一般在系统内保持14.7×10^4 Pa的水压，无法到达高层大厦用户，因此，往往要采用二次供水系统，即使采用的是直接供水系统，仍有必要设置楼顶水箱，以减少输水管直接供水对用水造成污染的危险。

三、大生活用海水后处理技术

大生活用海水在使用后，可直接排入原有的城市污水管网，与城市污水合并后一起进入城市污水处理厂处理。当冲厕海水比例小于36%时，采用以生化法为基础的处理方法，污泥经适当驯化调整后，其处理效果一般不受影响。香港平均每天淡水用量为250.9×10^4 m³，海水用量为54.6×10^4 m³，海水占污水总量的17.9%，海水比例远小于36%，使得海水盐分得到较大稀释，对常规生化处理工艺影响较小。由于大生活用海水与常规生活污水合并处理，其处理方式与普通生活污水的生化处理工艺并无二致，如活性污泥法、生物膜法等。可见，通过生物耐盐驯化、改进工艺参数、采取防腐蚀措施等，大生活用海水的排污水可以进入城市污水处理厂进行处理。

当然，用生化方法处理稀释的大生活用海水时，应对活性污泥进行驯化，以使系统内的微生物快速适应含有海水的环境。如果大生活用海水地区周围海域水流条件允许时，也可采用一级强化处理后排海的处置方式。

海水冲厕后与一般生活用水一并进入城市污水管网，由于污水管网一般采用混凝土管道，几乎不会造成明显的腐蚀问题。香港的污水处理一般采用传统的活性污泥法，进行二级处理后往深海排放。城市污水中海水成分的存在对生物处理系统无特殊影响，但要根据实际污水水质进行设计，确定停留时间、曝气量、培养生物种群等。当然，污水含盐量的提高会加速污水处理设施的腐蚀，增加了污水处理厂的维护费用。

四、大生活用海水对城市污水处理系统的影响

香港地区在采用大生活用海水时，对利用三种水源（海水、淡水和城市中水）作为大生活用水进行了技术经济分析，结果认为采用海水最经济。但推广应用大生活用海水时，除了考虑经济因素以外，还必须考虑大生活用海水的后处理技术，这是因为海水的含盐量很高，当大生活用海水进入城市污水处理系统后，会对原污水生化处理系统带来一系列影响（王静和张雨山，2002）。由于国内外对大规模污水的处理大都采用生化处理法，因而，研究大生活用海水的生化处理技术具有非常重要的意义。

1. 海水盐度对活性污泥系统中微生物群落的影响

污水生物处理系统的主角是微生物。当污水中含盐量较低时，系统所含微生物种类丰富，有大量的原生动物，如豆形虫、钟虫等；也有不少后生动物，如轮虫；并且可看到更高级的微生物，如线虫、红斑颤虫等，作为污泥性能成熟标志的钟虫属尤其活跃，其种类很多，有单柄纤毛虫、独缩虫、等枝虫、累枝虫等。此时菌胶团很松散，所占面积较大。

在处理含海水污水时，随着污水中海水比例的增大，菌胶团变得越来越密实，同时微生物的种类及数量也一般会有所下降。当污水中含 12% 海水时，微生物的种类与不含海水时基本相同；污水中含 24% 海水时，不仅后生动物及更高级微生物已消失，而且原生动物豆形虫也已不存在。钟虫属中的单柄纤毛虫和独缩虫的数量变少，附着在菌胶团上的微生物主要是累枝虫和等枝虫等。为适应环境的变化，钟虫已发生了一些变异，其柄变粗。当海水组分达到 36% 时，微生物基本上是以累枝虫为主，单柄纤毛虫和独缩虫都已看不到。

可见，原生动物对盐度的变化有很强的适应性，后生动物及更高级的微生物的耐盐性较差。

2. 海水盐度对 COD 去除率的影响

张雨山等（1999）采用四个活性污泥系统研究了海水盐度对 COD 去除率的影响。当污水中海水比例在 48% 以下时，随着污水中海水比例的增大，COD 去除率并未降低，基本保持在 85% 以上。将海水比例从 48% 升高到 60%，COD 去除率下降了约 10%。此时的污泥性状也发生了明显的变化，池中污泥不再是均匀的颗粒状，而是明显的片状，絮凝性能不好，镜检发现其菌胶团呈丝缕状，但没有发现丝状菌。海水比例提高到 100% 时，

COD 去除率显著降低，出水水质进一步恶化，已不能满足处理要求。

3. 活性污泥系统耐海水盐度冲击的能力

生物处理系统对外界条件的变化较为敏感，尤其是降低微生物酶活性的有害物质，如盐类等。将处于稳定运行的活性污泥系统进水中的海水比例从 36% 降到 0 时，观察生物处理系统从高盐度转变到低盐度情况下对有机物的去除效果，待 COD 去除率稳定后，即运行达到稳定状态，将海水比例再从 0 提高到 36%，观察其从低盐度转变到高盐度时的适应能力。结果表明，当污水中海水比例从 0 直接升高到 36% 时，COD 去除率变化幅度较从 36% 直接降低到 0 时小，这说明生物系统在低盐度环境下对盐度变化的抗冲击能力较在高盐度环境下强。

冯叶成等（2000）通过向运行稳定的处理生活污水的活性污泥间歇反应器中加入不同浓度的 NaCl，发现当 NaCl 冲击负荷浓度低于 5 g/L 时，NaCl 冲击不会影响活性污泥系统的运行，系统的吸氧速率和总有机碳去除率仍能够保持正常；NaCl 冲击负荷浓度高于 10 g/L 时，总有机碳去除率降低约 30%。

4. 海水盐度对污泥沉降性能的影响

活性污泥系统在良好运行时，应使反应池出水中的混合液挥发性悬浮固体浓度（MLVSS）在二次澄清池中易于分离。污泥的沉降性能由污泥容积指数（SVI）和污泥沉降体积百分比（SV%）来评价。当系统中含盐量不高时，正常的活性污泥呈矾花状，絮凝、沉降和浓缩性能良好。SVI 在 100 mL/g 左右，SV% 在 30% 左右。

张雨山等（2000）研究了海水盐度对污泥沉降性能的影响。当污水中的海水占 12% 时，污泥沉降性能较不含盐时好，SVI 值略有降低，在 60~80 mL/g 之间，当 SVI 大于 100 mL/g 时，丝状菌数目增多，污泥已有膨胀趋势。当污水中所含海水成分占 24% 时，污泥沉降性能更好，SVI 值一般保持在 30~50 mL/g 之间，当 SVI 大于 40 mL/g 时，就已发现丝状菌，达到 90 mL/g 时，丝状菌已极多，伴随着发生污泥膨胀现象。污水中海水占 36% 时，污泥的沉降性能较 24% 更好，SVI 值一般保持在 30 mL/g 左右，达到 50 mL/g 时，将会出现污泥膨胀。

5. 海水盐度对硝化过程的影响

王静等（2000）探索了不同海水盐度对 NH_3-N 去除率的影响。当海水比例从 0 提高到 12% 时，曝气池中 NH_3-N 的去除率无太大区别；但是当提高到 24% 时，NH_3-N 去除率降低；海水盐度达到 28% 时，NH_3-N 去除率进一步降低，在 80% 以下。所以，高海水盐度对氨氮去除不利。当污水处理厂同时进行硝化时，加入海水后，必须对工艺流程细致考虑，显然不宜采用去碳、硝化混合单级工艺流程。

海水盐度对系统短程硝化影响的研究结果表明，超过一定比例海水的加入可以实现短程硝化。在中温条件下，当海水盐度大于 10.5 g/L（海水比例超过 30%）时出现了短程硝化现象。这说明在硝化过程中硝酸菌耐受海水盐度的极限为 10.5 g/L。海水比例为 60% 即盐度 21 g/L 时导致氨氮去除率降低，这说明该盐度不仅抑制了硝酸菌活性，也抑制了亚硝酸菌活性，即对亚硝酸菌起抑制作用的海水盐度为 21 g/L。

6. 活性污泥系统处理含海水污水时的动力学参数

研究活性污泥法处理含海水污水时的动力学参数对于大生活用海水的推广应用是非常重要的，因为一个运行良好的生物处理系统应根据处理特定污水时的动力学参数来设计。张雨山等（2000）研究了不同海水盐度对基质降解速率常数的影响，发现随着污水中海水比例的增大，基质降解速率常数逐渐变小。王静等（2000）研究了完全混合活性污泥法处理含海水污水时基质降解与生物增长量之间的关系，发现随着污水中海水比例的增大，污泥的产率系数逐渐增大，这说明海水盐度的增大促进了微生物的增长。同时还发现在污水中的海水盐度变化时，微生物衰减常数的变化并无一定规律。

五、我国大生活用海水案例

根据陈东景等（2013）报道，2006 年，青岛"海之韵"小区大生活用海水示范工程正式启动，小区建筑面积 46 万 m^2，居住人口约 1 万人，工程规划海水利用量约 1 000 m^3/d。该工程已于 2008 年竣工，2009 年顺利通过验收，开始进行应用实践。

该小区首先在附近海滩堤坝外侧、距离海岸线 30～40 m 处修建约 20 m 深、内径 6.0 m 的集水井。这种沙滩沉井方式依靠海底沙层对海水进行初步过滤取水，使获取的海水具有悬浮物少、浊度低和水中污染物含量少等优点，不仅能保证大生活用海水的水量，还可满足大生活用水对水质的要求，减少海水的后续处理环节，使海水的预处理费用大大降低。

为防止输送过程中海洋生物或藻类繁殖导致海水产生异味而影响使用，该工程采用了以电解海水法生产的次氯酸钠作为杀生剂，进一步净化水质的方法。然后，利用送水泵站将渗至集水井内的海水通过管道输送至小区内的海水调节池。通过二级泵站和单独的配水管网向居民家庭及小区游泳池（仅夏季使用）供应处理过的海水。该过程有效地降低了对泵的功率和对管材耐压等级的要求。小区供水泵站使用变频调速供水系统，可以根据实际用水量调节泵的流量，确保小区管网末端压力维持在恒定范围，使得整个供水系统始终保持高效、节能的最佳状态。工程目标水质和实际供水水质如表 9-2 所示，可见实际供水水质均达到目标要求。表 9-3 为该小区大生活用海水示范工程运行成本核算结果，其相较淡水具有明显优势。

表 9-2　大生活用海水示范工程目标水质和实际供水水质

序号	项目	目标水质	实际供水水质
1	浊度/NTU	≤5	1.12～2.53
2	色度（铂钴色度单位）	≤30	10～20
3	臭阈值	无不快感	无不快感
4	氨氮（以 N 计）/(mg·L^{-1})	≤3	0.103～0.258
5	悬浮性固体/(mg·L^{-1})	≤10	0.90～2.70

序号	项目	目标水质	实际供水水质
6	$BOD_5/(mg \cdot L^{-1})$	≤10	0.83 ~ 2.22
7	阴离子洗涤剂/$(mg \cdot L^{-1})$	≤1.0	<0.05
8	溶解氧/$(mg \cdot L^{-1})$	≥2.0	6.47 ~ 11.02
9	大肠菌群/$(个 \cdot L^{-1})$	≤10 000	未检出

表9-3　大生活用海水项目成本核算表

序号	项目名称	单位	数额
1	动力费	万元/a	12.66
2	工资及福利费	万元/a	2.40
3	折旧费	万元/a	16.44
4	修理费	万元/a	4.70
5	维护检修费	万元/a	2.35
6	摊销费	万元/a	0.06
7	财务费用（流动资金贷款利息）	万元/a	0.11
8	其他费用	万元/a	1.93
9	总成本	万元/a	40.65
9.1	固定成本	万元/a	27.99
9.2	可变成本	万元/a	12.66
10	经营成本（扣除折旧，摊销及流动资金利息）	万元/a	24.03
11	年制水量	万 m^3/a	38.33
12	单位制水成本	元/m^3	1.061
13	单位经营成本	元/m^3	0.627

海水在使用后直接排入城市污水管网。

大生活用海水可以等效替代淡水，节水效果相当显著。在城市生活用水中，冲厕水约占35%，从城市水资源开发的角度来看，大生活用海水技术是缓解沿海城市及地区淡水资源紧缺的重要途径。由于海水水质相对洁净，并且水质变化不大，因而大生活用海水技术的处理工艺相对简单，因此，大生活用海水较之于中水，在出水水质、保证率、工艺和运行成本方面具有优势，并且从心理和感官方面，大生活用海水更易为人们所接受。同时，大生活用海水具有使用安全、处理成本低、投资少、运行管理简单、规模可大可小等特点，因而非常适合在海岛等淡水资源缺乏、海水取用便利的地区使用。

○ 第二节　近岸电厂海水利用与处理

据统计，城市用水中50%以上是工业冷却水，开发利用海水代替淡水作工业冷却用水，可节约大量淡水资源，能够有效优化沿海城市水资源结构、缓解沿海地区淡水资源短缺。为此，《国家中长期科学和技术发展规划纲要（2006—2020年)》《海水利用专项规划》和《水污染防治行动计划》都明确提出要在沿海地区高耗水行业推行直接利用海水作为循环冷却等工业用水的措施，在对海水冷却技术优劣势及其应用现状进行分析的基础上，推动资源节约型环保冷却技术的发展进程。

一、海水冷却循环水

（一）海水冷却水的种类

根据工艺流程的不同，海水冷却可分为两种方式：海水直流冷却和海水循环冷却（李亚红，2017）。

1. 海水直流冷却技术

海水直流冷却技术是以海水为冷却介质，待低温的海水流经换热系统后，将升温的海水直接排入大海的海水利用技术（图9-2）。由于海水含盐量高，平均含盐量在3.5%左右，对金属材料的腐蚀远高于一般淡水，且由于微生物和大型生物的种类多、数量大，常见海洋污损生物2 500多种，因此用海水作为直流冷却水，存在严重的腐蚀和污损生物附着问题。海水直流冷却的关键技术是防腐和防生物附着。

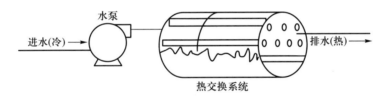

图9-2　海水直流冷却技术示意图（引自李亚红，2017）

海水直流冷却技术经多年应用，技术已经成熟，在沿海电力、化工、石化、钢铁等行业得到广泛应用，具有深层取水温度低、冷却效果好、运行管理简单等优点，但由于其取、排水量大，对周边海域的能量流和物质流都带来一定的扰动，对海域生态环境造成压力，且其影响往往表现出多面性、潜在性和累积性等特征，成为一种既有能量，又有污染物质和机械损伤的复合污染过程。

2. 海水循环冷却技术

海水循环冷却技术是在海水直流冷却技术和淡水循环冷却技术基础上诞生的，技术要点是以海水为冷却介质，经换热设备完成一次冷却后，温海水经冷却塔冷却，再循环使用。

如图9-3所示，用海水作循环冷却水，除了有海水直流冷却同样的腐蚀、生物附着问题外，由于海水中的 Ca^{2+}、Mg^{2+} 等结垢离子浓度高，随着浓缩倍数提高，结垢倾向增大；

同时还有海水冷却塔的腐蚀、盐沉积、盐雾飞溅等问题，因此，海水循环冷却的关键技术是防腐、阻垢、防生物附着和海水冷却塔保护。

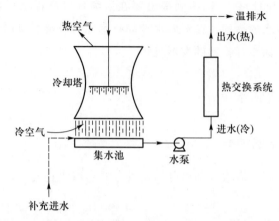

图 9-3　海水循环冷却技术示意图（引自李亚红，2017）

　　与海水直流冷却相比，海水循环冷却具有节约海水资源、利于海洋环保的优势。与同等规模的海水直流冷却相比，海水循环冷却由于循环使用海水，在取水量和排污量上均要减少 95% 以上。一般认为，海水循环冷却技术对环境影响极为轻微或近于无，海洋环境保护优势明显，是一种资源节约型环保冷却技术。但由于增加了海水冷却塔，由此延伸的盐雾飞溅问题也受到环境保护者的关注，但这方面的研究目前尚无定论。

　　有观点认为，海水循环冷却在投资和运营成本上，由于增建冷却塔，投加水处理剂，经济效益低于海水直流冷却。但 2003 年美国 Bechtel 公司在海湾地区大型石化企业采用海水冷却塔的可行性研究报告中报道，海水循环冷却技术与目前采用的海水直流冷却相比技术可行，经济有利。因此，对海水循环冷却的经济效益尚需进一步探讨。与淡水循环相比，海水循环冷却工程建设总投资高出 20%～30%，但年运行成本较其节约 50% 左右，且海水循环冷却取用海水，替代淡水，有效缓解了淡水资源危机，具有显著节水优势。

（二）海水冷却水的应用现状

1. 国外应用现状

　　国际上大多数拥有海水资源的国家和地区都大量采用海水作为工业用水，且主要是作为工业冷却水，其中又以海水直流冷却为主。目前世界海水冷却利用量每年达 7 000 多亿 m^3，广泛应用于电力、化工、石化、钢铁等行业。美国、日本、欧洲各国是海水直流冷却技术应用的大国。美国沿海地区火电、核电等行业广泛应用海水直流冷却技术，年用量 1 000 多亿 m^3，占世界海水冷却总用水量的 14%。但在 2004 年美国环境保护署（EPA）发布和实施《净水法案 Section316》，限制海水直流冷却技术的应用，要求使用能降低水生生物死亡率的其他冷却技术来替代海水直流冷却。日本人多地狭，淡水资源奇缺，因此日本非常重视海水利用。早在 20 世纪 30 年代，日本就开始利用海水作为工业用水。到 60 年代，日本几乎沿海所有的电力、钢铁、化工等企业都采用海水直流冷却。目前，日本利用海水作为冷却水多达 3 000

亿 m³，占工业冷却水总用量的 40% 多。日本有 17 座核电站，55 个核电机组，总装机容量达到 49 469 MW，全部采用海水直流冷却技术。欧洲各国海水直接利用量约为 3 000 亿 m³/a。英国几乎所有的核电站都建在海边，以海水作为直流冷却水。

20 世纪 70 年代，国外开始采用带冷却塔的海水二次循环冷却技术。第一座海水冷却塔由美国大西洋城 B. L-England 电站在 1973 年建成，循环量 14 423 m³/h；目前世界上最大的海水冷却塔于 1986 年由美国新泽西州的 HopeCreek 核电站建成，循环量 152 200 m³/h；将锅炉排烟直接引入冷却塔，使其随冷却塔雾气一起排入大气的冷却塔称为烟塔合一型海水冷却塔，在 1994 年由德国罗斯托克电厂首次建成，具有明显的环境保护效果。经过 40 多年的发展，海水循环冷却技术在国外已进入大规模应用阶段，单套系统的海水循环量均在万吨级以上，现有最高循环量达 150 000 m³/h，建造了数十座自然通风和上百座机力通风大型海水冷却塔，应用领域覆盖电力、石化、化工和冶金等行业。美国是海水循环冷却技术应用最早、最多的国家，但其应用主要集中在电力行业。在欧洲、亚洲和中东地区，海水循环冷却技术在电力、石化、化工和冶金行业都得到了应用，特别是在中东地区，因其石油工业较为发达，海水循环冷却技术在该行业应用较多。

2. 中国应用现状

海水直流冷却在中国有 70 多年的应用历史，沿海工业城市如青岛、大连等，是较早开发利用海水作为直流冷却水的地区。随着淡水资源的紧缺和人们对海水直接利用的日益重视，海水直流冷却在中国沿海 11 个省、直辖市、自治区得到了普遍应用，年利用海水量稳步增长。《2021 年全国海水利用报告》指出，截至 2021 年底，中国年利用海水作为冷却水量 1 775 亿 m³，比 2020 年增加了 77 亿 m³，与 2015 年相比，增加了 58%（图 9-4）。可见，在近几年内，随着沿海地区经济发展加速、淡水资源短缺日趋严重，海水冷却技术的应用发展也在加速。电厂是海水直流冷却的最大用户，其次是石化、化工行业，而其他行业则应用得较少。

我国海水冷却年用水量接近美国，但还远低于日本，约占世界海水冷却总用水量的 14%。对于一个海洋经济大国来说，这一海水冷却用水规模尚有上升空间，而且中国拥有长达 18 814 km 的大陆海岸线，非常有利于开发利用海水作为冷却用水。

我国在 20 世纪 90 年代初开始海水循环冷却技术的试验研究，并于 20 世纪末完成了百吨级工业化试验，在"三剂一塔"等关键技术上也取得了重大突破。进入 21 世纪，中国海水循环冷却技术在化工和电力行业首次实现了工程应用，分别于 2004 年在天津碱厂和深圳福华德电厂建成千吨级和万吨级海水循环冷却示范工程。"十一五"期间，我国海水循环冷却技术实现进一步突破，单套系统循环量与国际接轨，2009 年分别在浙江国华宁海电厂和天津北疆电厂建成十万吨级示范工程。

千吨级、万吨级和十万吨级示范工程的投产，标志着中国海水循环冷却技术日趋成熟，已具备规模化和产业化发展能力。与国外相比，中国的海水循环冷却技术虽然起步较晚，但是在整体技术上已达到国际先进水平，随着十万吨级海水循环冷却系统的投运，在单套系统规模上也实现了与国际接轨。对比发达国家，我国在该领域的差距主要表现在：

① 在工程数量和总规模上明显落后于发达国家。截至 2021 年底，中国已建成海水循环冷却工程 22 个，总循环水量为 193.48 万 m³/h。② 中国海水循环冷却应用领域单调，90% 以上限于火电企业，其次是化工行业，在核电、大乙烯、大炼油等高用水行业尚无投产案例，影响进一步产业化推广。

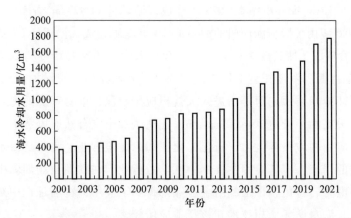

图 9-4　全国海水冷却年用水量（引自《2021 年全国海水利用报告》）

图 9-5 为 2021 年全国沿海省、直辖市、自治区海水冷却年用水量分布图，可见，辽宁、天津、河北、山东、江苏、上海、浙江、福建、广东、广西、海南 11 个沿海省、直辖市、自治区均有海水冷却工程分布。辽宁、山东、江苏、浙江、福建和广东每年海水利用量超过百亿 m³，分别为 148.95 亿 m³、143.07 亿 m³、117.49 亿 m³、338.69 亿 m³、264.27 亿 m³ 和 571.25 亿 m³。

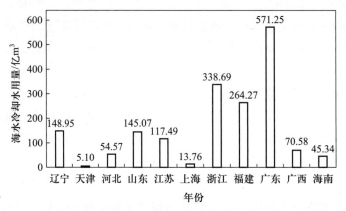

图 9-5　2021 年全国沿海省、直辖市、自治区海水冷却
年用水量分布（引自《2021 年全国海水利用报告》）

（三）海水循环冷却水的预处理技术

相比海水直流冷却和淡水循环冷却，海水循环冷却水系统存在严重的结垢、腐蚀、污损生物附着，以及海水冷却塔的盐沉积、盐雾飞溅、侵蚀等问题，海水循环冷却水处理较淡水和其他再生水源循环冷却在技术上难度更大，需要进行复杂的预处理过程。

1. 阻污垢技术

循环海水极易形成污垢（水垢和污泥，包括淤泥、黏泥、腐蚀产物）。水垢是一些溶解盐类物质结晶析出所形成的固相沉积物，污泥是海水中的海泥、海生物及其他沉积物黏附在金属表面形成的，可降低换热器的传热效率，引起水垢和污泥下腐蚀，严重时会堵塞管道，影响设备的正常运行。控制污垢的方法有以下几种。

（1）控制浓缩倍率。对于不同水质的海水，应控制适宜的浓缩倍率，保证排污量。海水含盐量高，浓缩倍率不宜控制得过高，国外运行系统浓缩倍率控制在 1.5～2.0，一般认为系统浓缩倍率应控制在 2.5 以下（王广珠等，2007）。

（2）投加阻垢剂。海水浓缩时所结水垢的主要成分为碳酸钙、硅酸镁和磷酸钙。在海水循环冷却中控制污垢的最重要的技术措施是投加阻垢剂，通过静态阻垢，以及动态模拟试验确定合适的阻垢分散剂，使阻垢率和污垢热阻控制在允许范围之内。在循环海水中加入 12～16 mg/L 阻垢剂，系统浓缩倍率可控制在 2.0～2.5；考虑浓缩海水的排放对附近海域造成的水体污染和富营养化，循环海水阻垢剂应选用无磷环保型绿色阻垢剂（王广珠等，2007）。

（3）其他方法。鉴于海水水质的特殊性，应对海水进行合适的预处理，以降低进水悬浮物、COD，防止黏泥附着和淤泥堆积，并应保证凝汽器管内有良好的流动状态及完善的胶球清洗装置。

2. 防腐技术

防腐技术要遵循以下三点原则。

（1）合理选材。海水循环冷却系统所涉及的设备、设施较多，选择合理的材质是防腐的先决条件，而对于海水循环系统目前尚无选材导则或规范标准。系统管路宜选用钛材、碳钢等材料并进行涂层及阴极保护处理；通风塔可选用钢筋混凝土，并需在内壁涂刷防腐材料。

（2）管道涂层保护。由于海水腐蚀性极强，对于某些设施，单纯利用阴极保护进行防腐处理难以达到理想的处理效果，往往需要增加防腐层的联合保护措施。需涂刷防腐材料的部件主要有冷却塔内壁、凝汽器水室和各种管道等。

（3）阴极保护。对于换热器、循环水泵、金属输水管道等可以用牺牲阳极的阴极保护措施，在采取外加电流的阴极保护法时，钌铱钛阳极是比较合理的辅助阳极材料。

3. 防海洋污损生物附着技术

海洋污损生物是指附着在设备金属表面并对设备使用构成危害的生物。这类生物适于在电厂循环冷却水系统环境中生存，主要危害包括：附着在输水管路内，造成流量降低，动力消耗增加；在换热器内生长繁殖及在上游脱落流入管内，造成管路堵塞，流量和传热量降低；生物附着部位的局部腐蚀更加严重；微小污损生物的附着繁殖，其分泌的黏液容易黏附水中的有机物和泥沙等无机物，且厚度逐渐增加，形成黏泥，导致管路摩擦系数增加，系统阻力加大。常见的控制循环水系统生物污染的方法有机械控制、物理控制和化学控制。

（1）机械控制。设置滤网和过滤器等机械装置，如在海水入口处设置一次滤网，包括各种拦污栅、格栅和筛网，在进入凝汽器前安装二次滤网，包括各种形式的过滤器。这种方法成本低，容易操作，能有效地阻止体积较大的海洋污损生物进入循环水系统，但容易降低流量，甚至堵塞管道，且对微生物、幼虫、卵等不起作用。

（2）物理控制。高流速的海水可以阻止大型海洋污损生物的附着，故设计壁面流速在规定值以上，可以有效控制海洋污损生物的附着。通过注入淡水，改变环境的渗透压，可加速海洋污损生物死亡。此外还可以定期人工刮削和排干脱水，此方法操作简单而且环保，但要求系统停止运行和水下作业，需要大量的人力物力。此外，热处理是控制大型海洋污损生物污染的有效方法，海水加热至一定的温度可将生物杀死，热处理要经常进行，以保证生物在幼体时就被去除。

（3）化学控制。化学控制包括涂料层防护和投加杀生剂处理。涂料层防护就是在涂料中加入铜、锡、汞、铅等类毒料，使海洋污损生物中毒而难以附着，甚至死亡。涂料层中能杀死海洋生物的有毒成分，在排放时会造成环境污染，破坏海洋生态；涂料层防污范围有限，对一些关键部位如冷凝器、换热器等无法进行涂刷，不能使整个凝汽器冷却系统得到有效的防污保护；涂料层保持的时间也不长，当涂料层失效时，需要进行修补或重涂。

由于涂料层防护存在这些缺陷，所以投加杀生剂的方式应用得较为广泛。目前滨海电厂循环冷却水系统一般采用投加杀生剂的方法来防治海洋污损生物污染，杀生剂根据其杀生机理可以分为氧化性杀生剂和非氧化性杀生剂两种。

常用的氧化性杀生剂主要有氯气、次氯酸盐、氯代异氰酸酯、二氧化氯、溴类和臭氧等，氧化性杀生剂一般都是比较强的氧化剂，能够使微生物体内一些与新陈代谢密切相关的酶被氧化而杀灭微生物。在使用的氧化性杀生剂中，氯系杀生剂占有较高的比例。氯气的杀生机理是氯气与 H_2O 生成起主要杀生作用的 HClO，HClO 是中性分子，很容易接近微生物并能穿透细胞壁，进入细胞内破坏微生物的酶系统，还能与蛋白质反应形成稳定的氮氯键，从而杀死微生物。次氯酸盐和氯代异氰酸酯杀生机理与氯气相同，都是先生成起主要杀生作用的 HClO。二氧化氯是一种强氧化剂，其氧化杀生能力优于氯气，它不仅能杀死微生物，而且能够破坏残留生物的细胞结构。

根据滨海电厂的实践应用，氯化处理对防治海洋生物引起的海水循环冷却系统污堵较为有效。目前氯化处理常通过三种方式实现，即：直接加氯气；加次氯酸钠溶液；电解海水制氯。电解海水制氯防污是利用特制的电极电解海水产生有效氯，包括海水中的游离氯、次氯酸、次氯酸根和氯胺，它们具有强氧化性，可以杀死海洋污损生物的幼虫或孢子而起到防止海洋污损生物附着和生长的目的（图9-6）。对于大型海水循环冷却系统，若采用加液氯或加次氯酸钠溶液的做法，需要长期、大量地运输、装卸这些药品，提高了人力和运输成本，增加了生产安全隐患。若采用电解海水制氯，海水由循环冷却系统供应，进入电解海水制氯系统，通过电能将海水中的氯化钠成分变为有效氯成分，生成有效氯进入循环冷却系统加药点，没有运输、储存等问题，避免了危险品造成恶劣事故的发生。电解海水制氯法初期设备投入较高，但运行费用低，维护简单，易于操作及管理，而且总体防污效果不错，应用于大型海水循环冷却系统较为经济合理。

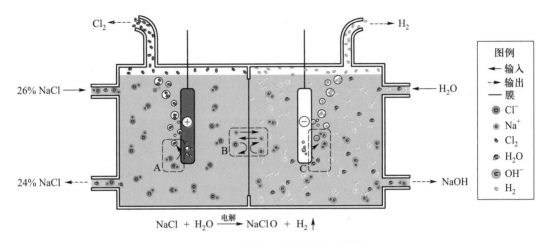

图 9-6　电解海水产生氯气示意图

常用的非氧化性杀生剂主要有季铵盐类、氯代酚类、唑啉类（异噻唑啉酮等）、醛类（戊二醛等）和重金属盐类等。非氧化性杀生剂不以氧化作用杀死微生物，而是作为致毒剂作用于微生物的特殊部位，从而达到消灭微生物的目的。非氧化性杀生剂种类较多，其中季铵盐为离子型化合物，易溶于水且化学性质稳定，对于贝类和藻类有较好的杀生效果，对环境污染较小，加药设备只需要计量泵、储存罐和管道，十分简单，投资较少。

单一组分的杀生剂具有投加剂量大、杀生品种单一、杀生效果差和易使微生物产生抗药性的缺点。目前，循环冷却水系统防治海洋污损生物多采用氧化性杀生剂和非氧化性杀生剂交替使用的方法，这种方法使得低浓度的非氧化性杀生剂即可抑制生物在冷却水系统内的附着，不仅降低了加药成本，也解决了生物的耐药性问题，而氧化性杀生剂间断和冲击式的投加方式可以全面控制各种海洋污损生物的附着和生长。

（四）海水冷却水对海洋环境的影响

我国沿海岸线建设的火力发电厂、核电厂一般采用海水来进行冷却。由电厂排入海域且其温度比周围海水温度高的海水称为温排水。当海域中排入大量温排水后，受纳水体温度将会升高，水体原有的温度分布状况被扰乱，出现质量、能量的突变和重新分配，水域的水质和生态受到不同程度的影响。

1. 水温变化引起海洋水质发生变化

温排水会直接引起海洋水温的升高，从外部形态来看，由于水温的升高，水体会变得较为浑浊，海域水面会涌出白色浮沫。从水质的物理特性来看，水温增高，海水的密度就会下降，导致氨、氮及一些重金属的含量增加。火电厂温排水排放口区域内的海水温度明显高于其他附近海域，水体的自净能力有所下降，各种化学反应的速度变快，沉积盐逐渐积累，使得排水口海域的水体富营养化，容易引发赤潮（胡剑，2016）。

2. 水温升高改变海洋生态系统结构

对所有生物来说，温度是一个最重要的环境因子，海洋生物对温度的变化比其他因子更敏感。温度变化对海洋生物的生存、代谢、繁殖、发育和免疫应答等多种生命活动都具有十分重要的影响。可是，由于火电厂温排水进入海域，改变了原有的水体温度，海洋生物的生存环境发生了改变，各种海洋生物的生命活动和种群组成也随之受到很大的影响。

Ashton 等（2017）科研人员在南极海床上做了一个非常有趣的实验（图 9-7）。南极海床上的生物一直生活在一个非常寒冷而稳定的环境里，每年的温度只在 -2 ~ 1 ℃ 之间变化。研究人员在罗瑟拉科考站附近海底的海床上放置了 12 个 15 cm^2 的加热板，其中 4 个由电热元件加热，温度升高 1 ℃，4 个升高 2 ℃，另外 4 个则保持和周围海水一样的温度。在为期 9 个月的实验后，研究人员发现，一种苔藓类生物 *Fenestrulina rugula* 在升温 1 ℃ 的热板上占据了主导地位，同时一种海洋蠕虫身体也长胖了 70%，其他物种则被驱逐出去，整个加热板环境中的生物多样性下降了 50%。而在升温 2 ℃ 的加热板上，群落类型完全改变，苔藓类生物的影响开始减弱，一种龙介虫科的海虫螺旋管蠕虫生长速度加快了 30%，成为加热板上的新霸主。

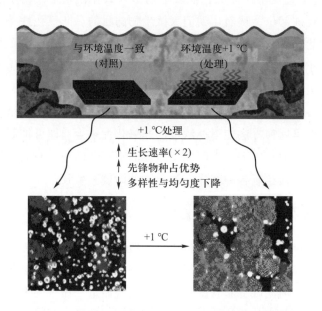

图 9-7 海洋原位升温实验（引自 Ashton 等，2017）

3. 海水温度的改变影响鱼类生长

鱼类的繁殖和生长与水温有着非常密切的关系，适宜的水温有利于鱼类物种的繁衍和形成多样化的种群。很多冷水鱼类，只能在低温条件下生长繁殖，如我国科研人员已经开始利用黄海冷水团养殖大西洋鲑，该水域夏季底层水温在 4.6 ~ 9.3 ℃，近底层水的溶解氧不低于 5 mg/L，很适合冷水经济鱼类生长。然而，若水温升高，部分鱼类的产卵行为将受到影响，极易引发鱼类畸形和死亡；水体中氨氮、硫化物及一些重金属的含量增加，含氧量下降，水质恶化容易诱发鱼类疾病，使其生存面临很大的威胁；有着洄游习性的鱼类，在低温季节会洄游至水温较高的海域，高温季节则相反，然而温排水改变了水体的温度，对这些鱼类的洄游迁徙造成了很大影响。

另外，温度变化还与其他环境因素互相作用，例如水中的溶解氧浓度；温度变化也会影响沿海水域的表层盐度，当温度升高时，降雨量增加，大量的淡水进入海洋，导致盐度降低。从承担海洋初级生产的微小生物到顶级捕食者海洋哺乳动物，温度变化的影响涉及各种海洋生物，并且影响范围巨大而深远。

我国目前对海水冷却环境影响的监管标准还不完备，我国仅在《中华人民共和国海洋环境保护法》中对水体的升温幅度提出了明确的规定，《近岸海域环境功能管理办法》（1999）提出了混合区的概念，并指出"混合区不得影响临近近岸海域环境功能区的水质和鱼类洄游通道"，但对混合区的确定则缺乏指导意见。可见，我国关于水域水温的规定十分笼统，在排放强度、混合区范围等方面均无明确规定。关于海水冷却水的排放量，仅于《污水综合排放标准》（GB 8978—1996）中规定了"火力发电厂最高允许排放水量 3.5 m³/(MW·h)"，但这个排放量指的是污水总排放量，不是特指海水冷却水。显然《污水综合排放标准》不适用于海水冷却水的排放水质指标。目前国内的排污收费、排污许可证等均未列入海水温排水，造成我国温排水管理无法可依。在《关于对煤矿矿井和采用直流方式的电厂冷却水收取污水排污费有关问题的通知》中，虽涉及电厂直流冷却排放水的排污费征收，但未做明确的量化限制，导致在实际活动中无法执行。因此亟待建立海水冷却环境影响监管的相关标准。

4. 杀生剂对受纳环境的影响

我国海水直流冷却占海水冷却总规模的 95% 以上，主要用于滨海电厂。在冷却工艺中，基本上采用液氯或次氯酸钠控制生物附着，为了达到较好的污损生物控制效果，需要在冷却水中维持 0.2 mg/L 的余氯，这种水直接排放会对周边海域的海洋生物造成影响。另外，滨海电厂的规模越来越大，1 000 MW 发电机组成为常规规模，一般一个电厂运行 4 个以上机组，海水取水和排水量巨大。海水在取水后经过杀生处理，其中 80% 以上的生物被杀死，日积月累，将使附近海域的浮游生物群落受到一定程度的影响，进而可能影响附近海域的生态平衡。

二、海水烟气脱硫技术

火力发电厂产生的烟气中富含硫氧化物（SO_x），硫氧化物气体的排放是导致酸雨和细颗粒物污染的重要原因，采用合适的工艺流程对烟气硫氧化物进行去除是电厂启动及运行的必要条件，在此背景下，烟气脱硫工艺应运而生并快速发展应用。海水烟气脱硫的设想最早由美国加州大学伯克利分校 Bromley 教授于 20 世纪 60 年代提出，而后挪威 ABB 公司、德国比晓夫公司（Bischoff）和日本富士化水株式会社（Fujikasui）等相继开发出海水烟气脱硫工业化技术。经过 40 多年的发展，海水烟气脱硫已成为一项有着较好工业应用前景的成熟的脱硫工艺。近年来，海水烟气脱硫工艺在燃煤电厂中的应用规模不断扩大，单机容量由 80 MW、125 MW 向 300 MW、700 MW 发展，成为滨海电厂烟气脱硫的重要工艺方法。

1. 海水烟气脱硫原理

海水烟气脱硫技术是利用天然海水脱除烟气中 SO_2 的一种湿式烟气脱硫方法，其主要过程是利用海水的自身碱性吸收烟气中的 SO_2。根据是否向海水中添加化学成分，海水烟气脱硫技术分为用纯海水作为吸收剂（不添加其他化学物质）和用增碱度海水作为吸收剂（添加其他化学物质）两种工艺。纯海水脱硫工艺，以挪威 ABB 公司与 Norse Hydro 公司合作开发的 Flakt-Hydro 工艺为代表，这种工艺工业应用较好，在世界范围内已建成 20 多套装置。印度 TATA 电力公司建成的第一座火电厂海水烟气脱硫装置采用的就是 Flakt-Hydro 工艺，我国第一套海水脱硫装置即深圳西部电厂海水脱硫装置也引进了该海水脱硫技术，随后的电厂海水脱硫技术大多采用此工艺。增碱度海水脱硫工艺，是在海水中添加一定量的石灰或其他碱性物质，以调节吸收液的 pH。该工艺以美国 Bechtel 公司为代表，在美国建成了示范工程，但未推广应用。

纯海水脱硫工艺基本流程见图 9-8。进入脱硫系统的烟气通过增压风机升压并经除尘处理，然后经过气-气换热器（GGH）降温。降温后的烟气自下而上流经吸收塔，新鲜海水自吸收塔上部喷入与烟气进行逆流接触，烟气中的 SO_2 迅速被海水吸收。经过海水洗涤的洁净烟气在塔顶由 GGH 加热升温后由烟囱排入大气，洗涤烟气后的酸性海水在吸收塔底收集并排出塔外。酸性海水在混合池中与来自虹吸井的大量偏碱性海水混合后进入曝气池，向曝气池中鼓入大量空气氧化 SO_3^{2-}，并吹脱溶解在海水中的 CO_2，经过曝气处理后的海水 pH、COD 达到排放标准后排入大海。

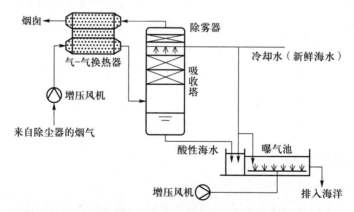

图 9-8　海水烟气脱硫工艺基本流程图（引自王滔等，2019）

$$SO_2 + H_2O \rightleftharpoons H_2SO_3 \tag{9-1}$$

$$H_2SO_3 \rightleftharpoons 2H^+ + SO_3^{2-} \tag{9-2}$$

$$2SO_3^{2-} + O_2 \rightleftharpoons 2SO_4^{2-} \tag{9-3}$$

以上反应中产生的 H^+ 与海水中的碳酸盐发生如下反应：

$$CO_3^{2-}+H^+\Longrightarrow HCO_3^- \tag{9-4}$$

$$HCO_3^-+H^+\Longrightarrow H_2CO_3\longrightarrow CO_2+H_2O \tag{9-5}$$

海水烟气脱硫技术与其他烟气脱硫方法相比具有以下优点：技术成熟、工艺简单；运行维护方便、设备投资费用低；脱硫率高；节约淡水资源；只需要海水和空气，不存在副产品及废弃物污染，等等。

当然，在应用过程中，现行海水烟气脱硫技术在发展中逐步显现出一些制约因素，其中最重要的是烟气脱硫后重金属沉积对海水水体的污染隐患。从技术安全角度出发，该问题使政府对海水脱硫技术的支持态度也愈加谨慎。另外，吸收塔海水脱硫工艺技术本身存在以下问题：塔体和管道腐蚀，换热设备堵塞，脱硫海水曝气过程中 SO_2 溢出，占地面积较大，高硫煤烟气脱硫难以实现达标排放等。

2. 海水烟气脱硫工艺及应用

目前，海水烟气脱硫工艺仅由 ABB（阿西布朗勃法瑞）、Alstom（阿尔斯通）、Bischoff（比晓夫）、Mitsubishi（三菱重工）和 Fujikasui（富士化水）等少数公司掌握，Alstom 公司起步较早，在全球海水脱硫市场占有较多份额。

据不完全统计，国外从 1968 年首套海水烟气脱硫系统投入商业运行以来，至 2008 年已有 50 余套海水脱硫系统投运，装机总量超过 19 GW，国外海水烟气脱硫工艺应用情况见表 9-4。

表 9-4　国外海水烟气脱硫工艺应用情况统计

国家	装机总量/MW	投运年份	技术提供方	工程类型
挪威	1 817	1968—1997	ABB	炼铝厂、燃煤/油锅炉 Claus 硫回收装置、熔炉等
挪威	1 327	2000—2004	Alstom	炼铝厂、采油平台 H_2S 燃烧废气
印度	250	1988/1995	ABB	炼铝厂/燃煤电厂
印度尼西亚	1 300	1988（建设时间）	Bischoff	燃煤电厂
印度尼西亚	1 340	1998—1999	ABB	燃煤电厂
瑞典	93	1988	ABB	炼铝厂
西班牙	320	1995	ABB	燃油电厂
塞浦路斯	130	2005	Alstom	燃煤电厂
阿曼	270	2005	Alstom	裂化反应单元
沙特阿拉伯	550	2005（中标时间）	Ducom	燃重油电厂
沙特阿拉伯	180	2006	Alstom	FCCU 和 SRU 废气处理
马来西亚	5 600	2002—2008	Alstom	燃煤电厂

续表

国家	装机总量/MW	投运年份	技术提供方	工程类型
泰国	1434	2006—2007	Mitsubishi	燃煤/柴油电厂
英国	3 740	2008	Alstom	燃煤、燃煤/油电厂
委内瑞拉	115		ABB	炼油焦炭炉
日本	270			炼油厂
美国	300			
总计	19 036			

引自关毅鹏等，2012

位于印度 Bombay 的 TATA 电力公司的 Trombay 电厂是最早采用海水烟气脱硫技术的燃煤电厂。1995 年，西班牙 Unelco 公司先后在位于加那利群岛的 Gran Carnaria 和 Tenerife 两个燃油电厂建设了 4 套海水烟气脱硫装置。位于印度尼西亚爪哇岛的 Paiton 电厂的 670 MW 发电机组采用 ABB 公司海水烟气脱硫技术，已于 1998 年投入运行。英国第二大燃煤电厂——Longannet 电厂采用苏格兰地区所产的低硫煤（含硫量 0.5%）为燃料，经过对比多种脱硫工艺，决定为其 600 MW×4 电力机组均安装海水脱硫装置，到 2010 年该电厂全部烟气脱硫率达到 90% 以上。马来西亚 Johor 省的 Tanjung 电厂 700 MW×3 电力机组海水脱硫装置正在建设，1 号机组装置已于 2006 年投入运行。位于泰国东海岸 Map Ta Phut 的 BLCP 电厂 717 MW×2 燃煤发电机组采用海水烟气脱硫技术，分别于 2006 年 10 月和 2007 年 2 月投入运行。美国关岛的 Cabras 电厂采用挪威 ABB 公司的 Flakt-Hydro 工艺来满足日益严格的环保要求；挪威国家电力公司在奥斯陆附近建造的一座 1200 MW 的燃煤电厂，也选择 Flakt-Hydro 工艺对烟气进行脱硫。

我国的能源结构决定了火电燃煤机组装机容量仍将不断增长，截至 2010 年底，我国火电发电量占全部发电量的 80% 以上。沿海工业发达地区电力负荷高度集中，燃煤烟气导致的区域性大气污染问题日趋明显。

目前在以传统石灰石-石膏法为主的烟气脱硫市场中，海水烟气脱硫所占比例很小。然而，与传统烟气脱硫技术相比，海水烟气脱硫技术不需额外消耗淡水和吸收剂，无副产品和废弃物，工艺简单，维护方便，节省投资和运行费用，具有诸多优势，因此应用潜力巨大。

我国海水烟气脱硫技术应用情况如表 9-5 所示。至 2010 年，全国已有 12 个燃煤电厂共 47 套海水脱硫工程投运或在建，总装机容量超过 20 GW，不仅工程量居世界首位，单台机组容量也创下世界最高水平，达到 1 000 MW，其中 Alstom 公司拥有国内大部分海水烟气脱硫工艺的市场份额。在引入国外先进工艺和设备的同时，我国自主研发的海水烟气脱硫技术也取得了较好的应用业绩，例如深圳妈湾电厂 4 号机组海水烟气脱硫工程的国产化率为 65%，厦门嵩屿电厂海水烟气脱硫工程的国产化率超过 80%，漳州后石电厂采用我国自主创新的海水烟气脱硫技术，实现脱硫设备与发电设备 100% 同步运行。

表 9-5　我国海水烟气脱硫技术应用情况

工程名称	投运年份	机组容量/MW	工艺提供方	工程实施方
深圳妈湾电厂	1999	300	ABB	西部电力
	2004	2×300	Alstom	
	2006	300	Alstom	
	2007	2×300	Alstom	
漳州后石电厂	1999—2004	6×600	富士化水	中化三建
华电青岛电厂	2006	4×300	Alstom	Alstom
山东黄岛电厂	2006	225	青岛四洲/中国海洋大学	山东鲁环
山东黄岛电厂	2006—2007	2×660	Alstom	北京龙源
厦门嵩屿电厂	2006—2007	4×300	东方锅炉	北京龙源
华能大连电厂	2008—2009	4×350	Alstom	北京龙源
山东日照电厂	2007	2×350	Alstom	北京龙源
	2008	2×680	Alstom	北京龙源
秦皇岛电厂	2007	300	Alstom	北京龙源
	2008	300	北京龙源	北京龙源
	2009	2×200	北京龙源	北京龙源
舟山朗熹电厂	2008	260	北京龙源	北京龙源
	2010	300	北京龙源	北京龙源
华能威海电厂	2008	2×300	Alstom	北京龙源
	2010	2×680	北京龙源	北京龙源
华能海门电厂	2009	2×1 000	Alstom	北京龙源
华能海门电厂	在建	2×1 000	北京龙源	北京龙源
首钢京唐钢铁有限公司曹妃甸自备电厂	2009—2010	2×300	Alstom	北京龙源
总计		20 925		

引自关毅鹏等，2012

　　我国海水烟气脱硫工艺在发展过程中通过引进技术、联合设计等方式，逐步掌握了海水烟气脱硫主要技术经济指标、主设备选型，以及工艺系统设计等关键技术。我国应用海水烟气脱硫工艺的滨海发电厂有秦皇岛电厂、华能威海发电厂等，其中最具代表性的有深圳妈湾电厂、漳州后石电厂、厦门嵩屿电厂。

　　深圳妈湾电厂 4 号机组海水烟气脱硫装置于 1999 年在深圳妈湾建成投运，是我国首家海水烟气脱硫装置示范工程，投资约 2.15 亿元，引进了挪威 ABB 公司的技术和设备。该系统采用电厂循环冷却水排水作为吸收剂，用量约为循环水量的 1/6，大吸收剂量和气液相大传质界面保证了对烟气中二氧化硫的充分吸收，每小时处理烟气量可达 110 万 m³。其多年来的运行情况显示，该系统各项性能指标均达到或超过了设计值，系统脱硫率稳定在 92% 以上。在 4 号机组海水烟气脱硫装置成功使用的基础上，2004 年 2 月，该电厂 5

号、6 号机组海水烟气脱硫项目又投入运行，全套装置国产化率约为 65%。5 号、6 号机组海水烟气脱硫系统吸取了 4 号机组的经验，提高曝气风机压头，增加空气喷嘴覆盖面积，减小了曝气池的面积，使投资大幅度下降。这两套机组尽管投产时间不长，但初步显示性能稳定，各项性能指标优于 4 号机组。基本工艺流程见图 9-9。

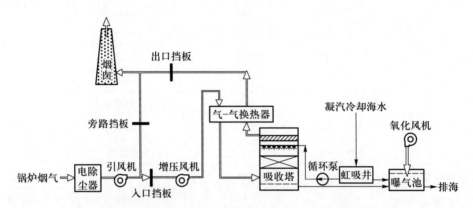

图 9-9　深圳妈湾电厂海水烟气脱硫系统流程（引自张佩等，2009）

漳州后石电厂由台塑美国公司投资，华阳电业有限公司建设，脱硫装置采用日本富士化水株式会社的技术。1~4 号机组海水脱硫装置均已完工，分别于 1999—2004 年陆续投入运行，基本工艺流程见图 9-10。漳州后石电厂海水烟气脱硫系统用海水或者添加了氢氧化钠的海水作为二氧化硫吸收液，一台机组安装两座吸收塔，各处理一半的烟气量，吸收塔系统不另设增压风机，而是利用引风机的压头，系统未设置气-气换热器，烟气的冷却通过预冷器实现，脱硫后的烟气通过吸收塔内的除雾器，然后直接由烟囱排入大气，烟气温度较低（30 ℃左右）。

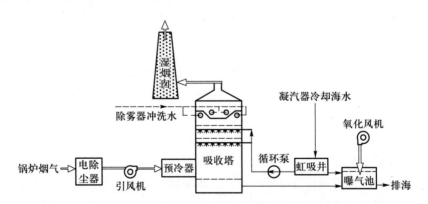

图 9-10　漳州后石电厂海水烟气脱硫系统流程（引自张佩等，2009）

厦门嵩屿电厂（300 MW×4）1~4 号机组海水烟气脱硫工程由东方锅炉厂负责设计施工，在 2006 年 5—10 月陆续投运，基本工艺流程见图 9-11。

与深圳妈湾电厂相比，厦门嵩屿电厂的主要特点在于脱硫后的海水经过吸收塔下方海水池和曝气池两级曝气处理，首先在吸收塔下部的海水池内对脱硫后的海水进行初步氧化，然后在曝气池中对海水进行进一步氧化。

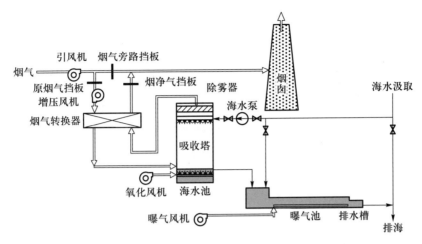

图 9-11　厦门嵩屿电厂海水烟气脱硫系统流程（引自张佩等，2009）

3. 海水烟气脱硫技术排水对附近海域的生态环境影响

从理论计算和国内外已投运工程的实际运行监测两方面，对海水烟气脱硫技术排水水质进行了分析，结果表明在采用成熟工艺的前提下，海水烟气脱硫技术的排水水质包括重金属等指标，全部可以达到我国海水三类标准，绝大部分指标满足海水一类标准，而且通过对国内外已经投运项目的长期监测，也未发现该技术对周围海域的生态环境造成了不利影响。

1999 年 3 月达标投产的深圳妈湾电厂 4 号机组海水烟气脱硫工程是我国第一个投运的海水烟气脱硫技术示范项目。根据当时国家电力公司和国家环境保护总局的要求，在工程建设前和投产后，中国水利水电科学研究院和深圳市环境保护监测站承担了该项目脱硫排水对海域水质的影响监测。监测结果表明，运转前后，排放口附近海域没有水质类别上的变化，初步说明该项目对海域水质指标浓度增量的影响是较小的。对叶绿素浓度和初级生产力、浮游植物的多样性指数及均匀度、底栖生物的多样性和均匀度、底栖生物体内重金属含量的变化、表层沉积物的重金属含量等的监测结果表明，脱硫系统运转前后，海洋生态及表层沉积物的变化均在测量误差范围之内，无明显增加。因此海水烟气脱硫技术排水目前对排水口附近海洋生态及表层沉积物没有不良影响。

为判断海水烟气脱硫技术排水对海洋生物的影响，1981 年美国在关岛电厂设立了中试装置，利用该装置的排水进行了为期 12 个月的各类海洋生物实验，就脱硫中试厂曝气池排水对海洋生物（如鱼类、海藻、浮游生物和蜗牛等）的急性和慢性作用进行了研究。实验由著名海洋生物学家主持，关岛大学实施，美国环境保护署监督。研究结论认为，生物积累实验表明，没有一种生物的体内从海水烟气脱硫技术的排水中积累了钒和镍，海水烟气脱硫技术在火电厂的应用是无害的、可行的。

1989—1994 年，挪威培尔根大学渔业与海洋生物系等研究机构在挪威 Statoil Mongstad 炼油厂海水烟气脱硫系统投运前后，对其排水受纳海域进行了为期 5 年的海洋跟踪观测，尤其是对排水口所在海域的底质重金属积累、海洋生物种群变化进行了详尽的研究。研究结论为，脱硫排水口启用之后没有发现对海底生物带来有害影响，海洋底质中的有机物和重金属含量均保持在自然浓度范围内，该海域的环境条件在脱硫排水口投用前是很好的，到投运后的第 52 个月仍然保持这种良好状态。

由于海水烟气脱硫技术排水酸性较强、SO_4^{2-} 含量高，而且可能含有少量重金属，因此可能导致排水口下游海域海水水质和沉积物质量下降，并对海洋生物造成影响。王云鹏等（2014）通过跟踪监测华电青岛电厂脱硫海水排放口附近海域的水质、表层沉积物质量和海洋生物群落结构，初步探讨了脱硫海水排放对河口及附近海域生态环境的影响，结果表明：① 脱硫海水特征污染物排放对排水口下游水域会造成一定的不利影响，主要表现在 pH 和 DO 的明显降低，以及水温的明显升高，影响范围局限于排水口下游 400 m 范围内的河口段；② 脱硫海水排放不会明显增加排水口下游 COD、N、P 的污染负荷；③ 脱硫海水排放未显著增加附近海域重金属的综合潜在生态危害程度，重金属的潜在污染风险较小；④ 调查海域冬、夏两季生物多样性较高，群落结构较稳定，脱硫海水排放未对生物群落结构和生物多样性造成明显的不利影响。

由以上分析可见，应用成熟的海水烟气脱硫技术，可实现较好的脱硫效果，且不会对周边排放海域水质和生态环境造成明显影响。

第三节　海水淡化及对环境的影响

海水淡化（seawater desalination）是指通过物理、化学或物理化学方法将海水中的盐分脱除以获取淡水的技术和过程。实现海水淡化主要有两条途径，一是从海水中取出淡水的方法，如蒸馏法、反渗透法、冰冻法、水合物法和溶剂萃取法等；二是从海水中取出盐的方法，如离子交换法、电渗析法、电容吸附法和压渗法等。到目前为止，实际规模应用的海水淡化技术有蒸馏法、反渗透法和电渗析法（高从堦和阮国岭，2016）。

由于饮用水、工农业用水需求的增加及海岛开发，从海水中汲取淡水的技术，即海水淡化技术受到人们的重视，并逐渐得以应用。但是，海水淡化技术也伴有不良的环境影响，如土地的占用、海洋环境污染、能量耗费、地下水污染和噪声等。为了保护环境，许多国家开始评估海水淡化厂引起的环境影响。海水淡化厂一般坐落于海边，为主要城市的饮用和其他用途提供淡水，但海水淡化厂的建设和运行会对环境产生负面影响。海水管道渗漏会对地下水造成一定程度的影响；高度浓缩的盐水和在脱盐过程中使用的一些化学产品被排回大海，影响附近地区的海洋环境；海水淡化厂产生的噪声也会使设备操作人员产生不适感；海水淡化厂所必需的能耗，尤其是当所需电能是靠燃烧煤、石油等燃料获得时，排放的 CO_2 等废气对环境产生间接影响。虽然采取合理的排放手段、使用环境友好型药剂、提高淡化的效率等可大大降低海水淡化对环境的影响，但是，海水淡化厂的建设和运行始终应将其对环境的影响放在首要位置考虑。

一、海水淡化技术

目前，多级闪蒸、低温多效蒸馏和反渗透是海水淡化的主流技术。在此基础上，工业界也发展了集成海水淡化技术，以及运用各种新能源的海水淡化技术（刘承芳等，2019）。

（一）传统海水淡化技术

1. 多级闪蒸工艺

多级闪蒸工艺（multiple stage flashing，MSF）自 20 世纪 50 年代提出以来得到了快速发展。其原理是将海水预热后引入闪蒸室，闪蒸室的压强低于将要进入的盐水所对应的饱和蒸汽压强，盐水由于温度过高而进行闪蒸得到水蒸气，将水蒸气冷凝得到淡水资源（图 9-12）。MSF 技术成熟，可为工业企业提供优质淡水，也可提供生活饮用水。MSF 工艺的主要特点是：对海水预处理的要求较低，且加热和蒸发过程分开进行，设备不易结垢，运行维护相对简单；单机容量大，产水水质高；操作弹性小，不适用于造水量变化大的场合；设备成本高，初期建设工程量大；需要较大量的海水在系统内循环，泵的动力消耗大，多与发电站相邻建立。

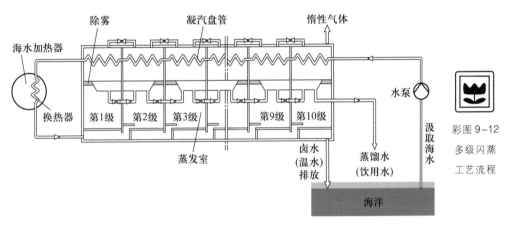

图 9-12 多级闪蒸工艺流程（引自赵子豪等，2017，有改动）

2. 低温多效蒸馏工艺

低温多效蒸馏工艺（low-temperature multi-effect distillation，LT-MED）是可以在较低的温度（低于 70 ℃）将海水蒸馏，制得高品质淡水的一项海水淡化技术，淡化后的水质含盐量小于 10 mg/L，该技术适用于海水淡化厂与火电厂联运联产方式。其原理是海水经过蒸发器上部的喷淋喷嘴向管束喷淋，在每一根管子上形成降膜，并被管内蒸汽加热产生二次蒸汽，同时管内蒸汽被冷凝成淡水。盐水在管外所产生的二次蒸汽进入下一效级的换热管束，作为热源加热下一级海水，并被冷凝成为淡水，依此类推蒸发-冷凝重复进行。LT-MED 工艺设备主要有蒸发器、热汽机（thermal vapor compressor，TVC）、冷凝器、回热器、电气自控设备及工艺管道等（图 9-13）。

根据工艺流程，进料海水在冷凝器中被预热和脱气，之后被分成两股，一股作为冷却液排回大海，另外一股作为蒸馏过程的料液。喷淋系统把料液喷淋分布到各蒸发器中的顶排管上，在沿顶排管向下以薄膜形式自由流动的过程中，一部分海水由于吸收了传热管内蒸汽冷凝的潜热而汽化。生蒸汽通过热汽机引射尾部低温低压蒸汽，混合后作为第一效加热蒸汽，在管内冷凝，同时加热管外海水，产生了与冷凝量基本相同的蒸发，产生的二次蒸汽在穿过汽液分离器（保证蒸馏水纯度）后，进入下一效传热管内加热下一效喷淋海水；同时，蒸汽被冷凝，蒸馏水靠压差逐级流入蒸发器的下效蒸馏水系统中，闪蒸冷却以回收其热量，提高了系统的总效率。这种蒸发和冷凝过程沿着一串蒸发器的各效一直重复，每效都产生了相当数量的蒸馏水，最后一效蒸汽在冷凝器中被海水冷凝，同蒸发器收集蒸馏水作为产品水被引出，由产品水泵抽出并输送到储水池中。

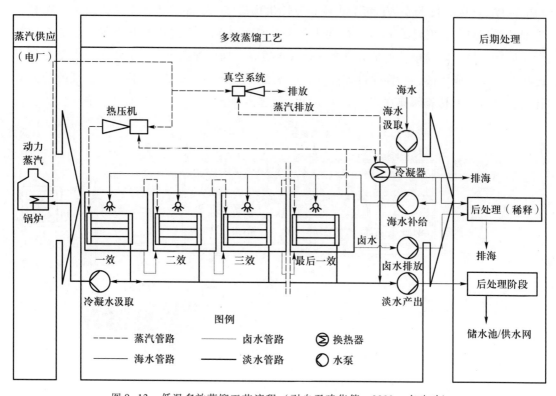

图 9-13　低温多效蒸馏工艺流程（引自尹建华等，2002，有改动）

　　LT-MED 工艺的主要特点是：操作温度低，有效缓解了设备腐蚀及水垢的生成，运行寿命长，维护量少，操作安全可靠；热效率高，动力消耗小；净化率高，产水水质好；低温余热不稳定；设备体积较大，装置费用较高；且该设备虽缓解了水垢生成，却并未根除，仍需定期清洗换热管外壁去除水垢，以维持系统的高效稳定运行。LT-MED 工艺适用于大规模项目，可以与电厂、钢铁、化工结合，甚至与市政工程结合，会提高综合效率，更好地体现其优势。

3. 反渗透工艺

　　反渗透工艺（reverse osmosis，RO）起源于 20 世纪 50 年代，在 60 年代得到突破性进展，70 年代开始应用于商业。反渗透工艺由于能耗低，发展迅猛，是目前应用最广的海水淡化技术。利用半透膜的渗透原理，在半透膜的一侧对海水施加大于渗透压的压强，海水中的水分子会透过半透膜移动到另一侧，而盐分留在原来的海水中，这种与自然渗透相反的水迁移过程连续产出淡水的方法称为反渗透工艺海水淡化（图9-14）。

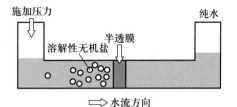

图9-14 反渗透技术原理

反渗透工艺的主要特点是：设备简单，装置紧凑，占地少，操作方便；常温操作，无相变，能耗低；反渗透中的半透膜对海水中的颗粒及污染物反应敏感，需要进行严格的预处理，成本高。此外，在设备运行期间，各种污染物的沉积会对膜造成污染，因此还需对膜进行定期的清洗、除污和消毒。

（二）集成海水淡化技术

传统海水淡化技术的发展因能耗高受到限制，而集成海水淡化技术可以有效发挥各工艺的优势，提高能源利用率，改善出水质量，实现资源的优化配置（刘承芳等，2019）。具体做法有以下三种。

（1）膜蒸馏。膜蒸馏（membrane distillation）是一种以热蒸馏驱动膜分离的新型海水淡化集成方法，它是使用疏水的微孔膜对含非挥发溶质的水溶液进行分离的一种膜技术。由于水的表面张力作用，在常压下液态水不能透过膜的微孔，而水蒸气则可以。膜两侧的水蒸气分压差所产生的驱动力使水蒸气能源源不断地透过疏水膜，水分子汽化通过膜后再进行冷凝实现了海水的水盐分离（图9-15）。该方法混合了热法和膜法的优势，分离效率高且操作条件温和，结构简单紧凑，预处理要求低。但该技术目前仍处于不成熟阶段，尚未实现工业化，如何提高膜通量及热效率是膜蒸馏技术发展的关键。

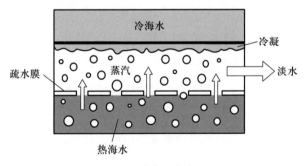

图9-15 膜蒸馏技术原理

（2）反渗透工艺与多级闪蒸工艺集成。多级闪蒸工艺具有产水水质好，但效率低的特点，而反渗透工艺则产水效率高，水质较差，两者优势互补，可以降低产水成本，提高海水淡化的效率。目前，两者集成工艺早已商品化。

（3）反渗透工艺与电渗析工艺集成。将电渗析（electrodialysis）工艺作为预脱盐工段，降低海水的含盐量，随后通过反渗透膜达到海水淡化的目的。该集成工艺降低了海水对金属管道的腐蚀性，同时降低反渗透膜的压力，节约能源。

（三）新能源海水淡化技术

如今太阳能、风能、核能等可持续利用的清洁能源得到重视，它们具有储量大、环境友好、可持续利用的特点，因而将新能源应用于海水淡化成为全球发展的趋势（刘承芳等，2019）。新能源海水淡化技术具体有以下三种方式。

（1）利用太阳能进行海水淡化。该工艺有两种发展形式，一是将太阳能转化为热能使海水发生相变，即太阳能光热海水淡化技术；二是将太阳能转化为电能，驱动海水淡化，即太阳能发电海水淡化技术。太阳能海水淡化技术在近期仍将以基于太阳能光热转换原理而设计的蒸馏法为主，其原理如图9-16所示。目前太阳能海水淡化技术应用的最大障碍在于不稳定性强、效率低、成本高与规模小，不同的地区由于地理位置和气象等不同的因素，对于将太阳能运用于海水淡化技术具有不同的优势。为了提高利用太阳能的效率，需要不断优化集热及光电转化效率，同时不断改善海水淡化的技术，提高太阳能在海水淡化中的经济性及实用性。

彩图9-16
以太阳能
进行海水
淡化的原理

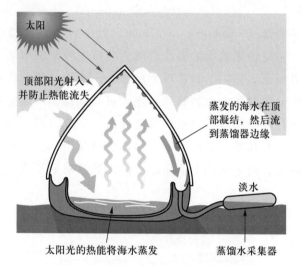

图9-16　以太阳能进行海水淡化的原理

（2）利用风能进行海水淡化。该技术按风能转换方式的不同，可分为两种，第一种为利用风力涡轮的旋转，将风能转换为机械能直接驱动海水淡化用能设备；第二种为利用风力发电机，先将风能转换为电能，再驱动海水淡化用能设备。风能可以驱动电渗析工艺等不同的海水淡化设备，但风能具有不稳定性，而反渗透工艺的适应性高，操作灵活，可以与风能优势互补。利用风能进行海水淡化存在间歇性和不稳定性等问题，因此如何使传统的海水淡化技术适应风能的特性，是发展风能海水淡化项目的关键。

（3）利用核能进行海水淡化。利用核能进行海水淡化是利用核反应堆释放出的热能或者转化后的电能作为驱动能量进行海水淡化。目前世界上大型海水淡化厂，约有90%采用蒸馏原理，因此，若将核动力工厂与海水淡化工艺相结合，既能提供电力，又能提供淡化海水所需的热能。经研究，核能海水淡化已经成为成熟的商业技术，被许多国家所利用。但核能与海水淡化结合应考虑核废料的放射性及安全性，必须提高核能的可靠性确保淡化水及周围环境不受放射性物质的污染。

二、海水淡化对海洋环境的影响

(一)海水淡化的能耗

假设反渗透工艺淡化厂的能耗为 $4 \text{ kW} \cdot \text{h/m}^3$（能量来源为化石燃料），那就是说，要排放 CO_2 2 kg/m^3、NO_x 4 g/m^3、SO_x 12 g/m^3 和非甲烷类挥发性有机化合物（NMVOC）1.5 g/m^3；而对于多级闪蒸工艺或低温多效蒸馏工艺，以上四者的排放分别约为 20 kg/m^3、25 g/m^3、27 g/m^3 和 7 g/m^3。Raluy 等（2004）对各种淡化工艺进行了运行周期循环评估，也验证了反渗透工艺产生的环境负荷和空气污染物比多级闪蒸工艺和低温多效蒸馏工艺要低约一个数量级。随着科技进步，如能量回收系统的应用，海水反渗透设备的能量耗费进一步降低。但是海水淡化厂仍然需要额外的电能供应，而这些电能又主要靠燃料燃烧获得，这将产生废气（如 CO、SO_2），并排入到大气中，既会导致全球变暖，也会污染大气，形成酸雨等。

(二)卤水排放对海洋环境的影响

海水经浓缩后，盐度升至原来的 $2.3 \sim 2.7$ 倍。这些卤水排回海洋中，其对海洋环境影响的大小取决于环境和水文气象状况，如水流、海浪、水深和风等，这些因素将制约卤水与海水的混合程度，进而决定其影响的范围。

卤水通过海水淡化厂排放管道排入海洋，会提高附近海域海水盐度，造成生物生存环境的改变。同时，随卤水排放的金属腐蚀物、阻垢剂、杀生剂（主要是氯和次氯酸盐）、去氧剂、酸、碱、消泡剂、防腐剂和氯化后形成的有机化合物，以及热（主要是蒸馏法海水淡化）等也对海洋生态环境造成一定程度的影响，这些都应受到关注。

1. 海洋环境的差异

盐度对海洋环境的影响程度因地点而不同，这与海洋环境的特性（如珊瑚礁、岩石或海滩等）及海洋生物的来源有关。根据对海水淡化厂影响的敏感程度，Mrenna 等（1997）把全球海洋环境分成 15 种环境类型，如表 9-6 所示，由 $1 \sim 15$，海洋环境越来越容易受海水淡化厂的影响。

表 9-6　海洋环境对海水淡化厂的敏感程度（$1 \sim 15$ 敏感度增加）

海洋环境类型	海洋环境类型
1. 高能海岸（多岩或多沙，有与海岸平行的水流）	5. 高能、潮汐温和的海岸
2. 裸露的岩石海岸	6. 河口或类似河口区
3. 成熟的海岸（沉积物具有可移动性）	7. 低能的沙、泥和平坦岩石的海滩
4. 沿海上升流	8. 盐滩（盐沼）

海洋环境类型	海洋环境类型
9. 海湾	13. 珊瑚礁
10. 浅的低能海湾和半封闭礁湖	14. 盐沼泽
11. 海藻（细菌）丛簇	15. 红树林
12. 海草海湾和浅水区	

海水淡化厂对水文的影响最主要在海域水文方面。在施工期间，取、排水口及输水管线的设置将影响水流流况及底质的扰动，在工程施工完毕后，这种扰动将会消失。而在营运期间则是取、排水口附近因取水及排水作用而影响水流流况，此部分经妥善规划后，可使卤水经排放后能迅速被周围海水稀释。

海水淡化厂在运营期间，因淡化机组运转，将持续排放卤水至邻近海域，对排水口附近的水质产生影响。淡化过程不同，排放卤水的物理、化学性质亦有所不同。

蒸馏法海水淡化厂排放的卤水的特性是温度较高、盐度较大，含有结垢抑制剂及出管线剥离的金属离子（铜、镍、铅等）。由于蒸馏法海水淡化工艺在处理过程中，温度较高，容易产生结垢及热交换器腐蚀现象，为防止结垢，在进流海水中将添加结垢抑制剂或添加酸性药品以抑制结垢生成，因而造成这些药品混入排放水中，由于海水腐蚀及温度高造成的腐蚀难以避免，使得卤水中的金属离子浓度大为提高。

反渗透法排放卤水与蒸馏法排放卤水最主要的不同在于反渗透法无温差问题，由于反渗透法不需要提高水温，故排放的卤水与周围海水的水温接近，反渗透法排放的卤水最主要的特性为盐度较大及含有微量化学药品。以回收率40%计算，排放卤水的盐度约为原来海水盐度的1.67倍。为了避免卤水因密度较大沉积在海底，必须妥善规划排放口的位置，使卤水射流能与周围海水迅速扩散混合。为了降低排放的卤水对海域生态的影响，排水的设计规划必须配合地形，使其能迅速扩散、混合及稀释，尽量缩小影响范围。

2. 对海水水质的影响

海水淡化厂排出的卤水化学元素浓度较高，密度相对较大，易沉入海底，在风浪和洋流的作用下，与海水发生混合稀释，浓度会逐渐下降。

但 Fernández-Torquemada 等（2005）对地中海阿利坎特海水反渗透淡化厂（日生产能力 50 000 m^3/d，水回收率40%）排放的卤水进行的监测分析表明，海水自身的稀释作用并不像想象得那么强。在邻近排放口附近的海域内，稀释作用比较强，随着与排放口距离的增加，稀释作用减弱，在距离排放口 4 km 处，出现了稳定的高盐度区。通过扩大调查研究的面积进一步分析，得到了同样的结果，卤水越远离排放口，稀释得越慢，在距离排放口几千米以外的底层海水盐度出现最高值。海水局部盐度的增加会引起水体分层，从而阻止光的穿透并破坏光合作用，扰乱生物链系统，造成深海物种的幼虫和幼小个体的死亡。

3. 对近岸生态环境的影响

海水淡化厂高温卤水的排放会影响整个排放区域的环境，引起当地水文地理环境和水质的变化，并直接影响生物的生理机能，因为盐度变化会改变海洋生物自身体液与生活环境海水渗透压的平衡，许多海洋生物的呼吸及排泄能力，都与其周遭的盐度有密切的关系。水中溶解氧的改变和有毒化学物质的存在，最潜在的影响是会间接导致生物体抵抗力和免疫能力的降低。这些影响可具体分为以下几类。

（1）盐度对海洋生态系统的影响。排放卤水对海域生态的影响可分为初级影响和二级影响。初级影响包括：致死应力的短期影响，致死应力的长期影响，次致死应力（如迁移）的短期影响，次致死应力（如生物累积）的长期影响。而二级影响包括：栖息环境的改变或破坏，食物链的破裂及生态系统改变，竞食者、掠食者、有害生物及疾病的增加，食物来源生物体的致死应力。

（2）盐度对浮游植物的影响。盐度升高会引起浮游生物生物量的降低，并且会减少浮游生物的种类，降低其生物多样性，最后使浮游生物群落向耐盐型方向演变。有一些种群，例如硅藻类能够适应一定范围内的盐度波动，或是其启动自身各种蛋白参与渗透调节过程，来应对外界盐度的变化，但多数种群在高盐海水中均不能正常生长和繁殖。浮游植物对生活环境的盐度变化有一定的适应范围，在适应范围内又存在最佳盐度范围，在此范围内生长繁殖得最快，一旦超过适盐范围，过高或过低的盐度对藻类细胞均会造成伤害，甚至导致死亡。

（3）盐度对浮游动物的影响。不同浮游动物对盐度的忍耐程度不同，盐度的升降都可能影响浮游动物的分布、群落组成及多样性。同种浮游动物在不同发育阶段的适盐范围也存在差异，如文蛤浮游幼体期的最适盐度为（15.9～22.6）‰，在此范围内其成活率、变态率、生长速度皆最高，而其在盐度41.5‰的海水中则不能存活。总之，大多数的浮游动物对高盐的适应性要远远弱于对低盐的适应性，盐度升高对浮游动物的影响显著。

（4）盐度对底栖生物的影响。海水盐度的增加引起水体分层，由于相对密度较高使得它们沉入海底，形成一个高盐区域，高盐改变原有生态环境，对海洋近岸底层生物影响严重，使底栖生物因细胞脱水、组织膨胀压降低而死亡；高盐对底栖动物幼体的影响往往要大于对成体的影响，底栖生物种群会因幼体的大量死亡而衰退，群落稳定性也将降低。由于底栖生物对盐度忍耐能力不同，因此对盐度变化敏感的物种其丰度会降低，从而引起底栖生物群落组成的改变和多样性减少。

海水淡化厂卤水的排放会对底栖微藻造成灾难性的破坏，底栖微藻数量急剧减少，以其为食的其他海洋生物势必受到影响，Ruso 等（2007）对西班牙 Alicante 沿岸的调查发现，在海水淡化厂排水口附近海域底栖动物群落趋向单一化，线虫丰度较高，生物多样性减少，原来的优势种甲壳类和软体动物逐渐减少，而棘皮动物最终在该区域消失。

（5）盐度对鱼类的影响。鱼类受精卵在适宜盐度范围能正常孵化，但盐度过高会影响受精卵细胞内外的物质平衡，导致受精卵细胞受到损伤或破裂，解化率降低，仔鱼畸形率也将随之上升。如脉红螺卵袋孵出的幼体，其存活和生长的适宜盐度为（29.5～35.5）‰，高于或低于此盐度范围，幼体在9天内全部死亡；仔、稚鱼存活率在相对低盐的海水中要大于高盐环境，河口、海湾和近岸通常是经济鱼类的产卵场和索饵场，盐度升高会对海洋生物产卵场造成不利影响，进而影响渔业资源的恢复和渔业生产力，因此，海水淡化厂卤水的排放最好远离渔场，尤其是鱼类产卵区。

（6）盐度对甲壳类经济动物的影响。甲壳类经济动物是我国海水养殖的主要对象之一。研究表明，锯缘青蟹的盐度适宜范围是（23~35）‰，且在盐度为27‰时存活和生长情况最好，而当盐度达到39‰时，其幼体会大量死亡；中华虎头蟹的适宜盐度范围为（25~35）‰，最适盐度为30‰，当盐度高到55‰时仍能存活，但其摄饵量和存活率均显著降低；虾蛄的适宜盐度范围是（23~29）‰，当盐度升高时耗氧率变化很大，虾蛄对盐度升高很敏感；南美白对虾的适宜盐度范围为（15~35）‰，最适盐度为22.9‰，南美白对虾仔虾含水量随盐度增加而降低，仔虾的生长率随盐度增加而明显下降。

（7）盐度对海草的影响。海草是许多动植物物种赖以生存的栖息地和保护所，它在浅海区形成植被群落，形成具有与陆地森林重要性相当的海洋生态系统，但其对盐度变化极为敏感，盐度升高会改变海草的生理过程，如抑制光合作用和呼吸作用、降低叶绿素含量、改变叶绿体亚显微结构、降低酶的活性，从而影响其代谢、生长、发育和繁殖。Latorre（2005）研究表明，在盐度超过自然水体盐度后，海草死亡率提高，叶子坏死或大量脱落。在海水盐度为43‰时，海草的生长速率为天然海水下的一半；当盐度提高到50‰时，海草在15天内全部死亡。卤水的排放还会对生活在海草生物群落中的其他海洋生物，如海绵、虾蟹类、腹足类和双壳类等构成威胁，从而影响该海域的生态平衡。

（三）温度升高对海洋生物的影响

温度高的卤水会导致周围海水温度升高，从而影响海水的物理性质，直接或间接导致水质恶化。因为水温升高，溶解氧降低，而水中生物需氧量增加，这使得水中溶解氧明显降低，水中生物处于缺氧状态，细菌呼吸作用随生物体耗氧量的增加和水温的升高而加强，这共同导致了海洋生态系统中的缺氧症和组织缺氧症。水温升高，海水密度、黏度均降低，导致海水密度分布的重新调整，海水淡化厂的高温排水因其密度较小而浮于上层，从而出现水体分层；进一步导致水中悬浮物沉淀速率增加，从而影响沉积物的组成和沉积速率；温度升高，水蒸气压强增加，从而加速海水的蒸发，以及海气之间的热量、水量交换。具体情况可以分为以下四种类型。

（1）温度升高对浮游植物的影响。温度是影响浮游植物种类数量的重要环境因素。浮游植物在水温8~32℃范围内均能生长繁殖，但在30℃时，繁殖速度下降，在32℃时，细胞在一天内即全部死亡；而温度升高对浮游植物种类的影响更为显著，浮游植物种类组成的变化，体现了温度升高对浮游植物种群演替的影响。

（2）温度升高对浮游动物的影响。对浮游动物而言，水体增温≤3℃时，在多数情况下不会对其种群造成不利影响，相反会促进其种类、数量及生物量的增加，从而提高海域的生产力和物种的多样性，这种情况在水温较低的春、冬、秋季更为明显。但当水温超过一定范围时，浮游动物的数量会急剧降低。

（3）温度升高对底栖生物的影响。在卤水排出口附近的底栖生物，有限的活动能力使其迁移能力减弱，它们在受到热排放水冲击的情况下很难回避，容易受到不利影响，种类明显减少，生长受到抑制或死亡。

（4）温度升高对鱼类的影响。鱼类体温随环境水温的变化而变化。温度急变对某些鱼类的繁殖、胚胎发育、鱼苗的成活等均有不同程度的影响。一般而言，在合适的温度范围内，水温的升高会提高鱼类的摄食能力，促进其性成熟，加速生长。但如果水温超过其适温范围将会抑制鱼类的新陈代谢和生长发育；超过其忍受限度，还会导致其死亡；水温升高，还会引起某些鱼类的异常生长，如降低鲈鱼的生长能力，促使个体早熟，产卵时间提早，产卵期延长，虽然它们的受精率会提高，但受精卵正常发育和孵化率大大降低。

溶解氧、温度与盐度被视为决定海洋生物生长与存活的重要非生物因子。若溶解氧过低，则生物将因无法新陈代谢而死亡，而温度改变对生物的影响大于盐度的作用。一般而言，水温超过 34 ℃时会抑制浮游植物光合作用速率，并影响浮游动物的生存与生长发育。对底栖生物而言，超过 33～35 ℃时即会有大型藻类死亡现象发生，而底栖动物可忍受的临界水温为 33～36 ℃，鱼类的耐受温度则在 34 ℃左右。

（四）海水淡化预处理中化学清洗药剂对海洋生态环境的影响

海水淡化厂排放的卤水不仅具有很高的盐度，而且含有多种在淡化预处理过程中使用的化学药剂，包括：混凝剂、助凝剂、消毒剂、阻垢分散剂、水质软化剂、除氧剂、消泡剂和防腐剂等，如 $FeCl_3$、聚丙烯酰胺（PAM）、Na_2CO_3、硫酸、盐酸和 Na_2SO_3 等；渗透膜在清洗过程中使用的药剂，如柠檬酸、多磷酸钠、EDTA 和苛性碱等；管道锈蚀产生的大量重金属等。这些化学物质随卤水一起排放到海洋中，会对海洋生态系统造成一定程度的影响和破坏，其中影响最大的是杀生剂和防垢剂。它们的影响具体如下：

1. 杀生剂的影响

Miri 和 Chouikhi（2005）对杀生剂（主要是氯）毒性等进行的相关研究结果表明，排出物中氯的浓度取决于海水氯化的加料速率，残留氯浓度的升高会影响周围水体的水质，进而影响生态系统，这些残留的杀生剂流入海洋中形成了有毒的化合物，使得海洋环境受到了威胁。图 9-17 说明了暴露在氯化物环境下海洋生物的中毒和亚中毒的极限。杀生剂的含量高于 0.01 mg/L 时将引起浮游植物光合作用的停滞，导致浮游动物和脊椎动物幼虫死亡。

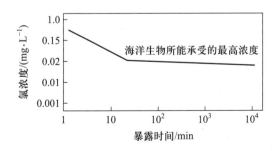

图 9-17　氯对海洋生物的影响（引自 Miri 和 Chouikhi，2005）

2. 防垢剂的影响

防垢剂的影响主要是干扰有机体的分子细胞膜组织的正常功能。硫酸的加入会降低海水 pH，影响碳酸盐系统，可能对海水化学性质及生物新陈代谢产生影响；氨是一种值得关注的物质，因为未电离的氨（NH_3）对水生生物而言毒性很大，而海水中电离和未电离形式的氨都存在，且两者浓度的比率由海水 pH 控制。这些潜在的影响使得河口区的生物大量死亡，以及无脊椎动物和鱼类的免疫、防御能力不同程度地降低，生物机体组织相继死亡，要么是由于缓慢无力的呼吸而导致窒息死亡，要么是身体内外传递营养组织系统的突然崩溃。其死亡隐患是潜伏的、隐性的，一旦爆发则非常突然和迅速，这就在一定程度上降低了无脊椎动物和鱼类的卵和幼虫的成活率。

（五）腐蚀产物对海洋环境的影响

在海水淡化厂的排水中铜的浓度高于正常海水中浓度的 200 倍，它是生物中酶的抑制剂，会导致生物体内大量的敏感组织受到抑制。对于浮游植物，铜抑制了光合作用和蛋白质的新陈代谢过程，限制了其对硝酸盐和硅酸盐的吸收和利用；对于河口区的鱼类，铜使得它们机体的生理特性、生殖能力和成长过程都发生改变。长时间暴露在高浓度微量金属环境下会导致机体的病理反应，如组织的病变和恶化，已经损坏的组织难于修复和重建，癌变的发生和基因的错乱等。海水中过量重金属除直接对海洋生物造成毒害外，还由生物体富集和食物链传递，通过海产品进入人体并造成危害。

（六）取、排水机械作用对海洋生物的影响

动力设备对海洋生物的影响包括多种非生物因素和生物因素，其中非生物因素主要是海水淡化厂地点的环境状况和取水量；生物因素主要与生物的丰度、存活状态、生态作用和再生能力有关。海水流过过滤系统的过程均会伴有海洋生物的死亡，从而对海水中生物的数量和群落产生较大的影响。碰撞及因热和化学效应造成的影响，使得浮游动植物、海底生物和鱼类数量减少；水流、水质、水温、生物生活环境的变化，会改变一些种群的结构和成分，降低邻近海水内的生物繁殖率、成活率，影响生态作用和种群生物链等生物体的种类组成、多样性和密度；在一些环境下，个别有害种群会取代原来种群，从而影响整个海洋生态系统的种群平衡。

（七）噪声及其他影响

海水反渗透脱盐设备的噪声污染是非常严重的。高压泵和能量回收系统，如涡轮等能产生声压级超过 90 dB 的噪声，因此，这些设备必须远离居民区并且安装适当的消声设备来降低噪声。

另外，海水和盐水管道一般铺设于蓄水层之上，如果管道渗漏，盐水就会渗透到蓄水层，从而污染地下水，应采用适当的措施将其对蓄水层的影响减少到最低限度。

三、预防和减缓海水淡化对海洋环境影响的对策

（一）对海水淡化厂的环境评估程序

为使海水淡化厂对环境的消极影响降至最低，在建立新的海水淡化厂或是增加已有淡化厂的生产能力之前，要对其进行全面的环境评估，以降低海水淡化厂造成的不利影响。例如，阿拉伯联合酋长国阿布扎比水电局的水资源研究中心建立的研究程序，可作为新建或扩建淡化厂的环境可行性依据，其具体程序如下：

（1）基础数据收集。区域测量包括水动力、水质和生物测量等。水动力区域测量用以了解工厂附近的水流类型，校准该区域的水动力模型，具体为在工厂附近进行包括水位、当前流速和流向、排出的浓海水的水流等的测量。水质区域测量可用来估计水质和水生物种的浓度，可根据水质标准来评估水质和校准水质模型，水质区域测量的内容包括残留氯、溶解氧、周围海水温度和盐度、pH 和氨等。生物区域测量用以对相关区域的生态系统进行评估，建立工厂附近详细的取样点，以使调查的数据能提供对当地栖息环境和物种的详细描述。

（2）建立数字水流模型。水流速度和类型是排水管道流出物的主要传输和扩散机制，数字水流模型模拟了工厂附近的水流状况，工厂的取水口和排水口要根据区域测量结果进行改进和校准。

（3）建立数字水质模型。水质模拟的目标是模拟工厂附近受电厂和海水淡化厂影响的水域水质，和进入海洋的物质扩散和传播过程。水动力模型中的水流类型将作为数字水质模型的输入信息，模型将根据获得的水质检测结果进行校准。

（4）水质结果评估。数字水质模型的结果要根据水质标准进行评估，如果模拟物质不符合水质标准并且可能对海洋生物造成影响，那么水动力模型中工厂进水和排水的结构就要进行改变（如用管道代替开放的水区），重新进行数字水质模型计算，直至模拟物质满足水质标准的要求。

（5）生物生活环境评估程序。排放导致的水质变化对环境的影响，要根据工厂附近生物生活环境的本性进行评估，数字水质模型中得到的模拟物质的排放浓度要与种群的极限浓度相对比。如果研究结果表明，工厂排放会影响环境，则需要采取措施使这种影响降至最低，如改变取水和排水结构，从而将排出物中的物质进行重新分配以降低其浓度，可以设计取水和排水结构来引导水流类型、流速，以控制排出物的传播和扩散。

（二）以冷却水或污水稀释

反渗透及纳米过滤的浓海水由于含盐量高，传统的给排水设备无法有效处理，如果不经处理直接排放势必造成对水资源的浪费和对周围环境的污染。将浓海水与其他水或废水进行混合后排放，无论在可行性上还是经济上都是较好的选择方案。比如将浓海水与处理后的城市排水、工业废水或电厂冷却水混合排放。如果将浓海水与含盐量为 1 000 mg/L 的

处理污水按照 2∶1 的比例混合，就可以将排水的溶解固体物浓度降到与周围海水相近。苦咸水系统浓海水按类似比例混合，也会达到内陆地表水类似的溶解固体物浓度，以减缓浓海水排放对环境的影响。

（三）喷射分散

扩散喷嘴有两大特征：一是增加了海水和浓海水的活动区域；二是扩散会随海水和浓海水接触时间增加而加强。环境影响小的浓海水排放方法对其来说非常重要，选用喷射分散的方式排放浓海水，实验结果表明离扩散喷嘴排放口 6 m 处的海底浓海水的盐度为 40 830 mg/L，略高于海水盐度的 39 338.36 mg/L。具体参数见表 9-7。

表 9-7　喷射分散装置参数

项目	指标	项目	指标
额定产量	120 000 m³/d	浓海水排放压力	0.066 MPa
浓海水流量	5 638.3 m³/h	浓海水排出速度	7.22 m/s
扩散喷嘴数量	3 个	扩散喷嘴角度	45°
扩散喷嘴面积	723.53 cm²	管道距海底高度	2 m
扩散喷嘴直径	30.35 cm	海底浓海水盐度	40 830 mg/L

相对于浩瀚的海洋来说，海水淡化厂排放的浓海水是极微小的一部分，因此将浓海水直接排入海洋是当前最经济的方法，一般不会对海洋环境造成很大影响。但海洋对排放物的消纳能力并不是无限的，海水淡化厂排放的浓海水盐度高，且含有污染物（如重金属、化学添加剂等），浓海水的物理性质（如温度、密度）与天然海水也有较大差别，浓海水可能快速沉入海底并危害敏感的深海环境，影响大小取决于排放地的水动力条件及地理因素。某些地区有较高的能量或水流交换较快，化学物质不易聚集，是理想的浓海水排放区域，而某些封闭水域，水流交换慢，化学物质很难分散和稀释，如浓海水未经适当的处理而直接大量排放入海，将对海洋生态环境造成相当大的冲击，容易造成局部生态环境破坏，因此需要确保浓海水的快速合理分散，以降低浓度差别，使它们对环境的不利影响减小到最低程度。

武雅洁等（2008）用三维多功能水动力学模型 COHERENS，对胶州湾西岸某电厂浓海水排入海洋后的稀释扩散过程进行了研究，数值模拟结果很好地再现了胶州湾的潮汐流场模式，通过对浓海水输移扩散达到动态平衡后，最后一个潮周期平均温度和盐度等值线分布及其垂向分布进行分析，得到浓海水自排放口排出后的输移扩散规律。由于胶州湾的水体不断与外部海水进行交换，而且排放口位于水交换良好区域，使胶州湾内各点的温度和盐度不会无限制地升高，而是随着潮流做周期性的变化。排放废水只影响排放口附近的部分水域，而对胶州湾内的广阔水域影响甚小，通过对不同排放口底层温度升高和盐度升高等值线包络面积的比较，得出较合理的排放口选址，该模型为合理布置海水淡化电力生产联产设备的取水口和排放口提供了有效方案。

四、海水淡化应用实例

杨树军等（2018）在我国海南省三沙市永兴岛建造了一套 1 000 m³/d 产水量的海水淡化装置，以满足永兴岛居民生活饮用水的需求，项目于 2016 年第二季度开工建设，同年 10 月投入使用。原海水经过斜管沉淀池和超滤系统的预处理后，进入两级反渗透系统进行脱盐处理。一级产水作为普通生活用水，用于洗衣、洗澡等，二级产水用于饮用和做饭等，产水全部供应给全岛军民使用。由于我国尚没有关于海水淡化水的标准，相关的检测均采用《生活饮用水卫生标准》（GB 5749—2006）。

（一）原水水质

原水为我国南海海域海水，电导率为 45 000 ~ 46 000 μS/cm，水温为 20 ~ 35 ℃，pH 为 7.5 ~ 8.5，其他指标见表 9-8。

表 9-8　三沙市海水淡化装置原水水质指标

项目	指标/（mg·L⁻¹）
钠	11 000 ~ 12 000
氟化物	10 ~ 12
氯化物	20 000 ~ 22 000
钙	390 ~ 450
硫酸盐	2 800 ~ 3 500
镁	1 200 ~ 1 500
钾	400 ~ 450
硝酸盐氮	4 000 ~ 4 300

（二）工艺流程

本工程的工艺流程如图 9-18 所示。使用潜水泵在近海码头处直接取水，原海水通过输送管路进入斜管沉淀池，采用斜管沉淀池可以降低原水浊度，同时配有絮凝剂和杀生剂加药系统，通过絮凝剂的作用使胶体等悬浮物凝聚成更大颗粒通过沉淀去除，投加杀生剂可以灭活原水中的微生物和藻类等，为后续超滤系统更稳定的运行提供了保障，同时也延长了反洗周期。

斜管沉淀池的出水进入海水储水池，作为超滤前的水力缓冲。在超滤工序之前设置了管道过滤器，以防止较大的机械颗粒堵塞超滤中空纤维膜的进水通道，导致产水量降低，其严重时可能会损坏膜元件。

管道过滤器的出水进入超滤系统，超滤系统作为海水淡化反渗透系统的预处理工艺，可以去除海水中的胶体、病毒、细菌、悬浮物等物质，降低原水浊度，以保证反渗透系统在长期运行过程中更加稳定。超滤产水进入两级反渗透系统进行脱盐，产水再经输送管路配给到用水点。

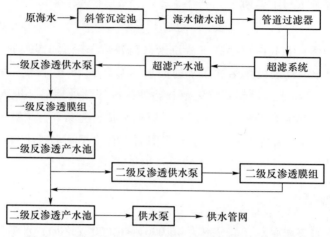

图 9-18　海水淡化工艺流程图（引自杨树军等，2018）

（三）主要构筑物及设备参数

1. 斜管沉淀池

其参数为：1 座，钢混结构，长为 15 m，宽为 4 m，深为 4 m，采用异向流斜板，表面负荷为2.5 m³/(m²·h)，斜管倾角为60°。絮凝剂加药系统包括溶液箱、加药泵及搅拌器，加药量手动调整。杀生剂通过次氯酸钠发生器制作，对原海水中的细菌、病毒等微生物进行灭活，否则这些微生物会堵塞超滤膜的膜孔，影响超滤系统的稳定运行。

2. 海水储水池

其参数为：1 座，钢混结构，长为 15 m，宽为 2 m，深为 4 m。储水池的设置主要是为后端的超滤系统进行压力缓冲，在进出口设置对夹法兰式阀门，并配有排空阀，便于日常维护。

3. 管道过滤器

超滤系统前端并联安装了两台过滤精度为 100 μm 的自清洗式管道过滤器，可截留预处理水池中粒径>100 μm 的机械颗粒，防止其进入超滤系数。较大的机械颗粒会污堵超滤系统进水孔，影响进水量，从而降低产水量，甚至会对膜丝表面造成不可逆的划伤，形成串水，降低产水水质，提高维护成本。过滤器的进、出口都设有压强感应装置，目的是在进、出口压差增大，污堵严重时进行滤网的自清洁。当两侧的压差达到 0.05 MPa 时过滤器内部的旋转刷会转动，将截留在滤网上的机械杂质清扫下来，同时排污阀打开，排放掉杂质。整个反洗过程需要 15～60 s，也可根据现场实际情况适当调整清洗排污的时间。

4. 超滤系统

超滤系统设置两台单级离心进水泵，互为备用，流量为 70 m³/h，扬程为 250 kPa。进水泵采用变频控制，控制参数为海水储水池的液位、超滤产水池液位，以及超滤进水侧的压强。当海水储水池处于低液位时，进水泵会自动停止并发出报警信号；压强信号的作用是调整泵的转速，保持各超滤装置进水压强的恒定。

超滤系统采用外压式进水，原水从膜丝外表面渗入膜丝内部，产水从中心管流出，汇集到产水池。浓缩的原水被截留在膜丝外部，为了提高错流速度，在一定程度上起到冲刷外表面的作用，该系统将一部分浓缩水排回原海水箱，提高了浓缩水的流速，并降低浓差极化现象，减少污染物的积累。这种方式降低了超滤系统反洗的频率，提高了回收率和产水效率。

超滤系统设备采用框架式结构，系统共配置 2 组超滤装置，每组设置 36 只膜组件。超滤系统设计的单套恒定出水为 1 350 m³/d，当其中一套超滤装置处于正冲、反冲或化学清洗过程时，另外一套超滤装置可通过采用提高工作流量的方式保持系统的恒定产水量。

超滤系统配有反洗设备，主要包括：反洗泵 2 台，以及阀门、仪表、管路等。反洗泵 1 用 1 备，流量为 90 m³/h，扬程为 30.6 m，反洗泵采用变频控制。

另外，超滤系统还设置化学清洗设备，包括：清洗罐 1 个，有效容积为 7 m³；清洗泵 2 台，流量为 30 m³/h，扬程为 30.6 m，两台泵同时工作。化学清洗周期一般为每两个月进行一次药洗，每次清洗时间为 10 ~ 24 h。

5. 反渗透系统

反渗透系统分为两级，具体状况如下：

（1）一级反渗透系统。一级反渗透供水泵为卧式离心泵，出水流量为 56.25 m³/h，扬程为 25.5 m。采用变频控制，可根据系统设定调节出水量。一级反渗透供水泵为反渗透膜组提供足够的进水压力，维持反渗透膜的正常运行。其出水流量为 22.5 m³/h，压强为 5.50 MPa。在进、出口安装高低压保护开关，当进水压强过低或出水压强过高时，泵将停止工作，并将报警信息传送给操作人员。

在膜法海水淡化过程中，浓缩水侧有着非常高的压强，数值非常接近进水侧，最低都在 40 MPa 以上。这部分能量如果直接排出系统，会造成非常大的浪费。本装置安装了浓缩水能量回收装置（PX），能量回收率>93%。基本原理是高动能浓缩水在回收装置中通过多个液缸将能量传递给低压力的原海水，使低压原海水具有了较高的动能量。但是这个压强还是低于一级反渗透供水泵的出口压强，为了补偿这部分压强，还另外配备了增压泵。每个膜堆设置 1 台增压泵，把这部分海水的压强提升至反渗透膜所要求的压强值。泵出水的流量为 33.75 m³/h，扬程为 40.8 m，采用变频控制，可根据设定水量及压强自动调节。

一级反渗透膜组共设置 3 组膜堆，2 用 1 备，每组膜堆采用一级一段排列，膜 126 支，膜壳 21 根，系统回收率≥40%。

根据工艺需要系统设置了海水淡化一级反渗透产水池 1 座，容积约 150 m³，用来缓存部分一级反渗透产水，并为二级反渗透系统提供一定的缓冲。

（2）二级反渗透系统。二级反渗透系统单独配有立式离心供水泵，为二级反渗透高压泵提供一定给水压强的进水。泵出水流量为 16.25 m³/h，扬程为 20.4 m。二级反渗透膜组高压泵出水的流量为 16.25 m^3/h，扬程为 83.7 m。在进、出口同样加装压强保护开关，在进水压强过低或出水压强过高时将报警及停泵，对膜进行保护。

根据一级产水的含盐量选择低压反渗透膜。二级反渗透膜组设置两组膜堆，采用如下工作参数：二段式排列（2∶1），膜 36 支，膜壳 6 根。二级反渗透系统浓缩水排水侧安装有流量控制阀，可以手动调节，以控制水的回收率≥85%。根据工艺需要，系统设置了二级反渗透产水池 1 座，容积约 350 m^3，用来储存系统产出的淡化水。

（四）运行效果及成本分析

该海水淡化反渗透系统处理量为 3 000 m^3/d，包括预处理系统、超滤膜系统、反渗透脱盐系统，运行一个月后的效果见表 9-9。可以看出，经过膜法深度处理后，脱盐率>99%，主要离子去除率>98%。目前该设备已经运行 1 年左右，中途由于产水电导率的提高进行了膜清洗，清洗之后基本恢复了最初的运行效果。

表 9-9 出水水质情况

项目	pH	氯化物/$(mg \cdot L^{-1})$	硫酸盐/$(mg \cdot L^{-1})$	钙/$(mg \cdot L^{-1})$	镁/$(mg \cdot L^{-1})$	钠/$(mg \cdot L^{-1})$	氟化物/$(mg \cdot L^{-1})$	硝酸盐氮/$(mg \cdot L^{-1})$	电导率/$(\mu S \cdot cm^{-1})$
一级反渗透产水	7.5 ~ 8.0	90 ~ 100	<1.0	<0.2	<1	<100	<0.2	<0.2	<400
二级反渗透产水	7.5 ~ 8.0	1.0 ~ 2.0	<0.2	<0.05	<0.05	<2	<0.2	<0.2	<20

运行成本包括电费、药剂费、膜更换费。其中每吨产水耗电量为 3.7 kW·h，永兴岛的电价为 1.8 元/(kW·h)，每吨产水药剂、过滤器滤芯等耗材费用为 3.2 元，反渗透膜使用寿命以 3 年计，每吨产水膜更换费用为 0.54 元/m^3，人工费约 3 元/m^3，总计产水成本约 13 元/m^3。通过能量回收装置的应用，系统的能耗相比于以往未采用该装置的淡化工程降低了 60% 左右，节能效果突出，单位产水费用也同时降低了 40% 左右。

本 章 小 结

（1）在某些常规条件下使用淡水的行业，如生活冲厕、电厂冷却循环水可部分或者全部用海水代替，而不用或者较少改变原有生产工艺；甚至可以通过技术手段从海水中获取淡水资源，以补充当前优质淡水资源的不足，这些手段和过程，均属于海水代用的领域范畴。

（2）大生活用海水是指利用海水替代淡水作为居民生活用水（主要用于冲厕），属于海水直接利用范畴。

（3）当冲厕海水比例小于 36% 时，大生活用海水在使用后可直接排入原有的城市污水管网，与城市污水合并后一起进入城市污水处理厂处理，但城市污水处理厂活性污泥需要进行适当的耐盐性驯化。

（4）根据工艺流程的不同，海水冷却可分为两种方式：海水直流冷却和海水循环冷却，海水直流冷却用水量大，对受纳水体影响较大，而海水循环冷却由于外排水量少，几乎不会对周边海域产生影响。

（5）海水作循环冷却水时，系统存在着严重的结垢、腐蚀、污损生物附着，以及海水冷却塔的盐沉积、盐雾飞溅、侵蚀等问题，海水循环冷却水处理较淡水和其他再生水源循环冷却在技术上难度更大，需要进行复杂的预处理过程。

（6）海水烟气脱硫工艺是一种利用天然海水脱除烟气中 SO_2 的湿式烟气脱硫方法，其主要过程是利用海水的自身碱性吸收烟气中的 SO_2。根据是否向海水中添加化学成分，海水烟气脱硫技术分为用纯海水作为吸收剂和用增碱度海水作为吸收剂两种工艺。

（7）在采用成熟工艺的前提下，海水烟气脱硫的排水水质包括重金属等指标，全部可以达到我国海水三类标准，绝大部分指标满足海水一类标准。

（8）海水淡化（seawater desalination）是指通过物理、化学或物理化学方法将海水中的盐分脱除以获取淡水的技术和过程。

（9）多级闪蒸、低温多效蒸馏和反渗透是海水淡化技术主流的工艺，在此基础上发展了集成海水淡化工艺和新能源海水淡化工艺。

（10）海水淡化的产物浓海水排入海洋，会提高附近海域海水盐度、温度，造成生存环境的改变，可能对近岸生态系统及生物群落造成影响，可采用数据预测、冷却水或污水稀释、喷射分散、海流携带等技术促进浓海水的快速稀释；也可采用新能源、资源回收等方式降低污染物的排放。

复习思考题

1. 为什么说大生活用海水对于缓解滨海城市水资源不足具有重要意义？如何处理冲厕后的海水？

2. 海水直流冷却和海水循环冷却各有优缺点，说明其异同之处。

3. 海水冷却循环水的预处理技术包括哪些内容？

4. 海水烟气脱硫技术的原理是什么？为什么说海水烟气脱硫排放水对海洋影响不会太大？

5. 海水淡化技术是解决滨海城市缺水的重要途径之一，请阐明当前海水淡化技术的主流工艺及其原理。

主要参考文献

［1］Ashton G V，Morley S A，Barnes D K，et al. Warming by 1 ℃ drives species and assemblage level responses in antarctica's marine shallows ［J］. Current Biology，2017，27 （17）：2698-2705.

［2］Fernández-Torquemada Y，Sánchez-Lizaso J L，González-Correa J M. Preliminary results of the monitoring of the brine discharge produced by the SWRO desalination plant of Alicante (SE Spain) [J]. Desalination, 2005, 182 (1): 395-402.

[3] Latorre M. Environmental impact of brine disposal on Posidonia seagrasses [J]. Desalination, 2005, 182 (1-3): 517-524.

[4] Miri R, Chouikhi A. Ecotoxicological marine impacts from seawater desalination plants [J]. Desalination, 2005, 182 (1-3): 403-410.

[5] Mrenna S, Komori M, Ide T, et al. Elements of environmental impact studies on coastal desalination plants [J]. Desalination, 1997, 108 (97): 11-18.

[6] Raluy RG, Serra L, Uche J, et al. Life-cycle assessment of desalination technologies integrated with energy production systems [J]. Desalination, 2004, 167: 445-458.

[7] Ruso Y P, Carretero J A, Casalduero F G, et al. Spatial and temporal changes in infaunal communities inhabiting soft-bottoms affected by brine discharge [J]. Marine Environmental Research, 2007, 64 (4): 492-503.

[8] 陈东景, 于婧, 江世浩, 等. 大生活用海水使用状况调查与思考: 以青岛市海之韵小区为例 [J]. 海洋经济, 2013, 3 (5): 10-14.

[9] 程宏伟, 林里, 刘德明. 香港应用海水冲厕工程综述 [J]. 福建建筑, 2010 (8): 1-3.

[10] 冯叶成, 占新民, 文湘华, 等. 活性污泥处理系统耐含盐废水冲击负荷性能 [J]. 环境科学, 2000, 21 (1): 106-108.

[11] 高从堦, 阮国岭. 海水淡化技术与工程 [M]. 北京: 化学工业出版社, 2016.

[12] 关毅鹏, 李晓明, 张召才, 等. 海水脱硫应用现状与研究进展 [J]. 中国电力, 2012, 45 (2). 40-44.

[13] 胡剑. 火电厂温排水对海洋生态的影响分析及对策研究; 以乐清湾火电厂为例 [J]. 黑龙江科技信息, 2016 (34): 123.

[14] 李亚红. 海水冷却技术在中国的应用分析研究 [J]. 环境科学与管理, 2017, 42 (10): 5-9.

[15] 刘承芳, 李梅, 王永强, 等. 海水淡化技术的进展及应用 [J]. 城镇供水, 2019, (2): 54-58, 62.

[16] 柳文华, 苏仁琼. 国内外海水利用发展与趋势对比分析 [J]. 海洋科学前沿, 2015, 2 (1): 1-6.

[17] 王广珠, 李承蓉, 周金德, 等. 海水循环冷却技术的研究与应用现状 [J]. 热力发电, 2007, (11): 68-71.

[18] 王静, 张雨山, 徐梅生. 海水盐度对完全混合活性污泥法氨氮去除率的影响研究 [J]. 工业水处理, 2000a, 20 (4): 18-19.

[19] 王静, 张雨山, 寇希元, 等. 完全混合活性污泥法处理含海水污水时基质降解与生物增长量之间的关系 [J]. 工业水处理, 2000b, 20 (11): 14-16.

[20] 王静, 张雨山. 大生活用海水生化处理技术研究进展 [J]. 海洋技术, 2002

（4）：51-53.

［21］王滔，黄朝春，姜辉，等. 船舶烟气海水脱硫技术发展研究［J］. 船舶物资与市场，2019（11）：22-24.

［22］王云鹏，纪良，时国梁，等. 脱硫海水排放对附近海域的生态环境影响初步研究［J］. 中国海洋大学学报（自然科学版），2014，44（5）：61-68.

［23］武桂芝，武周虎，张国辉，等. 海水冲厕的应用现状及发展前景［J］. 青岛建筑工程学院学报，2002，23（3）：49-52.

［24］武雅洁，梅宁，梁丙臣. 高浓热盐水在胶州湾潮流作用下的输移扩散规律研究［J］. 中国海洋大学学报（自然科学版），2008，38（6）：1029-1034.

［25］杨树军，周冲，晏鹏. 海水淡化在海岛应用的工程案例［J］. 中国给水排水，2018，34（6）：89-92.

［26］尹建华，吕庆春，阮国岭. 低温多效蒸馏海水淡化技术［J］. 海洋技术，2002，21（4）：22-26.

［27］张佩，冯丽娟，张静伟，等. 烟气海水脱硫工艺技术基础研究及工业应用发展现状［J］. 化工进展，2009，28（S2）：267-271.

［28］张雨山，王静，蒋立东，等. 海水盐度对二沉池污泥沉降性能的影响［J］. 中国给水排水，2000，16（2）：18-19.

［29］张雨山，王静，蒋立东，等. 利用海水冲厕对城市污水处理的影响研究［J］. 中国给水排水，1999，15（9）：4-6.

［30］张雨山，王静，徐梅生，等. 完全活性污泥法处理含海水污水的基质降解动力学研究［J］. 工业水处理，2000b，20（5）：16-18.

［31］赵子豪，袁益超，陈昱，等. 多级闪蒸海水淡化技术浅析［J］. 科技广场，2017（8）：46-49.

［32］中华人民共和国自然资源部海洋战略规划与经济司. 2021年全国海水利用报告［R］. 2022，索引号：000019174/2022-00002.

第十章

污水排海及污染防治

污水排海工程也称污水海洋处置工程，主要指沿海地区居民将生活污水和企业生产废水经适当处理达标后，经由管道排入相应海域，并经海水的稀释扩散、生化降解等过程，实现污水最终处置的工程技术。在行业中，经过适当处理达标后的微污染水也称尾水，因此，污水排海工程也称为尾水排海工程。污水排海工程的目的是为污水处理企业规划出足够的水容纳空间，工程实施的关键是要保证入海污染总量始终处于受纳海水环境容量范围之内，入海污染物不会对受纳水体环境产生影响。

随着海洋处置污水负荷的增加和环境保护要求的提高，我国《污水海洋处置工程污染控制标准》（GB 18486—2001）规定的对污水采用一级处理后即可排海的要求过于宽松，与现状已不相适应。为此，2018 年 2 月，生态环境部印发了《利用海洋处置工程排污适用排放标准调整方案（征求意见稿）》及其说明，废止了相应排放标准，根据各行业的差异，执行更为严格的陆域排放标准，一般污水需要经二级处理达到标准后才能离岸排放；并说明排污单位在执行国家和地方水污染物排放标准的同时，应当遵守分解落实到本单位的主要污染物排海总量控制指标。

由于达标排放的尾水仍然含有少量有机质和氮磷营养盐，在离岸排放时仍需要考虑排海口深度、离岸距离、海岸线地貌和风力风向等因素对入海污染物的扩散的影响，评估对受纳海域浮游生物、渔业资源及生态环境的影响。因此，本章总体介绍了污水排海工程设计，论述了污水排海污染的控制技术，总结了排海工程的相关标准与规范，最后列举了典型污水排海的工程案例。

○ 第一节　污水排海工程及设计

一、污水排海工程概况

随着我国经济的发展，环境保护问题日益为国家所重视。其中，沿海城市污水处理达标后，其去向已成为一个亟待解决的问题。污水排海工程技术为沿海城市尾水排放提供了一条较佳的出路。

污水排海工程的规划、设计、施工、运行，在国外已有几十年的历史。早期建造的污水排海工程一般只是一条简单的放流管，在末端开口，不带扩散器，排放的污水也未经过任何预处理。至 20 世纪 20 年代，污水排海工程放流管的末端增加了一个带有许多小孔的扩散器，并逐步开始了排海前的预处理。目前，许多国家的沿海城市都建有污水海洋处置工程。美国东西海岸共建有污水排海工程 250 多处，尤以西海岸加利福尼亚（California）污水排海工程最多。英国的大型污水排海工程超过 40 处，新西兰的污水排海工程也接近 20 处（康建华，1997）。此外，澳大利亚、菲律宾的马尼拉湾、南非、俄罗斯远东地区均建有大型污水排海工程。西非国家也很重视大水体环境容量的利用，如一些中东国家通过污水排海工程将污水排向地中海和黑海。北海沿岸国家如丹麦、德国和荷兰等也已建成不少污水排海工程。国外近百年的工程实践证明，污水排海工程是一条解决沿海地区特别是沿海城市水污染问题的有效途径。

（一）污水排海工程的目的

污水排海工程的目的是在不影响水体功能的前提下，借助远离岸边并置于海床上的多孔扩散器，将经过一定程度处理的城市污水或类城市污水均匀地排入海域，利用海洋固有的物理、化学及生物自净能力降低污染物的浓度，在保护海洋环境的前提下实现污水的最终处置。

污水排海工程技术以浮射流掺混、输移掺混、生物降解、物理化学沉淀与吸附等多种理论作为其设计的理论基础。因此，该技术是一项综合性技术，需要环境工程学、水力学、海洋水文学、海洋环境地球化学，以及计算科学的相互渗透与配合。而深海污水排海工程极不同于近岸的自流排放，它是通过对排污区的海洋环境容量进行科学的规划、计算论证，在不改变海域原来使用功能的前提下，把经过一定程度处理后的污水通过放流管、扩散器输送到远离海岸的深水区，均匀地排入海水中，使其在短时间内得到高倍数稀释的排放方式。

（二）污水排海工程的应用

污水排海管道是沿海城市污水处理工程的重要组成部分，《污水排海管道工程技术规范》（GB/T 19570—2017）规定了污水排海管道工程的路由勘查及选择、污水排海混合区、管道设计及施工等有关内容的技术要求。污水入海后，通过海水对污染物稀释、迁移、扩散、转化过程，可将有害浓度转为无害浓度。《污水海洋处置工程污染控制标准》（GB 18486—2001）规定了污水海洋处置工程主要水污染物的排放浓度限值、初始稀释度、混合区范围及其他一般规定。大量污水如不经任何处理就直接从陆上沟渠或地表径流注入沿岸，必定会造成沿岸潮间带的严重污染。而且由于沿岸海水交换能力较弱，受潮汐影响较大，污水易在沿岸潮间带滞留，对潮间带生态系统造成破坏。

为此，近几十年来，人们利用已经掌握的海洋学、工程学、生物学等学科的理论和方法，结合纳污海域的环境条件，以系统工程学的方法，发展了经过精心设计、施工、运行和管理，辅以必要的质量监督控制等系列工作的污水排海工程（康建华，1997）。通过跨越潮间带的水下排放技术和合理的选择排污出口，充分利用了海洋的自净能力。

采用污水排海工程处置城市污水应注意如下几个方面：① 污水截流集汇点离海岸的距离合理；② 沿岸海床坡降较大；③ 在合理的离岸范围内具有满足起始稀释度要求的水深；④ 受纳污水体具有足够的环境容量；⑤ 排污口位置与附近航道、码头、海滨游乐场所等有合乎要求的空间距离；⑥ 进入排海工程系统的污水应是经处理后的以天然有机物为主的城市生活污水或类城市生活污水；⑦ 含有害物质的工业废水，必须经适当处理，达标后排入城市下水道。

由于污水排海工程陆上处理程度一般低于二级污水处理，所以必须充分考虑其环境影响，并加以控制。为了控制污水入海所造成的危害，保证海洋生态系统和海洋资源不受破坏，必须进行海洋环境监测。

（三）污水排海工程的生物监测

海洋环境的污染对生物个体、种群、群落乃至生态系统造成的有害影响，也称为海洋环境污染生态效应。海洋生物通过新陈代谢同周围环境不断进行物质和能量交换，使其物质组成与环境保持动态平衡，以维持正常的生命活动。然而，海洋环境污染会在较短时间内改变环境理化条件，干扰或破坏生物与环境的平衡关系，引起生物一系列的变化和副反应，甚至对人类安全构成严重威胁。

海洋环境污染对海洋生物的效应，有的是直接的，有的是间接的，有的是急性损害，有的是亚急性或慢性损害。污染物浓度与效应之间的关系，有的是线性的，有的是非线性的。污染物对生物的损害程度主要取决于污染物的理化特性、环境状况和生物富集能力等因素，其与生物的关系是很复杂的，生物对污染有不同的适应范围和反应特点，表现的形式也不尽相同。海洋环境污染生物效应的研究，是认识和评价海洋环境质量的现状及其变化趋势的重要依据，是海洋环境质量生物监测和生物学评价的理论基础，对于防治污染、了解污染物在海洋生态系统中的迁移、转化规律和保护海洋环境均具有理论意义和实践意义。

污水排海工程的生物监测是污水排海工程质量监控体系中的一个重要方面，它为海洋环境管理机构提供污水排海工程影响特定海域内的生态系统的信息和资料，并从生物学角度评价污水排海工程的影响范围和程度，从而对污水排海工程进行调整（排污量和预处理强度等），保证既能最大程度地利用受纳海域的自净能力，节约陆上处理费用，又能将排污给海洋生态环境所带来的影响限制在环境可以接受的水平上，做到社会效益、环境效益和经济效益的统一（陈艳卿和田仁生，1996）。

生物监测与理化监测相比较，有许多优越性，具体如下：① 受潮汐、波浪、海流等的作用，污染物的浓度随时间变化而不断变化。理化监测仅仅表示取样时的瞬时水质状况。而生物能聚集整个生活周期环境因素的变化情况，尤其是固着生活的底栖生物，可反映其栖息地过去和现在的水质及底质环境状况，进而推测环境污染的全过程。② 化学监测只能得出污染物的类别和浓度，不能说明污染的危害作用与程度，尤其是不能反映多种污染物对海洋生物的综合影响。只有生物监测才能反映污染的实际效应，反映污染物的协同与拮抗作用对生物的综合影响，尤其是轻度污染的长期效应。③ 某些污染物在海水中的浓度属于微量或超微量范围，而海水中含盐量高，化合物复杂多样，有时甚至精密仪器都难以测得。某些经典的化学分析方法对微量污染物的分析更因灵敏度差而受到限制，而利用某些生物对污染物的高富集能力，可较容易地从积累污染物的生物休中测得。④ 化学监测只能得出水体和底泥中污染物的浓度，但不能说明其中生物可利用的活性部分，而正是活性部分对生物具有潜在的威胁，与毒理生态学密切相关。

污水经预处理后通过排海管道进入受纳海域与海水混合，一般将受纳海域分为三个区域，各区有不同的生物学要求（吴军等，2013）。对环境管理人员来说，其关注的重点是各区是否达到生物学要求，生物监测的目的也是提供这方面的信息资料，及时反馈给管理决策部门，从而调控污水排海工程。这三个区域分别为：初始混合区、污水扩散区、完全混合区。

（1）初始混合区。由扩散器喷出的污水浮射流在上升过程中迅速与周围水体混合，稀释度在几分钟内可达 100 倍以上，从而形成初始混合区，其宽度一般与扩散器长度同量级。在该区内应保证不发生对水生生物的急性毒害和大量致死现象。

（2）污水扩散区。也称近场。初始混合区由于湍流扩散而再稀释，并在海流的作用下迁移。在这个阶段，稀释倍数增加得很慢，但污水场中大肠杆菌等的数量衰减得却很快。在该区应保证不发生对水生生物的慢性毒害作用。

（3）完全混合区。也称远场。在更长的时间尺度和远离排放点的位置，由湍流和剪流引起的被动扩散和海流输运形成平衡浓度场，而污水场趋于消失。在该区内理化和生物学指标在污水排海工程运行前后不会发生显著变化，几乎不受污水排海工程的影响。

生物监测在污水排海工程监测体系中有不可替代的作用，它与理化监测互相补充，两者结合形成一个完整的监测体系。随着人们环境保护意识的提高和国家环境政策的强化，污水排海工程作为一个新兴的产业，开始崭露头角，并且拥有越来越广阔的舞台。

二、污水排海系统及设计

（一）污水排海系统

污水排海工程技术的问世，为沿海城市污水的处理提供了一条较佳的途径。为了满足人类的正常生活及生产活动，城市生态系统对水的需求量及污水产生量都极大，产生的污水若不及时排出就会影响系统的正常运转。城市中不透水地表比例较大，改变了降雨径流过程，通过植物截留和下渗流失的水分较少，更多的水汇入了地表径流。为此，在城市建立排水管网系统统一收集、输送地表径流极为必要。

生活污水、工业废水和降水形成的地表径流可以采用一套管渠系统或是采用两套以上各自独立的管渠系统来排出。采用不同的排出方式处置各种废水而建立的一整套工程设施，称为排水系统。排水系统主要分为合流制和分流制两种。

1. 合流制排水系统

合流制排水系统是指将生活污水、工业废水和雨水混合在同一套管渠内排出的系统。早期的合流制排水系统的混合污水不经处理和利用，就近直接排入受纳水体，故称为直排式合流制排水系统。以往国内外老城市几乎都是这种排水系统，其对水体造成的污染很严重。随着城市规模扩大，人口密度及人口总数快速增加，能量流动和物质循环的强度增加，合流制排水超出城市水体的环境容量，必然造成愈演愈烈的环境污染。改造老城市直排式合流制排水系统时，常采用截流式合流制排水系统。这是指在早期建设的基础上，沿水体岸边增建一条截留干管，并在干管末端设置污水厂。同时，在截留干管与原干管相交处设置溢流井。在晴天和初雨时，管道中的全部污水都排入污水厂，经处理后排放入水体；随着雨量的增加，来水流量超过截留干管的输水能力时，将出现溢流，一部分混合排水进入排水处理厂，其余部分通过溢流井溢流后就近排入受纳水体。这种排水系统虽然比直排式有了较大的改进，但在雨天仍可能有部分混合污水因溢流排放而污染水体。

2. 分流制排水系统

分流制排水系统是指污水和雨水分别在两套或两套以上各自独立的管渠内排出的系统。排出生活污水、工业废水或城市污水的系统称为污水排水系统；排出雨水的系统称为雨水排水系统。由于排出雨水的方式不同，分流制排水系统又分为完全分流制、不完全分流制和半分流制三种。

完全分流制排水系统既有污水排水系统又有雨水排水系统。不完全分流制排水系统只设有污水排水系统，没有完整的雨水排水系统，各种污水通过污水排水系统送至污水厂，经处理后排入水体；雨水则通过地面漫流进入水体。半分流制（又称截留式分流制）排水系统既有污水排水系统，又有雨水排水系统。之所以称为半分流制是因为它在雨水干管上设置雨水跳跃井，当雨量不大时，雨水同污水一起进入污水厂；当雨水干管流量超过截留量时，雨水将跳跃截留干管经雨水出流干管排入水体。

合理地选择排水系统，需要考虑排水系统的设计、施工和维护管理，同时要考虑排水系统工程的总投资、初期投资和维护管理费用等。通常应根据城镇的总体规划，结合当地的地形特点、水文条件、水体状况、气候特征、原有排水设施、污水处理程度和处理后出水要求等综合考虑，并在满足环境保护需要的前提下，在技术和经济层面进行比较。

（二）污水排海工程技术

沿海城市污水的受纳水体是海洋，世界各地沿海城市的污水排放大致经历了以下三个阶段：第一阶段，污水不经处理直接在岸边自由排放，我国相当一部分沿海城市还处于这一阶段；第二阶段，一级处理之后离岸排放，美国已有几百处，我国内地和香港也有几十处；第三阶段，二级处理之后离岸排放。在经济实力雄厚的国家及地区，这个方法已经逐步被采用。例如上海市的排水已经是二级处理之后再离岸排放。污水排海的方式主要有岸边直排和深海排放。污水处理厂附近水系稀释自净能力不强，水深较浅且随着潮涨潮落交替出现漫滩和露滩，近岸排污会对当地的水系造成较大面积的污染。因此，应通过离岸方式排出，在深海强大的水动力条件下充分稀释污水。

污水排海工程是将污水经截污管网由沿途污水泵站输送至污水处理厂集中处理后，通过海上放流管输送至由多喷口上升管组成的扩散器潜没排入海水中，利用海洋的输移扩散和自净能力达到最终处置目的的一项工程。污水排海管道的工程设计与陆地上的污水管道设计有许多不同之处，污水排海管道的设计要坚持"以海定陆"的原则，实行污水排放的总量控制。根据纳污海域的水动力条件和自我净化能力来判断污水排海的混合区，污水排放的总量控制在污水排海混合区的环境容量允许范围之内，这就需要大多数排海管道铺设到远离海岸线且具有一定深度的海洋水体中。另外，污水排海管道不允许排放有毒污水。

以广西钦州的造纸厂污水排海工程为例，分析污水排海工程技术的特点和工艺设计参数。污水处理厂的出水水质为：$COD_{cr} \leqslant 250$ mg/L，$BOD \leqslant 20$ mg/L，悬浮物 $\leqslant 50$ mg/L，温度 $\leqslant 40$ ℃，pH 6 ~ 9。排海点混合区范围的水质要求应根据排海污水与受纳水体的 COD_{Mn} 背景值之和不超过《海水水质标准》（GB 3097—1997）规定的海水水质标准（$COD_{Mn} < 5$ mg/L）来确定，混合区允许超过规定的水质标准，但是不能形成油膜、难闻的气味和可见的浑浊云斑。排海管道的线路选择符合规定的并且经济节省的深海排放点。

污水排海工程由出水泵站、高位调压井、放流管、扩散器、警戒装置、应急排放管等组成，工艺如图 10-1 所示。

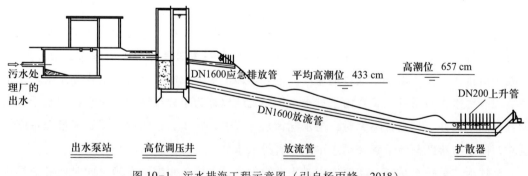

图 10-1　污水排海工程示意图（引自杨丙峰，2018）

（1）出水泵站。污水处理厂处理后排放的污水要通过出水泵站提升至高位调压井，满足污水排海工程所需要的水头。出水泵站的土建按远期排海污水流量设计。水泵的开、停根据集水井内的水位自动调控，并采用先开先停、先停先开的方式轮换运行。

（2）高位调压井。高位调压井的控制水位需要克服排放管水头损失，考虑扩散器内外海水和污水的密度差、设计的最高潮位、剩余水头，以及浪高等因素。排放管水头损失主要包括放流管沿程水头损失和扩散器局部水头损失。

（3）放流管。污水排海管道是污水排海管道工程的重点，具有投资大、风险高的特点。排海管道又分为正常排放管和应急排放管两种，设计参数全部按远期污水排放规模考虑。应急排放管仅在事故、检修等特殊情况下使用。放流管设计要注意以下几点：① 放流管直径按远期流量设计，用近期最小流量校核。设计流速要大于等于 0.6 m/s 的自净流速，一般不超过 2 m/s 的最大流速；② 管道系统在设计时，以设计内外压作为最大内径计算依据，应能承受最大可能外压。管道设计温度范围 −20～60 ℃。管道如需转弯，其拐角应大于 120°；③ 污水排海管道的埋深根据埋管地带的船只数量、吨位，锚的尺寸、质量及管道外径、壁厚，浪潮流对海底的冲刷作用，海底的地质状况等来计算最佳的管道埋深值；④ 海底直接铺设，要有稳管措施，在管道埋设时，其上缘埋设深度不小于 1.0 m；⑤ 污水排海管道与其他海底管线之间的水平净距应达 30 m 以上，与海底易爆、强辐射等危险物之间的距离应保持在 500 m 以上；⑥ 污水排海管道不应与其他海底管线（如海缆、海底油气或供水管道）交叉，如交叉不可避免时应铺设在其下方，垂直净距离达 0.5 m 以上；⑦ 放流管走向与海流的流向垂直，放流管末端的水深应大于 10 m，并保证扩散器第一个孔口排出的污水到达水面时发生的羽流的边缘不触及海岸。

（4）扩散器。扩散器是污水排海管道工程设计的关键，其长度与稀释扩散效果成正比，但也和基建费用成正比。因此，在确保近岸混合区的水质满足有关国家规范的前提下，充分考虑水量、初始稀释度、有效水深、密度差及水动力条件等因素，合理确定扩散器的长度，降低基建费用。扩散器的设计一般分为 I、T、Y 三种类型，根据水流的速度确定采用哪种类型。在强流海域，当水流速度 >1.5 m/s 时，扩散器走向不应与流向垂直；相反在弱流海域，当流速 <0.5 m/s 时，扩散器走向应该尽量与流向垂直；扩散器所在海域应该在 10 m 等深线以下，在低潮时也不应露出水面。扩散器中的水流流速应达到自净流速（0.6 m/s）；喷口出流应有足够大的速率，设计采用的弗劳德数 Fr>1.0。扩散器开口总面积应小于放流管的横截面积。

（5）应急排放管。当污水排海时，在遇到偶然或突发事件的情况下，污水将通过应急排放管排出。出口位置应征得有关部门同意，允许应急排放。出口尽量不要建在旅游、水产等对水质要求较高的区域，并适当考虑扩散问题。经水力计算，应急排放管应能满足高潮位、大流量时的排放要求。

（三）污水排海管网优化及改造

污水排海管网的合理设计是实现城市可持续发展的重要因素。需要合理选择排水系统的体制，使其符合城市和工业企业的总体规划。传统的排海管网主要是根据经验数据设计，对管网的布置和水力参数进行初步的优化，并且侧重于对管网的平面布置进行设计方案的优化，较少涉及水力参数。存在的问题有两个，一是对平面布置的优化比较初级，缺乏在管网布置方面系统的理论支撑；二是水力设计参数的优化更多依赖于个人经验。中国近年来经济高速增长、城市化进程加快，对排海管网的要求也逐渐提高，需要优化理论和优化手段相结合，以实现真正意义上的优化。

一些老城区排水管网不成系统，存在大管接小管、上下游标准不同等问题，大部分采用雨污合流直排体制。排水管理制度也不完善，不按要求分流、截流，管网缺乏维护，无法满足原设计方案的输水能力。而沿海城市原有排水管道错综复杂，要将合流制改为分流制难度极大，工程复杂，投资巨大，因此大多改为截流式合流制。具体可分为以下三类。

（1）将合流制改为分流制。将合流制排水体制管网系统改造为分流制排水体制管网系统，可以杜绝污水混合雨水排入水体对水体造成污染。雨污水分流之后，污水浓度增加，有利于污水处理厂的稳定运行。

（2）合流制改为截留式合流制。要将合流制的排水管网系统改为分流制排水管网系统，工程复杂，会涉及大量拆迁等棘手问题，造成城市有限资源的浪费。所以，老城区的排水管道系统通常由合流制改为截留式合流制。仍然存在的问题是在雨量过大时，仅有部分污水和雨水一起混流进污水处理厂，大部分的水溢流到水体造成污染。针对这一问题，可以对溢流的混合污水进行适当的处理，比如细筛滤、沉淀，以及加氯消毒等。

（3）雨污水全部处理的合流制。雨污水全部处理的合流制只是针对降水量较少的干旱地区，或者是对水质要求较高的地区，设置大型的调节池将雨水和污水全部排入污水处理厂处理，出水达标后排海。

第二节　污水排海污染防治的方法与技术

污水排海前，需达到《利用海洋处置工程排污适用排放标准调整方案（征求意见稿）》中规定的污染物排放标准，并参照《全国海洋功能区划（2011—2020 年）》，选择排放口位置。因此，污水需要经一定的处理，达标后才能离岸排放。下面就介绍一些常用的污染物处理方法和污水处理技术。

一、常见污染物处理方法

海洋环境污染物是指主要经由人类活动直接或间接进入海洋环境，并能产生有害影响的物质或能量。人们在海上和沿海地区排污直接污染海洋，而投弃在内陆地区的污染物亦能通过大气的搬运、河流的携带而进入海洋。海洋中累积的人为污染物不仅种类多、数量大，而且危害深远。一种污染物入海后，经过一系列物理、化学、生物和地质等过程，其存在形态、浓度、在时间和空间上的分布，乃至对生物的毒性均会发生较大的变化。

在多数情况下，受污染的水域有多种污染物，污染物的交互作用也会影响各自海洋的污染程度。如无机汞入海后，若被转化为有机汞，毒性会显著增强；若有较高浓度硒元素或含硫氨基酸存在时，其影响不易被察觉，且由于这些污染物不易被分解，能较长时间地滞留和积累，一旦造成不利的影响则不易被消除。自然界如火山喷发、自然溢油等事件也会造成海洋环境污染，但相比于人为的污染物影响小，不作为海洋环境科学研究的主要对象。海洋环境污染物对人体健康的危害，主要是通过食用受污染的海产品产生的。排入海洋的污染物按照其来源、性质和毒性，可有多种分类法。目前，入海污染物通常分为石油类污染物、重金属类污染物、农药类污染物等。

（一）含油废水

石油及其炼制品（汽油、煤油、柴油等）在开采、炼制、储运和使用过程中进入海洋环境，是一种世界性的严重海洋环境污染。海上石油污染主要发生在河流入海口、港湾及近海水域，海上运油线和海底油田周围。海洋石油污染已经引起人们极大的关注，联合国和我国都已将海洋溢油污染治理列入"21世纪重大议程"。这主要包括：经河流或直接向海洋注入的各种含油废水；海上油船漏油、排放和油船事故等；海底油田开采溢漏及井喷；逸入大气中的石油烃的沉降及海底自然溢油等。目前每年经由各种途径进入海洋的石油烃约600万t，排入中国沿海的石油烃约10万t。

石油类污染物是当前海洋环境污染中主要的一类污染物，其易被感官察觉，且排放量大、污染面积广、对海洋生物会产生有害的影响，破坏海滨环境。主要处理方法如下：

1. 气浮法

其原理是利用微小气泡吸附油粒，通过自身所存在的浮力直接将油粒带出水面，实现与水体的分离。空气微小气泡主要是由非极性分子所组成，可以与疏水性的油类物质结合，从而可以有效地带动油滴上浮，其速度能够达到上千倍。根据气泡的不同方式一般可以将其分为鼓气气浮、加气浮，以及电解气浮等。

鼓气气浮在应用中需要使用鼓机、空压机等设备向水体内部吹入气体，也可以通过其他设备进行注入；电解气浮主要就是使用电解槽将水进行电解处理，从而可以形成一系列的氢气泡与氧气泡，实现分离作用；加压气浮在应用的过程中向内部加入一定的压力而使得空气融入水体，然后再将内部压强恢复到常压，进而可以释放出大量的气泡而实现分离处理。

2. 混凝法

其原理是向污水中投入化学絮凝剂，在一定的水力条件下，破坏水中油的稳定性，以此聚集水中油类物质达到除油的效果，一般配合气浮法使用。

水处理过程中的混凝剂应该满足以下原则：处理效果好、对人体无害、价格低廉、使用方便。混凝剂主要有两类：

（1）无机盐混凝剂。应用最广的是铝盐和铁盐。传统的铝盐主要有硫酸铝、明矾等。硫酸铝价格较低，混凝效果好，使用方便，对处理的水质没有任何不良影响，但在水温低时，硫酸铝水解困难，效果不及铁盐。常用的铁盐混凝剂有三氯化铁、硫酸亚铁和硫酸铁等。

（2）高分子混凝剂。高分子混凝剂分无机和有机两类。人工合成的无机混凝剂氯化铝在人工控制的条件下预先形成最优形态的聚合物，投入水中可发生优良的混凝作用。有机高分子混凝剂有人工合成的和天然的，都具有巨大的线性分子，有强烈的吸附作用，混凝效果优异，如聚丙烯酰胺等。

（二）重金属废水

目前污染海洋的重金属元素主要有 Hg、Cd、Pb、Zn、Cr、Cu 等。海洋中的重金属有 3 个来源：天然来源、大气沉降和陆源输入。天然来源包括地壳岩石风化、海底火山喷发；大气沉降是人类活动和天然产生的各种重金属释放到大气中，经大气运动进入海洋；陆源输入是指人类各种采矿冶炼活动、燃料燃烧及工农业生产废水中的重金属物质由各种途径直接或间接注入海洋。这些来源构成了海洋重金属的本底值。

重金属污染具有蓄积性、难降解、不易修复、易生物富集、污染来源广、潜在毒性时间长等特征，对海洋生物物种及其多样性具有直接和间接的威胁。海洋一旦受到重金属污染，治理十分困难。防止海洋重金属污染的最有效办法，是在废水等废弃物排放入海前进行处理，以预防为主，控制污染的源头；改进落后的生产工艺，回收废弃物中的重金属，防止重金属流失；切实执行有关环境保护法规，经常对海域进行监测和监视，是防止海域受污染的几项重要措施。金属类污染物会直接危害海洋生物的生存，蓄积于海洋生物体内而影响其利用价值。

离子交换法是软化和除盐的主要方法之一，是利用离子交换剂中的离子和废水中的离子进行交换，以达到去除废水中的某些离子以净化废水的目的。离子交换是可逆的等当量交换反应，是一种特殊的吸附过程，主要用于去除污水中的金属离子。

水处理中的离子交换剂主要有磺化煤和离子交换树脂。磺化煤是利用天然煤为原料经浓硫酸磺化后制成的，交换容量较低。离子交换树脂是人工合成的高分子聚合物，由树脂本体和活性基团两部分组成。离子交换树脂按照活性基团的不同可分为：含有酸性基团的阳离子交换树脂，含有碱性基团的阴离子交换树脂，含有胺羧基团等的螯合树脂，含有氧化还原基团的氧化还原树脂及两性树脂等。

（三）农药废水

污染海洋的农药可分为无机和有机两类，前者包括无机汞、无机砷、无机铅等重金属农药，其污染性质相似于重金属；后者包括有机氯、有机磷和有机氮等农药。有机磷和有机氮农药因其化学性质不稳定，易在海洋环境中分解，仅在河流入海口等局部水域造成短期污染。有机氯农药和多氯联苯（PCB）主要通过大气转移，雨雪沉降和江河径流等过程进入海洋环境，其中大气输送是主要途径，因此即使在远离使用地区的雨水中，也有有机氯农药和 PCB 的踪迹。沉降到沉积物中的 DDT 和 PCB 会缓慢地释放入水体，造成对水体的持续污染。有机氯农药和多氯联苯的性质稳定，能在海水中长期残留，对海洋的污染较为严重，并且由于其疏水亲油的特性易在生物体内富集，对环境危害很大。主要处理方法为人工湿地法。

人工湿地对有机污染物有理想的去除能力，污水中溶解性有机物通过生物膜的吸收及微生物的代谢过程得到去除；不溶有机物则通过湿地的沉淀、过滤可以很快从污水中截留下来，并可被微生物、原生动物及后生动物利用。人工湿地的分类如下：

（1）表面流人工湿地。人工湿地的水面位于湿地基质层以上，其水深一般为 0.3～0.5 m，设计思想来源于天然湿地对废水的处理，是早期的人工湿地形式。目前采用最多的水流形式为地表径流，水流呈推流式前进。

（2）水平潜流人工湿地。与自由水面人工湿地相比，水平潜流人工湿地的水面位于基质层以下，基质通常由矿石和粗沙组成，从而能提供较多的孔隙以使污水能迅速渗漏到整个基质层。

（3）垂直流人工湿地。垂直流人工湿地污水通过填料上部的布水管从湿地表面纵向流向填料床的底部。水流流态呈现由上向下的垂流，水流经床体后通过铺设在出水端底部的集水管收集而排出。间歇进水的方式，使得床体处于不饱和状态，O_2 可通过大气扩散和植物传输两种途径进入湿地系统，硝化能力大于水平潜流人工湿地。

二、污水排海集中处理技术

污水排海前需要统一收集并集中处理，处理达标后形成尾水才能进行排海。处理技术和工艺流程与市政污水处理基本一致，包括物理和生化处理技术，具体可以参考相关书籍。另外双膜法作为针对高离子强度的污水处理方法，对沿海区域污水处理具有重要意义，在本节中会被重点介绍。

1. 物理处理

通过重力或机械力等物理作用使污水水质发生变化的处理技术称为污水的物理处理。污水的物理处理的主要去除对象是漂浮物、悬浮物和部分胶体物质。物理处理可以单独使用，也可与生物处理或化学处理联合使用。一般作为污水的预处理或后处理。采用的处理方法主要有三类：一是筛滤截留法，包括筛网、格栅、过滤、膜分离等；二是重力分离法，包括沉沙池、沉淀池、隔油池、气浮池等；三是离心分离法，包括旋流分离器、离心机等。

2. 生化处理

生化处理主要指以生物、化学为基础的污水处理技术，包括悬浮生长的活性污泥法，以及附着生长的生物膜法等。以生物膜为基础的水处理工艺在含盐废水处理中适应性较强，应用得较多，主要包括生物滤池、生物转盘、生物接触氧化池等。

3. 双膜法

沿海地区普遍地势较低，管道很多都沿海铺设，并且位于海平面以下，截污或者排水管网容易受海水倒灌的影响，造成污水处理厂进水的氯离子含量极高，在污水处理厂的物理处理、生化处理过程中很难达到去除氯离子等盐类物质的效果，从而导致沿海城市的污水处理厂出水水质氯化物的含量偏高，所产生的中水无法满足相关标准中氯化物含量的要求。

由于常规处理工艺对盐分等的去除效果不理想，因此在深度处理中应结合实际情况进行脱盐处理，双膜法即是针对高效脱盐而设计的水处理工艺形式，该工艺采用两种膜组件组合处理废水，一般是超滤膜（ultrafilter，UF）加上反渗透膜（reverse osmosis，RO）。超滤膜用以去除水中的污染物，常作为预处理过程，反渗透膜进一步脱除水中盐分，在水质净水和工业废水回用等领域应用广泛。

超滤膜主要是在压强差的驱动下，利用膜的筛分作用净水。超滤膜的孔径为 1 ~ 50 nm。超滤膜对悬浮物、微生物和大分子有机物的去除性能优良（图10-2）。超滤膜的操作压强一般在 0.1 ~ 0.6 MPa。影响超滤效果的因素包括进水流速、进水浓度、操作压力、温度及膜清洗等。

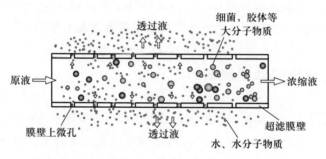

图10-2　超滤过程原理（引自刘静，2014，有改动）

反渗透膜的孔径为 0.5 ~ 10 nm，在一定压强下，水分子可以通过反渗透膜，而无机盐、重金属离子、有机物、胶体等杂质无法通过反渗透膜，从而达到分离的目的。反渗透膜对一价和二价离子的去除率均能达到很高的分离要求，但操作压力大且能耗高。

反渗透膜的特点在于以下三点：① 反渗透膜孔小，过滤精度高，但易堵塞；② 反渗透膜表面有一层薄膜层，反渗透清洗与超滤具有明显的差异，无反冲洗过程；③ 反渗透进水水质要求高，必须进行相关的预处理。沿海地区的含盐量高，直接用于反渗透处理易堵塞，因此对于沿海区域的水处理可采用双膜处理，即经过污水厂的二级处理后，采用超滤与反渗透相结合的双膜处理。

三、污水排海分散处理技术

针对沿海地区较分散的村镇一般可采用污水分散处理技术，主要用于就地处理，或收集处理来自相对集中的一小片住宅及商业区的生活污水。相对于集中处理方式而言，生活污水分散处理具有以下优点：① 处理构筑物，一般因地制宜地设置在居民住宅附近，需要铺设的污水管道很少，基建费用低，投资少，建设周期短，见效快；② 处理性能好，出水水质稳定，对有机物和 N、P 的去除率较高；③ 适合人口密度较低的农村地区，同时便于中水回用，缓解水资源危机；④ 能耗低，构筑物简单实用，管理维护方便。

1. 净化槽技术

净化槽作为一种一体化污水处理装置（图10-3），最早出现于日本。在20世纪50年代中期到70年代，日本偏远地区居民家中大量安装冲水马桶等设备，但下水道却没有和城市下水管道连通，产生的污水直接外排到附近水体，造成了水体的严重污染。适合分散地区污水处理的净化槽技术就是在这种情况下出现的。在日本偏远的农村地区，单独处理式净化槽得到了快速推广应用；随后，工程师针对氮、磷去除效果改进了净化槽，使出水水质进一步提高，并可以用于多种污水的回用用途。

净化槽工艺主要包括厌氧过滤、接触氧化、活性污泥、膜处理和消毒工艺，也有一些工艺采用了在生化反应单元内投加有效微生物（EM）菌液，通过强化系统内微生物的作用的方式来增强处理效果。在净化槽运行过程中，污水从净水槽的一端进入系统，污水内悬浮物的去除通过内部的沉淀分离室来实现，它对污水起预处理作用，主要沉淀无机物、寄生虫卵及部分悬浮有机物，以减轻后续生物处理工艺的负荷。经过沉淀分离后的污水可以进入厌氧分离室，也可以直接进入好氧生化处理室。

彩图 10-3
净化槽结构

图10-3　净化槽结构（引自杨卫萍和陆天友，2014）

厌氧分离室内装有不同类型的塑料填料，填料上生长厌氧生物膜，通过对污水进行水解酸化作用来去除可溶性有机物，提高污水的可生化性。好氧生化处理室目前多采用接触氧化法等工艺来实现，其原理是采用接触氧化工艺，集曝气、高滤速、截留悬浮物和定期反冲洗等特点于一体，依靠反应器上所附着生物膜中微生物的氧化分解、吸附阻留作用和沿水流方向形成的食物链分级捕食进一步降低污染物的浓度。处理后的废水经过沉淀槽沉淀，在其末端设置消毒盒，内部填装有固体含氯消毒剂，出水经消毒盒与固体消毒剂接触完成对污水的消毒作用后外排，也有一些厂家在其生产的净化槽处理工艺末端采用自动计量投加化学药剂或者采取电解絮凝的设备进行强化除磷。以上各流程中产生的无机和有机污泥经过浓缩运送至填埋厂填埋或焚烧以达到污泥减量化和无害化的目的。

2. 腐殖填料滤池技术

我国生活垃圾含水率高、发热量低，卫生填埋有一定的经济性，所以绝大多数生活垃圾都采用填埋的处理方式。有研究发现，填埋场在封场数年后，垃圾中易降解的有机物已经完全或接近完全降解，填埋场已经达到稳定化状态。生活垃圾在填埋场经过好氧、兼氧、厌氧的微生物作用，经过渗滤液的产生和淋溶作用，填埋后形成了一个微生物相丰富、种群繁多、水力渗透性能优良、多相多孔污水处理生物介质，除了一些难以降解的骨架物质外，其余则为腐殖化过程的产物即附着在骨架物质上的腐殖质。腐殖垃圾有着松散的结构、较大的吸附比表面积、较好的水力传导性能、较强的阳离子交换能力，具有数量巨大、种类繁多、以多阶段降解性能为主的微生物群，可降解纤维素、半纤维素、多糖和木质素等难降解的有机物，无二次污染，因此腐殖垃圾作为滤料性能优良。

腐殖填料滤池（humus media filter，HF）工艺为腐殖填料结合人工强化手段构建的一种生活污水分散处理技术。针对村镇生活污水来源分散，经济基础相对薄弱，缺乏专业维护管理人员的特点，以工程投资省、运行成本低、处理效果好、维护管理方便为终极目标，选用稳定化腐殖垃圾如松树皮制备腐殖填料，利用腐殖填料优良的水动力学特性、物理化学特性，以及丰富的生物相和生物量，在一个构筑物中实现废水的良好处理。

腐殖填料滤池工艺具有以下技术特点：① 腐殖填料以稳定化腐殖垃圾为主生产制备，原料易于就近获取，可以实现有效的"以废治废"；② 腐殖填料结合人工强化的工艺结构形式和工艺组合方式，使系统在运行时不产生剩余污泥，不需要固液分离构筑物，使系统简化，降低了工程造价及污泥处置费用；③ 不需要曝气充氧系统，简化了系统的管道和设备，运行管理简单，可实现自动化控制，运行成本低于传统的生物法；④ 处理后水质达到《城镇污水处理厂污染物排放标准》（GB 18918—2002）一级 B 标准；⑤ 可有效地控制臭气二次污染，占地面积小于人工湿地。

第三节　污水排海功能区划及工程规范

一、海洋功能区划

海洋功能区划是根据海域的地理位置、自然资源状况、自然环境条件和社会需求等因素而划分的不同的海洋功能类型区，用来指导和约束海洋开发利用实践活动，保证海上开发的经济、环境和社会效益。同时，海洋功能区划又是海洋管理的基础。我国海洋功能区划的范围包括我国管辖的内水、领海、毗邻区、专属经济区、大陆架及其他海域（香港、澳门特别行政区和台湾省毗邻海域暂时除外）。我国全部管辖海域划分为农渔业、港口航运、工业与城镇用海、矿产与能源、旅游休闲娱乐、海洋保护、特殊利用、保留等八类海洋功能区。

2012 年 10 月 16 日，国务院发布了广西、山东、福建、浙江、江苏、辽宁、河北、天津等 8 个省、自治区、直辖市的海洋功能区划（2011—2020 年）。这些区划均明确提出了各自的建设用围填海规模控制指标。《广西壮族自治区海洋功能区划》明确，到 2020 年，全自治区建设用围填海规模控制在 1.61 万 hm^2 以内。山东、福建、浙江、江苏、辽宁、河北、天津的海洋功能区划分别规定建设用围填海规模控制在 3.45 万 hm^2、3.34 万 hm^2、5.06 万 hm^2、2.65 万 hm^2、2.53 万 hm^2、1.50 万 hm^2 和 0.92 万 hm^2 以内。

国务院在批复中表示，"（各省级行政区海洋功能）区划是合理开发利用海洋资源、有效保护海洋生态环境的法定依据，一经批准，任何单位和个人不得随意修改"，应"严格执行项目用海预审、审批制度和围填海计划"。1989 年和 1998 年国家海洋行政主管部门分别开展了小比例尺和大比例尺海洋功能区划工作。2002 年 8 月《全国海洋功能区划》编制完成，并由国务院发布实施。2020 年 3 月 3 日，《全国海洋功能区划（2011—2020年）》经国务院批准正式实施，这是我国推出的新一轮全国海洋功能区划。"海洋功能区划制度是《海域使用管理法》和《海洋环境保护法》两部法律共同确立的一项基本制度。"国家海洋局局长表示，有了这项区划，就可以实现"规划用海、集约用海"。

中国的海洋功能区的具体情况如下：

（1）农渔业区。主要是指适于农业围垦、渔业基础设施建设、养殖增殖、捕捞和水产种质资源保护的区域。重点保障黄海北部、长山群岛周边、辽东湾北部、冀东、黄河口至莱州湾、烟（台）威（海）近海、海州湾、江苏辐射沙洲、舟山群岛、闽浙沿岸、粤东、粤西、北部湾、海南岛周边等海域养殖用海。农渔业区开发要控制围垦规模和用途，合理布局渔港及远洋基地建设，稳定传统养殖用海面积，发展集约化海水养殖和现代化海洋牧场。要保护海洋水产种质资源，严格控制重要水产种质资源产卵场、索饵场、越冬场及洄游通道内各类用海活动。

（2）港口航运区。是开发利用港口航运资源，可供港口、航道和锚地建设的海域。重点保障大连港、营口港、秦皇岛港、唐山港、天津港、烟台港、青岛港、日照港、连云港港、南通港、上海港、宁波-舟山港、温州港、福州港、厦门港、汕头港、深圳港、广州港、珠海港、湛江港、海口港、北部湾港等沿海主要港口用海。港口航运区开发要深化整合港口岸线资源，优化港口布局，合理控制港口建设规模和节奏。维护沿海主要港口和渤海海峡、成山头附近海域、长江口、舟山群岛海域、台湾海峡、珠江口、琼州海峡等航运水道水域功能，保障航运安全。

（3）工业与城镇用海区。是指适于发展临海工业与滨海城镇建设的海域，主要分布在沿海大、中城市和重要港口毗邻海域。重点保障社会公益项目用海，维护公众亲海需求。优先安排国家区域发展战略确定的建设用海，重点支持国家级综合配套改革试验区、经济技术开发区、高新技术产业开发、循环经济示范区、保税港区等的用海需求。重点安排国家产业政策鼓励类产业用海，严格限制高耗能、高污染和资源消耗型工业项目用海。工业与城镇用海区开发应做好与土地利用总体规划、城乡规划等的衔接，合理控制围填海规模，优化空间布局，加强自然岸线和海岸景观的保护。新建核电站、石化等危险化学品项目应远离人口密集的城镇布局。

（4）矿产与能源区。是指适于开发利用海上矿产资源与能源的海域。重点保障渤海湾盆地、北黄海盆地、南黄海盆地、东海盆地、台西盆地、台西南盆地、珠江口盆地、琼东南盆地，莺歌海盆地、北部湾盆地、南海南部沉积盆地等海域油气开采用海需求。矿产与能源区开发应加强海上石油开采环境管理，防范海上溢油等海洋环境突发污染事件。遵循深水远岸布局原则，科学论证与规划海上风电项目。禁止在海洋保护区、侵蚀岸段、防护林带毗邻海域开采海沙等固体矿产资源，防止海沙开采破坏重要水产种质资源产卵场、索饵场和越冬场。

（5）旅游休闲娱乐区。是指适于开发利用滨海和海上旅游资源的海域。重点保障现有城市生活用海和旅游休闲娱乐用海需求，优先安排国家级风景名胜区、国家级旅游度假区、国家5A级旅游景区、国家级地质公园、国家级森林公园等的用海需求。旅游休闲娱乐区开发要注重保护海岸自然景观和沙滩资源，禁止非公益性设施占用公共旅游资源，修复主要城镇周边海岸旅游资源。

（6）海洋保护区。是指专供海洋资源、环境和生态保护的海域。重点保护海域主要分布在鸭绿江口、辽东半岛西部、双台子河口、渤海湾、黄河口、山东半岛东部、苏北、长江口、杭州湾、舟山群岛、浙闽沿岸、珠江口、雷州半岛、北部湾、海南岛周边等邻近海域。海洋保护区管理要注重维持、恢复和改善生态环境和生物多样性，保护自然景观。要加强新建海洋保护区建设，逐步建立类型多样、布局合理、功能完善的海洋保护区网络体系。

（7）特殊利用区。是指用于海底管线铺设、路桥建设、污水达标排放、倾倒等其他特殊用途排他使用的海域。特殊利用区开发要注重海底管线、道路桥梁和海底隧道等设施保护，禁止在上述设施用海范围内建设其他永久性建筑物。

（8）保留区。是指为保留海域后备空间资源，专门划定的在区划期限内限制开发的海域。包括由于经济社会因素暂时尚未开发利用或不宜明确基本功能的海域，限于科技手段等因素目前难以利用或不能利用的海域，以及从长远发展角度应当予以保留的海域。保留区应加强管理，严禁随意开发。

二、污水排海工程标准及规范

为确保海洋水环境安全，根据《中华人民共和国环境保护法》和《中华人民共和国水污染防治法》的有关规定，结合污水排海工程实际，制定《污水排海管道工程技术规范》（GB/T 19570—2017）。该规范以保护海洋环境为宗旨，对路由勘察、污水排海混合区调查及污水对海洋环境污染的控制和管道设计、施工等，进行更为有效的指导，从而促进我国污水排海管道工程技术不断完善，海洋环境保护水平大幅提升。该规范全部技术内容为强制性。

1. 适用范围

该规范规定了污水排海管道工程的路由勘察及选择、污水排海混合区、管道设计及施工等技术要求,适用于污水排海管道工程,由我国进行的国外污水排海管道工程建设可参考使用。该规范规定了排入海洋的污水中 70 种水污染物的排放限值。该规范适用于一切排污单位水污染物的排放管理、建设项目的环境影响评价、建设项目环境保护设施设计、竣工验收及其投产后的排放管理。

2. 主要技术内容概述

污水排海管道工程应通过全面、充分、科学的论证,达到减轻城镇污染、保护海洋环境的目的,要求工程技术先进,经济合理,安全可靠,污水应达标排放,坚持公众参与、知情,以人为本的原则。

污水排海管道工程生态目标:在混合区以外的海域,应通过底栖动物群落结构的调查分析,确定生态目标的主要指标,包括种类数量、栖息密度、生物量及生物多样性指数。上述各项指标的变化幅度不得超过本底值的 15%。

污水排海管道工程生物质量保护目标为:当污水排放到混合区以外的海域时,在该海域被污染的区域中,生物体内的总汞、镉、砷、铜、锌等重金属及石油烃含量应低于《海洋生物质量》(GB 18421—2001)中的第三类标准。

○ 第四节　污水排海工程案例——深圳市城市污水海洋处置工程

一、建设项目的背景

深圳市城市污水海洋处置工程是国内首先实施的一项大型城市污水排海工程,该工程的处理水量为 73.6 万 m^3/d。服务范围东起深圳市福田区皇岗路,西至南山区前海、妈湾的经济特区中西部区域,服务面积为 103 km^2,服务人口为 122 万。

该项工程源于"六五"国家科技攻关课题——清华大学的研究成果《深圳市城市水污染控制系统规划研究》。该研究详细分析了特区水环境的承受能力及市政发展规划,建议建设贯穿深圳经济特区中、西部的截污干管,将市政污水经一级处理后采用海底扩散器排入珠江口。研究结论表明此工程的建设,具有明显的社会、环境和经济效益。深圳市政府采纳了该项研究成果,由南昌有色冶金设计研究院(设计总承包单位)、深圳市市政工程设计院和中国船舶工业第九设计院承担该项目的设计工作,并由深圳市给水排水工程建设指挥部组织建设实施。

二、系统组成

深圳市福田区皇岗路以西的污水经截流后,分别由滨河泵站和新洲泵站提升汇集至凤塘泵站;由凤塘泵站提升并沿途截流污水至后海泵站;污水再经后海泵站提升,经自流管渠并沿途截流污水分别至登良路泵站及前海泵站；最后由这两座泵站提升，经两条污水自流渠并沿途截流污水至南山污水处理厂。污水经一级处理后通过排海泵房压力输送至妈湾的工作井，再经放流管和扩散器排入珠江口。根据国家和地方相关规定，珠江口对排海污水水质有更高要求，南山污水处理厂已经进行了升级改造，改造后污水达标，可进行排海处置。下面所述内容均为项目改造前的主体工艺形式和处理效果。

三、工艺流程

登良路泵站和前海路泵站来水分别进入南山污水处理厂的第一套系统及第二套系统。经总提升泵房格栅截污，并由潜水泵提升经细格栅进入曝气沉沙池，污水在曝气沉沙后，经流量计，再通过配水井配水至两组直径 45 m 辐流式沉淀池。沉淀池污泥静压排出，用污泥泵提升至消化池，消化污泥脱水外运处置，消化池产生的沼气送至储气罐，并供给用户或余气燃烧。近期生污泥直接用卧式螺旋离心机和带式压滤机脱水，泥饼送下坪垃圾填埋场填埋。沉淀池出水由排海泵房加压输送至放流管工作井，经放流管通过扩散器排入珠江口海底。

四、进水水质和去除率

污水处理厂进水水质和去除率见表 10-1。

表 10-1　进水水质和去除率

检验项目	原污水水质主要指标取值/$(mg \cdot L^{-1})$	去除率/%
COD_{Cr}	300	25
BOD_5	150	30
COD_{Mn}	120	30
悬浮物	150	50

五、海洋放流的效果

污水收集系统、南山污水处理厂第一套系统（处理能力 35 万 m^3/d）、放流管和扩散器已运行，2003 年实际污水处理量达第一套设计规模，雨季由于西丽湖水源保护区、新洲河、福田河截排合流污水的进入，来水量可达 40 万 m^3/d 以上，运行良好。

经一级处理后的放流污水，在喷口附近设计初始稀释度约 50 倍，形成的云团将埋在水下，并迅速扩散。经深圳市环境监测站连续数年在排放口附近布点取样，未发现超出背景浓度的样品，达到预期效果。

深圳市该工程对珠江口污染负荷的年削减量（按第一套规模计）如下：以 COD_{Cr} 计 9 580 t/a，以 BOD_5 计 5 750 t/a，以 COD_{Mn} 计 4 600 t/a 和以悬浮物计 9 580 t/a。

深圳市城市污水海洋处置工程的实施，在当时一段时间内保护了珠江口的海域生态环境，为改善深圳经济特区的投资环境和营造优美的居住空间做出了重大贡献。

本 章 小 结

（1）污水排海工程技术的目的是在不影响水体功能的前提下，借助远离岸边并置于海床上的多孔扩散器，将经过一定程度处理的城市污水或类城市污水均匀地排入海域，利用海洋固有的物理、化学及生物自净能力降低污染物的浓度，保护海洋环境。

（2）污水排海工程技术依据浮射流掺混、输移掺混、生物降解、物理化学沉淀与吸附等多种理论作为其设计的理论基础。

（3）采用污水排海工程技术处置城市污水的基本条件是：污水截流集汇点离海岸有合理的距离；沿岸海床坡降较大；在合理的离岸范围内具有满足起始稀释度要求的水深；受纳水体具有足够的环境容量；排污口位置与附近航道、码头、海滨游乐场所等有合乎要求的空间距离；进入污水排海工程系统的污水应是经一定程度处理后的以天然有机物为主的城市生活污水或类城市生活污水；含有有害物质的工业废水，必须经适当处理，达标后排入城市下水道。

（4）污水排海工程的生物监测是与污水排海工程相匹配的。

（5）污水在排海前，需达到《利用海洋处置工程排污适用排放标准调整方案（征求意见稿）》中规定的污染物排放标准，并参照《全国海洋功能区划（2011—2020年)》选择排放口位置。排入海洋的污水处理技术主要分为集中处理和分散处理两类。

（6）中国海洋功能区划的范围包括我国管辖的内水、领海、毗邻区、专属经济区、大陆架及其他海域（香港、澳门特别行政区和台湾省毗邻海域暂时除外）。中国的海洋功能区分为八大类，即农渔业、港口航运、工业与城镇用海、矿产与能源、旅游休闲娱乐、海洋保护、特殊利用、保留区。

（7）《污水排海管道工程技术规范》规定了污水排海管道工程的路由勘察及选择、污水排海混合区、管道设计及施工等技术要求。适用于污水排海管道工程，由我国进行的国外污水排海管道工程建设可参考使用。

复习思考题

1. 污水排海工程技术的目的及意义是什么？污水排海工程技术依据何种理论基础？

2. 采用排海工程技术处置城市污水的基本条件是什么？

3. 请简述污水排海工程生物监测技术的含义以及其优越性。

4. 请简述排海污水中主要污染物的防治方法和技术。

5. 污水排海工程标准及规范中所秉持的生态目标，以及生物质量目标是什么？

主要参考文献

［1］康建华. 污水排海大有可为 ［J］. 水处理技术，1997，23（5）：63-64.

［2］陈艳卿，田仁生. 污水排海工程生物监测 ［J］. 海洋环境科学，1996，15（1）：42-46.

［3］国家海洋局第一海洋研究所. 污水排海管道工程技术规范（GB/T 19570—2017）［S］. 北京：中国标准出版社，2017.

［4］何强，林巨源. 深圳市城市污水海洋处置工程简介 ［J］. 有色冶金设计与研究，2003，24（3）：8-9.

［5］刘静. 双膜法在中水回用项目中的应用 ［D］. 天津：天津大学，2014.

［6］吴军，陈克亮，汪宝英，等. 海岸带环境污染控制实践技术 ［M］. 北京：科学出版社，2013.

［7］杨丙峰. 污水排海工程浅析 ［J］. 铁路节能环保与安全卫生，2018，8（1）：15-19.

［8］杨卫萍，陆天友. 日本净化槽技术应用对农村污水处理的启示 ［J］. 福建建设科技，2014（5）：86-88.

第十一章

固体废物海洋处置污染与防治

○ 第一节　固体废物污染及危害

固体废物是指在生产、生活和其他活动中产生的丧失原有利用价值或者被抛弃、放弃的固态、半固态和置于容器中的气态的物品、物质，以及法律、行政法规规定纳入固体废物管理的物品、物质。

固体废物主要来源于人类的生产和消费活动。人们在开发资源和制造产品的过程中，必然产生废物。任何产品在经过使用和消耗后，都将变成废物。物质和能源消耗量越多，废物产生量就越大。

一、固体废物的分类

根据《中华人民共和国固体废物污染环境防治法》，固体废物一般分为工业固体废物、生活垃圾和危险废物三大类。工业固体废物主要来源于工农业、矿业、交通运输、邮政电信，以及市政基本建设等工业生产活动，其来源广泛，不同工业类型产生的固体废物种类和性质差异巨大。工业固体废物的来源及主要组成见表11-1。

表 11-1　工业固体废物的来源及主要组成

废物来源	废物中主要组成物
矿山、选矿冶金业	废石、尾矿、金属、废木、砖瓦、水泥、沙石等
能源煤炭工业	矿石、矸石、木料、金属、粉煤灰、炉渣等
黑色冶金工业	金属、矿渣、模具、边角料、陶瓷、橡胶、塑料、烟尘、绝缘材料等
化学工业	金属填料、陶瓷、沥青、化学试剂、油毡、石棉、烟道灰、涂料等
石油化工工业	催化剂、沥青、还原剂、橡胶、炼制渣、塑料、纤维素等
有色金属工业	化学试剂废渣、赤泥、尾矿、炉渣、烟道灰、金属等
交通运输、机械	涂料、木料、金属、橡胶、轮胎、塑料、陶瓷、边角料等
轻工业	木质素、木料、金属填料、化学药剂、纸类、塑料、橡胶等
建筑材料工业	金属、瓦、灰、石、陶瓷、塑料、橡胶、石膏、石棉、纤维素等
纺织工业	棉、毛、纤维、塑料、橡胶、纺纱、金属等
电器仪表工业	绝缘材料、金属、陶瓷、研磨料、玻璃、木材、塑料、化学药剂等
食品加工工业	油脂、果蔬、五谷、蛋类、金属、塑料、玻璃、纸类、烟草等

　　生活垃圾是指在日常生活中或者为日常生活提供服务的活动中产生的固体废物，以及法律、行政法规规定视为生活垃圾的固体废物。其主要成分包括厨余物、废纸、废塑料、废织物、废金属、废玻璃、陶瓷碎片、砖瓦渣土、粪便，以及废家具、废旧电器、庭园废物等。生活垃圾主要产自居民家庭、商业、餐饮业、旅馆业、旅游业、服务业、市政环卫业、交通运输业、文教卫生业和行政事业单位、工业企业单位，以及水处理行业等。生活垃圾成分复杂，有机物含量高。

　　危险废物是指列入国家危险废物名录或者根据国家规定的危险废物鉴别标准和鉴别方法认定的具有危险特性的固体废物。危险废物的特性通常包括急性毒性、易燃性、反应性、腐蚀性、浸出毒性和疾病传染性。根据这些性质，各国均制定了自己的鉴别标准和危险废物名录。联合国环境规划署《控制危险废物越境转移及其处置巴塞尔公约》列出了"应加控制的废物类别"共 5 类，"须加特别考虑的废物类别"共 2 类，同时列出了危险废物"危险特性清单"共 13 种特性。

　　我国根据《中华人民共和国固体废物污染防治法》制定了《国家危险废物名录》。在现行《国家危险废物名录》（2021 年版）中，我国危险废物共分为 46 大类、467 种，具体类别见表 11-2。同时我国《危险废物鉴别标准》（GB 5085）规定，"凡《国家危险废物名录》所列废物类别高于鉴别标准的属危险废物，列入国家危险废物管理范围；低于标准的，不列入国家危险废物管理范围。"

表 11-2　我国危险废物名录中规定的废物类别

编号	废物类别	编号	废物类别	编号	废物类别
HW01	医疗废物	HW04	农药废物	HW07	热处理含氰废物
HW02	医药废物	HW05	木材防腐剂废物	HW08	废矿物油与含矿物油废物
HW03	废药物、药品	HW06	废有机溶剂与含有机溶剂废物	HW09	油/水、烃/水混合物或乳化液

续表

编号	废物类别	编号	废物类别	编号	废物类别
HW10	多氯（溴）联苯类废物	HW23	含锌废物	HW36	石棉废物
HW11	精（蒸）馏残渣	HW24	含砷废物	HW37	有机磷化合物废物
HW12	染料、涂料废物	HW25	含硒废物	HW38	有机氰化合物废物
HW13	有机树脂类废物	HW26	含镉废物	HW39	含酚废物
HW14	新化学物质废物	HW27	含锑废物	HW40	含醚废物
HW15	爆炸性废物	HW28	含碲废物	HW41	含有机卤化物废物
HW16	感光材料废物	HW29	含汞废物	HW42	含镍废物
HW17	表面处理废物	HW30	含铊废物	HW43	含钡废物
HW18	焚烧处置残渣	HW31	含铅废物	HW44	有色金属采选和冶炼废物
HW19	含金属羰基化合物废物	HW32	无机氟化合物废物	HW45	其他废物
HW20	含铍废物	HW33	无机氰化物废物	HW46	废催化剂
HW21	含铬废物	HW34	废酸		
HW22	含铜废物	HW35	废碱		

二、固体废物对人体健康的影响

固体废物特别是有害固体废物，如处理处置不当，就会通过不同途径危害人体健康。固体废物露天存放或置于处置场，其中的有害成分可通过环境介质——大气、土壤、地表或地下水等间接传至人体，对人体健康造成极大的危害。20 世纪 30 至 70 年代，国内外不乏因工业废渣处置不当，其中毒性物质在环境中扩散而引起祸及居民的公害事件。如铬渣排入土壤引起日本富山县痛痛病事件；美国纽约州拉夫运河河谷土壤和地下水污染事件等。固体废物的污染与废水、废气和噪声污染不同，它的污染危害具有滞后性，其对人类健康造成的潜在危害和影响是难以估量的。

通常，工矿业固体废物所含化学成分能形成化学物质型污染；人畜粪便和生活垃圾是各种病原微生物的滋生地和繁殖场，能形成病原体型污染。固体废物对人类健康的影响途径如图 11-1 所示。

三、固体废物对自然环境的影响

1. 对大气环境的影响

堆放的固体废物中的细微颗粒、粉尘等可随风飞扬，从而对大气环境造成污染。而且在堆积的废物中某些化学物质的化学反应，可以产生不同程度上的毒气和恶臭，造成地区性空气污染。例如，煤矸石自燃会散发大量的二氧化硫。辽宁、山东、江苏三省的 112 座煤矸石堆中，自燃起火的有 42 座。废物填埋场中逸出的沼气也会造成地区性大气污染，

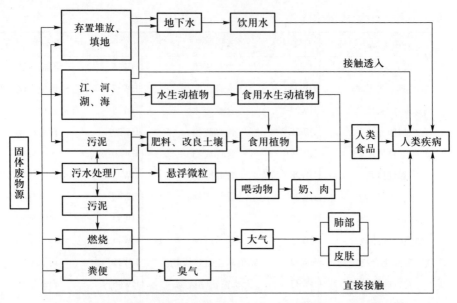

图 11-1　固体废物的污染途径（引自宁平，2007，有改动）

沼气中的甲烷等温室气体会吸收和释放红外线辐射，使地球表面变暖。此外，固体废物在运输和处理过程中，也能产生有害气体和粉尘。

2. 对水环境的影响

在世界范围内，有不少国家直接将固体废物倾倒于河流、湖泊或海洋，甚至将海洋当成处置固体废物的场所之一。应当指出，这是有违国际公约，理应严加控制的。固体废物弃置于水体，将使水质直接遭受污染，严重危害水生生物的生存条件，并影响水资源的充分利用；堆积的固体废物经过雨水的浸渍和废物本身的分解，其渗滤液和有害化学物质的转化迁移，将对附近地区的河流和地下水造成污染。

向水体倾倒固体废物还将缩减江河湖面的有效面积，使其排洪和灌溉能力下降，甚至导致水利工程设施的效益减少或废弃。我国沿河流、湖泊、海岸建立的许多企业，每年向附近水域排放大量灰渣，仅燃煤电厂每年向长江、黄河等水系排放灰渣就达 500×10^4 t 以上。

目前，一些国家把大量固体废物投入海洋，海洋也正面临着固体废物潜在的污染威胁。1990 年 2 月在伦敦召开的主题为消除核工业废料的国际会议上公布的数字表明，近 40 年来，主要由美、英两国在大西洋和太平洋北部的 50 多个"基地"投弃过大约 4.6×10^{16} Bq 的放射性废料；美国向海洋倾倒固体废物最多，1975 年美国向 153 处海面投弃了市政及工业固体废物 500×10^4 t 以上，对海洋造成潜在的污染危害。

3. 对土壤环境的影响

固体废物任意露天堆放，占用大量的土地，破坏地貌和植被。据估算，每堆积 1 万 t 废渣和尾矿约占地 667 m^2。固体废物及其淋洗和渗滤液中所含有害物质会改变土壤的性质和结构，并对土壤微生物产生影响。固体废物中的有害物质进入土壤后，还可能在土壤中产生积累。我国西南某市郊区因农田长期堆放垃圾，土壤中的汞浓度已超过本底值8倍，铜、铅浓度分别增加87%和55%，对作物的生长带来危害。这些有害成分，不仅阻碍植物根系的发育和生长，而且还会在植物有机体内积蓄，通过食物链危及人体健康。

第二节　海洋中固体废物及其环境影响

一、海洋中固体废物的来源及种类

海洋环境中的固体废物来源主要有以下四类：① 岸滩弃置、堆放尾矿、矿渣、煤灰渣、垃圾和其他固体废物；② 海岸工程建设和运营过程；③ 海洋工程建设和运营过程；④ 人类利用工具（船舶、航空器、平台及其他海上构造物）有意向海洋倾倒或弃置废物的海洋倾废行为。

我国沿海岸建设有许多企业，在岸滩弃置、堆放尾矿、矿渣、煤灰渣等工业固体废物和生活垃圾，其数量庞大、种类多样。此外，人类在海岸活动和娱乐活动中丢弃的各类生活垃圾进入海洋环境的量也比较庞大。海洋垃圾尤其是塑料垃圾污染已成为全球瞩目的环境问题。

海岸工程和海洋工程在项目建设施工过程中常伴随底泥疏浚物的排放。滨海矿山开采过程产生尾矿、矿渣等废物。船舶及其相关作业排放废油、拆船废部件、废弃渔具渔网等。油库、油码头和化学危险品码头操作性事故和自然灾害等引起油类和危险化学品污染。海洋油气田勘探开发中会产生塑料制品、残油、废油、油基泥浆、含油垃圾和其他有毒有害残液残渣。

根据《1972伦敦公约/1996议定书》附件1："可考虑倾倒的废物或其他物质"的规定，允许向海洋处置的废物有7类：① 疏浚挖出物；② 污水污泥；③ 鱼类废物或鱼类加工作业产生的废物；④ 船舶、平台或其他海上人造构筑物；⑤ 惰性、无机材料；⑥ 自然来源的有机物；⑦ 主要由铁、钢、混凝土组成，对海洋环境只造成物理影响的无害的大块物体，且除了倾倒再无其他可行的处置方式。可以看出可倾倒的废物种类较多，其中以各类海岸工程和海洋工程实施过程中产生的疏浚挖出物数量为最多。

据统计，在海洋环境污染源中陆源污染所占比例最大，接近70%，其次是海洋倾废污染，约占11%。海洋倾废污染虽然所占海洋环境污染比例不算太高，但给海洋带来的危害较大。

二、海洋垃圾对海洋生态的影响

海洋垃圾是指在海洋和海滩环境中具有持久性的、人造的或经加工的被丢弃的固体物质，包括故意弃置于海洋和海滩的已使用过的物体，由河流、污水、暴风雨或大风直接携带入海的物体，以及在恶劣天气条件下意外遗失的渔具、货物等。

海洋垃圾分为海滩垃圾、海面漂浮垃圾，以及海底垃圾。2008年的海洋垃圾监测统计结果表明，人类的海岸和娱乐等活动，航运和捕鱼等海上活动是海滩垃圾的主要来源，二者分别占57%和21%；人类的海岸和娱乐等活动，以及其他弃置物是海面漂浮垃圾的主要来源，二者分别占57%和31%。

海滩垃圾主要为塑料袋、烟头、聚苯乙烯塑料泡沫快餐盒、渔网和玻璃瓶等。海滩垃圾的平均个数为80个/hm^2，其中塑料类垃圾最多，占66%；聚苯乙烯塑料泡沫类、纸类和织物类垃圾分别占8.5%、7.6%和5.8%。海滩垃圾的总密度为2 960 g/hm^2，木制品类、聚苯乙烯塑料泡沫类和塑料类垃圾的密度最大，分别为1 460 g/hm^2、430 g/hm^2和350 g/hm^2。

海面漂浮垃圾主要为塑料袋、漂浮木块、浮标和塑料瓶等。海面漂浮垃圾的大块和特大块垃圾平均个数为0.1个/hm^2；表层水体小块及中块垃圾平均个数为12个/hm^2。海面漂浮垃圾的分类统计结果表明，塑料类垃圾数量最多，占41%，其次为聚苯乙烯塑料泡沫类和木制品类垃圾，分别占19%和15%。表层水体小块及中块垃圾的总密度为220 g/hm^2，其中，木制品类、玻璃类和塑料类垃圾密度最高，分别为90 g/hm^2、50 g/hm^2和40 g/hm^2。

海底垃圾主要为玻璃瓶、塑料袋、饮料罐和渔网等。海底垃圾的平均个数为0.04个/100 m^2，平均密度为62.1 g/100 m^2。其中塑料类垃圾的数量最大，占41%；金属类、玻璃类和木制品类分别占22%、15%和11%。

联合国2017年12月发布报告称，海洋垃圾已严重威胁人类健康，影响沿海地区居民生活质量，每年造成经济损失达130亿美元，全球受海洋垃圾影响的海洋生物种群数量已增至817种。

海滩垃圾和海面漂浮垃圾对滨海风景区和旅游度假区海洋景观造成不利影响，废弃渔网和塑料等垃圾还可能威胁航运安全。废弃塑料会缠住船只的螺旋桨，特别是被称为"魔瓶"的各种塑料瓶，它们会损坏船身和机器，引起事故甚至导致船舶停驶，给航运公司造成重大损失。

海洋垃圾中塑料类垃圾占3/4，包括塑料袋、塑料瓶、塑料渔线和渔网、风化破碎后的塑料碎片等。据统计，全球每年有约2 000×10^4 t的塑料垃圾进入海洋，随时间的流逝破碎成不计其数的微塑料存在于水体中，能够存在数百年时间。

废弃的渔网是最大的塑料类垃圾，它们在海里有的长达几千米，被渔民们称为"鬼网"。在洋流的作用下，这些渔网绞在一起，成为海洋哺乳动物的"死亡陷阱"，它们每年都会缠住和淹死数千只海豹、海狮和海豚等。

微塑料（microplastics），指粒径小于5 mm的塑料碎片和颗粒。如今，微塑料的分布区域已遍及地球各个角落。从近岸河口区域到大洋，从赤道海域到南北极，从海洋的表层到大洋的超深渊带，人类都发现了它的踪迹。根据来源，微塑料可分为两类：一类是初生微塑料，其成品就是微塑料粒，例如日化用品中含有的微塑料及塑料微珠在运输过程中泄漏进入环境；另一类是次生微塑料，也就是体积较大的塑料垃圾进入自然环境后，经光照、物理、化学及生物降解作用，碎片化形成的微塑料。

海洋微塑料极易被海洋动物当作饵料而误食。这是由于其与海洋食物链底端生物处于相同的尺寸范围，而且表面可以附着微生物和其他海洋生物。它们在食物网的流动过程中，对生物产生物理和化学上的危害。例如，无法被消化也不容易排出体外的微塑料，在海洋生物的消化道中长期累积，会使生物产生饱腹感，导致营养不良甚至因无法摄食而死亡；微塑料自身的化学毒性及从环境中吸附的化学毒物，可能会对摄食的生物产生直接伤害，并且可能在食物链中的各个级序生物体内富集。

微塑料还可能造成入侵物种及病原微生物的传播。在海洋环境中的微塑料就像一艘乘风破浪的小船，相对于漂浮的藻类和其他生物残骸等自然基质，它的性质更加稳定，能搭载附着在表面的微生物随洋流旅行，其中包含的部分有害藻类和水产致病菌，可能对海洋生态系统产生影响。

三、疏浚物倾倒对海洋生态的影响

疏浚物倾倒对海洋环境的影响一般可分为短期影响和长期影响。短期影响是一些容易观察和分辨的物理现象，如疏浚物入海出现水体变浑浊、沉积物颗粒度组成变化现象等。疏浚物在海流和重力作用下，很快沉降、扩散；疏浚物对海洋环境的长期影响一般要等几年甚至更长的时期才能监测到。对长期影响进行评价的有效方法之一是检验倾倒区海洋生物的生理和化学组成，它们是倾倒区中环境变化的最好的"记录仪"。海洋倾倒区疏浚物倾抛对海洋环境的负面影响主要表现在以下三个方面。

1. 对水产养殖区域的水质影响

疏浚物在倾倒后，在水中残留的一些微细悬浮颗粒不可避免地会在海洋动力的作用下混合、迁移和扩张，形成"远场"浓度场，对海域环境产生两方面的影响。一方面是倾废过程中悬浮物质对水环境的负面影响；另一方面是疏浚物中所含污染物对近海水质的负面影响。疏浚物海上倾倒将引起水中悬浮物质、营养盐和有毒有害物质含量增加，浑浊度升高。疏浚物倾废是决定海域水质的关键因素，主要是疏浚物的倾废量和倾废频率（入海负荷量）、复杂程度和海域的自净能力。一般情况下，倾废量越大、越频繁，水质就越浑浊。再者，海域的环境容量（负荷限度），即海域的地理条件和水体的活跃程度，也对海水水质影响很大。一般海域越封闭、水域容积越小，海水交换能力越弱、稀释能力越低，环境负荷能力就越低。

近海海水流动相对平稳，水温适中，距离陆域较近，方便育苗管理，因此是我国水产养殖的主要区域。但由于我国倾倒区大多是近海设置，水质因倾废物和倾废量的增多，倾倒区环境容量的减弱，变得浑浊不堪，近海生态环境处于不良循环状态，严重影响了水产生物的生长繁殖，水产养殖业减产严重。

2. 对海洋浮游生物生存环境的影响

疏浚物在倾倒区倾废之后，大部分最终沉积在海床上，产生新的沉积层，不同程度地使海床地形增高，水深变浅，令海床地貌发生一定程度的变化。疏浚物倾废对底栖动物影响较大，由于疏浚物的覆盖，生物栖息环境受到损坏，活动能力强的部分海底生物受到惊扰后会迅速逃离现场，来不及逃离的海底生物将被掩埋而死亡，多数底栖生物可以穿过覆盖层垂直迁移上来。停止倾废后，在几个月或较长时间内，底栖生物群落将重新建立。悬浮疏浚物会导致局部水域水质浑浊，降低初级生产力水平，扰乱部分浮游生物的昼夜垂直迁移规律，刺激大部分游泳生物逃离现场，但当停止倾废后，浮游生物群落和游泳生物群落将会很快重新建立。

3. 对船舶航行安全的影响

海上倾倒是将港口、航道或是其他海上工程建设项目疏浚出的疏浚物搬运到倾倒区进行倾废，长此以往，将使倾倒区周围的海底地貌发生变化，海底地形改变，倾废物经过海水动力扩散和流动，生成了一个个海底丘陵状地貌，使船舶的航行安全经常因海底地形凹凸而受到影响。

第三节　固体废物海洋处置污染与管理

由于海洋垃圾对生物多样性、环境、社会、健康和经济等各方面的不利影响，联合国环境规划署于 2017 年 2 月发起了清洁海洋行动，制订了多个海域海洋垃圾行动计划。我国与东盟十国的领导人在 2019 年 6 月 22 日至 23 日于曼谷举行的第 34 届东盟峰会上通过了打击海洋垃圾的《曼谷宣言》，承诺在国家和地区层面减少海洋垃圾。为了解决这一问题，中国与东盟十国采取更全面的海洋治理方案，加强研究能力、区域和国际间合作，并提高公众的环保意识。

一、固体废物海洋处置管理

固体废物往往富集了大量不同种类的污染物质，对生态环境和人体健康具有潜在性和长期性的影响，必须加以妥善处置。在历史上，固体废物处置方法主要有陆地处置和海洋处置两大类，海洋处置包括深海投弃和海上焚烧。工业固体废物的海洋处置（简称海洋倾废，下同）大部分已被国际公约禁止，目前海洋倾废活动要严格遵守《1972 伦敦公约/1996 议定书》等国际公约和各国相关法律法规。

根据该公约第 4 条、附则 1 和附件 1："可考虑倾废的废物或其他物质"的规定，向海里倾倒的废物依据其性质可以分为一、二、三类废物。一类即是黑色名单中（附则 1）的废物，列入的物质是对海洋环境造成极大危害而禁止向海洋倾废的。但在符合其《实施办法》第5条第2款规定的条件下，"可以申请获得紧急许可证，到指定的一类倾倒区倾废"。一类废物主要是有机卤化物、水银或水银化合物、镉或镉化合物、塑料或人造纤维、原油或石油制品、高强度放射性物质、生化制成原料等；二类废物是灰色名单（附则2）上的物质，其中列入的物质是对海洋环境有所危害，但经过特殊批准可以在海洋处理，"到指定的二类倾倒区倾废"。二类废物大都含有砷、铅、铜、锌有机硅化物和杀虫剂，以及生产杀虫剂的副产品；三类废物是白色名单上的物质，即指那些未列入一类、二类废物的其他的低毒、无害的物质，或者二类废物，但有害成分属"痕量"或能够"迅速无害化"的物质。其中的物质对海洋环境不产生毒害，经过普通许可批准可以到指定的三类倾倒区倾废。"黑色名单"和"灰色名单"中没有列明的物质大都属于此类。如：清洁化的疏浚物、人体骨灰、城市生活垃圾、低毒无害的物质和含量小于"显著量"的建筑垃圾和工业废料等。

对于海上焚烧措施，《1972伦敦公约/1996议定书》用第5条规定了"各缔约国应当禁止在海上焚烧废物和其他物质"，并对伴随海上作业船舶、平台或其他海上人工构造物的正常作业中产生的废物的焚烧作为例外情况予以豁免。

《中华人民共和国海洋倾废管理条例》中，根据固体废物毒性、有害物质含量和对海洋环境的影响等因素，将固体废物分为三类来管理，分类标准与上述《1972伦敦公约/1996议定书》附件1的规定基本一致。

二、废物海洋处置环境监控

海洋倾废是人类利用海洋自净能力的一种选择，其优点是废物处置方式简便易行，经济成本低，且对人类健康的直接危害小。但海洋的自净能力和承载能力是有限的，如果不能及时掌握倾废海区的环境状况，盲目倾废，势必造成海洋生态环境破坏。因此，有必要对倾废的全过程进行有效的监控。

（一）倾废前的管理

倾废前的管理主要包括海洋倾倒区选划、设置。海洋倾倒区（marine dumping area）是指由主管部门或经主管部门授权的机构，按规定程序划定的为各类海岸、海洋工程等建设项目所产生的固体废物倾废而设立的日常性海上倾倒区域。我国《倾倒区管理暂行规定》（国海发〔2003〕23号）第三条规定了如下内容："倾倒区包括海洋倾倒区和临时倾倒区"；"海洋倾倒区是指由国务院批准的、供某一区域在海上倾倒日常生产建设活动产生的固体废物而划定的长期使用的倾倒区"；"临时性倾倒区是指为满足海岸和海洋工程等建设项目的需要而划定的限期、限量倾倒固体废物的倾倒区"。

依据我国《海洋倾倒区选划技术导则》（HY/T 122—2009）的规定，我国海洋倾倒区选划的主要原则是：选划海洋倾倒区和临时性海洋倾倒区应不影响海洋功能区主导功能的利用。考虑固体废物的特性和倾倒区与其邻近海洋功能区的相对位置及相互影响、水动力条件、地质地貌、水质、底质、生态资源环境等特征，确保海洋倾废活动对海洋生态环境的损害是暂时的、可接受的和可以恢复的，不影响邻近海洋功能区的功能正常发挥，减少海洋倾废活动对海洋生态环境的影响。

预选（海洋）倾倒区应符合以下条件：① 初级生产力低下，生物资源匮乏和自然环境条件不利于其他海洋功能开发利用的海洋功能相对低下的区域；② 远离或避开海洋生态环境敏感区；③ 位置适中，不超出固体废物运输船舶安全作业范围，尽可能降低固体废物倾倒营运费用；④ 有一定水深和空间容量，满足固体废物倾倒船舶安全作业条件；⑤ 水动力条件适宜，有较强的自净能力，有利于固体废物沉降、贮存（沉降型倾倒区）或稀释、扩散和转移（扩散型倾倒区）。

海洋倾倒区分为一、二、三类废物倾倒区、实验倾倒区和临时倾倒区。一、二、三类废物倾倒区是为处置一、二、三类废物而选划确定的，其中一类废物倾倒区为紧急处置一类废弃物而选划确定的。实验倾倒区是为倾废实验而选划确定的（使用期限不超过 2 年），如经倾废实验证明对海洋环境不造成危害和明显影响的，商有关部门同意后报国务院批准为正式倾倒区。

海洋倾倒区类别不同，选划的管理部门也不同。《倾倒区管理暂行规定》第 8、第 9条明确规定：一类、二类废物倾倒区由国家海洋局组织选划，三类废物倾倒区、实验倾倒区、临时倾倒区由海区主管部门组织选划。一、二、三类废物倾倒区经商有关部门同意后，由国家海洋局报国务院批准，国家海洋局公布。临时倾倒区由海区主管部门（分局级）审查批准，报国家海洋局备案。试用期满，临时倾倒区应当立即封闭。

（二）倾废中的管理

1. 对海洋倾倒区环境监测和监督

对海洋倾倒区生态环境的监控是我国海洋倾废管理的一个重要组成部分。海洋倾倒区经科学选划并经国务院批准正式启用后，为了及时掌握和发现由于倾废活动造成的对海洋环境的影响情况，国家海洋行政主管部门应定期或不定期地对海洋倾倒区进行监测，加强管理，以避免对渔业资源和其他海上活动产生有害影响。监测和监督内容主要涉及水文动力、气象、水质、沉积物和生物体等项目。当发现海洋倾倒区不宜继续倾废或不宜继续倾废某种物质时，主管部门可决定是否封闭，或停止某种物质的海洋倾废，或及时采取有效措施，对海洋倾倒区进行污染治理。

我国对海洋倾倒区的监测分为常规监测和专项监测两类。① 常规监测。常规监测一般纳入全国海洋环境监测计划中进行，这种监测适用于正在使用中的所有海洋倾倒区。常规监测的重点内容有：海洋倾倒区的水深、水质、海底地形、地貌；沉积物质量；海洋生物资源现状等，通过检测对上述情况做出评价。②专项监测。专项监测是在海洋倾倒区不同时期或特别需要的情况下进行的监测活动。这类监测又分为两种：一种是倾废初期的跟踪监测，另一种是在紧急情况下的应急监测。跟踪监测，一般是有目的地进行物理、化学和生物学的跟踪监测活动，通过跟踪了解固体废物倾倒后的初始稀释状态沉降、漂移、扩散对环境质量和对生物可能产生的有害影响进行评价。应急监测，是在海洋倾倒区环境发生异常时紧急进行的监测活动，这种监测的目的是查清产生环境异常的原因，评价环境变化与倾废的关系，为是否继续使用海洋倾倒区提供科学依据。自《中华人民共和国海洋倾废管理条例》实施后，国家海洋行政主管部门依据有关规定，定期与不定期地对所有倾倒区进行了监测，及时了解掌握有关情况，为有效实施海洋倾倒区的管理提供了科学依据，对海洋倾倒区的监测结果，每年发布在相应的海洋环境公报上。

2. 倾倒固体废物的检验管理

倾倒的固体废物成分检验工作是我国海洋倾废管理的一项重要工作。固体废物的分析测试报告是审批海洋倾废许可证的重要依据。通过严格的成分检测和评价，控制污染海洋的固体废物向海洋倾倒，是保证海洋环境安全的有效手段。倾废单位在申请海洋倾废许可证时，必须在提交倾废申请书时一并提交固体废物特性和成分检验单。在倾废单位申请之前，海区主管部门根据需要确定固体废物的检验项目，检验工作由海区主管部门认可的单位按已公布的部级以上（含部级）的方法检验。检测单位对倾废物检测后要提供海洋环境影响评估报告，海区主管部门核准签发相应类别倾废的许可证。国家海洋局海区主管部门负责对倾废物的检测监督工作。

（三）倾废后的管理

1. 对海洋倾废活动的执法监督检查

对海洋倾废活动的执法监督是防止倾倒固体废物污染海洋环境的重要环节之一。防止倾倒固体废物对海洋环境污染损害的执法监督检查，目的是对海洋倾废管理有关法律、法规的实施情况进行监督检查，阻止违法违规向海洋倾倒固体废物，防止对海洋环境造成污染损害，保持海洋生态平衡，保护海洋资源。

近年来我国海监队伍建设和执法能力建设取得了显著成效。中国海监由国家、省（自治区、直辖市）、市（地）、县四级机构体系组建，执法装备建设得到了进一步的加强，执法人员素质继续稳步提高，海洋倾废执法检查的力度大大加强。我国海监执法部门在海洋倾废的执法监督检查中的法律依据有《中华人民共和国海洋环境保护法》《中华人民共和国海洋倾废管理条例》《海洋倾废管理条例实施办法》《倾倒区管理暂行规定》《1972年伦敦公约》《海洋临时倾倒区管理办法》《海洋行政处罚实施办法》《1972伦敦公约/1996议定书》。我国海监执法部门执法监督检查的内容主要包括对固体废物的装载数量、性质等进行核实，以及对倾废作业进行监视。海洋倾废执法监督检查工作具体包括：

首先，对正常的海洋倾废活动进行监管。获得海洋倾废许可证的部门或单位，以海洋倾废为目的，在我国陆岸、港口装载固体废物或其他物质，在我国管辖海域倾倒固体废物或其他物质的，国家海洋主管部门应在固体废物和其他物质装载前或倾废前进行核实。核实的主要内容有：倾废审批手续是否完备；实际装载的固体废物或这些物质的名称、数量、成分及有害物质含量与许可证记载内容是否一致；固体废物的包装是否符合要求；倾废工具和倾废方式是否符合要求及其他有关内容。

对于利用船舶装载固体废物和其他物质的核实，我国目前采取双重核实制度，即除了主管部门核实外，驶出港的港务监督也要对其进行核实监督。在军港装运的，由军队环境保护部门进行核实。海洋主管部门应及时将有关情况，包括固体废物的数量、装载时间、装载地点、固体废物所有者、所签发海洋倾废许可证编号、批准倾倒废弃物的名称等具体内容通知有关港务监督或军队环境保护部门，以便港务监督部门及军队环境保护部门对固体废物的装载进行核实。核实工作在固体废物装载或在倾废船舶离开码头之前进行。疏浚物的倾废核实工作一般在海上采用抽查的方法进行。经核查，如果核实结果符合规定，主管部门予以放行；对违反规定，不符合要求的，则不予放行，且吊销其海洋倾废许可证。

其次，对于以倾废为目的的，且须经过我国管辖海域的外籍船舶进行监管。我国禁止任何其他国家在我国海域进行倾废活动。对以倾废为目的，需要经过我国管辖海域运送固体废物和其他物质的外国籍船舶和载运工具的所有者，要求他们应提前 15 天向中国国家海洋局通报，并附报所运载固体废物的名称、数量、成分是否与报告的一致，是否无害通过，是否有违反中华人民共和国法律规定的行为。

最后，对以科学研究为目的的海上投放某种物质的行为进行监管。以开展科学研究为目的，在海上投放某种物质，虽然这种物质不属于海洋倾废的范畴，但是从海洋环境保护的角度出发，依据国内法及国际公约的管理目标的规定及司法实践，我国在《中华人民共和国海洋倾废管理条例》第 24 条中明确规定将其纳入海洋倾废管理的范畴。具体管理程序是开展科学研究需要向海洋投放某种物质的单位，应按规定向国家海洋主管部门提出申请，并附报投放实验计划和海洋环境影响报告书。在海洋环境影响报告书中应写明包括投放实验的海域（经纬度）、时间，投放物质的名称、数量、成分，投放海域的海洋水文气象、自然资源、海洋开发利用状况，以及所投放物质对海洋环境的影响等。国家海洋局对报告进行审批时，发现投放物质的海域、范围、投放物质的数量及其他有关内容不妥时，应向实验单位提出重新制定实验区域、范围和投放计划的要求，确认可行时给其颁发相应类别的许可证。主管部门应尽可能派船及相关人员对投放活动进行监视、监督。

2. 海洋倾废检查与违法处罚管理

中国海洋监察队伍自 1998 年成立以来，逐渐发展成为海洋行政执法制度比较完善、执法装备优良、执法工作能力突出、科技支撑体系日臻成熟的执法队伍，有效保护了我国海洋环境。据统计，近年来我国海洋倾废执法检查和对违法行为进行行政处罚的成效呈现逐年提高的趋势。

（四）海洋倾废执法案例

根据《工人日报》2018 年 6 月 29 日报道，广东省中山市 5 人因违法倾废污染海洋被判赔偿 700 多万元。

2016 年 8 月 30 日，广东省中山市海洋与渔业局工作人员在辖区海域巡查时发现，有船舶在中山市民众镇横门东出海航道 12 号灯标堤围处倾倒废弃垃圾。经中山市公安机关查明，在 2016 年七八月期间，广东佛山市民彭某权等 5 人以加固堤围为借口，联合从东莞中堂镇三冲码头将造纸厂的废弃胶纸等废弃物运往中山市民众镇横门东出海航道 12 号灯标堤围处进行倾倒，对周围海域造成极大的环境污染。华南环境科学研究所受中山市环境保护局委托，对周边海域的污染情况做出了环境损害鉴定评估报告。中山市第一人民法院一审、中山市中级人民法院终审认定彭某权等其中 4 人构成污染环境罪。

2018 年 4 月 16 日，中山市海洋与渔业局向广州海事法院提出民事诉讼请求，请求法院判令彭某权等 4 人连带赔偿生态恢复费用 300 万余元，以及因环境污染产生的各项经济损失 300 万余元及评估检测等费用。另一被告袁某胜在总赔偿额 24.29% 的范围内承担连带赔偿责任。4 月 18 日，广州海事法院公开开庭审理了这宗案件。

6 月 26 日，广州海事法院对该案一审宣判。法院认为，污染海洋环境责任纠纷是人民法院近年来受理的新类型案件，污染海洋环境造成的损失往往缺少直接、具体、可量化的计算标准，需要有专门知识的人给出鉴定意见。

本污染事件发生后，中山市环境保护局委托华南环境科学研究所对中山市民众镇横门东出海航道 12 号灯标堤围垃圾倾倒污染事件环境损害进行鉴定评估，华南环境科学研究所鉴定后做出了评估报告。该评估报告是彭某权 4 人刑事案件中的证据，并作为认定刑事案件事实的依据。5 名被告仅对评估报告提出异议，但未能提供充分的相反证据予以证明。因此，法院依法判决被告彭某权等 4 人连带赔偿生态修复费用、环境污染产生的经济损失及鉴定评估费等合计 745 万元；另一被告袁某胜在一定范围内承担赔偿责任。赔偿的生态修复费用、因环境污染产生的各项经济损失款项上交国库，用于修复被损害的生态环境。

本章小结

（1）固体废物种类繁多，产生量大，性质复杂，来源分布广泛。固体废物导致的环境污染危害具有潜在性、长期性和不易恢复性。

（2）固体废物通过岸滩弃置、海岸工程和海洋工程建设运行、自然灾害和污染事故，以及海洋倾废等途径污染海洋环境，海岸工程和海洋工程实施过程中产生的疏浚物是目前数量最多的固体废物种类。

（3）海洋垃圾已严重威胁人类健康，影响沿海地区居民生活质量，影响全球海洋生态。通过推行清洁生产审核，加强生产过程控制，提高环境管理水平，减少一次性用品使用，鼓励固体废物综合利用，对不能利用的固体废物进行有效的无害化处理与处置等措施减少固体废物产生量，进而减少进入海洋的垃圾量，减轻海洋垃圾污染。

（4）对固体废物的海洋处置需要严格遵守《1972 伦敦公约/1996 议定书》和我国法律法规，加强海洋倾废环境管控，有效防范海洋倾废对海洋生态环境的破坏。

复习思考题

1. 名词解释：固体废物、危险废物、海洋倾废。

2. 固体废物主要分为几类？它们有什么特点？

3. 危险废物的危险特性有哪些？

4. 简述海洋垃圾分类和组成。

5. 海洋塑料垃圾对环境造成的不利影响有哪些？在防治塑料垃圾污染方面，我们应该做哪些努力？

6. 简述《1972 伦敦公约》中对海洋倾倒废物的分类管理情况。

主要参考文献

［1］防治海洋工程建设项目污染损害海洋环境管理条例（国务院令第 475 号）［Z］. 2017.

［2］韩庚辰，陈越，韩建波，等.《防止倾倒废物及其他物质污染海洋的公约》1996 议定书——内容介绍与实施指南［M］. 北京：海洋出版社，2016.

［3］生态环境部. 国家危险废物名录（生态环境令第 15 号）［Z］. 2021.

［4］联合国环境规划署. 控制危险废物越境转移及其处置巴塞尔公约［Z］. 1989.

［5］聂永丰. 固体废物处理工程技术手册［M］. 北京：化学工业出版社，2012.

［6］宁平. 固体废物处理与处置［M］. 北京：高等教育出版社，2007.

［7］中华人民共和国防治海岸工程建设项目污染损害海洋环境管理条例（国务院令第 62 号）［Z］. 2017.

［8］中华人民共和国固体废物污染环境防治法［Z］. 2016.

［9］中华人民共和国海洋倾废管理条例（1985 年 3 月 6 日国务院发布，2017 年 3 月 1 日修订）［Z］. 2017.

第十二章

滨海湿地退化与保护

湿地具有巨大的生态、经济、社会和文化功能，它不仅为人类的生产、生活提供多种资源，而且在保持水源、净化水质、蓄洪防旱、调节气候、维护生物多样性、应对气候变化方面发挥着不可替代的作用。湿地退化是普遍存在的现象，长期以来，随着人口的增加，工业化、城市化的快速推进，湿地保护与开发利用之间的矛盾日益尖锐，湿地开垦和改造、大规模开发建设、水资源过度利用、无序种植养殖等不合理利用湿地资源的人类活动，已经远远超出了湿地生态系统的承载能力，致使湿地面积持续减少，功能不断下降。湿地的退化不仅直接影响水资源与粮食安全，而且对经济社会的可持续发展和整个地球生命支持系统均带来了严重影响。湿地保护已成为全球关注的热点问题。

湿地通常位于干旱陆地系统和永久淹没的深水水生系统（如河流、湖泊、河口或海洋）之间的交错带。因此，它们具有中间水文作用及生物地球化学作用，如物质的源、汇或中间体，而且如果它们的水文和化学通量开放，通常具有很高的生产力，湿地系统示意图见图12-1。

滨海湿地处于海洋和陆地的交错地带，同时受海洋和陆地作用力的共同影响，对外界的胁迫压力反应敏感，是一个脆弱的边缘地带。同时，滨海湿地还是人口最密集、经济最发达的区域。中国滨海湿地面积广、种类多、景观结构复杂、生态系统多样，中国在滨海湿地的合理利用方面取得了很大的成绩，但是由于资源的长期过度消耗，滨海湿地的损失和破坏日益严重，给中国滨海地区社会经济发展和环境保护带来了一系列的严重后果。因此，研究滨海湿地特征及变化具有十分重要的意义。

本章详细论述滨海湿地概念、功能及利用现状，对中国典型滨海湿地退化进行成因分析，并提出滨海湿地保护途径及建议，为中国滨海湿地的生态恢复与修复提供参考。

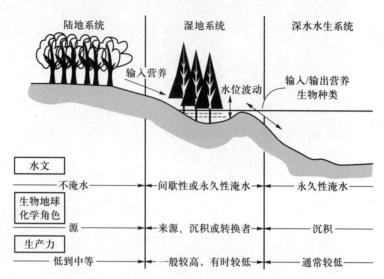

图 12-1　湿地系统与陆地系统和深水水生系统的关系（引自 Mitch 和 Gosselink，1993，有改动）

○ 第一节　滨海湿地概述

一、滨海湿地概念

《关于特别是作为水禽栖息地的国际重要湿地公约》（以下简称《湿地公约》）于 1971 年 2 月 2 日签署，1975 年 12 月 21 日正式生效，现有 172 个缔约方。《湿地公约》第一条规定，"湿地是指天然或人工、长久或暂时的沼泽地、泥炭地或水域地带，带有静止或流动的淡水、半咸水或咸水水体，包括低潮时水深不超过 6 m 的水域"。第二条的第 1 款又补充规定，"每块湿地的边界应在地图上精确标明和划定，可包括与湿地毗邻的河岸和海岸地区，以及位于湿地内的岛屿或低潮时水深超过 6 m 的海洋水体，特别是具有水禽生境意义的地区岛屿或水体"。《湿地公约》对湿地的定义几乎包括了全部的陆地水体及其与陆地生态系统相接的过渡地带，还包括了近岸海域的浅海区，是世界各国湿地研究与管理的依据。

滨海湿地的概念参照前述湿地概念涉及的有关海洋的内容而定。早在 20 世纪 90 年代末，相关专家结合《湿地公约》及国外发达国家对湿地的定义，并根据中国实际情况，将滨海湿地定义为：陆缘为含 60% 以上湿生植物的植被区、水缘为海平面以下 6 m 的近海区域，包括自然的或人工的、咸水的或淡水的所有富水区域（枯水期水深 2 m 以上的水域除外），不论区域内的水是流动的还是静止的、间歇的还是永久的（陆健健，1996）。此定义基本涵盖了潮间带的主要地带，及直接与之有关系的相邻区域。滨海湿地与潮汐的关系见图 12-2。

我国为了保护海洋环境及资源，防止污染损害，维持生态平衡，保障人体健康，促进海洋事业发展而制定的《中华人民共和国海洋环境保护法》（2016 年 11 月 7 日主席令第 56 号修正）第九十四条明确规定，滨海湿地是指低潮时水深浅于 6 m 的水域及其沿岸浸湿地带，包括水深不超过 6 m 的永久性水域、潮间带（或洪泛地带）和沿海低地等。

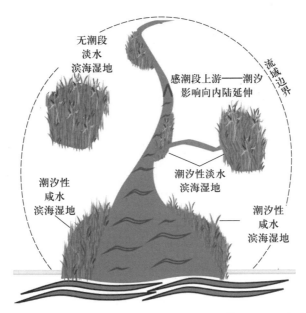

图 12-2　滨海湿地与潮汐的关系（引自 Perillo 等，2019，有改动）

二、滨海湿地类型

湿地类型的划分与湿地的定义相关。《湿地公约》中湿地的分类系统最具代表性（表 12-1），该公约将湿地分为咸水、淡水和人工湿地三大类。

表 12-1　《湿地公约》中湿地的分类系统

1 级	2 级	3 级	4 级
咸水湿地	浅海	潮下带	低潮时水深不足 6 m 的永久性无植物生长的浅水水域，包括海峡和海湾潮下水生植被层，包括各种海草和热带海洋草甸，珊瑚礁
		潮间带	多岩石的海滩、碎石海滩、无植被的泥沙和盐碱滩、有植被的沉积滩
	河口湿地	潮下带	永久性水域和三角洲系统
		潮间带	具有稀疏植被的泥、沙土和盐碱滩
		潟湖	沼泽（盐碱、潮汐半盐水和淡水沼泽）、森林沼泽、半咸水至咸水湖
		盐湖（内陆）	永久性或季节性盐水、咸水湖、泥滩和沼泽林
淡水湿地	河流湿地	永久性	河流、溪流、瀑布和三角洲
		暂时性	河流、溪流和洪泛平原
	湖泊湿地	永久性	8 hm² 以上的淡水湖和池塘及间歇性淹没的湖滨
		季节性	淡水湖（8 hm² 以上）和洪泛平原湖

313

续表

1级	2级	3级	4级
淡水湿地	沼泽湿地	无林湿地	永久性无机土壤沼泽、永久性泥炭沼泽、季节性无机土壤沼泽、泥炭地、高山和极地湿地、绿洲和周围有植物的淡水泉、地热湿地
		木本湿地	疏林/灌木沼泽、淡水沼泽林、有林泥炭地
人工湿地	淡水/海水养殖		池塘
	农用湿地		水塘、蓄水池和小型水池、稻田、水沟/渠、季节性洪泛耕地
	盐田		盐池和蒸发池
	城市和工业湿地		废水处理区、开采区
	蓄水区		水库、水电坝

中国的湿地类型多样，分布广泛，区域差异明显。湿地大体上可分为天然湿地和人工湿地两大类。1999 年国家林业和草原局为了进行全国湿地资源调查，参照《湿地公约》的分类将中国的湿地划分为近海与海岸湿地、河流湿地、湖泊湿地、沼泽与沼泽化湿地、人工湿地等 5 大类，见表 12-2。

表 12-2　我国湿地的类型及面积（根据 2013 年第二次全国湿地资源调查结果）

湿地类型	天然湿地				人工湿地
	近海与海岸湿地	沼泽与沼泽化湿地	湖泊湿地	河流湿地	
面积/（10⁴ hm²）	579.59	2 173.29	859.38	1 055.21	674.59

其中，滨海湿地又划分为多种类型，《湿地公约》中将滨海湿地分为 12 种类型（国家林业局野生动植物保护司，2011），即永久性浅海水域、海草床、珊瑚礁、岩石性海岸、沙滩砾石与卵石滩、河口水域、滩涂、盐沼、潮间带森林湿地、咸水碱水潟湖、海岸淡水湖、海滨岩溶洞穴水系等。中国滨海湿地可分为自然滨海湿地和人工滨海湿地。自然滨海湿地包括浅海水域、滩涂、滨海沼泽、河口水域、河口三角洲；人工滨海湿地包括养殖池塘、盐田、水库（表 12-3）（关道明，2012）。

表 12-3　中国滨海湿地类型划分

1级	2级	注释
自然滨海湿地	浅海水域	常年淹没，水深<6 m
	滩涂	底部基质为岩石、砾石、沙石、粉沙、淤泥的海滩，植被盖度<30%
	滨海沼泽	红树林、互花米草、芦苇、碱蓬、蘸草等滨海沼泽植物，植被盖度>30%
	河口水域	从进口段的潮区界（潮差为 0）至 -6 m 水深的永久性水域
	河口三角洲	河口区由沙岛、沙洲、沙嘴等发育而成的植被盖度<30% 的低冲积平原
人工滨海湿地	水库	指在山沟或河流的狭口处建造拦河坝形成的人工湖泊
	养殖池塘	大部分养殖池塘或是建在海堤以内，或是建在海滩边的沙堤后
	盐田	在围垦、晒盐过程中产生的一些人工湿地

三、中国滨海湿地分布

中国政府在 1995—2003 年期间进行了第一次全国湿地资源调查，但由于经济和社会的快速发展，在过去十年中中国的湿地生态发生了显著变化。为了获得湿地资源的动态信息，中国政府在 2009—2013 年期间进行了第二次全国湿地资源调查。调查数据显示，到 2014 年，中国滨海湿地面积约为 $5.80 \times 10^6 \, hm^2$，占天然湿地总面积的 10.82%。据第二次全国湿地资源调查的纲领性技术文件《全国湿地资源调查与监测技术规程（试行）》（林湿发〔2008〕265 号），除香港、澳门特别行政区和台湾省外，中国近海与海岸湿地名录见表 12-4。

表 12-4　中国近海与海岸湿地名录

序号	所在地	湿地名称
1	天津	天津古海岸湿地
2	河北	北戴河沿海湿地、海兴湿地、黄金海岸、滦河河口湿地、唐海湿地
3	辽宁	凌海湿地、六股河湿地、四湾湿地、庄河湿地
4	吉林	敬信湿地
5	上海	崇明岛周缘地、崇明东滩、杭州湾北岸湿地、九段沙、长江口南支南岸边滩湿地、长兴岛和横沙岛周缘湿地
6	江苏	大丰麋鹿国家级自然保护区、盐城沿海滩涂及珍禽自然保护区
7	浙江	杭州湾河口海岸湿地、乐清湾海岸湿地、灵昆岛东滩湿地、南麂列岛保护区、三门湾海岸湿地、温州湾海岸及瓯江河口、西湖、象山港海岸湿地、舟山群岛、舟山市（港湾外）潮间淤泥海滩
8	福建	东山珊瑚礁湿地、东山湾湿地、福清湾湿地、九龙江河口湿地、闽江河口湿地、泉州湾河口湿地、三都湾湿地、沙埕港湿地、厦门海域湿地、深沪湾湿地、兴化湾、漳江口红树林湿地
9	山东	大沽夹河河口、黄河三角洲湿地、黄垒河和乳山河河口湿地、胶州湾、莱州湾湿地、庙岛群岛湿地、日照海岸湿地、荣成大天鹅自然保护区湿地、乳山砾石性海滩、威海海岸湿地、潍北海岸湿地
10	广东	大亚湾水产资源保护区、广东省雷州白蝶贝保护区、广东湛江红树林保护区、惠东港口海龟保护区、惠东县红树林保护区、惠州市红树林湿地、江门市红树林湿地、茂名市红树林保护区、南澳候鸟保护区、汕头海岸湿地保护区、汕尾市红树林湿地、深圳福田红树林、深圳后海湾湿地、阳江市红树林保护区、珠海市红树林保护区、珠江口中华海豚保护区、珠江三角洲湿地
11	广西	北部湾北部浅海水域、北仑河口红树林沼泽、钦州湾湿地、沙田半岛红树林沼泽、山口红树林区湿地、珍珠港红树林沼泽
12	海南	大洲岛自然保护区湿地、东方浅海水域、东寨港红树林、乐东前海水域、鹿回头珊瑚礁、清澜港红树林、三亚湾珊瑚礁、文昌浅海水域、亚龙湾珊瑚礁、洋浦港湿地

此外，至 2008 年底，中国列入湿地公约国家重要湿地名录的湿地有 36 处，总面积约 $3.80 \times 10^6 \, hm^2$，占中国天然湿地的 10.5%，其中 13 处为滨海湿地，包括海南东寨港、香港米埔和后海湾、上海崇明东滩、上海长江口中华鲟、大连斑海豹、大丰麋鹿、广东湛江红树林、广东惠东港口海龟、广东海丰湿地、广西山口红树林、江苏盐城、福建漳江口红树林等多处。2017 年中国最值得关注的十块滨海湿地如图 12-3 所示。截至 2020 年 9 月，全国共认定国际重要湿地 64 处。

彩图 12-3

2017 年中国最值得
关注的十块滨海湿地

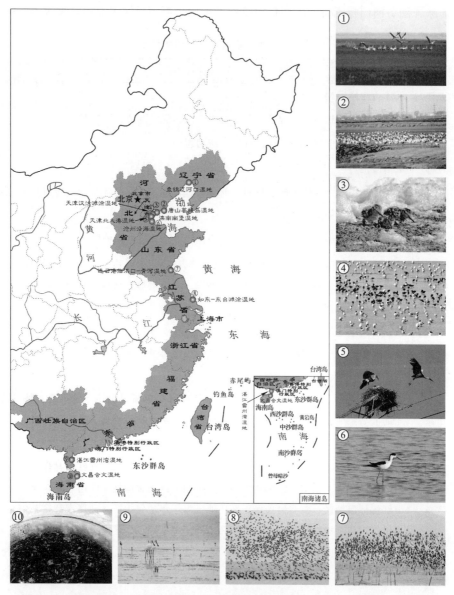

图 12-3　2017 年中国最值得关注的十块滨海湿地（引自于秀波和张立，2017）

四、滨海湿地功能

湿地是地球上水陆相互作用形成的独特生态系统，是重要的生存环境和自然界最富生物多样性的景观之一。健康的自然湿地生态系统在抵御洪水、调节径流、补充地下水、改善气候、控制污染、美化环境和维护区域生态平衡等方面有着其他系统所不能替代的作用。滨海湿地受海陆共同作用，是脆弱的生态敏感区，也是重要的物质资源和环境资源，它的发展变化直接关系着沿海经济的发展和社会的进步，关系着当地乃至世界环境的变化，滨海湿地在维持区域和全球生态平衡及提供野生动植物生境方面具有重要的意义。

世界上人口超过 500 万的大城市中约有 65% 位于沿海地区（McGranahan 等，2007）。滨海湿地位于陆地和海洋之间的过渡区，是沿海环境的重要生态组成部分。滨海湿地作为湿地众多类型中的一种，除具有湿地所具有的功能外，还具有提供鱼类、甲壳类动物栖息地及产卵区、风暴和飓风保护，污染净化，以及渔业的育苗场等的生态系统服务功能（Gedan 等，2011）。

1. 物质生产功能

沿海地区仅占地球陆地总面积的 4% 和世界海洋面积的 11%，但它们占世界人口的 1/3 以上，占海洋捕捞量的 90%（MEA，2005）。沿海人口密度几乎是内陆地区的三倍，并且呈指数级增长（UNEP，2006）。这些人口的长期可持续性取决于许多重要的沿海生态系统提供的关键服务，如物质生产功能。滨海咸水湿地的生态系统净初级生产力在众多生态系统中居于首位，如图 12-4 所示。

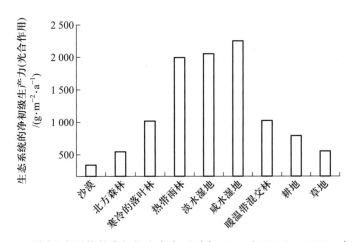

图 12-4　不同生态系统的净初级生产力（引自 Nebel 和 Wright，1993，有改动）

此外，滨海湿地具有巨大的储备库及复杂的生物链系统，各级食物链紧密联系，可给人类提供丰富的生活必需品。滨海湿地能够提供肉蛋、鱼虾、蔬菜、水果等动植物食品；提供木材、动物皮革、泥炭薪柴等多种原材料和能源；提供罗布麻、草麻黄等具有药用价值的植物及地肤、甘草等具有饲用价值的植物。

2. 水体净化功能

滨海湿地是天然的污水处理厂。被降水、潮汐、地表水和地下水带入滨海湿地的各种营养物质、污染物或泥沙等构成滨海湿地营养物质的"汇"，而营养物质的输出使得滨海湿地又成为营养物质的"源"和"转换器"。滨海湿地对水体的净化功能主要表现在滞留沉积物、降解污染物质和吸纳多余营养物质上。滨海湿地的水质净化过程见图 12-5，主要分为滞留沉积物、降解污染物和吸纳多余营养物质等过程。具体如下：

（1）滞留沉积物。滨海湿地由于其特殊的自然属性能够减缓水流速度，有利于沉积物的沉降和排出。随着沉积物的沉降，其所吸附的氮、磷、有机质及重金属也随之沉降下来。但是，这种作用是有限的，大量沉积物淤积在滨海湿地中会导致滨海湿地吸附沉积物的能力大幅下降。

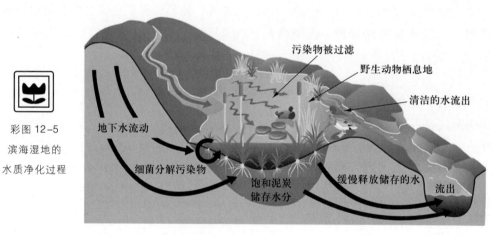

彩图 12-5
滨海湿地的
水质净化过程

图 12-5　滨海湿地的水质净化过程（引自 Perillo 等，2019，有改动）

（2）降解污染物。污染物质在滨海湿地沉降后，通过植物的吸收、转换等过程储存起来，据了解植物组织中富集的重金属的浓度比周围水中重金属的浓度高出 10 万倍以上。有些植物能够参与重金属解毒过程。此外，污染物被湿地植物吸收、代谢、分解、积累，会随着植物的收割而被带出水体和土壤，可提高水质和土壤质量。

（3）吸纳多余营养物质。工业废水、生活污水或农田施肥流失的营养物质，一部分经过滨海湿地过滤，可被阻止进入海洋；另一部分可通过湿地植物吸收，通过化学和生物过程储存起来，收获植物可将营养物质从湿地系统中移除。

3. 调节水分、大气组分及气候的功能

滨海湿地具有调节水分、大气组分及气候的功能，主要包括以下三个部分：① 滨海湿地可以起到蓄水防洪的天然"海绵"作用，在时空上可分配不均的降水。湿地的吞吐调节，不但可补给地下水，而且可调蓄洪水。② 滨海湿地内丰富的植物群落，能够吸收大量的 CO_2，并放出 O_2。湿地中的一些植物还具有吸收空气中有害气体的功能，能有效调节大气组分。沼泽还能吸收空气中的粉尘及携带的各种细菌，从而起到调节大气组分，并净化空气的作用。完整的沿海湿地，从红树林、潮汐沼泽到海草吸收碳和固定碳及通过呼吸和分解释放碳的过程见图 12-6。③ 滨海湿地可调节局部小气候。湿地水面、土壤的水分蒸发和植物叶面的水分蒸腾，使得湿地与大气之间不断进行广泛的热量交换和水分交换，在增加局部地区的空气湿度、调节气温及降低大气含尘量等气候调节方面具有明显的作用。

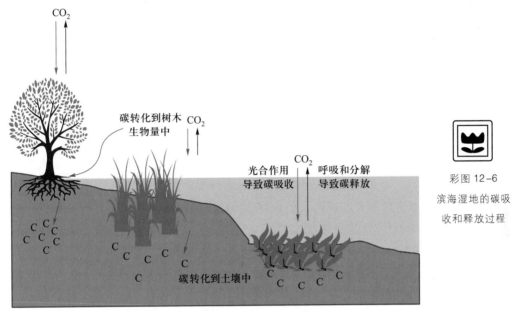

彩图 12-6
滨海湿地的碳吸
收和释放过程

图 12-6　滨海湿地的碳吸收和释放过程（引自 Howard 等，2017，有改动）

4. 提供动植物栖息地，维持生物多样性的功能

滨海湿地因其地理位置所特有的功能是为鱼类、甲壳类动物提供栖息地和产卵区，如绿海龟常年生活在海洋中，但是在繁殖季节会到达沙质海岸繁殖产卵，幼龟在孵化后又回到海洋里生活。此外，滨海湿地也是一些珍稀鸟类的栖息地，被誉为"鸟类的乐园"。美国佛罗里达州滨海湿地鸟类数量达 73 种。在我国滨海湿地分布的候鸟中，有 22 种水鸟为全球受威胁物种，99 种水鸟种群数量超过全球或东亚-澳大利亚迁飞路线种群数量的 1%，在候鸟关键栖息地 16 个调查点的水鸟数量超过 20 000 只，140 个水鸟调查点满足国际重要湿地、国际重要鸟区或东亚-澳大利亚迁飞伙伴网络（EAAFP）标准。

此外，滨海湿地还具有重要的文化意义，被认为在科教方面具有重要的价值。滨海湿地中河口、三角洲湿地空气新鲜、环境优美、景观独特，是人们休闲、娱乐、观赏的绝佳场地。而且，滨海湿地的类型、分布、结构和功能为多门学科的科学工作者提供了丰富的研究课题。

○第二节　滨海湿地退化

滨海湿地与人类社会发展关系极为密切，但受人类活动的影响也极为严重。人类经济活动的干预已经引发了一系列滨海生态环境问题，滨海湿地也承受着巨大的环境压力。围海造田造成了大面积湿地损失，其他海岸带开发和用海方式，如大面积人工养殖等行为，也明显改变了湿地属性，导致湿地功能变弱甚至丧失；而且沿海人类活动会改变海岸线演变趋势和滨海湿地水文，使土壤和水质恶化，植被演替趋势改变，底栖动物和微生物群落及渔业资源被破坏，使生态系统功能遭到破坏。

一、滨海湿地退化程度界定

湿地退化程度诊断分析是一种从生态系统本身的结构和功能出发，诊断由于人类活动和自然因素引起湿地生态系统的破坏和退化所造成的湿地生态系统的结构紊乱和功能失调，使湿地生态系统丧失服务功能和价值的评估手段（冯海云等，2010）。

滨海湿地退化程度的界定，需要建立一定的指标，简单快速地评估滨海湿地退化状况，依据相关资料，综合分析滨海湿地退化状况、退化级别，区分特定生态系统的胁迫状况，辨识出最危险的组分和最应该重视的问题，并在此基础上制订出相应的管理对策。

（一）评估指标的确定

1. 资料收集

对滨海湿地进行退化评估，需要选择可靠的数据来源，能够客观反映滨海湿地现状。而评价指标的选取及量化依据往往主要以收集资料为主。数据资料获得途径主要有滨海湿地调查评价结果、中国海洋环境质量公报、遥感解译数据、公开发表的各类成果等。

2. 指标选择

在实际研究工作中，往往由于所要评估的滨海湿地涉及的区域范围的不同，评价的指标体系也会不同。滨海湿地退化评估指标大致分为关键指标和参考指标。

关键指标为评判滨海湿地退化程度量化指标及反映湿地整体特征的指标，主要有天然湿地损失程度、近岸水体土壤污染程度、生态系统健康状况、海洋灾害等。其中，天然湿地损失程度指标的主要作用为以天然湿地面积损失比例作为量化所要评价的滨海湿地的损失值；近岸水体土壤污染程度指标为近岸海域水质、底质、生物体内的污染残留状况，可直接量化滨海湿地质量特征；生态系统健康状况指标能够综合反映所要评价的滨海湿地的脆弱性状况及生态系统所处的健康级别；海洋灾害指标是指诸如海水入侵状况、土壤盐渍化状况、海岸侵蚀强度、台风状况、赤潮状况等，对滨海湿地的损失及功能退化有重要影响。

参考指标为能够补充或说明滨海湿地损失状况的指标，主要有城市开发状况、湿地保护状况、生物多样性、水沙条件等。其中，城市化的扩展、海岸工程建设、资源开发、养殖业等的发展可能对滨海湿地形成一定的压力，导致湿地退化；滨海湿地自然保护区的建设对滨海湿地的保护具有重要意义；滨海湿地的动植物种类、数量及变化情况，底栖生物的分布状况等在一定程度上反映了湿地功能退化及健康状况；此外，河流动力、海平面上升、海洋动力特征变化均直接影响滨海湿地的面积及系统的健康状况。

（二）评估方法

对关键指标与参考指标进行估值，以此界定滨海湿地退化程度。拟将滨海湿地退化程度划定为 5 个级别，分别为：未退化、轻度退化、重度退化、严重退化、湿地丧失。以下分别对评价指标进行打分估值，将总分小于 50 分的滨海湿地划为未退化，60~150 分的划作轻度退化，151~250 分的划作重度退化，251~350 分的划作严重退化，大于 351 分的划作湿地丧失。

1. 关键指标

（1）天然湿地损失程度。根据天然湿地面积损失值对滨海湿地退化情况进行估值，具体数值可参考表 12-5。

表 12-5　天然湿地面积损失程度与滨海湿地退化情况之间数值估算关系

天然湿地面积损失程度/%	滨海湿地退化情况估值打分/分	滨海湿地退化程度
≤5	10	未退化
5~15	30	轻度退化
15~30	50	中度退化
30~80	70	重度退化
>80	100	湿地丧失

（2）近岸水体土壤污染程度。参照近岸水质状况，清洁水域记为 0 分，较清洁水域记为 10 分，轻度污染记为 30 分，中度污染记为 50 分，重度污染记为 70 分。此外，相应的底质与生物污染残留可作为近岸水体土壤污染程度估值的补充，例如底质中有 1 项指标超标可记为 10 分，按照严重程度，以 10 分差异递增，综合考虑污染的整体状况，确定最后估值。

（3）生态系统健康状况。参考滨海湿地生态系统中生物种类、数量、密度的变化和分布情况，以及生物栖息地的破坏程度等对生态系统健康状况进行估值。若生态系统评级为健康，记为 0 分，生态系统健康但有相关威胁健康因素记为 10 分，生态系统健康但有相关指标超标记为 30 分，生态系统为亚健康记为 50 分，生态系统不健康记为 70 分。

（4）海洋灾害。当滨海湿地受到多种海洋灾害时，可综合考虑海洋灾害的强度（赤潮、台风、海水入侵、海岸侵蚀等)。以海岸侵蚀为例,若滨海湿地海岸段有侵蚀状况记为 10 分,强侵蚀记为 30 分,严重侵蚀记为 50 分。

2. 参考指标

具体内容如下:

(1)城市开发状况。依据城市开发速度、规模及其对滨海湿地造成的侵占、破坏、污染等情况做定性或定量估计,其中城市开发区脆弱程度划分为:非脆弱区记为 0 分,轻度脆弱区记为 30 分,中度脆弱区记为 50 分,高度脆弱区记为 70 分。

(2)湿地保护状况。考察所评价滨海湿地是否存在于自然保护区内,该自然保护区是否对滨海湿地起到保护作用,根据保护效果程度确定相应的负分值,如国家级自然保护区可记为 -30 分,地方级自然保护区记为 -10 分。

(3)生物多样性。根据动植物种类、分布、植物覆盖度、底栖动物丰富度和环境的关系综合估值,记负分,即覆盖度及丰富度越高,则分值越小。

(4)水沙条件。此项作为海洋灾害和生态系统健康状况的补充,结合海平面变化,海陆动力作用及物质供应可做相应定性或定量估计。如陆源物质供应断开,河流动力基本消失的记为 50 分,水沙大幅度减少影响滨海湿地稳定的记为 30 分,入海水沙减少明显的记为 10 分。

二、中国滨海湿地退化现状

人为活动正在大幅改变滨海湿地生态系统。在过去十年中,中国沿海地区人口持续增长,快速城市化和基础设施建设,导致滨海湿地生态系统发生了巨大变化。中国湿地损失和破坏相当严重,据不完全统计,20 世纪 50 年代以来,全国滨海湿地丧失面积相当于滨海湿地总面积的 50%。

人口集中的沿海地区的土地扩张多采用填海工程、开发盐生产平台(新中国成立初期)、农业(20 世纪六七十年代)、海水养殖(20 世纪八九十年代)(Wang 等,2014)等产业。1979—2014 年间超过 11 163 km^2 的滨海湿地被开垦(Meng 等,2017),2010—2020 年,中国国务院共批准了对约 2 500 km^2 的沿海湿地进行开垦,覆盖了中国所有沿海地区(图 12-7)。在过去的 50 年里,中国总共失去了约 53% 的温带沿海湿地,73% 的红树林沼泽和 80% 的珊瑚礁。此外,中国 86% 的现有河口、海湾、珊瑚礁和其他海洋生态系统处于生态亚健康或不健康状态,到 2015 年,80% 的现有河口和 57% 的海湾为富营养状态(国家海洋局,2017)。

中国沿海人类活动,尤其是大规模湿地复垦、滥垦乱伐等不仅直接改变了湿地形态和水文,还造成严重的水土污染,导致生物多样性和栖息地的丧失。生态系统功能及其提供的生态系统服务受损,从而对滨海湿地产生多方面的影响。因此,制订全面的滨海湿地保护和管理措施计划对于海洋生态系统的可持续发展至关重要。

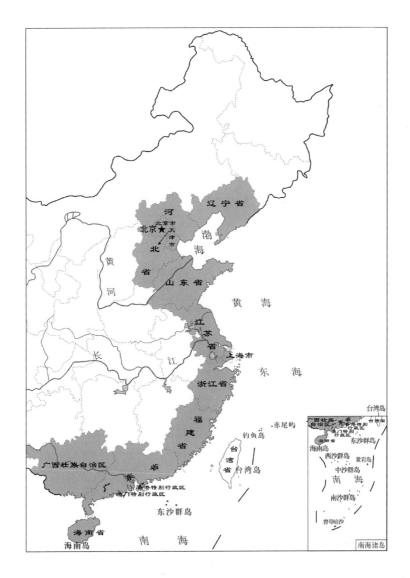

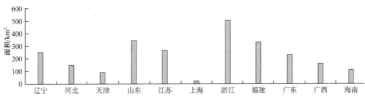

图 12-7　中国沿海省级行政区和 2011—2020 年沿海填海计划（引自 Cui 等，2016）

三、滨海湿地退化原因分析

（一）滨海湿地退化原因

我国滨海湿地退化的主要原因，既包括了气候变化、海洋灾害等以自然过程为主导的因素，也包括了海岸带围垦、海岸工程建筑、生物资源过度利用、环境污染等以人为作用为主导的因素。

1. 气候变化

全球气候变化主要表现为全球变暖。全球变暖引起海平面上升及降水量变化。其中海平面上升导致滨海湿地向陆域方向退缩（图 12-8），降水量的区域变化引起河流水量及其携沙量的变化，均对滨海湿地的稳定和生态功能的发挥产生重大影响。此外，全球变暖可能改变整个海洋生态结构，使海岸带物质和能量重新分配，滨海湿地的生态结构和生物体系的变化将不可避免，而作为鸟类栖息地的重要区域也必将受到影响。

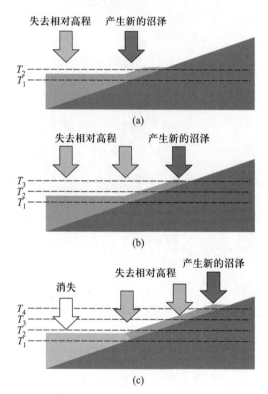

图 12-8　海平面上升导致沼泽向陆地迁移（引自 Dalrymple 和 Linn，2012，有改动）

a. 海平面从 T_1 上升到 T_2，在陆地边缘产生新的沼泽，失去现有的沼泽；

b. 海平面升至 T_3，T_2 中新淹没的沼泽失去海拔，在陆地边缘产生了新沼泽；

c. 海平面继续上升至 T_4，现有的沼泽地继续消失

2. 海洋灾害

海洋灾害主要包括海岸侵蚀（图 12-9）、风暴潮、海水入侵等。海岸侵蚀一方面使岸线后退，滩面下蚀，陆域向海域转变，直接导致湿地面积损失；另一方面，海岸侵蚀破坏沉积基础，也改变水环境状况，使滨海湿地生态结构和功能受到损害。风暴潮巨大的破坏力能迅速改变海岸地带地貌形态，不仅导致岸线迅速后退，也使滩面遭受冲刷，造成滩面形态破碎化，如 1997 年 8 月 20 日，黄河三角洲遭受特大风暴潮侵袭，在滨海区域经多年营造的总面积达 1.2 万 hm² 的全国最大的人工刺槐林和白杨林被全部摧毁。海水入侵改变

滨海湿地水环境，造成滨海湿地生态环境整体恶化。

(a)   (b)

图 12-9   海岸侵蚀状况（引自 Mörner 和 Finkl，2019）

a. 斐济（Fiji）共和国的纳维蒂岛（Naviti Island）；

b. 伦敦德里角（Cape Londonderry）

3. 海岸带围垦

海岸带区域的围垦是造成滨海湿地损失退化的重要人为因素。沿海城市经济快速发展可能造成全海岸带的各种大规模围垦，直接导致天然滨海湿地大量丧失。在目前形势下，海岸带的围填海活动还将是一个持续不断的过程，其对滨海湿地的影响也将是持续性的。1985—2010 年，5 个"五年计划"期间，中国各省级行政区围垦滨海湿地 75.52 万 hm²，平均每年围垦 3.02 万 hm²。围垦活动集中在辽宁中部、河北、天津、山东北部、江苏、上海，以及浙江北部的淤泥质海岸，如苏北沿海、渤海湾等，以及大河河口处如长江口、黄河口处，围垦强度每年每平方千米大于 5 hm²（吴文挺等，2016）。

1990—2015 年期间，中国大面积滨海湿地转变为农业和城市土地，见图 12-10。将1990 年滨海湿地面积作为基准，并根据该基线计算湿地面积损失，发现在 2000 年、2005

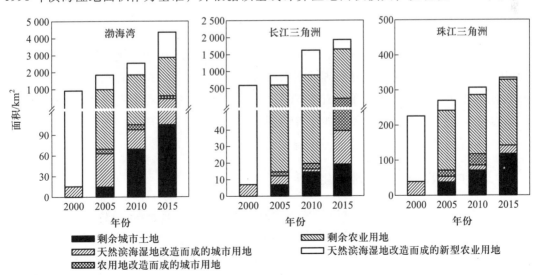

图 12-10   中国土地转化和生态退化造成的天然滨海湿地的损失（引自 Lin 和 Yu，2018，有改动）

年、2010 年和 2015 年的四个时期内，天然滨海湿地在渤海湾和长江三角洲地区大规模转变为农业用地。2010—2015 年，天然滨海湿地向城市土地利用转化的比例较小，但逐年增加，渤海湾和长江三角洲地区湿地转换损失分别为 16.9% 和 6.1%。珠江三角洲呈现出不同的湿地转换模式，特别是在 2010—2015 年间，82.8% 的湿地损失直接归因于城市土地利用转化。

4. 海岸工程建筑

海岸工程建筑包括港口设施、堤防建筑、跨海通道等。海岸工程的实施会显著影响滨海湿地的沉积特征、地貌形态、水文动态、生态结构等，导致滨海湿地面积减少、生境破碎、环境恶化、资源过载、物种入侵等一系列问题，增加了滨海湿地生态环境的脆弱性。

5. 资源的过度利用

在我国重要经济海域，滥捕现象严重，生物资源衰竭现象明显，虽然国家采取"休渔"制度，但已造成的资源破坏对滨海湿地的退化起了推动作用。浅海挖沙破坏海床及底栖生物栖息环境，也使该海域生态环境受到严重破坏。海上油气资源的开采，造成滨海湿地环境的破坏并形成潜在威胁。

6. 环境污染

中国近海区域污染十分严重，而陆源污染物的输入是最重要的原因。滨海湿地是陆源污染最直接的承泻区和转移区，污染源主要是工农业生产生活和沿岸养殖业所产生的污水。污染破坏原有生境，摧毁生物栖息地，使湿地系统生产力下降。污染物也能直接毒害湿地生物。此外，大量污染物的聚集，也可能诱发环境灾难，如营养盐类污染物的输入会导致富营养化的发生，在沿岸可能诱发赤潮等灾害。

7. 制度体制不健全

湿地管理涉及的部门包括林业、农业、水利、国土、环境保护、海洋等国家部门，还有相关的地方单位。如果对湿地管理的权限设定得不清楚，而且缺乏管理的协调机制，湿地的利用和保护就很难有效实施。自然保护区的建立能够在很大程度上限制资源的任意开发和滥用，但由于土地产权及管理职能等问题，以及与地方有关部门的利益冲突，自然保护区时常不能完全有效地行使自己的职能。

（二）中国典型滨海湿地退化

国家林业局 2003 年公布的全国湿地调查数据显示，山东省近岸及海岸湿地面积大于 100 hm^2 的天然湿地面积为 121.09×10^4 hm^2，居全国首位。山东省于 2011 年 8 月至 2013 年 12 月，开展了第二次湿地资源调查工作，起调面积为 8 hm^2 以上的滨海、湖泊、沼泽、人工湿地，以及宽度在 10 m 以上、长度在 5 km 以上的河流湿地。调查结果显示：山东省湿地总面积为 173.75 万 hm²（不包括水稻田面积 13.18 万 hm²），湿地面积占全省国土总面积的比率（即湿地率）为 11.09%。按第一次湿地调查相同口径（单块湿地面积 ≥ 100 hm²、类型和范围相同）比较，全省自然湿地面积由 168.15 万 hm²，缩减到 104.43 万 hm²，减少 63.72 万 hm²，减少率为 37.89%。其中近岸和海岸湿地减少 48.20 万 hm²。滨海湿地平均每年减少 4.02 万 hm²，并且破碎化严重。以下主要介绍典型的滨海河口湿地即黄河三角洲滨海湿地及山东胶东半岛胶州湾湿地。

1. 黄河三角洲滨海湿地

黄河三角洲位于渤海西岸的莱州湾湾口，是中国三大河口三角洲之一，主要由河流、滩涂、苇地、灌草林地、耕地、盐田、养殖水域，以及非湿地和未利用土地组成。黄河三角洲湿地是中国暖温带地区最广阔、最完整、最年轻的湿地生态系统，其独特的地理位置和自然条件为保护区内各种动植物提供了必要的生存环境，成为研究新生湿地生态系统形成与演化的理想场所，在中国生物多样性保护行动计划中被列入了中国湿地生态系统的重点保护区域。

近半个世纪以来，随着经济的飞速发展，人口不断增长，人类开发强度增加，黄河流域的气候变化等因素导致黄河三角洲泥沙量减少，黄河造陆速率下降，黄河三角洲滨海湿地呈现萎缩退化趋势。根据实测资料，1976—2000 年间，黄河三角洲蚀退陆地 283.98 km²，淤积造陆面积 267.20 km²，净蚀退陆地总面积 16.78 km²，并且蚀退现象呈恶化趋势（薛万东，2003）。此外，黄河三角洲湿地水环境污染现象严重，河口区域水质受到有机物与石油类污染，据文献数据（李会新，2006），黄河三角洲 19 条河流中仅有黄河水质属于尚清洁级别；海水入侵及土壤盐渍化现象严重，2008 年海水入侵与盐渍化监测数据显示，滨州无棣县有重度入侵 9.64 km，轻度入侵 13.36 km，滨州沾化县重度入侵 21.15 km，轻度入侵 29.50 km；植被正常演替及鸟类生境遭到破坏，据资料显示，黄河断流影响了植被生长，鸟类活动范围萎缩，近岸海域浮游生物、底栖动物等生物大量减少和死亡，生物量下降。

从对黄河三角洲河口区的遥感解译（图 12-11）及不同湿地类型的面积变化（图 12-12）来看，1995—2010 年黄河三角洲河口区的湿地类型发生了明显变化，人工湿地面积增长幅度较大，天然湿地面积减少，人工湿地以水域养殖面积和水田面积发展最为迅速。2006 年河口区的水田面积在河口区中部呈密集分布趋势，不断向外围扩展，河口区北部沿渤海区域水域养殖面积不断扩大，致使该区原有滩涂、苇地和灌草林地面积锐减（赵小萱，2015）。

彩图 12-11 1995—2010 年黄河三角洲河口区湿地遥感解译图

通常滨海湿地退化有自然因素和人为干扰两大原因。对黄河三角洲湿地来说，自然因素主要有黄河断流、风暴潮侵袭破坏、海平面上升及外来物种入侵等；人为干扰主要有不合理的开发与围垦、农业生产垦殖、油气资源开发占用滩涂面积、水工建筑、道路阻隔与石油污染等。

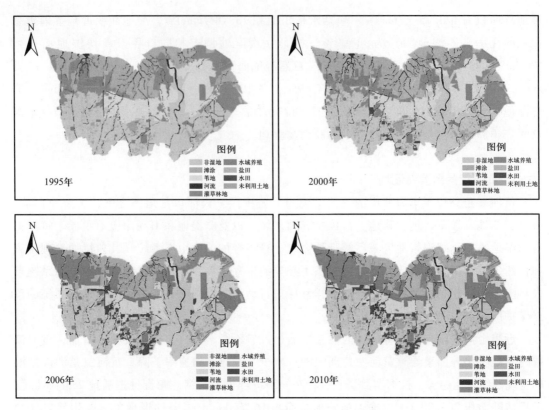

图 12-11　1995—2010 年黄河三角洲河口区湿地遥感解译图（引自赵小萱，2015）

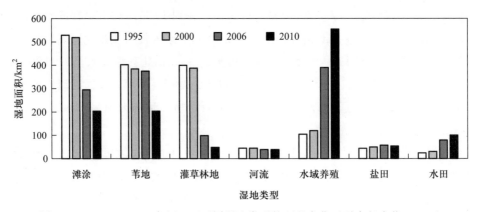

图 12-12　1995—2010 年河口区不同湿地类型的面积变化（引自赵小萱，2015）

　　黄河三角洲自然保护区的建立使保护区内的自然资源和生态系统得到了有效保护，为鸟类的繁衍生息提供了良好的栖息环境。资源开发产生的环境问题也引起高校及科研单位的关注和重视，保护区管理部门已与东北林业大学、山东大学、北京大学、山东师范大学、山东省林业科学研究院、国家海洋局第一海洋研究所等单位建立了长期联系和合作，并取得了一批阶段性成果。2005 年由国家林业局实施的中国首个自然保护区湿地监测工程在此正式启动，并建立相关的湿地监测中心、监测站，以及监测点。主要利用 RS、GNSS、GIS 和专家预测预报系统，对景观、物种类型和生态群落进行定时和定点监测，通过对监测信息的科学分析和研究，能更好地掌握黄河三角洲滨海湿地在外界干扰条件下的动态变化特征和规律，为科学保护和合理利用湿地提供基本依据。

2. 胶州湾湿地

青岛胶州湾位于胶东半岛南岸，沿岸有墨水河、白沙河、大沽河、洋河等多条河流流入，湾内底质主要为泥沙，营养盐高，饵料充足，为海洋生物生存与繁殖提供了良好的空间。目前胶州湾湿地共有河口湿地、浅海水域湿地、潮间滩涂湿地、湖泊湿地、河流沼泽湿地、盐田池塘湿地 6 种生态类型，总面积 3.48 万 hm^2，约占胶州湾区域总面积的 55.20%。

胶州湾湿地位于国际八大候鸟迁徙线路之一的东亚-澳大利亚迁徙线上，处于中国最重要的东部水鸟迁徙路线，水鸟的多样性指数、均匀度指数均较高。据 2016 年黄渤海水鸟同步调查报告初步统计，在胶州湾湿地鸟类有 156 种左右，列入《中国濒危动物红皮书》的国家 Ⅰ、Ⅱ 级重点保护水鸟 21 种。

随着青岛市人口增加和对土地需求的激增，伴随着填海造陆、港口建设、海滩采沙、围海养殖、污水排放、工业园区建设等人类活动的影响及气候变化、地质运动等自然因素的影响，出现胶州湾湿地自然岸线消失、海域面积萎缩、湿地退化、候鸟栖息地丧失、湿地生物多样性降低、生态环境恶化等问题。1863—2014 年期间，胶州湾海域的面积从 578.50 km^2 缩小到 337.40 km^2；调查数据显示，1985 年胶州湾湿地曾调查到鸟类 206 种，目前仅发现 156 种。

为了保护胶州湾，2014 年 3 月 28 日青岛市第十五届人民代表大会常务委员会第 18 次会议通过《青岛市胶州湾保护条例》，国家海洋局及山东省海洋与渔业局划定胶州湾生态红线，建立胶州湾海洋生态红线制度，保护胶州湾。此外，区域内将逐步实现"退耕还草""退池还海"，恢复湿地生态环境。在胶州湾海域建立人工监测和自动监测相结合的水质监测体系，设置了 39 处海水监测点位，在胶州湾全域实施网格化监测，对《海水水质标准》（GB 3097—1997）中的 30 项指标全部进行分析。以控制陆源污染为目标，将陆源污染防治与胶州湾保护结合，对大沽河、李村河、墨水河等 8 条主要入湾河流及环湾区域 13 座污水处理厂实施常态化监管。胶州湾区域优良水质面积所占比例已由 2010 年的 57.2% 上升至 2015 年的 65.0%。

此外，考虑到保护对象的分布情况，青岛胶州湾国家级海洋公园划分为面积 5 585 hm^2 的重点保护区、3 116 hm^2 的生态与资源恢复区，以及 11 310 hm^2 的适度利用区三个功能区，见图 12-13。海洋公园利用生物技术，如利用藻类、动物（贝、参等）和微生物吸收、降解、转化沉积环境和水体中的污染物，修复胶州湾环境。最终达到海域营养条件良好、基础饵料丰富、渔业资源和生物多样性高、胶州湾水质提升、青岛市经济社会发展得到促进的目的。

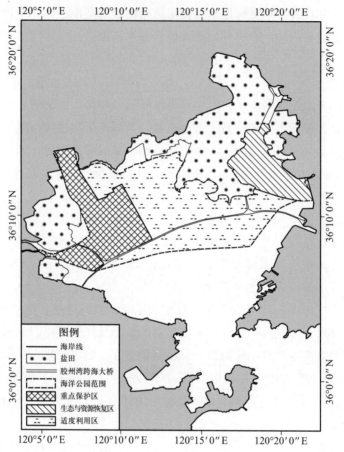

图 12-13　青岛胶州湾国家级海洋公园功能区图示（引自青岛市海洋与渔业局，2017）

○ 第三节　滨海湿地保护与恢复

中国沿海湿地保护可划分为五个阶段：1950—1979 年、1980—1991 年、1992—2002 年、2003—2010 年和 2011 年至今。几十年来，中国在滨海湿地保护方面做出了巨大努力，实施滨海湿地恢复项目，进行滨海湿地自然保护区建设，实施常规生态监测和两次国家湿地调查，此外，还颁布湿地保护法规，提高管理能力的协调机制，广泛开展滨海湿地研究，鼓励公众参与，加强国际合作。滨海湿地的恢复旨在重建已经被自然和人类活动损害的湿地自然功能。

一、滨海湿地保护与恢复政策

2016 年 12 月国家海洋局印发《关于加强滨海湿地管理与保护工作的指导意见》（以下简称《意见》）。《意见》提出，力争到 2020 年，中国实现对典型滨海湿地生态系统的有效保护；新建一批国家级、省级及市县级滨海湿地类型的海洋自然保护区、海洋特别保护区（海洋公园）；同时，开展受损湿地生态修复，修复恢复滨海湿地的总面积不少于 8 500 hm²。《意见》强调，各级海洋部门在加强滨海湿地管理与保护工作方面有 4 项主要任务：一是加强重要自然滨海湿地保护；二是开展受损滨海湿地生态系统修复恢复；三是严格滨海湿地开发利用管理；四是加强滨海湿地调查监测。

2018 年 2 月，国家海洋局生态环境保护司组织编制了《滨海湿地保护管理办法（征求意见稿）》。此外，《海洋环境保护法》《海域使用管理法》《海岛保护法》《防治海洋工程建设项目污染损害海洋环境管理条例》《中共中央国务院关于加快推进生态文明建设的意见》《国家海洋局海洋生态文明建设实施方案》等法律法规文件中均有效探索了滨海湿地管理与保护新机制。

以上滨海湿地保护政策对科学、规范、有序地开展滨海湿地保护与开发管理工作，从区域海洋环境治理、海陆产业协同、多元主体协同、海陆空间协同、海陆政策协同等多角度出发，切实维护和提升滨海湿地资源的生态价值和服务功能，促进滨海湿地保护与合理利用形成良性有序循环，充分发挥湿地生态系统的功能效益，保护海洋生物多样性，促进人海和谐有重要的指导及规范作用。

二、滨海湿地保护的对策及建议

尽管中国已经对滨海湿地从政策及管理角度展开了全面保护，但是中国滨海湿地保护仍存在一些问题，包括人类活动的威胁和污染的日益增加，海岸侵蚀和海平面上升的威胁越来越大，滨海湿地保护资金不足，沿海湿地法律和管理体系不完善，研究和国际合作不足等（Sun 等，2015）。因此，中国滨海湿地保护改善的主要策略可能包括：探索应对主要威胁因素的有效措施，改善滨海湿地的保护和补偿制度，加强滨海湿地立法和管理，增加滨海湿地保护和研究的资金，加强滨海湿地教育和国际合作。

1. 探索应对主要威胁因素的有效措施

污染、人类活动、生物入侵、海岸侵蚀和海平面上升是影响滨海湿地存在和稳定的主要因素。因此，应该探索有效的对策，以便减轻或消除这些威胁。首先，建立覆盖所有滨海湿地的污染监测网络，实施一系列污染控制行动计划，重点是点源和非点源污染控制、污水净化和生态修复。其次，建立国家级、省级、地方滨海湿地的"红线"，在"红线"区域内应严格禁止土地复垦、基础设施建设和过度捕捞。最后，采取综合控制措施（机械、人工、化学和生物措施的整合），以减轻或消除入侵物种的负面影响。

2. 改善滨海湿地的保护和补偿制度

进一步改善滨海湿地保护系统，包括湿地自然保护区、湿地公园和小型自然保护区，明确生态补偿制度，扩大生态补偿试点，提高补偿标准，建立多元化的补偿方式。

3. 加强滨海湿地立法和管理

完善滨海湿地保护立法。首先，明确湿地保护的权责、管理程序和行为准则，尽早建立滨海湿地补偿的特殊法律制度；其次，需要建立国家级、省级或地方滨海湿地保护和管理的长期协调机制；再次，应不断加强国家级、省级或地方法规和政策的执行力；最后，建立一个评估法律、政策和法规实施有效性，以及资助计划问责制系统。

4. 增加滨海湿地保护和研究的资金

为了实现国家湿地保护计划（2002—2030）的目标，中国政府应不断增加用于滨海湿地保护或恢复的财政资金投入。政府还应鼓励私营公司、机构和组织的投资。此外，应当对滨海湿地的基础研究、探索先进修复技术的研究加大资金投入。

5. 加强滨海湿地教育和国际合作

中国必须加强对公众的教育和培训，提高他们对滨海湿地保护的重要意义的认识。可采取的渠道主要有：加强宣传，动员滨海湿地研究专家参与公共教育或活动，增加对滨海湿地教育的投入，加强国际合作与交流活动等。

三、滨海湿地恢复案例

（一）美国佛罗里达州滨海湿地

2017 年，美国科学家的一份报告指出：滨海湿地生态系统每公顷每年创造的综合价值达 4 052 美元，相当于同等面积的热带雨林的 2 倍，或其他森林的 13 倍，或草地的 17 倍。滨海湿地在美国佛罗里达州海洋生态系统中发挥的重大作用不容忽视，具体包括：① 稳定海岸线与减轻风暴灾害；② 防洪；③ 过滤营养物从而改善水质；④ 作为野生动物和海洋生物的重要栖息地；⑤ 美学、教育、运动和旅游价值；⑥ 储存碳元素。

在佛罗里达州，陆地、河口和海洋环境中的物种利用湿地完成其生命周期，因此，滨海湿地的生物多样性至关重要。据 Odum 等（1984）报道，在佛罗里达州南部的红树林中有 220 种鱼类、21 种爬行动物、3 种两栖动物、18 种哺乳动物和 181 种鸟类，它们构成了该栖息地的基本结构。此外，美国梧桐在佛罗里达州南部的红树林中也很常见。在潮汐力、气候条件和土壤类型的共同作用下，形成了六种不同的森林类型，而植被分布决定了红树林的生物群。真菌和底栖无脊椎动物在红树林的专门根系（支柱根和呼吸根）上适应并生长。上述结构组成，加上红树林落叶层，是红树林食物网的基础。

彩图 12—14
美国佛罗里达州
大沼泽地恢复过程

然而，在 20 世纪 70 年代以前，美国政府鼓励湿地开发和利用，使得美国湿地大面积消失，滨海湿地面临着生态环境恶化、水体污染、海平面上升、地面沉降等严重问题。为了保护湿地，美国于 1977 年颁布了第一部专门的湿地保护法规。美国国家委员会、环境保护署、农业部和水域生态系统恢复委员会于 1990 年和 1991 年提出了在 2010 年前恢复 400 万 hm^2 受损湿地的巨大生态恢复计划。在美国明尼苏达州的北部地区，通过筑坝重建和恢复湿地，湿地面积已从 1940 年的 2 183 hm^2 增加到 1988 年的 3 687 hm^2。1995 年，美国开始实施一项总投资为 6.85 亿美元的湿地项目即 "大沼泽地综合修复计划"（Comprehensive Everglades Restoration Plan, CERP），旨在重建佛罗里达州大沼泽地，该项目计划到 2010 年完成。实施计划见图 12-14。主要措施为：① 建立洪水控制系统，包括建设渠道、加固河道与海岸堤坝、修改运河，以及河道截弯取直、河流改向等措施；② 解决供水问题，CERP 根据大沼泽地区的水文现状、气候条件等进行统筹规划，建设地表水蓄水、选择性蓄水和河流改向项目；③ 进行水质治理，减少农业区内化肥、农药等使用，设置污染物隔离带，减少废物排入，采用植物措施，降低大沼泽地内的营养物质负荷；④ 保护生物多样性，通过保护迁徙鸟类、美洲豹等，保育佛罗里达海湾群岛和比斯坎湾的珊瑚、海龟等物种栖息地，在栖息地保护区严格控制工农业发展等措施（肖协文等，2012）。

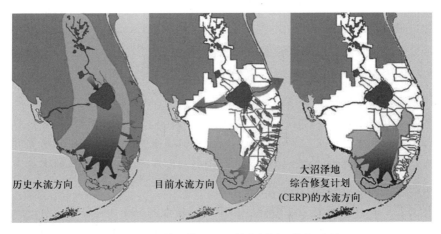

图 12-14　美国佛罗里达州大沼泽地恢复过程

（引自 Committee on Independent Scientific Review of Everglades Restoration Progress 等，2010）

（二）厦门五缘湾湿地公园

五缘湾湿地公园是厦门岛内最大的主题生态公园，位于厦门市五缘湾片区南部。该公园地势平坦，东南地势较高，中部及北部地势较低，总占地面积为 85 万 m^2。在恢复之前存在以下问题：① 植被单薄，品种单一，整体植物生态系统脆弱；② 主要存在一些砖厂、电镀厂、村庄和农田，很多工厂废水、居民生活污水，以及农药化肥残留物直接排放到湿地中，导致水体污染严重；③ 由于受海水影响，涨潮的时候海水倒灌，导致湿地内的水盐度偏高；④ 区域内没有其他人文服务设施。

彩图 12-15
厦门五缘湾滨海
湿地恢复效果

研究者针对这些问题进行滨海湿地恢复，主要采取以下 5 条生态恢复路径。该湿地恢复前后对比情况见图 12-15。

图 12-15　厦门五缘湾滨海湿地恢复效果（引自黄海平，2012，有改动）

a. 湿地恢复前；b. 湿地恢复后植物增多；c. 湿地恢复后水禽增多；d. 人工浮岛净化水质；

e. 耐水淹植物；f. 耐盐碱植物；g. 湿地景亭景观；h. 湿地内的木栈道

（1）修复和改善湿地良好的水环境。根据湿地公园地形、地势、污染源分布特点和水文特征，结合公园整体设计规划及建设成自然生态系统公园的要求，采用底泥矿化处理、微生物净化、人工浮岛净化、生物栅、增氧推流、复合滤床处理、人工湿地等生态修复技术措施，通过多个污染点逐步改善、修复、重建，最终实现水质改善。

（2）修复水生动植物带。在保护原有植物的基础上，以乡土树种为主，补种一些适合湿地生长的植物，如水生植物、临水植物，以及耐盐碱植物等，同时在一些关键位置适当增加一些开花等观赏性植物。在植物群落上尽量做到层次丰富、植物品种多样，完善植物整体生态功能。

（3）进行生态护岸，恢复生态型护岸和岸线植物缓冲。在保持原有曲折的河岸线基础上，采用植被生态护岸。主要采用乔灌混植，以及各种水生植物的组合搭配，从水生植物向陆生植物延续，利用植物舒展而发达的根系稳固堤岸，完美地将护岸与大自然融为一体。

（4）提高植被覆盖度，改良土壤，营造不同的生境，丰富物种组成、提高生物多样性。进行盐碱土壤改良，主要采取物理改良如淋溶、深翻、表层覆盖、客土改良等，化学改良如天然改良剂（石膏）、人工合成改良剂（聚丙烯酰胺）等，生物改良如耐盐植物、耐盐微生物、耐盐基因工程等方法。

（5）增加旅游休闲设施，提高湿地文化内涵。在园区内根据服务功能需要布置一些园路、木栈道、景亭、生态净化池、鸟巢和服务房等。在材料选择上采用风格统一、易融于环境的天然材料，如木材、石材等，同时在造型设计上也要贯彻生态节能的理念，在符合现代审美要求的基础上尽量减少能源消耗。

本章小结

（1）湿地是天然或人工、长久或暂时的沼泽地、泥炭地或水域地带，带有静止或流动的淡水、半咸水或咸水水体。湿地包括在低潮时水深不超过 6 m 的水域。

（2）滨海湿地是低潮时水深小于 6 m 的水域及其沿岸浸湿地带，包括水深不超过 6 m 的永久性水域、潮间带（或洪泛地带）和沿海低地等。

（3）《湿地公约》中湿地的分类系统最具代表性，公约中将湿地分为咸水湿地、淡水湿地和人工湿地三大类。

（4）中国的湿地类型多样，分布广泛，区域差异明显，大体上湿地可分为天然湿地和人工湿地两大类。中国滨海湿地可分为天然滨海湿地和人工滨海湿地。天然滨海湿地包括浅海水域、滩涂、滨海沼泽、河口水域、河口三角洲；人工滨海湿地包括养殖池塘、盐田、水库。

（5）滨海湿地除具有湿地所具有的功能外，还具有提供鱼类、甲壳类动物栖息地及产卵区、风暴和飓风保护，污染净化，以及经济上重要渔业的育苗场等的生态系统服务功能，还具有物质生产，水体净化，调节水分、大气组分及气候，以及提供动植物栖息地，维持生物多样性的功能。

（6）滨海湿地退化程度的评估方法：对关键指标与参考指标进行估值，以此界定滨海湿地退化程度。拟将滨海湿地退化程度划定为 5 个级别，分别为未退化、轻度退化、重度退化、严重退化、湿地丧失。

（7）我国滨海湿地退化的主要原因，既包括气候变化、海洋灾害等以自然过程为主导的因素，也包括海岸带围垦、海岸工程建筑、生物资源过度利用、环境污染等以人为作用为主导的因素。

复习思考题

1. 简述滨海湿地的定义。如何理解滨海湿地与潮汐的关系？
2. 滨海湿地有哪些类型？举例说明哪种类型最易受人类影响。
3. 简述滨海湿地的功能，并举例说明滨海湿地的水质净化功能中水质净化过程。
4. 导致我国滨海湿地退化的主要人为因素有哪些？简述其影响过程。
5. 试述滨海湿地恢复的方法和流程。
6. 举例说明滨海湿地生态修复方法，并思考如何评价滨海湿地生态修复效果。

主要参考文献

［1］ Committee on Independent Scientific Review of Everglades Restoration Progress，Water Science and Technology Board，Board on Environmental Studies and Toxicology，et al. Progress toward restoring the Everglades：the third biennial review-2010［M］. Washington，DC：The National Academies Press，2010.

［2］ Cui B S，He Q，Gu B H，et al. China's coastal wetlands：understanding environmental changes and human impacts for management and conservation［J］. Wetlands，2016，36

（1）：S1-S9.

［3］Dalrymple Q A, Linn A M. Sea-level rise for the coasts of California, Oregon, and Washington: past, present and future ［M］. Washington D. C. : The National Academies Press, 2012.

［4］Gedan K B, Kirwan M L, Wolanski E, et al. The present and future role of coastal wetland vegetation in protecting shorelines: answering recent challenges to the paradigm ［J］. Climatic Change, 2011, 106 (1): 7-29.

［5］Howard J, Sutton-Grier A, Herr D, et al. Clarifying the role of coastal and marine systems in climate mitigation ［J］. Frontiers in Ecology and the Environment, 2017, 15: 1-9.

［6］Lin Q, Yu S. Losses of natural coastal wetlands by land conversion and ecological degradation in the urbanizing Chinese coast ［J］. Scientific Reports, 2018, 8: 2045-2322.

［7］McGranahan G, Balk D, Anderson B. The rising tide: assessing the risks of climate change and human settlements in low elevation coastal zones ［J］. Environmental and Urbanization, 2007, 19: 17-37.

［8］Meng W, Hu B, He M, et al. Temporal-spatial variations and driving factors analysis of coastal reclamation in China ［J］. Estuarine Coastal & Shelf Science, 2017, 39: 39-49.

［9］Millennium Ecosystem Assessment (MEA). Ecosystems and human well-being: current state and trend ［M］. New York: Island Press, 2005.

［10］Mitch W J, Gosselink J G. Wetlands ［M］. 2nd ed. New York: Van Norstrand Reinhold, 1993.

［11］Mörner N A, Finkl C W. Coastal erosion ［M］. //Finkl C W, Makowski C. Encyclopedia of coastal science. Cham, Switzerland: Springer, 2019.

［12］Nebel B J, Wright R T. Environmental Science ［M］. 4th ed. New Jersey: Prentice Hall, Englewood Cliffs, 1993.

［13］Odum W E, Mcivor C, Smith Ⅲ T J. The ecology of the mangroves of South Florida: a community profile ［R］. U. S. Fish & Wildlife Service, 1984.

［14］Perillo G M E, Wolanski E, Cahoon D R, et al. Coastal Wetlands: an integrated ecosystem approach ［M］. 2nd ed. Amsterdam: Elsevier, 2019.

［15］Sun Z G, Sun W G, Tong C, et al. China's coastal wetlands: conservation history, implementation efforts, existing issues and strategies for future improvement ［J］. Environment International, 2015, 79: 25-41.

［16］United Nations Environment Programme (UNEP). Marine and coastal ecosystems and human well-being: a synthesis report based on the findings of the millennium ecosystem assessment ［R］. Nairobi, Kenya: 2006.

［17］Wang W, Liu H, Li Y, et al. Development and management of land reclamation in China ［J］. Ocean & Coastal Management, 2014, 102: 415-425.

［18］冯海云，何利平，常华，等. 滨海新区湿地生态系统退化程度诊断分析 ［J］.

环境科学与管理，2010，35（9）：99-104.

［19］关道明. 中国滨海湿地［M］. 北京：海洋出版社，2012.

［20］国家海洋局. 2015 年中国海洋环境状况公报［R］. 2016.

［21］国家林业局野生动植物保护司. 湿地管理与研究方法［M］. 北京：中国林业出版社，2011.

［22］黄海萍. 滨海湿地生态恢复成效评估研究［D］. 厦门：国家海洋局第三海洋研究所，2012.

［23］李会新. 黄河三角洲湿地生态环境现状的调查研究［J］. 中国环境干部管理学院学报，2006，16（3）：33-36.

［24］陆健健. 中国滨海湿地分类［J］. 环境导报，1996（1）：1-2.

［25］青岛市海洋与渔业局. 青岛胶州湾国家级海洋公园总体规划［Z］. 2017.

［26］吴文挺，田波，周云轩，等. 中国海岸带围垦遥感分析［J］. 生态学报，2016，36（16）：5007-5016.

［27］肖协文，于秀波，潘明麒. 美国南佛罗里达大沼泽湿地恢复规划、实施及启示［J］. 湿地科学与管理，2012，8（3）：31-35.

［28］薛万东. 胜利油田概况及对黄河河口治理问题的思考［C］//中国水利学会，黄河研究会. 黄河河口问题及治理对策研讨会专家论坛文集，2003.

［29］于秀波，张立. 中国沿海湿地保护绿皮书［M］. 北京：科学出版社，2017.

［30］赵小萱. 黄河三角洲湿地退化与生态补偿研究［D］. 济南：山东师范大学，2015.

第十三章

海岸带侵蚀与防护

海岸（coast）区别于海滨（shore），狭义上是指海岸线以上的狭长陆地地带。本章所讨论的海岸（带）指的是海陆相互作用的地带，它囊括了上述海岸的概念，另外还包含潮间带和永久性水下岸坡带。目前，海岸带侵蚀已成为全球性的普遍现象，它可导致湿地损失、堤坝塌陷及人类设施毁坏等一系列严重后果。本章先介绍海岸侵蚀现象及原因，再论述其防护措施。

○ 第一节　海岸侵蚀现象

海岸带（coastal zone）包括三个部分：沿着海岸线的陆地（岸陆）、潮间带，以及永久性水下岸坡带（潮下带）。而从海岸地貌学的角度讲，海岸是指现在海、陆之间正在相互作用和过去曾相互作用过的地带，因此海岸包括现在的海岸带，以及曾上升或下降的古海岸带。在海陆交互的动力作用下，海岸经历着侵蚀和堆积的变化过程。然而，任何一种和任何一地的海岸，都有海岸带；但任何一种或任何一地的海岸带并不一定都具有上升古海岸带或下降古海岸带，因此当代所探讨的海岸环境特征，一般属于现代海岸带范畴。海岸按物质组成可分为基岩海岸、沙砾质海岸和泥质海岸。

海岸侵蚀（coast erosion，marine erosion），系指在海洋动力作用下，导致海岸线向陆迁移或潮间带滩涂和潮下带底床下蚀的海岸变化过程（陈吉余，2010）。按照侵蚀机理，可分为冲蚀、磨蚀、溶蚀三种。冲蚀即由海水对海岸的直接冲击、破坏的过程；磨蚀为海水挟带岩块、泥沙对海岸的摩擦、破坏作用；溶蚀即海水对于海岸可溶性岩石的溶解过程。

海岸侵蚀会造成海滩吞蚀、岸线后退，海水倒灌，淹没沿海低洼地，加剧土壤次生盐渍化程度，破坏护岸工程及滨海旅游资源等危害（图13-1）。由于全球海平面上升和河流入海泥沙的减少，海岸侵蚀已经成为世界各国海岸带普遍存在的现象。在近百年中，70%

彩图 13-1
海岸侵蚀造成
的沿岸建筑破坏、
岸线后退

以上的海滩处于蚀退状态，淤涨的海岸线不足10%，平衡岸段要么一直保持稳定，要么侵蚀与堆积交替，但没有净增长或净蚀退（Bird，1985）。近数十年海岸侵蚀已成为世界性的灾害，据估计世界沙质海岸中的70%受蚀，美国可能达到90%，岸线平均蚀退率大于1 m/a，美国南部海岸达2 m/a。日本34 000 km的海岸线上有16 000 km因海岸侵蚀而需要采取工程措施加以保护（Wiegel，1982）。

(a)

(b)

图 13-1　海岸侵蚀造成的沿岸建筑破坏、岸线后退（刘晓磊 摄）

近年来，我国海岸侵蚀的现象也十分严重。我国海岸侵蚀的研究最早始于老黄河口的改道，继而对沙质海滩、粉沙淤泥质潮滩和珊瑚礁岸线的海岸侵蚀开展调查研究。在我国18 000多千米的海岸线中，沙砾质海岸所占比例超过30%，其中70%沙砾质海岸都存在海岸侵蚀现象，岸线蚀退率大于1.1 m/a，局部达5.5 m/a或更大（王永红，2012）。若按照海岸侵蚀速率大于0.5 m/a的标准统计，我国海岸总侵蚀岸线长度为3 255.4 km，其中，沙质侵蚀岸线长 2 463.4 km，粉沙淤泥质侵蚀海岸长 792 km。从空间分布上看，长江以北软质海岸侵蚀较长江以南更严重，如图 13-2 所示。

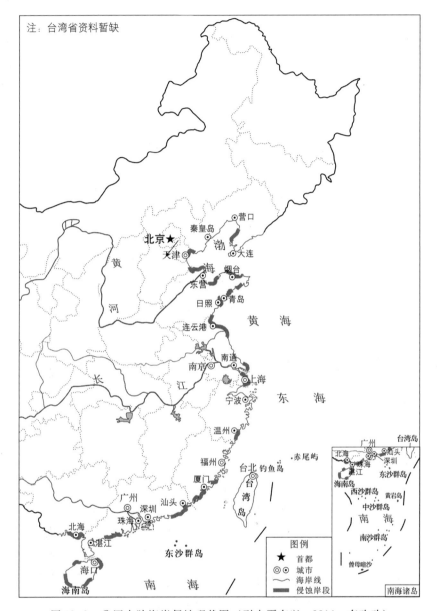

图 13-2　我国大陆海岸侵蚀现状图（引自夏东兴，2014，有改动）

第二节　海岸侵蚀原因

　　要防止或减轻海岸侵蚀，首先必须了解引起侵蚀的原因。当海岸的物质损失量大于补给量时，海岸就会发生侵蚀。侵蚀的速率取决于海洋动力（波浪、潮流）、泥沙条件和海岸性质（岩性、构造运动、岸外沉积）之间的均衡状况。若海洋动力作用增强或者海岸稳定性降低，便会导致海岸侵蚀的发生或加强（黄巧华和吴小根，1997）。具体来说，海岸侵蚀的原因主要集中于海平面变化，河流供沙量减少，海崖、内陆、海底等来沙减少，人工过量采沙，沿岸输沙障碍等，且通常是几种原因共同作用的结果，对于不同的海岸也会有很大的差别，本节对海岸侵蚀原因分述如下。

一、海平面变化

海平面指与海洋有关的沉积盆地中液态水体与大气圈的交界面，即位于地壳之上的由大洋及与大洋相通的大陆海、海湾和海湖等构成的水圈与大气圈的交界面。海平面的变化主要受到温室气体排放、冰川消长、洋盆容积、海水物理性质、天文因素，以及地球物理因素等多方面共同影响，而近百年来，人类社会的温室气体排放导致的全球增温（温室效应）已成为现代海平面上升的主要原因。全球长期海平面观测数据表明，近百年来全球海平面持续上升，联合国教科文组织公布的近百年来全球海平面上升速率是 $1.0 \sim 1.5$ mm/a，我国海平面平均上升速率约 1.4 mm/a，且近年有加快趋势。

海平面上升对海岸地区会产生两方面的影响：一方面，海平面上升会淹没海岸低地，使侵蚀基面升高，加快河流的溯源堆积，减小河流的输沙量；另一方面，海平面上升导致近岸水深增加，增强海岸地区的动力条件而侵蚀海岸，同时将侵蚀下来的物质带向海底，增加了向海迁移的泥沙量。从以上两个方面来说，海平面上升引起的海岸侵蚀的作用过程十分缓慢，所以从短时间上来讲，海平面上升引起的海岸侵蚀不明显，但经过几十年或上百年的积累，其危害是十分明显的。

海平面上升影响海岸侵蚀的原理，可用 Bruun（1962）提出的"平衡剖面"（equilibrium profile）来解释。所谓"平衡剖面"是指，在一个特定的时间内，这个剖面上既没有沉积物的补给也没有沉积物的流失。Bruun 指出，在已达"平衡剖面"的海滩上，海面上升导致海滩上部侵蚀，被侵蚀下来的物质向邻近的海底输送，结果会在新的海平面高度下，重新形成一个平衡的横向剖面（图 13-3）。计算结果表明，如果没有陆源补给和沿岸物质的输入输出，海岸侵蚀的幅度是海平面相对上升量的 $50 \sim 100$ 倍，即海平面上升 1 m，将使岸线后退 $50 \sim 100$ m。

Bruun 法则表明，在松散沉积物海岸，一个阶段的海平面上升将伴随着海岸线的后退；一定量的沉积物从后滨被侵蚀下来，然后搬运到近岸沉积下来。通过这种方式，海岸横剖面的形状保持不变，但剖面位置向岸和向上移动。对于我国的海岸侵蚀状况，根据 Bruun 法则来计算，可得到如下

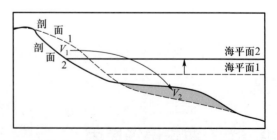

图 13-3　Bruun 法则（引自杨世伦，2003）

结果：在琼州海峡南岸，海平面上升引起的该岸段侵蚀后退量为 3.2 m，占侵蚀后退总量的 $1.6\% \sim 6.4\%$。根据田晖和陈宗镛（1998）的统计，日照海岸海面上升占总侵蚀量的权重为 $8\% \sim 10\%$。庄振业等（2000）计算得出鲁南沙质海岸的所占权重为 8% 左右。由此

可见，虽然海平面上升引起的海岸侵蚀速率较小，但由于其长期持续作用于海岸，随着海平面上升速率的加快，侵蚀速率也将进一步加快。

值得注意的是，关于如何使用 Bruun 法则来精确地预测海平面上升引起的岸线后退的距离，目前仍存在许多争议。由于 Bruun 法则的前提是发生海平面上升现象的海滩原来处于平衡状态且在计算时海平面已停止上升，但由于海滩侵蚀已经非常普遍，目前世界上只有一小部分海滩处于平衡状态；且 Bruun 法则未涉及沿岸流引起的物质输送对海滩剖面变化的影响，这些因素都有可能使其发生变化，因此对于 Bruun 法则仍需进行进一步的修正。但无疑，海平面上升是海岸侵蚀的主要原因之一，若海平面进一步升高，很多现存海滩很可能不能得以维持，因此，海平面变化对海岸侵蚀的影响应引起高度重视。

二、河流供沙量减少

传统的堆积海岸供沙主要来自大大小小的河流，全世界河流每年向海洋输沙 100 多亿 t，其中绝大多数堆积在水深 50 m 以浅的区域，其他的供沙来源相对于河流供沙来说很少。在河流供沙成为海岸唯一或主要物质来源的岸段，河流入海泥沙量的减少很可能导致海岸的侵蚀。河流泥沙供应量的减少绝大多数是由于以下几个原因：① 流域降雨量减少或是冰雪融水减少而导致地表径流减少。研究表明，全球"厄尔尼诺与南方涛动"（El Niño and Southern Oscillation，ENSO）事件直接影响黄河流域内的降雨，对流量减少所占的贡献可达52%，自然降水减少导致的黄河入海泥沙减少占总量的30%。② 河流改道。在黄河口，黄河的改道使原来的泥沙来源断绝，致使黄河口原来淤涨的岸线迅速转变为侵蚀后退。③ 河流上游建立水利工程如水库等，拦截向下运输的泥沙。④ 中上游地区采取了较为成功的水土保持措施。在以上几个原因中，水利工程的拦截是最重要的一个因素。

修建水坝或水库的例子比较多，最著名的是尼罗河三角洲。从尼罗河各汊道入海的泥沙被沿岸流向两侧搬运，三角洲处于淤涨状态。自 1902 年修建上游拦河坝，1964 年修建阿斯旺高坝，河流泥沙大部分被拦截在水库内，三角洲海岸开始侵蚀，一些三角洲岸段上的侵蚀速率达 40 m/a。自 20 世纪 50 年代以来，我国的长江流域的水库累计库容呈指数增长趋势，导致大通站所检测的入海泥沙量在 20 世纪 60 年代由增加转为下降，1954—1963 年与 1994—2003 年两个阶段的十年平均值对比结果表明，长江入海泥沙量下降了约33%，长江口水下三角洲的整体淤涨速率已明显下降，局部出现冲刷。日照海岸自 20 世纪 50 年代，主要入海河流上游逐渐开始修建水库以来，陆源泥沙逐年减少，若以 1958—1965 年平均输沙量 53.49×10^4 t/a 作为海岸未受侵蚀时的标准，1966—1997 年平均陆源入海泥沙量只有 6.33×10^4 t/a，陆源入海泥沙剧减，没有足够的泥沙补充到海岸上，导致海岸泥沙亏损，海滩和后侧沙丘物质在波浪作用下不断被侵蚀剥离，海岸侵蚀后退。

三、海崖、内陆沙丘、海底等来沙减少

除河流供沙外，海崖、内陆沙丘、海底等也会向海岸提供沉积物补给，这些补给的减少同样会引起海岸侵蚀后退。

海崖（sea cliff）又称海蚀崖，指海崖基岩海岸受海蚀及重力崩落作用，沿断层节理或层理面形成的陡壁悬崖（图13-4）。来自海崖的沉积物补给是由于海崖在侵蚀之前或发生侵蚀的同时风化，大雨后产生的径流在崖面上切出小水沟，下雨季节，沉积物从崖面上被冲刷到附近的海滩上，对海滩泥沙进行补给。但这些补给可能由于各种原因而减少，若年降水量减少或地表径流被控制，则泥沙补给量也会减少；除此之外，海崖的人工稳固、海岸物质开

图 13-4 海崖（赵阳国 摄）

采的停止、废弃物补给的停止都会产生类似的效果。海崖自身侵蚀速率的降低也是一个重要的原因，气候变化或者近岸浅滩和珊瑚礁的阻挡使海岸水动力减弱，或是沿着海蚀崖基脚修建防护墙，都会使海崖侵蚀减轻，从而使海滩因缺少泥沙补给而发生侵蚀。

彩图 13-4
海崖

存在一部分海滩由内陆沙丘供沙，盛行风使沙丘向海滩迁移，同时向海滩补给泥沙。在沙丘稳定后，供沙量减少或停止，海滩出现侵蚀。沙丘供沙量减少的原因可能是自然植被的增加、固沙工程（如草或灌木的种植）、化学物质（如沥青和橡胶）的喷洒，以及沙丘沙被不断向海滩搬运而耗尽。

在波浪作用下，海底的沙砾会向岸运移，并使海滩向海淤涨，在海滩的向陆侧形成一道道滩脊和平行沙丘。对于世界上的海滩，有些岸段由于近岸浅滩遭受波浪和水流的冲刷，沉积物仍在继续向岸搬运，但大多数岸段泥沙的向岸迁移已经停止，海滩不能再得到海底物质的补给，如果没有其他泥沙来源，海滩将不断遭受侵蚀。除此之外，生态环境的变化（例如贝类由于污染而遭受破坏）引起海底贝壳碎屑向岸运输的减少，或是从海底搬运来的沙和卵石被海草或其他植被阻挡沉积在滨外，都会导致海滩物质来源减少，引起海滩侵蚀。

以上几种泥沙来源相较于河流泥沙来源虽只占有较小的比例，但世界上海滩类型多种多样，对于不同的海滩，其侵蚀的主导原因也不同，因此对于各种原因都不能忽视，应综合考虑。

四、人工采沙

人工采沙属于对海滩的人为影响，是造成海岸侵蚀的第二大原因，仅次于河流输沙量

的减少，但人工采沙的影响仅限于沙质海岸。海岸沙因分选性好，是一种良好的建筑材料和围填海用料，随着经济的发展，人们在建筑上的需求越来越大，对沙料的需求量激增，于是越来越多的人在海岸地区的海滩、河口和水下采沙，导致沙质海岸产生泥沙亏损，岸滩剖面平衡被破坏；且人工采沙会导致海滩滩面降低，水深加大，失去对海岸的屏障作用，从而使到达海岸的波浪能量大大增加，进一步加强海岸侵蚀。

海滨人工采沙近年来呈增加趋势，仅以山东省的不完全统计，20 世纪 80 年代有采沙场 67 个，年采沙量为 500×10^4 t。山东日照海岸海滩和近岸沙质纯净，以中粗沙为主，是良好的建筑材料，因此日照海沙开采需求量巨大，根据庄振业等（1989，2000）的统计，每年开采量约 3.5×10^4 t/a。有吸沙船趁夜间高潮时抽取低潮线一带的海沙，在滩面上留下了许多裸露的采沙凹坑（图 13-5），使前滨水深迅速增大，浪力增强，加速了海滩的蚀退。近十几年来，由于管理力度加强，岸滩采沙有所减少，采沙主要移至河床，但此举同样使河流入海泥沙减少，对岸滩的效应仍是亏失。

图 13-5　偷采海沙在海滩和潮间带留下的大型采沙坑（2000 年）（引自王松涛，2014）

除人工采沙之外，对于被高强度利用的旅游海滩，沙的减少是在不经意间发生的。沙粒黏在游客的皮肤或衣服上被带走，这些沙量虽然很小，但这是一个累积的过程，只有人带走沙而没有人将沙带入海滩，使海滩泥沙长期处于支出状态；对海滩的定时清理也将沙带走。随着海滩沙的耗尽，下伏的海蚀平台正在不断露出（Bird，1996）。

五、沿岸输沙障碍

沿岸输沙是波浪斜向传至近岸地区发生破碎，从而掀动海底泥沙（含临近岸滩运输到此的泥沙），泥沙在破碎水流的沿岸分量挟带下形成沉积物的现象。海岸因沿岸输沙率的空间分布不等，故发生长期性的地貌变化，它产生以下两种情况。一是岬角或滩头拦截了沿岸输沙形成的地貌体，这种情况多数会引起输沙上游侧堆积，下游侧冲刷；二是岛屿或岸线发生突然变化形成的地貌现象，正是由于这种变化的影响，使波浪发生绕射，降低了输沙能力，使泥沙发生沉积。在有沿岸输沙的岸滩上建筑工程设施，会破坏天然的沿岸输沙的平衡，自然海岸有很多沿岸输沙障碍，如平行岸线的岛屿、深入海中的岬、天然潮（港）汊等。而与之对应的，为了提高河口、潟湖通道口的稳定性，以及增强通航能力，或者是为了修建港口，往往需要建设一些海岸工程如离岸堤、突堤、人工挖槽等（图13-6），这种海岸工程的建设往往会导致岸线原来的形态或走向发生改变，引起沿岸动力场的改变，使建筑上游的沿岸输沙被阻断，因而使泥沙沉积在上游，同时又阻断了下游的泥沙供应，岸线逐渐被冲刷后退。值得注意的是，下游岸线的侵蚀不一定在输沙障碍建立后立即发生，有时需要几年以后才被发觉，但输沙的不平衡总要表现出来。海岸工程引起的侵蚀虽然是局部的，但在受影响的岸段往往非常强烈，甚至是灾难性的。

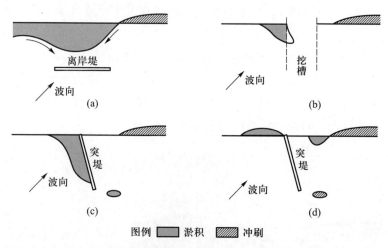

图13-6　人为的沿岸输沙障碍（引自常瑞芳，1997）

由于海岸工程导致岸线变形的例子很多，在美国的佛罗里达州，沿潟湖入口修建的防波堤拦截了由北向南的泥沙流，使北侧的海滩淤涨而南侧的海滩侵蚀。我国也有这种情况，如20世纪80年代建成的鲁南岚山港，有一条2 km长的突堤，其上游侧堆积了大量泥沙，其下游侧的沿岸村庄却逐渐消失。

六、其他原因

除上述几种造成海岸侵蚀的主要原因以外，还有许多因素作用影响海岸的形态。

台风和风暴潮过程引起的大浪和水位上升，对海岸破坏作用极大，使海滩和后侧的沙丘暴露在强烈的波浪作用下，海滩的高处后退且变得陡峭，直至海滩剖面为适应变强的波浪而调整为上凹形为止；海滩上部被侵蚀下来的泥沙被强浪带到深水区，这些物质一般在平常的风浪条件下很难被带回海滩，因此台风和风暴潮往往造成强烈的海岸侵蚀。

海岸建筑物周围海况的变化也是造成海岸侵蚀的原因之一。海岸建筑物可引起附近波、流的变化，由此海岸也相应地向着新的稳定状态发生变化，从而引起淤积或侵蚀。除此之外，地形上的原因也会造成海岸侵蚀，如岸线向海突出而使波能集中的海岸；海峡附近潮流显著处；接近海岸的峡谷地带等，一般来说岸线后退现象会比较明显。

海岸侵蚀的原因远远不止上述这些，对于某个具体的岸段而言，侵蚀的原因也往往不止一个。对于各海岸不同的自然条件和人类活动，各因素之间相互作用、相互影响。总体来说，人类活动引起的海岸侵蚀的例子越来越多，如上所述，河流入海泥沙量的减少和人工采沙是众多因素中最突出的两个，而海平面的上升也在逐渐成为一个主要因素。总体而言，人类活动已经超过自然因素，成为海岸侵蚀的首要原因。因此，从理论上讲，控制海岸侵蚀的根本措施之一是调整人类活动的方式或强度。

第三节　海岸防护工程

针对海岸侵蚀可以采取多种措施，除上节所说的根本措施即调整人类活动的方式或强度外，还可以采取工程措施，包括海堤、护岸、丁坝等保滩措施，以及促淤围垦工程等。这些工程措施又可分为"软工程"（生态养护方法）与"硬工程"（结构工程），现在一般认为构筑混凝土结构和构筑岩石海堤是抵抗海岸侵蚀最理想的方法，这种海岸防护方法一般称为"硬工程"，与其相对应的则是与环境更加协调的"软工程"方法，是通过向受蚀沙滩进行人工填沙养护、种植植被等生态养护的方法来防止或补偿海滩侵蚀的方法。本节对不同防护工程分别进行介绍。

一、海堤

海堤（sea wall），又称海塘，是一种沿岸线延伸的垄状建筑物，通常筑于平原岸段的高潮线附近，其横断面一般为顶窄底宽的梯形。它是防御潮、浪侵袭滨海陆域，保护人民生命财产长治久安的重要海岸工程建筑。海堤工程必须满足潮、风浪、洪水作用下结构稳定，一般不允许波浪、水流越顶从而保证在工程设计条件下安全运用，发挥效益。因此海堤的设计应结合所防护对象的规模和重要性，以及当地海洋水文气象条件确定海堤高程和结构形式。

（一）海堤设计标准

海堤防御标准是指海堤应有的防御潮水（或洪水）和波浪袭击的能力，通常以设计潮位（或水位）和设计波浪（或设计风速）的重现期表示。在潮位、波浪资料短缺时，也常采用当地的历史最高潮位和某一特定风力级别作为防御标准。

1. 海堤工程等级和防御标准

根据我国《防洪标准》（GB 50201—2014），规定海堤工程等级和设防标准见表13-1，表13-2，表13-3。

表 13-1　城市的等级和防洪标准

等级	重要性	常住人口/万人	防洪标准（重现期）/a
Ⅰ	特别重要的城市	≥150	≥200
Ⅱ	重要的城市	50 ~ 150	100 ~ 200
Ⅲ	中等城市	20 ~ 50	50 ~ 100
Ⅳ	一般城镇	≤20	20 ~ 50

表 13-2 工矿企业的等级和防洪标准

等级	工矿企业规模	防洪标准（重现期）/a
I	特大型	100~200
II	大型	50~100
III	中型	20~50
IV	小型	10~20

注：1. 各类工矿企业的规模，按国家现行规定划分。

　　2. 如辅助厂区（或车间）和生活区单独进行防护的，其防洪标准可适当降低。

表 13-3 海港主要港区陆域的等级和防洪标准

等级	重要性和受淹损失程度	防洪标准（重现期）/a
I	重要的港区陆域，受淹损失巨大	100~200
II	中等港区陆域，受淹后损失较大	50~100
III	一般港区陆域，受淹后损失较小	20~50

注：海港的安全主要是防潮水，为统一起见，本标准将防潮标准统称为防洪标准。

我国沿海各省、直辖市、自治区也根据历史经验教训，结合本地实践经验和具体条件，因地制宜地制定了海堤防御标准，如浙江省1980年就发布了《浙江省海塘工程技术规定》，1999年进行修订，见表13-4。江苏省曾规定设计海堤堤顶高程时，采用历史最高潮位作为设计高水位，而由于各地潮位资料不一致，在围垦规划中又提出采用200年一遇的高潮位作为设计高水位。上海市曾规定采用历史最高潮位（吴淞5.72 m）作为海堤的设计高水位，市区的防汛墙则提高至采用千年一遇高潮位（吴淞6.27 m）作为设计高水位（毛佩郁等，1996）。福建省鉴于现有海堤的标准偏低，堤顶高度不足，因此对于加固达标的海堤，也规定采用历史最高潮位作为设计高水位。

在国外，荷兰是有名的低洼地国家，低洼地约占一半国土，而且该国人口密度大、工业集中的地区要靠海堤保护，免遭海水入侵，因此其海堤设计高水位的标准远比我国的有关规定高，故采用重现期达10 000年的高潮位。

表 13-4 浙江省海堤工程等级和设防标准表

海堤工程等级		I	II	III	IV	V
设计重现期/a		200 以上	100	50	20	10
防护对象	城市	人口150万以上特别重要城市	人口（50~100）万重要城市	人口（10~50）万城市	人口（1~10）万城镇	人口（0.1~1）万乡镇
	农村		6.67 万 hm² 以上大片平原	（0.33~6.67）万 hm² 平原	（0.07~0.33）万 hm²	0.07 万 hm² 以下
	工矿企业、基础设计	特大型	大型	中型	中型	小型

注：1. 海堤防护对象中的人口、耕地是指整个闭合区内的，包括备堤万一溃决潮水影响的范围。

　　2. 表中作为分等级指标的城市人口、农田面积、工矿企业和基础设施，满足其中一项即可。

　　3. 防护区内如有几个不同类别的防护对象时，应按照要求较高的防护对象工程等级确定；防护对象同时满足同一级别的2~3项指标的，经过论证其级别可提高一等。

　　4. 浙江省沿海地区经济发达，人口密集，IV~V等级海堤也可按照表13-4提高一个等级；海岛地区较大陆地区可提高一个等级。

2. 海堤堤顶高程与宽度

通常海堤的堤顶高程（当堤顶有防浪墙时为墙顶高程）应为设计高水位加上波浪作用高度，再加安全超高。波浪作用高度一般为波浪在堤坡上的爬升高度。堤顶高程计算公式如下：

$$Z_p = H_p + R_{f\%} + \Delta H \tag{13-1}$$

式中：Z_p——设计频率的堤顶高程；

H_p——某重现期的设计高潮位；

$R_{f\%}$——按设计波浪计算的累计频率为 $f\%$ 的波浪爬高值（m）；允许部分越浪 $f=13$，不允许越浪 $f=2$；

ΔH——堤顶安全加高值（m），见表 13-5。

表 13-5　堤顶安全加高值

海堤工程等级	I	II	III	IV	V
不允许越浪 $\Delta H/\mathrm{m}$	1.0	0.8	0.7	0.6	0.5
允许部分越浪 $\Delta H/\mathrm{m}$	0.5	0.4	0.4	0.3	0.3

波浪在单坡上的爬高值按下式计算：

$$R_{f\%} = K_\Delta K_V R_0 H_{1\%} K_f \tag{13-2}$$

式中：$f\%$——波浪爬高累计频率，不允许越浪取 2%，允许部分越浪取 13%（允许越浪指塘顶、内坡及坡脚有防冲刷保护措施）；

$R_{f\%}$——按设计波浪计算的累计频率为 $f\%$ 的波浪爬高值（m）；

K_Δ——与护面结构形式有关的糙率及渗透性系数（见表 13-6）；

K_V——与风速 V 和堤前水深 $d_{前}$ 有关的经验系数（见表 13-7）；

R_0——不透水光滑墙上的相对爬高，即当 $K_\Delta = 1.0$，$H = 1.0$ 时的爬高值，由斜坡 m 即深水波坦 $\dfrac{L_0}{H_{01\%}}$，或水深 $d = 2H_{1\%}$ 处的波坦确定；

$H_{1\%}$——累计波高率为 $f = 1\%$ 的波高值，当 $H_{1\%} \geq H_b$ 时取用 H_b 值；

K_f——波浪爬高累计频率换算系数，根据表 13-8 确定，若要求的 $R_{f\%}$ 所相应累计率的堤前波高 $H_{f\%}$ 已经破碎，则 $K_f = 1$。

表 13-6　护面结构的糙率及渗透性系数 K_Δ

护面类型	K_Δ
光滑不透水护面（沥青混凝土）	1.0
混凝土及混凝土板护面	0.9
砌石护面	0.70 ~ 0.80
抛填两层块石（不透水基础）	0.60 ~ 0.65
抛填两层块石（透水基础）	0.50 ~ 0.55

护面类型	K_Δ
四脚空心方块（安放一层）	0.55
四脚椎体（安放两层）	0.40
扭工字块体（安放两层）	0.38
扭王字块体	0.45

表 13-7　经验系数 K_V

$\dfrac{V}{\sqrt{gd_{前}}}$	≤1	1.5	2.0	2.5	3.0	3.5	4.0	≥5
K_V	1.0	1.02	1.08	1.16	1.22	1.25	1.28	1.30

表 13-8　波浪爬高累计频率换算系数 K_F

$f\%$	0.1	1	2	5	10	13	30	50
K_f	1.14	1.00	0.94	0.87	0.80	0.77	0.66	0.55

海堤宽度指除去防浪墙后的净宽度，其值应依据安全、防汛、管理、施工、结构及其他要求确定。考虑越浪冲刷和适当的裕度，采用较宽的堤顶较为有利。表 13-9 可供选用。

表 13-9　海堤工程堤顶宽度

海塘工程等级	I	II	III	IV ~ V
塘顶宽度/m	≥7	6 ~ 7	4.5 ~ 5	不小于 4

（二）海堤的结构形式

海堤工程主要由堤基、堤心、护面层和护底结构组成，除此之外，根据海堤的功能和管理、使用的需要，可设防浪墙、消浪平台、戗台或交通平台等。海堤的结构形式随着堤基高程、土质情况、风浪大小、材料供应和施工条件的不同而异。在一般情况下，根据海堤断面形态，有斜坡式、陡墙式和混成式海堤。习惯上将迎水坡坡比 $m>1$ 的海堤称为斜坡式，坡比 $m<1$ 的称为陡墙式。

斜坡式海堤最简单，断面形态为梯形断面，临海坡为单一斜坡，但通常采用上下不同坡度或设置平台（戗台）的复式断面。风浪对斜坡式海堤的作用较缓和，实际破坏较少，即使有局部破坏，也较容易修复。因此斜坡式海堤适用于波浪较大的堤段。

陡墙式海堤的外侧用块石或混凝土块石砌筑成陡墙或直墙，墙后设置碎石反滤层或土工布反滤，后方填筑土方；或用沉箱建造陡墙。波浪对陡墙式海堤的作用相较于斜坡式较强烈，冲击压力大，干砌的陡墙容易遭到破坏，因此陡墙最好采用干砌条石墙或是在水位允许的情况下采用浆砌块石墙。除此之外，陡墙式海堤前的波浪反射作用较强，应特别注意堤前滩地的防冲刷措施。因此，陡墙式海堤适用于波浪不大、地基较好的堤段。

混成式海堤是斜坡式与陡墙式海堤的结合形式，其外坡上部为斜坡、下部为陡墙。这种形式与斜坡式海堤相比可减少断面工程数量。在设计高水位时，若陡墙的墙顶水深大于波高，波浪对堤的作用接近于斜坡式海堤的情况。随着墙顶水深减小，波浪对堤的作用逐渐与陡墙式相近。混成式海堤也有另外一种形式，即上部设陡墙、下部为斜坡。与陡墙式海堤一样，混成式海堤前的波浪反射作用较强，应特别注意堤前滩地的防冲刷措施。

图 13-7 ~ 图 13-10 是不同结构形式海堤的断面。

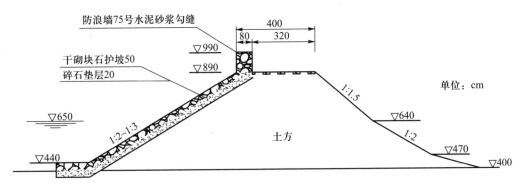

图 13-7　土堤护坡斜坡式海堤断面图（引自严恺，2002）

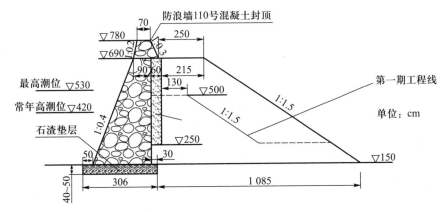

图 13-8　陡墙式海堤断面图（引自严恺，2002）

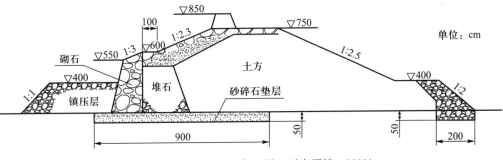

图 13-9　混成式海堤断面图（引自严恺，2002）

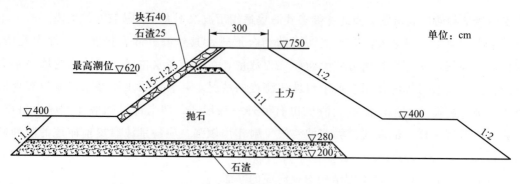

图 13-10　土石混成斜坡式海堤断面图（引自严恺，2002）

二、护岸

护岸是直接与岸相贴的建筑物，通常建造在岸滩的较高位置，目的是防止大风浪对滩面的冲刷，使岸滩不能向其后侧侵蚀后退，以及保护其后侧岸滩的后滨部分及岸上的道路、房屋及其他设施。

作为海岸防护工程的护岸，与一般建造在有掩护港域中或河岸上的护岸的区别在于，前者需要考虑海浪的作用，包括作用在护岸建筑上的波浪力，越过护岸顶部的波峰水体，以及波浪对护岸前海底的局部冲刷等，而后者则防水流及地下渗流的冲刷。其与海堤的区别在于，护岸是天然岸坡的人工加固，海堤则是岸滩堆筑的防潮挡浪建筑物。

在侵蚀性海岸上建造护岸，一般需要自现有的岸滩后退一定的距离，否则在一定年限后护岸处的侵蚀深度将太深。而若在现有岸滩后一定距离建造护岸，除非采用板桩或地连墙等结构，否则在施工时需要开挖的土方数量将会相当大。在通常情况下，为了海岸防护的目的，护岸不宜单独采用，但当护岸与丁坝系统或人工养滩补沙措施结合，或是在建造非侵蚀性海岸用来保护其后侧的填筑陆域时，护岸仍是一种广泛应用的海岸建筑物。

护岸的断面外形是在设计中需要选择和确定的一项主要内容，大致可分为直立或陡墙式、斜坡式、凹曲线式和台阶式等几种（图 13-11）。

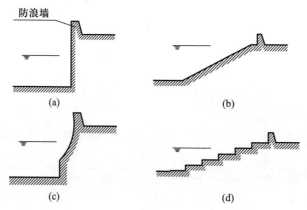

图 13-11　护岸的断面形式（引自严恺，2002）

a. 直立式；b. 斜坡式；c. 凹曲线式；d. 台阶式

当护岸临海面为直立面或者接近直立面（陡墙）时，其优点是无风浪时期可作为岸壁停靠小船，缺点是波浪反射大，墙前冲刷较为严重；斜坡式护岸主要由抛石结构组成，有利于消散和吸收波能，因此波浪在斜坡上的爬高和护岸顶的越浪量均较小，前岸滩的冲刷也较直立式时小；具有凹曲线外形的护岸，不仅外形美观，也有助于降低越浪量，在海滨旅游区或是护岸后侧有道路时，通常采用这种护岸；台阶式护岸适宜建造在海滨旅游区，在低潮时可利用台阶方便地从后方陆域到达海滩，且台阶有利于减弱波浪回落造成的冲刷。图 13-12 为几种形式护岸的断面图。

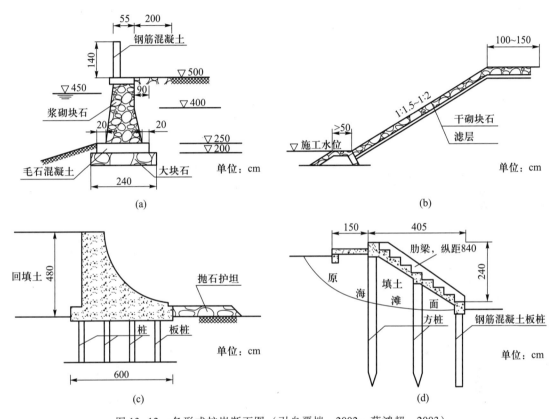

图 13-12　各形式护岸断面图（引自严恺，2002；薛鸿超，2003）

a. 直立式护岸断面图；b. 斜坡式护岸断面图；c. 凹曲线式护岸断面图；d. 台阶式护岸断面图

三、保滩措施

前述海堤和护岸都是纯防御性的工程，一般不改变或削弱水动力的强度。而大量实践经验证明，只有在海堤、护岸临海一侧有适当宽度与高度的滩地时，才能更好地保证海堤和护岸的安全，易于进行长期的维护，因此，保护滩地成为保护海堤、护岸的重要与有效措施。保滩工程除了能直接保护滩涂外，也能间接地保护堤岸。

1. 丁坝

将坝体与岸线布置成丁字形，故称丁坝，由坝头、坝身、坝根三部分组成。坝根与堤、岸连接，坝头伸入海域一段距离，因此，丁坝能将沿岸水流或逼近岸水流挑离岸边并拦截部分沿岸漂沙，使之在岸边淤落，同时，对斜向波浪还有一定的掩蔽作用。

丁坝垂直岸线建造，有直线型、T型、L型和Z型，如图13-13所示，但一般采用直线型。丁坝按坝顶高程可分为高丁坝和低丁坝；按坝体长度可分为长丁坝和短丁坝；按透沙性可分为基本不透沙和透沙两种；大部分丁坝为固定式建筑物，但也有少数为可活动的结构。

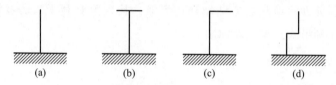

图 13-13　丁坝的平面形状（引自常瑞芳，1997）

a. 直线型；b. T型；c. L型；d. Z型

丁字形布置有与沿岸水流成正交、上挑或下挑三种方式。就绕流情况而言，迎着水流上挑时，即表面流流向离岸侧，底流流向向岸侧，挑流效果较好，但坝头附近冲刷剧烈，坝头海底由绕流引起的冲刷较强；顺着水流下挑时，表面流流向向岸侧，底流流向离岸侧，水流较规顺，挑流效果较差，但坝头海底由绕流引起的冲刷较弱；就漫流情况而言，则恰好相反；当往复水流或波浪方向多变时，丁坝方向宜采用正交（图13-14）。对于丁坝长度的选择，一般短丁坝用于护滩，长丁坝用于促淤。在海岸地区，丁坝的长度主要取决于水流强度、破波带宽度、岸滩需保护的程度。沿丁坝的走向，通常可将丁坝分为三段：与岸连接的岸侧段、丁坝纵向有坡度的中间段，以及包括坝头的外侧段（图13-15）。而丁坝的高程则应考虑护滩的需要和施工条件，护滩丁坝的高程可略高于平均低潮位，促淤丁坝坝顶高程在平均高潮位附近。丁坝的间距则视丁坝长度而定，一般丁坝间距为坝长的2~3倍。

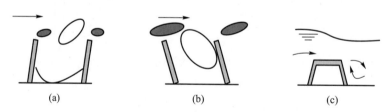

图 13-14　丁坝间的冲淤（引自贺松林，2003）

a. 下挑；b. 上挑；c. 底部回流

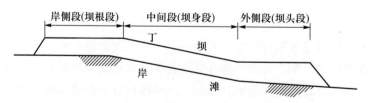

图 13-15　丁坝的纵剖面图（引自贺松林，2003）

2. 顺坝（离岸堤）

将坝体布置成与岸线大致平行，也与水流相顺，故称顺坝，因与岸相隔一定距离，故又称离岸堤，用以削减波浪并促使泥沙在坝后岸一侧沉积（图13-16）。顺坝不仅能阻挡一部分波使之不能到达海岸，且由于两堤之间有一段空当，一部分波浪可进入堤后并发生绕射，在堤后形成类似于连岛沙堤那样的堆积体，使海滩增宽。

图13-16　上海市保滩顺坝
（引自施震余等，2020）

对于顺坝的设计，当用于堤、岸防护时，顺坝一般采用离岸60～100 m；当用于滩地促淤时，离岸距离可达1～2 km。若沿岸水流较强，顺坝的一端或两端宜以丁坝与岸连接，或中部加抛隔坝封隔，以免在离岸堤与岸线之间的狭长地带出现冲刷潮沟，冲失坝田淤积泥沙。为保护一定长度的海岸线，可建设分段式顺坝，相邻段顺坝之间留有口门，可使泥沙通过口门进入防护段进行淤积。一份关于分段式顺坝工程的调查资料指出，坝长度与波长相联系，每一段坝长可取为2至6倍波长，相当于60～200 m，口门宽度可取20～50 m。

日本是建造顺坝最多的国家（Seiji等，1987），根据对日本沿岸顺坝的调查，最常用的坝长为100～110 m；建坝水深最常见的在3～4 m；最常用的坝的离岸距离为20～80 m。日本丰岛根据顺坝所在位置的水深，把顺坝分为四类，分别为紧靠岸线的顺坝、浅水坝（水深小于1 m）、中等水深坝（水深2～4 m），以及深水坝（建于破碎带外），对于这几种情况，其应用要求从低到高，相应其长度也从小到大，结合实际情况进行设计应用。

3. 人工淤滩

一定尺度的海滩能够有效地消耗波能，对它的上部海滩起到保护作用，如果附近有合适的泥沙可以采取，用机械或水力方法填充建成一定宽度的海滩，这种方法叫作人工淤滩，这种方法建成的海滩对海岸有保护作用，所以称为保护性海滩。这种护滩措施的特点是不改变水动力环境，对补沙岸段的自然平衡破坏较小，对相邻岸段影响较小，但是这种方法一般只适用于弱侵蚀的海滩。

能否采用人工淤滩的方法，关键在于附近有无合适的泥沙可以应用，国外用得较多的是岸上的沙丘沙、潟湖内的沉积沙，以及离岸区浅滩上的沙，采取的沙的中值粒径应是海滩原沙粒径的1～1.5倍，但在实际工程中，与原海滩粒径相同的沙一般不易得到，因此选用较粗的沙，主要是为了减少填筑沙的流失量。同时在选用沙时，也应注意所护海滩具体是用来做什么的，比如太粗的沙不适用于海滨浴场等游乐用海滩。

人工淤滩所形成的海滩剖面应大体与天然海滩岸坡一致，但这在实际工程中很难实现，人工淤滩造成的海滩通常较原来的海滩在海中的位置突出一些，因此泥沙流失量更多，所以人工淤滩并非一劳永逸的方法，需要隔一段时间（数月或数年）进行一次人工补沙，间隔期的长短取决于所补泥沙的流失速率大小。

四、促淤围垦工程

我国沿海地区经济发达，人口密集，土地资源相对紧缺，利用滩涂资源，围海造陆是缓解土地资源紧缺、实现沿海地区可持续发展的重要举措。但相应的围垦工程必须提高泥沙截留率，加速围区滩面的淤高速率。

围垦大堤工程为永久建筑物，因此应根据海堤设计标准，结合沿岸水文泥沙特征、泥沙补给丰裕程度，以及稳定性，确定其设计标准。围垦工程建设应统筹兼顾，力求达到工程效益、经济效益、社会效益和环境效益的统一；其地点的选择应保证滩涂淤涨快而稳定，考虑临近岸段与围垦工程之间的相互影响；围堤线力求平顺，并尽可能避免正对强浪、强流方向，该线外适当保存动力缓冲地带，以减轻围堤的防冲压力。

促淤工程为临时建筑，通常采用丁坝（包括 T 型和 L 型长丁坝）和潜顺坝组合形式。长丁坝长度为 1 000～2 000 m，相邻两长丁坝之间的间距在无顺坝组合的情况下一般要求不大于 2 倍坝长。L 型勾头应朝向主要来沙方向，坝顶高程取平均高潮位，自岸向海可有缓倾的纵坡。顺坝采用潜顺坝，坝顶高程不高于平均潮位，控制在含沙量最大的水位以下，可增加进入围区的潮量和沙量，提高围区滩面淤积速率，也可减轻顺坝与长丁坝之间"龙口"的防冲压力。

促淤工程应用于围垦工程，可减小海堤投资、降低工程风险，促淤堤实施后，可加快涂面淤涨，并显著减小围垦开发时的新建海堤和促淤堤加高加固的投资，降低耗资量，以及工程风险。除此之外，对于需进行回填的围垦工程，可缓解回填料源紧张，减少回填投资。

第四节 海岸防护措施的选择

海堤和护岸可以用来保护海岸，防止海岸被侵蚀，但这两者也会引起一系列的环境问题，例如阻碍陆地与海洋之间沉积物的交换，且可能导致其前部的沙面下降和邻近未受保护的海岸被冲刷；丁坝不是为了阻止沿岸沉积物运移，而是为了维持建筑物间稳定的海滩所需要的沉积物，因此丁坝常用于促淤，但这会造成下游海岸的侵蚀且与丁坝相邻地方产生裂流，给游泳者带来危险，因此丁坝常与海滩养护结合起来使用。因此，需根据不同海滩的结构特征，选取不同的防护措施。

一、海岸防护措施选择方法

对丁坝、顺坝、护岸和人工淤滩等四种基本的海岸防护措施，国际航运会议常设协会（PIANC，1980）给出了当岸滩泥沙以纵向运动（即沿岸输沙）为主和以横向运动（即向岸-离岸输沙）为主的两种情况下的实用性比较表（表 13-10），其中对沿岸输沙又分为强、弱，以及单向、双向输沙等四种情况。

根据前述防护工程的特点，总结如下：① 为了海岸防护的目的，丁坝与护岸不宜单独采用，而是常常两者结合使用或分别与人工淤滩等措施结合使用。② 丁坝适合建造在以沿岸输沙为主，且输沙主导方向明显（即主要为单向输沙）的情况，而不适用于横向泥沙运动为主的海滩。③ 顺坝适用于横向泥沙运动为主的海岸，也可用于拦截沿岸输沙。④ 人工淤滩主要适用于横向泥沙运动为主的海岸，不适用于沿岸输沙强的海岸。

表 13-10　海岸防护方法的选择

海岸防护方法			丁坝	顺坝	护岸	人工淤滩
泥沙运动方式	沿岸输沙为主　沿岸输沙强	单向为主	A	D	E	D
		双向	D	C	E	D
	沿岸输沙为主　沿岸输沙弱	单向为主	A	D	D	B
		双向	D	B	D	C
	横向泥沙运动为主		D	B	C	A

注：A 为最适宜；B 为适宜；C 为次要；D 为较差；E 为不当。

海岸体系本身所具有的对干扰的响应称为自动适应。结合海岸工程等防护措施，有计划的适应（例如停止管理）可以增强海岸恢复力，降低海岸脆弱性。关于有计划的适应可采取以下四种有效的管理措施：① 第一种是不做任何处理，这适用于未开发的海岸线或是侵蚀后不会造成任何危险的海岸。② 第二种是停止管理，这种管理通常伴随海岸居民或产业的迁移，因此这种方式需要政府的支持。③ 第三种是调节，这种措施允许适应海岸的侵蚀，但是并不采用完全保护措施使之免于侵蚀，在这种情况下人们仍然占有、使用脆弱的海岸地区，同时承受海岸侵蚀所带来的影响。④ 第四种是保护，即采用软工程或硬工程来保护海岸，当被保护的土地利用价值很高时，这种管理措施在经济上是很合适的。

综上，选取哪种防护措施，结合何种管理措施，需要针对特定的海岸进行特定的规划，结合物理因素、经济因素，以及政治因素，选择合适的海岸保护措施，使海岸成为美丽的风景，也成为人类适宜的活动地带。

二、典型海岸带侵蚀防护案例

1. 越南湄公河三角洲海岸带防护

越南朔庄省（Soc Trang）的海岸线长 72 km，其侵蚀、淤涨动态受到湄公河（上游为中国澜沧江）流量与所携泥沙量、中国南海的潮汐、盛行季风驱动的沿岸流的影响（图 13-17）。据记录，在朔庄省的某些地区每年因侵蚀后退的海岸线可达到 30 m。湄公河三角洲的海岸带大多受到狭窄的红树林带的保护，使其免受侵蚀、风暴，以及洪水的侵袭。基于湄公河三角洲流域的生态特征、技术边界条件（如地基承重能力），以及当地的资金条件，将红树林作为海岸带保护措施的一部分，其对土壤的保护作用使得当地只需要土堤配合加以保护，每年可节省海堤的维护费用达 730 万美元。

图 13-17　越南使用石笼网防护仍受到侵蚀的堤防（引自 Schmitt 和 Albers，2014）

在朔庄省的沿海地区，红树林被侵蚀破坏，海岸带被侵蚀，因此在采用红树林作为生态防护手段的同时，辅以适当的堤防，可取得很好的防护效果。结合当地可用的材料，竹丁坝成为了最合适的选择，在可用性及成本方面获得了更多的优势。结合当地的波浪、潮流，以及海岸带形态等条件，采用丁字栅的形式布置丁坝（图 13-18）。

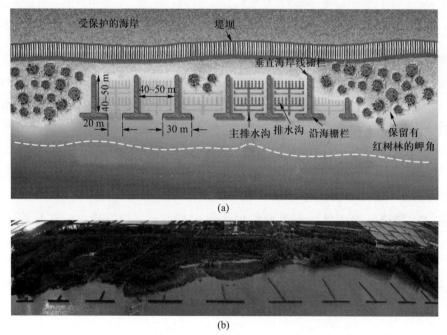

图 13-18　竹丁坝（引自 Schmitt 和 Albers，2014）

设置竹丁坝后，由于波浪衰减，有效地减少了侵蚀，增加了沉积，为红树林的修复提供了条件。红树林生长良好（图 13-19），它们一旦建立起生态保护体系，就会通过捕获沉积物和稳定土壤来进一步促进沉积，起到保护海岸带的作用（Schmitt 和 Albers，2014）。

图 13-19 设置竹丁坝后红树林的生长变化（引自 Schmitt 和 Albers，2014）

2. 中国山东沿海海岸带防护

山东省被渤海和黄海环绕，拥有 3 345 km 的海岸线。这些海岸线包括人工海岸、河口海岸和自然海岸，种类有岩石、沙质、泥质/粉质海岸。岩石海岸主要分布在山东半岛东部边缘，沙质海岸在山东半岛的北部和南部，泥质/粉质海岸主要分布在黄河三角洲至莱州湾。

山东省以优质的沙质海岸闻名，有 123 片沙质海滩分布在烟台、威海、青岛和日照，沙质海岸全长 365 km。由于人类的高强度活动，山东省超过 80% 的海滩受到侵蚀。20 世纪 80 年代，平均海岸线退缩率高达 2 ~ 4 m/a，90 年代由于对海滩挖沙行为的管理使大多数海岸线的平均退缩率降到 1 ~ 2 m/a，2000 年后，由于加强了对大多数沙质海滩的监视和管理，以及采取了硬质结构进行防护，使得海岸线的退缩率降低至 0.5 m/a，但是在海滩下部和海岸附近的侵蚀仍在继续（图 13-20）。

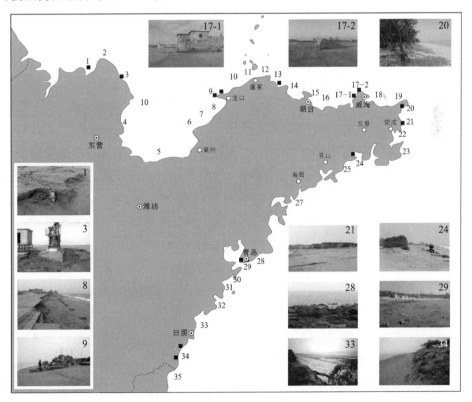

图 13-20 山东省沿海侵蚀案例（引自 Yin，2018）

在黄河三角洲，由于黄河沉积物输送量的变化，以及黄河多次改道，该区域的泥质/粉质海岸线发生了明显变化。在目前河口区有一个沉积中心，厚度为 2～11 m，而北部废弃河口和孤东海堤附近的海滩有强烈的侵蚀现象，侵蚀厚度为 2～7 m（图 13-21）。

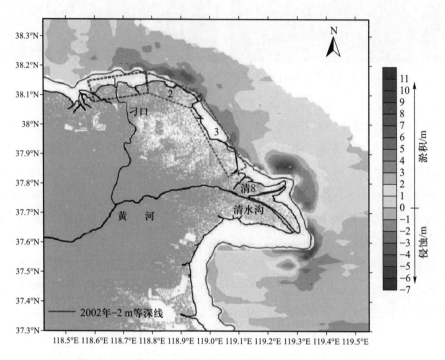

图 13-21　黄河三角洲净侵蚀累积形态（引自 Yin，2018）

彩图 13-21
黄河三角洲净
侵蚀累积形态

为保护海岸线，山东省在 20 世纪 70 年代开始使用石头堆砌防护堤，近年来海堤、丁坝和其他硬工程也用于沿海保护，人工淤滩等措施也得到了广泛使用。图 13-22 展示了山东沿海的防侵蚀对策。

海堤主要用于泥质/粉质的海岸，以及风景名胜区，如东营（泥质/粉质海岸）、莱州、青岛和日照等城市；丁坝和码头可降低沿岸的水流流量和流速，从而减少内海浪带的沿岸漂流，将海滩沙子固定在丁坝之间以稳定和拓宽海滩，或延长海滩填补物的寿命，主要用于山东东北部如龙口、蓬莱、烟台、威海、荣成等城市，在龙口、威海、海阳和青岛，以旅游为目的的填海造陆建造的海上人工岛也起着丁坝的作用；20 世纪 60—70 年代，沿山东半岛种植的黑松林阻止了海岸上活动的沙丘，固定住沙子并减缓风浪侵蚀，至今仍用于控制烟台、荣成和日照海岸的侵蚀（图 13-23 中 14、15、22、33 单元）；在青岛等城市的沙质海岸，海堤在阻止海岸侵蚀的同时增加了波浪的反射能量并冲刷海滩上的沉积物，增强海堤根部的侵蚀，因此青岛市每年春天都会在海滩上补充大量的沙子以维持海滩的养分。

山东省沿海多样的海滩类型和水动力条件使得在进行海岸线保护时需要根据不同城市、不同海滩的实际情况选择合适的海岸保护方式，软硬工程结合的方式在今后的防护中会越来越重要。

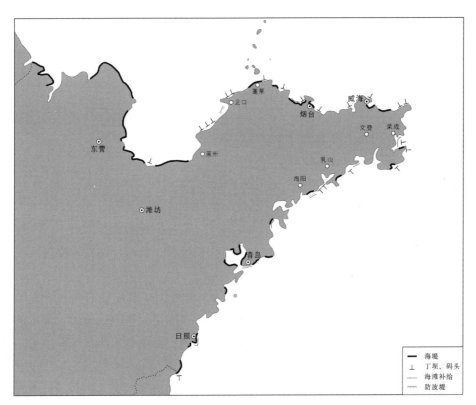

图 13-22 山东沿海的防侵蚀对策（引自 Yin, 2018）

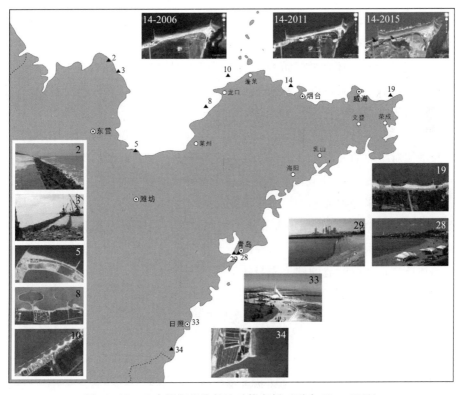

图 13-23 山东沿海的防侵蚀对策实例（引自 Yin, 2018）

本 章 小 结

（1）海岸（coast）是指现代海岸带以上的狭长陆地地带，陆海相互作用的敏感地带。在海陆交互的动力作用下，海岸进行着侵蚀和堆积的变化过程。海岸按其物质组成，可以分为基岩海岸、沙砾质海岸和泥质海岸。

（2）海岸带（coastal zone）包括三个部分：沿着海岸线的陆地（岸陆）、潮间带，以及永久性水下岸坡带（潮下带）。

（3）海岸侵蚀（coast erosion，marine erosion），系指在海洋动力作用下，导致海岸线向陆迁移或潮间带滩涂和潮下带底床下蚀的海岸变化过程。海岸侵蚀按照侵蚀机理，可分为冲蚀、磨蚀、溶蚀三种。

（4）海岸侵蚀原因包括海平面变化，河流供沙量减少，海崖、内陆、海底等来沙减少，人工过量采沙，沿岸输沙障碍等。当海岸的物质损失量大于补给量时，海岸就会发生侵蚀；海洋动力作用增强或者海岸稳定性降低，便会导致海岸侵蚀的发生或加强。

（5）平衡剖面指在一个特定的时间内，这个剖面上既没有沉积物的补给也没有沉积物的流失。在已达到"平衡剖面"状态的海滩上，海面上升导致海滩上部侵蚀，被侵蚀下来的物质向邻近的海底输送，结果会在新的海平面高度下，重新形成一个平衡的横向剖面。

（6）海堤（sea wall），又称海塘，是一种沿岸线延伸的垄状建筑物，通常筑于平原岸段的高潮线附近，其横断面一般为顶窄底宽的梯形。海堤根据其断面形态可分为斜坡式、陡墙式和混成式。

（7）护岸是直接与岸相贴的建筑物，属于天然岸坡的人工加固。海岸护岸相较于河流水库护岸需考虑波浪、潮流，以及台风和风暴潮的作用。根据断面外形可将护岸分为直立式、斜坡式、凹曲线式和台阶式。

（8）丁坝坝体与岸线丁字形相交，由坝头、坝身、坝根三部分组成。丁坝的作用在于减弱波浪和水流对岸边的冲击力并阻碍泥沙的沿岸运输，起到促淤的作用。

（9）顺坝通过阻挡一部分波使之不能到达海岸并使波浪发生绕射在堤后形成类似于连岛沙堤那样的堆积体来保护海岸，使海岸增宽。

（10）海堤、护岸、丁坝、顺坝等混凝土结构和岩石属于硬工程，人工淤滩、促淤围垦工程属于软工程。根据特定海岸的物理因素、经济因素，以及政治因素，结合海岸本身自有的自动适应性，选取合适的软工程与硬工程。

复习思考题

1. 试述海岸受侵蚀的主要原因。
2. 进行海岸侵蚀的防治工程主要有哪几种？如何理解？
3. 试述如何进行海岸防护措施的选择。

4. 根据本章内容，如何理解海岸带综合管理？

主要参考文献

［1］Bruun P. Sea level rise as a cause of shore erosion［J］. Journal of Waterways and Harbors Division, 1962, 88：117-130.

［2］Bird E C F. Coastline changes：a global review［M］. Chichester：Wiley, 1985.

［3］Bird E C F. Beach management［M］. New York：John Wiley & Sons, 1996.

［4］Schmitt K, Albers T. Area coastal protection and the use of bamboo break waters in the Mekong Delta［M］//Thao N D, Takagi H, Esteta M. Coastal disasters and climate change in Vietnam. Dxford, UK：Elsevier, 2014：107-132.

［5］PIANC. Final report of the 3rd International Commission for the Study of Waves［R］. 1980.

［6］Seiji M. Uda T, Tanaka S. Statistical study on the effect and stability of detached breakwaters［J］. Coastal Engineering in Japan, 1987, 30（9）：131-141.

［7］Yin P, Duan X, Gao F, et al. Coastal erosion in Shandong of China：status and protection challenges［J］. China Geology, 2018, 1（4）：512-521.

［8］Wiegel R L. Trends in coastal erosion management［J］. Shore and Beach, 1982, 55（1）：3-11.

［9］陈吉余. 中国海岸侵蚀概要［M］. 北京：海洋出版社, 2010.

［10］常瑞芳. 海岸工程环境［M］. 青岛：青岛海洋大学出版社, 1997.

［11］黄巧华, 吴小根. 海南岛的海岸侵蚀［J］. 海洋科学, 1997, 21（6）：50-52.

［12］贺松林. 海岸工程与环境概论［M］. 北京：海洋出版社, 2003.

［13］毛佩郁, 段祥宝, 毛昶熙. 东南沿海海堤现状调查报告（上海、浙江部分）［J］. 海岸工程, 1996, 14（2）：28-39.

［14］施震余, 张志杰, 舒叶华. 上海常见保滩类型及其适用性浅析［J］. 浙江水利水电学院学报, 2020, 32（2）：18-22+27.

［15］田晖, 陈宗镛. 中国沿岸近期多年月平均海面随机动态分析［J］. 海洋学报, 1998, 20（4）：9-16.

［16］王松涛, 印萍, 吴振. 山东日照海岸带地质［M］. 北京：海洋出版社, 2014.

［17］王永红. 海岸动力地貌学［M］. 北京：科学出版社, 2012.

［18］夏东兴, 边淑华, 丰爱平, 等. 海岸带地貌学［M］. 北京：海洋出版社, 2014.

［19］薛鸿超. 海岸及近海工程［M］. 北京：中国环境科学出版社, 2003.

［20］严恺. 海岸工程［M］. 北京：海洋出版社, 2002.

［21］杨世伦. 海岸环境和地貌过程导论［M］. 北京：海洋出版社, 2003.

［22］中华人民共和国住房和城乡建设部. 防洪标准（GB 50201—2014）［S］. 北京：

中国计划出版社, 2014.

[23] 浙江省水利厅. 浙江省海塘工程技术规定 [Z]. 1999.

[24] 庄振业, 陈卫民, 许卫东, 等. 山东半岛若干平直沙岸近期强烈蚀退及其后果 [J]. 青岛海洋大学学报, 1989, 19 (1): 90-98.

[25] 庄振业, 印萍, 吴健政, 等. 鲁南沙质海岸的侵蚀量及其影响因素 [J]. 海洋地质与第四纪地质, 2000, 20 (3): 15-21.

第十四章

海水入侵与防治

由于自然或人为原因，滨海地区地下水的水动力条件发生变化，致使含水层中淡水和海水之间的平衡状态遭到破坏，海水或高矿化度地下咸水沿含水层向陆地方向运动，这种现象称为海水入侵（seawater intrusion）。我国大陆海岸线蜿蜒曲折，长约 18 000 km。长期以来在自然因素和人为因素的双重影响下，滨海部分区域地下水位下降显著，导致海水入侵滨海地区含水层。我国海水入侵现象主要出现在辽宁、河北、天津、山东、江苏、上海、浙江、海南、广西等 9 个省级行政区的广大沿海地区，最严重的山东和辽宁两省海水入侵总面积已超过 2 000 km^2。海水入侵会导致海岸带地下水咸化，使可利用的地下淡水资源出现短缺。本章先讨论海水入侵现象、特征及影响因素，然后论述海水入侵的物理、化学监测方法及数值模拟，最后结合案例给出防治海水入侵的工程和非工程措施。

○ 第一节　海水入侵概述

滨海含水层中陆地淡水通常流向海洋，在上层轻的淡水和下伏的海水之间会形成一个接触带。由于水的流动和密度的差异，这个接触带存在分子扩散、机械弥散等物理化学过程，实际上是水动力弥散所形成的过渡带。在某些情况下，过渡带的宽度相对含水层厚度而言较小，所以往往被认为是突变界面。如果在沿海地带大量开采地下水，地下淡水水头下降，会引起淡水水力坡度的减小和淡水向海渗流的减弱。但是，咸水向陆的渗流基本保持不变，咸淡水之间的水动力与水化学平衡就会被破坏，咸淡水界面会向陆地一侧移动，含水层中淡水的储存空间将被海水所取代，即造成海水入侵。在天然条件下，当含水层中的淡水向海洋泄流时，靠近淡水的上层海水会被向海洋方向流动的淡水流所拖拉，而下层海水则形成向陆地方向的海水流以补充低压的质量损失（图 14-1）。

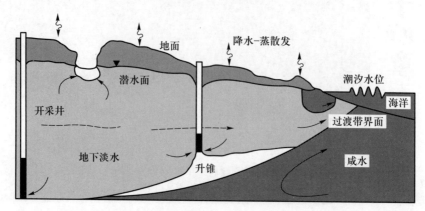

图 14-1　海水入侵过程示意图（引自李雪和叶思源，2016）

地下水枯竭和海平面上升是海水入侵的主要原因。此外，连续多年的干旱少雨，上游兴建地表水拦蓄工程，地面建筑覆盖物的面积扩大等人为因素的间接影响，也会引起滨海含水层的地下水补给量减少，加剧海岸带含水层的海水入侵。

海水入侵会导致海岸带的地下淡水水质恶化，最明显的变化是水中氯离子含量升高。海水入侵现象出现以后，不仅深层土壤的矿化度升高，而且随着地下水的使用，地下咸水中的可溶性盐类还会被带至土壤表层，造成整个浅层土壤发生盐碱化。过量的盐分会造成土壤板结，影响土壤中有机质的分解和转化，而且也会抑制植物的生长，甚至导致植物死亡。

一、海水入侵特征

海水入侵的方式各地不同，与咸淡水界面运移规律和海水入侵区域的环境地质条件有关。据山东水利科学研究所对莱州湾沿海区域海水入侵方式的研究成果，海水存在 5 种入侵方式：① 顺层入侵，主要发生在冲洪积平原区，海水顺松散沉积层向陆地渗透，有时呈多层；② 沿古河道、断裂带、喀斯特地貌发育带入侵，一般速度较快；③ 沿现代河床入侵，指大潮时的海水在地表上溯；④ 沿基岩风化层和半风化层入侵；⑤ 越流入侵，指咸水含水层的咸水越过隔水边界入侵淡水含水层。

当海水入侵后，过渡带的地下水并不是咸水和淡水的简单混合。由于水-岩阳离子交换反应，地下水的化学成分和水化学类型都会发生变化。在一般情况下，在海水入侵前的陆地含水层中，由于黏土的吸附作用，会吸附大量的 Ca^{2+} 离子。在海水入侵过程中，咸水中的 Na^+ 或 Mg^{2+} 离子，主要是 Na^+，会与岩土体吸附的 Ca^{2+} 发生阳离子交换反应，最终使过渡带地下水中 Ca^{2+} 含量显著增高，其含量会超过咸水和淡水中原有的钙离子总量。地下水的化学类型也将由 $HCO_3 \cdot Cl-Ca \cdot Mg$ 或 $HCO_3 \cdot Cl-Ca$ 型水转化为 $Cl \cdot HCO_3-Ca \cdot Na$ 型水。

二、影响因素

1. 地质构造

地下水的过量开采，破坏了含水层的水动力平衡，造成海水向陆地入侵，是海水入侵发生的外部原因，而特定的地质构造、地层结构则是造成海水入侵发生的内部原因。在海积、冲洪积平原地区，有厚度大、面积广的沙层，含水层透水性能好，海水易沿着沙层向淡水含水层入侵。当含水层的物质组成比较均匀时，界面运移速度较一致，入侵体在平面上呈面状，这种入侵造成的危害性大，范围广，发展快，治理难度大。在古河道和基岩裂隙发育的地区超量开采地下水，海水便会沿着古河道或裂隙带入侵淡水，其入侵体呈条带状。当基岩地层中夹有薄层的大理岩，由于溶洞、溶隙比较发育，海水易通过洞穴入侵淡水。其入侵体受围岩约束呈管状。另外，在第四系覆盖层厚度较小，下伏基岩风化层、半风化层厚度较大，风化层厚度不等的地区，形成的入侵体前部厚度小、层位浅而入侵体后部大、层位深，在剖面上呈舌状。

还有一种在地质剖面上呈锥形的入侵体，是由于在海、淡水交界面附近，集中抽取地下水，井水位下降，压力降低，使深部的咸水体上升形成的。在地下发育有不透水隔层、基岩隔水体的地质构造带，海水受其阻挡，不能与淡水之间发生水力联系，一般不会发生海水入侵现象。可以说，地下水储存的空间状态，即岩性、地层和地质构造等状况，是海水入侵发生、发展的决定性因素。

2. 含水层岩性

含水层的岩性不同，海水入侵的方式也不同。如果含水层是由均匀分布的孔隙含水层构成的，则海水入侵以面状入侵为主；如果含水层处于构造断裂或裂隙发育地区，海水入侵以脉状入侵为主，如美国圣弗朗西斯科（旧金山）市的西北侧、洛杉矶的西部地区和青岛市沧口区的海水入侵都是沿断裂带入侵的。

3. 气候变化

降水、蒸发等气候因素对海水入侵的发生、发展也有重要影响。降水能使地表径流产生很大的变化，直接影响到地下水的补给量。在地表水常规补给不足的情况下，地下水过量开采就会诱发海水入侵。蒸发可以使河、湖、库、塘的水干涸，减少地下水补给，增加地下水的损耗量，间接地加剧海水入侵的发生、发展。

○ 第二节　海水入侵勘探与监测

评估海水入侵的环境风险，了解海水入侵沿海含水层的现状，物理勘探是最合适的工具之一。应用物理勘探技术监测海水入侵的方法有很多，其中电法勘探是水文地质调查中应用最广泛的方法（Cooper，1959），这里主要介绍电法中的直流电法（电阻率法、激发极化法）和交流电法（电磁法）。电法勘探调查海水入侵的基本原理是根据咸水和淡水两种不同介质对自然或人工电场不同的电导反应（导电性、激发极化特性、导磁性的差异）来确定咸淡水界面（左文喆等，2014）。另外，电剖面法、电磁剖面法和地震反射法等物理勘探方法也可用于海水入侵监测，而且常常多种方法联合使用，相互补充。

一、电阻率法

电阻率法是利用咸、淡水和地层之间存在的电阻率差异来监测海水入侵程度（甘宏礼和朱伟忠，2014）。电阻率表示溶液传导电流的能力，一般视咸淡水界面电阻率的特征值为 20 Ω·m。

依据侵入区水溶液与电阻率之间的关系，有效测定水中的电阻率，便可确定咸水入侵的变化规律。电阻率（ρ_s）可用阿尔奇公式表示：

$$\rho_s = a\phi^m S^{-N} A_c C^{-1} \tag{14-1}$$

式中：a——常数；

ϕ——孔隙度，在滨海平原区测深点附近，当地层岩性比较均匀时，其孔隙度基本相同，所以 ϕ 和其指数 m 可视为常数；

S——饱和度，由于海水入侵主要发生在地下水位以下，地层含水量处于饱和状态，所以 S 和其指数 N 也可视为常数；

A_c——与地下水化学成分有关的系数，因为海水成分主要为氯化钠，化学成分基本稳定，所以 A_c 变化也不大；

C——地下水的矿化度，它是影响地层电阻率的决定性因素。

在海水入侵区，随入侵时间变长，Cl^- 逐渐富集。当富集到一定程度时，Cl^- 成为影响地层电阻率的主要因素，此时电阻率的高低可以反映地下水中 Cl^- 含量的高低。因此，在海水入侵区，电阻率可作为判断咸淡水界面的特征值（表14-1）。

表14-1　不同海水入侵区电阻率值的变化范围

项目	淡水区	轻度入侵区	严重入侵区
Cl^- 浓度/（mg·L^{-1}）	<250	250~1 000	>1 000
ρ_s/（Ω·m）	30~50	15~30	3~15

电阻率法监测海水入侵，在技术方面，方法可靠、准确度高、操作简单、速度快；在经济方面，仪器设备便宜、节省试剂费用，提高了分析人员工作效率。因此，电阻率法勘探在海水入侵监测分析中具有很大的可靠性和较高的实用价值。

二、电磁法

电磁法，又称交流电法，是以岩石、地下水的导电性、导磁性及介电性的差异为基础，通过分析上述物理场的空间和时间分布特征，查明海水入侵的方法（杨学明等，2014）。

电磁法是一种无损高分辨率电磁探测技术，其工作原理是利用不同位置、不同深度地层对一次磁场变化产生涡流强度的不同，来探测地层的地质异常状况。地层电导率高，产生的涡流强度大，二次磁场强。电磁系统一般由发射机、发射线圈、接收线圈、接收机和微机数据采集绘图系统组成。

电磁法勘探所观测的基本参数为：正交的电场分量（E_x，E_y）和磁场分量（H_x，H_y）。如果将地表天然电场与磁场分量的比值定义为地表波阻抗，那么，在均匀大地的情况下，此阻抗与入射场极化无关，只与大地电阻率及电磁场的频率有关：

$$Z = \sqrt{\pi\rho\mu \cdot f}(1-\mathrm{i}) \qquad (14-2)$$

式中：Z——大地波阻抗（Ω）；

ρ——电阻率（$\Omega \cdot m$）；

μ——磁导率（$H \cdot m^{-1}$）；

f——频率（Hz）；

i——虚数单位。

通过测量相互正交的电场和磁场分量，可确定介质的电阻率：

$$\rho = (1/5f) \cdot |E/H|^2 \qquad (14-3)$$

式中：E——电场强度分量（mV/km）；

H——磁场强度分量（nT）。

对于水平层状大地，上述表达公式仍然适用。但用它计算得到的电阻率将随频率的改变而变化，因为电磁波在地中的穿透深度或趋肤深度（δ）与频率有关：$\delta \approx 503\sqrt{\rho/f}$。

当地下介质不均匀时，由式（14-3）计算得到的电阻率为视电阻率。在一个宽频带上测量电场强度分量 E 和磁场强度分量 H，依据电磁波在介质中的传播原理，趋肤深度随频率的降低而增大，通过改变并观测不同频率的电磁信号，就可获取不同深度的电性信息，继而结合淡水区电阻率一般较大，与咸水区具有明显的电阻率差异的特征，可利用视电阻率断面图划分地下咸、淡水的界线，确定咸、淡水体的顶、底界面埋深，研究咸、淡水体的空间变化情况等。结合以往的海水入侵资料，也可以研究海水入侵随时间的变化情况，进而建立海水入侵动态地球物理观测剖面。利用咸淡水电性特征的差异可以较好地对海水入侵的范围、方式进行立体刻画，为监测海水入侵状态和防治工作提供科学依据。

○ 第三节 海水入侵化学监测

一、水化学法

1. 溶解性总固体

地下水中溶解性总固体的大小及其动态变化，能反映海水入侵的程度和变化规律。根据《城市环境地质调查评价规范》（DD 2008—03），按溶解性总固体的含量，海水入侵的影响区可分为以下三类：小于 1 g/L 称为淡水区，1~3 g/L 称为海水入侵轻度区，大于 3 g/L 称为海水入侵严重地区。

2. 氯离子含量

海水入侵过程会导致地下水中的氯离子浓度显著增高。《生活饮用水卫生标准》（GB 5749—2022）规定生活饮用水中氯离子含量不应超过 250 mg/L，因而国内多数学者将氯离子含量 250 mg/L 作为判断海水入侵最直接、敏感的指标（李雪和叶思源，2016）。按氯离子含量划分，海水入侵严重区的氯离子含量一般为 1 000~2 000 mg/L。根据《城市环境地质调查评价规范》（DD 2008—03）的划分标准，轻度区一般为 250~1 000 mg/L，淡水区一般小于 250 mg/L。

3. 溴离子含量

在正常情况下，地下淡水中溴离子含量一般为 0.2~0.4 mg/L，但在受海水入侵影响的含水层中，地下水溴离子含量会明显升高，而且溴离子含量与氯离子含量有较强的正相关性。按溴离子含量划分标准，海水入侵轻度区溴离子含量一般为 0.66~3.10 mg/L，海水入侵严重区一般大于 3.10 mg/L。

4. 钠吸附比

钠吸附比（SAR）是由美国盐渍土实验室提出的衡量钠对农业灌溉危害的一个水化学指标，其表达式为

$$SAR = \frac{c_{Na^+}}{\sqrt{(c_{Ca^{2+}} + c_{Mg^{2+}})/2}} \tag{14-4}$$

式中： SAR ——钠吸附比；

c_{Na^+}、$c_{Ca^{2+}}$ 和 $c_{Mg^{2+}}$ ——离子浓度（mmol/L）。

地下咸水和海水的特征阳离子是 Na^+，冲洪积平原区地下淡水的特征阳离子是 Ca^{2+} 和 Mg^{2+}。海水入侵过程除产生咸、淡水间的混染作用外，还在沉积物中产生离子交换，对海水而言会不断失去 Na^+，同时获得 Ca^{2+} 和 Mg^{2+}，对淡水而言则相反。因此，特征离子比值 SAR 能表征海水入侵的程度。按钠吸附比的大小划分，海水入侵严重地区地下水 SAR 一般为 10~20，海水入侵轻度区一般为 2~6.7，淡水区一般小于 2。

二、同位素示踪法

同位素示踪法又称同位素标记法，是用同位素原子做示踪物进行追踪研究的方法，已成为海水入侵研究的新途径。在海水入侵研究中常用的稳定同位素有 ^2H、^{18}O、^{34}S、^{87}Sr、^{11}B，放射性同位素有 ^3H、^{14}C。

通过 ^2H、^{18}O 并结合水化学指标可以判断海水入侵的发生，识别地下水咸化的不同来

源。如潘曙兰（1997）、曹基富等（2014）等利用^{2}H、^{18}O并根据水化学指标研究了我国莱州湾、广东等地海水入侵的发生、发展情况。

近年来，锶同位素成为新兴的同位素地球化学工具，而且也已经用于海水入侵调查中，通过^{87}Sr和^{89}Sr丰度变化分析地下水咸化来源。值得一提的是，如果含水层中同时发生现代海水入侵和古海水入侵，利用^{2}H、^{18}O和^{87}Sr、^{89}Sr就不容易区分开两种类型的入侵，因为现代海水和古海水的这些同位素特征类似。利用^{34}S可以很好地区分现代海水和古海水，分析海水入侵过程。原因是在古海水中，硫酸盐还原作用使得^{34}S含量出现差异。

^{2}H、^{18}O和^{87}Sr在区分现代海水入侵和古海水入侵可能不是地下水中最敏感的指标，需要结合^{34}S等稳定同位素和年代示踪剂^{3}H、^{14}C判别。随着同位素测试技术的发展，^{11}B、^{37}Cl、^{81}Br等有望在海水入侵调查中获得更广泛的应用。

三、评价方法

海水入侵评价分为单指标法和多指标综合评判法。单指标法是选择一种具有代表性的化学离子作为海水入侵监测指标，并以此对海水入侵程度做等级划分，通常选取的指标有氯离子浓度和总溶解固体物（TDS）。单一指标具有操作简便易行的优点，但由于水文地质条件的复杂性及人为活动的影响，在实际应用过程中往往出现失误，如土壤中施用农药、化肥或工厂排污均可造成地下水中氯离子浓度的增加，不能判断是否发生了海水入侵。

多指标综合评判法，是选择几种有代表性的化学离子及其特征离子比值作为海水入侵监测指标，并以此对海水入侵程度做等级划分。常用指标有氯离子、TDS、溴离子、钠吸附比、咸化系数等。例如，研究人员在秦皇岛洋戴河海水入侵区结合海水入侵特征，确定TDS、氯离子、溴离子、咸化系数和钠吸附比为海水入侵区的水化学环境指标，综合分析了海水入侵的范围和程度。

按照《城市环境地质调查评价规范》（DD 2008—03），海水入侵指标等级划分标准见表14-2。

表14-2　海水入侵指标等级划分标准

等级	I	II	III
入侵程度	无或轻微影响	轻度入侵	严重入侵
水质范围	淡水	微咸水	咸水
Cl^-含量/$(mg \cdot L^{-1})$	<250	250～1 000	>1 000
TDS/$(mg \cdot L^{-1})$	<1 000	1 000～3 000	>3 000
Br^-含量/$(mg \cdot L^{-1})$	<0.66	0.66～3.10	>3.10
SAR	<2.0	2.0～6.7	>6.7

第四节　咸淡水突变界面

海岸带咸淡水之间关系的数学描述是研究海岸带海水入侵过程的理论基础。早期的研究者将海岸带咸淡水之间的接触带处理为突变界面，随着研究的深入，不少国内外研究者将海岸带咸淡水之间的区域处理为过渡带。早在 100 多年前 Ghyben 和 Herzberg 就定量研究了海岸带咸淡水之间的关系，提出了依赖潜水位确定咸淡水突变界面位置的数学公式，这就是经典的 Ghyben-Herzberg 公式。后来 Hubbert（1940）提出了根据界面上的水头描述界面位置的数学公式。Bear（1979）指出了 Ghyben-Herzberg 公式在实际应用中的局限性，并对 Hubbert 公式所描述的突变界面问题给出了严格的数学描述。本节介绍了确定咸淡水界面位置和海水入侵宽度的两种方法。

一、Ghyben-Herzberg 公式

假设海岸带呈均质、各向同性，潜水含水层中的咸水和淡水处于静水平衡状态，地下水不流动，在海岸带没有淡水出口，咸淡水界面在海岸处与潜水面相交，还假定海平面不发生波动（图 14-2）。

$$z = \frac{\rho_w}{\rho_s - \rho_w} h = \delta h \qquad (14-5)$$

$$\delta = \frac{\rho_w}{\rho_s - \rho_w} \qquad (14-6)$$

式中：z——x 处海平面以下到咸水界面的
水深（m）；

h——x 处海平面以上到潜水面的
水深（m）；

ρ_w——淡水密度（g/cm^3）；

ρ_s——海水密度（g/cm^3）。

式（14-5）称为 Ghyben-Herzberg 公

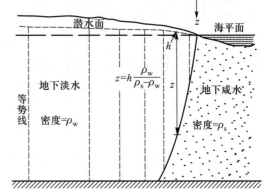

图 14-2　海岸带静水条件下潜水含水层咸淡水
界面示意图（引自 Fetter，1994）

式，是由 Ghyben 于 1889 年和 Herzberg 于 1901 年分别独立提出的。Ghyben-Herzberg 公式给出了静水平衡条件下根据潜水面估算得到咸淡水界面距平均海平面的埋深。在一般情况下，若 $\rho_w = 1.0$ g/cm^3 和 $\rho_s = 1.025$ g/cm^3，则式（14-5）可写为

$$z = 40h \qquad (14-7)$$

式（14-7）表明，咸淡水界面在海平面下的深度约为潜水面在海平面以上高度的 40 倍，或者说海平面之上潜水位为 1 m 时对应的咸淡水界面位于海平面之下 40 m 处。由于地下水的开采，潜水位下降会导致咸淡水界面的急剧上升，即潜水位下降 1 m 会导致咸淡水界面上升 40 m，从而可在原来的淡水井中抽出咸水。

Ghyben-Herzberg 公式在满足静水平衡的条件下是正确的，但是静水平衡的条件在实际海岸带地下水系统中是不存在的。Bear（1979）指出了用 Ghyben-Herzberg 公式估算实际海岸带的咸淡水界面的深度是偏小的，越靠近海岸其误差越明显。另外 Ghyben-Herzberg 公式描述的咸淡水界面在海岸没有淡水出口，这与实际海岸带的情形不相符。尽管如此，Ghyben-Herzberg 公式仍被广泛应用于估算咸淡水界面的位置和进行海岸带水动力的分析及计算，尤其在区域性研究中仍不失为一种简便的方法（左文喆等，2014）。

二、Huisman-Olsthoorn 公式

在真实环境中，海岸带咸水和淡水的运动和迁移是个永不停歇的循环体系。Huisman-Olsthoorn 公式考虑到地下水的渗流作用，描述了在不同水文地质结构下，海水入侵宽度 l 与入海淡水单宽流量 q 之间的定量关系。

1. 潜水含水层

在潜水含水层中见图 14-3，根据达西定律 $U = KI = -K\dfrac{\mathrm{d}h}{\mathrm{d}x}$，其中 U 为渗透流速（m/d），K 为渗透系数（m/d），I 为水力梯度（1），h 为水头（m），通过剖面 AB 的单宽流量由 q 和 Wx 两部分组成，其中 W 为单位面积上的大气降水渗入量。剖面 AB 的水流厚度 $m = h + \delta h = (1+\delta)h$，根据水流连续性原理可得式（14-8）～式（14-11）：

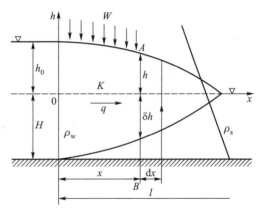

图 14-3　潜水含水层的海水入侵
（引自左文喆等，2014）

$$q + Wx = -K\frac{\mathrm{d}h}{\mathrm{d}x}(1+\delta)h \tag{14-8}$$

$$\int_0^l (q + Wx)\,\mathrm{d}x = -K(1+\delta)\int_{h_0}^0 h\,\mathrm{d}h = K(1+\delta)\int_0^{h_0} h\,\mathrm{d}h \tag{14-9}$$

$$\left(qx + \frac{Wx^2}{2}\right)\Bigg|_0^l = K(1+\delta)\frac{h^2}{2}\Bigg|_0^{h_0} \tag{14-10}$$

$$ql + \frac{Wl^2}{2} = \frac{K(1+\delta)h_0^2}{2} \tag{14-11}$$

由图 14-3 可知，$H = \delta h_0$，$h_0 = H/\delta$

将 H 和 h_0 代入式（14-11），得式（14-12）：

$$ql = \frac{K(1+\delta)}{2} \cdot \frac{H^2}{\delta^2} - \frac{Wl^2}{2} \tag{14-12}$$

简单变换之后即可得到潜水含水层中海水入侵宽度 l 与入海淡水单宽流量 q 之间的定量关系式：

$$q = \frac{KH^2}{2l} \cdot \frac{1+\delta}{\delta^2} - \frac{Wl}{2} \qquad (14-13)$$

在近乎平衡的条件下，可以得到潜水含水层公式的简化形式如下：

$$l = \frac{1}{2\delta} \cdot \frac{KH^2}{q} \qquad (14-14)$$

2. 承压含水层

在承压含水层中（图 14-4），对剖面 AB 运用达西定律，得式（14-15）：

$$U = KI = -K\frac{\mathrm{d}h}{\mathrm{d}x} \qquad (14-15)$$

根据水流连续性原理可知，$q = Um$，式中 m 为剖面 AB 处的水流厚度。

将 $m = \delta h - d$ 代入得式（14-16）~式（14-18）：

$$q = -K(\delta h - d)\frac{\mathrm{d}h}{\mathrm{d}x} \qquad (14-16)$$

$$q\int_0^l \mathrm{d}x = -K\int_{h_0}^0 (\delta h - d)\,\mathrm{d}h = K\int_0^{h_0}(\delta h - d)\,\mathrm{d}h \qquad (14-17)$$

$$q\int_0^l \mathrm{d}x = K\left(\frac{\delta h^2}{2} - dh\right)\Big|_0^{h_0} = \frac{Kh_0}{2}(\delta h_0 - 2d) \qquad (14-18)$$

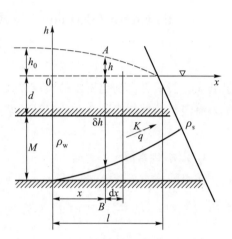

图 14-4　承压含水层的海水入侵
（引自左文喆，2014）

由图 14-4 可见，$M + d = \delta h_0$，$h_0 = \dfrac{M+d}{\delta}$，代入式（14-18），得式（14-19）：

$$ql = \frac{K}{2} \cdot \frac{M+d}{\delta}(M+d-2d) = \frac{K(M+d)}{2\delta}(M-d) = \frac{K}{2\delta}(M^2 - d^2) \qquad (14-19)$$

即得到承压含水层中海水入侵宽度 l 与入海淡水单宽流量 q 之间的定量关系如下：

$$q = \frac{K}{2\delta l}(M^2 - d^2) \qquad (14-20)$$

由式（14-4）和式（14-20）可知，海水入侵宽度 l 和入海淡入单宽流量 q 成反比，与渗透系数成正比。当 q 减少时，l 增大，则海水向陆入侵加重。上述公式可近似用来估算海水入侵楔形体的入侵宽度。

○ 第五节　莱州湾海水入侵防治案例

山东省莱州市的海水入侵现象于 1979 年被发现，发现缘由是镇北村地下水位观测井出现了地下水位低于海平面的现象。初期莱州市有 15.81 km² 的区域发现了海水入侵现象，主要分布在打井密度大，取用地下水较多的地区。到 1997 年海水入侵区的面积已经发展到 276.99 km²，平均每年入侵距离为 201.6 m。在 1997 年以后，莱州市海水入侵速度逐渐减缓，到 2003 年，海水入侵区的面积为 234 km²，与高峰时相比海水入侵面积减少了 15.52%（王潘平等，2009）。

一、防治工程措施

莱州市主要采用了以下 5 种防治工程措施。具体内容如下：

（1）修建防海潮堤。莱州市于 1980 年 12 月修筑了海沧到虎头崖的防海潮堤，总长 40.3 km。这一工程使该市西南沿海平原区 3 300 hm² 土地免遭海潮袭击，也使海水入侵受到不同程度的遏制。

（2）蓄淡压咸。在不具备拦蓄条件的滨海平原地区（海水入侵区），莱州市政府修建蓄水塘、蓄水池 15 处，每年汛期蓄积淡水约 100×10^4 m³；修建了长达 31.69 km 的淡水带，每年拦蓄地表水约 200×10^4 m³。莱州的蓄淡压咸工程一举三得，既淡化了地下水质，又扼制了海水入侵，还进行了农业灌溉，明显提高了当地的经济、社会和生态效益。

（3）拦蓄补源。根据莱州市河道源短流急的特点，当地政府提出在河道中下游修建拦蓄补源工程计划。经过多年的努力，莱州市先后在王河、白沙河等较大河道修建拦河闸、拦河坝近 30 处，增蓄地表水约 $1\,000 \times 10^4$ m³，每年补给地下水约 500×10^4 m³。近年修建总库容约 $5\,693 \times 10^4$ m³ 的王河地下水库，从而每年增加地下淡水近 500×10^4 m³。通过拦蓄补源、蓄水等工程使得周围地下水位普遍回升 5～10 m，水质也得到明显的改善。

（4）调水补源。在海水入侵较严重的三山岛街道尹家村修建库容 100×10^4 m³ 的人工湖，并花费 $1\,000 \times 10^4$ 元来铺设长达 5 km 的输水管路，将王河洪水引入人工湖，并且每年补充地下淡水资源约 300×10^4 m³。经过近几年的调水补源，人工湖周围的水位得到了普遍的回升（5～10 m），海水入侵的防治也取得了明显的效果。

（5）增加入渗。在王河下游河道内挖回灌渠 122 条，打回灌井 244 眼，以此来增加洪水期地下水的入渗补给。通过实施以上工程措施，每年汛后入渗工程两岸的水位回升 10 m 左右，地下水资源增加 300×10^4 m³，使得海水入侵面积减少了 43 km²，卤素离子含量不同程度地下降了 10%～40%，海水入侵的治理初见成效。

二、非工程措施

莱州市同时采用了以下 4 种非工程措施来解决海水入侵问题。

（1）进行科学研究，摸清海水入侵的成因、速度及变化规律。聘请了专业研究人员对海水入侵进行专题研究，弄清了海水入侵的成因，且通过计算海水入侵的速度和面积，初步探究了海水入侵的变化规律，为未来针对性的海水入侵防治奠定了科学基础。

（2）制定规范性文件，强化水资源管理。根据水法规制定和完善了《莱州市水资源管理暂行办法》，对滨海平原一带的水资源进行强化管理，并做出如下规范条例：① 在海水入侵区内禁止打深井，严格控制新打井。除了确保人畜用水外，还要严格控制农田灌溉开采地下水。② 提倡乡镇企业发展耗水量少的项目。③ 对于用水较多的工业项目一律不准在海水入侵区筹建。④ 对海水入侵区内原有的用水大户进行统筹安排，采取从远距离集中供水的方法，尽量不开采当地的地下水资源，使海水入侵区的地下水开采做到有迹可循。

（3）建设节水型生态农业系统，实现节水化灌溉。在海水入侵区进一步调整种植结构，扩大耐旱作物和经济作物的种植面积，按照宜林种林，宜草种草的原则，大力发展雨养农业，促使海水入侵区的水资源逐步走向良性循环。

（4）调整产业结构，建立节水型社会。进一步调整产业布局和工业结构，大力发展节水型和无水型高科技工业体系。如今莱州全市上下在节水上大做文章，各工矿企事业进行内部挖潜，居民在生活上逐步普及节水型器具，此外全市积极开展计划用水，节约用水行动，从而大大降低了单位 GDP 耗水量。

本 章 小 结

（1）海水入侵是由于自然或人为原因，滨海地区地下水的水动力条件发生变化，致使含水层中淡水和海水之间的平衡状态遭到破坏，海水或高矿化度地下咸水沿含水层向陆地方向运动。海水入侵导致海岸带地下淡水水质恶化，使可利用的地下淡水资源越来越少；也会造成土壤盐碱化和土壤板结，抑制植物的生长，甚至导致死亡。

（2）与气候变化相关的海平面上升，连续多年的干旱少雨和滨海地区含水层地下水的过量开采是海水入侵的三个主要原因。海水入侵的发生、发展受地质构造、含水层的岩性和气候变化等因素的制约。海水入侵的形态，在平面上有面状、带状、脉状与管状 4 种；在剖面上则为舌状、楔状、弧状与锥状 4 类。

（3）电法勘探是水文地质调查监测海水入侵应用最广泛的方法，最常用的有电阻率法、激发极化法和电磁法。

（4）电法勘探调查海水入侵的基本原理是根据咸水和淡水两种介质对自然或人工电场不同的电导反应（导电性、激发极化特性、导磁性的差异）来确定咸淡水界面。

（5）电阻率法是利用咸、淡水和地层之间存在的较高的电阻率差异来监测海水入侵程度。电阻率是以数字表示溶液传导电流的能力，一般视咸淡水界面电阻率的特征值为 $20\ \Omega \cdot m$。

（6）海水入侵化学监测的指标有溶解性总固体、氯离子含量、溴离子含量、咸化系数、钠吸附比等。在海水入侵研究中常用的稳定同位素有 ^2H、^{18}O、^{34}S、^{87}Sr、^{11}B，放射性同位素有 ^3H、^{14}C。

（7）海水入侵评价分为单指标法和多指标综合评判法。单指标法包括氯离子含量和TDS；多指标综合评判法选择的指标有氯离子含量、TDS、溴离子含量、钠吸附比（SAR）等。

（8）经典的 Ghyben-Herzberg 公式提出了依赖潜水位确定咸淡水突变界面位置的数学公式。Huisman-Olsthoorn 公式给出了在不同水文地质结构下，海水入侵宽度与入海淡水单宽流量之间的定量关系。

（9）海水入侵的防治工程措施包括修建防海潮堤、蓄淡压咸、拦蓄补源、调水补源、增加入渗等。

复习思考题

1. 海水入侵的机理是什么？

2. 在海水入侵过程中地下水化学成分及水化学类型会发生哪些变化？

3. 海水入侵监测中的化学指标有哪些？

4. 画图并给出 Ghyben-Herzberg 公式的数学表达式，说明公式的适用条件。

5. 海水入侵会导致哪些危害？

6. 如何防治海水入侵？

主要参考文献

［1］Bear J. Hydraulics of groundwater ［M］. London：McGraw-Hill Inc，1979.

［2］Cooper H H. A hypothesis concerning the dynamic balance of fresh water and salt water in a coastal aquifer ［J］. Journal of Geophysical Research，1959，64（4）：461–467.

［3］Cooper H H，Kohout F A，Henry H R，et al. Sea water in coastal aquifers ［M］. Washington D C.：US Government Printing Office，1964.

［4］Fetter C. Applied hydrogeology ［M］. 4th ed. Upper Saddle River：Prentice Hall，1994.

［5］Glover R E. The pattern of fresh-water flow in a coastal aquifer ［J］. Journal of Geophysical Research. 1959，64（4）：457–459.

［6］Hubbert M K. The theory of ground-water motion ［J］. Journal of Geology，1940，48：785–944.

［7］Henry H R. Transitory movements of the salt-water front in an extensive artesian aquifer ［R］. USGS professional paper 450–B. 1962：B87–B88.

［8］曹基富，吴瑞钦，肖子平，等. 硇洲岛地下水氢氧同位素特征分析 ［J］. 人民珠江，2014，35（5）：46–49.

［9］成建梅，李国敏，陈崇希. 滨海、海岛海水入侵数值模拟研究：以山东烟台市和广西涠洲岛为例 ［M］. 北京：中国地质大学出版社，2004.

［10］甘宏礼，朱伟忠. 环境与工程地球物理勘探 ［M］. 北京：地质出版社，2014.

［11］李雪，叶思源. 海水入侵调查方法研究进展 ［J］. 海洋地质与第四纪地质，2016，36（6）：211–217.

［12］潘曙兰. 海水入侵的同位素研究 ［C］. 第六届全国同位素地质年代学、同位素地球化学学术讨论会论文集，1997：321–323.

［13］杨学明，苏永军，杜东，等. 音频大地电磁法在海水入侵动态监测中的应用［J］. 物探与化探，2013，37（2）：301-305.

［14］王潘平，李天科，王兵，等. 莱州湾海水入侵原因分析与防治措施［J］. 山东农业大学学报（自然科学版），2009，40（1）：93-97.

［15］左文喆，李明彦，李昌存，等. 秦皇岛洋戴河平原海水入侵灾害研究［M］. 北京：冶金工业出版社，2014.

第十五章

海底资源开采污染与防治

人类社会的发展，离不开对各种资源的开发和利用。在陆地资源逐渐枯竭的今天，人们把目光投向了深海大洋。海底世界中的资源除了大家耳熟能详的锰结核、深海油气，还有热液矿床和天然气水合物。

海底包括国际海底区域和部分国家管辖的陆架区（包括法律大陆架）。海底资源包括：① 海洋油气资源；② 分布于水深 4 000 ~ 6 000 m 的海底，富含铜、镍、钴、锰等金属的多金属结核；③ 分布于海底山表面的富钴结壳和分布于洋中脊和断裂活动带的热液多金属硫化物；④ 生活于深海热液喷口区和海山区的生物群落，因其生存的特殊环境，其保护和利用已引起国际社会的高度重视；⑤ 目前主要发现于大陆边缘的天然气水合物，其总量换算成甲烷气体为 $(1.8 ~ 2.1) \times 10^{16}$ m^3，大约相当于全世界煤、石油和天然气等总储量的两倍，被认为是一种潜力很大、可供 21 世纪开发的新型能源。

本章内容将分别介绍海洋石油工业、深海天然气水合物开采、海底锰结核及稀土的分布和开采过程中造成的污染与防治。

第一节　海洋石油开采污染与防治

海洋中的油气等能源蕴含量十分丰富，人们也在不断地对海洋能源进行勘探，并经历了由浅水到深水、技术由简易到复杂的发展历程。

一、海洋石油分布与开采状况

数据显示，至 2015 年，全球已进行勘探的石油储量约为 2 000 亿 t，海洋中的石油资源量约为 1 700 亿 t。在已探明的海洋油气资源中，目前浅海仍占主要地位，海洋油气资源主要分布在大陆架，约占全球海洋油气资源的60%，但大陆坡的深水、超深水域的石油资源潜力可观，约占 30%。从区域上看，海上石油勘探开发形成"三湾、两海、两湖"的格局。"三湾"即波斯湾、墨西哥湾和几内亚湾；"两海"即北海和南海；"两湖"即里海和马拉开波湖。

我国海上油气勘探主要集中在渤海、黄海、东海及南海北部大陆架沉积盆地，自北向南分别为：渤海盆地、北黄海盆地、南黄海盆地、东海盆地、冲绳海槽盆地、台西盆地、台西南盆地、台东盆地、珠江口盆地、北部湾盆地、莺歌海-琼东南盆地、南海南部诸盆地。

渤海油田是我国开发的第一个海底油田。渤海大陆架是华北沉降堆积的中心，大部分发现的新生代沉积物厚达 4 000 m，最厚达 7 000 m。这里的海陆交互层厚度很大，周围陆上的大量有机质和泥沙沉积在其中，渤海的沉积又是在新生代古近纪、新近纪适于海洋生物繁殖的高温气候下进行的，这对油气的生成极为有利。由于断陷伴随褶皱，产生一系列的背斜带和构造带，形成各种类型的油气藏。东海大陆架宽广，沉积厚度大于 200 m，被认为是世界石油远景最好的地区之一。

南海大陆架是一个很大的沉积盆地，新生代地层 2 000~3 000 m，有的达 6 000~7 000 m，具有良好的生油和储油岩系，生油岩层厚达 1 000~4 000 m。南海海域盆地总面积 120 万 km^2，其中不乏新生代含油盆地，包括曾母盆地、笔架南盆地、文莱-沙巴盆地、礼乐滩盆地、北康盆地、南薇盆地、中建及中建南盆地、万安盆地，以及巴拉望盆地等，其面积总和大约是 40 万 km^2（高伟浓，1994）。按照当前勘查的结果，整个南海海域预计有 7 万亿 m^3 的天然气、400 多亿 t 的石油，以及能够供应全球用几千年的可燃冰，恰是上述所储藏的数量如此巨大的战略性资源使南海被人们称作"第二波斯湾"。

二、海洋石油勘探开发流程

海洋石油勘探开发流程大体可以分为：勘探阶段（发现油田，准备开发）、油田开发阶段（工程建设与投产）、油田生产阶段（产出原油、储集处理与销售）、油田废弃阶段。

目前海洋石油勘探最主要的手段是人工地震勘探。勘探无法使用经纬仪，必须应用先进的导航定位系统，通常使用的是精确度极高的全球导航卫星系统（global navigation satellite system，GNSS），利用人造地球卫星发射出的电磁波来确定所述位置的经纬度，该技术具有覆盖面广、24 h 运行、精确度高等诸多优点。

海洋石油勘探的一般作业流程为：作业船布置好地震采集电缆、水鸟等水下装置；缓慢下放作为震源的压缩空气枪，空气枪激发地震波；地震波穿过海水进入地层，采集电缆接收各岩石层反射回的不同特性的反射波；将收集到的地层数据处理分析，基本掌握油藏位置及储层情况。

　　钻井过程通过一系列口径不同的套管配合不同大小的钻柱和钻头实现。通过旋转钻柱，钻头切削地层实现钻进。钻柱是中空的，钻井时从钻柱顶部用泥浆泵注入泥浆，泥浆会从井底钻头的水眼中喷射出来；泥浆是用重晶石兑上淡水/或海水/或油，掺杂添加剂配置而成，其作用是帮助切削岩层（泥浆的喷出压强很大，可达几十 MPa）、冷却钻头、保护井壁和带走被切下来的岩屑。泥浆最终会从井底返回到水面，经过固控系统处理后，再次注入钻杆中。

　　对于近海的油田一般采用固定式平台进行石油开采，深度能达到 200 多米，一般不超过 300 m。对于采上来的石油可以使用浮式生产储卸油轮（FPSO）将石油运输到陆地上，FPSO 使用单点系泊系统与平台连接，进行输油作业。离岸很近的地方也有建设输油管道的做法。半潜式钻井船则是深海油田开采中使用较多的做法。

三、海洋石油开采污染与防治

　　海洋石油开发工程的勘探、钻井、测井、井下作业、采油和集输等环节都会对环境产生不同程度的影响。

（一）勘探环节的环境污染特征

　　勘探处于海底的油气储藏大多采用地震勘测技术，这个过程会产生较高的噪声级；此外，勘探作业会产生生活垃圾及炸药包装外壳、废弃的机械零部件、未回收的炮线等固体废物；若使用有毒性的炸药，会污染区域空气和水体；爆炸等产生的噪声也会污染周围声环境。爆炸所产生的声压波对海洋生物有一定的影响，除了直接炸死距爆炸中心较近的鱼类外，还会使安全区以外鱼类迅速出逃；在禁渔期进行爆破勘探石油，还可能使该海域中的海洋生物生息繁殖环境受到破坏，导致一些习惯性产卵、育幼、索饵的洄游性鱼类等游迁至其他海域，造成作业区域渔业资源的匮乏；另外，石油爆破勘探会导致海水浑浊度和悬浮物浓度的增加，长期生活在其中的海洋生物鳃部会被悬浮物质充满而影响呼吸和发育，甚至引起窒息死亡，水中悬浮物质长期过量会妨碍海洋生物的卵和幼体的正常发育，破坏其栖息环境，并抑制水生生物的光合作用，减少海洋动物的饵料（崔毅等，1996）。

（二）钻井环节的环境污染特征

　　钻井过程产生的主要污染物是钻屑、钻井泥浆和烃类物质，包含大量重金属和石油类污染物，沉积在油田附近的海床上（李巍等，2005）。钻探泥浆的漂流、扩散和稀释作用要远低于其他可溶性的排放物，研究表明钻屑堆附近几千米范围内的扇贝受到潜在影响，导致它们在数天内停止生长（Hannah 等，2006）。在有机物丰富的钻屑堆内发生的微生物间接成岩反应导致钻屑堆顶部几毫米范围内的 O_2 量急剧减少，由于 O_2 都被成岩反应所消耗，烃类化合物的降解就变得缓慢，进而导致较高浓度的烃类污染物积累在钻屑堆内（Breuer 等，2008）。北海的油气开采导致钻探点周围海床沉积了大量的钻屑，其中积累着含量高于背景值的重金属和烃类物质，这些污染物将在海底受到一定强度的波浪作用时再次回到海床沉积物表面，并对暴露于其中的生物产生影响（Breuer 等，2004）。

针对钻屑、钻井泥浆等污染物的防治措施，《海洋石油勘探开发环境保护管理条例实施办法》（1990 年国家海洋局发布，2016 年修正）规定，对含油的钻屑应采取回收处理，禁止排放入海。就国内采用的泥浆体系而言，逐步转向使用无毒无害泥浆是大势所趋，也为各泥浆设计部门提出了设计方向。

此外，在钻井过程中配置泥浆、配置钻井液、冷却泥浆泵、冲洗井底、设备润滑等工作步骤都要消耗大量的水并产生大量废水，造成环境污染。机械废水、冲洗废水和生活污水中主要污染物质是石油类、挥发酚、悬浮物、有机质、有机硫化物和大肠杆菌等，这些污染物质将对海洋中的鱼类及其他海洋生物构成损害。机械废水和冲洗废水一般采用平台的油污水处理设备处理至达标后排放。生活污水通过平台的生活污水处理设备将大肠杆菌杀死后达标排放。

（三）测井环节的环境污染特征

随着测井技术的发展，放射性物质得到了广泛的应用，并成为测井的主要污染源，也是整个油气田开发过程中放射性污染的主要来源。在放射性测井过程中可能造成放射性污染的主要途径有：① 放射源储存罐或源外壳泄漏导致放射性污染；② 操作不慎，使放射源掉入井底，会造成特大放射性污染事故，并使油井报废；③ 操作不慎或其他原因使安装了放射源的放射仪器掉入井底，或使放射性同位素活化溶液溅入外环境；④ 保管不善或操作不慎使放射源四处移动，污染途经环境；⑤ 在向注水井注入人工活化液时，由于操作不当，造成井场周围的地表污染；⑥ 在测井完毕后，由于未等中子源能量衰竭而将仪器过早提出井口，将对人体和井口周围环境造成污染。

针对放射性测井过程中可能产生的对环境和人体的污染，应严格按照操作规程进行操作，避免意外情况发生；采取相应的源防护措施，同时提高工作人员对放射性操作的熟练程度，减少或避免放射性污染对人体的影响。

（四）井下作业环节的环境污染特征

由于井下作业过程工艺复杂、施工类型较多，故其形成的污染源比较复杂。井下作业主要包括试油（气）、大修、侧钻、压裂、酸化、测试、小修、热油清蜡、冲沙等作业环节。

下面针对污染物的不同类型，详细分析其产生机理。

（1）落地原油。井下作业过程中的落地原油的来源主要有：① 油井投产前射孔替喷或试油、试采作业时产生的部分原油；② 在修井作业中，压井替喷及不压井时的跑、冒油，在起下钻杆、油管、抽油杆过程中带出的原油；③ 油管、抽油杆和钻杆等在井场放置和清洗时洒落的原油；④ 发生井喷或集输管线泄漏等事故情况下泄漏的原油。

（2）废水。井下作业产生的废水中石油类、有机物及固体颗粒物含量高，腐蚀性强，外排会造成严重的污染。井下作业过程产生废水的主要来源有：① 修井作业使用后排放的含油污循环水；② 试井或修井作业排放的压井卤水、无固相压井液；③ 洗井作业排放的废水；④ 井口返排出的压裂废液和酸化残液。

（3）废气。主要是在施工过程中挥发的烃类气体和通井机、修井机、压裂车、酸化车等车辆产生的尾气等。

（4）固体废弃物。主要包括废弃泥浆和生活垃圾等。

（5）噪声。主要来源于通井机、修井机、压裂车、酸化车等。井下作业污染物排放种类多、成分复杂，且污染源分散、排放无规律，使得井下作业对环境的污染范围大，涉及面广，后果比较严重。

（五）采油环节的环境污染特征

油田的生产环节是持续时间最长的环节，生产环节中采出水的排放是主要的污染物来源（李巍等，2005）。采出水主要是指从油藏中与原油一起采出，且与原油共同进入集输系统，在采出液处理工艺中进行破乳、脱水后产生的含油污水。采出水的次要成分是少量钻井污水和站内其他类型的含油污水，其产生量将随着油井的年龄增长而增长。采出水经过处理后部分排放入海，其余回注到底层。采出水成分复杂，不仅含有石油烃、大量无机盐、悬浮泥沙微粒，而且还溶入了许多随原油在地层中生成的腐殖酸类、不同碳链的有机酸、多环芳烃、酚类和苯类物质，以及在油气开采集输中添加的多种化学处理药剂。

目前，我国海上油田采出水处理方式主要有两种：在海上平台就地处理外排或输送到陆地终端处理，应用的处理工艺有重力分离、聚结、分散气浮选、沙过滤、旋流分离等，其典型采出水处理流程如图15-1所示，主要特点是水处理单元少，水处理停留时间短。

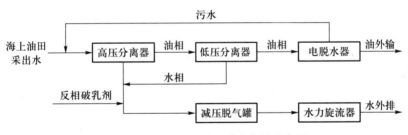

图15-1　我国海上油田采出水处理流程

另外，伴随采油过程产生的污染物还有自喷井投产前射孔替喷产生大量落地原油，在采油过程中管线、阀门等发生故障而跑、冒、漏的原油，发生井喷、管线泄漏等生产事故时产生的落地原油、油泥沙，燃料废气和工艺废气，以及大型机械设备产生的噪声等（李巍等，2005）。

（六）集输环节的环境污染特征

海上油田运输网主要由各种储存器、海底管道和油轮构成，每种输运方式都有自身的排污特点。油轮污染主要有油品中烃挥发、事故性溢油及运输中产生的废水。管道泄漏是管道输送过程中的主要潜在环境污染源。

随着对海洋开发的力度不断增大，海上溢油事故的发生频率也相应增加。全世界每年倾注到海洋的石油量达 200 万 ~ 1 000 万 t。溢油事故的频发不仅是对能源的严重浪费，也给生态环境带来难以恢复的破坏。不论是生活在赤道附近的热带海洋的生物，还是生活在北冰洋中的动植物群体，不论是生活在海洋中的鱼虾，还是在海面上飞翔的海鸟，或者是岸边的动植物，都不能抵抗海洋上石油类物质的侵害。

石油进入海洋之后，漂浮在水面迅速扩散，形成油膜，阻碍水面从空气中摄取 O_2，抑制水中浮游植物的光合作用，致使水中的含氧量逐渐减少，使鱼虾贝类窒息死亡。"卡基斯"号油船遇险后的溢油事故，曾导致法国沿岸渔业生产停顿了一个半月之久。渔民们捕来的鱼有一股浓浓的石油气味，在鱼鳃上可以清清楚楚地看到石油斑点；溢油事故对海鸟资源破坏的严重程度也是难以估量的。据报道，石油泄漏事故后可以收集到上千只死鸟，这些鸟或者是落入油层覆盖的海水中死亡，或者是误食沾染石油的物质而丧生；浅滩上受石油污染过的牡蛎同样也会丧生，即使活下来的也不能被食用。被石油污染过的牡蛎有一股浓浓的石油味，这股味道可以存在一个多月。在岸边岩石上的一些海洋生物对新鲜石油更为敏感，往往是首批牺牲的生物。海岸哺乳动物同样受到石油污染的影响，大量石油类物质的侵入会对海狮、海豹、北极熊等靠海生存的哺乳动物的正常生活带来危害；对于海岸植物也会产生影响，红树林是一个明显的例子，沾染石油的植物新根和新幼树可能立即被杀死，轻的也会发生脱叶现象。

发生溢油事故时，我们首先应该控制溢油的扩散，然后根据溢油海域、海况等情况采取物理方法、化学方法和生物方法中的一种或多种方法，视情况进行回收或直接处理操作。方法的具体细节可见第八章。

第二节 海底天然气水合物开采污染与防治

天然气水合物（natural gas hydrate 或 gas hydrate），化学式 $CH_4 \cdot xH_2O$，即可燃冰，是在 20 世纪科学考察中发现的一种新的矿产资源。它是水和天然气在高压和低温条件下混合时产生的一种固态物质，外貌极像冰雪或固体酒精，点火即可燃烧，有"可燃冰""气冰""固体瓦斯"之称，被誉为 21 世纪极具商业开发前景的战略资源。

全球天然气水合物的储量是现有天然气、石油储量的两倍，具有广阔的开发前景。美国、日本等国均已经在各自海域发现并开采出天然气水合物。据测算，中国南海天然气水合物的资源量为 700 亿 t 油当量，约相当于中国陆上石油、天然气资源量总数的一半。2013 年 6 月至 9 月，在广东沿海珠江口盆地东部海域首次钻获高纯度天然气水合物样品，并通过钻探获得可观的控制储量。2014 年 2 月 1 日，南海天然气水合物富集规律与开采基础研究通过验收，建立起中国南海"可燃冰"基础研究系统理论。2017 年 5 月，中国首次海域天然气水合物（可燃冰）试采成功。2017 年 11 月 3 日，国务院正式批准将天然气水合物列为新矿种。

一、海底天然气水合物分布

天然气水合物广泛分布在大陆永久冻土、岛屿的斜坡地带、活动和被动大陆边缘的隆起处、极地大陆架，以及海洋和一些内陆湖的深水环境。固态天然气水合物填充到陆地冻土带、海洋和一些内陆湖底部的岩石、沙、黏土及混合土等沉积物空隙中形成天然气水合物沉积物，天然气水合物沉积物赋存于沉积环境中形成含天然气水合物地层。

至 2010 年，全球超过 230 个区域发现天然气水合物（图 15-2）。目前全球海域内有 88 处直接或间接发现了天然气水合物，其中 26 处在岩芯中见到天然气水合物，62 处见到有天然气水合物存在的标志——海底模拟反射层（bottom simulating reflector，BSR），同时其他许多地方发现了天然气水合物形成的生物或碳酸盐结壳标志。目前，发现海底天然气水合物的主要分布区是大西洋海域的墨西哥湾、加勒比海、南美洲东部陆缘、非洲西部陆缘和美国东海岸外的布莱克海台等，西太平洋海域的白令海、鄂霍次克海、千岛海沟、冲绳海槽、日本海、四国海槽、日本南部海域海槽、苏拉威西海和新西兰北部海域等，东太平洋海域的中美洲海槽、加利福尼亚滨外和秘鲁海槽等，印度洋的阿曼海湾，南极洲附近的罗斯海和威德尔海，北极附近的巴伦支海和波弗特海，以及大陆内的黑海与里海等。

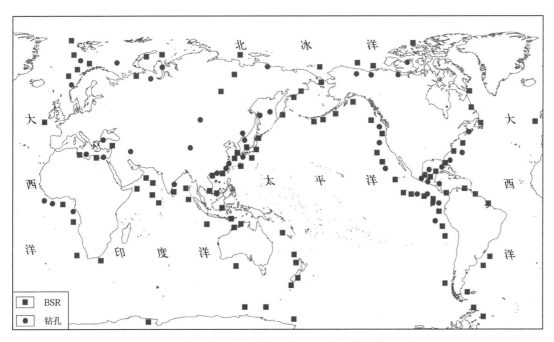

图 15-2　全球天然气水合物分布（引自何家雄等，2013）

中国天然气水合物主要分布在南海海域、东海海域、青藏高原冻土带和东北冻土带，据粗略估算，其资源量分别为 64.97×10^{12} m³、3.38×10^{12} m³、12.5×10^{12} m³ 和 2.8×10^{12} m³。我

国南海北部发育了多种与天然气水合物密切相关的地质体，包括海底滑塌体、泥底劈、多边形断层、气烟囱、流体管道等，构成了良好的水合物流体运移体系。南海北部水深 500 ~ 3 500 m 的深水陆坡环境，满足天然气水合物稳定存在的温压条件，天然气水合物稳定带厚度最大可达近 300 m（吴时国和王吉亮，2018）。综合来看，南海北部陆坡兼具天然气水合物形成和赋存的地质条件，在该海区也探测到 BSR（图 15-3）。2007、2013、2015 和 2016 年，中国地质调查局组织实施了 4 次天然气水合物钻探工程，在神狐、东沙和琼东南盆地等重点区域获得了天然气水合物实物样品。

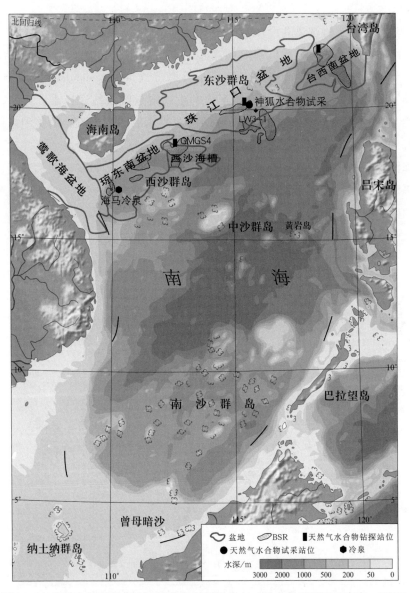

图 15-3 南海北部沉积盆地与天然气水合物分布（引自吴时国和王吉亮，2018）

地震勘探在南海北部陆坡的中新世、上新世和第四纪地层中共发现 BSR 分布区 26 个（图 15-4，Yu 等，2014）。BSR 指示了天然气水合物在南海北部陆坡的广泛的分布范围。

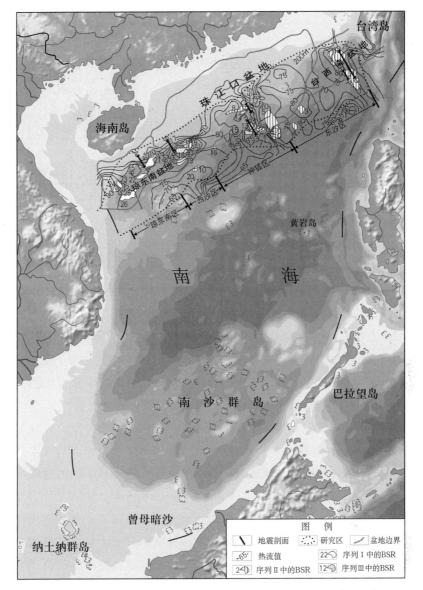

图 15-4　南海北部陆坡中各序列的 BSR 分布及热流值等值线（引自 Yu 等，2014）

二、海底天然气水合物开采方法及过程

由于天然气水合物在常温常压下不稳定，因此开采天然气水合物的方法有：① 减压开采法；② 热激发开采法；③ 化学试剂注入开采法；④ CO_2 置换开采法；⑤ 固态开采法。

天然气水合物工业开采将结合这五种方法的优缺点，进行不同方法的组合，在不同时间使用不同方法，或在同一时间采用几种不同的方法组合开采。考虑不同类型天然气水合物藏的分布及地球化学和地球物理状态，采用水平井、水力压裂等技术也是合理的。

1. 减压开采法

减压开采法是一种通过降低压力促使天然气水合物分解的开采方法（图 15-5）。减压途径主要有两种：① 采用低密度泥浆钻井达到减压目的；② 当天然气水合物层下方存在游离气体或其他流体时，通过泵出天然气水合物层下方的游离气体或其他流体来降低天然气水合物层的压力。当降压时，泵附近的压力迅速下降诱发井附近的甲烷水合物分解。分解后的气体和水，通过射孔流入井内，离井稍远的天然气水合物的压力也降低，水合物进一步分解。由于井内降压，井周围形成压力梯度，井内的低压力将被传递并延伸到离井很远的区域范围。随着天然气水合物的分解，天然气水合物饱和度降低。多孔介质对水和气体的有效渗透率将

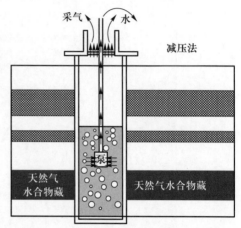

图 15-5 减压法开采水合物原理示意图
（引自杨圣文，2013）

显著增加，导致降压效果传递到更大范围。这种良性循环将持续发展（低压力从井开始传递给天然气水合物层，导致更多的天然气水合物分解，然后天然气水合物层对气和水的渗透性显著提高和改善，压力转移到更远，如此循环发展）。因为天然气水合物分解是吸热反应，天然气水合物层温度降低到一定程度后，天然气水合物将停止分解（如由于降压作用，天然气水合物分解过多过快，导致天然气水合物层出现冰，将天然气水合物分解前沿封闭，减压推动力不能往前传递，或者分解后的气、水在流往开采井的过程中，形成二次水合物，也将严重影响减压开采效果）。

减压开采法不需要连续激发，成本较低，适合大面积开采，尤其适用于存在下伏游离气层的天然气水合物藏的开采，是天然气水合物传统开采方法中最有前景的一种技术。但它对天然气水合物藏的性质有特殊的要求，只有当天然气水合物藏位于温压平衡边界附近时，减压开采法才具有经济可行性。减压开采法在钻井和生产上仍面临着诸多方面的挑战。天然气水合物是一种深水资源，钻井作业和后勤服务费用巨大。一般通过水平井提高产气量，但在埋藏较浅的非胶结沉积层中钻水平井也是一大挑战；由于开采井通常设计成低压井，需要安装人工举升设备及产出水收集与处理设备，制定严格的防沙措施，并且由于低温和解析反应的吸热特性，井筒和集输设备必须采取流动保障措施，也给开采过程增加了许多麻烦。随着开发经验的不断积累和技术的持续进步，减压开采法将向着周期加热、机械举升、化学增产等诸多方法集成的方向发展（张焕芝等，2013）。

2. 热激发开采法

热激发开采法是直接对天然气水合物层进行加热，使天然气水合物层的温度超过其平衡温度，从而促使天然气水合物分解为水与天然气的开采方法（图 15-6）。这种方法经历了直接向天然气水合物层中注入热流体加热、火驱法加热、井下电磁加热，以及微波加热

等发展历程。热激发开采法可实现循环注热，且作用方式较快。加热方式的不断改进，促进了热激发开采法的发展。

井筒加热法是通过循环热水（或热溶液）或者电加热器对井筒进行加热，并通过井筒加热其附近的天然气水合物，使天然气水合物温度升高、分解，达到开采目的（图15-7）。此方法利用循环水加热，开采过程将产生大量的水，所以开采过程水的循环量大，热水对天然气水合物的加热效率低，而且需要考虑加热流体在井筒内的流动和开采流体（气水混合物）的协调问题，设备要求高。如果利用电为热源则需要消耗大量的电能，所以此法不是一种理想的开采方法（杨圣文，2013）。

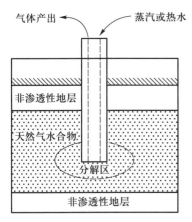

图15-6　热激发法开采天然气水合物示意图（引自思娜等，2016）

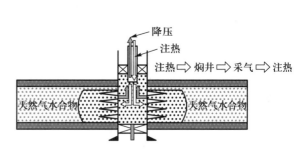

图15-7　井筒加热法示意图（引自杨圣文，2013）

3. 化学试剂注入开采法

化学试剂注入开采法通过向天然气水合物层中注入某些化学试剂，如盐水、甲醇、乙醇、乙二醇、丙三醇等，破坏天然气水合物藏的相平衡条件，促使天然气水合物分解。这种方法虽然可降低初期的输入能量，但缺陷很明显，它所需的化学试剂费用昂贵，对天然气水合物层的作用缓慢，而且还会带来一些环境问题，所以，对这种方法投入的研究相对较少（吴传芝等，2008）。

4. CO_2置换开采法

这种方法首先由日本研究者提出，方法依据的仍然是天然气水合物稳定带的压力条件。在一定的温度条件下，天然气水合物保持稳定需要的压力比CO_2水合物更高。因此在某一特定的压力范围内，天然气水合物会分解，而CO_2水合物则易于形成并保持稳定。如果此时向天然气水合物藏内注入CO_2气体，CO_2气体就可能与天然气水合物分解出的水生成CO_2水合物。这种作用释放出的热量可使天然气水合物的分解反应得以持续地进行下去。该方法最大优势在于释放甲烷的同时，以水合物的形式埋存CO_2。该方法受到政府部门和石油工业界的青睐。美国康菲石油公司和挪威卑尔根大学的实验研究表明，CO_2能够置换天然气水合物结晶中的甲烷分子，置换率高达70%，且在置换过程中没有观测到自由水的出现。如果这种方法能够成功应用于现场，不仅为 CO_2 封存提供了途径，还能够解决降压开采中的几个关键技术难题（张焕芝等，2013）。

5. 固态开采法

固态开采法最初是在海底利用采矿机把天然气水合物以固体的形式采出，然后应用海底集矿总系统对浅层天然气水合物进行初步分离，再利用水力提升系统将天然气水合物提升到海平面。天然气水合物在提升过程中，温度和压力均发生变化，天然气水合物会不断分解，所以开采过程用到了固、液、气三相混合输送技术。采出的天然气水合物固体经粉碎机磨碎后送往分离器，然后使用水泵将海水引入分离器，利用海水热量（温度一般为20 ℃左右）加热天然气水合物使其充分分解。

深水浅层天然气水合物固态流化绿色开采概念核心为：将深水浅层弱胶结的天然气水合物藏当作一种海底矿藏资源，利用其在海底温度和压力下的稳定性，使用采掘设备以固态形式开发天然气水合物矿体，将含天然气水合物的沉积物粉碎成细小颗粒后，再与海水混合，采用封闭管道输送至海洋平台，然后在海上平台进行后期处理加工。整个采掘过程在海底天然气水合物矿区进行，未改变天然气水合物存在的温度、压力条件，类似于构建了一个由海底管道和泵送系统组成的人工封闭区域，使海底浅层无圈闭构造的天然气水合物矿体变成了封闭体系内分解可控的人工封闭矿体，从而保证在开采过程中海底天然气水合物不会大量分解，实现原位固态开发，避免天然气水合物分解可能带来的工程地质灾害和温室效应。

目前天然气水合物开采主要以减压开采法为主，配合热激发开采法、化学试剂注入开采法联用。在俄罗斯麦索亚哈（Messoyakha）天然气水合物气田、加拿大 Mackenzie 天然气水合物气田和近期日本南部海域海槽开展的开采工作已经证实了该方法的可行性。

三、海底天然气水合物开采污染与防治

天然气水合物藏的开采会改变天然气水合物赖以赋存的温压条件，引起天然气水合物的分解。在天然气水合物的钻采过程中可能会出现三种主要风险，即气渗出（gas release）、气泄漏（gas leakage）和套管坍塌（casing collapse）。在天然气水合物藏的开采过程中如果不能有效地实现对温压条件的控制，就可能产生一系列环境问题。天然气水合物环境响应方面的研究主要关注以下4个问题：① 天然气水合物分解导致海底沉积物失稳而造成的海底滑坡等地质灾害；② 天然气水合物堵塞油气管道而造成油气泄漏事故所引起的环境污染；③ 天然气水合物分解产生的 CH_4 和 CO_2 引起的全球气候变化；④ 天然气水合物分解出富 CH_4 流体引起的海洋生态环境的变化。

在研究天然气水合物的同时，科学家也清晰地认识到天然气是一种致暖效应很强的温室气体，而且可怕的是其造成的温室效应是相同质量 CO_2 的 20 多倍。数据表明海底水合物甲烷气体含量是大气甲烷总含量的 3 000 多倍。所以，天然气水合物中甲烷的释

放将对大气圈的组分构成巨大的影响，进而影响导致全球气候变化的大气圈的辐射特征。而且科学界有一种恐慌情绪，他们认为随着大气温度的升高，海水和冻土区底层温度也会随之提高，到那时天然气水合物层就如同处在天然加热状态，水合物会自发分解，散发到大气中，这样会引发恶性循环，气候必定会有大的变化，长期发展下去，将是毁灭性的灾难。

现在已有学者提出了几个假说来说明天然气水合物对全球气候环境的影响。这些假说通过表面温度和影响天然气水合物沉积的海平面变化来阐明天然气水合物对全球气候环境的影响。一般认为，在全球冰期和间冰期，极地区和海洋区天然气水合物的稳定性及其气候效应是不同的。在全球气候变暖期间，冰川和冰盖消融，向海洋供水及海水热膨胀均会引起海平面上升和地下静水压力增加。静水压力是天然气水合物稳定的重要因素。同时，陆地上大气温度的增加，将可能导致大陆天然气水合物不稳定状态而分解，释放出可以进入大气圈的甲烷。在全球变暖期间，尽管外大陆边缘的深水水温也将增加，但是由于巨大体积海水的热容量，水温不可能有明显变化。所以，海平面上升引起的天然气水合物的稳定效应将超过海底水温增加引起的去稳定效应（张俊霞和任建业，2001）。

对于埋藏在极地大陆架区域的天然气水合物，空气温度的增加使浅海陆架区水温升高，更重要的是由于海平面上升，届时海水将会漫延到曾经暴露的、更冷的大陆架表面。温度效应引起的天然气水合物的去稳定效应抵消并超过了海平面上升引起的稳定效应，极地大陆架区域的天然气水合物因此将变得不稳定而分解释放出甲烷气体，并进入大气圈，从而加剧全球的温室效应。Nisbet 将现今的全球变暖与 13 500 a 前最近的一个主要冰期（末次冰期，last glaciation）结束时大陆天然气水合物中甲烷的释放相联系，认为在全球温暖期，极地区天然气水合物分解并释放出甲烷进入大气圈，导致全球环境进一步变暖（Nisbet，1990）。

在全球变冷期间（冰期），整个结果是相反的。在极地区，大陆和暴露的大陆架变得更加寒冷，抵消了天然气水合物压力降低的效应。另外，进积冰川的重力负载作用增加了大陆天然气水合物的压力，最终使埋藏的天然气水合物变得更稳定。在海洋区，冰川和冰盖的生长从海洋中移去了大量的海水，加上海洋的冷收缩，结果使海平面下降而发生海退。在海退期间，压力降低，天然气水合物变得不稳定。海洋区天然气水合物中释放的甲烷进入大气圈，使全球气候变暖，触发了冰川消融过程。所以，在冰期，一方面全球气候寒冷；另一方面，海洋区天然气水合物中甲烷的排放使气候变暖，这是一种对全球环境变化的负反馈循环（张俊霞和任建业，2001）。

需要注意的是大多数的假说仍然没有经过检验。确定这些假说的可行性必须考虑的问题之一是建立在天然气水合物分解期间，甲烷气体通过沉积物释放和迁移的机制。因为甲烷易于沿其迁移通道通过细菌和无机反应氧化，所以确定甲烷气体迁移的过程和结果对于评估天然气水合物在地球历史和全球变化中的作用是非常重要的（张俊霞和任建业，2001）。

由于天然气水合物燃烧后的产物为 CO_2 和水，CO_2 能产生强烈的温室效应，因此对 CO_2 气体必须慎重处理。有的研究者在以水合物形式对 CO_2 的深海存储方面进行了理论上的探讨及经济上的估算。由于 CO_2 水合物的密度比海水和 CO_2 的密度大，因此可以以水合物的形式将 CO_2 沉入海底的 CO_2 液体池中，从而达到长期储存 CO_2 的目的。

除温室效应之外，进入海水中的甲烷会影响海洋生态。甲烷进入海水中后会发生较快的微生物氧化作用，影响海水的化学性质。如果大量的甲烷气体排入海水中，其氧化作用会消耗海水中大量的 O_2，使海洋形成缺氧环境，从而对海洋生物的生长发育带来危害。进入海水中的甲烷量如果特别大，则还可能造成海水汽化和海啸，甚至会产生海水动荡和气流负压卷吸作用，严重危害海面作业甚至海域航空作业（吴传芝等，2008）。

在开采过程中天然气水合物的分解还会产生大量的水，释放岩层孔隙空间，使天然气水合物赋存区地层的固结性变差，引发地质灾变。海洋天然气水合物的分解则可能导致海底滑塌事件。研究发现，因海底天然气水合物分解而导致陆坡区稳定性降低是海底滑塌事件产生的重要原因。一些海底滑塌区附近的地震资料显示，许多正断层向下收敛于天然气水合物稳定带底界面或这个界面附近。在美国大西洋边缘几乎所有的海底滑塌均位于天然气水合物上部边界附近。世界上最大的挪威 Storegga 海底滑塌构造引起了 30 ~ 40 m 高的海啸，可能就是由于天然气水合物的分解触发的。大陆边缘含天然气水合物沉积物的持续沉降、海平面变化和海底水温的增加均可能引起海底沉积物不稳定，从而导致沿海底斜坡带的滑塌（张俊霞和任建业，2001）。

在天然气水合物发育地区，当天然气水合物分解时，沉积物的物理性质将会发生极大的改变。在正常的地质背景下，天然气水合物形成之前，大量的甲烷和水可以在固态沉积物孔隙间自由迁移。在天然气水合物形成期间，"笼形结晶体"的形成堵塞了沉积物的孔隙，阻止了气体和流体的迁移。持续的沉积导致天然气水合物埋藏加深。当天然气水合物稳定带底界面被深埋达到其温度极限时，天然气水合物将不再稳定，由固态的气、水混合物分解为液态的气、水混合体，同时新释放的气体形成超压环境。因此，在天然气水合物的底部将形成一个具有超压特征的低剪切强度的软弱带，重力负载、地震扰动和海底滑坡引发的断裂作用将集中在这个带发生。

海平面的下降或海底水温的增加也可以达到天然气水合物分解的条件。当海平面下降时，天然气水合物稳定带底界面向上抬升，由于天然气水合物的分解而在其底部产生一个强化的流态层，沿这些流态层产生海底斜坡断裂，从而产生碎屑流、滑塌变形，并伴有甲烷气释放而形成的气泡水柱。Kayen 等研究了阿拉斯加 Beaufort 海的大陆斜坡滑塌变形带，这个变形带与根据地震剖面推断的天然气水合物沉积区一致。他们认为，在最近的更新世海退期间，海平面在 28 000 ~ 17 000 a 期间下降了大约 100 m，导致作用在海底的总应力压强减少了大约 1 MPa，因而引起天然气水合物带的底部分解，导致大面积的滑塌变形（Kayen 和 Lee，1991），很多那一时期的滑坡可能与此有关，例如，美国阿拉斯加北部波弗特海大陆斜坡滑坡、挪威大陆边缘的大型海底滑坡、日本海奥尻岛附近海域的滑坡，以及美国大西洋大陆边缘的 CapeFear 滑坡等。

要避免海洋天然气水合物开采导致的海底滑坡和温室气体释放，应进一步关注以下问题：① 需要精确地确定自然状态下天然气水合物的产状、分布和聚集。对大多数天然气水合物资源的估算是通过局部地区推测的天然气水合物浓度参数大体估算外推而来的。因而在许多海域盆地中和冻土带地区对天然气水合物储量的估算是很不精确的。如果不能更精确地了解体积、分布、地质背景和控制过程，那么要了解天然气水合物对人类的重要影响几乎是不可能的。② 天然气水合物的探测。天然气水合物的研究对于传统的地质采样技术是一个挑战。因为环境的变化导致传统的技术方法可采集到的天然气水合物的物理和化学状态会发生极大的变化。在采集的样品上测量获得的性质可能不同于在自然状态下的性质。在这种情况下重要的是要使用一些先进的技术，如采用测井、海底声呐、地震剖面发射方法和可视化手段进行原地测量。③ 沉积物性质的研究。在未来的研究中需要了解是什么因素控制了天然气水合物稳定带底界的形态，并进而影响圈闭天然气的能力。④ 对自然状态下天然气水合物控制因素的研究。天然气水合物是一个处于动态平衡的物质系统。在未来的研究中需要调查天然气水合物系统的动力学，即甲烷在哪里、怎样从沉积物中脱离出来形成聚集。一旦我们能定量确定控制动态水合物体系的均衡流出量，那么就可以估算这一动态系统对外界扰动（如商业生产、构造事件或气候变化）的响应。这就要求了解与天然气水合物有关的一些重要的物理、化学和生物过程及其演化速率。在这方面除了采用热探针和 3D 或 4D 地震技术测量之外，四维耦合的物质和能量流的数值模拟是目前一个新的努力方向，由此可以获得关于天然气水合物系统及其对外部因素响应的预测。

第三节 海底锰结核开采污染与防治

黑色或褐黑色、球形或不规则球形、一颗一颗或疏或密散布在深海海底的铁锰结核，不仅具有巨大的潜在经济价值，也蕴藏着海洋地球科学的很多秘密。结核通常由核心与圈层两部分组成。核心可大可小，核心物质多种多样。火山岩碎屑、鲨鱼牙齿等生物碎屑、沉积物泥块、老结核碎块等，只要比周围沉积物硬一点、固结一点的，都可以成为铁锰结核中或大或小的核心，但单个结核核心物质的类型在一定区域范围内比较单一。铁与锰的氧化物和氢氧化物，加上少量的其他金属成分和硅、铝、钙、磷等杂质组分，围绕核心大致呈同心圆圈状生长，构成结核中或厚或薄的圈层（图 15-8）。因为这些结核的主要成分是铁和锰的氧化物和氢氧化物，一般称之为铁锰结核或锰结核。同时，因为结核中有经济价值的金属元素是铜、钴、镍等微量组分，有的也称之为多金属结核或多金属铁锰结核（周怀阳，2015）。

一、海底锰结核分布

锰结核广泛分布于世界海洋 2 000～6 000 m 水深海底的表层，而以生成于 4 000～6 000 m 水深海底的品质为最佳。深海海底约有锰结核 4 400 t/km²，海底总储量估计达（3～3.5）万亿 t。仅太平洋的锰结核储量就有 1.7 万亿 t，而且它们还在以（1 000～1 600）万 t/a 的速率生长（罗婕等，2004）。铁锰结核主要分布在海底有松软沉积物的表面或者表面向下几厘米的表层沉积物中。铁锰结核的直径通常为几厘米，有的地方可以

图 15-8　铁锰结核照片（引自 Hein 和 Koschinsky，2014）

a. 铁锰结核在海底时的情景，在结核之间的是松软的沉积物；b. 到甲板上时箱式采样器中的铁锰结核，

可以很清楚地看到结核整整齐齐地排布在沉积物上面，箭头指的即是原来海底沉积物表面的位置；

c. 单个成岩型结核的粗糙外形及其内部剖面围绕核心的同心生长纹理

见到直径大于十几厘米或者小于一厘米大小的结核（周怀阳，2015）。我国的南海北部大陆坡和深海盆地广泛分布铁锰结核、结壳，尤其在蛟龙海山观测到了海底铁锰结核的大面积分布，这种分布可与大洋结核的分布相媲美。

除了极地附近的海洋外，从赤道到极地前沿广阔水域的世界各大洋的海底均可找到深海锰结核。多金属锰结核覆盖面积占世界大洋海底面积的15%左右。可根据世界大洋海底的地貌构成和分布位置，以及多金属结核丰度、成分、地球化学特征，将世界大洋划分为15个多金属锰结核聚集区，其中分布在太平洋的多达8个，分布在大西洋的有3个，分布在印度洋的有4个（肖业祥等，2014）。其中尤以东北太平洋的克拉里昂-克里帕顿（Clarion-Clipperton，称为 C-C 区）断裂带内的中央区即夏威夷岛东南海域，水深4 000～6 000 m 海底的结核丰度为最高，品位也最高（罗婕等，2004）。

二、海底锰结核开采过程

海底锰结核开采的基本任务是按生产规模，从 5 000～6 000 m 的深海底，将多金属结核连续、高效地采集并输送到海面采矿船上。海底锰结核开采的技术要求具有高度的可靠性、先进性和经济性。在过去二三十年的研究开发过程中，一些国家提出并试验过多种海底锰结核的开采方案，主要有以下几种：

1. 连续绳斗式（CLB）开采系统

这种系统起源于日本，美国、法国和英国也进行过研究。其基本原理是在一根环状绳索上每隔 25～50 m 联结一个挖斗，环状绳索固定在采矿船船首和船尾的卷扬机上（单船式）或两艘船上（双船式）。对于单船式，空斗从船首放下去，将半装满的铲斗从船尾收上来。对于双船式，空斗从一艘船放下去，半装满的铲斗从另一艘收上来。通过采矿船低速航行的拖曳作用和绳、斗组成的无极绳采集环路在海底连续运转，实现海底锰结核的采集和提升。该系统具有开采和提升两个功能。这类采矿技术具有系统简单、成本较低的优点。但是若在一艘船上操作，尼龙缆索环路的两端易缠结，影响开采效率，两艘船涉及配合移动和成本等问题，所以影响了其进一步的发展。

2. 自动穿梭式采矿车采矿系统

该系统由多台自动穿梭式采矿车进行海底锰结核的采集和提升。采矿车由质量很轻但强度很大的浮性材料制成，能在海中自由运行并深潜到海底。下水前采矿车装满压舱物，然后自动潜入海底采集结核。采满结核后，弃掉压舱物，上浮到一个半潜式的水下平台，把结核卸在平台上，然后再装上压舱物重新潜入海底。这种系统的最大优点是设备独立、灵活性好，采集效率高，回采损失小，能大幅度提高结核产量。主要缺点是要求非常先进的设备制作技术和遥控技术，造价很高，开发难度较大，可作为今后第二代深海采矿技术考虑。

3. 集矿机加管道输送采矿系统

该系统由集矿机、输送软管、中间矿仓、扬矿管及采矿船等组成。

集矿机在海底采集结核，采集的结核在集矿机内清洗脱泥和破碎后，经软管输送到连接于刚性扬矿管下端的中间矿仓，然后结核经扬矿管扬送到海面的采矿船上。集矿机有自动行走式和拖曳式两种形式。

扬矿方式有水力提升、气力提升、轻介质提升和重介质提升 4 种（肖业祥等，2014）。水力提升分为矿浆泵水力提升（图 15-9）和清水泵水力提升（图 15-10）。水力提升系统用串接于扬矿管中间的潜水矿浆泵作为动力装置，将中间矿仓内的结核矿浆吸入管道泵送到采矿船上。

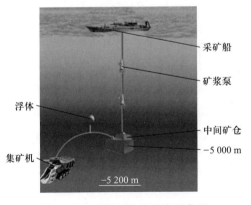

图 15-9　矿浆泵提升系统示意图
（引自肖业祥等，2014）

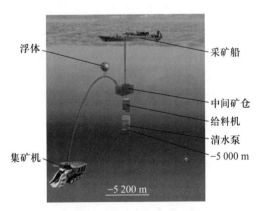

图 15-10　清水泵提升示意图
（引自肖业祥等，2014）

气力提升系统则以压缩空气作为动力（图15-11），在扬矿管的一定深度处通入压缩空气，因混入压缩空气后的矿浆的相对密度小于管外海水的相对密度，利用管内外的压差，便能将结核扬送到海面。

轻介质提升系统是以相对密度小于1的轻介质（固体和液体）代替压缩空气作为扬送结核矿浆的载体，其原理与气力提升相同，均利用密度差进行提升，主要包括采用液体（如碳氢化合物等）和固体轻介质两种方法，虽然它的提升效率比气力提升高，但因为密度差小，所以注入海底的深度较深。这种方法也存在一些缺点，如轻介质无法与海水完全分离，固体轻介质易破损，对海洋环境污染严重，需在船上储存轻介质等。因此，对轻介质提升方式进行的实际研究较少。

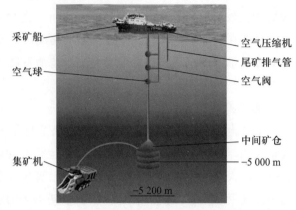

图15-11　气举泵提升示意图
（引自肖业祥等，2014）

重介质提升系统是将重晶石、硅钢等与液体制成的重介质代替压缩空气，利用浮力将结核从海底提升至采矿船上，由于载体容易得到，所以其能耗小，但海底给料装置的设计困难，结构复杂，故障率高，同时重介质一旦发生泄漏，将会对海洋环境造成严重的污染。

上述扬矿方式各自具有优缺点，但矿浆泵水力提升和气力提升技术已经被深海试验所验证，最具研究和发展前景，尤其是矿浆泵水力提升技术，是目前各国投入精力最多的项目，最具商业应用前景。

三、海底锰结核开采污染与防治

海底锰结核开采采用开放式采矿方式，使用遥控器操作水下采矿集矿机，并采用液压泵系统将矿石运上水面。在开采过程中，海底浅层底床沉积物会被扰动、破坏，海底沉积物会发生侵蚀再悬浮、输运、沉降、再堆积固结过程，在此过程中吸附于其上的物质成分，如重金属、无机营养盐等也将发生一系列的变化过程，造成底部水体污染，间接影响海底动物群落结构，并且可能通过改变海洋初级生产力而影响气候变化。

对于海底锰结核开采产生的环境效应问题，在20世纪七八十年代已有学者进行了初步的研究分析；90年代，由地方政府与各大学成员组成的德国深海环境保护研究协会（TUSCH），开展了ATESEPP项目，印度国家海洋协会海洋发展部资助开展了INDEX研究，分别在太平洋东南部秘鲁海盆、中印度洋盆地进行了锰结核开采引起的海洋物理、化学、生物环境变化的初步调查研究（Becker等，2001；Rolinski等，2001）。

（一）海底锰结核开采对海洋现代沉积环境的影响

海底锰结核大量分布于海底上部强度较低、含水量较高的半流体沉积物中。在秘鲁海盆的现场调查结果表明，半流体厚度在 8～15 cm 范围内变化，剪切强度为 0.2～1.0 kPa，含水量高达 70%～83%，在此沉积物层内，锰结核发育丰富，其下部是固结程度与强度高（剪切强度 3～5 kPa）的沉积物，锰结核含量非常少（Grupe 等，2001）。若结核采集器优化设计，能够控制好其采集过程中施加的外力大小与挖掘深度，则仅能够使半流体层沉积物发生悬浮，下部固结程度好的沉积物悬浮量将会很低，理论上可以忽略。

　　但是，海底锰结核开采会导致底床沉积物发生不同程度的再悬浮输运及沉降再分布过程（图 15-12）。根据目前已有数据的对比分析推测，海底锰结核开采活动对底床的扰动，将导致海水中出现以细颗粒为主的泥沙云团，大约在超过 7 倍结核采集机器长度的距离外，泥沙云团消失（Becker 等，2001）。利用 Fluent 软件仿真海底锰结核采矿过程中沉积物颗粒受扰动后的运动，结果表明：伴随着海底锰结核采矿，沉积物被扰动到海洋底层水中，先在扰动源后方形成云团，之后在扰动源前方形成云团，随着云团的扩散、融合，云团个数减少，云团内的颗粒浓度降低，30 min 后浓度变化趋于稳定（齐瀚琛和王英，2017）。Rolinski 等（2001）采用汉堡大尺度地转海洋-拉格朗日输运耦合模型的数值模拟结果表明：对于海底锰结核开采产生的再悬浮沉积物，粒径较大的沉积物输运距离在 100 km 范围内，其中 99% 在 1 个月内完成沉积过程；粒径较小的沉积物输运距离则非常远，其中 90% 的泥沙，在水深 500～3 000 m 的条件下，在 3～10 年内完成沉积过程。Sharma 等（2001）采用深海底扰动器——深海沉积物再悬浮系统在中印度洋海盆对悬浮沉积物的运移趋势及海洋生态环境影响的研究发现，海底矿产开采会导致底床地貌形态发生显著变化。

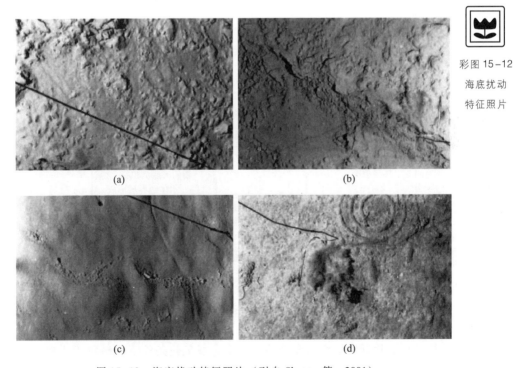

彩图 15-12
海底扰动
特征照片

(a)　　　　　　(b)

(c)　　　　　　(d)

图 15-12　海底扰动特征照片（引自 Sharma 等，2001）

a. 未机械扰动前底床生物扰动特征显著；b. 扰动区生物活动特征消失；

c. 沉积物再堆积区表层特征；d. 细粒沉积物盖层产生平滑微地貌

目前，国外前期开展的研究已经初步表明，深海沉积物在海底锰结核开采活动中能够发生一系列的动态变化过程，包括沉积物侵蚀再悬浮、输运、沉降、堆积、再固结。海底锰结核开采诱发的沉积物发生的这一系列变化过程持续时间可达几个月、几年、十几年，甚至能达到上百年的时间尺度（Becker 等，2001；Koschinsky 等，2003）。并且，由于地域、沉积物特征、海洋动力环境、采矿装备等条件存在差异，海底沉积物的动态变化也呈现出显著不同的特征。

（二）海底锰结核开采对海洋地球化学环境的影响

在海底锰结核中含有 10%~28% 的 Mn，4%~16% 的 Fe，0.3%~1.6% 的 Ni，0.02%~0.4% 的 Co，0.1%~1.8% 的 Cu（均为质量分数），在海底环境中沉积物孔隙水与上部水体保持离子交换平衡，而海底锰结核开采将破坏这种动态平衡，改变海底氧化还原边界的位置，从而对已有的稳定的海洋地球化学环境产生破坏（Senanayake，2011）。

在海底锰结核开采过程中，人为扰动使底床沉积物再悬浮于底层水体，在洋流作用下输运、沉降、重新分布；在此过程中，底床沉积物中的溶解相金属物质、营养盐、Mn/Fe 氢氧化合物、有机物等也被释放于底层水体，从而改变了海底沉积物-底层水体边界层内的物理化学环境，进而影响边界层内的微生物活动，从而进一步影响悬浮于水体的颗粒物质，逐渐形成新的稳定的海底沉积物-底层水体边界层（图 15-13）（Koschinsky 等，2001）。

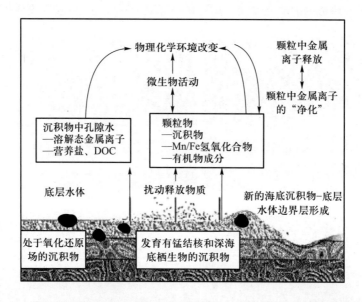

图 15-13　深海/底层水体动态系统与海底锰结核开采过程中底床沉积物再悬浮于水体中时可能发生的地球化学系统响应（引自 Koschinsky 等，2001）

海底锰结核开采导致近底层海水金属浓度增加，在氧化条件下，短时间内对生物影响不明显；在溶解氧低值区，将会增加生物利用金属离子的速度，改变其物种形态。Thiel 和 Tiefsee Umweltschutz（2001）的试验研究表明，氧化性强的表层沉积物再悬浮将伴随着溶解的重金属的扩散通量的增加，在扰动后的最初几周，扩散通量约为几个 $mg/(m^2 \cdot a)$，锰沉降 100 年才能恢复至最初状态，其他重金属通量则相对较低。

（三）海底锰结核开采对海洋生态环境的影响

在海底锰结核开采过程中，海底表层沉积物被吸走，同时寄居于其上的底栖生物也被带走，或者被集矿机碾压致死，降低了底栖生物多样性，改变了底栖生物群落结构；而且，集矿机工作导致的再悬浮沉积物改变了海水环境，从而也将在一定程度上影响滤食性动物的生存环境与海洋植物的光合作用；另一方面，海底锰结核开采对海洋地球化学特征的改变也将间接对海洋生态环境产生影响。

1. 对底栖生物的影响

海底锰结核开采主要是由在海底的集矿机运转完成的。通过深海摄像、取样等技术手段发现很多结核生长并赋存在平均厚 3 ~ 8 cm 的半液体沉积层中。该环境中拥有数量在80% 以上的底栖生物，它们主要由少量表生动、植物和较丰富的内生动物组成。表生动物大多数是以食表层沉积物中的有机质生活的食泥动物。当集矿机向前行进时，行进路径上95% ~ 100% 的底栖生物会被搅起的沉积物掩埋或直接死亡。同时，由于沉积物被翻到行进路径的外侧，路径边缘的底栖生物也会遭受伤害。而临近集矿机周围区域的生物也会受到扰乱或被驱赶到另外的地方（李日辉和侯贵卿，1998）。

此外，集矿机对沉积物的搅动会破坏沉积物层的原始结构并使沉积物进入水体形成沉积物云团。沉积物层结构的破坏会对底内（穴居）生物的生存环境造成破坏。进入水体的沉积物云团主要由颗粒物质组成。较粗的颗粒会在较短的时间内沉到海底，在集矿机周围发生再沉积作用；而细的颗粒则可在水中呈悬浮状态，存在时间较长。美国科学家对DOMES（深海采矿环境研究）项目的试采矿监测研究表明，集矿机附近的云团，以及集矿机行驶区域以外颗粒二次沉降产生的影响面积约为 50 km^2。这种沉积物云团会干扰底栖生物的呼吸系统、视觉系统和繁殖功能等。二次沉降物也会在一定程度上埋没海底植物和底栖动物（李日辉和侯贵卿，1998）。

在太平洋东南部开展的大尺度扰动试验，研究了物理扰动对深海大型生物的影响，研究结果表明扰动区生物密度在扰动后均显著降低，不同种群降低程度存在明显差异，在扰动结束 3 年后，生物密度仍未恢复至扰动前的状态（Borowski 和 Thiel，1998）。在扰动结束 7 年后，海底上表层半流体层恢复至近于初始状态，底栖生物活动差异很小，推测生物密度的恢复过程受到上表层半流体层的形成过程控制（Borowski，2001）。东太平洋 5 000 m 深度海底被扰动后，分布于扰动区的毛线虫在 26 年后仍未恢复至初始状态（图 15-14，Miljutin 等，2011）。

IFREMER, NODINAUT, 2004

图 15-14 研究区海底 26 年后保存的扰动记录
（引自 Miljutin 等，2011）

2. 对浮游生物的影响

浮游生物是指没有真正的游泳器官，经常随波逐流被动地飘游在水中的生物。浮游生物按生活的水层位置大致可以分为以下四个带：① 上层浮游生物带（200 m 水深以上）；② 中层浮游生物带（200～1 000 m）；③ 深层浮游生物带（1 000～2 000 m）；④ 底层浮游生物带（4 000 m 以下）。采矿过程对浮游生物的影响主要体现在以下两个方面（李日辉和侯贵卿，1998）。

（1）集矿机的影响。采矿形成的沉积物云团的影响如前所述，集矿机在采矿过程中搅动沉积物能形成沉积物云团。采矿规模不同，形成的沉积物云团的规模也不相同。它主要影响最靠近海底的底层浮游生物带。该浮游生物带的环境特点是：水温很低（1～4 ℃，且稳定不变），沉积速率较低、光线穿透力很差、养分供应十分有限。光照条件是浮游生物赖以生存的重要的环境因素之一，沉积物云团作用的结果会使本来就很差的光照条件变得更差，并会降低水体的清洁度，导致属种类型的减少、丰度大大降低。

（2）采矿船的影响。采矿船的活动造成的影响如前述，采矿船在作业过程中将向海中排放废水、尾矿等。DOMES 对 OMI 和 OMA 两个公司 1978 年试开采的监测结果表明，由采矿船废水排放而产生的羽状颗粒云团在距离采矿船 2 km 之内都可见到，其宽度为 300～400 m。利用浊度计可在 7～8 km 之外测到此颗粒云团。另外，记录还显示，此羽状颗粒云团的浓度在距采矿船 70 m 处为 900 mg/L，而在 8 km 处下降为 70 mg/L。仅 5 h 后，此羽状颗粒云团扩散到长 4 km，宽 1 km。在随洋流扩散和漂移之前，颗粒下降到水下 20 m。由此可以看出，采矿船废水等排放影响的区域主要是表层水域，即上层浮游生物带的范围。该带是海洋中生物生产率最高的水层，据估算海洋中 80% 的生物量产于这一水层。而其中的生物量主要由海洋浮游植物和浮游动物组成。在采矿船排放的尾矿中含有大量的颗粒物质，排放的结果将直接影响透光性，并降低浮游植物的光合作用速率，从而降低生物生产率。

排放的废水的另一个特点是其温度低于表层水温。在结核从深海底提升和脱水分离的过程中，尽管水温比底层水温有所增高，但仍低于采矿区表层水的正常温度。因此，将废水排放到表层水域的结果会造成表层水温的大幅度下降，而温度也是透光层中生物生存的重要因素。

3. 对食物链结构的影响

首先是对食物链最低环节的有机组织造成伤害，这主要由采矿船所排放废水、尾矿中的有毒、有害物质引起；其次是集矿机及其形成的沉积物云团对食物链中较低环节——浮游植物、底栖和浮游动物的破坏，以及采矿船排放的低温和相对密度大的废水的影响。低温主要对温度敏感生物，以及鱼苗、鱼卵等有一定的破坏。对温度敏感型生物而言，它们在温度 10 ℃ 之下超过一定时间便会死亡。而对鱼苗和鱼卵来说，如果周围的海水在一段时间内温度持续很低，必然会导致死亡率的上升。另外，低温也会导致生物呼吸系统功能和光合作用能力的下降。相对密度大的废水在排放之后会很快沉到表层水之下 20 m 处，然后向水平方向扩散。这会造成表层水域中颗粒增加，从而破坏光合作用。它还会影响食物链中较高级环节的鱼类和哺乳动物，以及海鸟等的视觉能力。视觉的影响将会对摄取食物造成不良影响。对大型浮游生物而言，它可能的影响是死亡率上升。同时一些重要的生理功能如捕食、呼吸、发育、生长、繁殖等也将会发生变化（李日辉和侯贵卿，1998）。

（四）海底锰结核开采的其他影响

在 1997—1998 厄尔尼诺年的时候，东太平洋近底一种小个体海参物种急剧增多，之后恢复原状，研究人员推测深海底栖生物群具有影响气候的能力。进而他们还推测，海底锰结核开采将可能通过影响深海底栖生物结构与密度而对气候产生间接影响。无机营养物质能影响海洋初级生产力，改变海洋的储碳能力和碳输出量，以及海气间气体和气溶胶的通量，从而影响辐射、云特征与气候变化。由此可以推测海底锰结核开采释放的无机营养物质对海洋初级生产力的影响同样可能影响大气环境与全球气候。

（五）海底锰结核开采污染防治措施

显然，对于深海采矿而言，重大挑战之一是实现经济增长和环境完整性的平衡。鉴于目前有关在各国领海内进行矿石开采的法律法规限制并不多，有的甚至是一片空白，有专家呼吁，应尽早采取行动，通过立法保护敏感而脆弱的海底生态系统，尽量降低海底开采活动对环境的影响。确定深海采矿活动对潜在环境影响的程度，需要进行更多的基础研究、进一步的实验和更大规模商业开采的现场监测。减小海底开采活动对环境的影响，需要进一步开展以下方面的研究：

（1）建立深海采矿环境影响评价指南，为"区域"内资源勘探和开采的环境影响评价提供依据。

（2）在世界范围内进行结核区研究方法的标准化，包括研究方法、研究技术、深海生物分类标准化和一致性。这将使全世界各结核区研究结果的对比成为可能，并可由此选择监测有关效应的关键参数。

（3）环境基线及其自然变化研究。所谓环境基线是指在没有人为影响时，环境参数本身的自然波动，它不是一条直线，而是一个变化的范围。但是深海采矿环境影响研究都是根据一次调查所得的资料作为划分环境基线的依据，这是不科学的。事实上，即使在深海，环境基线也是随时间和空间的变化而变化的。因此，为了准确评价非自然扰动对生态系统的影响，必须开展环境基线时空自然变化的调查和研究，阐明环境基线自然变化的范围。因此，有必要按照国际海底管理局环境影响评价指南所建议的标准方法和技术，开展环境基线及其自然变化规律研究，并共同建立 C-C 区环境基线，以区别自然变化和非自然扰动对海洋生态系统的影响。

（4）继续开展海底扰动影响实验。此外，为了评价底栖动物对沉积物掩埋的敏感性及采矿羽流在扰动区周围和不同点的再沉积速率，有必要开展现场沉积物剂量反应实验。

（5）由于 C-C 区的深海环境和生物具有明显的梯度，因此需要在不同的位置建立一系列的参照区，在建立参照区之前，应统一参照区选择的标准。

（6）广泛收集环境数据，监测环境研究进展，建立国际海底环境信息系统，以满足未来结核勘探和承包者履行国际法的要求。

（7）为了减轻尾矿表层排放对生态环境的影响，可以采用次表层或者较深层尾矿排放的方式。多数科学家认为在商业开采时在深度 500～800 m 的溶解氧最低层之下排放废水是可行的办法，这种方法可以减少对环境的影响。这种排放不仅不对浮游植物的光合作用和浮游动物及鱼卵仔鱼等产生影响，而且排放出来的悬浮颗粒物质由于没有跃层的阻隔而容易沉降到海底，因而可以缩小在水平方向上扩散的范围。另一种建议则认为，采矿过程的尾矿应尽可能快地返送到海底。但也有相反的意见，认为尾矿在较深层排放也许会对生态系统产生更大的危害，因为较深层排放在温跃层下相对静止的水层进行，使原来在表层排放时所具有的一些自然过程（它们对聚集和迁移悬浮固体物质非常有效）不再起作用，悬浮颗粒物质可能会在水层中滞留更长的时间。因此，需要进一步开展尾矿羽流对水体生态系统影响效应的研究。

（8）海底边界（BBL）的水动力学研究。海流是造成采矿羽流扩散和远离采矿区域潜在的环境影响的动力因子。目前关于深海海底的水动力状况的资料相对缺乏。研究表明深海海底并不是平静的海域，存在一定的变化周期。因此，需要对海底水动力学做进一步的研究，才能更好地对海底采矿的环境影响进行评价和预测。如果尾矿在表层排放，则对大洋上层水动力学的研究也同样重要。

（9）海底雾状层（BNL）的特征研究。在进行深海采矿时，集矿机所导致的沉积物羽状流主要集中在近底边界层的范围内，而现有的一些观测资料也证明海底还存在一个比较均匀的海底雾状层，但目前人们对海底雾状层的特性所知甚少，为了正确评价深海采矿过程中所形成的沉积物羽状流的环境影响效应，应对海底雾状层进行系统的研究。

（10）相关研究结果表明，在 C-C 区一端的动物群落与相隔约 2 500 km 的另一端的动物群落明显不同（Paterson 等，1998）。因此，为防止深海采矿导致生物种类灭绝，必须对深海底栖生物多样性、分布特征等进行深入研究。此外，开展扰动后底栖生物的再迁入和底栖生物群落重建速率的研究，对于正确评价和预测采矿环境影响具有十分重要的意义。

（11）在采矿过程中，各种复杂的生态学过程相互作用效应需要较长时间才能显示出来，因此，需要进一步开展实验性采矿和商业性采矿长期效应的监测和研究，以更充分地评估深海采矿对海洋生态系统的潜在影响。

（12）由于不同作业系统集矿机的工作原理不同，对环境的影响程度也有较大的不同，因此，开展不同作业系统集矿机环境影响研究，可以为改进集矿系统设计，并为发展对环境影响较小的集矿系统提供科学依据。

第四节　海底稀土开采污染与防治

稀土（rare earth，RE）是对镧系 15 种元素，以及与镧系元素化学性质相似的钪（Sc）和钇（Y）共 17 种元素的统称，是不可再生的重要自然资源，其在地壳中的含量并不稀少，稀土在地壳中的丰度为 $200×10^{-6}$（质量分数），高于金、铂、钨、钼、钴、铅、锌等元素的丰度。现在已发现约 250 种稀土矿物，其中 10 种具有开采价值，如氟碳铈矿、独居石矿等。稀土元素被广泛应用于电子、石油化工、冶金、机械、能源、轻工、环境保护、农业等领域，特别是在军事方面，稀土的使用可以大幅提升导航雷达、导弹、战斗机等武器的性能。可以说，稀土的作用无处不在。作为一种不可再生的资源，稀土材料被称为"21 世纪的黄金"，未来在新能源领域也将扮演举足轻重的角色。日本科学家认为，海底可能蕴藏 800 亿~1 000 亿 t 稀土，是陆地已探明稀土储量的 1 000 倍。

一、海底稀土分布

陆地稀土资源储量巨大，主要储藏国为中国、澳大利亚、俄罗斯、美国、巴西、加拿大和印度等。世界上稀土主要生产国是中国，中国的生产量占全球生产量的 90% 以上。2006 年以来，中国开始实施严格的限制稀土出口政策，使得稀土出口价格大幅提高。虽然 2012 年美国、日本和欧盟针对中国稀土出口限制政策将中国诉于 WTO，2014 年 WTO 最终裁定中国败诉，但是，只能依赖进口稀土的日本已经开始到深海里寻找稀土，并发现了深海里蕴藏着丰富的稀土资源，因此引起了国际社会等对深海稀土资源的重视。以往对国际海底矿产资源的勘查主要针对多金属锰结核、富钴结壳和多金属硫化物。深海稀土资源可能会引发未来除多金属锰结核、富钴结壳和多金属硫化物以外的新一轮的国际海底稀土争夺大战。

海底稀土主要分布于海底沉积物、多金属锰结核（结壳）、热液硫化物，以及海水当中，其中多金属锰结核（结壳）及某些区域海底沉积物中的稀土元素含量较高。

1. 海底沉积物中的稀土元素

日本 Kato 等（2011）通过对太平洋 78 个站位的柱状沉积物进行镧系稀土元素及钇元素（Y）含量（ΣREY）分析，数据结果表明 2 m 以内沉积物的 ΣREY 平均含量为 $1 000×10^{-6}$ ~ $2 230×10^{-6}$（质量分数），与中国南方铁吸附类型矿床中 ΣREY 含量（$500×10^{-6}$ ~ $2 000×10^{-6}$）[*]相当，而重稀土元素（HREE）含量则是中国南方铁吸附类型矿床含量（$50×10^{-6}$ ~ $200×10^{-6}$）[*]的 2 倍。2012 年日本发现南鸟岛附近海域采集的深海沉积物存在高浓度稀土矿床；并于 2013 年 1 月继续取样分析，进一步确认了南鸟岛附近海域深海沉积物存在高浓度的稀土（平均浓度 $1 100×10^{-6}$，最高浓度 $6 500×10^{-6}$）[*]。2013 年 5 月，日本又在印度洋东部发现了海底沉积物含有高浓度的稀土（平均浓度 $700×10^{-6}$，最高浓度 $1 113×10^{-6}$）[*]。这是在太平洋之外的海域首次发现含有稀土的海底沉积物。这意味着稀土资源不仅存在于太平洋的深海沉积物中，还可能存在于全球其他海域的深海沉积物中（张伙带等，2014）。

在从河口到洋中脊的沉积物中都有稀土元素分布。目前在墨西哥太平洋沿岸 Marabasco 河河口、南太平洋东部、夏威夷岛的东侧和西侧、利比里亚半岛西北部的加利西亚北部陆

注：* 数据为质量分数。

架海、西菲律宾海盆西部海区等区域的深海沉积物中发现稀土元素的存在。2013 年，日本学者宣布，在日本南鸟岛以南约 200 km 海底之下 5 000 m 的沉积物中，17 种稀土元素总含量（ΣREE）值最高达到 $6\ 600\times10^{-6*}$，富集系数高达 33，这是全球浓度最高的稀土矿（王双等，2014）。对太平洋表层沉积物的 ΣREE 平均值的总结结论如图 15-15 所示。

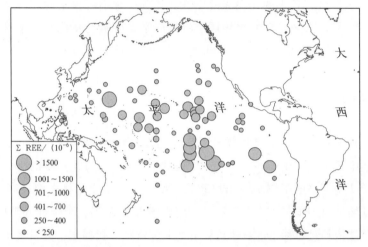

图 15-15　太平洋表层沉积物中的稀土元素含量的平均值分布（引自王双等，2014）

我国海域海底沉积物中均有稀土元素分布，渤海和南海陆架区沉积物中稀土元素含量较高，而东海和黄海相对较低，4 个海区 ΣREE 平均值为 $156\times10^{-6*}$，富集系数为 0.78，中轻稀土含量均明显大于重稀土含量，这是陆壳稀土元素的典型特征。南海大陆架沉积物稀土元素含量等值线沿海岸线呈条带状分布，元素含量自陆向海递减，北部陆架区、中南半岛中东部和加里曼丹岛西北部沿大陆区域稀土元素富集，西南部巽他陆架、东南部岛礁区及中、西沙附近区域含量较低；南黄海西部陆架区表层沉积物稀土元素含量的高值区主要分布在苏北近岸细粒沉积物区，低值区主要分布在中东部残留沙等粗粒物质覆盖的区域（吴绍渊，2014）。我国浙闽沿岸泥质区、广东沿岸的 10 个典型海湾、长江入海沉积物、黄河沉积物、海南岛南渡江近岸河口、鸭绿江口、青岛田横岛北岸海滩沉积物中均有不同程度的稀土元素分布（王双等，2014）。

虽然在从河口到洋中脊的沉积物中都有稀土元素的分布，但其含量相差较大，ΣREE 值高低顺序一般为深海沉积物>陆缘海沉积物>河口沉积物，深海沉积物的 ΣREE 值主要由沉积物类型和海底火山活动决定，而陆缘海和河口沉积物的 ΣREE 值则主要由粒度和物源决定，粒度越细，离物源越近，ΣREE 值越高。大部分海底沉积物轻稀土元素（LREE）相对于重稀土元素（HREE）富集。

2. 海底多金属结核和富钴结壳中的稀土元素

稀土不仅蕴含于深海沉积物中，还蕴含于海底多金属锰结核和富钴结壳。海底多金属

注：* 数据为质量分数。

锰结核和富钴结壳中的稀土资源已经引起国际海底管理局的重视。对公开发表的富钴结壳和多金属锰结核的稀土数据进行统计的结果表明，富钴结壳的稀土元素平均含量为 1 854×10^{-6} *；多金属锰结核的稀土元素平均含量为 978×10^{-6} *。富钴结壳的稀土平均含量比多金属锰结核高，约为它的 1.9 倍（表 15-1）。

表 15-1 富钴结壳和多金属锰结核的稀土元素含量（ΣREE）的统计结果

载体类型	海域	ΣREE 范围*/10^{-6}	ΣREE 均值*/10^{-6}
富钴结壳	麦哲伦海山区	1 093 ~ 3 286	2 087
富钴结壳	马尔库斯-威克海山区	1 047 ~ 3 897	1 890
富钴结壳	马绍尔海山区	1 249 ~ 1 753	1 506
富钴结壳	中太平洋海山区	1 278 ~ 2 654	1 933
富钴结壳平均			1 854
多金属锰结核	太平洋 C-C 区	313 ~ 1 299	648
多金属锰结核	印度洋	467 ~ 1 649	818
多金属锰结核	南海北部	818 ~ 1 884	1469
多金属锰结核平均			978

引自张伙带等，2014

多金属锰结核主要赋存于水深 4 000 ~ 6 000 m 的大洋盆地底部，富钴结壳则产出于水深 1 000 ~ 3 000 m 洋底海山顶部。多金属结核和富钴结壳的稀土元素含量（ΣREE 值）高，通常比深海沉积物和海水的 ΣREE 值高 10 ~ 100 倍。

多金属锰结核和富钴结壳在生长过程中，铁锰氧化物、氢氧化物及部分黏土矿物有较大的比表面积和较强的胶体吸附能力，通过吸附海水和沉积物中的稀土元素，从而成为稀土元素富集体；另一富集途径与其生长过程中富钴结壳赋存区的海底火山活动存在一定关联；此外，多金属锰结核和富钴结壳中的有机质对稀土元素的富集也有积极作用。

在多金属锰结核和富钴结壳中，稀土元素分布特征为富钴结壳高于多金属锰结核，海山结核高于海盆结核，边缘海高于远洋盆地。边缘海结核和结壳 ΣREE 值高，主要是由于陆源物质供应充足。从微观上看，无论结核还是结壳，均呈现内层 ΣREE 值高于外部壳层，但差别不明显。

通过对全球海洋 25 个多金属锰结核和富钴结壳的样品分析发现，ΣREE 值变化范围为（341.43 ~ 2 082.41）×10^{-6} *，平均值为 1 265.57×10^{-6} *，富集系数平均值为 6.32，其中结核 ΣREE 平均值为 1 096.96×10^{-6} *，结壳 ΣREE 平均值为 1 623.88×10^{-6} *（张振国等，2011）。各海区样品的 ΣREE 值见表 15-2。

注：＊数据为质量分数。

表 15-2　多金属锰结核和富钴结壳样品的 ΣREE 值对比

海区	ΣREE 值[*]/10^{-6}
中印度洋海盆结核	641.55
西太平洋海山结核	1 343.60
南海北部结核	1 417.01
西太平洋海山结壳	1 531.63
南海北部结壳	1 900.60
东太平洋海盆 C-C 区结核	1 026.50
中太平洋海盆 C-P 区结核	1 409.68

引自张振国等，2011

3. 热液硫化物中的稀土元素

热液硫化物中的稀土元素成分是海底岩浆岩与海水相互作用而形成的。轻稀土相对于重稀土的富集不仅取决于稀土元素的来源，还取决于轻稀土相对于重稀土的氯化物和氟化物络合物的稳定性的高低，以及与重稀土离子半径和沉淀的热液硫化物主要造矿元素的相近程度。而热液硫化物中的稀土元素主要来自热液流体之中。

在大西洋 TAG 热液活动区、冲绳海槽 Jade 热液活动区、西南印度洋洋中脊、东南太平洋海隆热液硫化物样品中均发现稀土元素的存在。与海底沉积物、多金属锰结核和富钴结壳相比，热液硫化物的 ΣREE 值很低，而且全球分布较少，大部分存在于深海，从含量、分布及技术等方面来看没有开采价值（王双等，2014）。

二、海底稀土开采过程分析

经过长时间的超强度开采，陆地上的稀土保有储量及保障年限不断下降，因此海洋稀土的开发日益引起重视。目前海底稀土资源开采在技术上已然可行，但面临的最大问题就是深海开采成本高，此外还存在着不可忽视的污染问题。稀土中所含的重金属或有害元素一旦混入水体会严重影响生态环境，会给渔业和海洋环境带来灾难。不同于陆地的开挖，深海开采需要专门的开采设备和运输存储设备，还需要相对稳定的地质环境，而且容易受到海况和气候等大环境的制约。

据美国地质调查局之前公布的数据显示，全球稀土工业储量总计 1.4 亿 t。其中，我国稀土储量为 5 500 万 t，占世界总储量的近四成。日本媒体也称，中国的稀土生产量占全球的九成以上。作为世界最大的稀土资源保有国，我国每年出口量占到了世界总消耗量的八成以上，可谓是以一己之力供养全球众多国家。过去几十年里，我国稀土资源被大量廉价出口，以至于现今的储量大幅下降。面对这一情况，我国在紧缩稀土出口量的同时，也在继续探寻新矿。我国科考队员在东南太平洋海域首次发现面积约 150 万 km^2 的富稀土沉

注：* 数据为质量分数。

积区。截至目前，我国已在太平洋和印度洋初步划分出了 4 个富稀土成矿带，提出了全球 12 个深海稀土资源潜在富集调查区，并对全球海底稀土资源潜力进行了评估。

国家海洋局海洋沉积与环境地质重点实验室主任、中国大洋第 46 航次首席科学家石学法认为，海底稀土资源开采在技术上虽然可行，但目前开采成本太高，而且人类对深海海底稀土的分布规律和赋存状态认知水平也限制了大规模的开采活动的进行。

据《科学美国人》分析，如果要开发取样地点的稀土，需要将海底沉积物运往陆地，并过滤水分，从而提取稀土资源（淤泥中所含稀土的相对密度约为 1 000∶1），并将剩下的物质运送回海底。日本科学家将之简单地形容为从海底把物质运往陆地，再通过酸从淤泥中提取稀土。可见，如果要将稀土在商业层面上进行开采，其中存在诸多复杂因素。

日本此次宣布发现的海底稀土资源虽然在自己的专属经济区内，开采不受国际规则制约，但资源所在海域平均水深为 5 000 m 左右，在短期内无法开采利用。海底的地质结构复杂，海况复杂，开采难度极大，以现有技术能力，即便能够进行采矿，开采成本也很高。

三、海底稀土开采污染与防治

如果要让开采海底稀土在经济上变得可行，那么怎样去保护海底生态系统，进而实现生态与经济的平衡发展，又是一大课题。

人们并不熟知海面以下 4 000～5 000 m 深度地区的生态系统。如果在海底大规模挖掘沉积物，对生态系统将带来何种影响目前还未知。夏威夷大学玛诺亚分校海洋学教授克雷格·史密斯表示："这种露天开采将大面积挖掘海底沉积物，这必然会破坏海底生态系统，特别是侵扰在那儿生活的物种。可能该区域生物总量相对不大，但生物多样性广泛。由于物种长期生存在稳定的环境中，如果进行大规模开采，它们将无法适应这种变化。"与海底锰结核开采对海洋环境的影响类似，海底稀土开采势必会对开采区域及附近一定区域内的沉积环境、海洋地球化学环境、底栖生物、浮游生物及食物链结构等产生负面影响，从而导致一系列的环境问题：① 当采矿器械进行矿物采集时，将会严重地破坏海底表面深达数厘米的沉积环境，并产生巨大的涡流，这将对海底的动植物造成灭顶之灾。② 当将矿石从海底提升到水面装船时，不可避免地将大量的泥浆带到海洋表面，这将导致一些金属离子进入海洋造成污染。海底矿物的开采，会将大量的海底泥浆带到海洋表面，使海水的透光性变差，直接影响海洋植物的光合作用，同时，温度较低的底层海水被带到上层海面，也会使海水的温度发生变化。③ 稀土中所含的重金属或有害元素一旦混入水体就会严重影响生态环境，此外它还会给渔业和海洋环境带来灾难。

海底稀土开采的污染防治措施可以参考海底锰结核开采的污染防治措施，针对相关法规和标准、环境基线研究和现场实验、国际海底环境信息系统、尾矿排放深度、海底边界层和雾状层的特征研究及底栖生物多样性和重建速率等课题，开展进一步研究，为减小海底稀土开采造成的环境影响提供科学依据。

本 章 小 结

（1）海底资源包括：① 海洋油气资源；② 分布于水深 4 000 ~ 6 000 m 海底，富含铜、镍、钴、锰等金属的多金属结核；③ 分布于洋底海山表面的富钴结壳和分布于洋中脊和断裂活动带的热液多金属硫化物；④ 生活于深海热液喷口区和海山区的生物群落；⑤ 大陆边缘的天然气水合物。

（2）海洋油气资源主要分布在大陆架，约占全球海洋油气资源的 60%，但大陆坡的深水、超深水域的石油资源潜力可观，约占 30%。

（3）我国海上油气勘探主要集中在渤海、黄海、东海及南海北部大陆架沉积盆地。海洋石油勘探开发流程大体可以分为：勘探阶段（发现油田，准备开发）、油田开发阶段（工程建设与投产）、油田生产阶段（产出原油、储集处理与销售）、油田废弃。

（4）目前海洋石油勘探最主要的手段是人工地震勘探。对于近海的油田一般采用固定式平台进行石油开采。对于开采上来的石油可以使用浮式生产储卸油轮将它运输到陆地上。

（5）勘探过程的污染包括噪声，固体废物，毒性炸药对区域水体和空气的污染，爆炸产生的声压波对海洋生物的影响，爆破导致海水悬浮物浓度增加，影响海洋生物正常生存。

（6）钻井过程中产生的主要污染物是钻屑、钻井泥浆和烃类物质，包含大量重金属和石油类污染物，沉积在油田附近海床上。

（7）我国海上油田采出水的处理方式主要有两种：在海上平台就地处理外排或输送到陆地终端处理，应用的处理工艺有重力分离、聚结、分散气浮选、沙过滤、旋流分离等。

（8）海上油田运输网主要由各种储存器、海底管道和油轮构成，每种输运方式都有自身的排污特点。油轮污染主要有油品中烃挥发、事故性溢油及运输中产生的废水。管道泄漏是管道输送过程中的主要潜在环境污染源。

（9）天然气水合物广泛分布于大陆永久冻土、岛屿的斜坡地带、活动和被动大陆边缘的隆起处、极地大陆架，以及海洋和一些内陆湖的深水环境。开采可燃冰的方法有：① 减压开采法；② 热激发开采法；③ CO_2 置换法；④ 化学试剂注入法；⑤ 固体开采法。

（10）天然气水合物环境响应方面的研究主要关注以下 4 个问题：① 天然气水合物分解导致海底沉积物失稳而造成的海底滑坡等地质灾害；② 天然气水合物堵塞油气管道而造成油气泄漏事故所引起的环境污染；③ 天然气水合物分解产生的 CH_4 和 CO_2 引起的全球气候变化；④ 天然气水合物分解出富 CH_4 流体引起的海洋生态环境的变化。

（11）多金属锰结核广泛分布于世界大洋 2 000 ~ 6 000 m 水深海底的表层，而以生成于 4 000 ~ 6 000 m 水深海底的品质最佳。世界大洋从赤道到极地前沿广阔水域的海底均可找到深海多金属锰结核。多金属锰结核覆盖面积占世界洋底的 15% 左右。

（12）我国的南海北部大陆坡和深海盆地广泛分布铁锰结核、结壳，尤其在蛟龙海山观测到的海底铁锰结核的大面积分布，可与大洋结核的分布相媲美。

（13）多金属锰结核开采的基本任务是按生产规模，从 5 000 ~ 6 000 m 的深海底将多金属锰结核连续、高效地采集并输送到海面采矿船上。海底锰结核的开采方案主要有：① 连续绳斗式（CLB）开采系统；② 自动穿梭式采矿车采矿系统；③ 集矿机加管道输送采矿系统。

（14）海底稀土主要分布于海底沉积物、多金属锰结核、富钴结壳、热液硫化物，以及海水当中，其中在多金属锰结核、富钴结壳及某些区域海底沉积物中，稀土元素含量较高。

（15）热液流体稀土元素成分是海底岩浆岩与海水相互作用而形成的。

复习思考题

1. 海底资源包括哪些？

2. 已探明的海洋油气资源中，海洋油气主要分布在哪里？目前海上石油勘探开发的主要区域有哪些？

3. 海洋石油勘探开发流程包括哪几个阶段？各阶段对海洋环境的影响有哪些？

4. 海底天然气水合物主要分布在哪些区域？

5. 海底天然气水合物开采的方法有哪些？其中应用比较广泛的有哪些？没有被广泛应用的方法有什么缺陷？

6. 海底天然气水合物开采过程中可能会出现哪些风险？会产生怎样的环境问题？

7. 海底多金属锰结核是怎样形成的？

8. 海底多金属锰结核丰度最高，品位最高的区域是哪里？

9. 海底多金属锰结核的开采方法有哪些？开采过程会对海洋环境造成怎样的影响？

10. 海底稀土主要分布在哪类环境中？世界上哪些区域发现了稀土元素的存在？

11. 深海沉积物、陆缘海沉积物和河口沉积物的稀土元素总含量高低是怎样的排序？稀土元素总含量分别由哪些因素决定？

12. 为什么海底多金属锰结核的稀土元素含量比较高？

13. 海底稀土资源的开采目前面临哪些问题？会对海洋生态环境产生怎样的影响？

主要参考文献

［1］Becker H J, Grupe B, Oebius H U, et al. The behaviour of deep-sea sediments under the impact of nodule mining processes ［J］. Deep Sea Research Part II: Topical Studies in Oceanography, 2001, 48（17-18）: 3609-3627.

［2］Borowski C, Thiel H. Deep-sea macrofaunal impacts of a large-scale physical disturbance experiment in the Southeast Pacific ［J］. Deep Sea Research Part II: Topical Studies in Oceanography, 1998, 45（1-3）: 55-81.

［3］Borowski C. Physically disturbed deep-sea macrofauna in the Peru Basin, southeast

Pacific, revisited 7 years after the experimental impact [J]. Deep Sea Research Part II: Topical Studies in Oceanography, 2001, 48 (17-18): 3809-3839.

[4] Breuer E, Shimmield G, Peppe O. Assessment of metal concentrations found within a North Sea drill cuttings pile [J]. Marine Pollution Bulletin, 2008, 56 (7): 1310-1322.

[5] Breuer E, Stevenson A G, Howe J A, et al. Drill cutting accumulations in the Northern and Central North Sea: a review of environmental interactions and chemical fate [J]. Marine Pollution Bulletin, 2004, 48 (1-2): 12-25.

[6] Fuji T, Suzuki K, Takayama T, et al. Geological setting and characterization of a methane hydrate reservoir distributed at the first offshore production test site on the Daini-Atsumi Knoll in the eastern Nankai Trough, Japan [J]. Marine and Petroleum Geology, 2015, 66: 310-322.

[7] Grupe B, Becker H J, Oebius H U. Geotechnical and sedimentological investigations of deep-sea sediments from a manganese nodule field of the Peru Basin [J]. Deep Sea Research Part II: Topical Studies in Oceanography, 2001, 48 (17-18): 3593-3608.

[8] Hannah C G, Drozdowski A, Loder J, et al. An assessment model for the fate and environmental effects of offshore drilling mud discharges [J]. Estuarine, Coastal and Shelf Science, 2006, 70 (4): 577-588.

[9] Hein J R, Koschinsky A. Deep-Ocean Ferromanganese Crusts and Nodules [M]// Holland H D, Turekian K K. Treatise on geochemistry. Oxford: Elsevier, 2014, 13: 273-291.

[10] Kato Y, Fujinaga K, Nakamura K, et al. Deep-sea mud in the Pacific Ocean as a potential resource for rare-earth elements [J]. Nature Geoscience, 2011, 4: 535-539.

[11] Kayen R E, Lee H J. Pleistocene slope instability of gas hydrate-laden sediment on the Beaufort sea margin [J]. Marine Georesources & Geotechnology, 1991, 10 (1-2): 125-141.

[12] Koschinsky A, Gaye-Haake B, Arndt C, et al. Experiments on the influence of sediment disturbances on the biogeochemistry of the deep-sea environment [J]. Deep Sea Research Part II: Topical Studies in Oceanography, 2001, 48 (17-18): 3629-3651.

[13] Koschinsky A, Winkler A, Fritsche U. Importance of different types of marine particles for the scavenging of heavy metals in the deep-sea bottom water [J]. Applied Geochemistry, 2003, 18 (5): 693-710.

[14] Kurihara M, Funatsu K, Ouchi H, et al. Analysis of 2007/2008 JOGMEC/NRCan/ Aurora Mallik gas hydrate production test through numerical simulation [C]. Proceedings of the 7th International Conference on Gas Hydrates. Edinburgh, Scotland, United Kingdom. 2011.

[15] Miljutin D M, Miljutina M A, Arbizu P M, et al. Deep-sea nematode assemblage has not recovered 26 years after experimental mining of polymetallic nodules (Clarion-Clipperton Fracture Zone, Tropical Eastern Pacific) [J]. Deep Sea Research Part I: Oceanographic Re-

search Papers, 2011, 58 (8): 885–897.

[16] Nisbet E. The end of the ice age [J]. Canadian Journal of Earth Sciences, 1990, 27 (1): 148–157.

[17] Paterson G L J, Wilson G D F, Cosson N, et al. Hessler and Jumars (1974) revisited: abyssal polychaete assemblages from the Atlantic and Pacific [J]. Deep Sea Research Part II: Topical Studies in Oceanography, 1998, 45 (1): 225–251.

[18] Rolinski S, Segschneider J, Sündermann J. Long-term propagation of tailings from deep-sea mining under variable conditions by means of numerical simulations [J]. Deep Sea Research Part II: Topical Studies in Oceanography, 2001, 48 (17–18): 3469–3485.

[19] Schoderbek D, Farrell H, Howard J, et al. Conoco Phillips gas hydrate production test [R]. Houston, TX: ConocoPhillips Co., 2013.

[20] Senanayake G. Acid leaching of metals from deep-sea manganese nodules–A critical review of fundamentals and applications [J]. Minerals Engineering, 2011, 24 (13): 1379–1396.

[21] Sharma R, Nath B N, Parthiban G, et al. Sediment redistribution during simulated benthic disturbance and its implications on deep seabed mining [J]. Deep Sea Research Part II: Topical Studies in Oceanography, 2001, 48 (16): 3363–3380.

[22] Thiel H, Tiefsee-Umweltschutz F. Evaluation of the environmental consequences of polymetallic nodule mining based on the results of the TUSCH Research Association [J]. Deep Sea Research Part II: Topical Studies in Oceanography, 2001 48 (17–18): 3433–3452.

[23] Yu X, Wang J, Liang J, et al. Depositional characteristics and accumulation model of gas hydrates in northern South China Sea [J]. Marine and Petroleum Geology, 2014, 56: 74–86.

[24] 崔毅, 林庆礼, 吴彰宽, 等. 石油地震勘探对海洋生物及海洋环境的影响研究 [J]. 海洋学报, 1996, 18 (4): 125–130.

[25] 高伟浓. 亚太国家的石油天然气勘探开发 [M]. 广州: 广东高等教育出版社, 1994.

[26] 何家雄, 颜文, 祝有海, 等. 全球天然气水合物成矿气体成因类型及气源构成与主控因素 [J]. 海洋地质与第四纪地质, 2013, 33 (2): 121–128.

[27] 李日辉, 侯贵卿. 深海采矿对大洋生态系统的影响 [J]. 地质论评, 1998, 44 (1): 52–56.

[28] 李巍, 张震, 闫毓霞. 油田生产环境安全评价与管理 [M]. 北京: 化学工业出版社, 2005.

[29] 罗婕, 田学达, 魏学锋, 等. 深海锰结核资源的研究进展 [J]. 中国锰业, 2004, 22 (4): 6–9.

[30] 齐瀚琛, 王英. 多金属结核采矿对海底沉积物扰动的数值分析 [J]. 浙江理工大学学报 (自然科学版), 2017, 37 (4): 533–537.

[31] 思娜，安雷，邓辉，等. 天然气水合物开采技术研究进展及思考 [J]. 中国石油勘探，2016，21 (5)：52-61.

[32] 王双，王永红，刘修锦. 海底稀土分布及其控制因素研究进展 [J]. 海洋科学进展，2014，32 (2)：288-300.

[33] 吴传芝，赵克斌，孙长青，等. 天然气水合物开采研究现状 [J]. 地质科技情报，2008，27 (1)：47-52.

[34] 吴绍渊. 南海海底稀土元素研究进展 [J]. 海洋科学，2014，38 (3)：116-121.

[35] 吴时国，王吉亮. 南海神狐海域天然气水合物试采成功后的思考 [J]. 科学通报，2018，63 (1)：2-8.

[36] 肖业祥，杨凌波，曹蕾，等. 海洋矿产资源分布及深海扬矿研究进展 [J]. 排灌机械工程学报，2014，32 (4)：319-326.

[37] 杨圣文. 天然气水合物开采模拟与能效分析 [D]. 广州：华南理工大学，2013.

[38] 张焕芝，何艳青，孙乃达，等. 天然气水合物开采技术及前景展望 [J]. 石油科技论坛，2013，(6)：15-19+64-65.

[39] 张伙带，朱本铎，任江波. 国际海底稀土资源勘查进展 [J]. 矿床地质，2014，33 (S1)：1141-1142.

[40] 张俊霞，任建业. 天然气水合物研究中的几个重要问题 [J]. 地质科技情报，2001，20 (1)：44-48.

[41] 张振国，高莲凤，李昌存，等. 多金属结核/结壳中稀土元素的富集特征及其资源效应 [J]. 中国稀土学报，2011，29 (5)：630-636.

[42] 周怀阳. 深海海底铁锰结核的秘密 [J]. 自然杂志，2015，37 (6)：397-404.

第十六章

海洋环境工程法规与管理

○ 第一节 海洋环境标准

海洋环境标准是为了保护人体健康、防止海洋环境污染、促进海洋生态良性循环，合理利用海洋资源，根据海洋环境保护法律及有关政策，对海洋环境的各项工作所做的规定。海洋环境标准为环境污染程度、环境质量状况的评价奠定基础，是环境调查的参考准则，也是海洋环境管理的技术基础。

一、海洋环境标准简介

1. 环境标准

环境标准是指国家为了维护环境质量、控制污染，从而保护人群健康、社会财富和生态平衡，按照法定程序制定的各种技术规范的总称。一般来说，环境标准是具有法律性质的技术规范，是环境管理的技术基础。依据《环境标准管理办法》（1999 年），我国环境标准体系可以概括为"三级五类"。

"三级"是指：国家环境标准、地方环境标准和环境保护行业标准。国家环境标准是指国家对各类环境中的有害物质或因素，在一定条件下的容许浓度所做的规定。地方环境标准是对国家环境质量标准中未做规定的项目，按照规定的程序，结合地方环境特点制定的环境标准。环境保护行业标准，是没有国家环境标准而又需要在全国环境保护行业内制定统一的技术要求所做的规定。

"五类"是指：环境质量标准、污染物排放标准（或控制标准）、环境监测方法标准、环境标准样品标准和环境基础标准。其中，环境监测方法标准、环境标准样品标准和环境基础标准只有国家标准而无地方标准，全国统一执行国家标准。

环境标准亦可分为强制性环境标准（GB）和推荐性环境标准（GB/T）。环境质量标准、污染物排放标准和法律、行政法规规定必须执行的其他环境标准属于强制性环境标准，强制性环境标准必须执行；强制性环境标准以外的环境标准属于推荐性环境标准。国家鼓励采用推荐性环境标准，如果推荐性环境标准被强制性环境标准引用，那它也必须强制执行。

2. 海洋环境标准

海洋环境标准指国家根据人群健康、生态平衡和社会经济发展对海洋环境结构、状态的要求，在综合考虑本国自然环境特征、科学技术水平和经济条件的基础上，对海洋环境要素间的配比提出的合理数值范围与其他技术要求。

二、海洋环境标准制定

国家根据海洋环境质量状况和国家经济、技术条件，制定国家海洋环境质量标准。沿海省、自治区、直辖市人民政府可以对国家海洋环境质量标准中未做规定的项目制定地方海洋环境质量标准，并报国家海洋环境保护行政主管部门备案。沿海地方各级人民政府根据国家和地方海洋环境质量标准的规定和本行政区近岸海域环境质量状况，确定海洋环境保护的目标和任务，并纳入人民政府工作计划，按相应的海洋环境质量标准实施管理。

国家海洋环境保护行政主管部门根据国家海洋环境质量标准和国家经济、技术条件，制定国家海洋环境污染物排放标准，沿海省、自治区、直辖市人民政府对国家标准中未做规定的项目，可以制定地方海洋环境污染物排放标准；对国家标准中已做规定的项目，亦可制定严于国家标准的地方污染物排放标准，并报国务院环境保护行政主管部门备案。同时，《海洋环境保护法》还对水污染物排放做出规定，国家和地方水污染物排放标准的制定，应当将国家和地方海洋环境质量标准作为重要依据之一；在国家建立并实施排污总量控制制度的重点海域，水污染物排放标准的制定，还应当将主要污染物排海总量控制指标作为重要依据。

三、常用海洋环境标准

作为环境标准的重要组成部分，海洋环境标准发展至今已有国家标准、行业标准、地方标准及技术规程多项。以下将从质量标准、污染物排放标准（或控制标准）、监测方法标准、标准样品标准和基础标准五类分别对我国海洋环境标准进行介绍。

（一）海洋环境质量标准

海洋环境质量标准是确定和衡量海洋环境好坏的一种尺度，是海洋行政主管部门对海洋环境进行管理的依据。根据海洋环境质量标准，制定海洋环境保护目标，并对海洋环境进行检查和评价。目前，我国海洋环境质量标准主要由《海水水质标准》（GB 3097—1997）、《海洋沉积物质量》（GB 18668—2002）、《海洋生物质量》（GB 18421—2001）构成，三项标准分别从水质、沉积物和海洋生物出发，较为系统全面地规定描述海洋环境质量优劣的多项指标。

1. 海水水质标准

《海水水质标准》（GB 3097—1997）包括主题内容与标准适用范围、引用标准、海水水质分类与标准、海水水质监测、混合区的规定五部分内容。该标准明确规定了我国管辖的海域内各类使用功能的水质要求，按照海域的不同使用功能和保护目标，将海水水质分为四类：

（1）第一类，适用于海洋渔业水域、海上自然保护区和珍稀濒危海洋生物保护区。

（2）第二类，适用于水产养殖区、海水浴场、人体直接接触海水的海上运动或娱乐区，以及与人类食用直接有关的工业用水区。

（3）第三类，适用于一般工业用水区、滨海风景旅游区。

（4）第四类，适用于海洋港口水域、海洋开发作业区。

各类海水水质标准列于表 16-1。

《海水水质标准》（GB 3097—1997）还规定了漂浮物质、色、臭、味、悬浮物质、大肠菌群等 35 种项目的海水水质分析方法，标出其检出限，规定海水水质监测样品的采集、贮存、运输和预处理方法按《海洋调查规范》和《海洋监测规范》的具体规范执行。

表 16-1 海水水质标准（GB 3097—1997）

序号	项目	第一类	第二类	第三类	第四类
1	漂浮物质	海面不得出现油膜、浮沫和其他漂浮物质			海面无明显油膜、浮沫和其他漂浮物质
2	色、臭、味	海水不得有异色、异臭、异味			海水不得有令人厌恶和感到不快的色、臭、味
3	悬浮物质/（mg·L⁻¹）	人为增加的量≤10		人为增加的量≤100	人为增加的量≤150
4	大肠菌群/（mg·L⁻¹）	≤10 000 供人生食的贝类增养殖水质≤700			—
5	粪大肠菌群/（mg·L⁻¹）	≤2 000 供人生食的贝类增养殖水质≤140			—
6	病原体	供人生食的贝类养殖水质不得含有病原体			
7	水温/℃	人为造成的海水温升夏季不超过当时当地1℃，其他季节不超过2℃		人为造成的海水温升不超过当时当地4℃	

续表

序号	项目	第一类	第二类	第三类	第四类
8	pH	7.8~8.5，同时不超出该海域正常变动范围的0.2pH单位		6.8~8.8，同时不超出该海域正常变动范围的0.5pH单位	
9	溶解氧/$(mg \cdot L^{-1})$	>6	>5	>4	>3
10	化学需氧量（COD）/$(mg \cdot L^{-1})$	≤2	≤3	≤4	≤5
11	生化需氧量（BOD_5）/$(mg \cdot L^{-1})$	≤1	≤3	≤4	≤5
12	无机氮（以N计）/$(mg \cdot L^{-1})$	≤0.20	≤0.30	≤0.40	≤0.50
13	非离子氨（以N计）/$(mg \cdot L^{-1})$	≤0.020			
14	活性磷酸盐（以P计）/$(mg \cdot L^{-1})$	≤0.015	≤0.030		≤0.045
15	汞/$(mg \cdot L^{-1})$	≤0.000 05	≤0.000 2		≤0.000 5
16	镉/$(mg \cdot L^{-1})$	≤0.001	≤0.005	≤0.010	
17	铅/$(mg \cdot L^{-1})$	≤0.001	≤0.005	≤0.010	≤0.050
18	六价铬/$(mg \cdot L^{-1})$	≤0.005	≤0.010	≤0.020	≤0.050
19	总铬/$(mg \cdot L^{-1})$	≤0.05	≤0.10	≤0.20	≤0.50
20	砷/$(mg \cdot L^{-1})$	≤0.020	≤0.030	≤0.050	
21	铜/$(mg \cdot L^{-1})$	≤0.005	≤0.010	≤0.050	
22	锌/$(mg \cdot L^{-1})$	≤0.020	≤0.050	≤0.10	≤0.50
23	硒/$(mg \cdot L^{-1})$	≤0.010	≤0.020		≤0.050
24	镍/$(mg \cdot L^{-1})$	≤0.005	≤0.010	≤0.020	≤0.050
25	氰化物/$(mg \cdot L^{-1})$	≤0.005		≤0.010	≤0.020
26	硫化物（以S计）/$(mg \cdot L^{-1})$	≤0.02	≤0.05	≤0.10	≤0.25
27	挥发性酚/$(mg \cdot L^{-1})$	≤0.005		≤0.010	≤0.050
28	石油类/$(mg \cdot L^{-1})$	≤0.05		≤0.30	≤0.50
29	六六六/$(mg \cdot L^{-1})$	≤0.001	≤0.002	≤0.003	≤0.005
30	滴滴涕/$(mg \cdot L^{-1})$	≤0.000 05	≤0.000 1		
31	马拉硫磷/$(mg \cdot L^{-1})$	≤0.000 5	≤0.001		
32	甲基对硫磷/$(mg \cdot L^{-1})$	≤0.000 5	≤0.001		
33	苯并[a]芘/$(mg \cdot L^{-1})$	≤0.002 5			
34	阴离子表面活性剂（以LAS计）/$(mg \cdot L^{-1})$	≤0.03	≤0.10		

序号	项目		第一类	第二类	第三类	第四类
35	阴离子表面活性剂 （以 LAS 计）/ （mg·L⁻¹）	^{60}Co	≤0.03			
		^{90}Sr	≤4			
		^{106}Rn	≤0.2			
		^{134}Cs	≤0.6			
		^{137}Cs	≤0.7			

除此之外，《渔业水质标准》对渔业水质做出要求，适用于鱼虾类产卵场、索饵场、越冬场、洄游通道和水产增养殖区等海水、淡水的渔业水域，规定了各类水质指标的标准值，以防止和控制渔业水域水质污染，保证鱼、虾、贝、藻类正常生长、繁殖和水产品的质量。

2. 海洋沉积物质量标准

《海洋沉积物质量》（GB 18668—2002）规定了海域各类使用功能的沉积物质量，以防止和控制海洋沉积物污染，保护海洋生物资源和其他海洋资源，维护海洋生态平衡，保障人体健康。本标准与《海水水质标准》相配套，构成海洋环境质量标准体系，有利于海洋环境污染程度的全面评估。按照海域的不同使用功能和环境保护的目标，海洋沉积物质量分为三类：

（1）第一类，适用于海洋渔业水域、海洋自然保护区、珍稀与濒危生物自然保护区、海水养殖区、海水浴场、人体直接接触沉积物的海上运动或娱乐区、与人类食用直接有关的工业用水区。

（2）第二类，适用于一般工业用水区、滨海风景旅游区。

（3）第三类，适用于海洋港口水域、特殊用途的海洋开发作业区。

《海洋沉积物质量》除了对三类海洋沉积物中的废弃物、色、臭、结构、病原体等做了定性规定外，还对大肠菌群、粪大肠菌群等15种污染物的含量做出限定，具体见表16-2。

表16-2　海洋沉积物质量（GB 18668—2002）

序号	项目	第一类	第二类	第三类
1	大肠菌群（湿重）/（mg·L⁻¹）	≤200[①]		
2	粪大肠菌群（湿重）/（mg·L⁻¹）	≤40[②]		
3	汞/（mg·L⁻¹）	≤0.20	≤0.05	≤1.00
4	镉/（mg·L⁻¹）	≤0.50	≤1.50	≤5.00
5	铅/（mg·L⁻¹）	≤60.0	≤130.0	≤150.0
6	锌/（mg·L⁻¹）	≤150.0	≤350.0	≤600.0
7	铜/（mg·L⁻¹）	≤35.0	≤100.0	≤200.0
8	铬/（mg·L⁻¹）	≤80.0	≤150.0	≤170.0
9	砷/（mg·L⁻¹）	≤20.0	≤65.0	≤93.0
10	有机碳/（mg·L⁻¹）	≤2.0	≤3.0	≤4.0

序号	项目	第一类	第二类	第三类
11	硫化物/(mg·L^{-1})	≤300.0	≤500.0	≤600.0
12	石油类/(mg·L^{-1})	≤500.0	≤1 000.0	≤1 500.0
13	六六六/(mg·L^{-1})	≤0.50	≤1.00	≤1.50
14	滴滴涕/(mg·L^{-1})	≤0.02	≤0.05	≤0.10
15	多氯联苯/(mg·L^{-1})	≤0.02	≤0.20	≤0.60

注：① 除大肠菌群、粪大肠菌群外，其余数值测定项目（序号3～15）均以干重计。

② 对供人生食的贝类增养殖底质，大肠菌群（湿重）要求≤14个/g；对供人生食的贝类增养殖底质，粪大肠菌群（湿重）要求≤3个/g。

3. 海洋生物质量标准

《海洋生物质量》（GB 18421—2001）以天然生长和人工饲养的海洋贝类为环境监测生物，在一定时空范围内对海洋生物体内主要有害物质的容许水平做出规定，以维护海洋生态平衡，评价海洋环境质量，保障人体健康。类似于海水水质及海洋沉积物质量的划分标准，海洋生物质量划分为三类：

（1）第一类，适用于海洋渔业水域、海水养殖区、与人类食用直接有关的工业用水区。

（2）第二类，适用于一般工业用水区、滨海风景旅游区。

（3）第三类，适用于港口水域和海洋开发作业区。

对上述三类海域贝类体内的13项要素分别规定了生物质量标准值（以鲜重计），具体见表16-3。

表16-3 海洋贝类生物质量标准值

序号	项目	第一类	第二类	第三类
1	感官要求	贝类的生长和活动正常，贝体不得沾黏油污等异物，贝肉色泽、气味正常，无异色、异臭、异味		贝类能生存，贝肉不得有明显的异色、异臭、异味
2	粪大肠菌群/(个·kg^{-1})	≤3 000	≤5 000	—
3	麻痹性贝毒/(mg·kg^{-1})		≤0.8	
4	总汞/(mg·kg^{-1})	≤0.05	≤0.10	≤0.30
5	镉/(mg·kg^{-1})	≤0.2	≤2.0	≤5.0
6	铅/(mg·kg^{-1})	≤0.1	≤2.0	≤6.0
7	铬/(mg·kg^{-1})	≤0.5	≤2.0	≤6.0
8	砷/(mg·kg^{-1})	≤1.0	≤5.0	≤8.0
9	铜/(mg·kg^{-1})	≤10	≤25	≤50（牡蛎≤100）
10	锌/(mg·kg^{-1})	≤20	≤50	≤100（牡蛎≤500）

续表

序号	项目	第一类	第二类	第三类
11	石油烃/(mg·kg⁻¹)	≤15	≤50	≤80
12	六六六/(mg·kg⁻¹)	≤0.02	≤0.15	≤0.50
13	滴滴涕/(mg·kg⁻¹)	≤0.01	≤0.10	≤0.50

注：以贝类去壳部分的鲜重计；六六六含量为四种同分异构体总和；滴滴涕含量为四种同分异构体总和。

（二）污染物排放标准（或控制标准）

除《城镇污水处理厂污染物排放标准》（GB 18918—2002）中有部分关于陆源污水排放入海的规定外，还专门针对海洋环境保护的污染物排放标准来控制海洋环境污染物，如《船舶水污染物排放控制标准》（GB 3552—2018）、《污水海洋处置工程污染控制标准》（GB 18486—2001）、《海洋石油勘探开发污染物排放浓度限值》（GB 4914—2008）等。

1.《船舶水污染物排放控制标准》

本标准适用于在我国的海域中行驶或停留的船舶向环境水体排放含油污水、生活污水、含有毒液体物质的污水和船舶垃圾等行为的监督管理。含油污水分为机器处所油污水和含货油残余物的油污水，根据船舶的总吨位、船舶类型（渔业和非渔业）制定了相应的排放要求或管理规定。例如，机器处所油污水在沿海排放时，石油类污染物浓度不得高于15 mg/L。同样的，对于生活污水，根据船舶吨位、荷载和污水处理装置安装时间等制定不同排放要求。含有毒液体物质的污水的排放为标准新增加内容，该污水主要来源于船舶洗舱等活动，直接排放将对海洋资源或人类健康产生不同程度的损害，具体排放要求根据有毒液体的性质、船舶类型确定。标准规定，在任何海域，应将塑料废弃物、废弃食用油、生活废弃物、焚烧炉灰渣、废弃渔具和电子垃圾等收集并排入接收设施，食品废物、无害的货物残留物、动物尸体等则需要有条件地排放。

2.《海洋石油勘探开发污染物排放浓度限值》

为防止海洋石油开发工业含油污水对海洋环境的污染而制定本标准，适用于在我国管辖的一切海域从事海洋石油开发的一切企业事业单位、作业者（操作者）和个人。本标准对海洋石油开发工业含油污水的排放标准进行了分级：

（1）一级，适用于渤海、北部湾，国家划定的其他海洋保护区域和其他距最近陆地小于等于4海里的海域；

（2）二级，除渤海、北部湾，国家划定的其他海洋保护区域外，其他距最近陆地大于4海里且小于12海里的海域；

（3）三级，适用于一级和二级海区以外的其他海域。

在不同海区，分别针对生产水、钻井液和钻屑、钻井设施机舱机房和甲板含油污水、陆地终端含油污水、生活污水的排放限值做了规定，其中生产水的排放浓度限值如

表 16-4 所示。

表 16-4 生产水排放浓度限值

项目	级别	月平均值/(mg·L⁻¹)	一次容许值/(mg·L⁻¹)
石油类	一级	≤20	≤30
石油类	二级	≤30	≤45
石油类	三级	≤45	≤65

3.《污水海洋处置工程污染控制标准》

为规范污水海洋处置工程的规划设计、建设和运行管理而制定本标准，适用于利用放流管和水下扩散器向海域或向盐度大于5‰的年概率大于10%的河口水域排放点排放污水（不包括温排水）的一切污水海洋处置工程。该标准规定了污水海洋处置工程的主要水污染物排放浓度限值，包括 pH、悬浮物、总放射性、大肠菌群、生化需氧量、石油类等 40 项污染物的标准值，以及初始稀释度、混合区范围和其他一般规定。

（三）海洋环境监测方法标准

海洋监测标准以《海洋监测规范》（GB 17378—2007）为主导，《海底沉积物化学分析方法》（GB/T 20260—2006）、《赤潮监测技术规程》（HY/T 069—2005）、《海水中 16 种多环芳烃的测定气相色谱——质谱法》（GB/T 26411—2010）等 19 项标准为补充，基本涵盖了海洋环境污染物监测项目，目前较先进的环境监测技术如色谱方法、微波消解方法均已被引入标准，具体见表 16-5。

表 16-5 各项海洋监测标准编号、名称及发布日期

标准编号	标准名称	发布日期
GB 17378	海洋监测规范	2007-10-18
GB/T 17923—1999	海洋石油开发工业含油污水分析方法	1999-12-6
GB/T 14914—2006	海滨观测规范	2006-2-16
GB/T 20259—2006	大洋多金属结核化学分析方法	2006-6-2
GB/T 20260—2006	海底沉积物化学分析方法	2006-6-2
HY/T 076—2005	陆源入海排污口及邻近海域监测技术规程	2005-5-18
HY/T 077—2005	江河入海污染物总量监测技术规程	2005-5-18
HY/T 078—2005	海洋生物质量监测技术规程	2005-5-18
HY/T 079—2005	贻贝监测技术规程	2005-5-18
HY/T 080—2005	滨海湿地生态监测技术规程	2005-5-18
HY/T 081—2005	红树林生态监测技术规程	2005-5-18
HY/T 082—2005	珊瑚礁生态监测技术规程	2005-5-18

续表

标准编号	标准名称	发布日期
HY/T 083—2005	海草床生态监测技术规程	2005-5-18
HY/T 084—2005	海湾生态监测技术规程	2005-5-18
HY/T 085—2005	河口生态监测技术规程	2005-5-18
HY/T 069—2005 （代替 HY/T 069—2003）	赤潮监测技术规程	2005-5-18
HY/T 129—2009	海水综合利用工程废水排放海域水质影响评价方法	2009-3-1
HY/T 132—2010	海洋沉积物与海洋生物体中重金属分析前处理微波消解法	2009-3-1
HY/T 133—2010	海水中颗粒物和黄色物质光谱吸收系数测量分光光度法	2009-3-1
GB/T 26411—2010	海水中16种多环芳烃的测定气相色谱——质谱法	2011-1-14

《海洋监测规范》规定了海洋监测必须遵守的基本原则和要求，共分为总则、数据处理与分析质量控制、样品采集贮存与运输、海水分析、沉积物分析、生物体分析、近海污染生态调查和生物监测七个部分。其中第四部分海水分析提供了 33 个海水测项的 65 种分析方法，并对海水分析的样品采集、贮存、运输、测定结果计算等提供了详细的技术规定和要求，适用于大洋、近海、港河口的污染程度不一及咸淡混合水领域，可用于海洋环境监测和常规水质监测，近岸浅水区环境污染调查监测、海洋倾废、疏浚物、赤潮和海洋环境污染事故的应急专项调查监测，或其他与海洋有关的海洋环境调查监测。

（四）海洋环境标准样品标准

环境标准样品标准，是指为保证环境监测数据的准确、可靠，对进行量值传递或质量控制的材料或物质的样品所做的规定。它是检验方法标准是否准确的主要手段。与其他行业相比，我国海洋环境标准样品发展相对滞后，样品数量极度缺乏，许多海洋环境标准样品靠从国外购买或用标准物质代替，在一定程度上制约了我国海洋环境保护工作的实际需要。目前，仅有牡蛎标准样品（GSBZ 19002—95）、黄鱼等几种标准样品，有证标准物质也仅有海底沉积物（GBW 07313）、南海沉积物（GBW 07334）、黄海沉积物（GBW 07333）、近海沉积物（GBW 07314）、贻贝（GBW 08571）等 13 种一级标准物质和中国系列海水（GBW（E）130011）等 40 种二级标准物质。

（五）海洋环境基础标准

环境基础标准，是指在环境标准化工作范围内，具有指导意义的统一技术术语符号、代号、图形、指南、导则及信息编码等，是一类特殊的环境标准。截至目前，我国已正式公布的海洋环境基础标准有 15 项，包括 9 项国家标准，6 项行业标准，具体如表 16-6 所示。

表 16-6　海洋环境保护通用基础标准明细表

序号	标准号或计划项目编号	标准名称	发表日期	备注
1	GB 3097—1997	海水水质标准	1997-12-3	海洋环境保护国家标准
2	GB 18668—2002	海洋生物质量	2001-8-28	海洋环境保护国家标准
3	GB 18421—2001	海洋沉积物质量	2002-3-10	海洋环境保护国家标准
4	GB/T 12460—2006	海洋数据应用记录格式	2006-6-2	海洋环境保护国家标准
5	HY/T 075—2005	海洋信息分类与代码	2005-4-18	海洋行业通用基础标准
6	HY/T 058—2010	海洋调查观测监测档案业务规范	2010-2-10	海洋行业通用基础标准
7	GB/T 15918—2012	海洋学综合术语	2011-1-14	海洋环境保护国家标准
8	GB/T 15919—1995	海洋学术语海洋生物学	1995-12-20	海洋环境保护国家标准
9	GB/T 15920—2010	海洋学术语物理海洋学	2011-1-14	海洋环境保护国家标准
10	GB/T 15921—2010	海洋学术语海洋化学	2011-1-14	海洋环境保护国家标准
11	GB/T 18190—2000	海洋学术语海洋地质学	2000-9-27	海洋环境保护国家标准
12	HY/T 007—92	颠倒温度表	1982-3-5	海洋行业通用基础标准
13	HY/T 011—92	抓斗式采泥器	1984-9-30	海洋行业通用基础标准
14	HY/T 092—2005	海洋实时传输潜标系统	2005-11-11	海洋行业通用基础标准
15	HY/T 093—2005	海水营养盐自动分析仪	2005-11-11	海洋行业通用基础标准

第二节　海洋工程污染防治法

海洋工程污染防治法是海洋法律规范和建设工程法律规范的交叉领域（王沛和丁渠，2014），是海洋环境保护法律体系的重要组成部分。本节梳理了与海洋工程污染防治相关的法律和法规，按照其相关性进行了分类，分别是：陆源污染物防治类法律、海岸工程建设项目污染防治类法律、海洋工程建设项目污染防治类法律、倾倒废弃物污染防治类法律、船舶及有关作业污染防治类法律、海底开发建设工程污染防治类法律等。

阅读材料 16-1
海洋环境调查法

从我国现行的法律体系来看，海洋工程污染防治法的法律渊源包括基础的法律规范，例如《环境保护法》《建筑法》《合同法》《物权法》（本章所指法律，未专门说明的，一般均指全国性法律，法律名称中略去了"中华人民共和国"7字）等；涉海法律规范，例如《海域使用管理法》《海洋环境保护法》等；行政法规，如《防治海洋工程建设项目污染损害海洋环境管理条例》《建设项目环境保护管理条例》等；技术规范及标准，如《海洋工程环境影响评价技术导则》（GB/T 19485—2014）、《围填海工程填充物质成分限值》（GB 30736—2014）等；还包括一些地方性法规（周旦平，2015）。

阅读材料 16-2
海域使用论证

虽然近年来我国对海洋工程污染防治工作的重视程度不断增加，但是海洋工程环境法律体系仍存在一系列问题，例如对于船舶溢油、海洋溢油、海洋倾废等海洋工程的基本概念尚未形成统一明确的定义，部分领域还存在立法空白的现象等（马英杰和董莹莹，2007）。随着我国社会经济、海洋环境与资源利用等状况的发展，国家将不断地对现有海洋工程污染防治的各项法律法规进行修改或发布新的补充条例，整个海洋工程污染防治法律体系也将继续发展和完善。譬如，2016 年新颁布的《深海海底区域资源勘探开发法》，对保护我国深海资源和海洋环境提出相关要求；2017 年《海洋倾废管理条例》《船舶及其有关作业活动污染海洋环境防治管理规定》等进行了第三次修订。此外，针对围填海、船舶溢油等海洋工程问题将有更多更详细的法律法规出台。

一、陆源污染物防治类法律

陆源是陆地污染源的简称，是指从陆地向海域排放污染物，造成或者可能造成海洋环境污染损害的场所、设施等。所排放的污染物称为陆源污染物，通常具有污染源广、污染物排放量大、周期性和持续性强、防治难度大等特点，80% 以上的海洋环境污染物来自陆源排放，对海洋环境造成极大危害（李凤岐和高会旺，2013）。

合理控制陆源污染物的排放是陆海统筹理念的最基本要求。习近平同志在党的十九大报告中指出"要坚持陆海统筹，加快建设海洋强国"，这标志着陆海统筹的战略引领作用将继续在我国推进下去。

（一）国内外相关法律

为了防治陆源污染物对海洋环境的污染损害，国内外均加强了防治陆源污染的监督管理和立法工作。在联合国"人类环境会议"上，国际社会针对海洋陆源污染的防治达成共识，明确提出要"加强国家对海洋陆源污染的控制"。《联合国海洋法公约》中的第 207 条与第 213 条则直接对陆源污染做出规定，各国应制定法律和规章，以防止、减少和控制陆地来源，包括河流、河口湾、管道和排水口等对海洋环境的污染。除了《联合国海洋法公约》外，在国际海洋陆源污染防治进程中还有两份重要的软法文件——《保护海洋环境免受陆基活动影响全球行动方案》（GPA）与《蒙特利尔准则》，这两份文件虽不具备法律约束力，但在全球及区域性陆源污染防治立法进程中起到了重要推动作用。

我国是 GPA 的参与国之一，非常重视对陆源污染的治理。《海洋环境保护法》中第四章"防治陆源污染物对海洋环境的污染损害"，从入海排污口的设置和陆源污染物排放的禁止措施两个方面展开，分别对工业废水及生活污水的排放、岸滩固体废物的处理处置、危险废物跨境转移、大气沉降等做出原则性规定。1990 年国务院发布《防治陆源污染物污染损害海洋环境管理条例》，规定了排放陆源污染物的审批程序、范围、约束条件，以及违规惩罚等内容，为陆源污染物排放的监管与处理提供法律支持。除此以外，《城镇污水处理厂污染物排放标准》（GB 18918—2002）中根据污水的排放去向，规定了 69 项污染物的最高允许排放浓度及部分行业最高允许排水量，包含排向海域的污水浓度限制要求。这些法规条例与《海洋环境保护法》一起形成了防治海洋陆源污染的基本法律体系框架。

（二）陆源污染物防治类法律的一般规定

1. 入海排污口控制

《海洋环境保护法》中的第四章第三十条规定主要包括四方面的要求：一是入海排污口位置的选择，其位置的选择应当根据海洋功能区划、海水动力条件和有关规定，经科学论证后，报设区的市级以上人民政府环境保护行政主管部门备案；二是入海口的批准要求，环境保护行政主管部门应当在完成备案后十五个工作日内将入海排污口设置情况通报海洋、海事、渔业行政主管部门和军队环境保护部门；三是不得新建排污口的区域，包括海洋自然保护区、重要渔业水域、海滨风景名胜区和其他需要特别保护的区域；四是排污口深海设置的要求，在有条件的地区应当将排污口深海设置，实行离岸排放，离岸排放口应当根据海洋功能区划、海水动力条件和海底工程设施的情况确定。《防治陆源污染物污染损害海洋环境管理条例》中还补充了海洋特别保护区、盐场保护区和海水浴场，对于前款区域已建成的排污口，排放污染物超过国家和地方标准的，限期治理。《城镇污水处理厂污染物排放标准》（GB 18918—2002）则禁止在盐场、食品加工、海水淡化、海上自然保护区等适用于保护海洋生物资源和人类安全利用的区域新建排污口，现有排污口应按水体功能要求，实行污染物总量控制，以保证受纳水体水质符合标准。

2. 重点海域污染物入海控制

国家建立并实施重点海域排污总量控制制度，确定主要污染物排海总量控制指标，并对主要污染源分配排放控制数量。实施总量控制的陆源污染物种类，视其种类、数量和浓度及可能造成的海洋环境污染情况确定。任何单位和个人向海域排放陆源污染物，必须执行国家和地方发布的污染物排放标准和有关规定，超过国家和地方污染物排放标准的，必须缴纳超标准排污费，并负责治理。在入海河口处应当按照水污染防治有关法律规定，加强入海河流管理，防治污染，使入海河口的水质处于良好状态。陆源污染物排放入海须符合《城镇污水处理厂污染物排放标准》（GB 18918—2002）中的要求，具体内容见表 16-7。

表 16-7　陆源污染物排放等级要求

排放区域	执行标准等级
城镇景观用水和一般回用水	一级 A 标准
海水二类功能水域	一级 B 标准
海水三、四类功能海域	二级标准

3. 陆源污染物排放申报要求

排放陆源污染物的单位，必须向环境保护行政主管部门申报拥有的陆源污染物排放设施、处理设施和在正常作业条件下排放陆源污染物的种类、数量和浓度,并提供防治海洋环境污染方面的有关技术和资料,并将上述事项和资料抄送海洋行政主管部门。排放污染物的种类、数量和浓度有重大改变或者拆除、闲置废弃物处理设施的,应当征得所在地环境保护行政主管部门同意并经原审批部门批准。

4. 废弃物堆放、处理

禁止在岸滩擅自堆放、弃置和处理固体废弃物。确需临时堆放、处理固体废弃物的,须根据堆放处理地点、占地面积,固体废物总量、种类、成分、期限、最终处置方式、可能造成的污染损害,以及防止损害的技术措施等向主管部门提交书面申请。现有的固体废物临时堆放、处理场地未经县级以上地方人民政府环境保护行政主管部门批准的,由县级以上地方人民政府环境保护行政主管部门责令限期补办审批手续。被批准设置废弃物堆放场、处理场的单位和个人,必须建造防护提和防渗漏、防场尘等设施,并经主管部门验收合格后方可使用。批准使用的废弃物堆放场内不得擅自堆放未经批准种类的废物,不得露天堆放含剧毒、放射性、易溶解和易挥发性物质的废弃物。对于上述危险废物,非露天堆放不得作为最终处置方式。禁止将失效或禁用的药物、药具弃置在岸滩。除此之外,禁止经中华人民共和国内水、领海转移危险废物。经中华人民共和国管辖的其他海域转移危险废物时,必须事先取得国务院环境保护行政主管部门的书面同意。

5. 特定物质禁排、限排

《海洋环境保护法》和《防治陆源污染物污染损害海洋环境管理条例》都明确列举了一些对海洋环境危害严重的特定物质的禁排、限排情况,如禁止向海域排放油类、酸液、碱液、毒液和高、中水平放射性废水;严格限制向海域排放低水平放射性废水(确需排放的,必须严格执行国家辐射防护规定);严格控制向海湾、半封闭及其他自净能力较差的海域排放含有机物和营养物质的工业废水、生活污水;含病原体的医疗污水、生活污水、工业废水和含热废水必须经过处理符合国家相关标准后才能排放。

6. 违规处罚与治理

任何单位和个人向海域排放陆源污染物,超过国家和地方污染物排放标准的,必须缴纳超标准排污费,并负责治理。一切单位和个人造成陆源污染物污染、损害海洋环境事故时,必须立即采取措施处理,并在事故发生后 48 小时内,向当地人民政府环境保护行政主管部门提供包括事故发生的时间、地点、类型和排放污染物的数量、经济损失、人员受害等情况的初步报告并抄送有关部门。各级人民政府环境保护行政主管部门接到报告后应立即会同有关部门采取措施消除或者减轻污染。对于举报或者谎报排污申报登记事项、未经验收强行使用废弃物堆放场、擅自改变污染物排放种类、在规定保护区域新建排污口、向海水中排放危险废物、废水等违规行为,由县级以上人民政府环境保护行政主管部门责令改正,并按情节严重程度处以罚款。对逾期未完成限期治理任务的企事业单位,征收两倍超标准排污费。

7. 防治大气沉降损害

国家采取必要措施，防止、减少和控制来自大气层或者通过大气层造成的海洋环境污染损害。

（三）陆源污染物违规排放污染海洋环境案例

1. 案例背景

2016 年 8 月，山东省环境保护厅对烟台莱州、龙口两市排污口、入海河流及部分企业开展现场调查，认定莱州、龙口两市存在严重的区域环境污染问题，其中燕京啤酒（莱州）有限公司存在酿造车间的部分生产废水和扎啤车间的全部生产废水未经处理直接排放入海的违法行为，排放口区域遗留洼地污染严重、散发恶臭。

2. 事故处置与法律依据

主要以《防治陆源污染物污染损害海洋环境管理条例》为依据，在三个方面实施处罚。

（1）下达《责令改正违法行为决定书》。责令企业停业整顿，要求企业拆除酿造车间、扎啤车间的直排管，生产废水未经处理达标不得排放——符合第九条"对向海域排放陆源污染物造成海洋环境严重污染损害的企业事业单位，限期治理"、第十五条"向海域排放工业废水，必须经过处理，符合国家和地方规定的排放标准和有关规定。"

（2）行政处罚该公司 117.93 万元。——与第三十条"对造成陆源污染物污染损害海洋环境事故，导致重大经济损失的，由县级以上人民政府环境保护行政主管部门按照直接损失 30% 计算罚款，但最高不得超过二十万元"相比，行政处罚金额更大，这也说明近年来人们逐渐加强了对于环境保护治理、生态赔偿的重视程度。

（3）追究责任人的具体责任。对燕京啤酒（莱州）有限公司、莱州市环境保护局、莱州市城港路街道等相关责任人给予党内严重警告等处分——符合第三十四条"环境保护行政主管部门工作人员玩忽职守、徇私舞弊的，由其所在单位或者上级主管机关给予行政处分；构成犯罪的，依法追究刑事责任。"

二、海岸工程建设项目污染防治类法律

《防治海岸工程建设项目污染损害海洋环境管理条例》中规定的海岸工程建设项目，是指位于海岸或者与海岸连接，工程主体位于海岸线向陆一侧，对海洋环境产生影响的新建、改建、扩建工程项目。具体包括十大类：① 港口、码头、航道、滨海机场工程项目；② 造船厂、修船厂；③ 滨海火电站、核电站、风电站；④ 滨海物资存储设施工程项目；⑤ 滨海矿山、化工、轻工、冶金等工业工程项目；⑥ 固体废弃物、污水等污染物处理处置排海工程项目；⑦ 滨海大型养殖场；⑧ 海岸防护工程、沙石场和入海河口处的水利设施；⑨ 滨海石油勘探开发工程项目；⑩ 国务院环境保护主管部门会同国家海洋主管部门

规定的其他海岸工程项目。

（一）国内外相关法律

海岸工程建设项目可以充分利用海洋资源，保护沿岸城镇农田不受风暴潮和水流的侵袭，同时，不合理的海岸工程也会淤塞港口航道，破坏海洋生物生存环境（韩洪蕾，2008）。因此，各国都对防治海岸工程建设项目对海洋环境的污染严格立法。

美国于 1972 年颁布《海岸带管理法》，规定"沿岸能源活动的选址、建造、扩建或操作必须在任意沿岸州的海岸带范围内、或紧靠该州海岸带的地方进行"，随后沿海各州都相继颁布了自己的《海岸带管理条例》，实现了海岸带综合管理；日本的《日本海岸法》涉及对海岸保护设施、海岸保护区的管理，以防止海水或地基变化活动带来的灾害，保护海岸和国土（朱晓燕，2015）。我国在《海洋环境保护法》和《防治海岸工程建设项目污染损害海洋环境管理条例》中也对我国境内兴建海岸工程建设项目的一切单位和个人做出若干规定。

除此以外，为更好地保护海岸，减少海岸工程建设项目对海洋生态的损害，我国积极寻求海岸工程项目专项法规与条例的优化，逐步构建更加完善全面的海洋环境保护法律体系。本节以污染物处理处置排海项目和滨海大型养殖场项目为例介绍一些专门的法律法规。

1. 固体废物、污水等污染物处理处置排海工程项目污染的法律

2001 年国家环境保护总局制定《污水海洋处置工程污染控制标准》（GB 18486—2001），具体规定了污水海洋处置工程主要水污染物排放浓度限值、初始稀释度、混合区范围，规范污水海洋处置工程的规划设计建设及运行管理，保证在合理利用海洋自然净化能力的同时防止和控制污染。2017 年中华人民共和国国家质量监督检疫总局发布《污水排海管道工程技术规范》（GB/T 19570—2017），为污水排海管道工程的路由勘察及选择，污水排海混合区、管道设计及施工提供了技术支持与要求。

2. 滨海大型养殖场项目污染控制的法律

近年来，随着海水养殖业的快速发展，近海养殖成为海洋环境污染的重要污染源，使得养殖海域自身有机物污染严重，水体富营养化问题突出（陈庆荣，2012）。《海洋环境保护法》规定，海水养殖应当科学确定养殖密度，防止造成海洋环境污染。因此，必须根据水体不同的使用功能，对养殖水面进行统筹规划，科学确定水体对网围精养或网箱养殖的负载能力，促进养殖业绿色健康发展。1989 年国家环境保护局颁布《渔业水质标准》（GB 11607—89），规定了适用于鱼虾类产卵场、索饵场、越冬场、洄游通道和水产增养殖区等渔业水域 33 种水质项目的标准值。中华人民共和国农业部于 2007 年发布《海水养殖水排放要求》作为水产行业标准，规定了海水养殖水的分级、排放水域要求，以及采样方法，严格控制海水养殖对海洋环境造成的污染。国家海洋局发布的《海水水质标准》（GB 3097—1997）规定了不同用途的海域 N、P 等营养物质的含量标准，对近海海水养殖的污

染起着一定的约束作用。除此以外，2017 年 9 月 20 日，环境保护部发布《湖富营养化防治技术政策》，该技术政策作为指导性文件，涵盖了污染源治理、生态修复、监控预警等多方面要求，虽不是专门针对海水养殖及其导致的富营养化现象的法规，但可为近海水环境保护政策的制定提供理论和技术支持。

（二）海岸工程建设项目污染防治类法律的一般规定

1. 海岸工程建设项目控制制度

新建、改建、扩建海岸工程建设项目，应当遵守国家有关建设项目环境保护管理的规定，符合所在经济区的区域环境保护规划的要求，将防治污染所需资金纳入建设项目投资计划，同时必须严格遵守"三同时"（建设项目中防治污染的设施，应当与主体工程同时设计、同时施工、同时投产使用）制度，保护国家和地方重点保护的野生动植物及其生存环境和海洋水产资源。海岸工程建设项目的建设单位，必须在建设项目可行性研究阶段对海洋环境进行科学调查，根据自然和社会条件合理选址，依法编制环境影响报告书（表），报环境保护主管部门审批。环境保护设施未经环境保护行政主管部门检查批准的建设项目不得试运行，经验收不合格的建设项目不得投入生产或使用，符合经批准的环境影响评价文件要求的防治污染设施不得擅自拆除或者闲置。

2. 海岸工程建设项目防污规定

海岸工程建设项目引进技术和设备必须有相应的防止污染措施，防止转嫁污染。建设港口、码头，应当设置与其吞吐能力和货物种类相适应的防污设施，港口、油码头、化学危险品码头应当配备海上重大污染损害事故应急设备和器材；建设岸边造船厂、修船厂，应当设置与其性质、规模相适应的残油、废油、含油废水、工业废水接收处理设施，拦油、收油、消油设施，工业和船舶垃圾接收处理设施等；建设滨海核电站和其他核设施，应当严格遵守国家有关核环境保护和放射防护的规定及标准；建设岸边油库，应当设置含油废水接收处理设施，库场地面冲刷废水的集接、处理设施和事故应急设施，输油管道和储油设施必须符合国家有关防渗漏、腐蚀的规定；建设滨海矿山，在开采、选矿、运输、贮存、冶炼和尾矿处理等过程中，应当按照有关规定采取防止污染损害海洋环境的措施；建设滨海垃圾场或者工业废渣填埋场，应当建造防护堤坝和场底封闭层，设置渗液收集、导出、处理系统和可燃性气体防爆装置；修筑海岸防护工程，在入海河口处兴建水利设施、航道或者综合整治工程，应当采取措施，不得损害生态环境及水产资源。

3. 禁限制度

禁止在沿海陆域内新建不具备有效治理措施的化学制浆造纸、化工、印染、制革、电镀、酿造、炼油、岸边冲滩拆船，以及其他严重污染海洋环境的工业生产项目；禁止在天然港湾有航运价值的区域、重要苗种基地和养殖场所，以及水面、滩涂中的鱼、虾、蟹、贝、藻类的自然产卵场、繁殖场、索饵场及重要的洄游通道围海造地；禁止兴建向中华人民共和国海域及海岸转嫁污染的中外合资经营企业、中外合作经营企业和外资企业；禁止在海洋特别保护区、海上自然保护区、海滨风景游览区、盐场保护区、海水浴场、重要渔业水域和其他需要特殊保护的区域内建设污染环境、破坏景观的海岸工程建设项目；禁止在海岸保护设施管理部门规定的海岸保护设施的保护范围内从事爆破、采挖沙石、取土等危害海岸保护设施安全的活动；禁止在红树林和珊瑚礁生长的地区，建设毁坏红树林和珊瑚礁生态系统的海岸工程建设项目。

兴建海岸工程建设项目，不得改变、破坏国家和地方重点保护的野生动植物的生存环境，确需兴建的，应当征得野生动植物行政主管部门同意，并由建设单位负责组织采取易地繁育等措施，保证物种延续；集体所有制单位或者个人在全民所有的水域、海涂，建设构不成基本建设项目的围海养殖工程、零星经营性采挖沙石，必须在县级以上地方人民政府规定的区域进行；严格限制在海岸采挖沙石；露天开采海滨沙矿和从岸上打井开采海底矿产资源，必须采取有效措施防止污染海洋环境。

4. 违规惩罚规定

擅自兴建、拒绝或阻挠环境保护行政主管部门进行现场检查、没有按照批准的报告书要求建设或没有建成环境保护设施的海岸工程项目由环境保护行政主管部门责令停止生产或使用，并处以罚款。县级人民政府环境保护行政主管部门可处以一万元以下罚款，省辖市级人民政府环境保护行政主管部门可处以五万元以下罚款，省、自治区、直辖市人民政府环境保护行政主管部门可处以二十万元以下的罚款，超出罚款能力的应报上级环境保护主管部门批准，罚款全部上交国库，任何单位和个人不得截留分成。

三、海洋工程建设项目污染防治类法律

海洋工程是指以开发、利用、保护、恢复海洋资源为目的，并且工程主体位于海岸线向海一侧的新建、改建、扩建工程，《防治海洋工程建设项目污染损害海洋环境管理条例》规定的海洋工程，主要包括：① 围填海、海上堤坝工程；② 人工岛、海上和海底物资储藏设施、跨海桥梁、海底隧道工程；③ 海底管道、海底电（光）缆工程；④ 海洋矿产资源勘探开发及其附属工程；⑤ 海上潮汐电站、波浪电站、温差电站等海洋能源开发利用工程；⑥ 大型海水养殖场、人工鱼礁工程；⑦ 盐田、海水淡化等海水综合利用工程；⑧ 海上娱乐及运动、景观开发工程；⑨ 国家海洋主管部门会同国务院环境保护主管部门规定的其他海洋工程。

为区别于海岸工程，本节所指的海洋工程主要包括与石油等海洋矿产资源相关的勘探开发工程、海上平台建设、围填海、人工岛、海上能源开发利用工程、海水综合利用工程、海上娱乐及运动、景观开发工程等。

（一）国内外相关法律

国际法律从《联合国海洋法公约》开始直接涉及人工岛屿、设施和结构，以及勘测开发海底资源的海洋工程问题，为国际海洋工程污染防治法提供了借鉴，在此之前人们还很

少关注海洋工程对海洋环境的污染情况。《联合国海洋法公约》颁布后，国际社会开始制定实施大量的防治海洋工程环境污染的条约、协定，1998 年生效的《保护东北大西洋海洋环境公约》提到了海上设施和海底管线的建设，强调防范海上平台和设施的环境污染问题。

我国紧跟《联合国海洋法公约》的步伐，于 1983 年颁布《海洋石油勘测开发环境保护管理条例》，并在之后修订的《海洋环境保护法》中将"防止海洋石油勘测开发对海洋环境的污染损害"一章修改为"防止海洋工程建设项目对海洋环境的污染损害"，将石油勘测开发划入海洋工程的范畴。2006 年国务院颁布实施了《防治海洋工程建设项目污染损害海洋环境管理条例》，这也是《海洋环境保护法》的第一部配套法规（刘圣林，2008）。目前，我国利用《海洋环境保护法》《海洋石油勘测开发环境保护管理条例》《防治海洋工程建设项目污染损害海洋环境管理条例》等多项法律法规来共同管理海洋工程建设项目，努力加强污染防治工作。

除此以外，为加强对于海洋矿产资源勘探开发、围填海等对海洋环境污染大的项目的管理与监测，我国在海洋环境专项立法方面进行了积极的探索与优化。

1. 海洋矿产资源勘探开发污染与防治的法律

海洋石油、天然气勘探开发、海底输油管道、石油运输，以及其他突发事故造成的石油及其制品在海洋中泄漏的状况被统称为海洋溢油污染。2007 年国家海洋局发布《海洋溢油生态损害评估技术导则》，规定了海洋溢油损害的评估程序、内容、方法和要求，为海洋资源矿产勘探开发事故的调查处理及生态损害费用计算提供技术支持；2015 年国家海洋局制定了《海洋石油勘探开发溢油应急预案》，2016 年国务院批复了《国家重大海上溢油应急能力建设规划》，对海洋石油勘探开发事故的处理进行规范和引导；2016 年 9 月国务院积极促进《海洋石油勘探开发环境保护管理条例》的修订，明确提出建立溢油事故应急处置机制，强化公众和勘探开发者的环境保护责任。

2. 围填海工程污染与防治的法律

2001 年 10 月 27 日通过的《海域使用管理法》第四条规定"国家严格管控填海、围海等改变海域自然属性的用海活动。"首次规定了围填海工程的申请审批要求、有效期限、海域使用金，以及相应的法律责任。2009 年 11 月 24 日国家发展改革委、国家海洋局发布《关于加强围填海规划计划管理的通知》，要求抓紧修编海洋功能区划，科学确定围填海规模；建立区域用海规划制度，加强对集中连片围填海的管理；实施围填海年度计划管理，严格规范计划指标的使用；依托规划计划制度，切实加强围填海项目审查；切实加强围填海规划计划执行情况的监督检查，确保海域资源的可持续利用。为规范围填海工程用海，加快处理围填海项目历史遗留问题，国家先后发布《围填海计划管理办法》《围填海管控办法》《围填海工程生态建设技术指南（试行）》《围填海项目生态评估技术指南（试行）》和《围填海项目生态保护修复方案编制技术指南（试行）》，对围填海计划的编报、下达、执行、监督考核等工作提出更为具体的要求，实现围填海经济效益、社会效益、生态效益的统一。

（二）海洋工程建设项目污染防治类法律的一般规定

我国海洋工程建设项目，除在选址和建设时，应当符合海洋功能区划、海洋环境保护规划和国家有关环境保护标准，不得影响海洋功能区的环境质量或者损害相邻海域的功能外，还必须符合以下几个方面的规定：

1. 海洋工程建设项目控制制度

国家实行海洋工程环境影响评价制度。海洋工程的环境影响评价，应当以工程对海洋环境和海洋资源的影响为重点进行综合分析、预测和评估，并提出相应的生态保护措施，预防、控制或者减轻工程对海洋环境和海洋资源造成的影响和破坏。新建、改建、扩建海洋工程的建设单位应当编制海洋环境影响报告书，由海洋行政主管部门核准，并报环境保护行政主管部门备案，接受环境保护行政主管部门监督。海洋行政主管部门在核准海洋环境影响报告书之前，必须征求海事、渔业行政主管部门和军队环境保护部门的意见，必要时可举行听证会。其中，围填海工程必须举行听证会。

海洋工程建设项目的环境保护设施必须坚持"三同时"制度。环境保护设施未经海洋行政主管部门检查批准，建设项目不得试运行；环境保护设施未经海洋行政主管部门验收，或者经验收不合格的，建设项目不得投入生产或者使用。不得使用含超标准放射性物质或者易溶出有毒有害物质的材料。

部分海洋工程建设项目实行总量控制制度，总量控制制度对海洋工程建设项目的规模、布局和时序都提出了更为严格的要求。比如对于围填海项目，首先由国家综合考虑海域和陆域资源环境承载力、经济可行性、工程技术条件等情况，科学确定海洋功能区划实施期限内全国围填海的适宜区域和总量控制目标；其次，编制省级海洋功能区划时，应根据全国围填海总量控制目标，结合当地土地利用总体规划，确定本省（直辖市、自治区）区划期内围填海总量控制目标。但随着"史上最严围填海管控措施"的出台，今后国家在原则上不再审批一般性填海项目，也不再分省（直辖市、自治区）下达围填海计划指标，围填海重点保障国家重大建设项目、公共基础设施、公益事业和国防建设等四类用海项目。

2. 防止海洋工程破坏海洋资源

海洋工程建设项目需要爆破作业时，必须采取有效措施，保护海洋资源；在重要渔业水域进行爆破作业或进行其他可能对渔业资源造成损害的作业活动时，应当避开主要经济类鱼虾的产卵期。

禁止在经济生物的自然产卵场、繁殖场、索饵场和鸟类栖息地进行围填海活动。海洋工程的建设，不得造成领海基点及其周围环境的侵蚀、淤积和损害，不得危及领海基点的稳定。进行海上堤坝、跨海桥梁、海上娱乐及活动、景观开发工程建设，应当采取有效措施防止对海岸的侵蚀或淤积。

3. 污染物排污管理

含油污水和油性混合物必须经过处理达标后排放；残油、废油必须予以回收，不得排放入海，经回收处理后排放的含油量不得超过国家规定的标准；污水离岸排放不得超过国家、地方，以及污染物排海总量控制指标；禁止向海域排放含酸、碱、剧毒、放射性、重金属，以及不易降解有机物的废水；严格限制向大气排放含有毒物质的气体；钻井所使用的油基泥浆和其他有毒复合泥浆不得排放入海；水基泥浆和无毒复合泥浆及钻屑的排放，必须符合国家有关规定；不得向海域处置含油的工业垃圾，处置其他工业垃圾和生活垃圾，不得造成海洋环境污染。县级以上人民政府海洋主管部门，应当按照各自的权限核定海洋工程排放污染物的种类、数量，根据国务院价格主管部门和财政部门制定的收费标准确定排污者应当缴纳的排污费数额。

4. 污染事故的预防和处理

建设单位应当在海洋工程正式投入运行前制定防治海洋工程污染损害海洋环境的应急预案，包括工程及其相邻海域的环境资源状况、污染事故风险分析、应急设施的配备、污染事故的处理方案，报原核准该工程环境影响报告书的海洋主管部门和有关主管部门备案。海洋工程在建设、运行期间，由于发生事故或者其他突发性事件，造成或可能造成海洋环境污染事故时，建设单位应当立即向可能受到污染的沿海县级以上地方人民政府海洋主管部门或者其他有关主管部门报告，并采取有效措施，减轻或者消除污染，同时通报可能受到危害的单位和个人。

除统一预防措施外，许多海洋工程建设项目有更加具体详细的要求。比如污水离岸排放工程排污口的设置应当符合海洋功能区划和海洋保护规划，不得损害相邻海域的功能；从事海水养殖的人员应采取科学的养殖方式，减少饵料对海洋环境的污染，因养殖严重破坏海洋景观的，养殖者应当予以恢复与整治；勘探开发海洋石油，必须按有关规定编制溢油应急计划，作业中使用的设施应当符合防渗、防漏、防腐蚀的要求，并经常检查，避免溢油事故的发生。企业、事业单位、作业者应具备防治油污染事故的应急能力，制定应急计划，配备与其所从事的海洋石油勘探开发规模相适应的油回收设施和围油、消油器材。在作业中发生溢油、漏油等污染事故，应迅速采取围油、回收油的措施，控制、减轻和消除污染，并立即报告主管部门，接受主管部门的调查处理。

5. 违规处置规定

对于环境影响报告书未经核准擅自开工建设、环境保护设施验收不合格、环境影响报告书需要重新核准但未核准等海洋工程项目，由负责核准该工程环境影响报告书的海洋主管部门责令停止建设、运行，限期补办手续，并处以 5 万元以上 20 万元以下的罚款；对于擅自拆除或闲置环境保护设施、未在规定时间内进行环境影响评价或者未按要求整改措施等情形，由原核准该工程环境影响报告书的海洋主管部门责令限期改正，逾期不改正的，责令停止运行，并处 1 万元以上 10 万元以下的罚款；对于造成领海基点及其周围环境被侵蚀、淤积或者损害，违反规定在海洋自然保护区内进行海洋工程建设活动等行为，由县级以上人民政府海洋主管部门责令停止建设、运行，限期恢复原状。逾期未恢复原状的，海洋主管部门可以指定具有相应资质的单位代为恢复原状，所需费用由建设单位承担，并处恢复原状所需费用 1 倍以上 2 倍以下的罚款。

（三）海洋工程建设项目违规污染海洋案例

1. 蓬莱 19-3 油田溢油事故

2011 年 6 月 4 日，美国康菲石油中国有限公司（下文简称康菲中国公司）向国家海洋局北海分局报告称蓬莱 19-3 油田 B 平台东北方向发现不明来源少量油膜。通过卫星遥感、油指纹监测等方法，专家在 B 平台、C 平台附近均发现了石油渗漏点，确认溢油的确发生于蓬莱 19-3 油田。事故后国家海洋局利用遥感、船舶监测等多种手段对以该油田为中心的 4 600 km² 海域进行环境影响评价，查明溢油累计造成 5 500 km² 海水受到污染，其中劣四类海水面积累计约 870 km²。陆域监测显示，渤海西岸部分岸线也出现零星油污颗粒。

对这次事故的处理措施主要依据《防治海洋工程建设项目污染损害海洋环境管理条例》来制订。

2011 年 6 月 4 日，康菲中国公司将溢油状况报告给国家海洋局。事故发生后利用多种手段查找溢油源，调集专业海上溢油处置设备围控并清除油污，通过安装集油罩、潜水员清除等方法清除溢油。——符合第三十九条"海洋工程运行期间，由于发生事故造成海洋环境污染事故时，建设单位应当立即向可能受到污染的沿海县级以上地方人民政府海洋主管部门或者其他有关主管部门报告，并采取有效措施，减轻或者消除污染。"

事故发生后，国家海洋局利用遥感等手段对油田及周围海域进行环境影响评价。——符合第八条"国家实行海洋工程环境影响评价制度"、第三十九条"县级以上人民政府和有关主管部门应当按照各自的职责，立即派人赶赴现场，采取有效措施，消除或者减轻危害，对污染事故进行调查处理。"

2011 年 7 月 5 日，国家海洋局向公众通报该事故，此时距事件发生一月有余。——违背了该条例第三十九条"沿海县级以上地方人民政府海洋主管部门或者其他有关主管部门接到报告后，应当按照污染事故分级规定及时向县级以上人民政府和上级有关主管部门报告，同时通报可能受到危害的单位和个人。"

事故处罚细节如下：① 全油田停止油气生产；② 责令康菲中国公司采取有力有效的措施，排查溢油风险点、封堵溢油源，清除溢油；③ 重新编制项目开发海洋环境影响报告书，经核准后逐步恢复生产作业；④ 康菲中国公司为开展溢油处置的一切作业应在确保安全、确保不再产生新的污染损害的前提下进行；⑤ 有关事故处置工作进展的信息，应当在第一时间向国家海洋行政主管部门报告，同时及时向社会公布，接受公众监督。——该处罚措施依据该条例第四十一条"县级以上人民政府海洋主管部门负责海洋工程污染损害海洋环境防治的监督检查，对违反海洋环境污染防治法律、法规的行为进行查处"、第四十五条"县级以上人民政府海洋主管部门对违反海洋环境污染防治法律、法规的行为，应当依法做出行政处理决定"、第五十六条"违反本条例规定，造成海洋环境污染损害的，责任者应当排除危害，赔偿损失。"

总体来看，蓬莱 19-3 油田的事故处置基本符合国家所制定的法规，但在实施过程我们可以看出，我国现行海洋勘探溢油方面的法律法规在事故预防方面缺乏重视与研究，因此在 2015 年国家海洋局制定了《海洋石油勘探开发溢油应急预案》，争取在源头上减少事故的发生。

2. 辽宁省凌海市违规围填海项目

2014 年 4 月，辽宁省凌海市政府与龙海馨港旅游有限公司签订协议书，确定在渤海大凌河入海口西侧海域开发建设海上湿地乐园项目，包括湿地观光、海洋牧场、海洋码头、温泉度假、旅游地产、海洋生物精深加工等 6 个部分。在项目建设过程中，企业违法违规进行围填海活动，政府肆意变通、监管不力，成为围填海违法项目的典型案例。

这一项目建设主要违反了《海域使用管理法》。

2015 年 2 月，龙海馨港旅游有限公司在未办理用海手续的情况下开工建设；配套建设"大凌河口至张家公路"，该公路未取得海洋、国土资源、环境保护等部门审批——违反了第三条"单位和个人使用海域，必须依法取得海域使用权。"

该项目压占辽河口国家级自然保护区面积 240 hm^2，且该项目所处区域为辽东湾农渔业区，禁止建设旅游开发项目——违反了第四条"海域使用必须符合海洋功能区划。"

该项目总用海面积 926 hm^2，采用分散审批方式弄虚作假——违反了第十八条"围海一百公顷以上的项目用海应当报国务院审批"，也违反了《辽宁省海域使用管理办法》规定"围海 30 hm^2 以上 60 hm^2 以下的项目用海由地市级人民政府批准，报省人民政府备案；围海 60 hm^2 以上 100 hm^2 以下的项目用海，由省人民政府审批。"

凌海市政府在明知不符合海洋功能区划的基础上积极推动项目建设；辽宁省及锦州市两级海洋部门虽然发现了海上湿地乐园项目存在违法问题，却没有及时进行跟踪监督，而是交给凌海市海洋部门查处；凌海市海洋部门虽于当年对企业罚款 1076 万元，但并未要求其停止建设活动——违反了第三十七、三十八条"县级以上人民政府海洋行政主管部门应当加强对海域使用的监督检查。海洋行政主管部门应当加强队伍建设，提高海域使用管理监督检查人员的政治、业务素质。海域使用管理监督检查人员必须秉公执法，忠于职守，清正廉洁，文明服务，并依法接受监督。"按照第四十三条规定"无权批准使用海域的单位非法批准使用海域的，超越批准权限非法批准使用海域的，或者不按海洋功能区划批准使用海域的，批准文件无效，收回非法使用的海域；对非法批准使用海域的直接负责的主管人员和其他直接责任人员，依法给予行政处分。"

四、倾倒废弃物污染防治类法律

海洋倾倒是指通过船舶、航空器、平台或者其他运载工具，向海洋处置废弃物和其他有害物质的行为，其中弃置船舶、航空器、平台和其他浮动工具，与海底矿物资源勘探开发相关的海上加工所产生的废弃物、从陆地发运的生产生活废弃物等均属于对海洋有害的物质。本节中"倾倒"不包括船舶、航空器及其他运载工具和设施正常操作产生的废弃物的排放。

（一）国内外相关法律

联合国环境与发展大会召开后，国际上有关海洋倾废的相关立法活动逐渐活跃起来，海洋环境保护面临着新态势和新挑战。英国的《防止倾倒废物和其他物质污染海洋公约》为控制陆域向海洋倾废提供了全球性准则；"伦敦倾废公约"特别会议审议通过了《〈防止倾倒废物和其他物质污染海洋公约〉1996年协议书》，对防止倾倒污染的规定更加全面，要求各缔约国采取"预防方法"保护海洋环境免受倾倒的危害，同时还规定了"污染者付费"原则，加强对海洋倾倒的管理力度（赵成彬，2009）。中国于1985年11月15日加入该公约，同年12月15日该公约对中国生效。截至2014年，该公约已有87个缔约国，共同应对海洋废物污染，维护海洋环境。

同年，中国政府颁布实施《海洋倾废管理条例》，结束了海洋倾废长期无秩序无规范的状态。为进一步贯彻实施《海洋倾废管理条例》，国家海洋局制定《海洋倾废管理实施细则》和《倾倒区管理暂行规定》，并于2011年、2017年两次修正《海洋倾废管理条例》，标志着中国海洋倾废进入了法制化管理的新阶段（吕建华，2013）。

（二）倾倒废弃物污染防治类法律的一般规定

我国《海洋环境保护法》和《海洋倾废管理条例》对海洋倾倒区的划定、倾废许可证制度、倾倒单位的义务等方面做出了以下具体规定。

1. 海洋倾倒区划定

海洋倾倒区由国家海洋行政主管部门划定，报国务院批准确定。选划倾倒区应当符合全国海洋功能区划和全国海洋环境保护规划的要求。临时性海洋倾倒区由国家海洋行政主管部门批准，并报国务院环境保护行政主管部门备案，国家海洋行政主管部门在选划海洋倾倒区和批准临时性海洋倾倒区之前，必须征求国家海事、渔业行政主管部门的意见。

2. 海洋倾废许可

任何单位和船舶、航空器、平台及其他运载工具未经国家海洋行政主管部门批准，不得向中华人民共和国管辖海域倾倒任何废弃物；禁止中华人民共和国境外的废弃物在中华人民共和国管辖海域倾倒；需要向海洋倾倒废弃物的单位，应事先向主管部门提出申请，按规定的格式填报倾倒废弃物申请书，并附报废弃物特性和成分检验单。主管部门在接到申请书之日起两个月内予以审批，对同意倾倒者发放废弃物倾倒许可证。主管部门应按照有关规定严格控制许可证的签发，倾倒许可证应注明倾倒单位、有效期限和废弃物的数量、种类、倾倒方法等事项。其中《海洋倾废管理条例》按照废弃物毒性、有害物质含量等因素制定海洋倾倒废弃物评价程序和标准，将废弃物分为三类分级管理，其倾倒对应着

紧急许可证、特别许可证和普通许可证三种不同的许可证，具体的倾废许可证要求见表16
-8。根据海洋生态环境的变化和科学技术的发展，还可以更换或撤销许可证。

表 16-8　海洋倾废许可证要求

许可证类型	对应排放物质	排放要求
紧急许可证	含有机卤素化合物、汞及其化合物、镉及其化合物、强放射性废弃物、原油及其废弃物、渔网等可在水面悬浮的人工合成物质等	禁止排放；当出现紧急情况陆上排污会严重危害社会及人民健康时，经海洋局批准获取紧急许可证进行排放
特别许可证	含有大量的砷、铅、铜、锌、有机硅、铍、铬、镍、钒及其化合物，氰化物，氟化物，杀虫剂及副产品、含弱放射性的废物、易沉入海底的容器及非金属等	倾倒上述废弃物入海应事先获得特别许可证
普通许可证	除紧急许可和特别许可证规定项目外的低毒或无毒废弃物	倾倒上述废弃物入海应事先获得普通许可证

引自《中华人民共和国海洋倾废管理条例》

3. 海洋倾废管制

获准倾倒废弃物的单位，在装载废弃物时应通知主管部门核实，并按照许可证注明的期限及条件，到指定的区域倾倒，主管部门发现实际装载与许可证内容不符时应责令停止装运，对情节严重者吊销其许可证；倾倒时应当详细记录倾倒情况，并在倾倒后向批准部门做出书面报告；主管部门对海洋倾倒区应定期进行监测，加强管理，避免渔业资源和其他海上活动造成有害影响，当发现倾倒区不宜继续倾倒时，主管部门可决定予以封闭。

此外，进行海洋倾废时还必须遵守以下禁限制度：禁止在海上焚烧废弃物；禁止在海上处置放射性废弃物，废弃物中的放射性物质的豁免浓度由国务院制定；禁止中国境外的废弃物在我国管辖海域倾倒，包括弃置船舶、航空器、平台和其他海上人工构造物。外国籍船舶、平台在我国管辖海域由于勘探开发和相关海上加工所产生的废弃物和其他物质，需要向海洋倾倒的，应按规定程序报经主管部门批准。

4. 违规处置规定

对未经批准向海洋倾倒废物、不按规定填报倾倒情况记录表、不按批准条件和区域进行倾倒行为造成或可能造成海洋环境污染损害的直接责任人，主管部门可责令其限期治理，处以警告或者罚款，也可以二者并处；对于污染损害海洋环境造成重大财产损失或致人伤亡的直接责任人，由司法机关依法追究刑事责任。

（三）违规倾废污染海洋案例

1990 年 4 月 16 日，国家海洋局北海环境保护管理处执法人员监视发现，属连云港港务局所有的"云港泥驳" 3 号、4 号两船在未经海洋主管部门批准的情况下，擅自向海洋倾倒疏浚物，执法人员立即对违法作业船舶进行监察，最终发现，在过去的两个月内，两艘船舶擅自向海洋倾倒共 12 000 m³ 的疏浚物。

事件处理内容及其法律依据为《中华人民共和国海洋倾废管理条例》（2017 年修订版）。

国家海洋局北海环境管理处执法人员对两艘船舶的监测，以及跟踪监视——符合第十三条"主管部门应对海洋倾倒活动进行监视和监督。"

违法倾倒行为被发现当日，执法人员责令连云港港务局停止违法倾废活动、补办相关手续——体现出该条例第六条"任何单位和船舶、航空器、平台及其他载运工具，未依法经主管部门批准，不得向海洋倾倒废弃物"、第十七条"对违反本条例，造成海洋环境污染损害的，主管部门可责令其限期治理。"

鉴于连云港港务局违法从事海上倾废活动，主管部门对连云港港务局处以罚款两万元整——符合第二十条"凡未按本条例第十二条规定通知主管部门核实而擅自进行倾倒的，可处以人民币五千元以上二万元以下的罚款。"因为连云港港务局系知法犯法，因此处罚规定限额最大值。

五、船舶及有关作业污染防治类法律

船舶作业过程中经常会产生油类、含油污水、废弃物等有毒有害物质，对海洋环境造成污染损害。船舶污染主要来自船舶污水、船舶垃圾、压舱水、清仓水和船舶运载的有害物质等，需要对其排海行为实行严格的限制（李爱年等，2012）。

（一）国内外相关法律

防止船舶作业污染海洋环境的公约法规，国际上有经 1978 年议定书和 1997 年议定书修订的《国际防止船舶造成污染公约》，该公约针对海上船舶在例行作业中产生的油类物质污染行为做出规定，并设法减少因船舶意外事故而造成的偶发性海洋环境污染。目前，各发达国家大都已加入该国际公约，并形成了本国防止船舶污染的法律制度。美国的《1990 年油污法》对赔偿范围做出的广泛而精确的界定，几乎涵盖污染损害的所有方面，并对船舶装置及油轮建造做出严格规定，极大降低了溢油污染事故发生的概率；加拿大将国际条约与国内立法相结合，先后加入《国际油污损害民事责任公约》和《设立国际油污损害赔偿基金公约》，并颁布《加拿大航运法》，完善本国的船舶污染防治制度（李伟鹏，2012）；国际海事组织于 2004 年通过《国际船舶压载水和沉积物控制和管理公约》，规定了各当事国适用本公约的船舶转移的压载水和沉积物中有害水生物和病原体的种类与浓度要求，防止和减少因有害水生物和病原体转移对环境、人体健康、财产等带来的风险，公约于 2017 年正式生效，我国现在也是该公约的缔约国之一。

我国也对船舶作业及其污染相当重视。《海洋环境保护法》第八章针对防治船舶及有关作业活动对海洋环境的污染损害做了规定。1983 年，国务院制定的《防止船舶污染海域管理条例》（已失效）成为我国防止船舶污染领域第一部专门的法律文件，而后针对岸边和水上拆船活动的污染颁布了《防止拆船污染环境管理条例》（1988 年发布）。2000 年国家环境保护总局发布《中国海上船舶溢油应急计划》，针对爆发率高的船舶溢油事故提出在组织、设备、监管、反应对策等多方面的要求。2009 年颁布《防治船舶污染海洋环境管理条例》对《防止船舶污染海域管理条例》做出全新修订，树立"预防为主，防治结合"的理念，真正实现船舶污染从防止到防治、从处理到预防的转变。此外，交通运输部出台的《船舶及其有关作业活动污染海洋环境防治管理规定》（2010 年发布，2016 第三次修正）规范了船舶装卸、过驳、清舱、洗舱、油料供受、修造、打捞、拆解、污染危害性货物装箱、充罐、污染清除，以及其他水上水下船舶施工作业等活动。

（二）船舶及有关作业污染防治类法律的一般规定

1. 船舶防污能力要求

船舶的结构、设备、器材应当符合国家有关防治船舶污染海洋环境的技术规范，以及我国缔结或者参加的国际条约的要求，比如配备有盖、不渗漏、不外溢的垃圾储存容器，对含有有毒有害物质或者其他危险成分的垃圾单独存放、设置与生活污水产生量相适应的处理装置或者储存容器等，各船舶应按照规定接受检验并取得并随船携带相应的防治船舶污染海洋环境的证书、文书，确保文书的有效性，保证船舶的防污能力符合要求；船员应当具有相应的防治船舶污染海洋环境的专业知识和技能，并按照有关法律、行政法规、规章的规定参加相应的培训、考试，持有有效的适任证书或者相应的培训合格证明；船舶的所有人、经营人或者管理人应建立健全安全营运和防治船舶污染管理体系，取得符合证明和相应的船舶安全管理证书。

2. 船舶污染物的排放与接收

船舶在我国管辖海域向海洋排放的船舶垃圾、生活污水、含油污水、含有毒有害物质的污水、废气等污染物等，应当符合法律、行政法规、缔结或参加的国际条约，以及相关标准的要求；压载水的排放除特殊情况或明文规定外，应遵守《国际船舶压载水和沉积物控制和管理公约》的规定，对不同船舶采取不同的压载水管理方式，尽可能在距最近陆地至少 200 海里、水深至少 200 m 的地方进行压载水的更换，对于压载水的更换在容积、单位体积微生物浓度与数量上均有详细规定；不得向依法划定的海洋自然保护区、海洋特别保护区、海滨风景名胜区、重要渔业水域，以及其他需要特别保护的海域排放污染物。港口、码头、装卸站，以及从事船舶修造、打捞和拆船的单位应配备与其装卸货物种类和吞吐能力或者修造船舶能力相适应的污染监视设施和污染物接收设施，具备足够的防止污染的器材和设备，并定期检查维护，不符合排放要求，以及依法禁止向海域排放的污染物，应当排入具备相应接收能力的港口接收设施或者委托具备相应接收能力的船舶污染物接收单位接收。船舶委托船舶污染物接收单位进行污染物接收作业的，其船舶经营人应当在作业前明确指定所委托的船舶污染物接收单位。接收单位接收船舶污染物，应当向船舶出具污染物接收单证，并由船长签字确认，接收后按照国家有关污染物处理的规定处理接收的船舶污染物，并每月将船舶污染物的接收和处理情况报海事管理机构备案。

3. 防治船舶有关作业活动污染

从事船舶清舱、洗舱、油料供受、装卸、过驳、修造、打捞、拆解，污染危害性货物装箱、充罐，污染清除作业，以及利用船舶进行水上水下施工等作业活动的，应当遵守操作规程，并采取必要的安全和防治污染的措施；从事上述规定的作业活动的人员，应当具备安全和防治污染的专业知识和技能。其中船舶修造、水上拆解的地点还应当符合环境功能区划和海洋功能区划。岸边拆船（指废船停靠拆船码头拆解、废船在船坞拆解、废船冲滩拆解）和水上拆船（指对完全处于水上的废船进行拆解）等拆船活动，应严格执行《防止拆船污染环境管理条例》，在拆解作业前，应当对船舶上的残余物和废弃物进行处置，将油舱（柜）中的存油驳出，进行船舶清舱、洗舱、测爆等工作，经海事管理机构检查合格，才可进行船舶拆解作业。在拆解作业后应及时清理船舶拆解现场，并按照国家有关规定处理船舶拆解产生的污染物。禁止采取冲滩方式进行船舶拆解作业。

对于运载污染危害性货物的船舶及其有关作业活动，首先，货物所有人或者代理人，应当向海事管理机构提出申请，经批准方可进出港口、过境停留或者进行装卸作业；其次，船舶的结构与设备应当能够防止或者减轻所载货物对海洋环境的污染，应在海事管理机构公布的具有相应安全装卸和污染物处理能力的码头、装卸站进行装卸作业；再次，货物所有人或者代理人交付船舶运载污染危害性货物，应当确保货物的包装与标志等符合有关安全和防治污染的规定，并在运输单证上准确注明货物的技术名称、编号、类别（性质）、数量、注意事项和应急措施等内容。对于污染危害性不明的货物，货物所有人或者代理人应当委托具备相应资质的技术机构对货物的污染危害性质和船舶载运技术条件进行评估，明确货物的危害性质，以及有关安全和防治污染要求，方可运载。船舶装运油类、有毒有害货物、进行腐蚀或放射性危险货物作业时，船岸双方必须遵循安全防污操作规程，采取必要的安全和防污染措施，悬挂规定的信号旗，防止货物落水。

4. 船舶污染事故的处理与处置

船舶在我国管辖海域发生污染事故，造成或可能造成海洋环境重大污染损害的，有关部门、单位应当在事故应急指挥机构统一组织和指挥下立即启动相应的应急预案，采取措施控制和消除污染，并就近向有关海事管理机构报告；船舶发生海难事故，造成或者可能造成海洋环境重大污染损害的，海事管理机构有权强制采取清除、打捞、拖航、引航、过驳等必要措施，减轻污染损害；对在公海上因发生海难事故，造成我国管辖海域重大污染损害后果或者具有污染威胁的船舶、海上设施，海事行政主管部门有权采取与实际的或者可能发生的损害相称的必要措施。所有船舶均有监视海上污染的义务，在发现海上污染事故或者违反法律规定的行为时，必须立即向就近的海洋环境监督管理部门报告。

国家还完善并实施船舶油污损害民事赔偿责任制度；按照船舶油污损害赔偿责任由船东和货主共同承担风险的原则，建立船舶油污保险、油污损害赔偿基金制度。要求造成海洋环境污染损害的责任者排除危害，并赔偿损失。

5. 违规处置规定

海事管理机构发现船舶、有关作业单位存在违反《船舶及其有关作业活动污染海洋环境防治管理规定》行为的，应当责令其改正；拒不改正的，海事管理机构可以责令其停止作业、强制卸载，禁止船舶进出港口、靠泊、过境停留，或者责令其停航、改航、离境、驶向指定地点；对于船舶结构不符合要求、未配备防治污染设施、未持有防治船舶污染海洋环境的证书、文书，超标排放污染物等做法由海事处理机构予以警告或罚款。

（三）船舶及其有关作业污染海洋案例

1978 年 3 月 16 日，"Amoco Cadiz"号油轮由于遭遇海上风暴、操纵装置失灵，在距法国本土西北部布列塔尼半岛 4.8 km 处的 Portsall 暗礁触礁并断裂，其携带的 22.3 万 t 原油全部泄漏入海（那力和孙丽伟，2004）。在风与潮流的作用下，原油不断扩散，严重污染法国西北部 180 km 长的海岸线，造成河口水域严重污染，导致了大量海洋生物死亡，沿岸渔业、旅游业、餐饮业，以及居民正常生活均受到严重影响。

事故处理依据的是美国法律。"Amoco Cadiz"号油轮溢油事件发生在法国境内，法国为《1969 国际油污损害民事责任公约》缔约国，该事件处理可通过该公约向法国法院提起诉讼。但由于事件污染严重，该公约规定的最高赔偿限额无法满足受害者需求，受害者选择船舶所有人住所地法院起诉，最终依照美国法律判决。

"Amoco Cadiz"号油轮溢油事件发生时所有人为利比里亚 Amoco 运输公司，但 Amoco 运输公司实为美国标准石油公司的一家分公司。经调查，事故发生的原因为驾驶系统损坏，以及船员培训不合格等，这与整个集团的组织与管理相关，因此美国标准石油公司及其名下负责运输管理的子公司与 Amoco 运输公司应承担共同连带责任。

对于政府工作人员的清污行为、清污设备的购买支出、使用的公共设施费、海滨与港口恢复费用，以及部分个人损失进行赔偿，共赔偿 8 520 万元。对志愿者和军人的劳动不予付酬，对居民的精神损失、市镇声誉损失、居民生活质量损失，以及环境损害不予赔偿。

与我国法律相比，国外对于船舶溢油的损失计算分类更为精细，对于责任主体的要求也更为严格。但两者的共同点为均对船舶溢油事故的最高赔偿设置了一定限额，未必能满足生态损失与环境恢复方面的赔偿需求。

六、海底开发建设工程污染防治类法律

随着科学技术的不断发展和海洋资源利用强度的加大，海底开发建设工程近年来得到越来越多的重视。因此，本书特别将海底勘探开发活动和海底隧道、管道、电（光）缆工程、海底物资储藏设施等海底工程建设活动脱离于传统的海洋工程而独立成小节，这里以海底勘探开发活动和海底电缆管道工程为例，介绍国内外相关规定。

1. 海底勘探开发活动

《联合国海洋法公约》第十一部分"区域"规定：国际海底资源为全人类的共同财产，并要求设立国际海底管理局。目前，国际海底管理局已经制定了《"区域"内多金属结核探矿和勘探规章》《"区域"内多金属硫化物探矿和勘探规章》《"区域"内富钴铁锰结壳探矿和勘探规章》三种资源的勘探规章（张梓太和沈灏，2014）。我国之前一直未出台专门应对海底资源勘探开发活动的法律文件，但《海洋环境保护法》《防治海洋工程建设项目污染损害海洋环境管理条例》《矿产资源法》《矿产资源法实施细则》等都为规范海底勘探开发活动和海洋环境保护积累了丰富的经验。2016 年 2 月 26 日，第十二届全国人大常委会第十九次会议审议通过了《深海海底区域资源勘探开发法》（以下简称《深海法》），随后又陆续发布《深海海底区域资源勘探开发许可管理办法》《深海海底区域资源勘探开发资料管理暂行办法》《深海海底区域资源勘探开发样品管理暂行办法》等配套法规加强对深海海底资源勘探开发活动的监管、保护，在规范深海海底资源勘探开发活动、保护海洋环境、促进深海海底区域资源可持续利用等方面具有深远意义。

《深海法》规定，中华人民共和国的公民、法人或者其他组织在向国际海底管理局申请从事深海海底区域资源勘探、开发活动前，应当向国务院海洋主管部门提出申请，获得许可的申请者在与国际海底管理局签订勘探、开发合同成为承包者后，方可从事勘探、开发活动。承包者从事勘探、开发作业时应当保障从事勘探、开发作业人员的人身安全，保护海洋环境，保护作业区域内的文物、铺设物，还应当遵守中华人民共和国有关安全生产、劳动保护方面的法律、行政法规。承包者应当在合理可行的范围内采取必要措施，防止、减少、控制勘探开发区域内的活动对海洋环境造成的污染和其他危害，保护和保全稀有或者脆弱的生态系统，维护海洋资源的可持续利用；发生或者可能发生严重损害海洋环境等事故时，应立即启动应急预案，发出警报并报告国务院海洋主管部门。违反《深海法》，造成海洋环境污染损害或者作业区域内文物、铺设物等损害的，由国务院海洋主管部门责令停止违法行为，并处以罚款；构成犯罪的，依法追究刑事责任。《防治海洋工程建设项目污染损害海洋环境管理条例》也对防治海底矿产资源勘探开发污染海洋环境做出规定，即建设单位在海洋固体矿产资源勘探开发工程的建设、运行过程中，应当采取有效措施，防止污染物大范围悬浮扩散破坏海洋环境；所使用的仪器设备应当符合防渗、防漏、防腐蚀的要求；矿产资源勘探开发作业时应当安装污染物流量自动监控仪器，对产生的污水进行计量排放等。

2. 海底电缆管道工程

海底管道、海底电（光）缆工程属于海洋工程建设项目，需遵循《防治海洋工程建设项目污染损害海洋环境管理条例》的规定。在海底电缆管道工程方面的补充法规还有《铺设海底电缆管道管理规定》（1989）、《铺设海底电缆管道管理规定实施办法》（1992）、《海洋石油平台弃置管理暂行办法》（2002），以及《海底电缆管道保护规定》（2011）等。《铺设海底电缆管道管理规定》中要求，海底电缆、管道所有者在为铺设所进行的路由调查、勘测实施六十天前，向主管机关提出书面申请；铺设及路由调查、勘测活动不得在获准作业区域以外的海域作业，也不得在获准区域内进行未经批准的作业；路由调查、勘测和铺设、维修、拆除等施工作业，其遗留物应当妥善处理，不得妨碍海上正常秩序。《铺设海底电缆管道管理规定实施办法》中为防治海底电缆管道工程对海洋环境的污染做出补充规定，海底电缆、管道的路由调查、勘测所在者应依照《铺设海底电缆管道管理规定》第五条编写附具"铺设海底管道工程对海洋资源和环境影响报告书""污水排海工程可行性研究报告"等资料的《路由调查、勘测申请书》；设置海底排污管道应充分考虑排放海域的使用功能，排污口的位置应选在远离海洋自然保护区、重要渔业水域、海水浴场、海滨风景游览区等区域的具有足够水深、海面宽阔、水体交换能力强等条件适当的场点，并符合国家的规定和标准。

第三节　海洋环境管理

一、海洋环境管理概况

20 世纪 60 年代以来，随着全球经济和海洋开发的迅速发展，海洋环境污染问题日益突出，人们逐渐认识到保护海洋环境与人类的生存、经济的发展息息相关，而保护海洋环境首先要加强对海洋的管理。为此，联合国和沿海各国纷纷建立海洋环境管理机构，制定法律法规。中国国家海洋局和沿海地方政府也于 20 世纪 70—80 年代先后建立了海洋环境保护的管理机构。随着全球公众治理的兴起和可持续发展理论不断深入人心，海洋环境管理发生了许多层面上的转变，如海洋环境管理主体日益多元化，客体由海洋环境转变为影响海洋环境的人的行为。同时，海洋环境管理手段日益多样化，管理目标由末端治理向源头控制过渡，具有更大的开放性、系统性和战略性。

（一）基本概念

目前，关于海洋环境管理的概念有多种不同的说法。《海洋科技名词》用"政府为维持海洋环境的良好状态，运用行政、法律、经济和科学技术等手段，防止、减轻及控制海洋环境破坏、损害或退化的行政行为"定义海洋环境管理；《中国大百科全书》将海洋环境管理定义为运用法律、行政、经济、科技与教育的手段，保护海洋环境，防治和减轻污染和生态破坏，促进海洋开发和海洋环境保护协调发展的行为；鹿守本在 1998 年《海洋管理通论》认为，海洋环境管理是以海洋环境自然平衡和持续利用为目的，运用行政、法律、经济、科学技术、国际合作等手段，维持海洋环境的良好状况，防止、减轻及控制海洋环境破坏、损害或退化的行政行为（鹿守本，1998）。在新的时代背景下，海洋环境管理逐渐实现从管理到治理的变革，可以将海洋环境管理看作以政府为核心主题的涉海组织为协调社会发展和海洋环境关系、保持海洋环境的自然平衡和持续利用而综合利用各种有效手段、依法对影响海洋环境的各种行为进行的调节和控制活动（龚洪波，2015）。

尽管说法不尽相同，但其内涵大概一致，主要包含三个基本要点：一，海洋环境管理的目标在于维护海洋生态环境平衡，防治海洋环境污染和生态破坏，为人类对海洋资源和环境空间的持续开发利用提供最大可能；二，海洋环境管理的途径和手段多样化，包括法律制度、行政管理、经济政策、科学技术，以及国际组织团体合作等；三，海洋环境管理主要体现国家采取的行政行为，或者是以政府和政府间的海洋环境控制活动为主体。

（二）管理手段

海洋环境管理主要用到以下 5 种手段。

（1）法律手段。法律手段意味着海洋环境管理必须坚持依法治海、依法管海。法律手段作为海洋环境管理中的首要手段，在海洋环境管理工作中起到指导和规范的作用。管理部门应根据有关法律规章制度，对海洋资源、环境和海洋开发利用活动进行管理，落实到具体的管理工作中，不能与国家的有关法律法规相违背，做到严格依法管理。

（2）行政手段。行政手段是国家行政主管部门根据法律授权和部门职责，在海洋环境管理工作中采取的行政行为，包括行政命令、指示、组织计划、行政干预、协调等措施。其中协调作为各类海洋管理机构的基本职能，要求协调国内各地区、部门、产业之间的关系，调整各类海洋开发利用活动。同时，国家海洋管理部门还可以采取行政干预的措施，直接干预海洋开发利用活动和海洋产业的发展走向，确保海洋事业的发展符合国家的发展目标和长远利益。

（3）经济手段。经济手段是指运用各类国家经济政策对海洋环境进行管理，主要包括奖励、限制和制裁三项经济措施。国家可以对部门、产业的海洋活动采取一些优惠政策，扶持促进海洋事业的发展；对需要保护的资源加大调控力度，限制开发时间、品种及数量，加大税收；对违反国家规定或造成损失的从事海洋活动的企业或个人，在依法处理的同时，采取经济措施加以制裁（刘慧和苏纪兰，2014）。

（4）科技手段。科技手段是指利用各种海洋环境管理科学与技术加强对海洋环境的管理。海洋环境管理科学以海洋科学、管理科学、法学、经济学为基础。海洋环境管理技术包括海洋环境预报、海洋灾害预警、溢油预测等技术。海洋环境管理科学指导和推动海洋环境管理技术的发展，海洋环境管理技术实现海洋环境管理科学的理论，丰富并促进海洋环境管理科学内容的发展。

（5）国际合作。海洋环境管理要加强国际间的交流与合作，坚决维护和遵守《联合国海洋公约》规定的权利和义务，充分发挥世界气象组织、国际海事组织，以及中国"21世纪海上丝绸之路"海上合作等在海洋环境管理方面上的积极作用，在国际组织、国际团体中实现沿海各国之间的海洋环境管理友好合作。

（三）基本原则

为适应不断变化的海洋环境状况和趋势、高速前进的社会经济和海洋科学技术，满足海洋经济和海洋事业所提出的新发展要求，海洋环境管理实践应遵循以下五个原则（管华诗和王曙光，2003）：

（1）可持续发展原则。海水的流动性和海洋环境的自然属性决定了它比陆地环境更具有全球统一性，而海洋中迁移、洄游性质的生物种群使人类对海洋资源的影响不具有广延性，因此海洋环境管理更需要贯彻可持续性原则。应当协调政治、经济、社会、科技、环境等多方面因素，对不同区域的海洋环境采取不同的对策和管理模式，以真正达到保护海洋环境与资源的目的。

（2）防治结合、预防为主原则。防治结合、预防为主是海洋环境管理工作的指导思想，也是人类海洋环境实践的要求。这一原则要求我们采取切实的措施和办法预防海洋环境污染和其他损害事件的进一步发生，防止海洋环境质量的下降和生态与自然平衡的破坏；由于经济、技术等能力限制不可抗地造成海洋环境损害时，也要将损害控制在维持海洋环境基本正常的范围内，特别是维持人类健康容许的限度内。

（3）海洋综合管理原则。海洋环境的组成要素极为复杂，造成海洋环境的污染和破坏的原因也是多方面的，因此海洋环境管理应实行综合管理的原则。应该采取综合的治理技术和行政管理办法，例如利用修筑堤坝、补充沙源的工程方法防止海岸侵蚀，利用生物工程恢复改善海洋生态系统，利用回灌技术防止海水入侵等，同时采取法律、经济、行政相结合的手段控制海洋环境的污染损害事件。

（4）开发者保护、污染者负责原则。指开发海洋的一切部门与个人，既依法拥有开发利用海洋资源与环境的权利，也拥有法律赋予的保护海洋资源与环境的义务和责任。我国《环境保护法》明确规定，排放污染物超过国家或地方规定的污染物排放标准的企业事业单位，依法按照国家规定缴纳超标排污费，并负责治理。

（5）环境资源有偿使用原则。有偿使用海洋空间及海洋环境，最大程度地减少对海洋的损害，维护海洋生态健康和自然景观；可以积累海洋环境保护资金，用于环境维护和国家对海洋环境损害的治理。

（四）主要类型

海洋环境管理内容丰富，具有很强的综合性，在不同时期必然会有不同的基本管理任务。海洋环境管理按不同划分方式可以分为不同的类型。海洋环境管理按范围可分为海岸带环境管理、浅海环境管理、河口环境管理、海湾环境管理、海岛环境管理、大洋环境管理等；按管理对象可分为水环境管理、沉积物环境管理、生态环境管理、海洋旅游环境管理、海水浴场环境管理、盐场环境管理等；按损害海洋环境的因素可分为陆源污染物排海的防污染管理、海岸工程建设影响海域的环境管理、海洋倾废管理、海洋石油勘探开发防污染管理、防止船舶污染海域的环境管理，以及海洋环境质量标准、海洋容量和环境影响评价等管理工作。

（五）作用与意义

海洋环境管理对于保护海洋环境，防治海洋环境污染和生态破坏，促进海洋开发和海洋环境保护协调发展等方面具有重要的意义。海洋环境管理以生态理论为指导，从生态系统的角度出发，规范人类的海洋活动，实现海洋生态系统的平衡稳定、人类与海洋生物和谐共处、经济开发与环境保护协调发展，促进海洋环境可持续发展。海洋环境管理具有协调海洋产业发展，改善海洋环境质量的意义。海洋环境管理综合考虑社会、经济、环境、资源、科技等因素，对海洋开发利用活动进行统一规划，协调各海洋产业间的矛盾，逐步改善海上开发秩序，实现海洋经济的可持续发展；通过对不同功能海域进行因地制宜的安排和规划，调整海洋产业布局和发展速度，有利于改善海洋环境质量和对海洋环境的保护。

二、海洋环境管理体制

1. 国外的海洋环境管理体制

随着海洋经济的迅猛发展和海洋管理理念的深入人心，海洋环境管理作为海洋管理一项重要的组成部分，越来越受到沿海国家的高度重视。一些发达国家由于海洋环境管理起步较早，目前已经形成了相对完善的管理体制，对我国的海洋环境管理起到了引领和启示作用（赵嵌嵌，2012）。

加拿大是最早进行海洋综合立法的国家，不断探索构建以可持续发展为目标、生态系统管理为基础、预防性管理为手段的海洋环境管理体制。加拿大的海洋环境管理主要包括陆源污染管理、海上污染管理，以及海洋生态保护，管理模式为集中式，设立海洋与渔业部作为高级别的专职国家海洋管理机构，其职能几乎涵盖了海洋管理的全部方面。设立国家海洋与产业委员会、海洋事务机构委员会为海洋事务协调机构，同时建立了统一的海洋执法机构——海岸警卫队。加拿大的海洋环境管理法律体系和规划战略也比较完善，《海洋保护区战略》《海洋法》《加拿大海洋发展战略》《海洋行动计划》《加拿大航运法》等都为海洋管理提供了坚实的法律基础。这种集中式的海洋环境管理模式是国际上海洋管理发展的主要趋势。

美国实施半集中的海洋环境管理模式，由联邦政府和各州政府共同管理。根据《水下土地法》，美国 3 海里内的海域由沿海州制定海洋环境管理规划并实施管理，3 海里以外的海域由联邦政府制定法规，按职能由联邦各行政机构执行。海洋行政管理由联邦 20 多个海洋机构和一些独立机构分别进行，美国国家海洋和大气管理局担任海洋管理职能部门，负责海洋、大气与渔业管理，其余职能分散于其他多个管理部门；设立国家委员会作为高层次的海洋管理协调机构，设立海洋咨询机构，建立统一的海洋执法机构——美国海岸警卫队。在立法上，美国出台了《海洋法案》《21 世纪海洋蓝图》《美国海洋行动计划》《海岸带管理法》等法律法规及规划文件，建立起相对健全的海洋管理立法体系。

日本于 20 世纪 60 年代中期后开始重视海洋政策，出台《国土综合开发法》《海洋与日本：21 世纪海洋政策建议》等海洋法规和政策文件，海洋环境管理体制由松散型向综合型转变。海洋行政管理机构主要由国土交通省、文部科学省、农林水产省、经济产业省、环境省、外务省、防卫省等行政部门承担。日本政府内部还设有一些专门的协调机构（如"海洋科技开发促进联络会"等），统筹协调各省厅海洋管理部门间的政策，制定海洋开发规划。其效仿美国"海岸警备队"成立的日本海上保安厅，已经成为日本海上准防卫体制和海上武装力量的重要力量（高昆，2016）。为方便对比，这里将各国海洋管理体制的主要内容整理成表格，见表 16–9。

表 16–9　各国海洋管理体制的主要内容对比

管理体制	加拿大	美国	日本
管理机构	海洋与渔业部 环境部 交通部	国家海洋和大气管理局、海洋保护办公室、海洋事务局、国防部、能源部、内政部、交通运输部、司法部	国土交通省、文部科学省、农林水产省、经济产业省、环境省、外务省、防卫省
协调机构	国家海洋与产业委员会 海洋事务机构委员会	国家海洋委员会	海洋科技开发促进联络会有关大陆架调查的相关省厅联络会议
执法机构	海岸警卫队	美国海岸警卫队	海上保安厅
咨询机构	—	联合海洋委员会、海洋研究与咨询顾问专家委员会、海洋领带协会	—
法律法规	《加拿大海洋法》《加拿大海洋发展战略》 《加拿大航运法》《海洋行动计划》《渔业法》	《外大陆架土地法修正案》《海岸带管理法》《清洁水法》《马格纳森–史蒂文斯渔业养护和管理法》	《国土综合开发法》《海洋与日本：21 世纪海洋政策建议》《海洋基本法概要》

2. 我国的海洋环境管理体制现状

我国是发展中的海洋大国，海岸线长度位居世界第三，管辖海域面积约为 300 万 km²，涉及 5 400 多个岛屿。早在 3000 多年前的周朝，我国就设有专门的渔政管理官员，海洋环境管理行为开始出现，到了清朝中后期，海洋环境管理行为变得更加具体和多样化，但由于当时内部法律法规的不健全，加上外部受帝国主义列强的压迫，所以海洋环境管理并没有完全发展起来。1949 年以来，我国不断加强海洋环境管理和可持续利用工作，1996 年加入《联合国海洋法公约》后，我国的海洋事业快速发展，海洋管理体制日益完善。

第一，从国家海洋局职责的强化与整合来看，2013 年的机构改革重新组建了国家海洋局，加强了其海洋综合管理及统筹规划与协调等职责。2018 年国务院将国家海洋局与水利部、农业部等其他有关部门的职责进行了整合，新组建了自然资源部，但对外仍保留国家海洋局的牌子。同时将原国家海洋局应对污染等职能并入了新组建的生态环境部，打破了过去污染防治与保护部门分割的问题。第二，从海洋救捞管理来看，为加强海上搜救，2003 年交通部救捞局组建了 3 个直属救助局与 3 个直属打捞局，实行救助与打捞分开管理。第三，从海洋执法机构整合来看，2013 年机构改革将原海监、渔政、边防海警、海上缉私队伍整合到国家海洋局并以中国海警局的名义开展海上维权执法，在推进海上综合执法与提高执法效能方面取得了长足进展。在此基础上，2018 年，将国家海洋局（中国海警局）领导管理的海警队伍及其相关职能全部划归武警部队，组建中国人民武装警察部队海警总队，统一由中央军委领导，解决了中国海上维权执法能力不足的问题。同时，将农业部的渔船检验与监督管理职责划入交通运输部，实现了所有船舶检验与监管的统一。第四，从海洋管理协调机构组建来看，2008年国务院设置了议事协调综合机构——国家边海防委员会，负责指导协调全国军地边海防事务，2012年成立了中央维护海洋权益工作领导小组，负责协调国家海洋局、外交部、公安部、农业部、军方等涉海部门工作，2013年机构改革成立了国家海洋委员会，负责研究制定国家海洋发展战略与统筹协调重大事项，使得海洋事务能够快速进入国家高层议程并为相关机构的沟通与协调提供平台。

除此之外，我国还建立了海洋环境公报制度，包括海洋环境质量公报、海洋灾害公报、海平面公报三类，实行国家、省（自治区、直辖市）、地级市三级发布体系，指导国家和地方各级政府制定海洋环境政策和管理目标。近年来，我国颁布了许多与海洋管理相关的法律法规，如维护领土主权和海洋权益的《领海及毗邻区法》《专属经济区和大陆架法》，海洋资源开发管理的《渔业法》《矿产资源法》《海域使用管理法》，保护海洋生态环境的《海洋环境保护法》《海洋自然保护区管理办法》《海洋石油勘探开发环境保护管理条例》等，基本形成相对完备的海洋法律体系。根据我国"十五"期间经济与社会发展计划确定的任务，我国将建立健全国家海洋管理体制和各项管理制度，强化各级海洋管理机构。加强海洋综合执法队伍建设，按照海洋功能区划对海洋进行综合治理。

我国的海洋环境管理正逐渐趋于完善，但与国外发达国家相比，仍存在一定的差距。目前，海洋环境管理存在的问题主要表现在五个方面：① 纵向体系政策层级总体偏低，横向体系具体政策缺位，海洋管理政策运行过程不够流畅；② 海洋生态环境管理混乱，管理部门职能交叉、机构重复；③ 海域使用管理混乱，对海域及其资源的开发无序无度；④ 陆源污染尚未得到有效控制，污染物入海量居高不下，超标排放现象严重，入海排污口设置不合理；⑤ 海岸带环境管理薄弱，缺乏对海岸带和海洋环境保护的统一规划（许力阳，2006），海岸带开发不合理。

三、海洋环境管理的对策与措施

1. 建立统一集中的海洋管理体制和海洋保护协调机制

海洋主管部门应充分发挥指导、协调、服务、监督的作用，建立集管理、协调、科学规划、综合执法于一体的新型管理模式。必须维护国家海洋行政主管部门的权威性，坚持对全国海洋环境管理工作进行统一监督和指导，必须明确国家与地方政府各级海洋行政主管部门的相应职权和责任，系统分析海洋环境管理的总体目标和具体工作。海洋管理要充分发挥陆海统筹的战略引领作用，以维护国家主权、安全、发展利益为目标，增强海洋意识，促进海洋经济高质量发展，推进陆地与海洋的生态文明建设、建立完善的陆海统筹规划体系，将海洋管理的视角逐步扩展至国家的各项管理中去（范金林和郑志华，2017）。

学习美国、加拿大等较为先进完善的海洋环境管理模式，设立高层次的国家协调机构和机制，解决海洋环境保护与管理的体制问题。根据中国海洋管理体制现状，可以建立国务院部际的海洋管理委员会或国务院海洋工作领导小组，由国务院领导或秘书长担任组长或主任，由国家海洋行政主管部门作为其办事机构，承办包括海洋环境保护在内的日常工作。

2. 加强法制建设，制定海洋经济发展与环境保护的宏观政策

针对我国海岸带环境管理等方面存在立法空白的问题，以及在环境管理中有法不依、执法不严等现象，我国必须进一步加强沿海和海洋环境保护法制建设，完善《海洋环境保护法》及配套法律法规、条例和标准，严格执法程序，加大执法力度，保证环境法律法规的有效实施。同时继续加强海洋环境的监测与评价，建立海洋环境宏观调控机制，实施海洋生态环境分类管理制度，对全海域的海洋生态环境实行综合管理与协调开发相结合的环境政策。

3. 加强对陆源污染物排海的控制管理

控制沿海地区生活污水、工业废水等陆源污染物排海，强化对污水处理设施建设的管理。必须严格审批沿岸入海排污口，对不符合海洋功能区划和环境保护规定要求的、污染严重的排污口进行限期整改。加快沿海陆域内污染企业整顿的步伐，新建项目必须按照《海洋环境保护法》的要求，执行环境影响评价制度和"三同时"制度，大力推行清洁生产，减少对海洋环境的污染（周衍庆，2014）。

4. 加强海洋及海岸带生态保护

进一步加强海洋自然保护区和特别保护区的建设力度，加强对于海岸带和海洋资源开发与生态环境保护之间的协调工作，合理科学地确定各类海岸带和海洋自然保护区结构、布局，提高管理水平，控制人为因素造成的海岸带和海洋生态环境破坏。可以建立海岸带综合管理试验区，加强海岸带生态环境保护。

5. 提高全民海洋环境意识，加强国内外交流合作

大力普及海洋环境科学知识，加强海洋环境保护教育。政府应开展集中有效宣传方式，向民众宣传"世界环境日""海洋日"等纪念日和重要会议节庆，宣传相关政策及法律法规，加强对新闻舆论的监督，营造良好的海洋环境保护社会风气。特别要重视提高船员的海洋环境管理和保护意识，加大对船舶公司、船员管理公司的培训力度。

积极参与国际与境外海洋管理交流与合作，拓展双边、多边及民间合作，使海洋环境领域的国际合作由过去的以科研为主转变为以管理为主。大力引进发达国家的资金和技术支持，加强与海上邻国的合作，积极参与亚太地区和东南亚地区的海洋环境保护事务，借鉴其他国家在海洋环境管理方面的成功经验，促进我国海洋环境保护与管理工作的顺利开展（姜海燕，2012）。

本 章 小 结

（1）海洋环境污染防治相关的法律法规，按照其相关性可分为：陆源污染物防治类法律、海岸工程建设项目污染防治类法律、海洋工程建设项目污染防治类法律、倾倒废弃物污染防治类法律、船舶及有关作业污染防治类法律、海底开发建设工程污染防治类法律等。

（2）陆源是陆地污染源的简称，是指从陆地向海域排放污染物，造成或者可能造成海洋环境污染损害的场所、设施等。所排放的污染物称为陆源污染物，通常具有污染源广、污染物排放量大、周期性和持续性强、防治难度大等特点。

（3）陆源污染物入海排污口，以及不同海域陆源污染物的排放均有着严格的限制。

（4）有毒有害物质的禁排、限排制度有以下内容：① 禁止向海域排放油类、酸液、碱液、毒液和高、中水平放射性废水；② 严格限制向海域排放低水平放射性废水（确需排放的，必须严格执行国家辐射防护规定）；③ 严格控制向海湾、半封闭及其他自净能力较差的海域排放含有机物和营养物质的工业废水、生活污水；④ 含病原体的医疗污水、生活污水、工业废水、含热废水必须经过处理符合国家相关标准后才能排放。

（5）"三同时"制度是指，建设项目中防治污染的设施，应当与主体工程同时设计、同时施工、同时投产使用。防治污染的设施应当符合经批准的环境影响评价文件的要求，不得擅自拆除或者闲置。

（6）海岸工程建设项目，是指位于海岸或者与海岸连接，工程主体位于海岸线向陆一侧，对海洋环境产生影响的新建、改建、扩建工程项目；海洋工程是指以开发、利用、保护、恢复海洋资源为目的，并且工程主体位于海岸线向海一侧的新建、改建、扩建工程。

（7）海洋倾倒是指通过船舶、航空器、平台或者其他载运工具，向海洋处置废弃物和其他有害物质的行为，"倾倒"不包括船舶、航空器及其他运载工具和设施正常操作产生的废弃物的排放。

（8）向海洋倾倒废弃物首先应根据废弃物毒性、有害物质含量申请倾倒许可证，许可证分为三类：紧急许可证、特别许可证、普通许可证。

（9）船舶在作业过程中经常会产生油类、含油污水、废弃物等有毒有害物质，对海洋环境造成污染损害。船舶污染主要来自船舶污水、船舶垃圾、压载水、洗舱水和船舶运载的有害物质等，需要对其实行严格的排海限制。

（10）海洋自然保护区是指以海洋自然环境和资源保护为目的，依法将包括保护对象在内的一定面积的海岸、河口、岛屿、湿地或海域划分出来，进行特殊保护和管理的区域。

（11）需要建立海洋自然保护区的海域包括：① 典型的海洋自然地理区域、有代表性的自然生态区域，以及遭受破坏但经保护能恢复的海洋自然生态区域；② 海洋生物物种高度丰富的区域，或者珍稀、濒危海洋生物物种的天然集中分布区域；③ 具有特殊保护价值的海域、海岸、岛屿、滨海湿地、入海河口和海湾等；④ 具有重大科学文化价值的海洋自然遗迹所在区域；⑤ 其他需要予以特殊保护的区域。

（12）海洋环境管理措施：① 建立统一集中的海洋管理体制和海洋保护协调机制；② 加强法制建设，制定海洋经济发展与环境保护的宏观政策；③ 加强对陆源污染物排海的控制管理；④ 加强海洋及海岸带生态保护；⑤ 提高全民海洋环境意识，加强国内外交流合作。

复习思考题

1. 海洋环境污染防治相关的法律法规按其相关性大致可分为几类？你认为哪一类海洋环境污染法律更为重要？

2. 按照《城镇污水处理厂污染物排放标准》（GB 18918—2002），对于不同用途海域，陆源污水排放是怎样要求的？

3. 海岸工程项目与海洋工程项目的区别是什么？两者分别有哪些具有代表性的工程项目？

4. 什么是"三同时"制度？它对于海洋环境保护有何作用？

5. 什么是"海洋自然保护区"？哪些海域应当设立自然保护区？

6. 海洋环境管理的特点是什么？一般来说，海洋环境管理遵循的原则有哪些？

7. 我国海洋环境管理现状有何不足？针对这些不足，应采取哪些应对措施？

主要参考文献

［1］陈庆荣. 试析海水网箱养殖对生态环境的影响和对策［J］. 吉林农业，2012（7）：208.

［2］范金林，郑志华. 重塑我国海洋法律体系的理论反思［J］. 上海行政学院学报，2017（3）：105-111.

［3］高昆. 对我国周边国家海洋执法实践的研究及启示［D］. 青岛：中国海洋大学，2010.

［4］龚洪波. 海洋政策与海洋管理概论［M］. 北京：海洋出版社，2015.

［5］管华诗，王曙光. 海洋管理概论［M］. 青岛：中国海洋大学出版社，2003.

［6］国际船舶压载水和沉积物控制与管理公约［Z］. 2004.

［7］国家海洋局. 铺设海底电缆管道管理规定实施办法［Z］. 1992-8-26.

［8］国家海洋局. 深海海底区域资源勘探开发许可管理办法［Z］. 2017.

［9］国家海洋局. 深海海底区域资源勘探开发样品管理暂行办法［Z］. 2017.

［10］国家海洋局. 深海海底区域资源勘探开发资料管理暂行办法［Z］. 2017.

［11］国家海洋局. 海洋溢油生态损害评估技术导则（HY/T 095—2007）［S］. 2007.

［12］国家环境保护局，国家海洋局. 海水水质标准（GB 3097—1997）［S］. 1997.

［13］国家环境保护总局. 污水海洋处置工程污染控制标准（GB 18486—2001）［S］.

2001.

　　［14］国家环境保护总局. 污水综合排放标准（GB 8978—1996）［S］. 1996.

　　［15］国家环境保护总局. 渔业水质标准（GB 11607—89）［S］. 1989.

　　［16］韩洪蕾. 我国防治海岸工程污染海洋环境法律制度研究［D］. 青岛：中国海洋大学，2008.

　　［17］姜海燕. 海洋污染防治中的政府职责研究［D］. 上海：复旦大学，2012.

　　［18］李爱年，周训芳，李慧玲. 环境保护法学［M］. 长沙：湖南人民出版社，2012.

　　［19］李凤岐，高会旺. 环境海洋学［M］. 北京：高等教育出版社，2013.

　　［20］李伟鹏. 我国防治船舶污染海洋环境法律问题研究［D］. 哈尔滨：东北林业大学，2012.

　　［21］联合国海洋法公约［Z］. 1982.

　　［22］刘慧，苏纪兰. 基于生态系统的海洋管理理论与实践［J］. 地球科学进展，2014（2）：275-284.

　　［23］刘圣林. 海洋工程污染海洋环境防治法律制度研究［D］. 青岛：中国海洋大学，2008.

　　［24］鹿守本. 海洋管理通论［M］. 北京：海洋出版社，1998.

　　［25］吕建华. 中国海洋倾废管理及其法律规制研究［D］. 青岛：中国海洋大学，2013.

　　［26］马英杰，董莹莹. 论中国海洋环境保护法律体系中的不足与完善对策［J］. 海洋科学，2007（12）：16-18.

　　［27］那力，孙丽伟. 从 Amoco_Cadiz 案看环境损害赔偿问题［J］. 重庆：中国环境资源法学研讨会，2004.

　　［28］深海海底区域资源勘探开发法［Z］. 2016.

　　［29］史春林，马文婷. 1978 年以来中国海洋管理体制改革：回顾与展望［J］. 中国软科学，2019（6）：1-12.

　　［30］王沛，丁渠. 我国海洋环境保护法律体系的建立与完善［J］. 产业与科技论坛，2014（6）：49-51.

　　［31］许力阳. 国际制度背景下的我国海洋环境法律制度建设研究［D］. 青岛：中国海洋大学，2006.

　　［32］张梓太，沈灏. 深海海底区域资源勘探开发立法研究——域外经验与中国策略［J］. 广州：全国环境资源法学研讨会，2014.

　　［33］赵成彬. 国际海洋倾废制度研究及中国的海洋倾废管理［D］. 青岛：青岛大学，2009.

　　［34］赵嵌嵌. 中外海洋管理体制比较研究［D］. 上海：上海海事大学，2012.

　　［35］中国大百科全书总编辑委员会. 中国大百科全书［M］. 2 版. 北京：中国大百科全书出版社，2009.

［36］中华人民共和国国务院．防治船舶污染海洋环境管理条例（第三次修订）［Z］．2014．

［37］中华人民共和国国务院．防治海岸工程建设项目污染损害海洋环境管理条例［Z］．1990．

［38］中华人民共和国国务院．防治海洋工程建设项目污染损害海洋环境管理条例［Z］．2006．

［39］中华人民共和国国务院．铺设海底电缆管道管理规定［Z］．1989．

［40］中华人民共和国国务院．中华人民共和国防治陆源污染物污染损害海洋环境管理条例［Z］．1990．

［41］中华人民共和国国务院．中华人民共和国海洋倾废管理条例（第三次修订）［Z］．2017．

［42］中华人民共和国国务院．中华人民共和国海洋石油勘探开发环境保护管理条例［Z］．1983．

［43］中华人民共和国海洋环境保护法（第三次修订）［Z］．2017

［44］中华人民共和国海域使用管理法［Z］．2001．

［45］中华人民共和国交通运输部．中华人民共和国船舶及其有关作业活动污染海洋环境防治管理规定（第三次修订）［Z］．2017．

［46］中华人民共和国农业部．海水养殖水排放要求（SC/T 9103—2007）［S］．2007．

［47］周旦平．试论海洋工程建设法律体系的构建［J］．海洋信息，2015（2）：34-37．

［48］周衍庆．论中国的海洋环境与资源保护［J］．人民论坛，2014（11）：96-98．

［49］朱晓燕．海岸工程污染海洋环境防治法律制度研究［M］．北京：中国法制出版社，2015．

郑重声明

读者意见反馈

为收集对教材的意见建议，进一步完善教材编写并做好服务工作，读者可将对本教材的意见建议通过如下渠道反馈至我社。

咨询电话　400-810-0598

反馈邮箱　hepsci@pub.hep.cn

通信地址　北京市朝阳区惠新东街 4 号富盛大厦 1 座

　　　　　高等教育出版社理科事业部

邮政编码　100029

防伪查询说明

用户购书后刮开封底防伪涂层，使用手机微信等软件扫描二维码，会跳转至防伪查询网页，获得所购图书详细信息。

防伪客服电话　（010）58582300